国家级一流本科专业建设成果教材

石油和化工行业“十四五”规划教材

中国石油和化学工业优秀教材一等奖

北京高校优质本科教材

化工流程模拟 Aspen Plus实例教程

张 晨 熊杰明 刘 森 主编

第三版

化学工业出版社

·北京·

内 容 简 介

《化工流程模拟 Aspen Plus 实例教程》（第三版）基于 Aspen Plus V12.1 软件，通过典型问题的求解方法、步骤和技巧的视频展示，系统深入地介绍 Aspen Plus 软件及其与 EDR、Energy Analyzer、Economic Evaluation 等专业软件的联合使用，以解决化工过程中的模拟、设计与优化问题。全书分为 12 章：第 1、2 章介绍 Aspen Plus 软件及其基本操作方法；第 3 章介绍物性方法及物性参数估算；第 4~8 章由浅入深地介绍 Aspen Plus 中包括精馏、吸收、换热、反应等单元操作模块的应用方法和技巧；第 9 章介绍换热网络设计与优化方法；第 10 章介绍基于 Aspen Process Economic Analyzer 的化工过程经济分析与评价；第 11 章介绍基于 Aspen Plus Dynamics 的动态模拟；第 12 章介绍特殊组分在 Aspen Plus 中的处理方法。

本书可作为高等学校化工类专业本科生及研究生教材、化工设计大赛的指导教材、培训机构中 Aspen Plus 培训教材，也可供石油、化工、轻工等行业工程技术人员参考，尤其适合初学者自学以提高水平。

图书在版编目（CIP）数据

化工流程模拟 Aspen Plus 实例教程/张晨，熊杰明，刘森主编. —3 版. —北京：化学工业出版社，2023.8（2024.4 重印）

国家级一流本科专业建设成果教材 卓越工程师教育培养计划系列教材

ISBN 978-7-122-43457-9

Ⅰ. ①化… Ⅱ. ①张…②熊…③刘… Ⅲ. ①化工过程-流程模拟-应用软件-教材 Ⅳ. ①TQ02-39

中国国家版本馆 CIP 数据核字（2023）第 081965 号

责任编辑：杜进祥 向 东　　文字编辑：胡艺艺 杨振美
责任校对：宋 夏　　装帧设计：关 飞

出版发行：化学工业出版社（北京市东城区青年湖南街 13 号 邮政编码 100011）
印 装：三河市延风印装有限公司
787mm×1092mm 1/16 印张 $20^1/_4$ 字数 540 千字 2024 年 4 月北京第 3 版第 2 次印刷

购书咨询：010-64518888　　售后服务：010-64518899
网 址：http://www.cip.com.cn
凡购买本书，如有缺损质量问题，本社销售中心负责调换。

定 价：58.00 元

前　言

《Aspen Plus 实例教程》于 2012 年发行，受到了许多读者的青睐。在此基础上，编写团队于 2015 年编写了第二版教材，并更名为《化工流程模拟 Aspen Plus 实例教程》。第二版教材自出版以来，便受到广大化工科研与设计人员、高校师生的欢迎，荣获 2017 年中国石油和化学工业优秀出版物奖教材奖一等奖、2021 年北京高校优质本科教材等荣誉。如今，距离第二版教材的出版又过去了 7 年，随着 Aspen Plus 软件的不断迭代升级，目前的最新版本较第二版教材所使用的 V8.4 版本在操作界面、使用方法及功能等方面都产生较大变化。另外，近年来双碳背景下的化工行业也出现了新的热点领域，在相关化工过程的模拟中遇到了新问题，而对这些新工艺、特殊组分的模拟也是读者关注的学习内容。

综上，为了改进第二版教材的问题与不足，满足更广大读者的需要，编写团队在第二版教材的基础上，以 Aspen Plus V12.1 版本为平台，编写了第三版教材。和之前版本相比，第三版教材更加注重对精馏塔、反应器、换热器等重要模块进行详细、深入的讲解，帮助读者熟练掌握这些最基本的模块与工具的使用方法与技巧。此外，本书在换热网络、复杂精馏、动态模拟、经济分析等专业性内容方面也增加了大量篇幅，较之前版本更详细地介绍了 AspenONE 系列软件中其他软件的使用方法。为了方便读者学习，编写团队还制作了教材配套的视频及课件，供读者学习时使用。相信通过本书的内容及配套资料，广大化工行业的 Aspen Plus 用户能够更好地发挥 Aspen Plus 及 AspenONE 系列中其他软件的强大功能，解决实际问题。

本书由张晨、熊杰明、刘森主编，第 1、2、3、6、10、12 章由张晨编写，第 4、5、9 章由熊杰明编写，第 7 章由熊杰明、刘森共同编写，第 8、11 章由刘森编写。李江保、彭晓希、杨索和、周光正、刘阳等参加编写和校核。

由于编者水平有限，如有不妥、不足、错误之处，希望读者不吝批评指正。如果有读者在阅读本书的过程中发现问题，特别希望能把问题反映到邮箱 zhangc@bipt.edu.cn，以便于后续修订。

编　者

2023 年 1 月

第一版前言

化工领域的研究开发、设计、技术改造、过程优化等，所涉及的知识面非常广，面对任何一个实际问题，其模拟或设计计算往往非常复杂，工程技术人员单凭自己的力量难以完成。为此，有实力的研究单位、设计院、高校等，会引进一些先进的化工模拟软件，将烦琐的计算过程留给计算机和软件解决，而工程技术人员则集中精力做好决策工作，这样就可以成倍提高工作效率，大大缩短新产品研发、工程设计或技术改造的周期。

在众多化工过程模拟软件中，目前功能最完善、应用最普遍的软件之一，就是 Aspen Plus。Aspen Plus 是美国麻省理工学院（MIT）开发的第三代流程模拟软件。该软件经过 30 多年来不断地改进、扩充和提高，成为举世公认的标准大型流程模拟软件，应用案例数以百万计，全球各大化工、石化、炼油等过程工业制造企业及著名的工程公司都是 Aspen Plus 的用户。Aspen Plus 目前已先后推出了十多个版本，最新版本为 V7.3。

本书详细介绍了 Aspen Plus 软件中使用频率最高的闪蒸过程模拟、灵敏度分析、精馏过程模拟、设计规定应用、过程优化、物性方法选择及物性估算、吸收/汽提过程及精馏模块的收敛算法、换热器模拟与设计、反应器模拟等主要模块。

本书的服务对象主要包括三类，一类是没有工程实践经验，也没有化工模拟软件的使用经验的高校本科生和研究生，需要进行系统的学习，特别是学习 Aspen Plus 实际应用；另一类是有很高的学术水平或丰富实践经验的工程技术人员，也知道模拟软件能帮助自己解决很多实际问题，却苦于不会使用这些软件或相关模块，或者没有时间和精力去参加这些培训，或者因遇到一个新问题需要用一个自己不熟悉的模块或算法来解决而着急，希望能马上解决实际问题；还有一类是原来会使用 PRO/Ⅱ、HYSYS、ChemCAD 或其他软件的用户，因某种原因需要用到 Aspen Plus。为此，全书通过典型案例的详细求解过程，展示 Aspen Plus 的主要功能和应用，过程简单明了，读者很容易领会。另外，在内容安排上，一方面尽量做到由浅入深，便于读者系统地学习和掌握；另一方面，也尽量照顾各章节的独立性和完整性，便于有一定经验的读者跳过一些已经掌握的模块或章节，集中精力学习不熟悉的模块，以节约时间。

读者可以借助本书作为入门性或提高用的参考教材。众所周知，Aspen Plus 功能非常强大、应用领域非常广泛，本书不可能面面俱到。读者在实际应用过程中必然会遇到新的或更专业的问题。为了解决这些问题，建议读者一方面要充分利用 Aspen Plus 系统中的帮助信息或案例，另一方面参考相关领域的专业图书，或者参加相关领域的讲座。

全书由熊杰明负责第 2～9 章的编写，杨索和负责第 1 章、第 10 章的编写工作。葛明兰、迟姚玲、孙锦昌、何广湘、易玉峰等老师，以及彭晓希、李梦晨等研究生为本书的编辑出版付出了努力，在此深表感谢！由于编者水平有限，不足之处在所难免，希望读者批评指正。

编　者

2012 年 9 月

第一版前言

[illegible]

编者

2012年9月

目　录

例题演示视频（扫二维码观看）

第1章

Aspen Plus 简介

二十世纪七十年代，第一次石油危机对世界经济产生严重冲击，触发了第二次世界大战之后最严重的全球经济危机。在伴随而来的能源短缺背景下，为了提高化学品生产效率并降低生产成本，1977 年美国能源部资助麻省理工学院启动了 ASPEN（Advanced System for Process Engineering，过程工程的先进系统）项目，以建立化工领域的通用计算机流程模拟系统。1981 年，AspenTech 公司成立，并于次年发布了化工流程模拟的商业化软件 Aspen Plus。该软件经过 40 多年不断改进、扩充和提高，已先后推出了几十个版本，成为举世公认的标准大型流程模拟软件。全球很多大型化工、石化等过程工业制造企业及著名的工程公司都是 Aspen Plus 的用户。2022 年，AspenTech 公司推出了 Aspen Plus V12.1 版本，此版本对部分软件界面进行了汉化处理，但仍有部分内容未经汉化。本书将基于 Aspen Plus V12.1 版本，对 Aspen Plus 的功能进行详细介绍。

1.1 Aspen Plus 的主要功能

Aspen Plus 的功能横跨整个化工工艺生命周期，主要包括：

① 利用详细的设备模型进行工艺过程严格的能量和质量平衡计算；

② 预测物流的流率、组成和性质，预测设备的操作条件；

③ 对设备进行设计计算和选型；

④ 减少工艺的设计时间并进行各种工艺的设计方案比较；

⑤ 在线优化完整的工艺装置；

⑥ 对工艺流程的经济性进行评估；

⑦ 使用实验数据回归物性数据。

可以看出，Aspen Plus 能够根据模型的复杂程度支持各种规模的流程模拟，下至单一的装置流程，上至多个工程师开发和维护的整厂流程，Aspen Plus 均能妥善处理，是化工工艺流程模拟的理想之选。

1.2 Aspen Plus 的主要特点

（1）物性系统完备

物理性质模型（physical property model，简称物性模型）和物理性质数据（physical

property data，简称物性数据）是得到精确可靠的模拟结果的关键。人们普遍认为 Aspen Plus 具有最适用于工业且最完备的物性系统。许多公司为了使其物性计算方法标准化而采用 Aspen Plus 的物性系统，并与其自身的工程计算软件相结合。Aspen Plus 数据库中目前已包含了超过 37000 个纯组分的物性数据以及超过 120 个的物性模型，还包含完善的固体数据库（超过 3000 种固体）和电解质数据库（超过 1500 种离子）。此外，Aspen Plus 与 DECHEMA（德国化学工程和生物技术协会）数据库有软件接口，该数据库收集了世界上最完备的汽-液平衡和液-液平衡数据，共计 25 万多套数据。用户也可以把自己的物性数据与 Aspen Plus 系统连接。

Aspen Plus 还具有高度灵活的数据回归系统（data regression system，DRS）。此系统可使用实验数据求取物性参数，可以回归实际应用中任何类型的数据，计算任何模型参数，包括用户自编的模型。可以使用面积式或点测试方法自动检查汽-液平衡数据的热力学一致性。内置的性质常数估算系统（property constant estimation system，PCES）能够通过输入分子结构和易测性质（例如沸点、密度）来估算缺乏的物性参数。

（2）家族产品功能强大

以 Aspen Plus 的严格机理模型为基础，AspenTech 公司开发了一系列针对不同用途、不同层次的 Aspen Technology 家族产品，AspenTech 为这些软件提供一致的物性支持，用于动态模拟、流程控制、供应链管理、资产评估、制造执行等各个领域，并将这些软件形成一个软件包，称为 AspenONE，部分软件如表 1-1 所示。这些软件均已集成在了 AspenONE 软件包内，用户可根据需要自行安装所需软件。虽然 Aspen Plus 的大部分软件界面已进行了汉化处理，但 AspenONE 中的其他软件仍有大量内容未经汉化。

表 1-1 AspenONE 中的常用软件

软件名称	功能
Aspen HYSYS	石油炼制、天然气加工等领域的流程模拟
Aspen Batch Process Developer	间歇化工过程模拟
Aspen Exchanger Design & Rating	换热器设计
Aspen Energy Analyzer	换热网络优化设计
Aspen Adsorption	吸附分离过程模拟
Aspen Plus Dynamics	化工过程的动态模拟
Aspen Economic Evaluation	化工技术经济分析

（3）单元操作模型多样

除组分、物性系统外，Aspen Plus 中内置的单元操作模型亦非常完备，可以模拟各种单元操作过程。由单个原油蒸馏塔的计算到整个合成氨厂的模拟，都可在 Aspen Plus 中进行。单元操作模型库由约 70 种单元操作模型构成。用户还可将自身的专用单元操作模型以用户模型（USER MODEL）的形式加入到 Aspen Plus 系统之中，这为用户提供了极大的方便性和灵活性。

（4）流程分析功能强大

除了工艺流程模拟外，Aspen Plus 还提供了多种用于流程分析的工具：

① 使用灵敏度分析功能考察工艺参数随设备规定和操作条件的变化而变化的趋势；

② 使用设计规范功能计算满足工艺目标或设计要求的操作条件或设备参数；

③ 将工艺模型预测结果与真实装置数据进行拟合，确保符合工厂实际状况；

④ 寻找装置的最佳操作条件，以最大化任何规定的目标，如收率、能耗、物料纯度和工艺经济条件等；

⑤ 建立 Aspen Plus 和 Microsoft Excel 的双向连接，在 Excel 中导入或查看流程计算结果；

⑥ 从外部导入或内嵌 Fortran 子程序，在流程中执行用户定义的任务。

第2章

Aspen Plus 入门——以闪蒸过程模拟为例

闪蒸过程是化工生产过程中最常见、最简单的单元操作之一。本章以闪蒸过程模拟为例，介绍 Aspen Plus 软件的基本使用方法和操作界面，包括软件界面、物性输入、建立流程模拟、查看结果、帮助文件等，为学习后续其他单元模块打下基础。

例 2-1 模拟甲醇-水混合溶液的闪蒸过程。进料质量组成为水 60% 和甲醇 40%，进料温度 40℃，压力 1bar（1bar=100kPa），流量 1000kg/h。①计算该物流 1bar 下的泡点；②计算该物流 1bar 下的露点；③该物流在 85℃和 1bar 下闪蒸，求闪蒸后汽相分率。热力学模型采用 NRTL-RK（液相使用 NRTL 活度系数模型，汽相使用 RK 状态方程）。

例 2-1 演示视频

2.1 Aspen Plus 软件界面

Aspen Plus 安装完毕后，从开始菜单中依次点击 Aspen Plus/Aspen PlusV12.1 Aspen Plus V12.1，打开 Aspen Plus 主程序，如图 2-1 所示。若新建一个模拟文件，可点击左上角的“新建”。如果是打开已有的文件，可选择“打开”或从下方选择最近使用的已有文件。本例点击“新建”，界面会切换如图 2-2 所示界面。通常情况下可点击顶部的“新建模拟”，建立空白模拟文件。由于 Aspen Plus 中的组分数据库、物性模型众多，为了方便用户的使用，Aspen Plus 内置了若干典型工艺流程的模板（如图 2-2 的软件界面中的“Aspen Plus 模板”所示），这些模板文件预设置了适宜的数据库、模型、单位等参数，每个模板亦可选择使用英制（English）或公制（Metric）单位，模板的具体设置可参考软件界面右侧备注，也可参考 Aspen Plus 帮助文件（帮助文件的使用方法详见本章 2.5 节）。大多数模板适用于连续过程，部分模板（名称中含“batch”字样的）适用于间歇过程。

本例中点击“新建模拟”，进入 Aspen Plus 软件的物性环境（properties environment），如图 2-3 所示。窗口左侧为导航窗格（navigation pane），上部为功能区（ribbon），中部为工作区（workplace）。通过左侧的导航窗格，Aspen Plus 可在四种环境界面间切换，分别是物性环境、模拟环境（simulation environment）、安全分析环境（safety analysis environment）、能量分析环境（energy analysis environment），而每个环境又对应不同的导

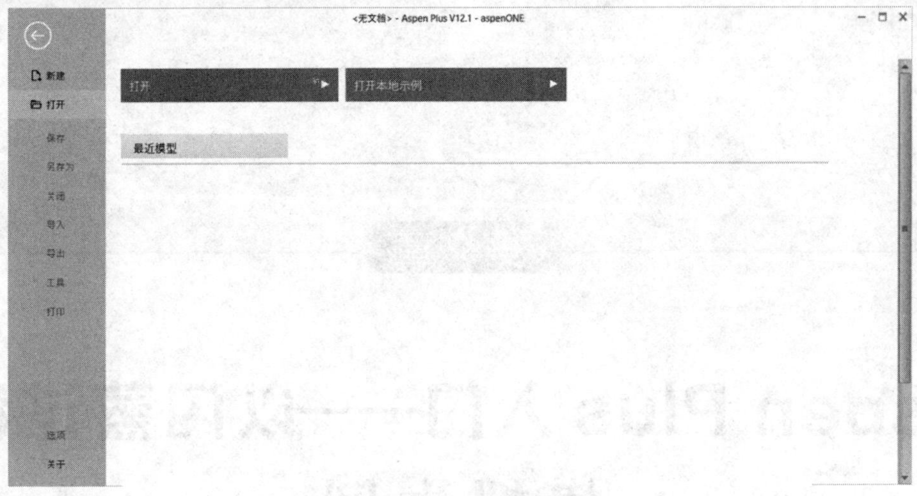

图 2-1　Aspen Plus 初始界面

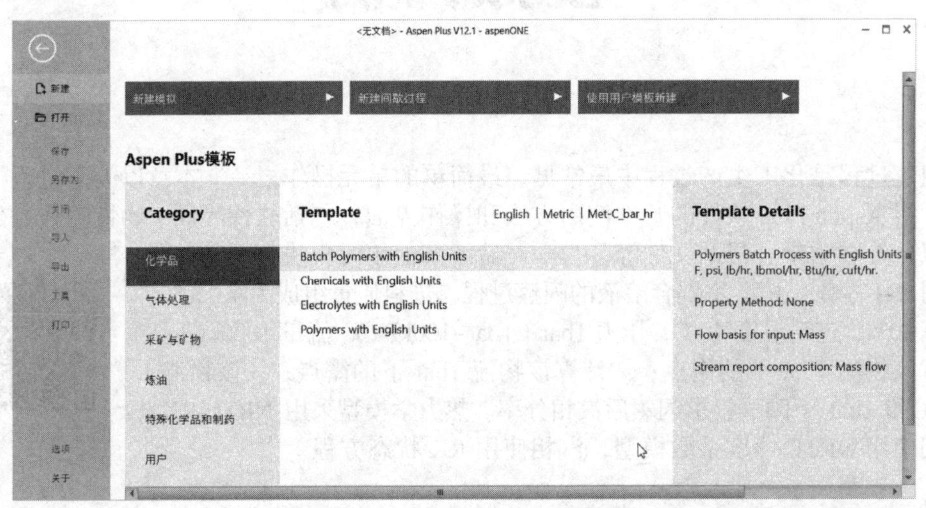

图 2-2　Aspen Plus 新建界面

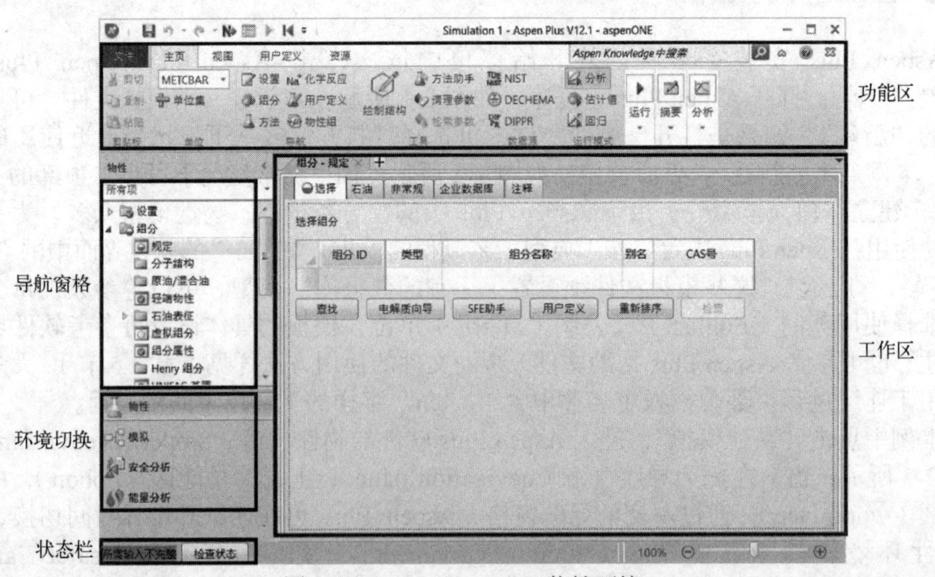

图 2-3　Aspen Plus V12.1 物性环境

航窗格、功能区。新建模拟文件后会默认进入物性环境。软件窗口左下角为状态栏，表明当前界面输入的信息是否完整，若有必需信息未输入，则会显示红色底纹的“所需输入不完整”；若此界面必要信息均已输入完毕，则红色底纹会消失，显示“要求的物性输入已完成”。对于标签页中内容，可通过键盘上的 Ctrl 键+鼠标滚轮对字体大小进行调整。

首先保存模拟文件。点击顶部功能区“文件/保存”，可保存本模拟文件。保存格式包括 apwz、apw、bkp 和 apt。其中，apwz 为复合文件，包括所有输入信息、模拟结果、中间收敛信息、模拟过程中需要的外部文件，如用户子程序、DLOPT 文件、EDR 文件、嵌入表单等；bkp 文件保存最基本的信息，但不包括计算结果及收敛信息，可以适用于升级后的软件版本；apt 为模块文件；apw 包括所有输入信息、模拟结果、中间收敛信息，但升级后的软件无法打开。Aspen Plus 默认保存格式为 apwz，读者可以根据需要保存适当格式，可以随时保存，避免数据丢失。本例保存为“2-1.apwz”文件。

2.2 物性输入

在 Aspen Plus 流程模拟中，通常先在图 2-3 所示物性环境中输入模拟涉及的所有组分以及物性方法。本例题的闪蒸过程涉及两种组分——水和甲醇，因此需在组分标签页内输入此两种组分。在组分标签页中的表格内，共分为五列，即组分 ID、类型、组分名称、别名及 CAS 号。组分 ID 是模拟文件中指代各组分的名称，用户可按需更改以便后续操作；类型是指该组分所属类型，对于大多数以气态或液态存在的组分可选择默认选项“常规”，但对于特殊组分如单一固态组分（石墨、二氧化硅、固态萘等）、聚合物（聚乙二醇、纤维素等）、混合物（煤、石油等）等，均需指定类型；组分名称为该组分的英文名称；别名为各组分在 Aspen Plus 中的专属组分标识，每个组分均有其独有别名。

若知道欲添加组分的组分名称和别名，则可在表格对应列中直接输入，点击回车键，若输入正确，则软件会直接添加该组分，并自动填充类型、组分名称、别名和 CAS 号；若输入有误，则会弹出“查找化合物”窗口（图 2-4），在窗口中输入组分的化学式、结构简式或英文名，点击“立即查找”，软件会显示符合搜索要求的全部化合物，在列表中选择所查找的组分，点选该组分，并点击下方的“添加所选化合物”，即可添加组分。在组分 ID 列也可通过输入组分的化学式、结构简式或英文名添加组分，但注意输入字符不得超过 8 个，且输入内容与该组分的名称或别名一致。另外，也可通过点击下方的“查找”按钮，打开“查找化合物”窗口（图 2-4），手动添加组分。注意组分 ID 栏不能为空白，若为空白可双击自行命名（不超过 8 个字符，不区分大小写）。右键点击组分列表中任一行可执行复制、删除、插入行等操作。

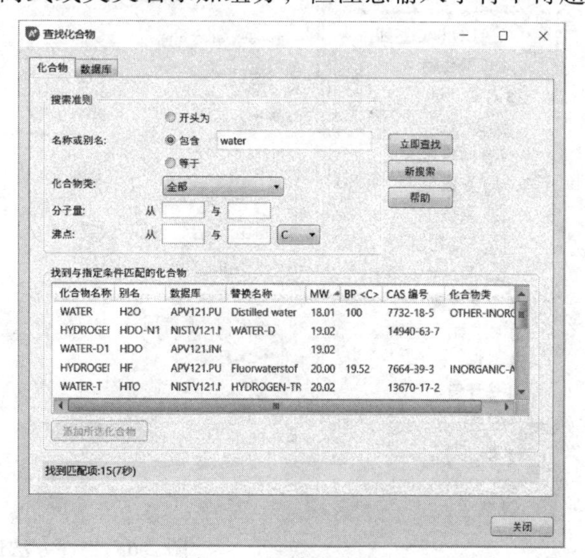

图 2-4　组分查找界面

本例中添加水（water）、甲醇（methanol）两个组分，如图 2-5 所示。随后，即可观察到标签栏的“选择”前图标已由变为，导航窗格中“组分”前的图标也由红色变为蓝色，表明组分输入已符合要求。随后可点击顶部功能区主页选项卡的“下一步”按钮 N▸ 或快捷键 F4，进入下一个输入页面，也可点击左侧导航窗格“方法 / 规定”进入物性方法选择界面（图 2-6）。N▸ 不仅可以提示下一个需输入的参数，也可以在参数输入错误时提示错误原因。因此当用户不知道流程中下一个该输入哪个参数或何处出错时，可以点击 N▸ 获得提示。

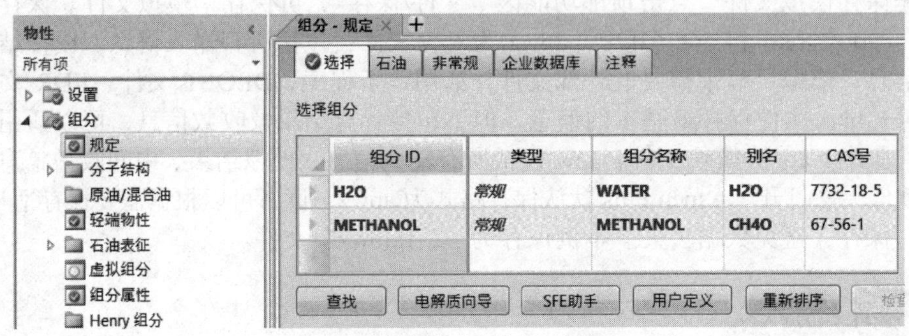

图 2-5　完成组分添加后的界面

每个模拟中均需选择物性方法用于计算工艺流程参数。Aspen Plus 可在整个模拟中使用同一个物性模型，也可针对各流程段或装置选择不同物性模型。对于各物性方法的介绍及选择依据详见第 3 章，本处先不作详述。本例中选择 NRTL-RK 作为全局物性模型，即在“方法名称”处的下拉列表中选择 NRTL-RK，可以看到工作区标签栏中的图标变为✔，表明此处输入已符合要求，如图 2-6 所示。但是导航窗格的方法处仍出现图标，这是因为对于 NRTL-RK 模型，其二元交互参数需用户查看相应页面以确认。点击 N▸ 按钮或依次点击“方法/参数/二元交互作用/ NRTL-1”，即可注意到标签页和导航窗格中的图标变蓝，表示用户已认可其中的二元交互参数，如图 2-7 所示。如果用户有更准确的数据可以自行输入，替换默认参数。这里认为系统的参数可靠，不作修改。如果二元交互参数项空白，表示系统中缺二元交互参数，需要用户根据文献资料或者实验数据补充，否则系统将按理想溶液处理，计算结果可能误差较大。另外，也可勾选图 2-7 中的“使用 UNIFAC 估算”，

图 2-6　物性方法选择界面

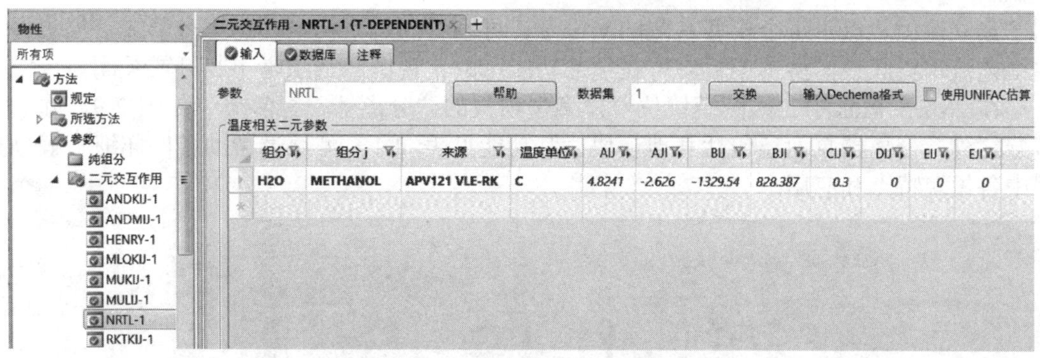

图 2-7　确认二元交互参数

系统会自动通过 UNIFAC 模型估算缺失的参数，以提高模拟精度。如果用户手里有从 DECHEMA 公司购买的物性参数，可点击功能区“主页”选项卡的 DECHEMA 按钮，完成补充数据的输入。至此，左下角的状态显示为“要求的物性输入已完成”，表示物性方面的信息已经填完，可以进入下一步工作——建立流程模拟。

2.3 建立流程模拟

点击图 2-3 窗口左下角“模拟”进入模拟环境，如图 2-8。模拟环境的窗口左侧为导航窗格，顶部为功能区，中部为工作区，下部为模型选项板（model palette）。进入模拟环境后系统会自动打开主工艺流程标签页，页面的空白空间用于建立流程图。工作区上方为仪表板，用于快速激活 Aspen Plus 中的经济分析、能量分析或换热分析功能。

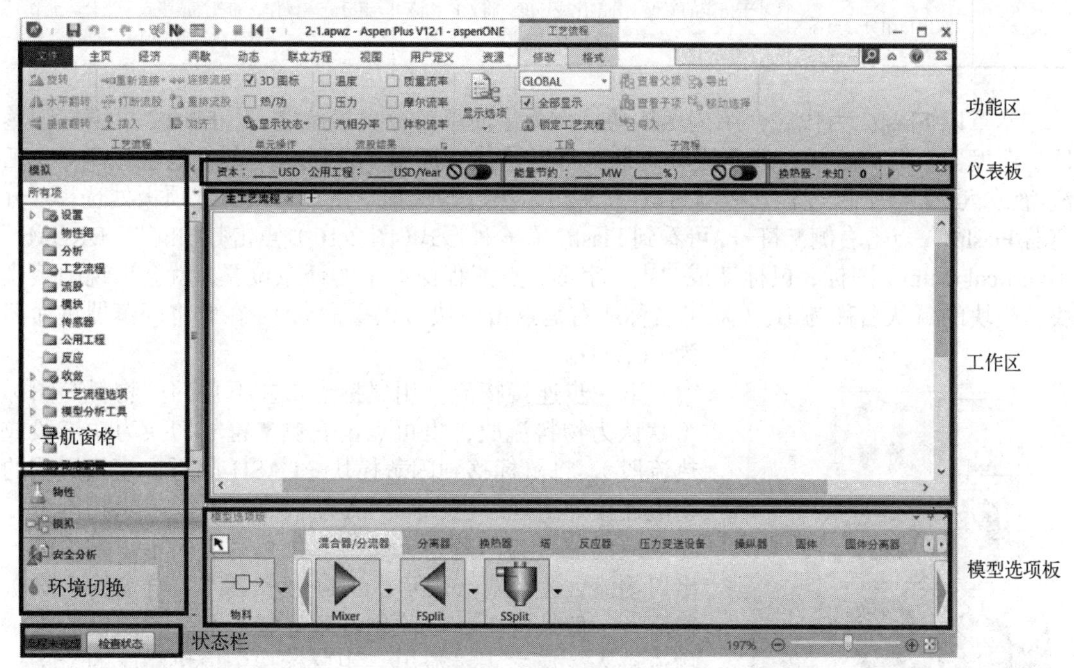

图 2-8　Aspen Plus 流程模拟环境

建立流程并输入必要参数后，才可进行模拟计算。当前左下角的状态信息显示红色底纹的“流程未完成”，表示流程尚未建立完毕或参数未全部输入。窗口正下方为模型选项板，包括物料连接图标，混合器/分流器、分离器、换热器、塔、反应器等各种单元操作模块，用于建立流程。点击每个模型右侧的▼符号，可以看到每个模型亦有多种形式。仪表板、主工艺流程页面、模型选项板均可在顶部功能区的“视图”选项卡下打开或关闭。

在 Aspen Plus 中，闪蒸模块位于模型选项板的“分离器”标签下，如图 2-9。除了闪蒸器之外，分离器页面还包括其他模块，其功能见表 2-1。可通过帮助文件详细了解分离器中各模块特点和应用。

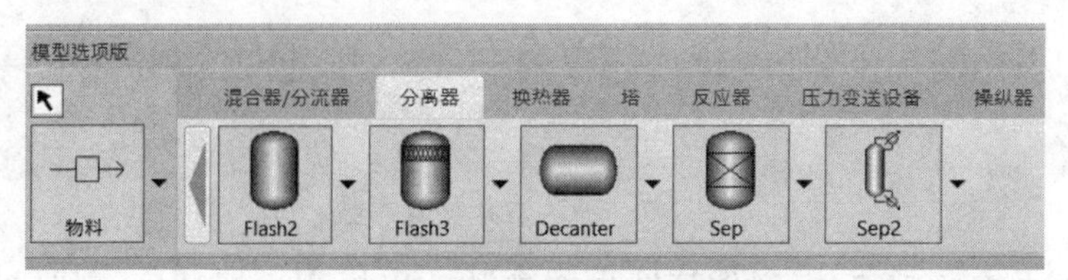

图 2-9　模型选项板中的分离器模块

表 2-1　分离器各模块功能

模块	描述	目的	应用
Flash2	双出口闪蒸	基于严格的汽-液或汽-液-液平衡，将入口物流分离为两个出口物流	闪蒸器、蒸发器、分离罐、单级分离器等
Flash3	三出口闪蒸	基于严格的汽-液-液平衡，将入口物流分离为三个出口物流	倾析器、双液相的单级分离器
Decanter	液-液倾析器	将入口物流分离为两个液相出口物流	倾析器、无汽相的双液相单级分离器
Sep	组分分离器	基于指定的流程或分割比，将入口物流分离为多个出口物流	组分分离操作，如蒸馏或吸收，当分离细节不详或不重要时
Sep2	双出口组分分离器	基于指定的流程、分割比或纯度，将入口物流分离为两个出口物流	组分分离操作，如蒸馏或吸收，当分离细节不详或不重要时

本章以 Flash2 为代表介绍闪蒸模块。作为最简单的分离模块之一，Flash2 可模拟闪蒸器、蒸发器、分离罐或其他单级分离器，进行绝热、恒温、恒压、露点或泡点计算，包括汽-液或汽-液-液平衡过程。本例为汽-液两相闪蒸过程模拟，在下方模型选项板处选择“分离器/Flash2”，点击右侧▼符号，可看到 Flash2 有 6 种形式（图 2-10），点击其中的“V-DRUM1”（vertical drum）图标，鼠标变成“十”字形，点流程窗口中的任意位置，就会出现闪蒸模块，模块的默认名称为 B1（双击名称或右键点击模块可以重命名），在此将闪蒸器重命名为 FLASH。

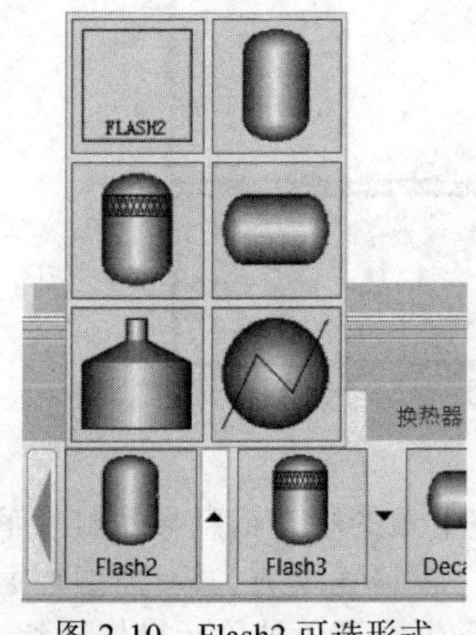

图 2-10　Flash2 可选形式

下一步连接物流。用鼠标点击左下角的“物料”图标（默认为物料流股，也可点击右侧▼符号切换为功流股或热流股），将鼠标移到闪蒸模块 FLASH 附近，模块周围的物流连接处出现红色、蓝色箭头（图 2-11），表示物流可以在相应的位置与闪蒸单元连接。红色箭头表示正常的进、出口物流，蓝色箭头表示水（自由水/污水；详见第 3 章）物流。一般情况下，物流用红色连线。箭头指向模块表示物流进入，反之表示流出。用鼠标选中模块相应的箭头位置，拖动鼠标，可拉出相应的物流，并自动带有物流编号 1、2、3 等。物流连接完成之后，按鼠标右键或者键盘左上角的 ESC 键，鼠标由“十”字形变成箭头。右键点击流股或左键双击流股名称可对流股进行重命名，在此将物流 1、2、3

重命名为 F、V、L，如图 2-12。如果需修改流股或模块自动命名时的前缀或字体，可在图 2-8 中窗口顶部功能区的“修改”选项卡，点击流股结果右侧的图标，在“流股和单元操作标签”处进行修改，如图 2-13。图中物流、模块的图标、名称等位置也可以通过鼠标来移动。右键点击模块或流股还可进行剪切、隐藏、对齐模块等操作，读者可自行尝试。

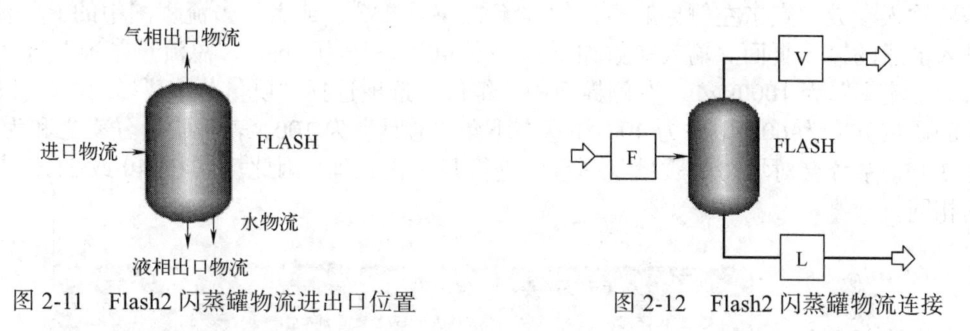

图 2-11　Flash2 闪蒸罐物流进出口位置　　图 2-12　Flash2 闪蒸罐物流连接

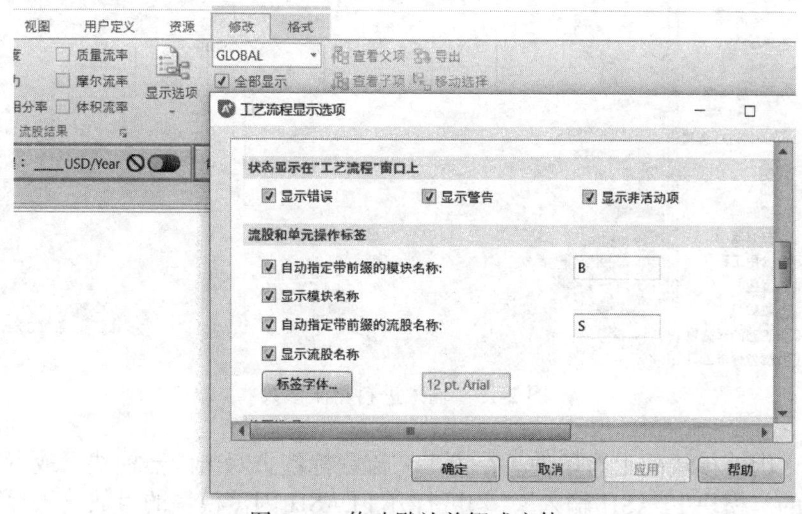

图 2-13　修改默认前缀或字体

出现图 2-14 所示的情况时，表明物流 F、V 均未连接到模块 FLASH 上。对于此种情况，可右键点击相应流股，选择“重新连接/重新连接目标”或“重新连接源”进行更改。如果需要删除物流或模块，则左键点击相应的物流或模块，使用键盘上 Delete 键删除。

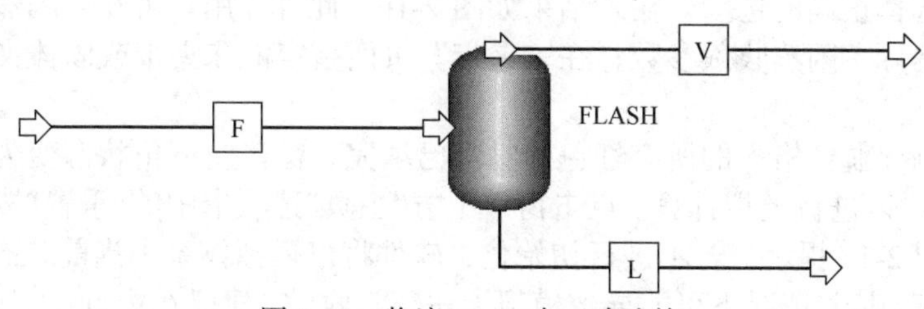

图 2-14　物流 F、V 未正确连接

如果窗口中的流程、数据太小看不清或太大显示不全，可以将鼠标放在流程窗口中某一空白位置点击右键，选择“缩放到适当大小”来使流程图正好充满整个窗口，也可通过鼠标的滚轮调整大小，或者使用顶部功能区的“视图/缩放”快捷菜单进行调整。

为方便后面的数据输入，先查看当前的单位制是否与题目中的单位一致。查看窗口上方功能区的“主页”选项卡下单位制是否为 METCBAR（公制单位，温度为℃，压力为 bar）。必要时，用户可切换成其他单位制。切换后，流程中已输入的参数也会自动换算为其他单位。

点击左侧导航窗格中的流股，可以看到 F 流股（闪蒸罐入口物流）的图标为红色，表示需要输入参数。点击左侧导航窗格的“流股/ F /输入”，或者双击流程图中的 F 物流线，即进入流股的输入页面。输入参数如下：温度 40℃，压力 1bar，“总流量基准”选择“质量”，“总流率”为 1000kg/h。右侧界面中“组成”选项选择“质量分率[1]”，下方表格中填写水的质量分率为 60，甲醇为 40。注意右下角“总计”为 100，表示质量分率之和为 100，如图 2-15。系统会对填写的质量分率自动进行归一化处理，因此填入 60/40 或 3/2，计算结果均相同。

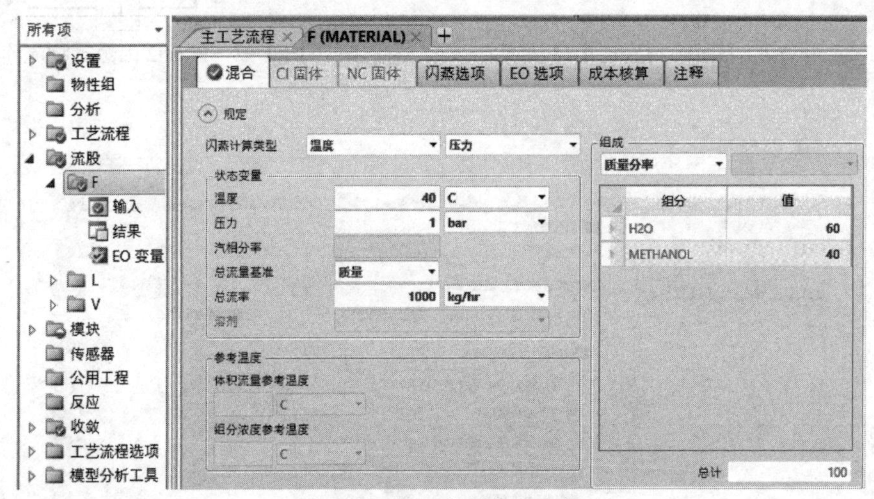

图 2-15　输入进料物流参数

随后输入闪蒸模块的工作条件。在主工艺流程标签页双击闪蒸模块，或者依次打开左侧导航窗格的“模块/FLASH/输入”，均可打开 FLASH 闪蒸模块的参数输入界面。闪蒸单元的计算需指定温度、压力、负荷、汽相分率四个参数中的任意两个。例 2-1 第一问需计算泡点（泡点对应的汽相分率为 0），因此四个参数中选择“汽相分率”和“压力”。汽相分率为 0（物流闪蒸后变为饱和液体），压力为 1bar。在输入页面还需要指定“有效相态”，默认为“汽-液”。需注意有效相态的选择对于 Aspen Plus 的模拟结果有很大影响，需根据体系实际情况选择正确的选项。输入结果如图 2-16。此外，用户可在“闪蒸选项”页面指定温度和压力估计、闪蒸收敛参数；在“夹带”页面指定液沫夹带或固体夹带，本题中无需输入。

至此，左侧导航窗格中的所有红色标签都已填完，窗口左下角状态变为“所需输入完整”，表示软件可以进行模拟计算。点击窗口上方“主页”选项卡中的“重置”按键对系统进行初始化，出现图 2-17 提示。若不进行初始化，软件将以模拟体系中当前状态（结果）为初值进行模拟计算，某些情况下可能导致模拟无法正常收敛，建议在进行模拟前均重置模拟。点击“确定”，确认对模拟计算的初始化，窗口提示初始化操作将清除之前所有运行结果，系统重新进行计算，点击“确定”，然后点击窗口上方中的“运行”开始模拟。模拟计算运行结束之后，窗口左下角状态变为“结果可供查询”。

[1] 规范的称谓是质量分数。

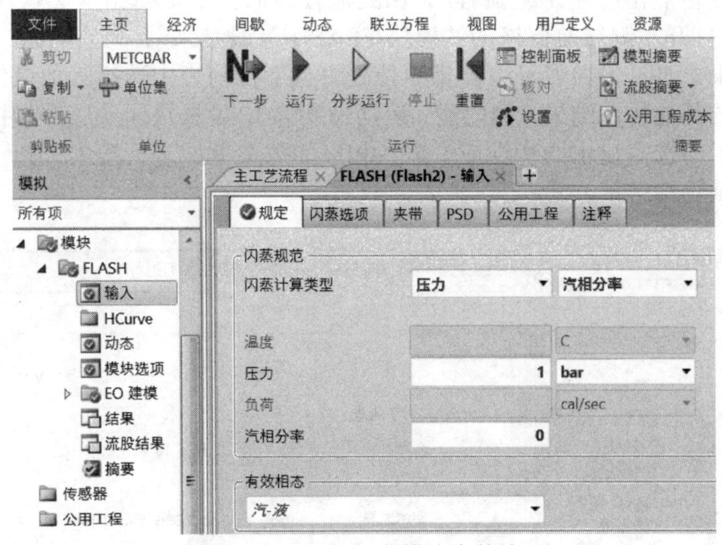

图 2-16　Flash2 闪蒸模块参数输入

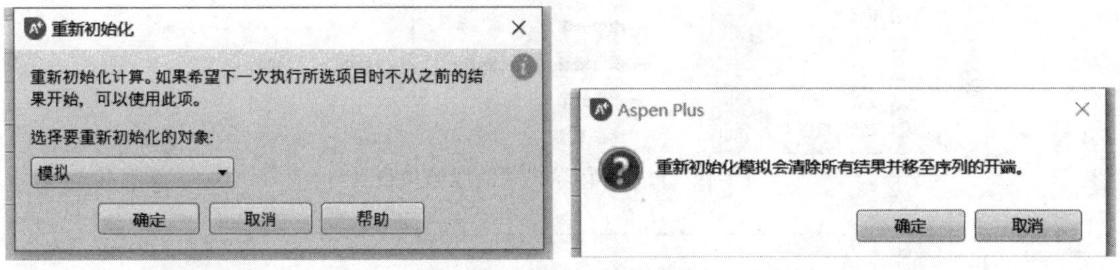

图 2-17　系统初始化确认

2.4 查看结果

在主工艺流程标签页右键点击闪蒸模块选择“结果”，或者依次打开左侧导航窗格的“模块/FLASH/结果”，查看计算结果。如图 2-18 所示，可以看到，在“摘要”页，显示出口温度 79.14℃，汽相分率（摩尔）和汽相分率（质量）均为 0，表明此出口温度也是此体系在 1bar 下的泡点。闪蒸单元热负荷为 11165.6cal/sec（即 cal/s，1cal/s=4.18W），表示闪蒸过程需要吸收热量。点击单位旁的符号▼打开下拉列表，可以将计算结果以其他单位表示。进入“平衡”或“相平衡”标签页也可查看此模块的其他相关计算结果。

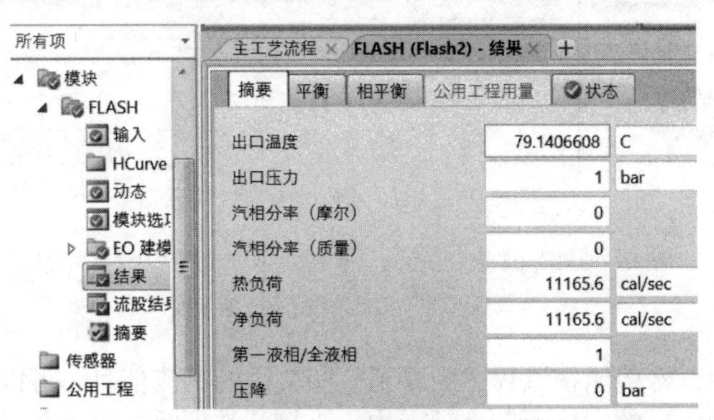

图 2-18　Flash2 闪蒸模块结果查看

在上方标签栏点击“主工艺流程”，回到流程界面。右键点击闪蒸模块选择“流股结果”，或者依次打开左侧导航窗格的“模块/FLASH/流股结果”，可查看进、出此模块所有流股的计算结果，如图 2-19 所示。点击单位处可从下拉列表中选择其他单位。如果还需要查看关于流股的其他物性结果（如内能、运动黏度等），可从页面最底部选择“添加物性”，在弹出的窗口中勾选需显示的物性或者输入相应的英文单词进行搜索（图 2-20），即可在流股结果中看到物性结果。

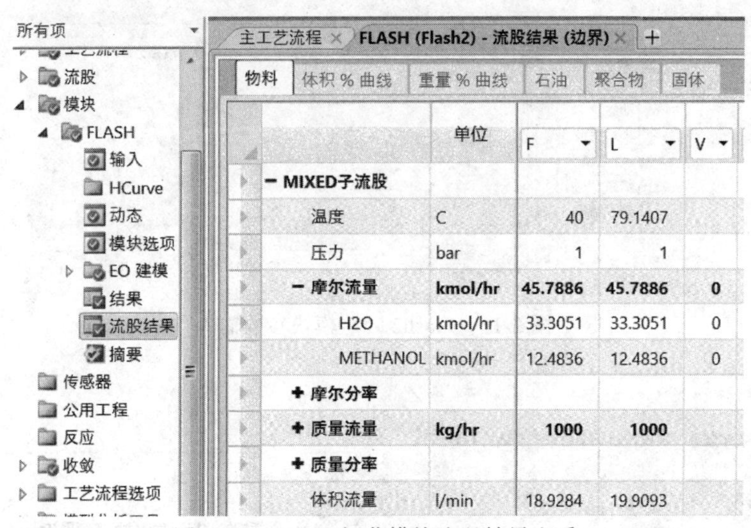

图 2-19　Flash2 闪蒸模块流股结果查看

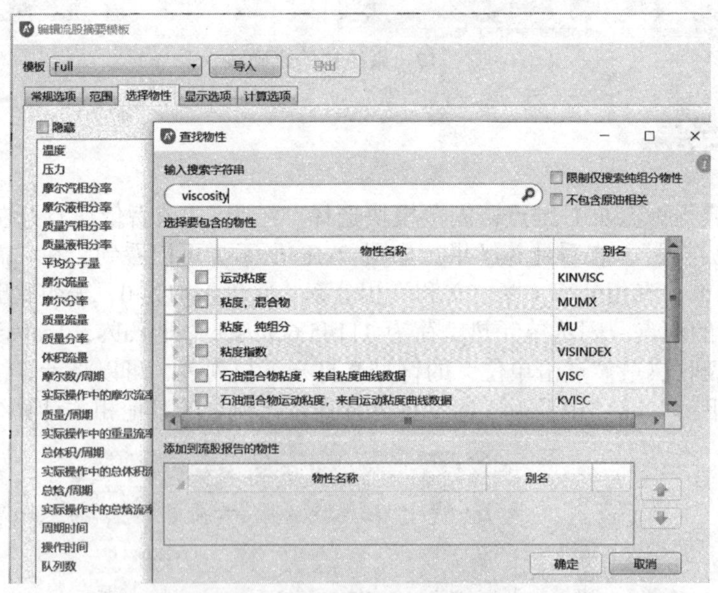

图 2-20　添加需显示的物性信息

“粘度”的规范用法是“黏度”，“摩尔数”的规范用法是“物质的量数”，
“重量流率”的规范用法是“质量流率”

有时为了方便，希望能在流程图中看到一些关键的物流信息，可以在主工艺流程窗口下，在窗口顶部功能区的“修改”选项卡中，直接勾选所需要显示的项目（图 2-21），流

程中便出现图 2-22 的物流信息。如需进一步更改格式、颜色、字体等，可点击图 2-21 中的图标 进行设置。如果不想看到上述物流信息，在右侧的“显示选项”下拉菜单中取消勾选“全局数据”即可，如图 2-23。

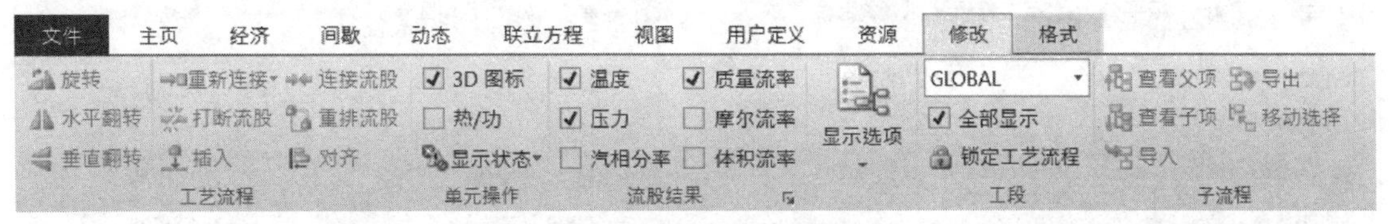

图 2-21 功能区中的修改选项卡

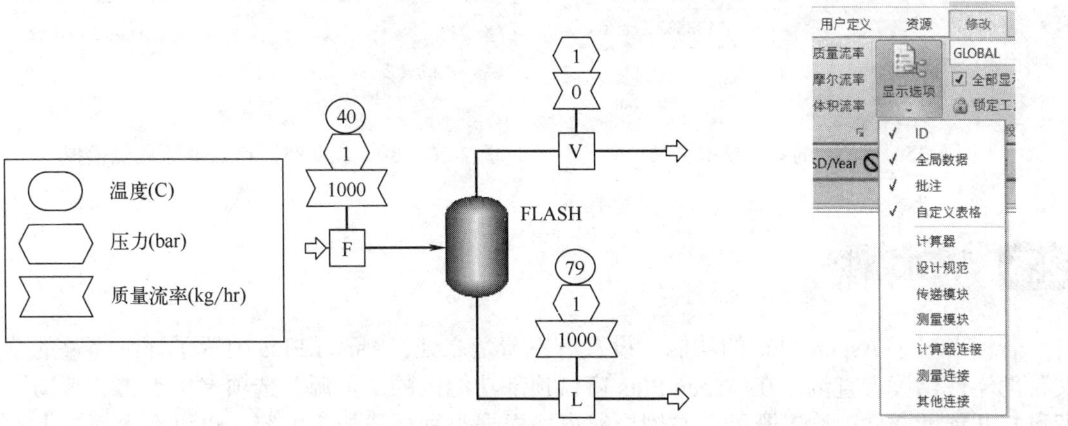

图 2-22 工艺流程图的物流信息

图 2-23 添加需显示的物流信息

如果程序运行过程中出错，可以点击顶部功能区中的“主页/控制面板”，能看到程序运行过程的一些信息（图 2-24），帮助用户诊断错误所在。图 2-24 中*提示，本例信息进料 F 的组成圆整为 1，模拟过程无警告或错误。点击左下角“检查状态”也可查看精简的状态信息。

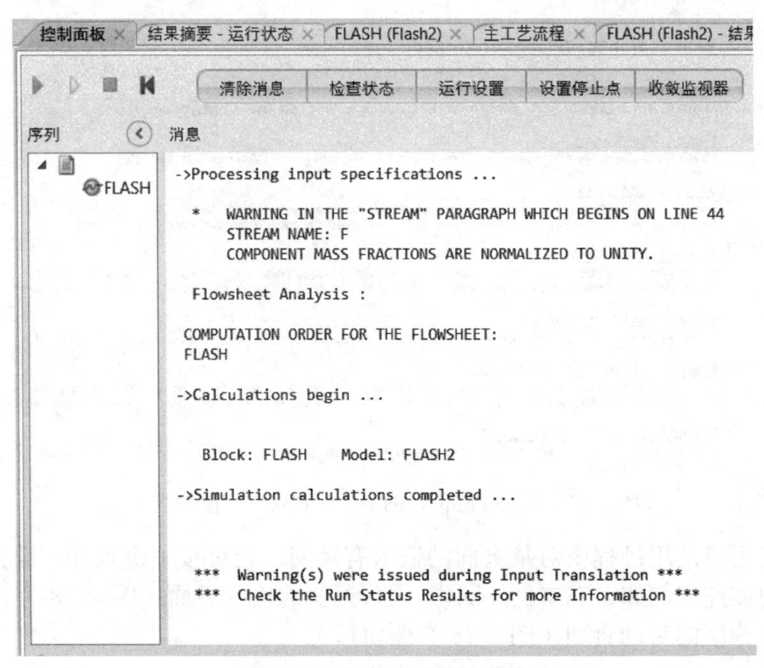

图 2-24 运行过程状态信息

同理，可计算物流在 1bar 下的露点（汽相分率为 1），以及物流在 85℃和 1bar 下闪蒸后的汽相分率。结果分别如图 2-25 和图 2-26 所示。

摘要 | 平衡 | 相平衡 | 公用工程用量 | 状态

出口温度	92.2705238	C
出口压力	1	bar
汽相分率（摩尔）	1	
汽相分率（质量）	1	
热负荷	133882	cal/sec
净负荷	133882	cal/sec
第一液相/全液相		
压降	0	bar

图 2-25　例 2-1 的露点模拟结果

摘要 | 平衡 | 相平衡 | 公用工程用量 | 状态

出口温度	85	C
出口压力	1	bar
汽相分率（摩尔）	0.371289	
汽相分率（质量）	0.423688	
热负荷	55626.6	cal/sec
净负荷	55626.6	cal/sec
第一液相/全液相	1	
压降	0	bar

图 2-26　例 2-1 的 85℃和 1bar 下闪蒸模拟结果

2.5 帮助文件

若读者对于 Aspen Plus 的功能、设置有不清楚之处，Aspen Plus 内置了详细完整的英文帮助文件供读者查询。在 Aspen Plus 窗口顶部功能区的“资源”选项卡中点击“帮助”，即可打开帮助文件。读者既可在左侧导航窗格根据类别寻找相应内容，也可在界面右上方的搜索栏中搜索关键词查找想了解的内容。例如，欲了解分离器模块中 Flash3 的功能和使用范围，即可在搜索栏中输入“Flash3”，点击🔍，进入搜索结果页面，如图 2-27 所示。在其中的“Working with Flash3”页面中可了解更多关于 Flash3 模块的信息。

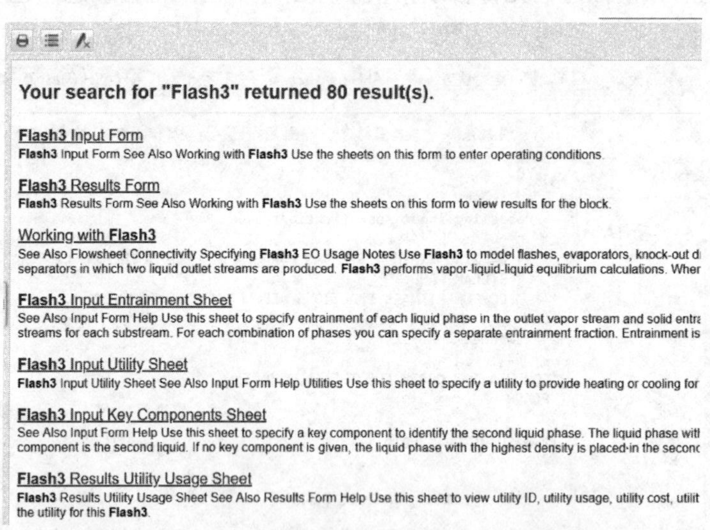

Your search for "Flash3" returned 80 result(s).

Flash3 Input Form
Flash3 Input Form See Also Working with **Flash3** Use the sheets on this form to enter operating conditions.

Flash3 Results Form
Flash3 Results Form See Also Working with **Flash3** Use the sheets on this form to view results for the block.

Working with Flash3
See Also Flowsheet Connectivity Specifying **Flash3** EO Usage Notes Use **Flash3** to model flashes, evaporators, knock-out d
separators in which two liquid outlet streams are produced. **Flash3** performs vapor-liquid-liquid equilibrium calculations. Wher

Flash3 Input Entrainment Sheet
See Also Input Form Help Use this sheet to specify entrainment of each liquid phase in the outlet vapor stream and solid entra
streams for each substream. For each combination of phases you can specify a separate entrainment fraction. Entrainment is

Flash3 Input Utility Sheet
Flash3 Input Utility Sheet See Also Input Form Help Utilities Use this sheet to specify a utility to provide heating or cooling for

Flash3 Input Key Components Sheet
See Also Input Form Help Use this sheet to specify a key component to identify the second liquid phase. The liquid phase wit
component is the second liquid. If no key component is given, the liquid phase with the highest density is placed in the secon

Flash3 Results Utility Usage Sheet
Flash3 Results Utility Usage Sheet See Also Results Form Help Use this sheet to view utility ID, utility usage, utility cost, utilit
the utility for this **Flash3**.

图 2-27　Aspen Plus 帮助中的“Flash3”检索结果

此外，若用户使用过程中对某页面的输入有疑问，也可按下键盘 F1 键打开与当前页面相关的帮助文件。例如，在本例 Flash2 闪蒸模块的输入界面（图 2-28 左侧窗口）按下 F1，即可打开相应的帮助页面（图 2-28 右侧窗口）。

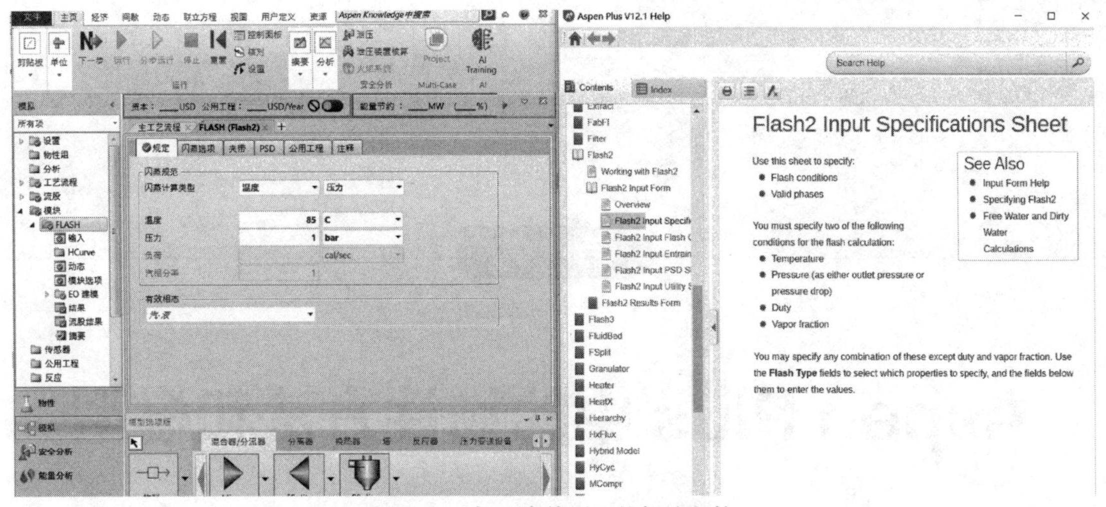

图 2-28　打开当前页面的帮助文件

练习 2-1　在 100kPa 下，组成为 40%（质量分率）苯、60%（质量分率）甲苯的混合物，泡点进料，流量 100kmol/h。①计算其露点；②将此混合物在 100kPa 下进行闪蒸，使进料的 60%（摩尔分率[1]）汽化，求闪蒸温度、闪蒸过程热负荷。物性方法 RK-SOAVE。（答案：①101.4℃；②98.9℃、556.5kW）

[1] 规范的称谓是摩尔分数。

第3章

Aspen Plus 中的物性方法和模型

物理性质（physical property，简称物性）方法是指用于计算物性的模型和方法的集合。物性方法对计算结果影响非常大，精确可靠的模拟依赖于正确的物性方法和可靠的物性参数。目前尚不存在一个能够适应各种体系的完美物性方法，因此化工设计人员需要根据研究体系、现有条件和对精度的要求选择恰当的物性模型。物性方法选择或使用不当，计算结果就不可靠。以第 2 章的甲醇-水混合物闪蒸过程为例，在其他条件不变的情况下，选择不同的物性方法，模拟结果可能会产生很大变化，如表 3-1 所示。可见，物性方法的选择和未知物性数据的估算对于准确、可靠的流程模拟至关重要。

表 3-1　不同物性方法得到的例 2-1 闪蒸模拟结果

物性方法	泡点/℃	液相摩尔焓/（kJ/mol）	体积流量/（L/min）
NRTL-RK	79.14	–268.6	19.91
WILSON	78.74	–268.9	19.90
SRK	68.30	–270.1	19.99
PENG-ROB	78.60	–269.8	19.89
PRWS	80.63	–268.9	21.92

3.1 物性方法

与其他同类软件相比，Aspen Plus 的优势之一在于其丰富、完备的物性方法库。Aspen Plus 中的物性方法包括三个类型：热力学性质方法（thermodynamic property method）、传递性质方法（transport property method）、非常规组分焓计算（nonconventional component enthalpy calculation）。其中最重要的是用于计算蒸气压、活度、逸度等热力学参数的热力学性质方法，热力学性质方法的选择决定了工艺流程的模拟计算准确性。Aspen Plus 中内置了超过九十种热力学性质方法，这些方法可分为理想模型、状态方程模型、活度系数模型和特殊模型等，在本节进行重点介绍。如无特殊说明，本书中物性方法均指代热力学性质方法。

3.1.1 理想体系

理想体系是指气相符合理想气体状态方程（$pV=nRT$）、液相符合拉乌尔定律（活度系

数为 1）的体系。对于理想体系中的不凝气组分，将其定义为亨利组分，适用亨利定律。对于气相而言，理想体系通常要求高温低压，且气相分子间无缔合作用；对于液相而言，理想体系则要求各组分大小和形状相似的非极性体系，如二甲苯混合物或烷烃混合物。对于满足这些要求的理想体系，且对精度要求不高时，可使用 Aspen Plus 中的 IDEAL 模型。

3.1.2　状态方程模型

状态方程（equation of state，EOS）是指描述流体 p-V-T 关系的函数式。针对不同温度、压力范围，不同分子大小、极性的体系，目前已开发出数百个状态方程，且此领域的研究仍在进行中。除了理想气体状态方程外，目前常用的状态方程可分为位力方程、立方型状态方程和其他类型状态方程。常用的状态方程模型包括 Redlich-Kwong（RK）、Peng-Robinson（PR）、Benedict-Webb-Rubin-Starling（BWRS）方程等。为了提高计算精度和适用范围，研究人员还对各种状态方程模型进行了补充或修正，例如基于 RK 方程提出了 SRK、RKSMHV2、RKSBM 等。状态方程模型使用相同的状态方程计算汽、液两相的性质，对于各种压力下的气体体系，状态方程模型的计算精度较高，能够准确地预测气体性质；但对于液体，尤其是极性液体或缔合液体，状态方程法的计算精度相对较低。

3.1.3　活度系数模型

活度系数模型是在一定的溶液理论基础上提出的半理论半经验的模型。活度系数模型可以准确地预测中低压下各类液体体系的性质，包括互溶或部分互溶、聚合物、电解质等高度非理想性体系。多数活度系数模型没有考虑压力对活度系数的影响，因此不适用于高压或近临界状态。常用的活度系数模型包括 WILSON、NRTL、UNIQUAC、UNIFAC 等。由于活度系数模型本身没有合适的计算气（汽）相活度系数的方法，所以没有特殊说明的情况下，这些模型通常使用理想气体状态方程计算气（汽）相性质。

3.1.4　混合模型

可以看出，状态方程模型更适用于气（汽）相体系性质的计算，而活度系数模型更适用于液相体系性质的计算。因此，对于包含极性组分的精馏、吸收等涉及气（汽）-液相平衡的体系，常采用状态方程模型和活度系数模型结合的方法用于体系性质的计算。例如 NRTL-RK 方法表示气相采用 RK 方程、液相采用 NRTL 模型进行物性计算。这种混合模型法能够更精确地处理中低压下的气（汽）-液两相平衡或气（汽）-液-液三相平衡体系。

3.1.5　亨利定律

活度系数模型通常使用纯液体的逸度作为标准态。对于难液化气体组分（如 N_2、O_2、H_2S），当体系温度超过其临界温度时，这些难液化组分为超临界组分，此时其纯液体的逸度数据不可得，因此需将其定义为亨利组分（Henry component），以其无限稀释状态为标准态。在 Aspen Plus 中，对超临界气体组分的气-液平衡体系使用活度系数模型时，需定义亨利组分，用于更准确地计算液相中超临界组分的溶解度。软件中已内置了大量亨利系数数据供用户使用，用户可在物性环境中，通过导航窗格的“组分/Henry 组分”进行设置。具体实例请参考本书 5.3 节。

3.1.6　特殊体系的物性方法

对于包含聚合物、电解质、固体等特殊组分的体系，Aspen Plus 中也内置了多种适用于这些体系的特殊物性方法，相关内容在第 12 章进行具体介绍。

3.2 物性方法选择

Aspen Plus 的帮助文件中，对于物性方法的选择提供了如图 3-1 和图 3-2 所示的判断依据。此外，读者还可在帮助文件中打开 Using the Properties Environment/Physical Property Methods/Choosing a Property Method/Recommended Property Methods for Different Applications 页面，查看不同领域的常用物性方法。对于某种物性方法的详细信息，也可在帮助文件中的 Aspen Plus Reference/Physical Property Methods and Models/Physical Property Models 页面查询。

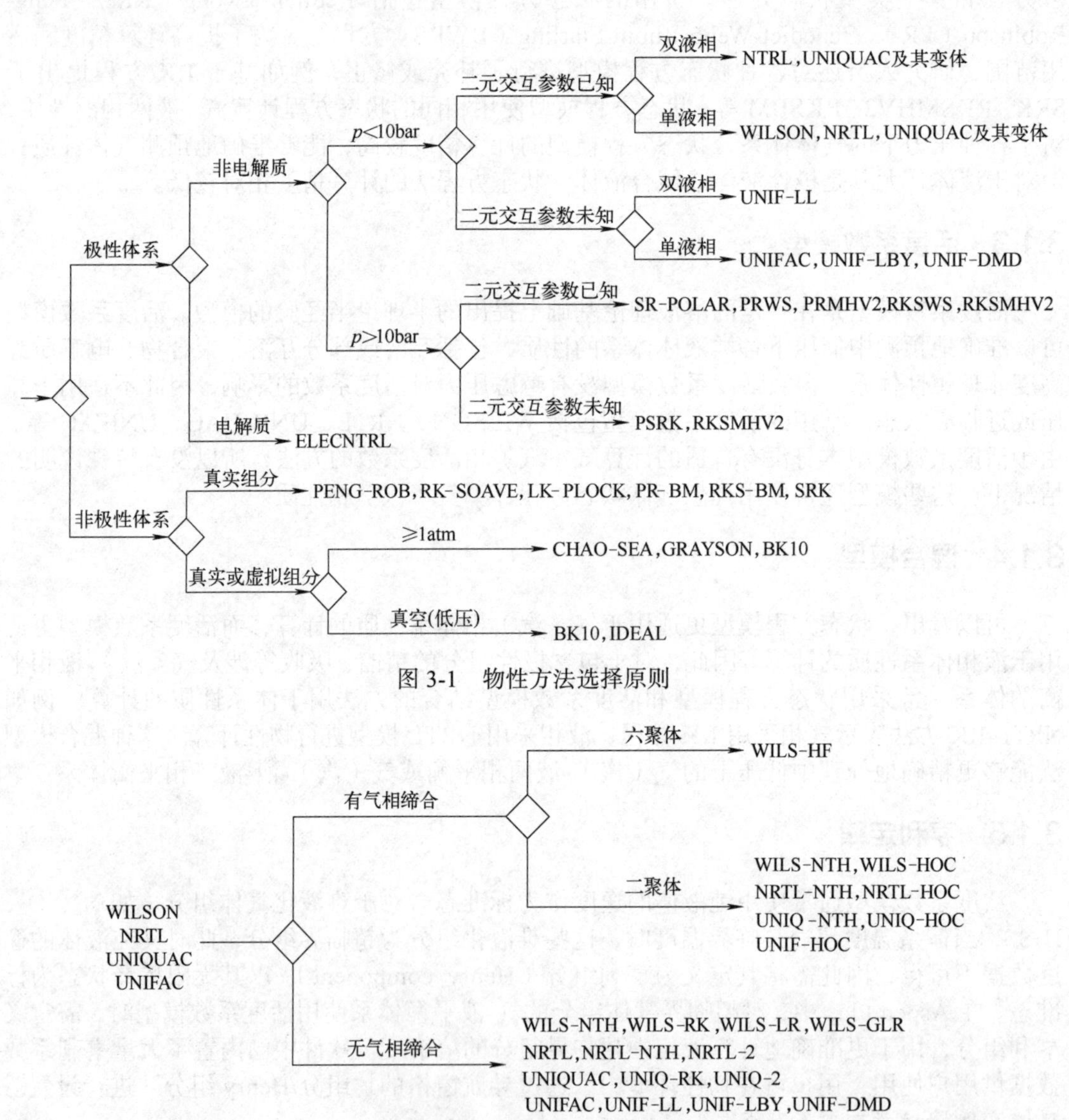

图 3-1　物性方法选择原则

图 3-2　活度系数模型选择原则

比如：丙烷-乙烷-丁烷属非极性体系，可使用状态方程法，如 RK-SOAVE 或 PENG-ROB 等；苯-水、丙酮-水、甲醇-水属于极性体系，可使用活度系数模型，如 UNIQUAC、NRTL、

WILSON 等；苯-甲苯的常压汽-液体系属弱极性低压体系，既可选择 RK-SOAVE 类状态方程法，也可选择 NRTL-RK 等活度系数模型与状态方程相结合的模型。

3.3 自由水近似、污水近似和严格三相计算

当液相体系中有水和有机物同时存在时，经常会出现两个不同组成的液相。为了能更好地处理这种液-液平衡体系，Aspen Plus 定义了自由水近似（free-water）、污水近似（dirty-water）和严格三相计算（rigorous three-phase）三种处理方法，用户可根据体系的具体情况选择相应的计算方法。

自由水近似适用于水微溶于有机相而有机物完全不溶于水的体系，如烷烃在水中的溶解度可忽略的烷烃-水体系。自由水近似下的水相为纯水，因此称为自由水相（free water phase）。自由水近似计算速度快，对于物性参数的要求低。使用自由水近似时，需指定计算自由水相热力学和传输性质的物性方法，共有 8 种方法，分别为 STEAM-TA、IDEAL、STEAMNBS、STMNBS2、IWPWS-95、IF97、SYSOP0 和 RTOSTM。Aspen Plus 的默认选项为 STEAM-TA。用户可查询帮助文件以了解各种方法的特点和适用范围。在全局物性方法规定中，需指定自由水方法，默认选项为 STEAM-TA。若物性方法选择 SRK，则自由水方法需选择为 STEAMNBS，否则会提示警告。

污水近似适用于水微溶于有机相且有机物亦微溶于水的体系，也包括有机物在水中溶解度虽小但不可忽略的体系。当有机物在水相中的溶解度较大时（如正丁醇），或对计算精度有较高要求时，需使用严格三相计算方法。严格三相计算需已知二元交互参数，因此对物性参数要求高，且计算时间相对较慢。

在所有涉及或可能涉及液-液相平衡的模块或物流中，均可以指定有效相态为液-自由水、液-污水或液-液，分别对应自由水近似、污水近似或严格三项计算。图 3-3 和图 3-4 为混合器（mixer）和物流的“有效相态”选择菜单。

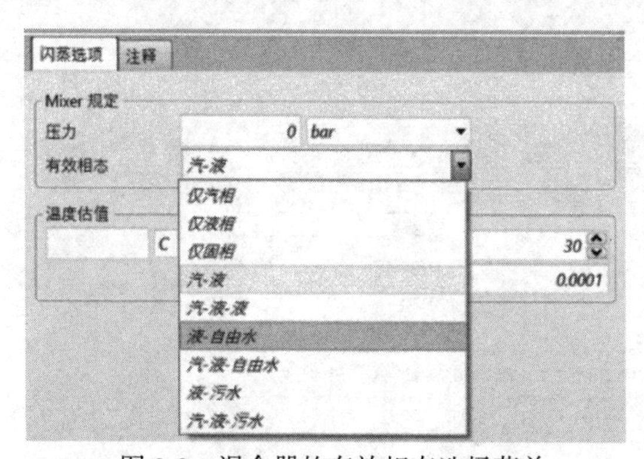

图 3-3　混合器的有效相态选择菜单

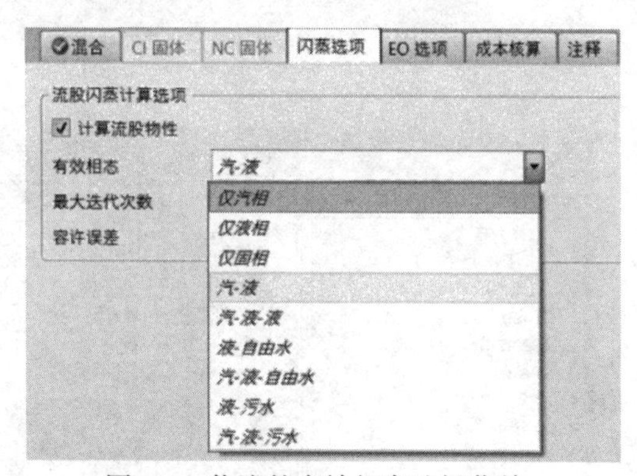

图 3-4　物流的有效相态选择菜单

3.4 物性分析

在设计混合物的精馏、萃取、反应等工艺过程，或者进行设备选型时，往往需要先了解各组分的汽-液、液-液平衡关系，以及体系的密度、黏度、蒸气压等基本性质。这些性质可以通过 Aspen Plus 分析工具，选择恰当的物性方法，对纯组分、双组分、三元系混合物或某一物流的相关物性进行计算。物性分析功能能够分析的性质可查询帮助文件的

Using the Properties Environment/Properties Environment Forms/Analysis 条目。

物性分析功能可以通过两种方式实现：物性环境中的分析工具，或模拟环境中流股分析功能。以下通过两例分别介绍两种物性分析方式。

例 3-1 演示视频

例 3-1 氯仿-丙酮-水体系，物性方法 NRTL。在物性环境分析：①20~100 ℃范围内氯仿蒸气压与温度关系；②丙酮-水体系在 1atm（1atm=101325Pa）下的汽-液平衡关系；③三元系的共沸组成。

本例不需要建立流程图，模拟流程如下。

进入 Aspen Plus 选择“新建模拟”，添加氯仿、丙酮、水组分（图 3-5），物性方法选择 NRTL，确认二元交互参数。由于水-氯仿为不互溶体系，会形成双液相，因此在模拟中需修改有效相。在左侧导航窗格中选择“设置/规定”，在页面中指定“有效相”为“汽-液-液”，见图 3-6。

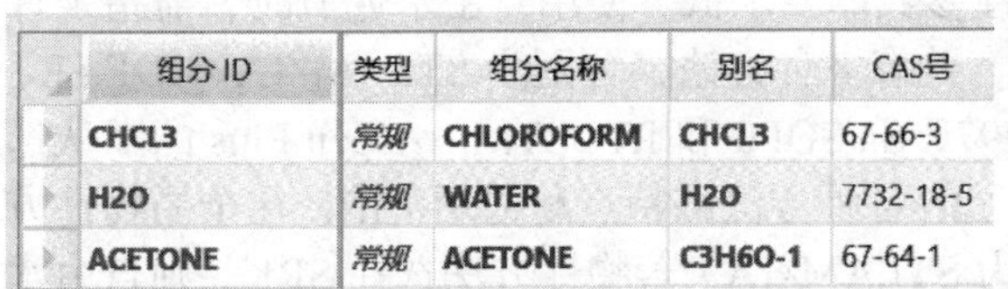

组分 ID	类型	组分名称	别名	CAS号
CHCL3	常规	CHLOROFORM	CHCL3	67-66-3
H2O	常规	WATER	H2O	7732-18-5
ACETONE	常规	ACETONE	C3H6O-1	67-64-1

图 3-5 添加组分

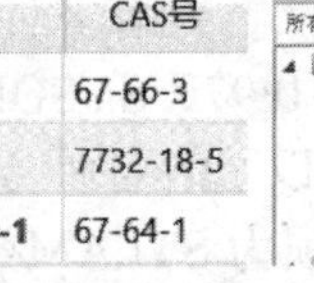

图 3-6 指定有效的相态

（1）分析 20~100℃范围内氯仿蒸气压与温度关系

在物性环境，点击上方功能区“主页”选项卡右侧的“纯”（图 3-7），建立纯组分物性的分析任务 PURE-1，界面如图 3-8 所示。在界面内，“物性类型”选择“热力学”，需分析的物性选择 PL（纯组分蒸气压），单位为 kPa，相选择液相。物性列表中选项的含义

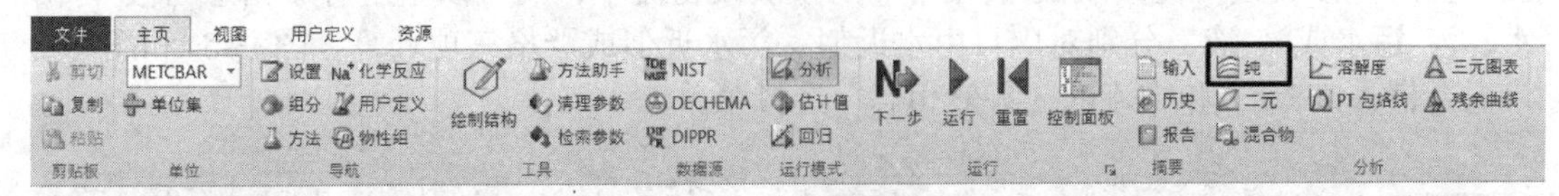

图 3-7 主页选项卡

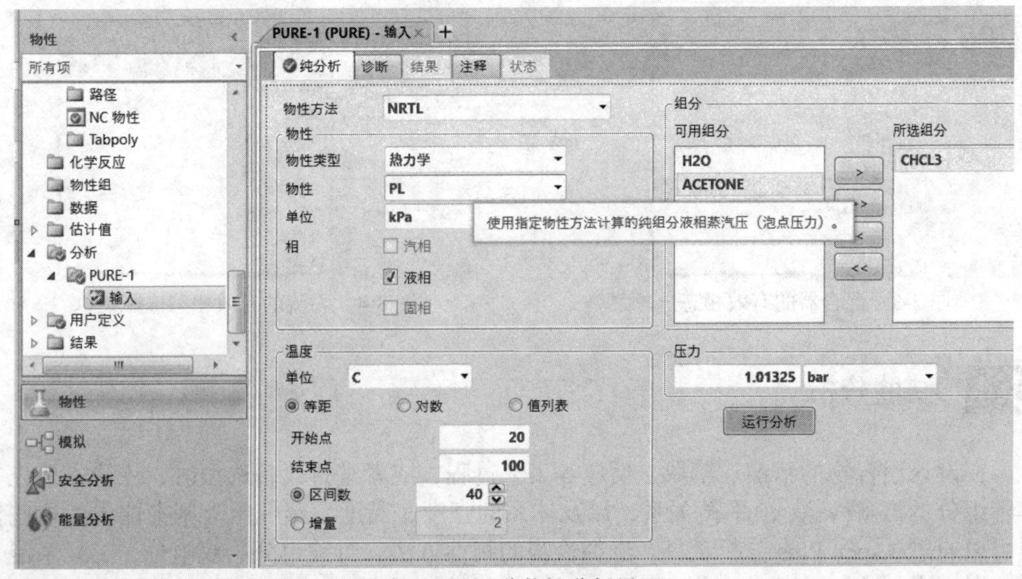

图 3-8 纯组分物性分析界面

见鼠标悬停出现的浮框，也可通过帮助文件中的 Aspen Plus Reference/Physical Property Data Reference Manual/Property Sets/Pure Component Thermodynamic Properties 页面了解。界面右侧从可用组分中将氯仿添加至所选组分。其余选项如图 3-8 所示。

点击下方 运行分析 ，系统根据 NRTL 计算纯组分蒸气压，得到蒸气压曲线如图 3-9 所示。在页面上方功能区的“格式”选项卡中（图 3-10），可更改图的相关格式。若需修改图中的曲线颜色、线形，可选中所要修改的曲线，在功能区的“格式”选项卡进行修改。用户在图形区域点击鼠标右键可复制图片。在 PURE-1 的“输入”窗口，点击“结果”标签页，可查看计算的蒸气压数据，如图 3-11 所示。

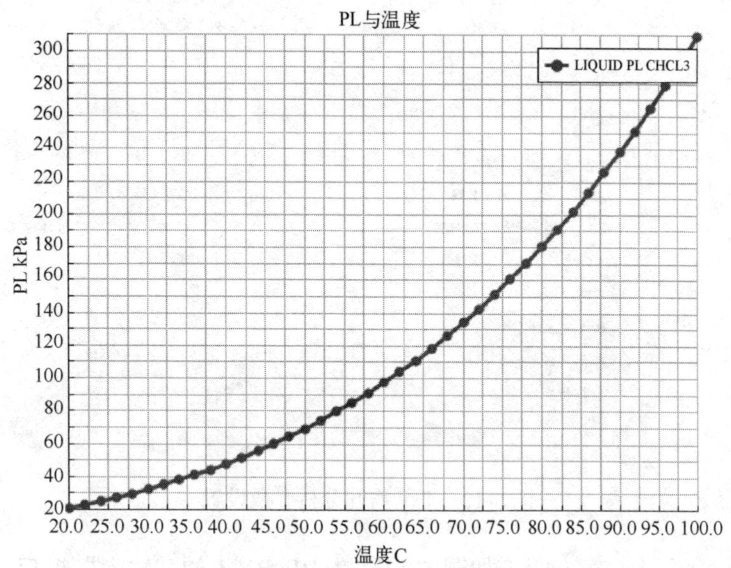

图 3-9　氯仿蒸气压曲线

图 3-10　格式选项卡

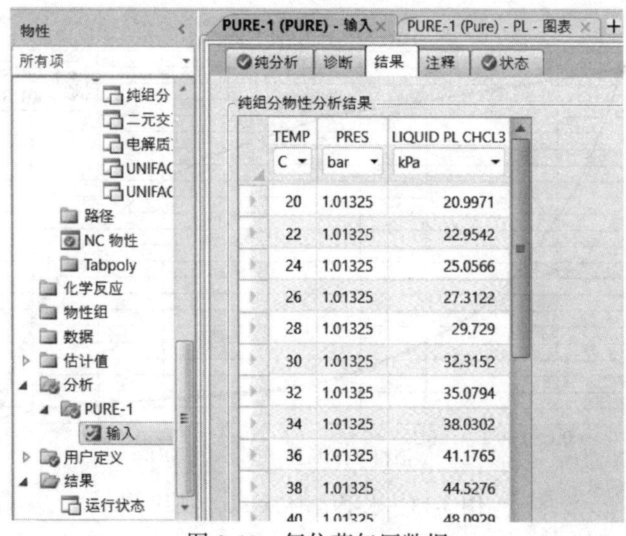

纯组分物性分析结果

TEMP	PRES	LIQUID PL CHCL3
C	bar	kPa
20	1.01325	20.9971
22	1.01325	22.9542
24	1.01325	25.0566
26	1.01325	27.3122
28	1.01325	29.729
30	1.01325	32.3152
32	1.01325	35.0794
34	1.01325	38.0302
36	1.01325	41.1765
38	1.01325	44.5276
40	1.01325	48.0929

图 3-11　氯仿蒸气压数据

（2）分析丙酮-水体系在 1atm 下的汽-液平衡关系

在图 3-7 中的“主页”选项卡中，点击 二元，建立双组分物性的分析任务 BINRY-1。在页面中选择 Txy（恒压下的温度-组成图）、水-丙酮双元系、质量分率，以丙酮为基准，范围 0~1，区间数为 40，压力 1atm，输入结果如图 3-12 所示。

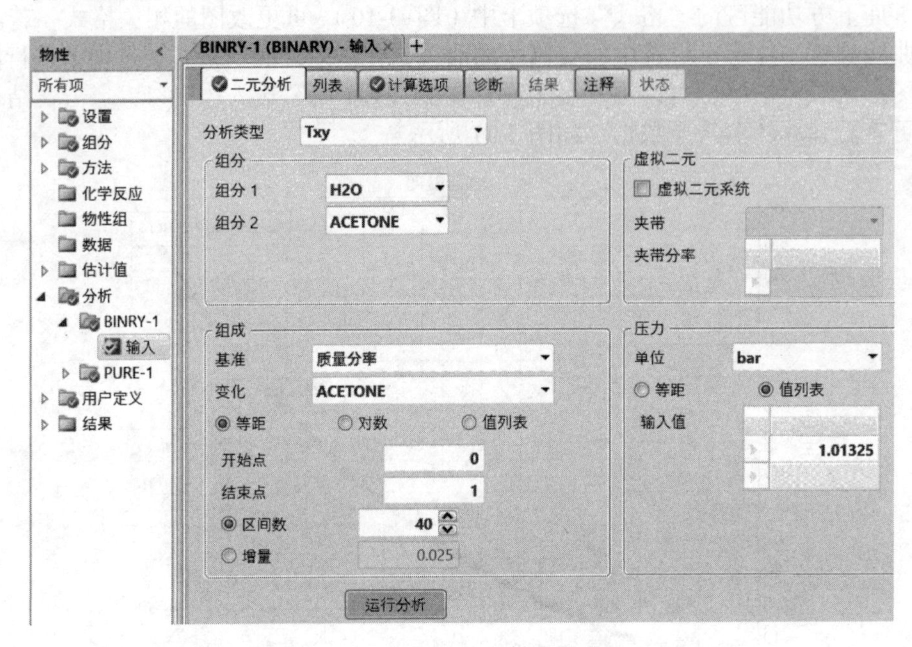

图 3-12　Txy 物性分析参数设置

点击 运行分析 得到 *T-x-y* 图，如图 3-13。在 BINRY-1 的“输入”窗口，点击“结果”标签页，可查看 *T-x-y* 数据，如图 3-14。也可根据需要，在功能区的图表栏内选择“T-x”“y-x”“K 值”等选项绘制其他类型相图，如图 3-15。

（3）分析三元系的共沸组成

在图 3-7 中的“主页”选项卡中，点击 三元图表，进入三元体系分析系统，弹出图 3-16 所示对话框，点击“查找共沸物”。

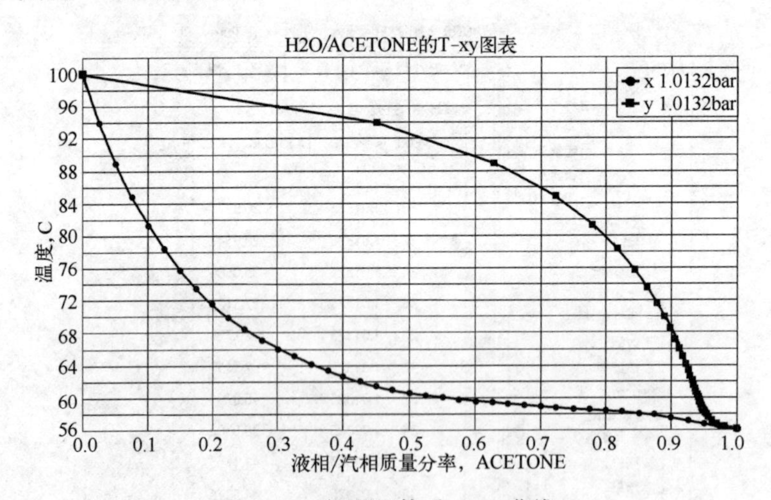

图 3-13　水-丙酮体系 *T-x-y* 曲线

物性

所有项

- 设置
- 组分
- 方法
- 化学反应
- 物性组
- 数据
- 估计值
- 分析
  - BINRY-1
    - 输入
  - PURE-1
- 用户定义
- 结果

BINRY-1 (BINARY) - 输入

二元分析 | 列表 | 计算选项 | 诊断 | 结果 | 注释 | 状态

PRES	MASSFRAC ACETONE	TOTAL TEMP	TOTAL KVL H2O	TOTAL KVL ACETONE	LIQUID1 GAMMA H2O	LIQUID1 GAMMA ACETONE
bar		C				
1.01325	0	100.018	1	31.7008	1	8.61565
1.01325	0.025	93.9561	0.802...	25.8401	1.00014	8.23076
1.01325	0.05	88.9506	0.665...	21.5168	1.0006	7.84918
1.01325	0.075	84.7789	0.566...	18.2434	1.00141	7.4763
1.01325	0.1	81.2668	0.493...	15.7033	1.00262	7.11502
1.01325	0.125	78.2816	0.437...	13.688	1.00425	6.76676
1.01325	0.15	75.7222	0.394...	12.0576	1.00637	6.43204
1.01325	0.175	73.5117	0.360...	10.7156	1.00901	6.11092
1.01325	0.2	71.5907	0.33354	9.59449	1.01223	5.80315
1.01325	0.225	69.9126	0.311...	8.64546	1.0161	5.50835

图 3-14 水-丙酮体系 *T-x-y* 数据

图 3-15 作图选项

图 3-16 三元图表选项

在打开的页面中，勾选水、丙酮和氯仿三种组分，压力设置为 1bar，相态选择 VAP-LIQ-LIQ（汽-液-液）三相体系（氯仿与水不互溶，会形成两个液相），如图 3-17。

设置完毕后，在左侧输出列表中点击“报告”，即可查看共沸组成、温度等信息，如图 3-18。

点击“输出”列表中的“共沸物”，可以查看三个共沸点的信息，如图 3-19。

例 3-2 在模拟环境使用流股分析功能，物性方法为 NRTL，分析摩尔比为 1∶1 的水-甲醇混合物在 1bar 下 20~50℃范围内的摩尔定压热容 $C_{p,\mathrm{m}}$。

新建 Aspen Plus 模拟文件，添加组分水和甲醇，物性方法选择 NRTL，确认二元交互参数。

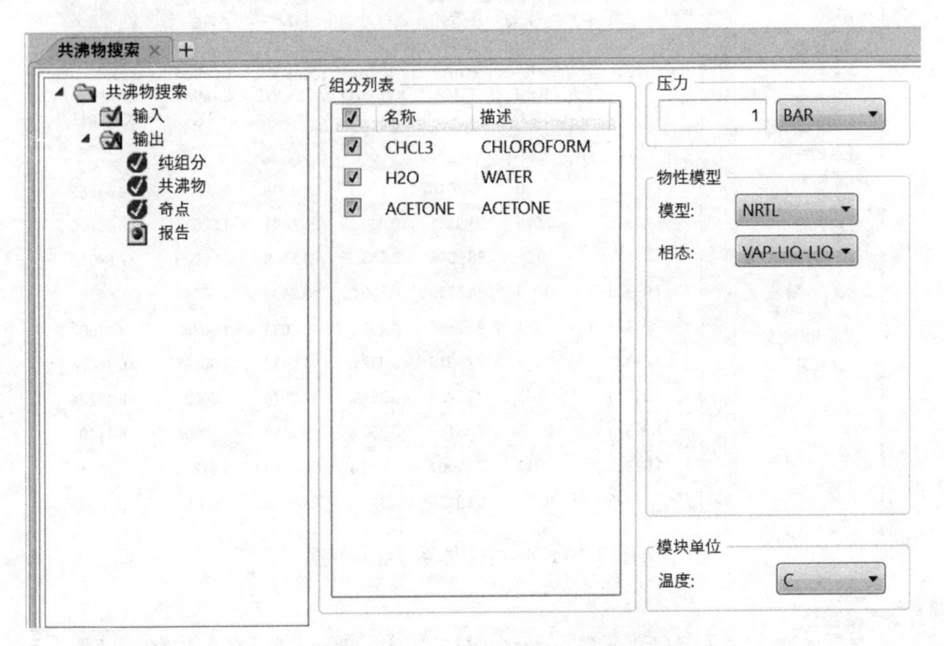

图 3-17　设定三元体系物性分析参数

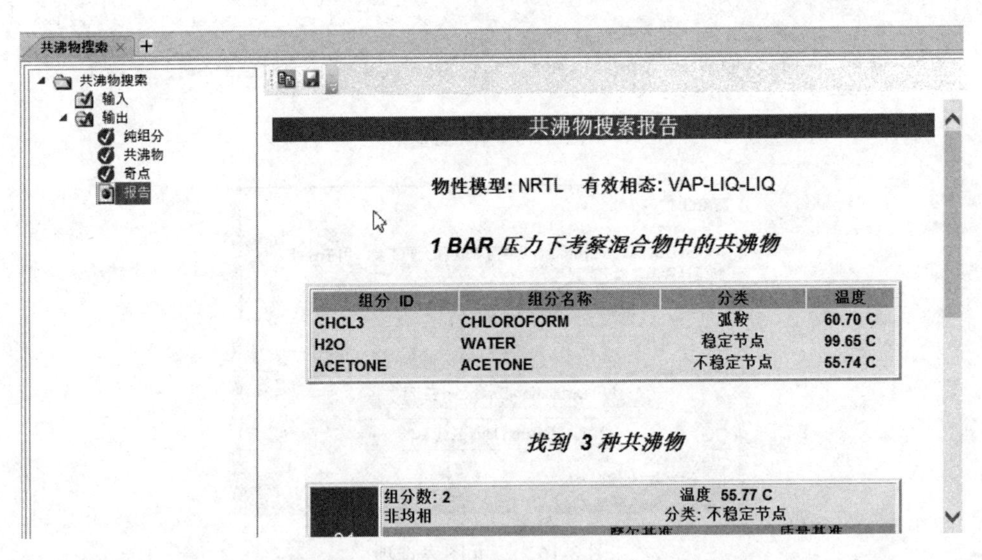

图 3-18　水-丙酮-氯仿三元体系共沸物搜索结果

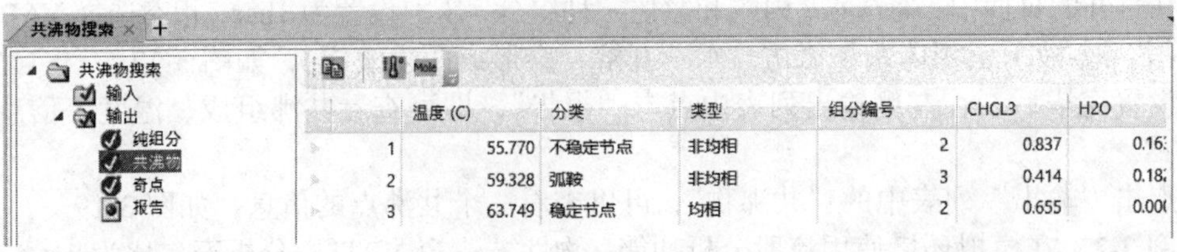

	温度 (C)	分类	类型	组分编号	CHCL3	H2O
1	55.770	不稳定节点	非均相	2	0.837	0.16
2	59.328	弧鞍	非均相	3	0.414	0.18
3	63.749	稳定节点	均相	2	0.655	0.00

图 3-19　水-丙酮-氯仿三元体系共沸组成

进入模拟环境，在工艺流程图中添加物流 S1。输入物流 S1 的温度、压力、摩尔流量为 20℃、1bar、1kmol/h（本例中温度、压力、摩尔流量数值可为任意值，不影响流股分析结果）。右侧组成选择“摩尔分率”，根据题设，水和甲醇比例为 1∶1。输入结果如图 3-20 所示。

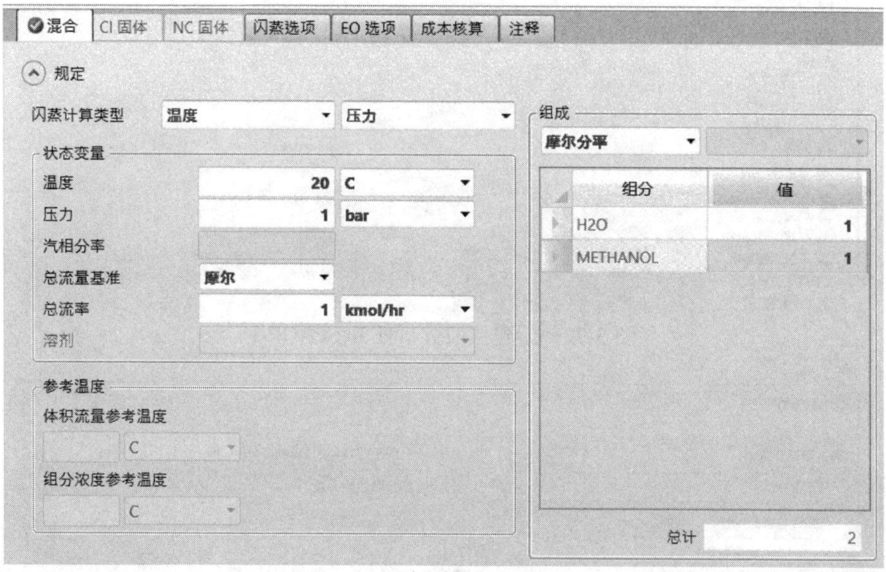

图 3-20　物流 S1 设置界面

回到工艺流程界面，选中物流 S1，点击上方功能区主页选项卡中的流股分析 流股分析▾，出现如图 3-21 所示的下拉菜单，可以看到流股分析功能可分析多种类型参数。本例中选择“流股物性”，创建 SPROP-1 的物性分析任务，进入如图 3-22 所示的流股物性分析输入页面。

在此页面中，参考流股默认为 S1，不作修改，右侧“报告的物性”点击“新建”，创建名为 PS-1 的物性组。随后，在弹出查找物性的窗口中定义 PS-1 的内容。本例需分析摩尔定压热容，因此勾选条目“热容，混合物/CPMX”，如图 3-23 所示。也可通过搜索英文关键词定位该条目。勾选完毕后，可以看到勾选的条目已经出现在下方“物性组内容”列表中。

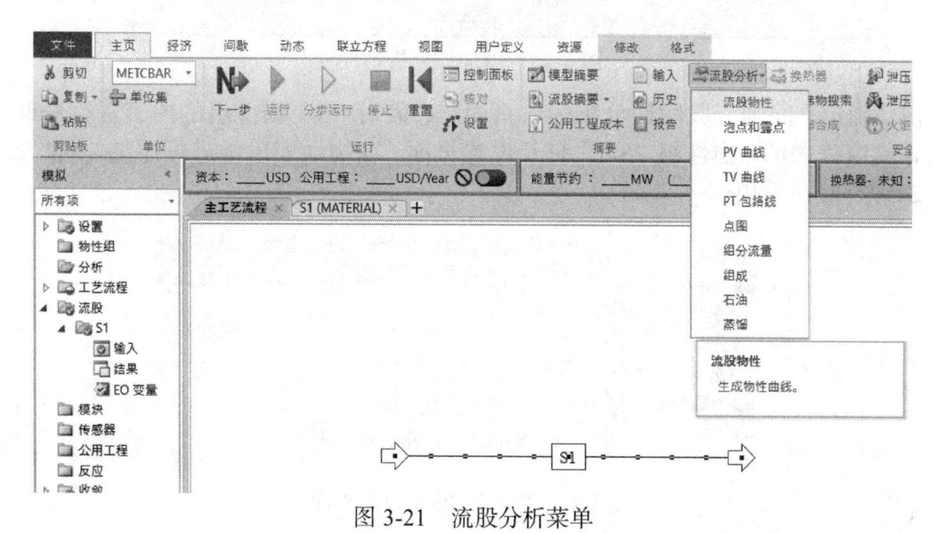

图 3-21　流股分析菜单

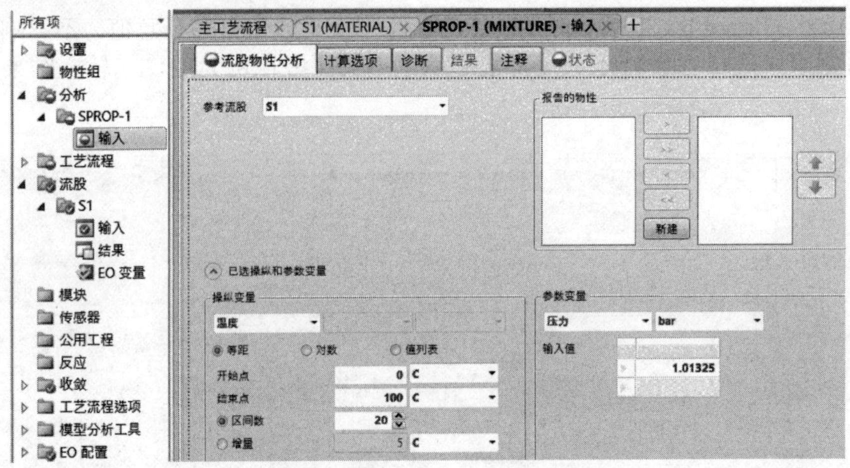

图 3-22　新建流股分析任务 SPROP-1

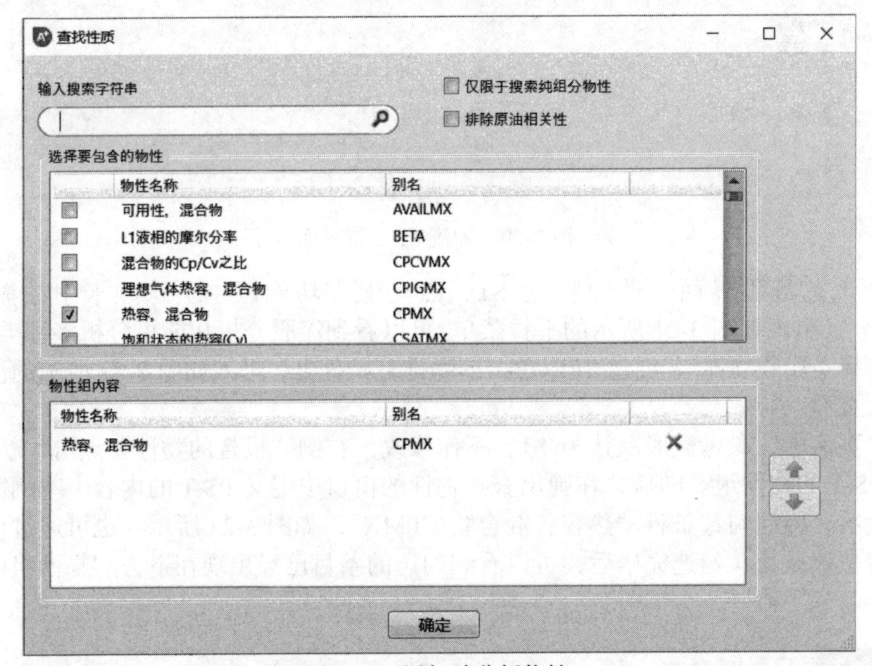

图 3-23　添加欲分析物性

点击“确定”回到流股物性分析输入页面。如需对 PS-1 物性组的内容进行修改，可通过左侧导航窗格中的“物性组/PS-1”打开设置页面，在物性表单中进行添加、删除或修改，如图 3-24 所示。本例中不作修改。

图 3-24　物性组 PS-1 设置界面

通过导航窗格的“分析/SPROP-1/输入”回到流股物性分析页面，在下方的操纵变量处，将开始点和结束点设置为 20℃和 50℃，区间数设置为 30，即分析 20~50℃范围内的 PS-1 物性组。右侧的参数变量为 1.01325bar，表示压力固定为此值，本例不作修改。最终输入结果如图 3-25 所示。

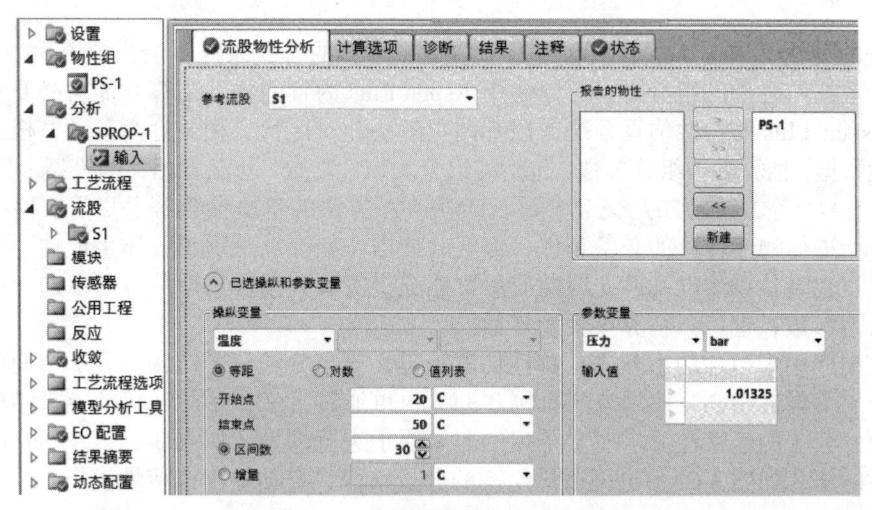

图 3-25　流股物性分析参数设置

点击下方的“运行分析”，弹出窗口如图 3-26 所示。注意到此图纵坐标单位为 cal/(mol · K)(1cal=4.18J)，如需修改单位，可在图 3-24 中的 PS-1 的设置页面对 CPMX 后的单位进行指定，并再次运行分析。

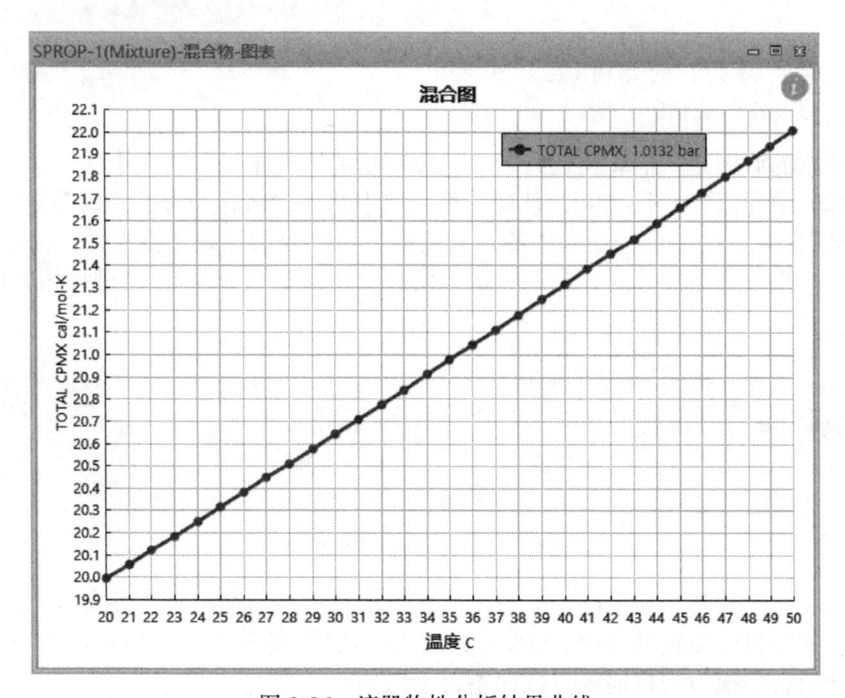

图 3-26　流股物性分析结果曲线

练习 3-1　用 Aspen Plus 预测苯-甲苯二元体系在 1atm 下的汽-液平衡关系（*T-x-y*），物性方法 RK-SOAVE。

练习 3-2 用 Aspen Plus 预测乙醇-水二元体系在 1atm 下的共沸组成，物性方法 NRTL-RK。（答案：乙醇质量分率 0.957）

3.5 物性估算

组分的物性参数是 Aspen Plus 进行流程模拟计算的必要条件。当模拟流程涉及 Aspen Plus 组分数据库之外的组分时，可以使用 Aspen Plus 内置的物性估算功能对必要参数进行估算。Aspen Plus 的物性估算系统是以基团贡献法和对比状态相关性为基础，根据分子结构和实验数据，估算多种组分参数，包括纯组分的物性常数、与温度相关的模型参数、NRTL 和 UNIQUAC 等方法的二元交互参数、UNIFAC 方法的基团参数等。尽管实验数据并非 Aspen Plus 进行物性估算的必备条件，但实验数据（如沸点、理想气体生成焓、安托万系数等）可以提高估算的准确性，因此应尽可能提供实验数据。物性估算可以选择估算所有缺失的必需参数，也可只估算某类型参数。

对数据库中未包含的组分进行物性估算需定义该组分的分子结构，分子结构可以通过内置的分子编辑器绘制（使用方式见例 3-3），也可通过定义分子的连接性定义结构。以异丁醇为例，分子的连接性要求对分子内的非氢原子进行编号，如图 3-27。Aspen Plus 中输入连接性的格式如图 3-28，也可通过绘制的分子结构式自动导出连接性表格。

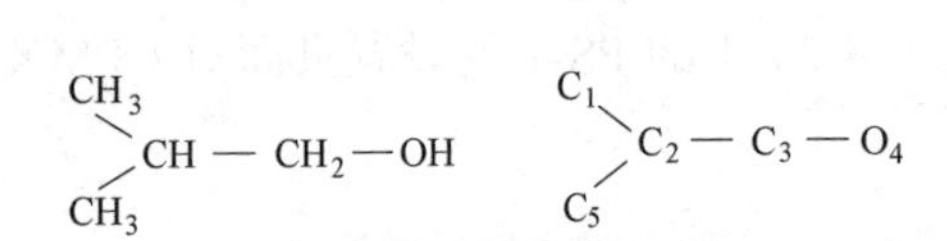

图 3-27　异丁醇分子结构（左）以及各 C 原子编号（右）

按连接性定义分子

原子1数量	原子1类型	原子2数量	原子2类型	键类型
1	C	2	C	单键
2	C	3	C	单键
3	C	4	O	单键
2	C	5	C	单键

图 3-28　异丁醇分子连接性

需要注意的原则是：估算物性参数时，顶部功能区“主页”选项卡的“运行模式”栏目处应选择“估计值”（图 3-29），且在估算选项中选择“估算所有遗失的参数”或“仅估算所选参数”，并点击主页选项卡中的运行按键。当已经估算好物性参数，需要进行物性计算、流程模拟或其他计算时，应将“运行模式”改回至“分析”，再进行相应模拟计算。

图 3-29　运行模式选择“估计值”

另外需要注意的是，如果已经进行过估算，估算得到的纯组分物性参数就会添加至本模拟文件中的纯组分参数列表中。如果要重新进行估算，原则上应将估算得到的参数删除，否则系统会把它们视为用户输入参数而不再予以估算。

例 3-3 4-（4-甲基哌嗪）苯胺的结构式如图 3-30 所示，该化合物不是 Aspen Plus 数据库中的组分，其沸点 t_B=351.5℃，60 华氏温度（约 15.6℃）下相对密度（比重）为 1.1，分子量为 191.3。试通过 Aspen Plus 估算纯组分物性及该组分与甲醇的二元交互参数。

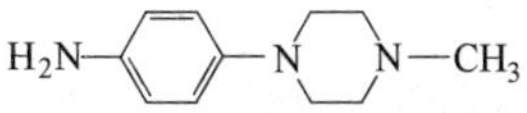

H_2N—⟨苯环⟩—N⟨哌嗪⟩N—CH_3

图 3-30　4-（4-甲基哌嗪）苯胺结构式

打开 Aspen Plus，选择“新建模拟”进入物性环境，在顶部功能区“主页”选项卡的“运行模式”栏目处点击 估计值 。在组分添加界面，添加甲醇后，点击组分表单下的 用户定义 按钮，打开“用户定义组分向导”，如图 3-31 所示。

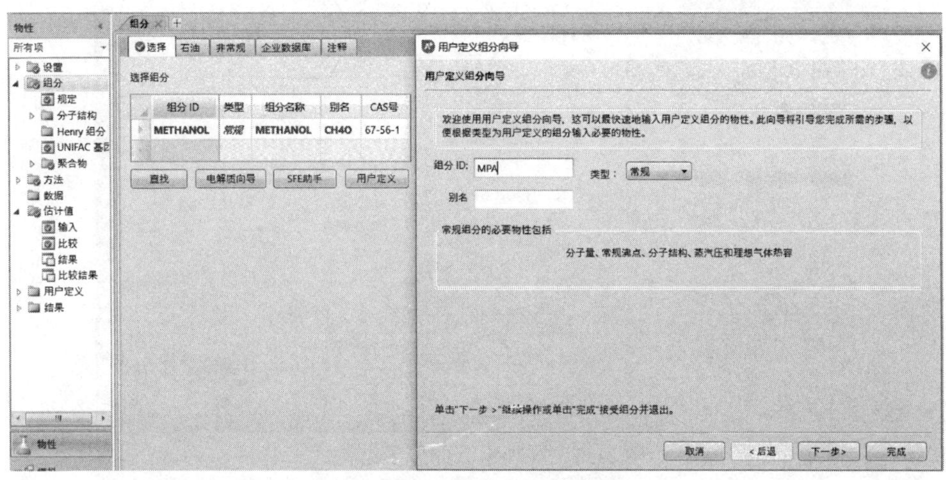

图 3-31　用户定义组分向导

输入本例中欲估算物性的 4-（4-甲基哌嗪）苯胺的组分 ID，本例中命名为 MPA，组分类型使用默认选项“常规”（常规液相和气相组分）。点击“下一步”，出现如图 3-32 所示界面。点击“绘制/导入/编辑结构”按键，在弹出的分子编辑器窗口中绘制 MPA 的结构式，如图 3-33 所示。也可通过 MOL 或 SMI 类型文件导入分子结构。绘制完成后关闭分子编辑器窗口。

图 3-32　输入常规组分的基本数据

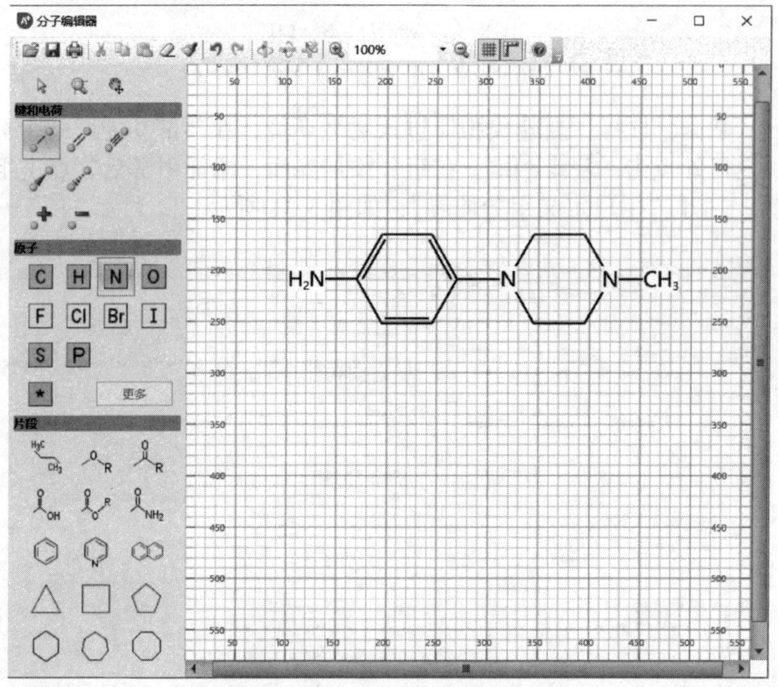

图 3-33 添加组分的分子结构式

随后点击“按连接性定义分子”，弹出“分子结构”窗口。此时我们虽然已经导入了结构，但分子的连接性表格仍然为空白，如图 3-34 所示。若未定义分子连接性，Aspen Plus 可估算的组分物性将大幅减少。Aspen Plus 可根据导入的分子结构自行生成分子的连接性。点击“结构和官能团”标签，在如图 3-35 页面中点击“键能计算”按键，随后回到“常规”标签页，可以看到连接性及原子编号已自动生成，如图 3-36 所示。随后关闭分子结构窗口，回到用户定义组分向导。在分子量、常规沸点、60 华氏温度下的比重处分别输入 191.3、351.5℃、1.1，理想气体生成焓和理想气体生成吉布斯能处留空，如图 3-32 所示。

点击“下一步”，进入如图 3-37 所示页面。若组分还有相关实验数据，可点击相应数字输入，本题中不再输入。下方选择“使用 Aspen 物性估算系统进行估算”，点击“完成”，关闭用户定义组分向导。

用户可在导航窗格中选择“方法/参数/纯组分/USRDEF”中查看已输入的纯组分参数，如图 3-38 所示。若用户还有其他实验数据，也可通过在图 3-38 表格中添加“标量”参数或新建“纯组分”参数导入其他类型数据。

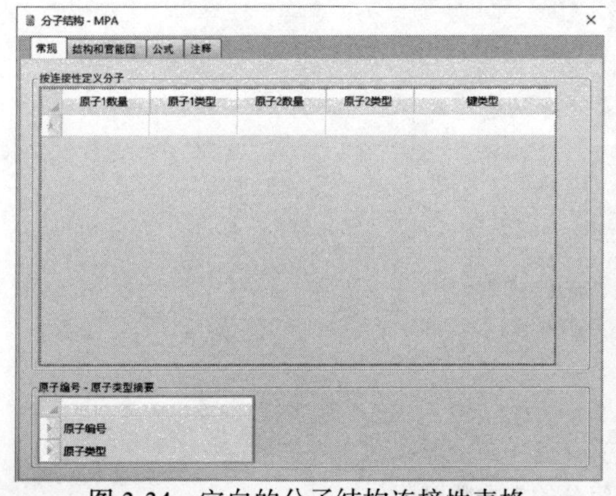

图 3-34 空白的分子结构连接性表格

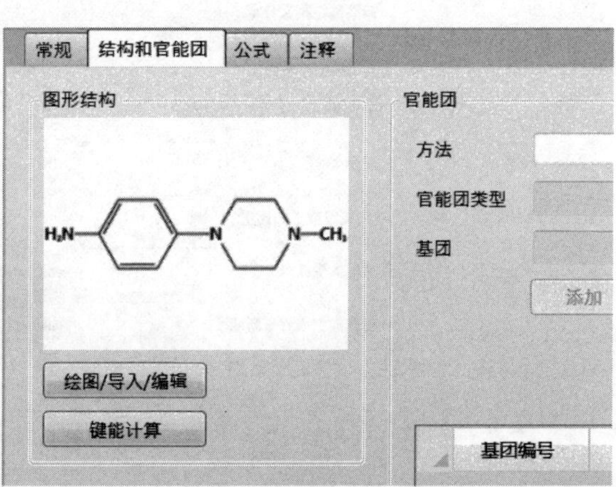

图 3-35 结构和官能团标签页

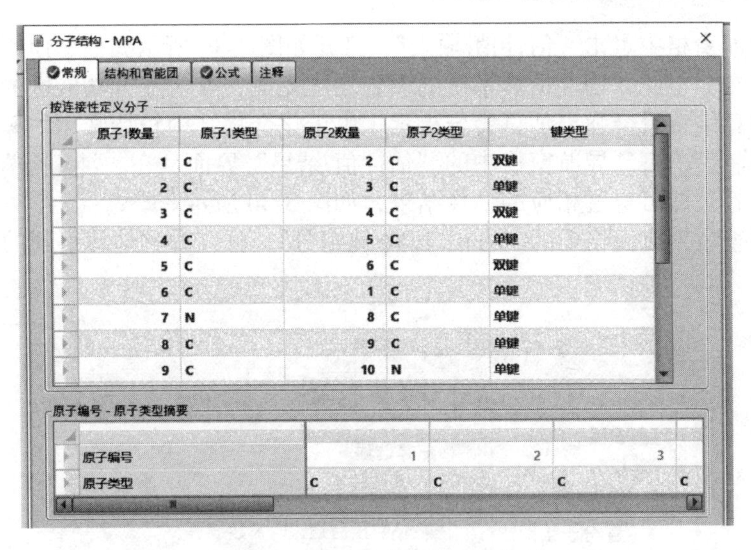

图 3-36　自动生成的分子连接性

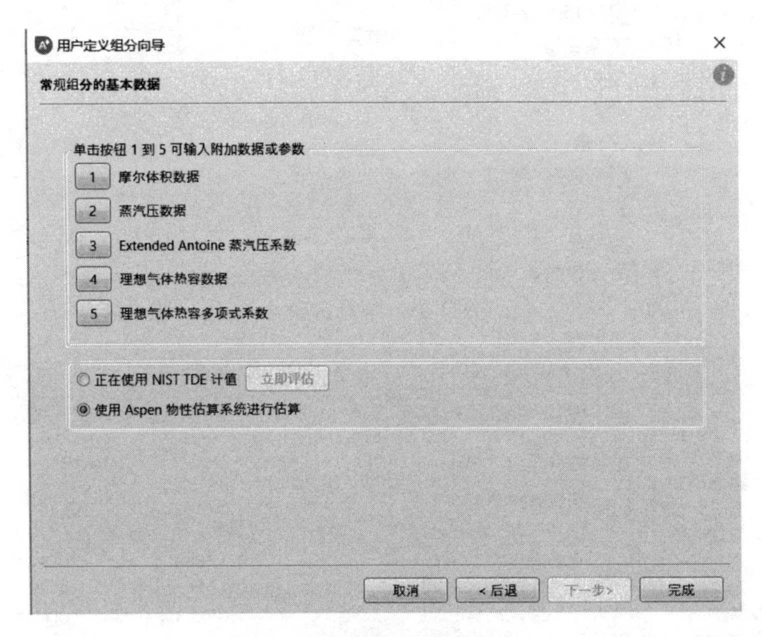

图 3-37　附加数据或参数输入

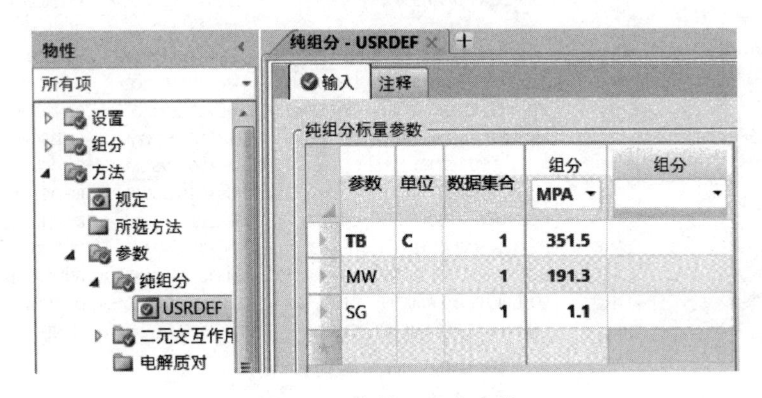

图 3-38　已输入组分参数

在左侧导航窗格中点击“估计值/输入”，打开如图 3-39 所示界面，使用默认选项估算所有遗失的参数。至此，物性估算系统的设置均已完成，点击上方功能区的“运行”进行参数估算。估算结束后会弹出估算警告提示（由于化合物结构较特殊，估算过程采用了近似），点击“确定”。打开导航窗格中的“估计值/结果”界面，在“纯组分”、“温度相关”或“二元”标签页即可查看相应的估算结果，如图 3-40 所示。

此时再次查看导航窗格中的“方法/参数/纯组分”，可以看到估算得到的参数已经添加至表单中。

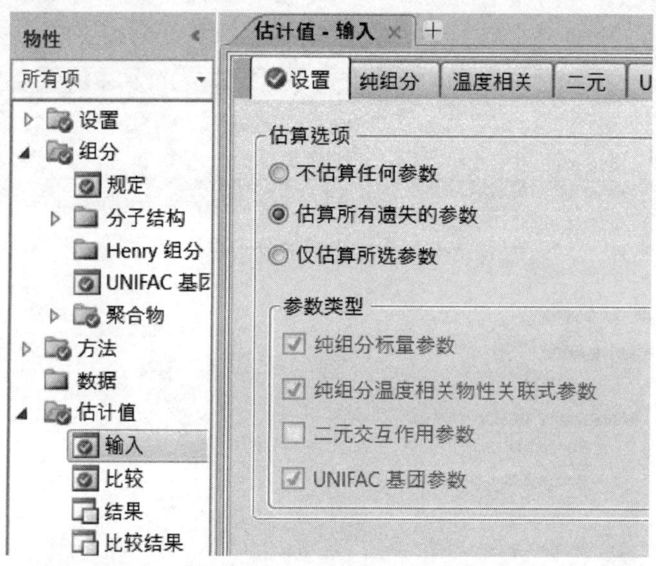

图 3-39　估算选项

物性名称	参数	估算值	单位	方法
CRITICAL TEMPERATURE	TC	871.794	K	LYDERSEN
CRITICAL PRESSURE	PC	2.9075e+06	N/SQM	LYDERSEN
CRITICAL VOLUME	VC	0.585	CUM/KMOL	LYDERSEN
CRITICAL COMPRES.FAC	ZC	0.234657		DEFINITI
IDEAL GAS CP AT 300 K		242197	J/KMOL-K	BENSON
AT 500 K		385645	J/KMOL-K	BENSON
AT 1000 K		559447	J/KMOL-K	BENSON
STD. HT.OF FORMATION	DHFORM	1.3048e+08	J/KMOL	BENSON
STD.FREE ENERGY FORM	DGFORM	4.2569e+08	J/KMOL	BENSON
VAPOR PRESSURE AT TB		101316	N/SQM	RIEDEL
AT 0.9*TC		1.14243e+06	N/SQM	RIEDEL
AT TC		2.9075e+06	N/SQM	RIEDEL
ACENTRIC FACTOR	OMEGA	0.585298		DEFINITI
HEAT OF VAP AT TB	DHVLB	6.09763e+07	J/KMOL	DEFINITI
LIQUID MOL VOL AT TB	VB	0.215121	CUM/KMOL	GUNN-YAM
SOLUBILITY PARAMETER	DELTA	20552.2	(J/CUM)**.5	DEFINITI
UNIQUAC R PARAMETER	GMUQR	7.61437		BONDI

图 3-40　估算得到参数

练习 3-3　估算 4-联苯乙酮（CAS 号为 92-91-1）的物性。已知：4-联苯乙酮分子式

$C_{14}H_{12}O$，分子量 196.24，沸点 326℃，熔点 120.5℃。

练习 3-4　估算 *N*-乙基-2-甲基吲哚（CAS 号为 40876-94-6；分子式为 $C_{11}H_{13}N$）物性。已知该化合物的分子量为 159.23，正常沸点为 266℃，密度为 1.02g/mL。

3.6 数据回归

从上节的例题可以看出，虽然 Aspen Plus 可以估算数据库中缺乏的组分物性数据，但是估算得到的结果可能与真实值相差较大，无法保证模拟计算的准确性。除了参数估算外，Aspen Plus 也提供了通过实验数据回归（regression）获取参数的功能。基于相应的实验数据，Aspen Plus 既可回归纯组分物性参数如热容、Antoine 方程系数等，也可回归二元交互参数，例如精馏等分离过程所需二元交互参数可通过在 Aspen Plus 中对实验测得的汽-液相平衡数据回归得到。

进行数据回归需要首先在物性环境界面中将运行模式选为“回归”，随后添加相应数据集，并定义回归任务，以获得相应的物性参数。拟回归的物性参数可在帮助文件中查询其元素（element）号。本节以汽-液相平衡数据的回归为例介绍数据回归功能的使用方法。

例 3-4　乙醇胺（monoethanolamine，MEA）是应用较为广泛的 CO_2 吸收剂，可用于大型固定排放源的 CO_2 捕集。文献（J. Chem. Eng. Data，1996，41：1101-1103）报道了水-乙醇胺体系的汽-液平衡数据（表 3-2），所有数据均是在压力 p=66.66kPa 下测得，表中 x_1、y_1 为水的液相、汽相摩尔分率。试用这组数据回归 NRTL 方程中的二元交互参数 a_{ij} 和 b_{ij}，用于替换 Aspen 系统中原有的二元交互参数。

例 3-4 演示视频

表 3-2　水与乙醇胺的等压（p=66.66kPa）汽-液平衡数据

T/K	x_1	y_1
431.39	0	0
420.53	0.0967	0.3589
416.60	0.1332	0.4945
413.33	0.1695	0.5813
407.18	0.2107	0.6781
403.30	0.2589	0.7537
395.37	0.3362	0.8425
391.37	0.3861	0.8848
385.73	0.4477	0.9210
380.82	0.5419	0.9542
375.17	0.6359	0.9732
367.96	0.8363	0.9921
365.60	0.8550	0.9937
362.81	0.9509	0.9982
361.75	1.0000	1.0000

新建 Aspen Plus 模拟文件，在物性环境下的顶部工具栏中选择运行模式为“回归”，如图 3-41。

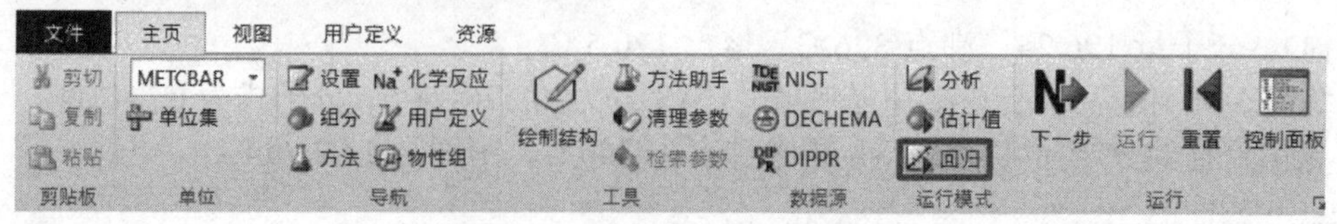

图 3-41　选择运行模式为回归

输入组分，如图 3-42。热力学物性方法选择 NRTL，并确认系统中已有的二元交互参数，如图 3-43。本例将通过实验数据拟合新的二元交互参数，来替换这些原有的参数。

组分 ID	类型	组分名称	别名	CAS号
H2O	常规	WATER	H2O	7732-18-5
MEA	常规	MONOETHANOLAMINE	C2H7NO	141-43-5

图 3-42　输入组分

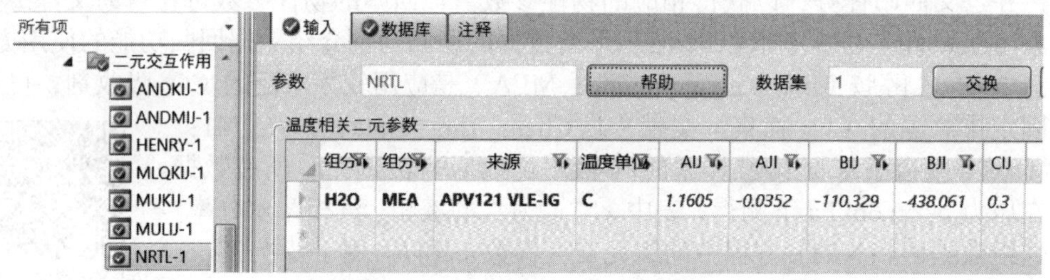

图 3-43　确认系统二元交互参数

点击左侧导航窗格中的“数据”，进入图 3-44 界面。点击“新建”，建立名为 D-1 的数据集，类型选择“混合”，如图 3-45，点击“确定”。

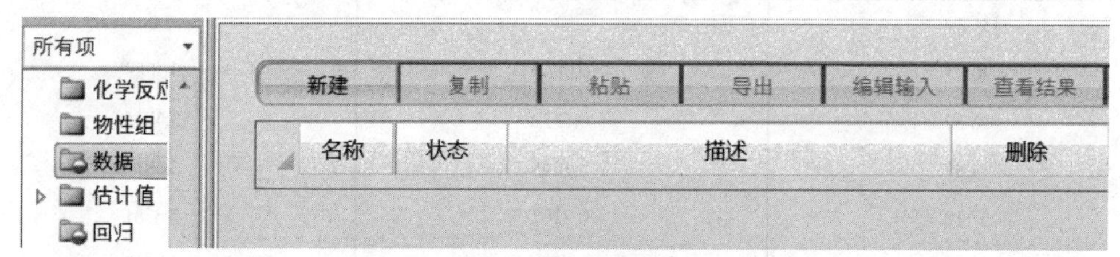

图 3-44　数据设置界面

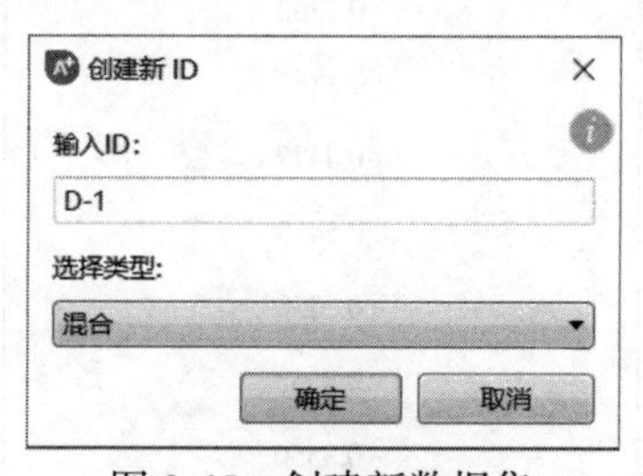

图 3-45　创建新数据集

在随后打开的页面中（图 3-46），可以看到数据类型的下拉列表中有多种类型的数据可供回归。本例中设置数据类型为 TXY，将水和乙醇胺添加至右侧表单中，压力值为 66.66kPa。注意：选择组分时的先后顺序对后面数据输入存在很大影响。数据输入界面中第一组分的相关数据由用户输入，而第二组分的相关数据由系统自动计算，因此在选择第一组分时，应根据已知汽-液平衡数据所针对的组分。本例中选择第一组分为水，填写结果如图 3-46。

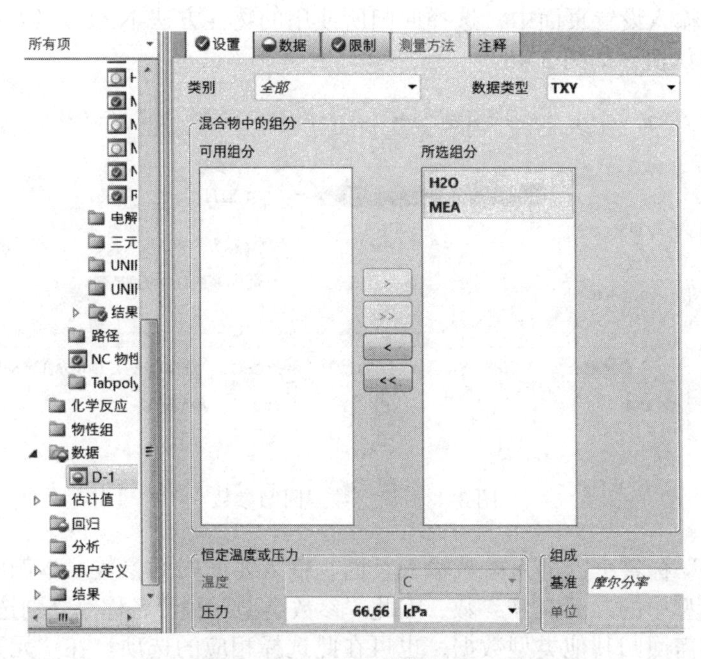

图 3-46　定义数据类型

点击“下一步”，或者点击标签栏的“数据”，进入数据输入页面。数据表格中第一行 STD-DEV 为实验测量的标准差（standard deviation），本例中使用默认数值。从第二行开始输入表 3-2 中的汽-液平衡数据（用户也可在表格中粘贴从 Excel 中复制的数据），输入结果如图 3-47 所示。

用量	TEMPERATURE K	X H2O	X MEA	Y H2O	Y MEA
STD-DEV	0.1	0.1%	0%	1%	0%
DATA	431.39	0	1	0	1
DATA	420.53	0.0967	0.9033	0.3589	0.6411
DATA	416.6	0.1332	0.8668	0.4945	0.5055
DATA	413.33	0.1695	0.8305	0.5813	0.4187
DATA	407.18	0.2107	0.7893	0.6781	0.3219
DATA	403.3	0.2589	0.7411	0.7537	0.2463
DATA	395.37	0.3362	0.6638	0.8425	0.1575
DATA	391.37	0.3861	0.6139	0.8848	0.1152
DATA	385.73	0.4477	0.5523	0.921	0.079
DATA	380.82	0.5419	0.4581	0.9542	0.0458
DATA	375.17	0.6359	0.3641	0.9732	0.0268
DATA	367.96	0.8363	0.1637	0.9921	0.0079
DATA	365.6	0.855	0.145	0.9937	0.0063
DATA	362.81	0.9509	0.0491	0.9982	0.0018

图 3-47　输入实验数据

下一步需定义参数回归任务。在导航窗格中点击“回归”，在页面点击“新建”，建立新的回归任务，使用默认命名 DR-1。

在 DR-1 的输入设置页面中，选择回归所使用的物性方法 NRTL 及数据来源 D-1，其余选项均使用默认值，如图 3-48。

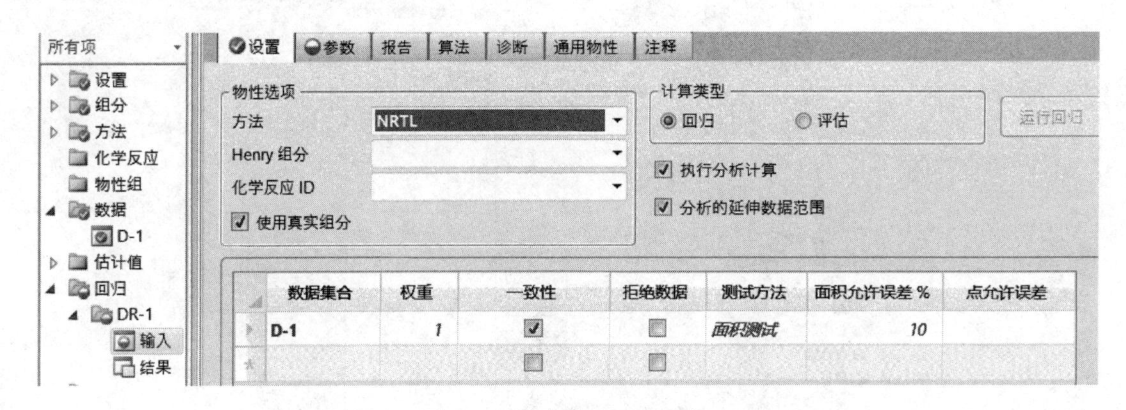

图 3-48　设定数据回归参数

打开“参数”标签页，进入参数输入页面，输入要回归的参数。本例中拟回归得到的参数为 NRTL 模型中的二元交互参数，因此“参数类型”和“名称”分别选择“二元参数”和“NRTL”。如需回归其他类型数据，也可在此选择相应的选项。在“元素”行，根据帮助文件中的 Aspen Plus Reference/Physical Property Methods and Models/Physical Property Models/Thermodynamic Property Models/Activity Coefficient Models/NRTL（Non- Random Two-Liquid）页面，可知 a_{ij} 和 b_{ij} 分别对应元素 1 和 2。“组分或组”即对应 a_{ij} 和 b_{ij} 的下标。最终输入结果如图 3-49 所示。

要回归的参数

类型	二元参数	二元参数	二元参数	二元参数
名称	NRTL	NRTL	NRTL	NRTL
元素	1	1	2	2
组分或	H2O	MEA	H2O	MEA
组	MEA	H2O	MEA	H2O
用量	回归	回归	回归	回归
初始值				
下限				
上限				
比例因子				
设置 Aji = Aij	否	否	否	否

图 3-49　定义回归参数

输入完成后，点击“重置”初始化模拟后运行，出现“数据回归运行选择”对话框，如图 3-50。

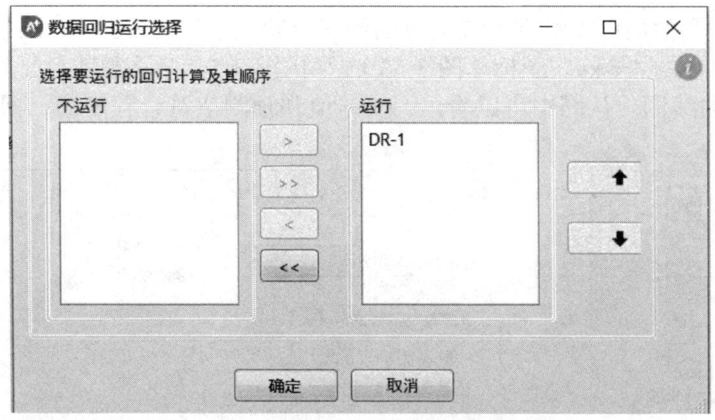

图 3-50　“数据回归运行选择”对话框

点击“确定”运行回归任务。运行结束后，可看到窗口左下角出现“结果可供查询”字样。从导航窗格中点击“回归/DR-1/结果”，即可查看参数回归结果，如图 3-51 所示。比较图 3-43 和图 3-51，可知回归得到结果与原有参数不同。点击上方标签栏的“分布”，可查看具体的回归计算结果，其中 Exp Val（experimental value）表示实验值，即输入的实验数据，Est Val（estimated value）表示预测值，即根据回归参数计算得到的汽-液相平衡数据，如图 3-52 所示。若需以回归的参数替换原有参数，点击图 3-51 中的“更新参数”即可。

所有项
设置
组分
方法
化学反应
物性组
数据
估计值
回归
DR-1
输入
结果

参数　一致性检验　残差　分布　分析分布　关联式　平方

回归的参数

参数	组分 i	组分 j	值(SI 单位)	标准偏差
NRTL/1	H2O	MEA	-0.696126	21.1644
NRTL/1	MEA	H2O	0.16991	40.7056
NRTL/2	H2O	MEA	-229.546	7467.2
NRTL/2	MEA	H2O	354.155	14432

更新参数

图 3-51　运行结果

参数　一致性检验　残差　分布　分析分布　关联式　平方和　评估　额外物性　状态

数据集　D-1

回归结果摘要

Exp Val TEMP (C)	Est Val TEMP (C)	Exp Val PRES (bar)	Est Val PRES (bar)	Exp Val MOLEFRAC X H2O	Est Val MOLEFRAC X H2O	Exp Val MOLEFRAC X MEA
158.24	157.07	0.6666	0.668887	0	0	1
147.38	147.441	0.6666	0.666484	0.0967	0.0967016	0.9033
143.45	143.431	0.6666	0.666603	0.1332	0.133237	0.8668
140.18	139.484	0.6666	0.668009	0.1695	0.169298	0.8305
134.03	134.752	0.6666	0.665075	0.2107	0.211156	0.7893
130.15	129.822	0.6666	0.667226	0.2589	0.25878	0.7411
122.22	122.277	0.6666	0.666459	0.3362	0.336353	0.6638

图 3-52　汽-液相平衡实验值和预测值

实验值和预测值的误差情况可以通过曲线来反映。打开图 3-52 页面，点击顶部功能区的“主页”选项卡的“T-xy”图标（图 3-53），弹出图 3-54 所示窗口，点击“确定”，生成如图 3-55 所示曲线图。从图中可以看出，实验值和预测值符合程度高，回归结果较理想。

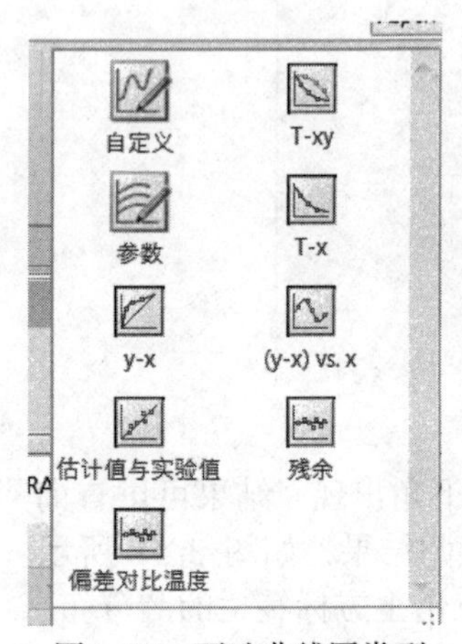

图 3-53　可选曲线图类型

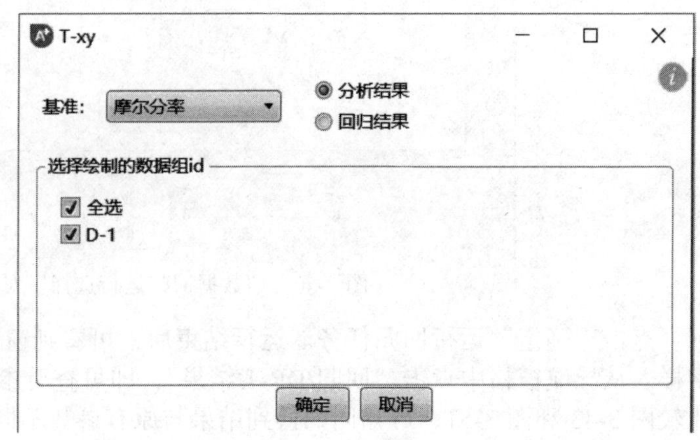

图 3-54　绘图选项

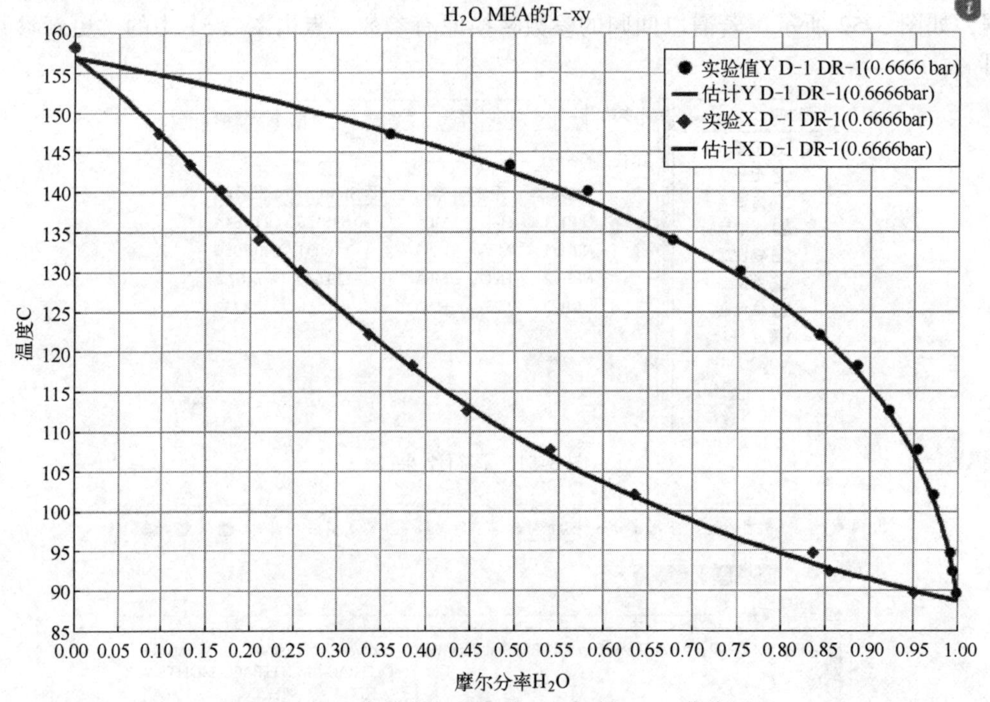

图 3-55　以水的摩尔分率为 x 坐标的 T-x-y 曲线图

练习 3-5　利用乙醇-甲苯体系的汽-液相平衡数据回归 Van Laar 方程中的二元交互参数 a_{ij} 和 b_{ij}。乙醇-甲苯体系的汽-液相平衡数据（各相中乙醇的摩尔分率）如表 3-3，所有数据是在 101.3kPa 下测得。答案见表 3-4。

表 3-3　乙醇-甲苯体系的汽-液相平衡数据

温度/K	乙醇液相摩尔分率 x_1	乙醇汽相摩尔分率 y_1
383.55	0.0000	0.0000

续表

温度/K	乙醇液相摩尔分率 x_1	乙醇汽相摩尔分率 y_1
372.25	0.0331	0.3438
357.95	0.1276	0.5753
353.95	0.2291	0.6557
352.15	0.3659	0.6796
351.25	0.4819	0.7027
350.75	0.4994	0.7248
350.35	0.6676	0.7496
350.35	0.6870	0.7659
350.25	0.7199	0.7738
349.65	0.7974	0.8027
349.75	0.8142	0.8126
349.85	0.8344	0.8274
350.25	0.8400	0.8346
350.45	0.8792	0.8433
351.25	0.9586	0.9392
351.35	1.0000	1.0000

表 3-4　练习 3-5 答案

参数	i	j	值
a_{ij}	乙醇	甲苯	0.2187
a_{ij}	甲苯	乙醇	−5.2791
b_{ij}	乙醇	甲苯	569.5674
b_{ij}	甲苯	乙醇	2406.4003

过程分析与优化

在介绍单元操作模块之前，有必要对 Aspen Plus 软件提供的过程分析与优化工具进行介绍，为后续的学习打下基础。对于过程单元、流程的分析与优化，Aspen Plus 在流程选项、模型分析工具中提供了非常丰富的工具。

其中，最常用的工具是灵敏度、设计规范、优化和计算器，这里主要介绍这四种工具。在必要时，读者可以借助帮助信息来进一步了解和使用其他工具。

4.1 灵敏度分析

首先介绍灵敏度分析和曲线绘制的方法。灵敏度分析是一种工具，用于分析流程中“操纵变量”（manipulated variables）的变化对“样品变量”的影响情况。这里的“操纵变量”是指流程中的某个可改变的输入变量（可理解为自变量），“样品变量”是操纵变量的影响对象（可理解为因变量）。用户可以定义一个或多个流程变量为操纵变量，并研究操纵变量的变化对一个或多个样品变量的影响。操纵变量和样品变量在本章的后续内容中会反复涉及，其用途与此处的用途一致。

在灵敏度分析中，所改变的操纵变量必须是流程的输入，而不能是模拟期间计算的变量（或结果）。在后续内容中可以看出，Aspen Plus 中的变量可分为两类，一类为描述中包含“specified”（指定的）字样的变量（例如：specified molar vapor fraction，指定的摩尔汽相分率；specified heat duty，指定的热负荷），表示需输入的参数；另一类为包含“calculated”（计算出的）字样的变量（例如：calculated net heat duty，计算出的净热负荷；calculated molar vapor fraction，计算出的摩尔汽相分率），表示模拟中输出的参数。通常而言，操纵变量（自变量）为“specified”类的变量，即输入变量，而样品变量为“calculated”类的变量，即输出变量。

灵敏度分析是进行“假设”研究的一个有价值的工具。用户可以使用灵敏度分析来验证提出的解决方案是否在操纵变量的范围内，还可以使用它来执行简单的流程优化。序贯模块（SM）和面向方程（EO）策略都支持灵敏度分析。

例 4-1 演示视频

例 4-1 甲醇-水混合溶液，其质量组成为 40%甲醇和 60%水，进料温度 40℃，压力 2atm，流量 1000kg/h。在 80~90℃和 1atm 条件下闪蒸，用灵敏度分析工具，求闪蒸汽相出口的甲醇质量分率、质量流量、汽相总质

量流量随闪蒸温度的变化曲线，物性方法采用 NRTL。

此例中，闪蒸温度会影响物料的汽化比例（即闪蒸器的汽相分率）、汽相出口的甲醇含量等，操纵变量（自变量）是闪蒸温度，受影响的样品变量（因变量）是汽相出口的甲醇含量、汽相的甲醇质量流量和汽相总质量流量。

输入组分（图 4-1），选择物性方法 NRTL，并确认二元交互参数（注意：NRTL 模型默认气相为理想气体，因此软件选用了 VLE-IG 二元交互参数）。

组分 ID	类型	组分名称	别名	CAS号
METHANOL	常规	METHANOL	CH4O	67-56-1
WATER	常规	WATER	H2O	7732-18-5

图 4-1　组分的输入

由于水与甲醇互溶，不会形成双液相，因此本例只有汽、液两相（而不是汽-液-液三相），需汽、液两个出口，可选用双出口的闪蒸器。选择“分离器/FLASH2/V-DRUM1”建立闪蒸过程流程，如图 4-2。

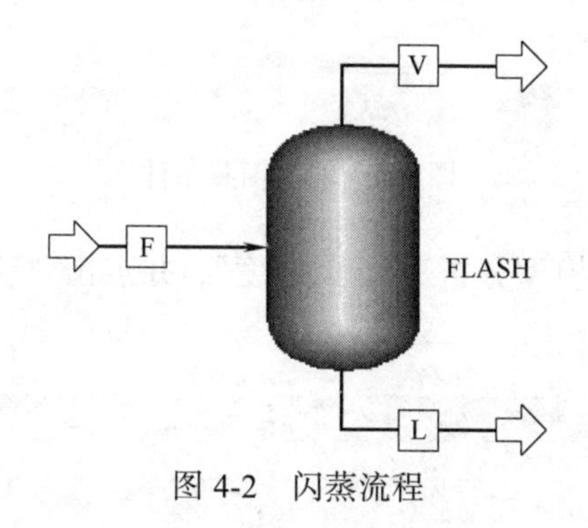

图 4-2　闪蒸流程

输入进料条件：40℃、2atm、1000kg/h，质量分率甲醇 40、水 60（总和为 100，如图 4-3 右下角）。

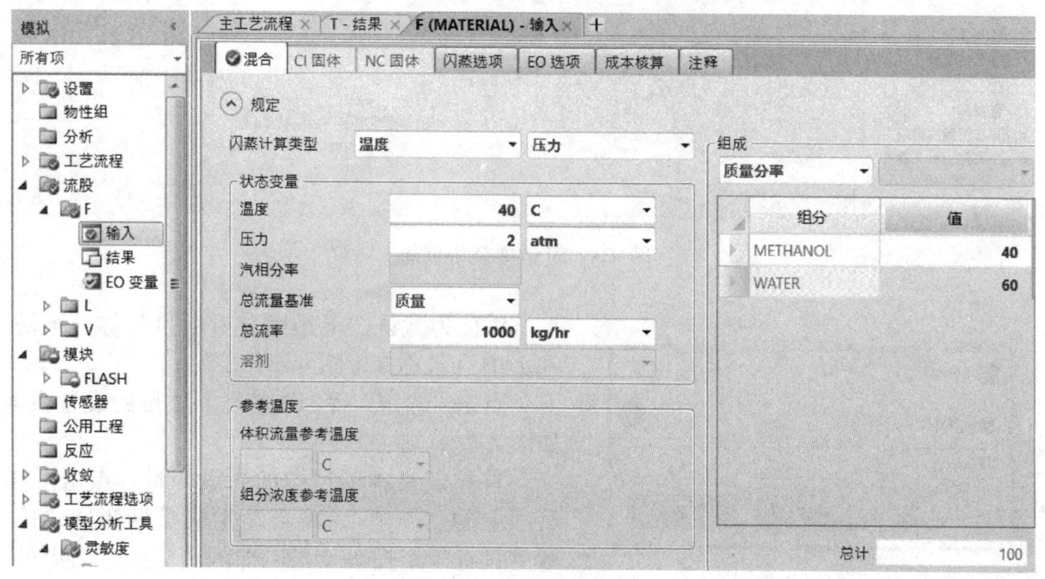

图 4-3　输入进料条件

输入闪蒸条件 80℃、1atm，有效相态默认为汽-液两相，如图 4-4 底部。

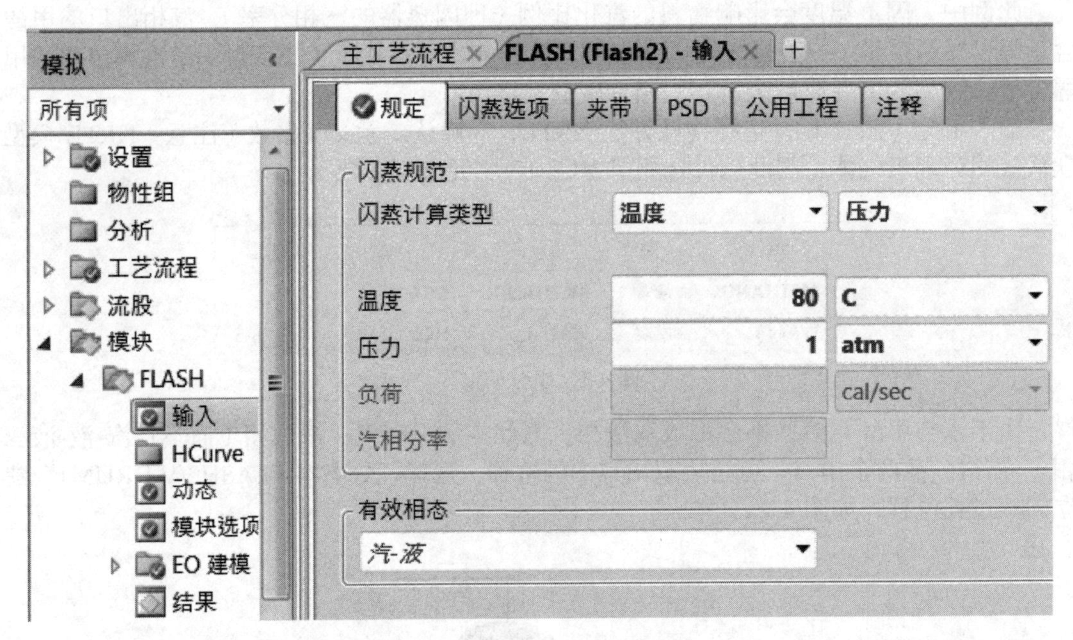

图 4-4　输入闪蒸条件

在左侧导航窗格找到“模型分析工具/灵敏度”，并点击“新建”，生成一个新的灵敏度项目 S-1，如图 4-5。

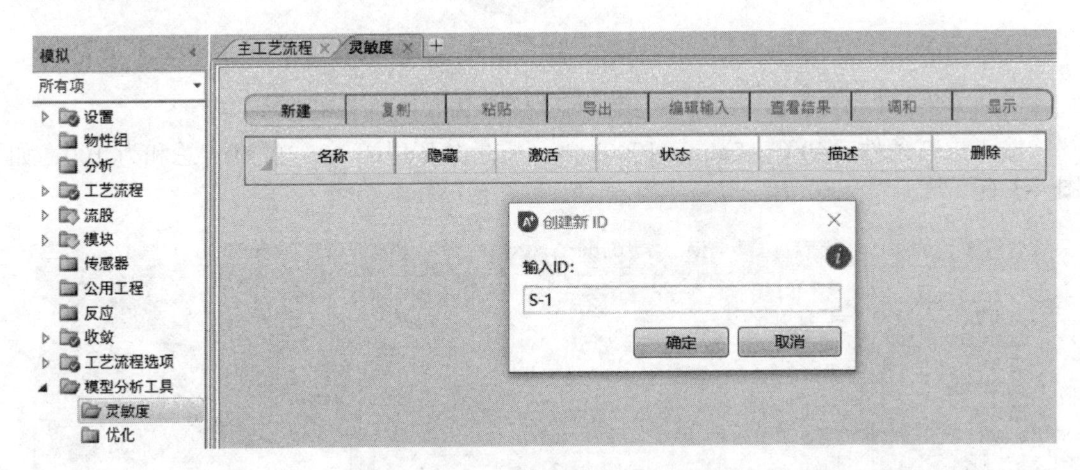

图 4-5　灵敏度分析页面

S-1 为默认的灵敏度分析项目名称，不妨换一个项目名称 T（图 4-6）。

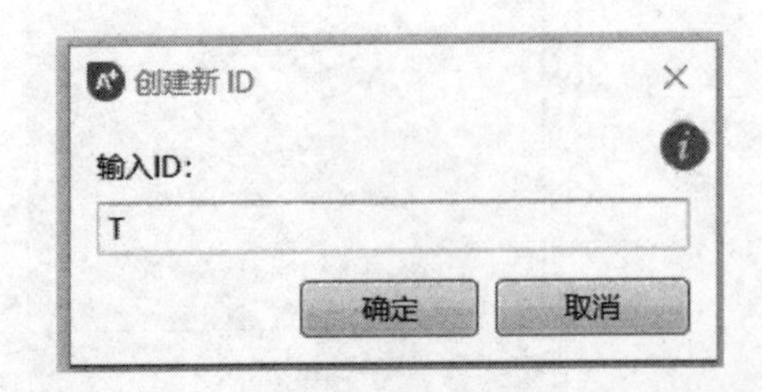

图 4-6　修改灵敏度项目 ID 为 T

点击“确定”后，即进入 T 项目的设置页面，如图 4-7。

首先定义本项目中的操纵变量。点击图 4-7 页面上的“新建”，将自动生成操纵变量“1”。本例只有 1 个操纵变量（即闪蒸温度，用户可以根据实际需要建立多个操纵变量）。变量 1 属于

Block-Var（即 block variable，模块变量），是 FLASH 模块里的变量 TEMP（specified temperature，闪蒸温度），变量的单位为℃，开始点为 80℃，结束点为 90℃，增量（即步长）为 1℃，最后输入结果如图 4-8 所示。

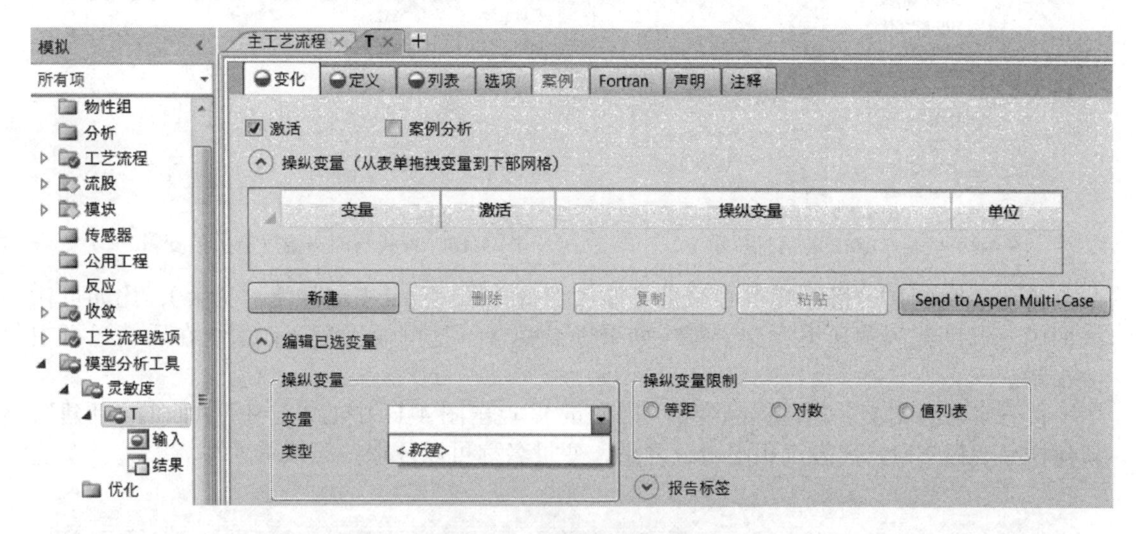

图 4-7　灵敏度分析页面

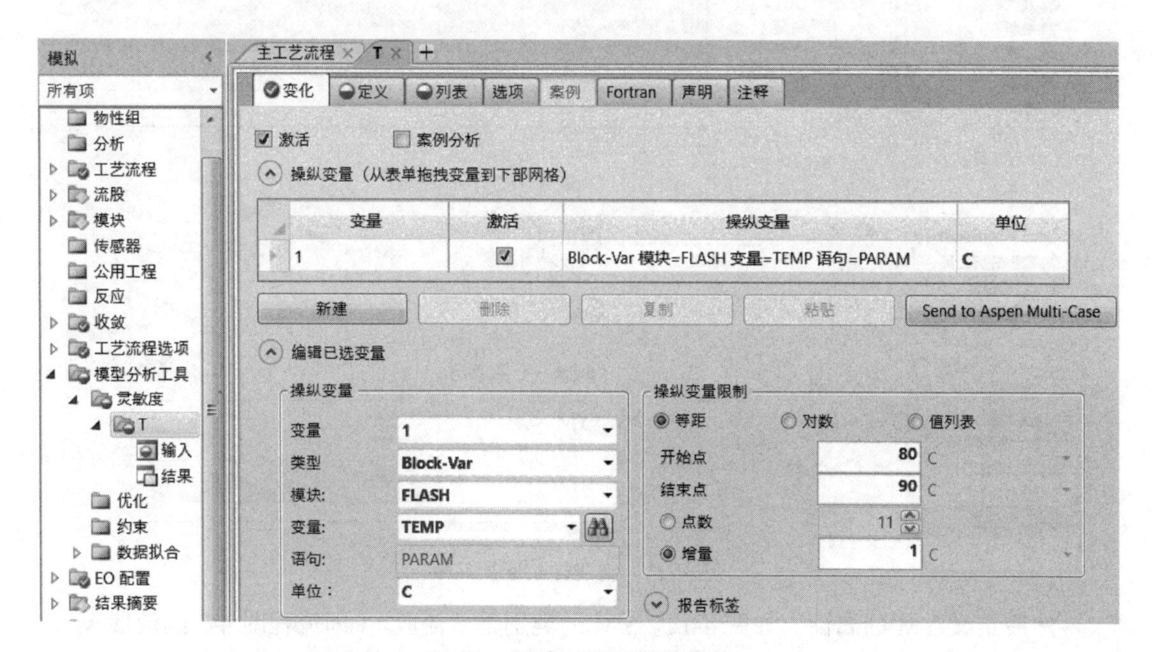

图 4-8　新建 T 项目操纵变量

如果用户不知道变量列表中哪一项代表闪蒸温度，可以参考图 4-9 中鼠标指向变量后出现的浮框信息，提示 TEMP 代表（模块）指定的温度。此外，还可通过点击图 4-9 右上角的，查找与 temp（即温度，大小写均可）有关的变量，然后选择 TEMP 即可，如图 4-10。

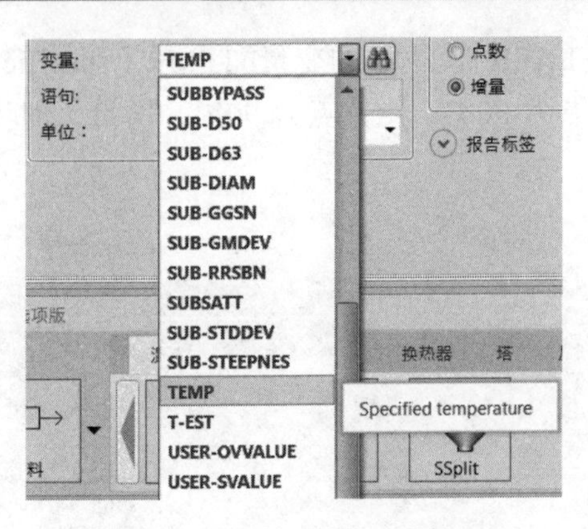

图 4-9　变量 TEMP 的信息提示

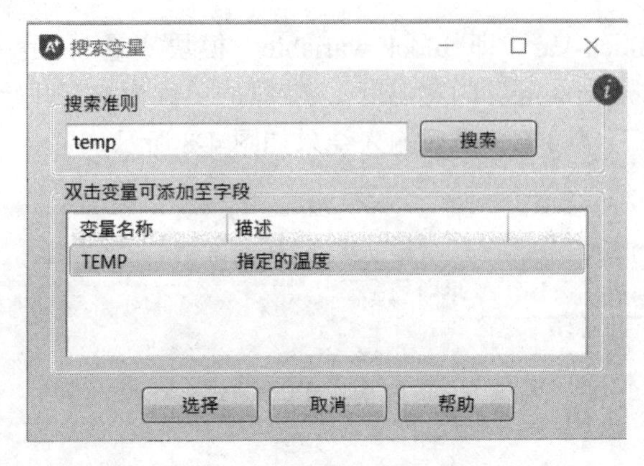

图 4-10　查找与闪蒸温度有关的变量

需要说明的是，操纵变量必须是可输入变量（即“specified”类的变量），比如可输入的闪蒸温度或闪蒸压力、流量等。如果操纵变量不是可输入变量，系统在后续运行中会报错。

接下来需要定义分析的样品变量（因变量），点击图 4-11 中的“定义”页面的“新建”，新建样品变量 YM，代表汽相中甲醇含量，变量名称可以任取，只接受大写。

图 4-11　新建样品变量 YM

然后定义 YM 的属性，如图 4-12。YM 的类别是“流股”（即流程图 4-2 的流股 V），类型是 Mass-frac（mass fraction，质量分率），代表流股 V 中的甲醇组分质量分率。

使用同样的方法定义汽相出口甲醇的质量流量为样品变量 FM，如图 4-13。

再定义汽相出口总流量为样品变量 F，如图 4-14。

应注意到，虽然变量 FM 和 F 都是质量流量，但 FM、F 的变量类型有所区别，F 代表总流量，图 4-14 右下角的“类型”应选 Stream-Var（stream variable，流股变量），而不是 Mass-flow。

图 4-12　定义的样品变量 YM

图 4-13　定义汽相出口甲醇的质量流量 FM

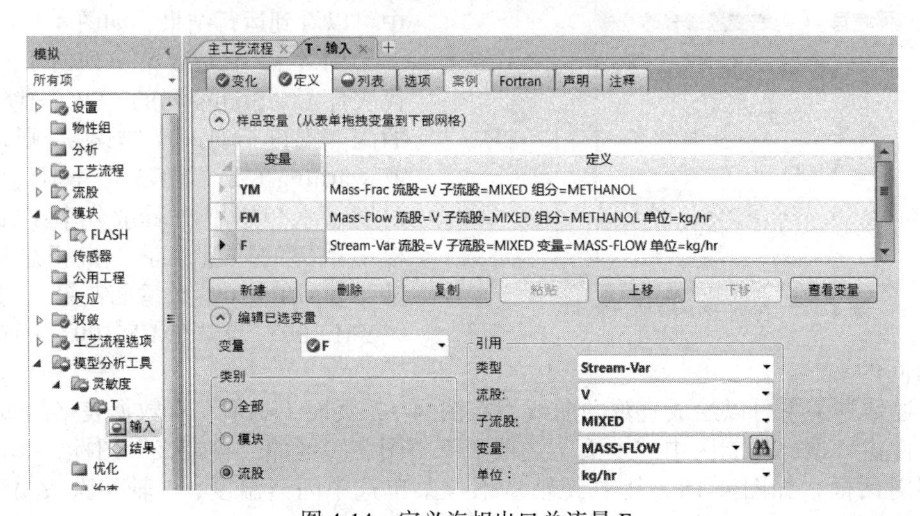

图 4-14　定义汽相出口总流量 F

接下来定义要输出的表格内容。点击图 4-15“列表”页面的“填充变量”，软件自动填入 YM、FM、F，表示计算完毕之后系统会输出这些变量的结果。其中变量的输出顺序可以用最右边的上下箭头进行调整。

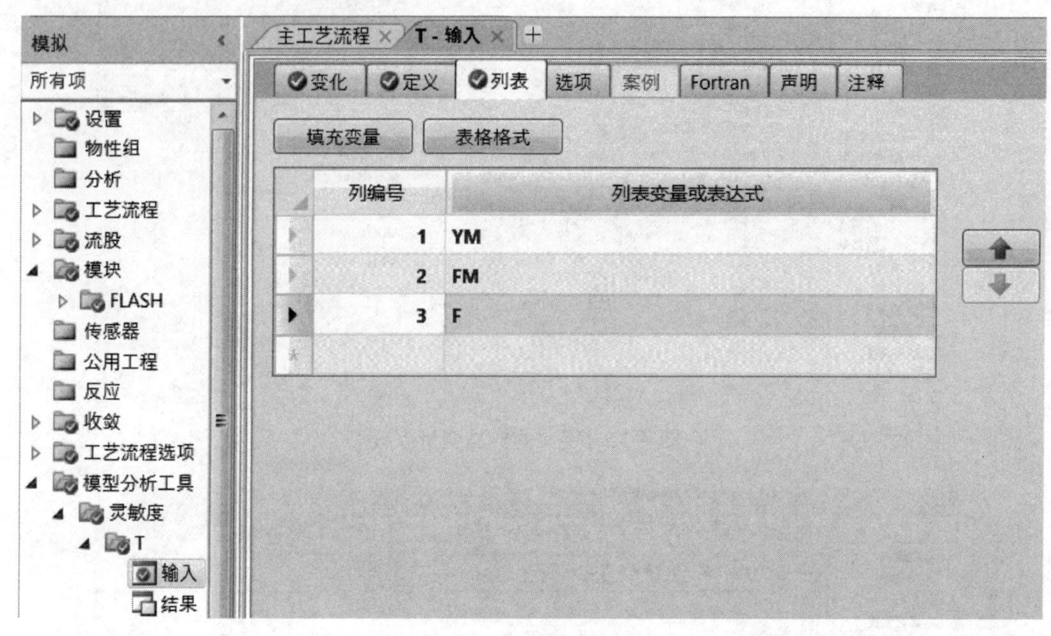

图 4-15　定义运行结果表单内容

图 4-15 中的变量可以加入运算符，比如在第一行填写“YM*100”（代表百分数）、手动增加第四行“FM/F*100”，如图 4-16。

图 4-16　在列表中增加运算符

需要注意，这里的 YM 等必须与前面“定义”页面的 YM 一致。如写成 ym（小写），系统将因找不到 ym 而出错。

至此，灵敏度分析项目定义完毕，点击顶部的“重置”后点击“运行”，然后在左侧导航窗格中点击“灵敏度/T/结果”中可以看到运行结果，如图 4-17。

图 4-17 中左数第一列的 1、2、3…代表序号，Status 列的“OK”代表对应的闪蒸温度运行时无错误（否则是 error 或 warning），最右侧 5 列分别代表闪蒸温度、汽相中甲醇质量分率（%）、汽相中甲醇的质量流量、汽相总质量流量、FM/F*100 计算结果。显然，“YM*100”与“FM/F*100”的结果是完全相同的。

上述数据关系可以绘成直观的曲线。在图 4-17 页面（必须在有数据表格的页面），点击软件窗口顶部功能区中“主页”选项卡下“图表”区的“自定义”图标，弹出自定义绘图对话框，如图 4-18。其中 X 轴从下拉菜单选中闪蒸温度，Y 轴勾选 YM*100、FM、F。

Row/Case	Status	Description	VARY 1 FLASH PARAM TEMP C	YM*100	FM KG/HR	F KG/HR	FM/F*100
1	OK		80	75.0166	62.5214	83.3434	75.0166
2	OK		81	73.0205	118.944	162.891	73.0205
3	OK		82	70.9326	166.144	234.228	70.9326
4	OK		83	68.7429	206.002	299.67	68.7429
5	OK		84	66.4407	239.953	361.154	66.4407
6	OK		85	64.0148	269.111	420.389	64.0148
7	OK		86	61.4528	294.342	478.973	61.4528
8	OK		87	58.7415	316.331	538.514	58.7415
9	OK		88	55.8662	335.619	600.754	55.8662
10	OK		89	52.8109	352.64	667.74	52.8109
11	OK		90	49.5578	367.743	742.049	49.5578

图 4-17　灵敏度分析结果

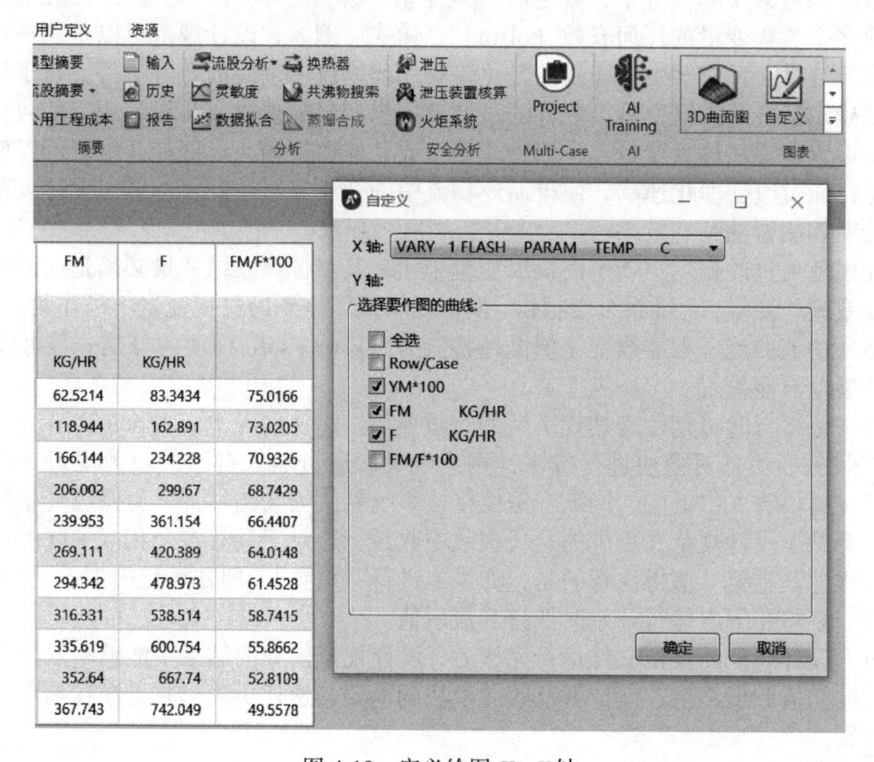

图 4-18　定义绘图 X、Y 轴

点击“确定”输出曲线，如图 4-19。其中的图例位置可以挪动，曲线颜色、点的形状、坐标及图题内容等都可以单击对应项目之后通过顶部功能区“格式”选项卡中的选项进行修改。

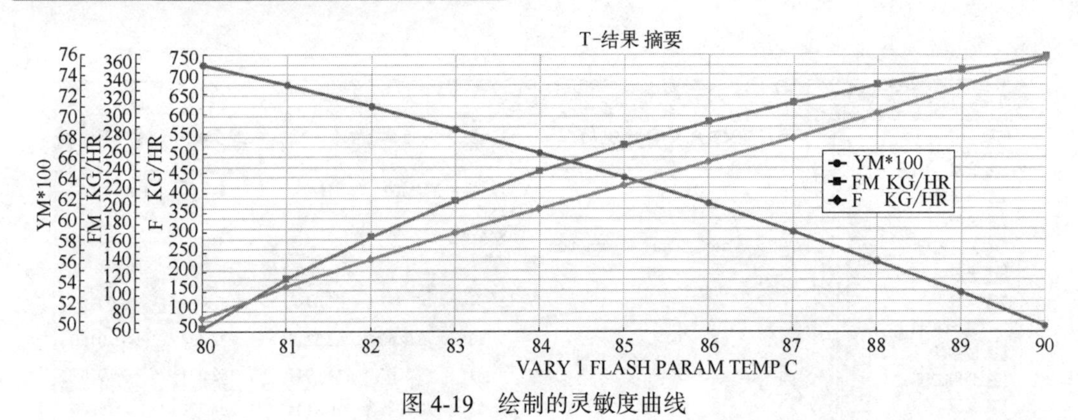

图 4-19 绘制的灵敏度曲线

练习 4-1 组成为 40%（摩尔分率）苯、60%甲苯的混合物，在 100kPa 下泡点进料，流量 100kmol/h，进行等压闪蒸。用灵敏度工具，分析闪蒸汽相分率变化（范围 0.3~0.7，步长 0.05）对闪蒸过程热负荷（单位 kW）的影响情况，绘制成曲线。忽略闪蒸过程压力降，热力学模型采用 PENG-ROB（无二元交互参数）。

4.2 设计规范

Aspen Plus 中的"设计规范"（design specifications）概念是指模拟中某个流程变量或流程变量的函数的实际值等于其规定值（|规定值–实际值|<允许误差）。设计规范可以是涉及一个或多个流程变量的任何有效 Fortran 表达式。例如，设计规范可以是用户希望达到的产品物流纯度、反应器中反应物的转化率或循环物流中杂质的允许量等。对于每个设计规范，需确定适合的操纵变量，软件通过调节操纵变量的值以满足设计规范的目标要求。操纵变量可以是模块输入变量、进料物流变量或其他模拟输入。例如，用户可以使用设计规范功能，通过改变净化速率，使得循环物流中的杂质水平达到目标值。设计规范也可用于模拟反馈控制器的稳态效果。

设计规范通过改变用户指定的操纵变量来实现其目标。操纵变量必须是前面已赋值的物流变量或模块变量，否则系统会报错。模拟期间计算得到的过程变量不可作为操纵变量。例如，循环物流的流率不能改变（但循环物流为出口的 Fsplit 模块的分割分数可以改变）。每个设计规范只能设置一个操纵变量。

设计规范运行时将创建需迭代求解的收敛模块。默认情况下，Aspen Plus 为每个设计规范生成收敛模块并对模块进行排序，用户也可以通过输入自己的收敛规范来覆盖默认值。物流或模块输入中提供的操纵变量值将被系统默认为初始估计。为操纵变量提供良好的估计值有助于设计规范在更少的迭代次数中收敛，这对于具有多个相互关联的设计规范的大型流程尤其重要。值得注意的是，如果未进行"重置"（即初始化模拟），则由设计规范更改的变量将在下次运行开始时保持其最后值。

当包含设计规范的模拟文件运行完毕后，设计规范任务的结果中能够查看操纵变量和样品变量的初值和最终值。设计规范收敛模块的摘要和迭代历史可在导航窗格的"收敛"菜单下查看。

设计规范不收敛时，可以尝试以下解决办法：

① 查看操纵变量的终值是否已处于其下限或上限，若是则需调整操纵变量的取值范围；

② 检查并确保操纵变量确实能影响目标函数的值，确保目标函数在操纵变量范围内没有平坦区域；

③ 验证解决方案是否存在于为操纵变量指定的范围内（可通过灵敏度分析验证）；

④ 尝试为操纵变量提供更好的初始估计；

⑤ 缩小操纵变量的取值范围或增大目标函数的允许误差；

⑥ 尝试更改与设计规范相关联的收敛模块的特征（步长、迭代次数等）；

⑦ 如果在设计规范收敛后协调了输入变量，而设计规范仍然需要多次迭代才能收敛，则设计规范可能涉及无法协调的变量。

例 4-2　通过设计规范优化乙醇发酵液的闪蒸提浓过程。发酵液含乙醇 2%（质量分率）、水 98%，流量 1000kg/h，进料压力 4.0bar，进料温度 120℃。发酵液经闪蒸器绝热闪蒸后，闪蒸器出口乙醇浓度达到 11%的指标（误差小于 0.0001%）。如果通过控制闪蒸器的操作压力来实现此指标（变化范围为 0.1~0.5bar，初值取 0.3bar），物性方法为 NRTL-RK，闪蒸压力该取多少？

例 4-2 演示视频

本例通过调节闪蒸器的操作压力来实现产品质量指标，操纵变量是闪蒸器的压力，设计规范是汽相出口物流 V 中乙醇浓度，目标为 11%。

先在物性环境下输入组分（图 4-20），物性方法选择 NRTL-RK，并确认二元交互参数。

进入模拟环境，选择“分离器/ FLASH2 / V-DRUM1”建立闪蒸过程流程，如图 4-21。

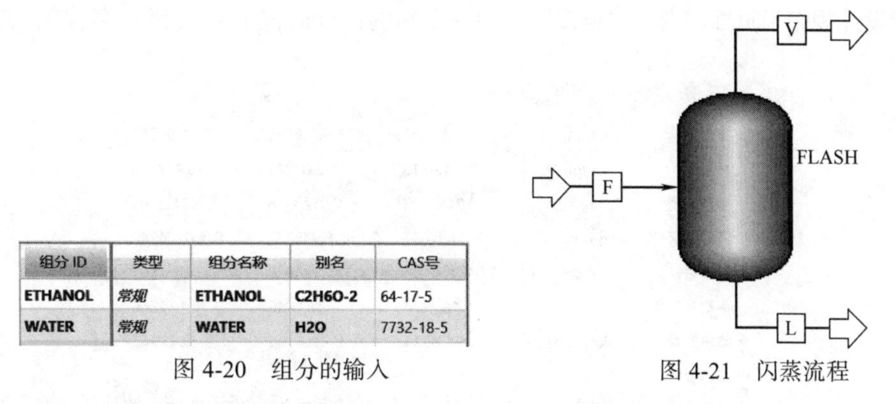

组分 ID	类型	组分名称	别名	CAS号
ETHANOL	常规	ETHANOL	C2H6O-2	64-17-5
WATER	常规	WATER	H2O	7732-18-5

图 4-20　组分的输入

图 4-21　闪蒸流程

输入进料物流条件，见图 4-22。

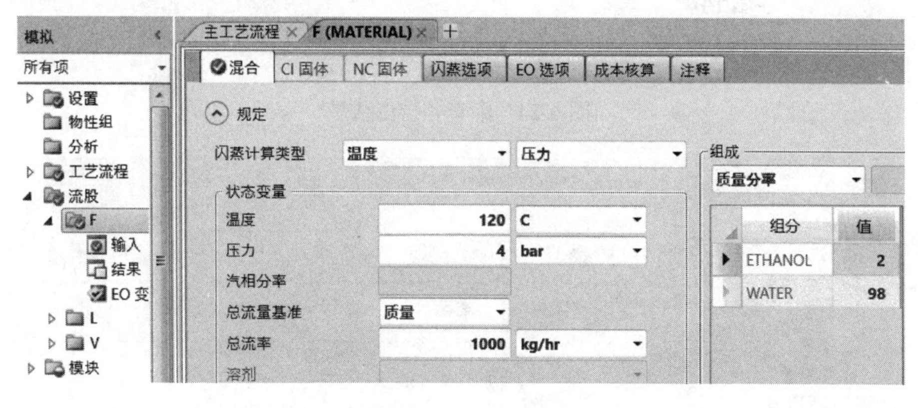

图 4-22　输入进料条件

输入闪蒸压力 0.3bar（这是本例中操纵变量的初值；由于操纵变量的范围是 0.1~0.5bar，此处初值一般取上、下限平均值）、热负荷为 0（绝热闪蒸），见图 4-23，其中默认有效的相态为汽-液两相。

先重置并运行模拟文件，以检验输入参数是否合理，结果中物流 V 的乙醇质量分率

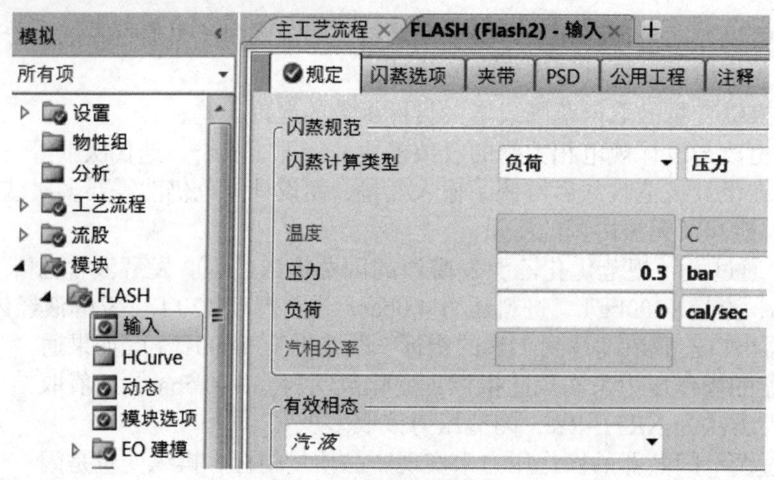

图 4-23　输入闪蒸条件

0.1067，如图 4-24。

模拟基本信息已输入完毕，现进行设计规范的设定。从左侧导航窗格中进入“工艺流程选项/设计规范”页面，点击“新建”添加一个新的设计规范 DS-1（默认名称），如图 4-25。

	单位	F	L	V
摩尔熵	cal/mol...	-34.1331	-36.6695	-8.62786
质量熵	cal/gm-K	-1.8716	-2.02319	-0.447815
摩尔密度	mol/cc	0.0488802	0.0523528	1.06012e-05
质量密度	gm/cc	0.891447	0.948873	0.000204249
焓流量	cal/sec	-1.01249e+06	-926248	-86237.5
平均分子量		18.2374	18.1246	19.2666
+ 摩尔流量	**kmol/hr**	**54.8324**	**49.4168**	**5.41563**
+ 摩尔分率				
+ 质量流量	**kg/hr**	**1000**	**895.659**	**104.341**
− 质量分率				
ETHANOL		0.02	0.00990517	0.106654
WATER		0.98	0.990095	0.893346

图 4-24　闪蒸各物流结果

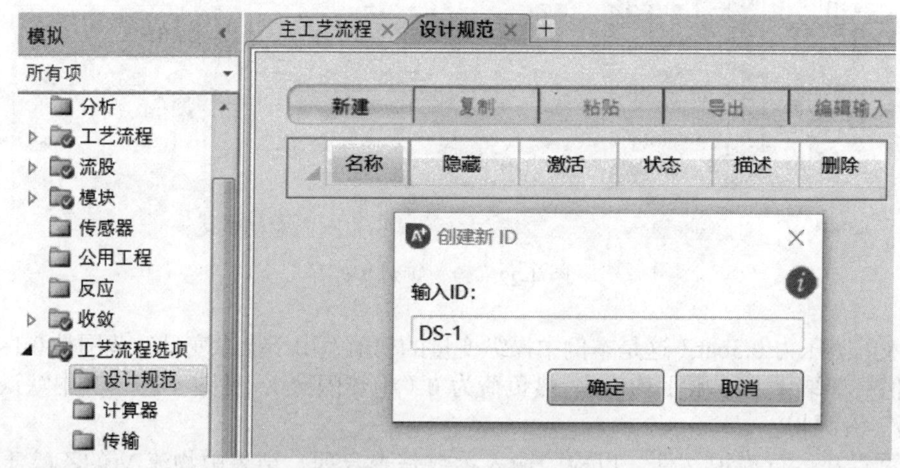

图 4-25　新建设计规范 DS-1

点击“确定”进入“定义”页面，点击“新建”添加新的样品变量 YE，如图 4-26。也可以直接在窗口中部“变量”栏直接输入变量 YE。

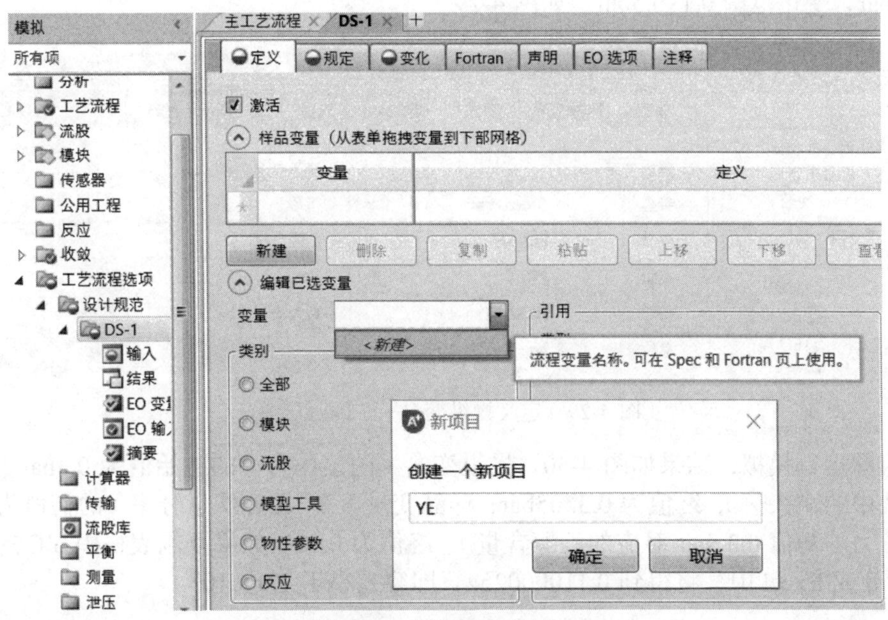

图 4-26　新建样品变量 YE

进行 YE 的定义。YE 是流股 V 的乙醇质量分率（Mass-Frac），如图 4-27。

图 4-27　定义样品变量 YE

随后进入“规定”标签页定义设计规范。对于 Aspen Plus 中的约束或优化类问题，目标值在 1~100 范围内更容易收敛，所以“规定”（即目标函数）处写为“YE*100”。目标为 11，允许误差为 0.0001（即 YE 的目标值乘以 100 后的允许误差），如图 4-28。

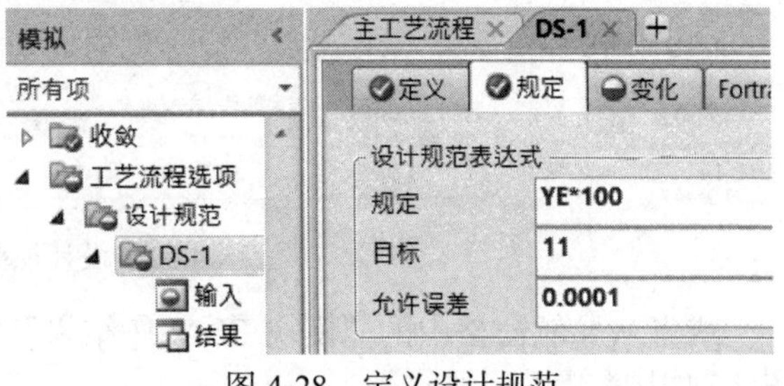

图 4-28　定义设计规范

在“变化”页面定义操纵变量，该变量类型是 Block-Var（模块变量），为 FLASH 模块中的 PRES（specified pressure or pressure drop，闪蒸压力，注意查看鼠标悬停时的注释），单位为 bar，变化范围 0.1~0.5bar，如图 4-29。

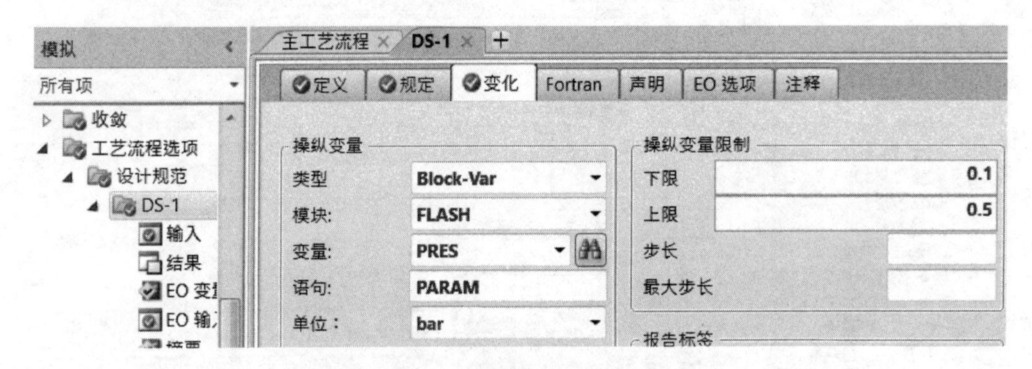

图 4-29　定义操纵变量——闪蒸压力

重置并运行模拟，结果如图 4-30。操纵变量（闪蒸压力）的初始值为 0.3bar（前面的闪蒸模块中的输入值），终值为 0.3505bar；样品变量 YE（乙醇质量分率）的初值为 0.1066（闪蒸压力的初值 0.3 bar 对应的乙醇含量），终值为 0.11。如果复制表格中 YE 的终值粘贴到 Word 或 Excel 中，将得到 0.110000254，即容差小于 1.0×10^{-6}。

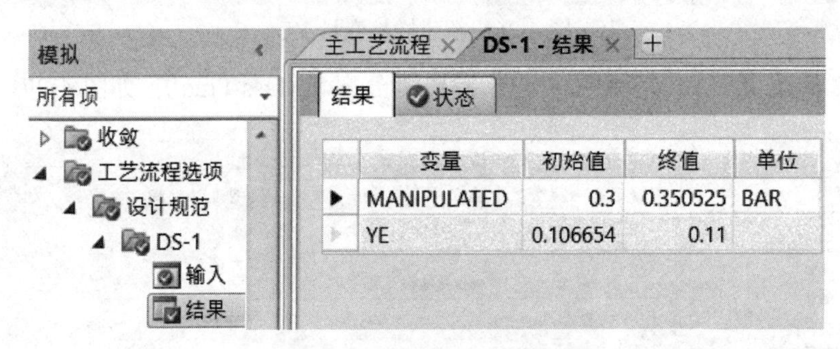

变量	初始值	终值	单位
MANIPULATED	0.3	0.350525	BAR
YE	0.106654	0.11	

图 4-30　查看设计规范结果

设计规范的收敛结果也可以在导航窗格中的“收敛/收敛/ $OLVER01/结果”中找到，见图 4-31。

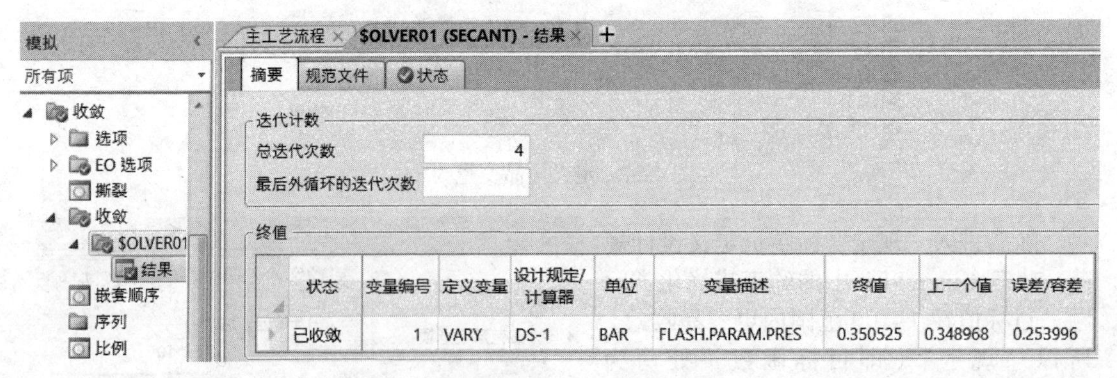

状态	变量编号	定义变量	设计规定/计算器	单位	变量描述	终值	上一个值	误差/容差
已收敛	1	VARY	DS-1	BAR	FLASH.PARAM.PRES	0.350525	0.348968	0.253996

图 4-31　设计规范收敛结果

或者从导航窗格中的“模块/FLASH/结果”中找到对应的闪蒸压力（图 4-32），结果与图 4-31 中的结果一致。

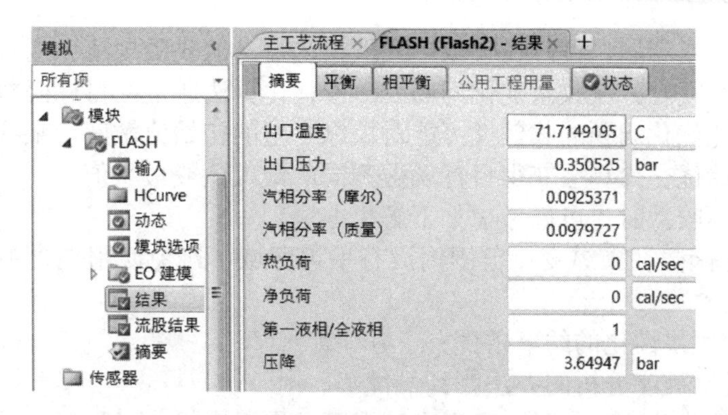

图 4-32 闪蒸器的模拟结果

思考：如果通过控制进料温度来实现，进料温度该为多少℃？（116.7℃）

练习 4-2 现有甲醇和水的混合液，其质量组成为 90%水和 10%甲醇，进料温度 25℃，压力 2.0bar，流量 1000kg/h。现欲在 1.2bar 条件下经一步闪蒸，将甲醇提浓到 30%，误差 0.0001%，求闪蒸汽相分率（取值范围 0.1~0.9，初值取 0.5）与热负荷。热力学模型使用 NRTL-RK。（答案：摩尔汽相分率 0.1568、热负荷 179.9 kW）

练习 4-3 甲醇和水的混合液，其摩尔组成为 80%水和 20%甲醇，进料温度 40℃，压力 1.2bar，流量 1000kmol/h。现欲在 1.2bar 条件下经两步闪蒸（图 4-33），将甲醇提浓到 50%（误差 0.0001%）作为产品。试分析：在满足产品 P 中甲醇摩尔分率 50%的前提下，F1 的汽相分率对物流 P 的摩尔产量有何影响？试绘制其影响曲线，指出 P 产量最大时 F1、F2的汽相分率。热力学模型NRTL-RK，操纵变量的变化范围自定，其中灵敏度的步长0.025，须消除运行警告或错误。（提示：要同时用到设计规范、灵敏度。设计规范中，操纵变量为 F2 的汽相分率，样品变量是 P 中的甲醇摩尔浓度；灵敏度分析中，操纵变量为 F1 的汽相分率，样品变量为 P 产量。答案：F1、F2 的汽相分率分别为 0.475、0.538）

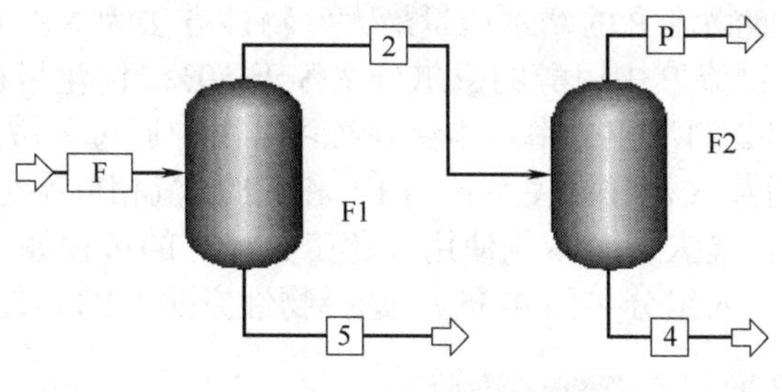

图 4-33 练习 4-3 流程

4.3 过程优化和约束

本节主要介绍 Aspen Plus 中优化（optimization）和约束（constraint）工具的使用方法和技巧。

Aspen Plus 中可以通过操作操纵变量，使用优化工具来实现某个目标函数的最大化或最小化。优化目标可以是样品变量，也可以是使用 Fortran 表达式或内嵌 Fortran 语句计算的样品变量的函数。Aspen Plus 中的约束工具可以对流程中的样品变量或样品变量的函数施加约束条件。约束条件可以是大于等于、小于等于、等于某给定值。用户可以为优化过程添加约束条件，使得软件搜索满足约束条件的最优解。

优化问题通过迭代求解直至收敛。默认情况下，Aspen Plus 会自动生成优化问题的收敛块并对其排序，或者用户可以在收敛形式上输入自己的收敛规范，也可以使用 SQP（序列二次规划法）和复合方法收敛优化问题。由于优化算法通常在目标函数中找到局部极大值和极小值，因此优化问题的收敛性可能对操纵变量的初始值敏感。某些情况下，从解空间中的不同点开始优化计算会获得目标函数不同的最大值或最小值。

当优化问题不收敛时，可以考虑如下解决办法：

① 确保目标函数在操纵变量范围内没有平坦区域，避免使用包含不连续性的目标函数和约束；

② 尽可能使用线性化的约束条件；

③ 尝试通过灵敏度分析的办法找到最优解。

当优化过程的收敛性不佳时，可以尝试以下几点提高优化过程的收敛性：

① 在优化收敛回路中，收紧设备单元模拟和收敛模块的允许误差，优化公差应等于模块公差的平方根（例如，如果优化公差为 10^{-3}，则模块公差应为 10^{-6}）；

② 如果误差最初有所降低，但随后趋于平稳，则说明计算的导数对步长很敏感，需调整步长以提高精度；

③ 检查操纵变量的终值是否处于其下限或上限；

④ 可禁用模块菜单下"模块选项/模拟选项"页面的"使用上次收敛运算的结果"选项（图 4-34），也可以在导航窗格中的"设置/计算选项/计算"中全局指定此选项；

⑤ 检查以确保操纵变量影响目标函数和/或约束的值（通过灵敏度分析）；

⑥ 为操纵变量的值提供更好的初始估计，修改与优化相关的收敛块参数（步长、迭代次数等）；

⑦ 缩小操纵变量的界限或放松目标函数的容差可能有助于收敛。

例 4-3 甲醇、水的混合液，其摩尔组成为 80%水和 20%甲醇，进料温度 40℃，压力 1.2bar，流量 1000kmol/h。现欲在 1.2bar 条件下经两步闪蒸（流程参照图 4-33），将甲醇提浓到 50%（摩尔分率，误差 0.0001%）作为产品。如何设置 F1 和 F2 的闪蒸汽相分率（变化范围 0.2~0.9），才能使物流 P 的摩尔产量最大？物性方法为 NRTL-RK。

本例的约束条件为物流 P 中甲醇的摩尔分率等于 50%，优化目标为 P 的摩尔流量最大化，操纵变量为 F1 和 F2 的汽相分率。本例在练习 4-3 中通过灵敏度分析的办法，得到 P 的产量与 F1 和 F2 的闪蒸汽相分率关系：当 F1 和 F2 的汽相分率分别为 0.4~0.5、0.5~0.6 时，P 的摩尔流量可取得最大值。本例使用优化工具计算的过程如下。

进入 Aspen Plus，输入组分（图 4-35），选择物性方法 NRTL-RK，并确认交互参数。

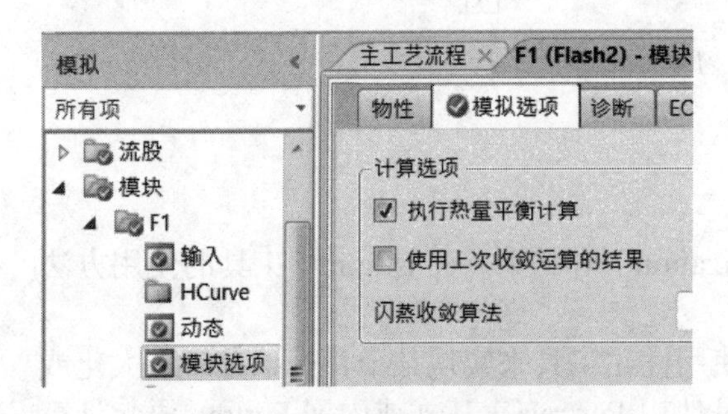

图 4-34　模块的模拟选项

组分 ID	类型	组分名称	别名	CAS号
METHANOL	常规	METHANOL	CH4O	67-56-1
WATER	常规	WATER	H2O	7732-18-5

图 4-35　输入组分甲醇和水

建立图 4-33 的流程。指定进料条件，如图 4-36。

指定 F1 模块闪蒸压力为 0（0 或负值表示压降）、摩尔汽相分率为 0.5，见图 4-37。

指定 F2 模块闪蒸压力 0 bar、闪蒸摩尔汽相分率 0.5，如图 4-38。

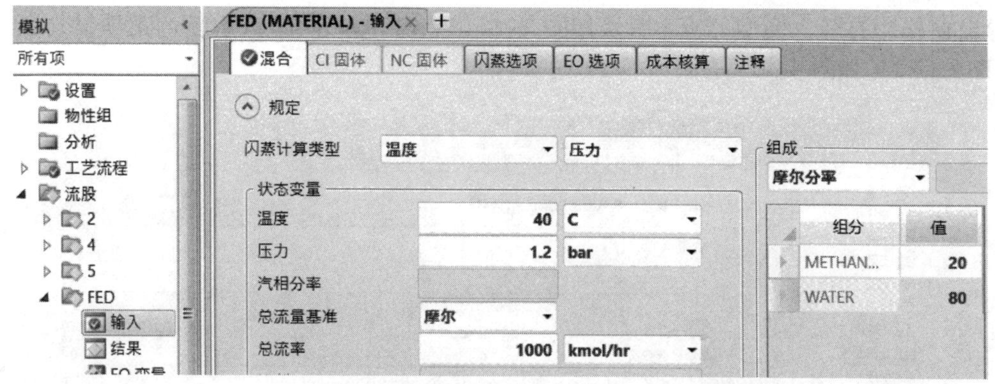

图 4-36　进料条件

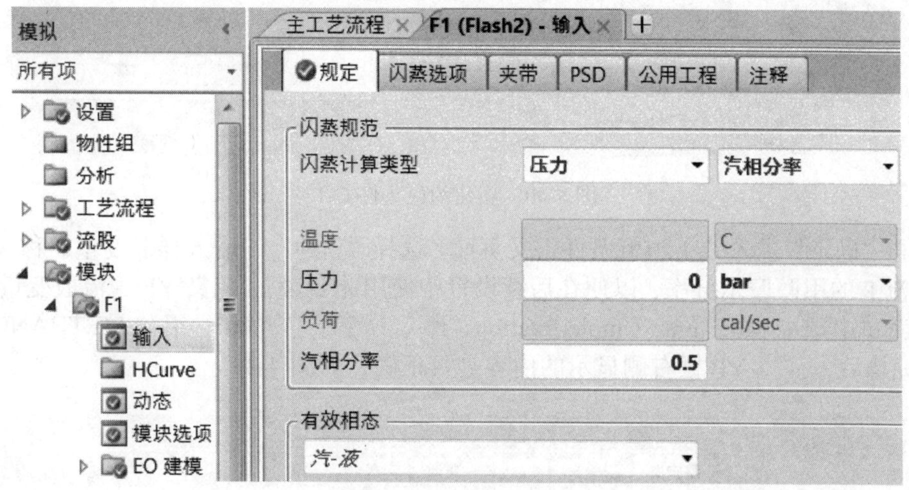

图 4-37　F1 的闪蒸条件

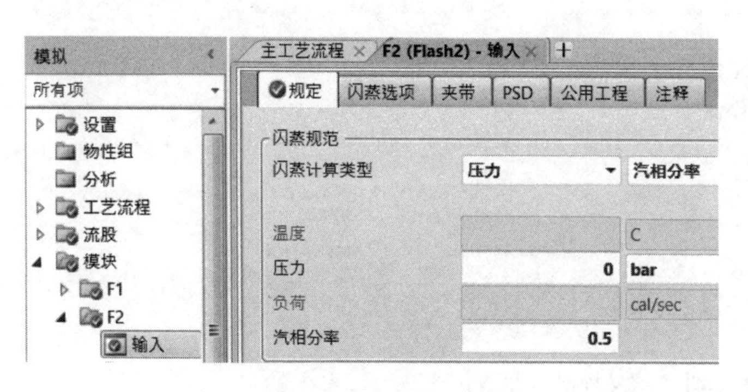

图 4-38　F2 的闪蒸条件

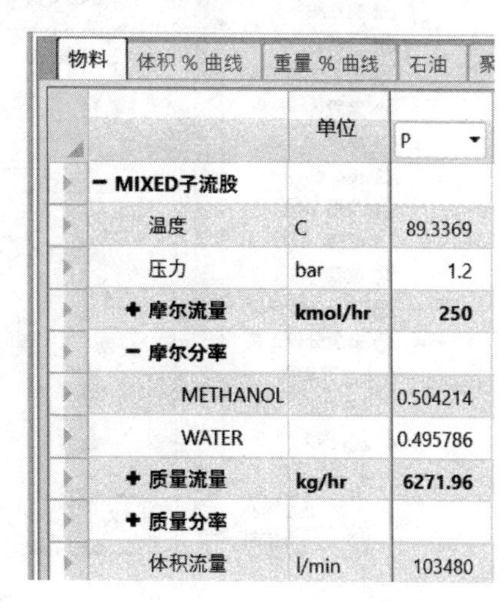

	单位	P
− MIXED子流股		
温度	C	89.3369
压力	bar	1.2
+ 摩尔流量	kmol/hr	250
− 摩尔分率		
METHANOL		0.504214
WATER		0.495786
+ 质量流量	kg/hr	6271.96
+ 质量分率		
体积流量	l/min	103480

图 4-39　P 物流计算结果

两个闪蒸罐的汽相分率均设置为 0.5（默认为摩尔分率），这是操纵变量的计算初值，此值一般取接近或等于其变化范围内的平均值（即 0.5 或 0.55）。程序重置、试运行，可以得到 P 的初步结果（图 4-39）。

下一步在模拟中设置优化工具。首先指定约束条件（即 P 的甲醇摩尔分率为 50%）。

从导航窗格中打开“模型分析工具/约束”窗口，点击“新建”，产生新约束项目，默认项目 ID 为 C-1，如图 4-40。

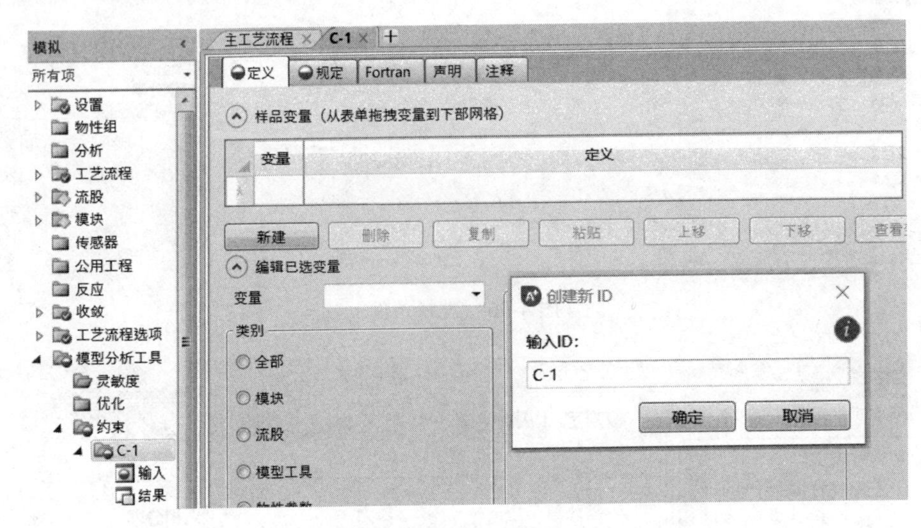

图 4-40　新建约束条件 C-1

点击“确定”进入 C-1 约束条件定义页面。选择“新建”并输入样品变量名称 YP（YP 代表物流 P 的甲醇摩尔分率，以便在后续设置中使用此变量），定义 YP 为流股变量，从右侧下拉菜单中选中 Mole-Frac（mole fraction，摩尔分率）、物流 P、组分 METHANOL。定义 YP 完毕后，注意 YP 栏右侧显示的内容是否正确，如图 4-41。

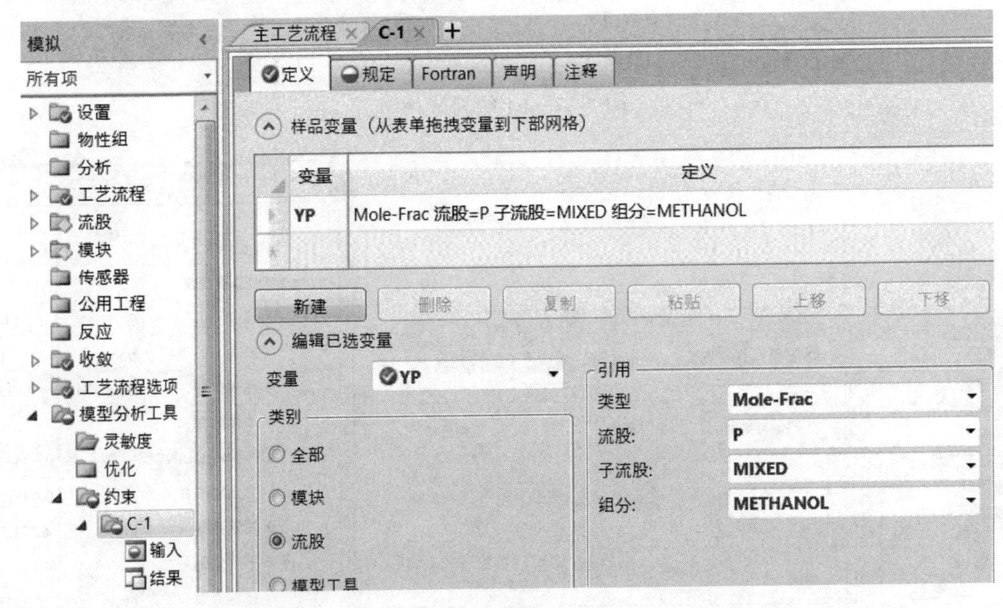

图 4-41　定义样品变量 YP

打开“规定”标签页进入具体的约束设置，如图 4-42。本例要求 YP 值在优化过程应始终等于 0.5，因此目标函数写为“YP*100”（在 Aspen Plus 的约束和优化问题中，目标值在 1~100 范围时容易收敛），规定目标函数的值等于 50，允许误差为 0.0001（YP 的实际误差为 0.0001%/100=0.000001%）。至此，约束条件定义完毕，可供后续优化时采用。

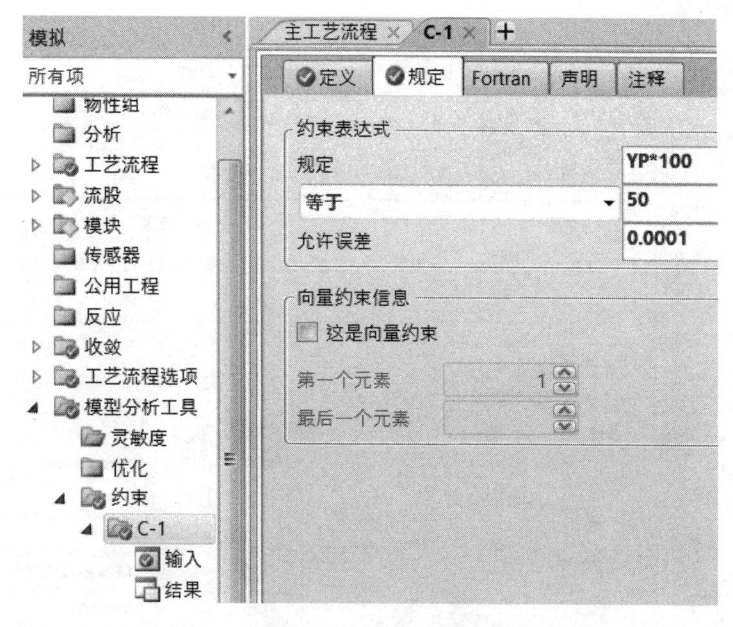

图 4-42　定义 C-1 约束条件

进行优化目标设定。打开导航窗格中的“模型分析工具/优化”页面，如图 4-43，点击“新建”添加一个新的优化项目，默认 ID 为 O-1。

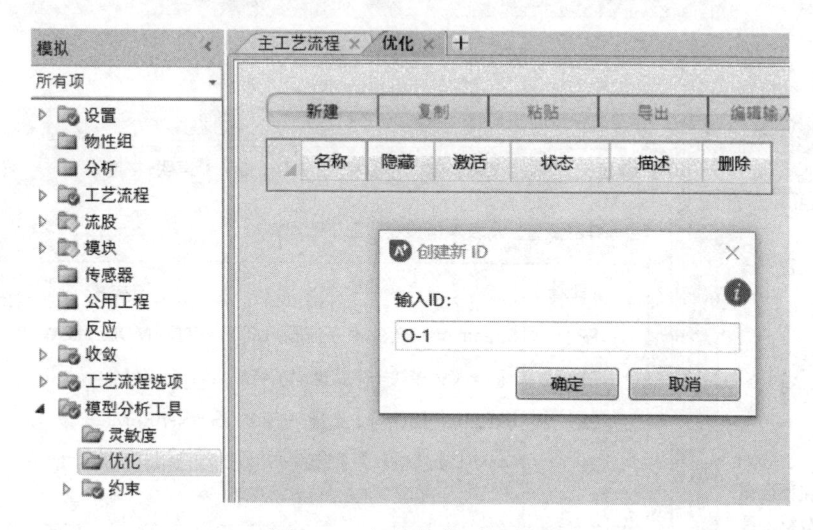

图 4-43　新建优化项目 O-1

点击“确定”后进入 O-1 设置页面，点击“新建”添加（或直接在窗口空白栏填入）一个新的样品变量 FP。FP 定义为流股变量、流股 P、Mole-Flow（摩尔流量）、单位 kmol/h，注意 FP 栏右侧信息是否准确，如图 4-44。

为了便于在优化结果中直接看到模块 F1、F2 最终的汽相分率及物流 P 的甲醇摩尔分率，继续定义 F1、F2 及 YP 为样品变量，分别代表上述流程变量，定义方法与 P 相同，如图 4-45 所示。

在“目标和约束”标签页设定优化目标为“最大化”FP。由于前面已设定约束条件 C-1（P 中甲醇摩尔分率等于 50%），此时 C-1 已出现在“可用”表单中，将其添加到“选定”表单中，如图 4-46。

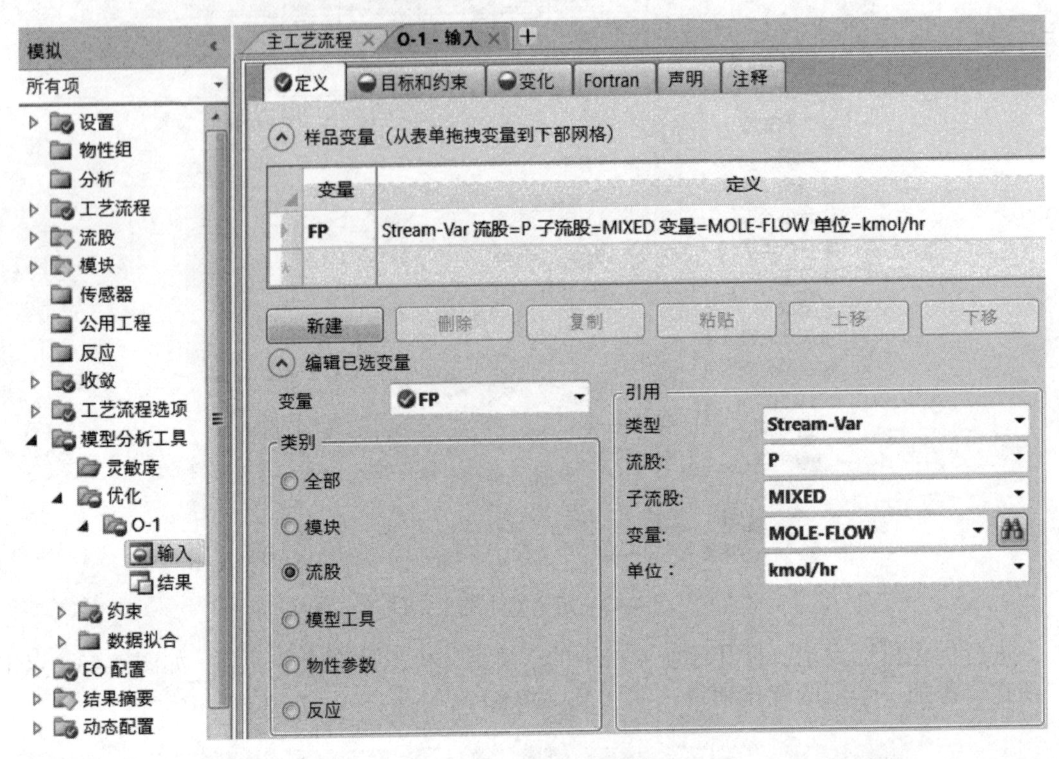

图 4-44 定义样品变量

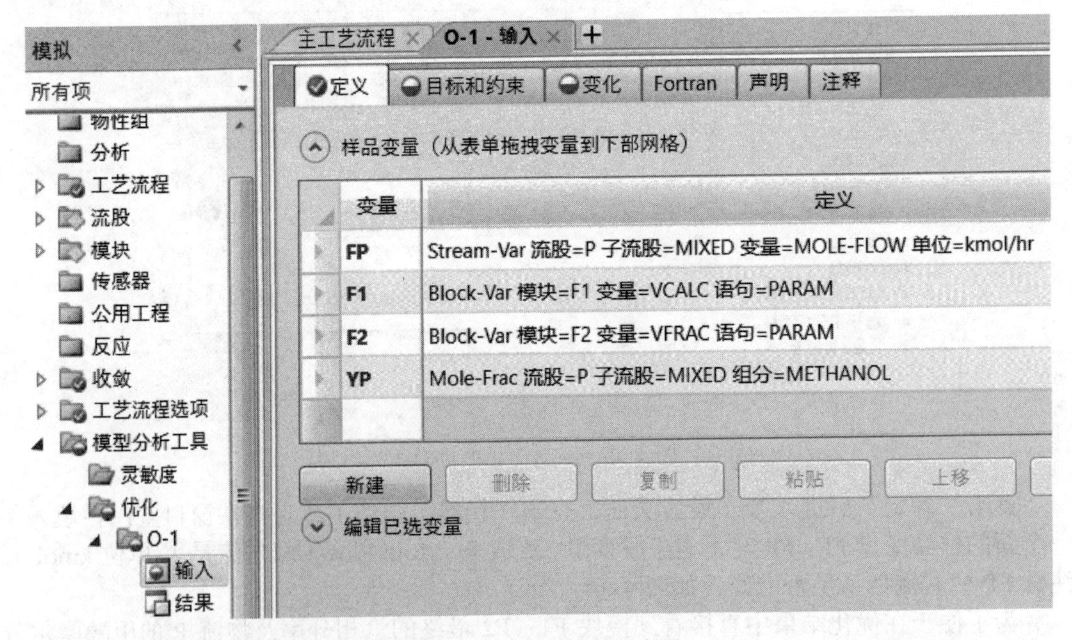

图 4-45 定义其他样品变量

进入“变化”标签页定义操纵变量，见图 4-47。点击“新建”添加操纵变量 1，定义为：模块变量、F1 模块、汽相分率、变化范围 0.2~0.9。

同样，继续点击“新建”添加操纵变量 2，定义为：模块变量、F2 模块、汽相分率、变化范围 0.2~0.9，如图 4-47。

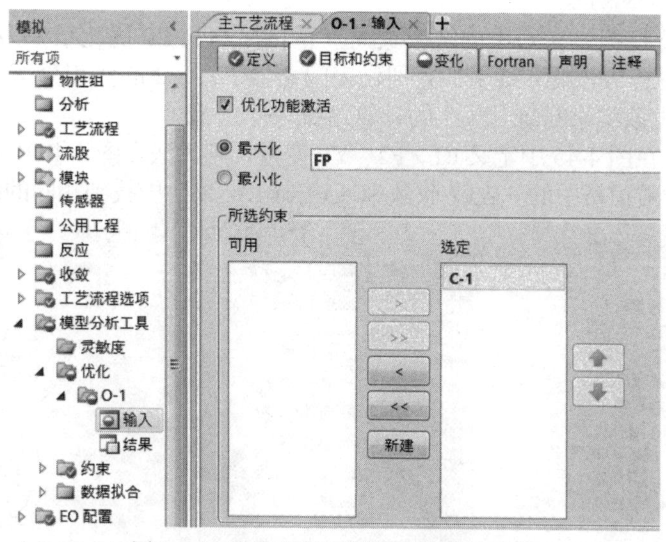

图 4-46 设定目标函数并添加约束条件

图 4-47 定义操纵变量

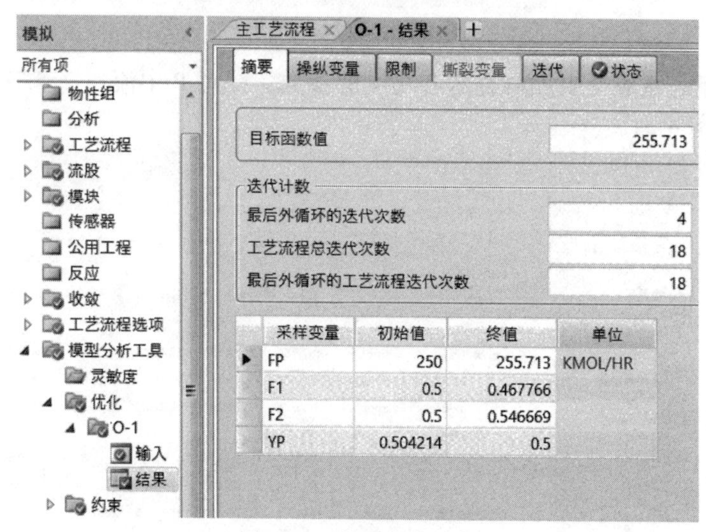

图 4-48 查看优化结果

初始化并运行模拟。在 O-1 的结果页面查看目标函数 FP 优化结果为 255.7kmol/h，以及样品变量 F1、F2、YP 最终结果，分别代表闪蒸器 F1、F2 的汽相分率、P 中甲醇的摩尔分率，如图 4-48。该结果与练习 4-3 的计算结果基本一致。

用户如果没有在图 4-45 中定义 F1、F2、YP 变量，则无法在图 4-48 中看到上述结果。另外，读者也可从导航窗格中的“收敛/收敛/$OLVER01/结果”中找到相同的结果，如图 4-49。

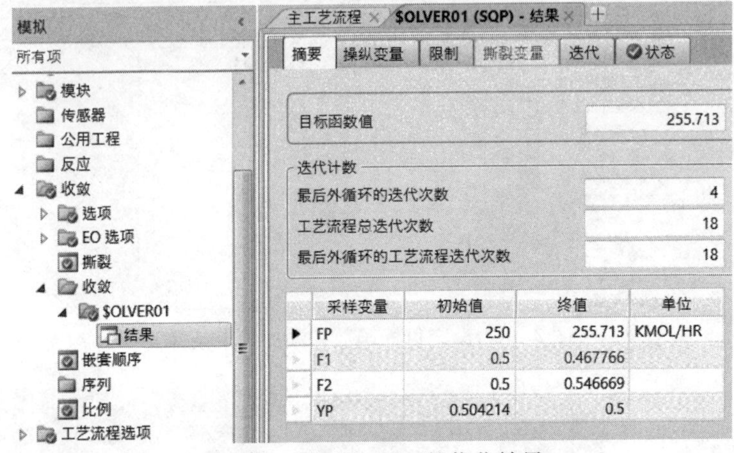

图 4-49 “收敛”页面的优化结果

用户还可以在“模块/F1/结果”查看优化之后的 F1 汽相分率（0.4678），如图 4-50。

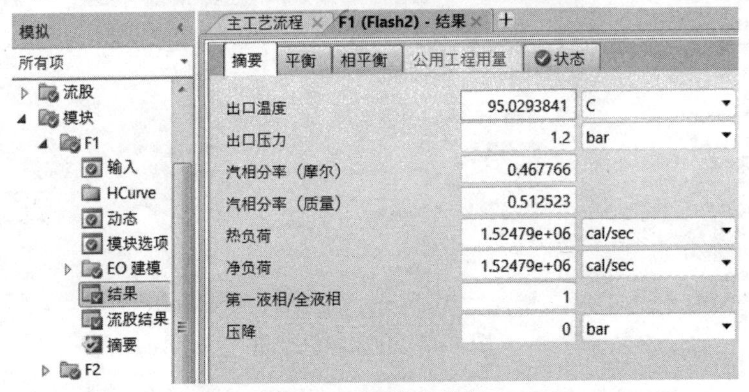

图 4-50 F1 优化结果

在“结果摘要/流股”页面可查看各物流的参数，注意 P 中流量 255.7kmol/h 及甲醇摩尔分率 0.5，如图 4-51。

	单位	2	4	5	FED	P
- MIXED子流股						
温度	C	95.0294	89.495	95.0294	40	89.495
压力	bar	1.2	1.2	1.2	1.2	1.2
- 摩尔流量	**kmol/hr**	**467.766**	**212.053**	**532.234**	**1000**	**255.713**
METHANOL	kmol/hr	159.988	32.1311	40.0124	200	127.856
WATER	kmol/hr	307.778	179.922	492.222	800	127.856
- 摩尔分率						
METHANOL		0.342025	0.151524	0.0751782	0.2	0.5
WATER		0.657975	0.848476	0.924822	0.8	0.5
+ 质量流量	**kg/hr**	**10671.1**	**4270.89**	**10149.6**	**20820.7**	**6400.17**

图 4-51 查看各物流结果

练习 4-4　对二氯甲烷溶剂回收系统进行优化。两个闪蒸塔 F1 和 F2 分别在 1.4bar 和 1.3bar 绝压下绝热闪蒸。物流 FEED 中含有 600kg/h 的二氯甲烷和 40000kg/h 的水，温度为 40℃，压力为 1.6bar。物流 STEAM1 和 STEAM2 均为 14bar 绝压下的饱和蒸汽。通过优化，使物流 STEAM1 和 STEAM2 的蒸汽总用量最少。要求从 F2 出来的物流 WASTE 中的二氯甲烷的最大允许浓度应为 150mg/kg。收敛允许误差为 1mg/kg，物性方法使用 NRTL，两股蒸汽流量的取值范围为 400~8000kg/h。流程如图 4-52（图中物流进料位置是可以在物流连上模块之后，点击箭头上下移动的）。（答案：STEAM1 和 STEAM2 的蒸汽总用量为 5663kg/h）

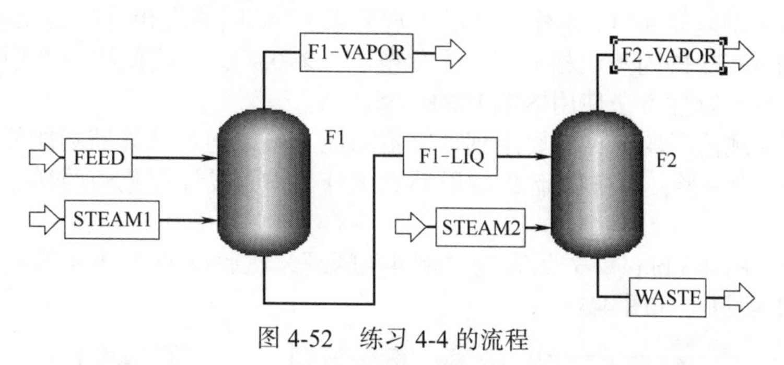

图 4-52　练习 4-4 的流程

练习 4-5　乙醇发酵液含乙醇 1.2%（摩尔分率），其余是水，进料 30℃，2.0bar，100kmol/h。欲通过如图 4-53 的流程闪蒸和回收乙醇，要求其中产品 P 产量最大，并且其中乙醇含量达到 28%以上（误差 0.0001%），物性方法 NRTL。各闪蒸器均在 1.0atm 下闪蒸，初始汽相分率均为 0.25，三个汽相分率变化范围 0.1~0.9。（答案：P 产量 4.093kmol/h）

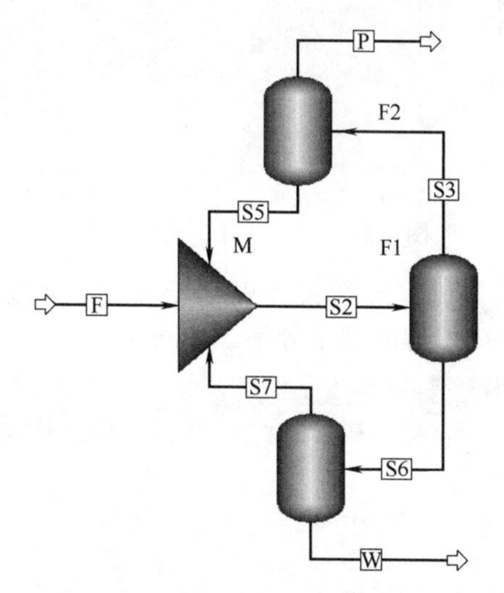

图 4-53　练习 4-5 的流程

4.4 计算器

计算器（calculator）功能可以在流程计算中导入流程变量，执行用户根据 Fortran 语句或 Excel 电子表格定义的计算任务，并将计算结果赋值于流程变量。由于 Aspen Plus 是一个序贯模块模拟器，一次执行一个单元操作，因此须指定在单元操作序列中需要导入或导出的变量，以及执行每个计算器模块的位置。系统通过以下方式定义计算器模块：创建计算器模块，定义模块导入或导出的流程变量，输入 Excel 公式或 Fortran 语句形式的计算任务，指定何时执行计算器模块。如果用户在计算器运行结束后未重置模拟，计算器更改的变量将在下一次运行开始时保持其最后值。

某些模块具有双重变量，如压力（输入值为正值时）和压降（输入值为零或负值时）。如果将压力从负值更改为正值，则会改变变量的解释。例如，将压力从–1psi（1psi=6.89476×10^3Pa）更改为 1psi 会将其从 1psi 压降更改为 1psi 绝对压力。

例 4-4 现有甲醇-水的混合液，其摩尔组成为 80%水和 20%甲醇，进料温度 40℃，压力 1.2bar，流量 1000kmol/h。现欲在 1.2bar 条件下经两步闪蒸（流程参照图 4-33），将甲醇提浓到 50%（误差 0.0001%）作为产品。现要求 F2 的闪蒸汽相分率必须是 F1 的一半，应如何设置 F1 和 F2 的闪蒸汽相分率（变化范围 0.2~0.9），才能使物流 P 中的甲醇摩尔分率正好达到 50%？物性方法使用 NRTL-RK。

本题是设计规范问题，且需要用到计算器功能。可以通过计算器功能使 F2 的汽相分率始终等于 F1 的一半，而将物流 P 的甲醇摩尔分率作为设计规范中的样品变量，规定其等于 50%。

打开文件“例 4-3.bkp”，先另存为“例 4-4.bkp”，然后点击其中的✕删除其中的优化 O-1、约束 C-1 项目，如图 4-54。

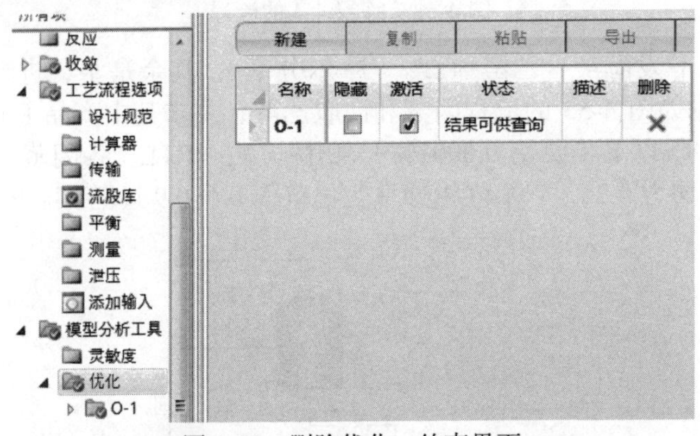

图 4-54 删除优化、约束界面

从导航窗格中打开“工艺流程选项/设计规范”，点击“新建”添加设计项目 DS-1，定义样品变量 YP 代表物流 P 中甲醇的摩尔分率，如图 4-55。

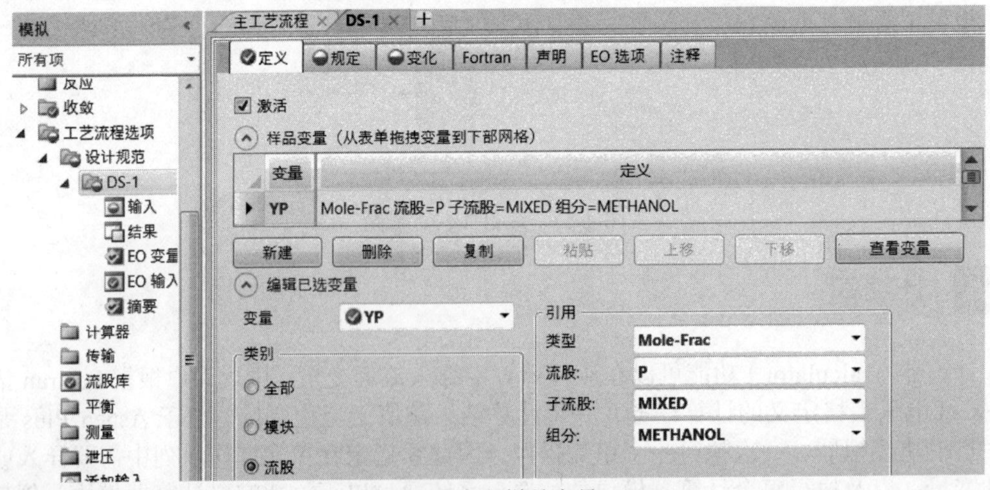

图 4-55 定义样品变量 YP

在“规定”标签页定义设计规范——YP*100=50，如图 4-56，注意精度达到题目要求。

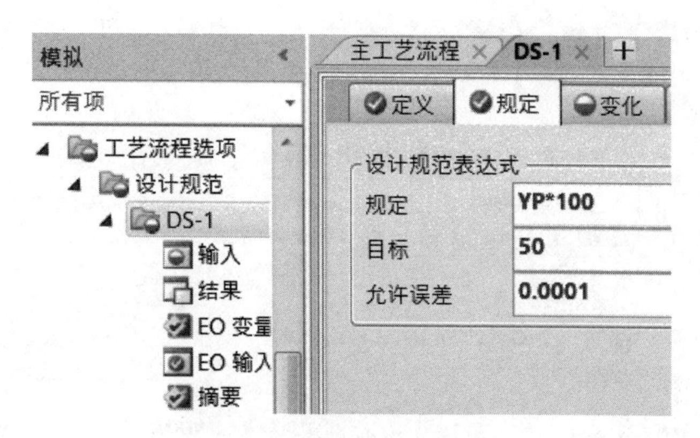

图 4-56　定义设计规范

在“变化”页面定义操纵变量为 F1 汽相分率（模块变量）及其范围，如图 4-57。

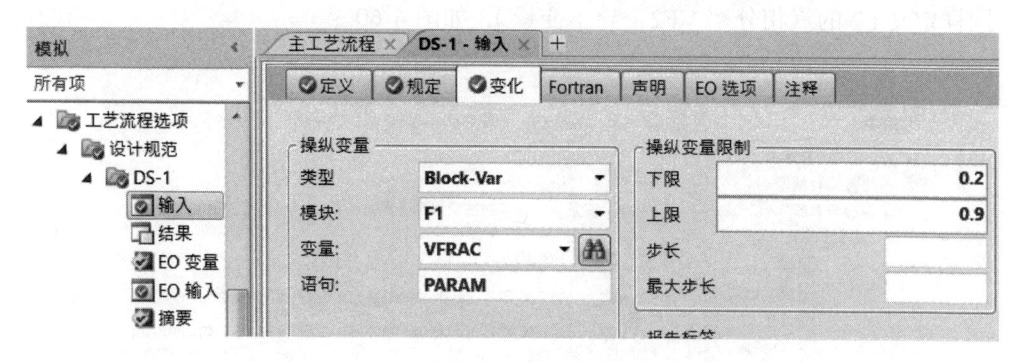

图 4-57　定义操纵变量 F1

接下来需要通过计算器功能，使 F2 的汽相分率始终等于 F1 的一半。在导航窗格的“工艺流程选项/计算器”页面，点击“新建”添加新计算器任务 C-1，如图 4-58。

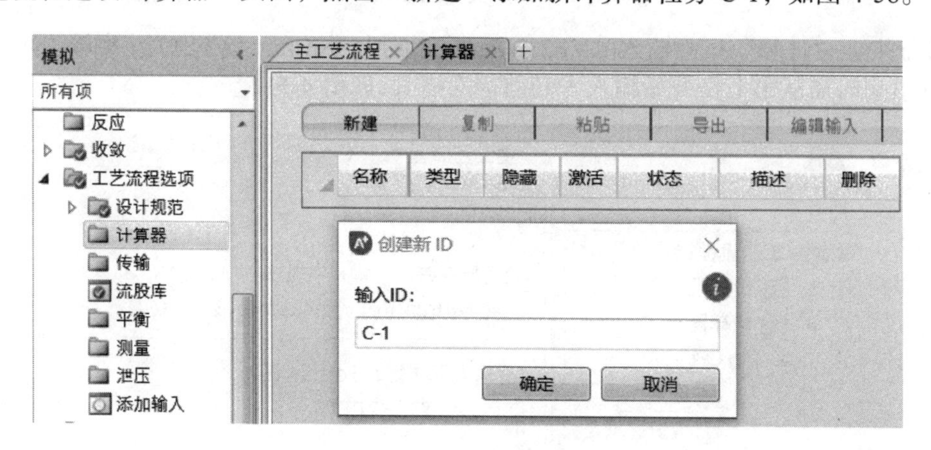

图 4-58　添加计算器任务 C-1

定义变量 VF1 代表模块 F1 的汽相分率（VFRAC 为 specified vapor fraction，指定的汽相分率），并且是“导入变量”（因为先要导入 VF1 的值，用于计算 F2 的汽相分率 VF2），如图 4-59。

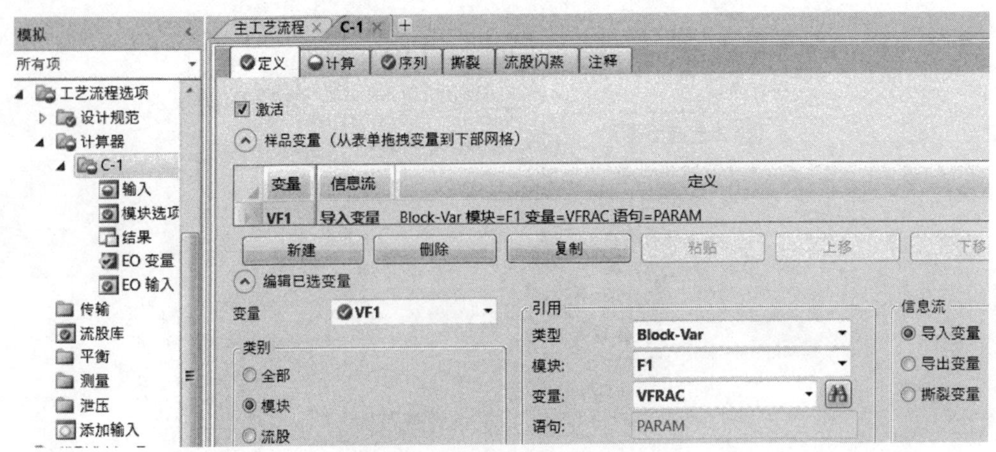

图 4-59　定义导入变量 VF1

同样定义 F2 的汽相分率 VF2（导出变量），如图 4-60。

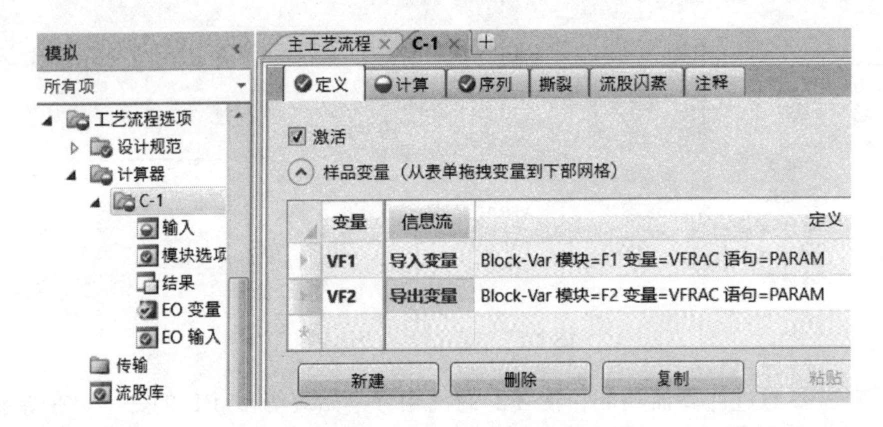

图 4-60　定义导出变量 VF2

接下来在“计算”页面输入“VF2=VF1/2”（此为 Fortran 语句）。注意输入可执行的 Fortran 语句时需从第七格开始输入（句前空六格），如图 4-61。

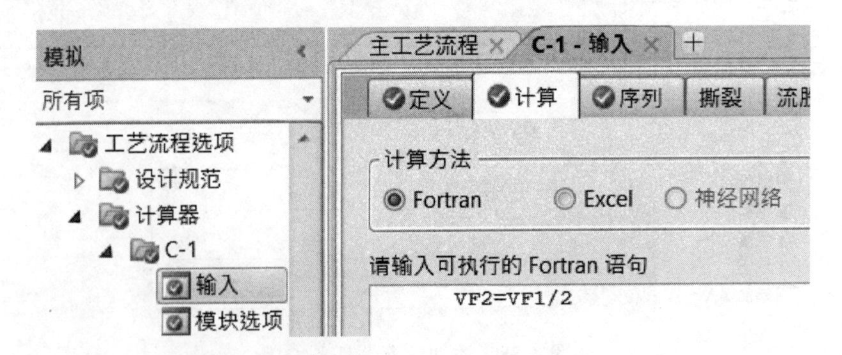

图 4-61　定义 VF2=VF1/2

在“序列”页面可以看到默认的处理顺序（图 4-62）。“使用导入/导出变量”表示 Aspen Plus 在包含导入变量的模块或物流运行后读取导入变量，在包含导出变量的模块或物流运行前输出导出变量。

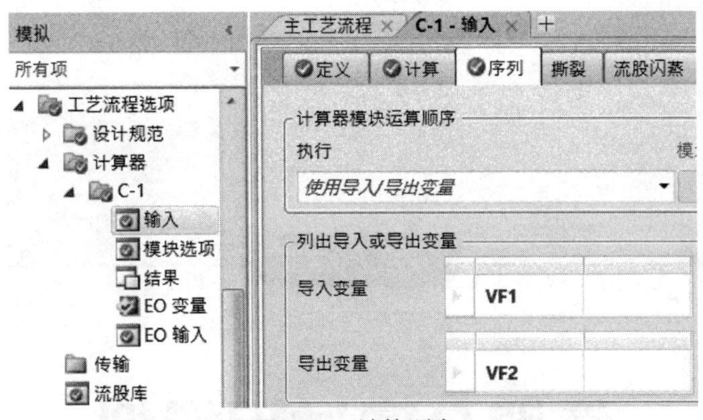

图 4-62　计算顺序

定义完毕，重置并运行，可以看到计算结果，符合 VF2=VF1/2 关系，如图 4-63。

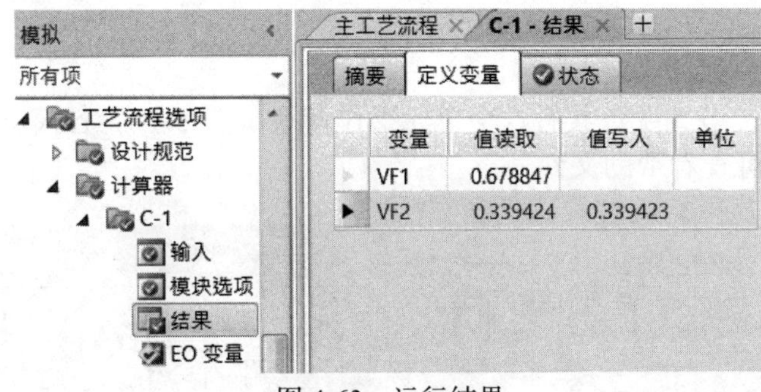

变量	值读取	值写入	单位
VF1	0.678847		
VF2	0.339424	0.339423	

图 4-63　运行结果

从图 4-64 设计规范的结果可以看到，YP 最终值为 0.50，符合题目要求。

变量	初始值	终值
MANIPULATED	0.5	0.678847
YP	0.604552	0.499999

图 4-64　设计规范的结果

读者也可以从模块、物流数据查看 F1 和 F2 汽相分率、P 物流的甲醇含量等信息是否符合要求。

练习 4-6　把例 4-4 的计算器条件改为：F2 的蒸气摩尔流量是 F1 的一半。计算 F2 的蒸气流量。（答案：254.5kmol/h）

第5章

塔器分离过程模拟

Aspen Plus 中，塔式设备共有八个单元操作模块（图 5-1），各模块的应用见表 5-1。各模块的详细介绍可查看帮助文件。

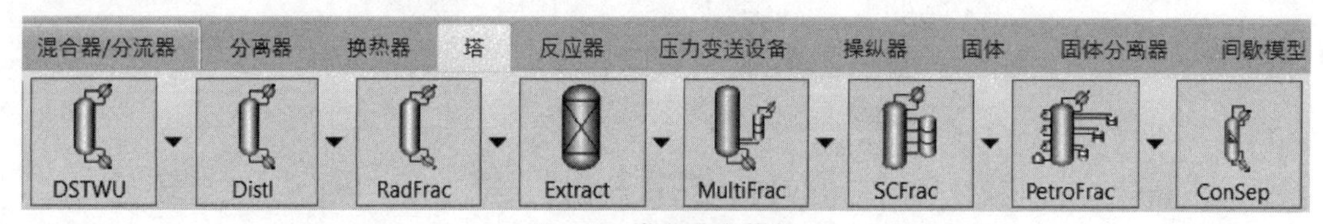

图 5-1　塔器分离模块

表 5-1　塔器分离模块及应用

模块	描述	目的	应用
DSTWU	用 Winn-Underwood-Gilliland 方法进行简捷精馏计算	确定最小回流比、最小理论塔板数、实际回流比和实际塔板数	具有一股进料、两个产品的精馏塔
Distl	用 Edmister 方法进行简捷精馏核算	根据回流比、塔板数和馏出物与进料比确定分离情况	具有一股进料、两个产品的精馏塔
RadFrac	严格的分馏计算	对单塔进行严格核算和设计计算	普通精馏、吸收、汽提、萃取精馏、共沸精馏、三相精馏、反应精馏
Extract	严格的液液萃取	多级逆流萃取过程	液液萃取器
MultiFrac	复杂塔的严格分馏	对任何复杂的多塔进行严格核算和设计计算	热集成塔、隔壁塔、空分塔、吸收塔/汽提塔组合、乙烯装置初级分馏塔/急冷塔组合、炼油应用
SCFrac	复杂石油分馏装置的简捷精馏	使用分馏指数确定产品成分和流量、每个部分的级数和热负荷	复杂塔，如原油装置和减压塔
PetroFrac	石油精炼分馏	对炼油应用中的复杂塔进行严格的核算和设计计算	预闪蒸塔、常压原油装置、真空装置、催化裂化主分馏器、延迟焦化主分馏器、真空润滑油分馏器、乙烯装置主分馏器和急冷塔组合
ConSep	精馏塔的可行性和设计计算	逐级执行边界值计算，以确定塔设计是否可行。交互式设计功能允许用户在检查三元图时修改设计	具有一个进料和两个产品流以及三个主要成分的塔

本章将重点介绍简捷法精馏模块 DSTWU 和严格法精馏模块 RadFrac。对于非极性（如烷烃类）或弱极性（如芳烃类）物系的精馏塔设计，若体系在不同组成时的相对挥发度变化不大（即近似恒定），可用 DSTWU 模块确定最小回流比、最小理论塔板数、实际回流比、实际塔板数、进料位置、馏出与进料量比、塔顶/塔釜热负荷等基本参数，随后，使用 RadFrac 模块进行严格核算和设计。对于极性物系（如某个组分含氧、氮、硫等杂原子时），由于相对挥发度通常不恒定，DSTWU 模块不再适用，一般直接从 RadFrac 模块开始，根据分离难度假定理论塔板数，然后进行试算和优化。

需要说明的是，精馏塔的塔板编号是从上往下逐渐增大，其中冷凝器（如果有）是第一块，再沸器（如果有）是最后一块。如果没有特别标明，汽相分率、回流比、采出比、回收率等信息均以摩尔量为基准。

5.1 精馏塔简捷模拟

DSTWU 模块可以对带有部分或全部冷凝器的单进料、双产品精馏塔进行简捷设计计算。DSTWU 假设塔内摩尔流量恒定，相对挥发度恒定（这是使用 DSTWU 的前提）。DSTWU 所用方法如表 5-2。

表 5-2　DSTWU 所用方法

DSTWU 所用方法	目的
Winn	确定全回流时的最小级数和最佳进料位置
Underwood	确定最小回流比
Gilliland	确定规定级数时所需回流比和最佳进料位置，或规定回流比时所需级数和最佳进料位置

简捷法精馏中，经常用到关键组分的概念。所谓关键组分，就是进料中按分离要求选取的两个组分（多数情况是挥发度相邻的两个组分），它们对于物系的分离起着控制作用，且它们在塔顶或塔釜产品中的回收率或浓度通常是给定的，因而在设计中起着重要作用。这两组分中，挥发度大的称为轻关键组分，挥发度小的称为重关键组分。例如，石油裂解气分离中的 C_2-C_3 塔，其进料组成中各组分的沸点如表 5-3。分离要求为：塔釜中乙烷浓度不超过 0.1%，塔顶产品中丙烯浓度不超过 0.1%。若能将乙烷和丙烯分开，乙烷和比乙烷轻的组分（甲烷和乙烯）必定从塔顶排出，丙烯和比丙烯重的组分（丙烷、丁烷）则必定从塔釜排出。因此，根据规定的分离要求，可确定乙烷是轻关键组分，而丙烯则是重关键组分。

表 5-3　石油裂解气 C_2-C_3 塔进料各组分沸点

物质	甲烷	乙烯	乙烷	丙烯	丙烷	丁烷
沸点/℃	−161.4	−103.9	−88.60	−47.7	−42.04	−0.5

另一重要概念是最小回流比和实际回流比。图 5-2 是精馏塔理论塔板数原理图。假设在某一回流比 R（不是最小回流比，也不是全回流）下，通过梯级图形法求出的理论塔板数大约 13 块（包括再沸器）。其中 x_D、x_W、x_F 分别为精馏塔顶、塔釜、进料中易挥发组分的浓度；ad、db 分别为精馏段、提馏段操作线，gf 为两操作线交点轨迹线。编号 1、2、3…12、13 分别代表理论塔板数。

显然，如果回流比减小，操作线会往上移向 g 处，d 点更靠近汽-液平衡线，精馏段要越过 d 点所需梯级越多，提馏段的梯级也越多，总的理论塔板数增加。当操作线与 g 点相交时，

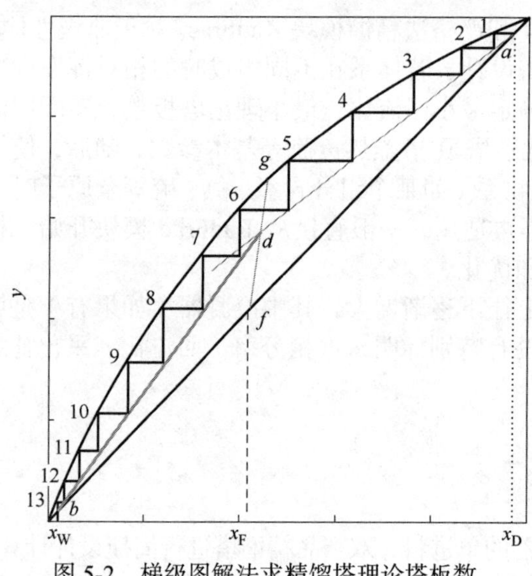

图 5-2　梯级图解法求精馏塔理论塔板数

所需的理论塔板数为无限多，对应的回流比为最小回流比。反之，如果增大回流比，操作线会移向 *f* 点，所需理论塔板数减少。当操作线通过 *f* 点时，所需理论塔板数最少，对应的回流比为全回流，此时无产品馏出，也无进料，常用于精馏塔的开工阶段。

DSTWU 模块中，当给定了轻、重关键组分的回收率之后，可估计精馏塔最小回流比和最少理论塔板数；当给定了实际回流比时，可估计所需的理论塔板数；当给定理论塔板数时，DSTWU 可估计所需的回流比。此外，DSTWU 也可估算最佳进料位置、冷凝器和再沸器的热负荷，并产生一个可选的回流比-理论塔板数的曲线或表格。回流比与理论塔板数的关系曲线对确定精馏塔的实际塔板数有重要参考价值。

5.1.1　计算精馏塔理论塔板数

本节通过例题讲解 DSTWU 模块计算精馏塔理论塔板数的方法。

例 5-1　用 DSTWU 简捷精馏模块设计一个精馏塔。进料为苯和甲苯的混合液，其中含苯 40%（质量分率）、甲苯 60%，处理量 50t/h，饱和液体进料，进料压力 130kPa。冷凝器压力 110kPa，再沸器压力 130kPa，质量回收率要求苯为 99.5%、甲苯为 0.5%（均指在塔顶物流的回收率），实际回流比取最小回流比的 1.2 倍，物性方法选用 NRTL-RK。试用 DSTWU 计算精馏塔理论塔板数、进料位置、塔顶馏出量与进料量比（即馏出物进料比，以下简称馏出比）。

这里特别说明一下，苯和甲苯是芳烃、弱极性体系，物性方法可选状态方程法（如 PENG-ROB 等）。但 Aspen Plus 软件的状态方程模型往往缺乏二元交互参数，而活度系数模型配有较丰富的二元交互参数数据库，因此本例使用活度系数法结合状态方程法的 NRTL-RK 混合模型更有优势。

新建模拟文件并保存，并在输入数据的过程中随时保存，避免闪退、死机时信息丢失。

在物性页面输入组分（图 5-3），为了在后文进行相图的比较，此处也添加甲醇、水、乙醇。选择 NRTL-RK 为物性方法，并确认二元交互参数。

组分 ID	类型	组分名称	别名	CAS号
BENZENE	常规	BENZENE	C6H6	71-43-2
TOLUENE	常规	TOLUENE	C7H8	108-88-3
METHANOL	常规	METHANOL	CH4O	67-56-1
WATER	常规	WATER	H2O	7732-18-5
ETHANOL	常规	ETHANOL	C2H6O-2	64-17-5

图 5-3　组分的输入

首先通过软件的物性分析功能查看苯-甲苯体系的 *T-xy* 曲线，判断此体系大致分离难度以及是否适用简捷精馏模拟。在物性环境，点击顶部功能区“主页”选项卡中的“二元”按钮 二元，进入图 5-4 的二元分析界面。

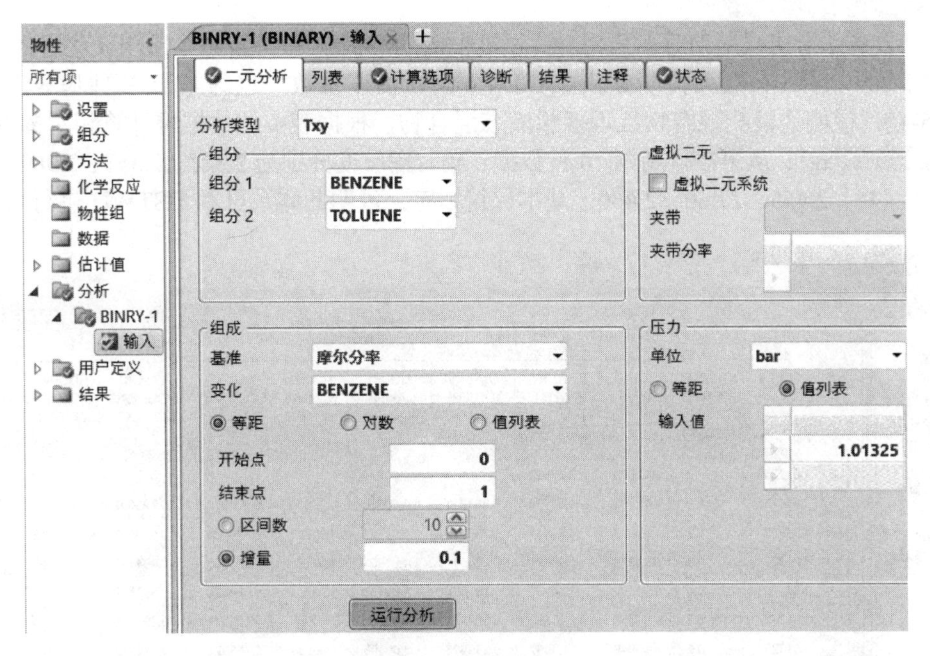

图 5-4　二元分析界面

图 5-4 中，所需分析的二元组分为苯（benzene）和甲苯（toluene），默认基于摩尔分率。横坐标是苯的摩尔分率变化，模拟 0~1 浓度范围，增量（步长）为 0.1，体系压力默认 1.01325bar，点击“运行分析”，得到图 5-5 所示的 *T-xy* 关系曲线。

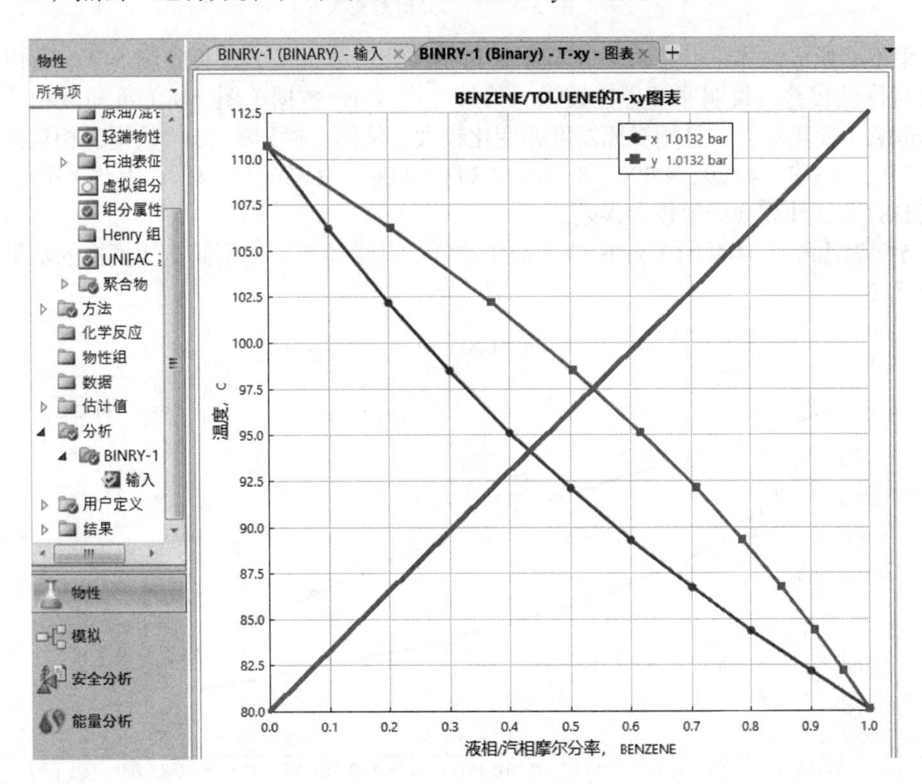

图 5-5　*T-xy* 关系曲线

可以看到，苯在 0~1 浓度范围内，*T-xy* 左右两边基本呈对称结构（对称轴为图中粗线），根据编者经验，沿粗线呈轴对称是相对挥发度恒定的前提条件。另外，在图 5-4 中进入“结果”标签页，可以看到苯和甲苯的液相 GAMMA（γ，活度系数）也约等于 1 且基本恒定不变（图 5-6），说明此液相混合物接近理想液态混合物。根据表中的数据可计算相对挥发度 α=（y_A/y_B）/（x_A/x_B），从第 2 行到第 10 行数据，相对挥发度分别为 2.321、2.358、2.389、2.413、2.432、2.446、2.455、2.460、2.460，基本保持恒定，说明此体系可用 DSTWU 进行塔的初步计算。

PRES	MOLEFRAC BENZENE	TOTAL TEMP	TOTAL KVL BENZENE	TOTAL KVL TOLUENE	LIQUID GAMMA BENZENE	LIQUID GAMMA TOLUENE	VAPOR MOLEFRAC BENZENE	VAPOR MOLEFRAC TOLUENE	LIQUID MOLEFRAC BENZENE	LIQUID MOLEFRAC TOLUENE
bar		C								
1.01325	0	110.679	2.27552	1	1.00145	1	0	1	0	1
1.01325	0.1	106.237	2.04994	0.883341	1.00566	1.00006	0.204993	0.795007	0.1	0.9
1.01325	0.2	102.18	1.85442	0.786396	1.00761	1.00042	0.370884	0.629117	0.2	0.8
1.01325	0.3	98.4919	1.68621	0.70591	1.00801	1.00127	0.505863	0.494137	0.3	0.7
1.01325	0.4	95.1394	1.54169	0.63887	1.00737	1.00277	0.616678	0.383322	0.4	0.6
1.01325	0.5	92.0858	1.41727	0.582733	1.00612	1.00508	0.708634	0.291366	0.5	0.5
1.01325	0.6	89.2948	1.3097	0.535446	1.00455	1.00838	0.785822	0.214178	0.6	0.4
1.01325	0.7	86.7325	1.21626	0.495392	1.00292	1.01286	0.851382	0.148618	0.7	0.3
1.01325	0.8	84.3686	1.13467	0.461309	1.00147	1.01879	0.907738	0.0922618	0.8	0.2
1.01325	0.9	82.1755	1.06309	0.432218	1.00041	1.0265	0.956778	0.0432218	0.9	0.1
1.01325	1	80.1285	1	0.407361	1	1.03641	1	0	1	0

图 5-6　二元分析数据

这里不妨用极性体系甲醇-水作对比。通过物性分析可得其 *T-xy* 图（图 5-7），可以看出此曲线的对称性较差，说明非理想性较强。另外，从 *T-xy* 数据（图 5-8）可知液相活度系数（GAMMA）变化较大，且相对挥发度亦变化较大（从第 2 栏到第 10 栏数据，相对挥发度分别为 6.239、5.318、4.629、4.099、3.680、3.343、3.067、2.836、2.641）。因此，甲醇-水体系如果用 DSTWU 计算会产生较大误差。

图 5-9 为乙醇-水体系的 *T-xy* 曲线，对于这样的共沸体系，使用简捷法模拟的结果基本没有参考意义。

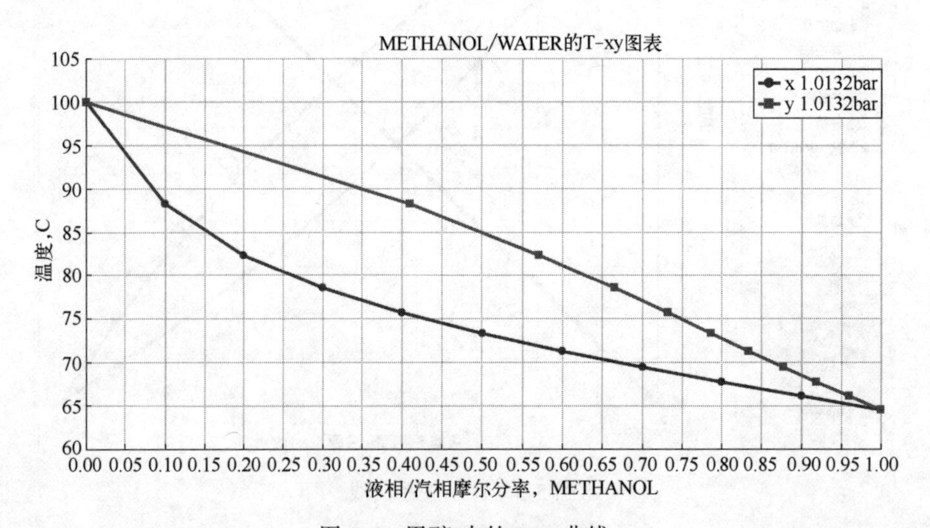

图 5-7　甲醇-水的 *T-xy* 曲线

PRES	MOLEFRAC METHANOL	TOTAL TEMP	TOTAL KVL METHANOL	TOTAL KVL WATER	LIQUID GAMMA METHANOL	LIQUID GAMMA WATER	VAPOR MOLEFRAC METHANOL	VAPOR MOLEFRAC WATER	LIQUID MOLEFRAC METHANOL	LIQUID MOLEFRAC WATER
bar		C								
1.01325	0	100.018	7.53284	1	2.23111	1	0	1	0	1
1.01325	0.1	88.2563	4.09416	0.656205	1.7565	1.01097	0.409416	0.590584	0.1	0.9
1.01325	0.2	82.3829	2.85353	0.536618	1.49024	1.0389	0.570706	0.429294	0.2	0.8
1.01325	0.3	78.5739	2.21625	0.47875	1.32059	1.08002	0.664875	0.335125	0.3	0.7
1.01325	0.4	75.7201	1.83022	0.446521	1.20662	1.13249	0.732087	0.267913	0.4	0.6
1.01325	0.5	73.3753	1.57268	0.427322	1.1284	1.19531	0.786339	0.213661	0.5	0.5
1.01325	0.6	71.3285	1.38958	0.415636	1.07469	1.26798	0.833746	0.166254	0.6	0.4
1.01325	0.7	69.4704	1.25341	0.408704	1.03869	1.35041	0.877389	0.122611	0.7	0.3
1.01325	0.8	67.74	1.14874	0.405031	1.01601	1.44283	0.918994	0.0810062	0.8	0.2
1.01325	0.9	66.1021	1.06625	0.403767	1.00376	1.54576	0.959623	0.0403767	0.9	0.1
1.01325	1	64.5348	1	0.404421	1	1.66001	1	0	1	0

图 5-8 甲醇-水的 T-xy 数据

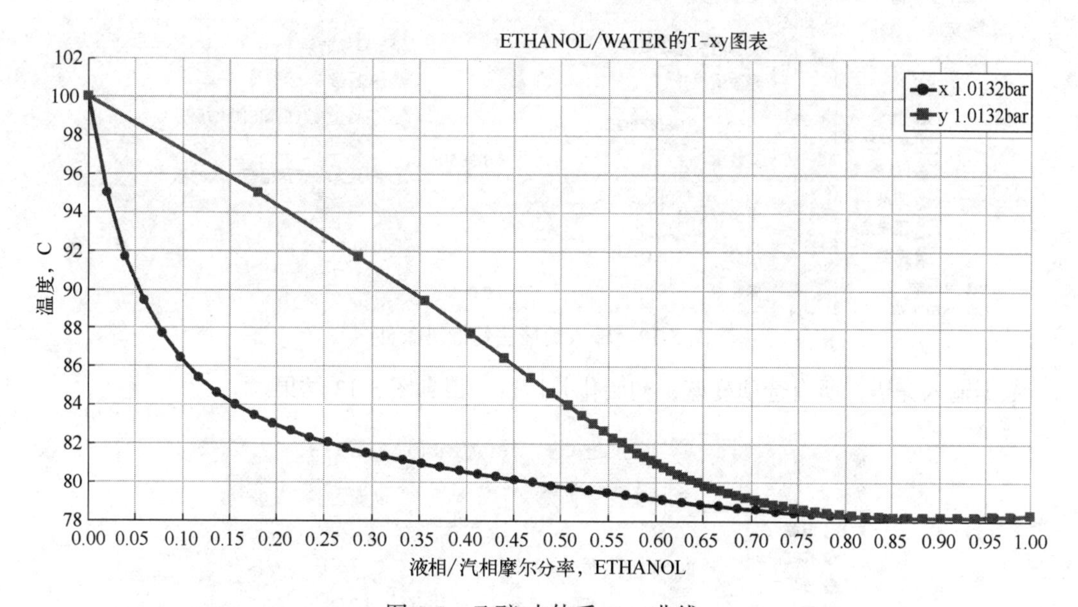

图 5-9 乙醇-水体系 T-xy 曲线

下一步进入模拟环境，选用“塔/ DSTWU / ICON1”模块建立流程，如图 5-10。

输入精馏塔进料条件，其中汽相分率 0（饱和液体进料），如图 5-11。注意 Aspen Plus 中的“ton”为短吨，对应 2000lb（磅，1lb=0.453592kg）；“tonne”为公吨，对应 1000kg。本题应选“tonne/hr”。

输入塔的操作条件：回流比为−1.2（回流比处如果输入正数表示设定的回流比，如果输入负数则表示设定回流比是最小回流比的倍数）、冷凝器 1.1bar、再沸器 1.3bar、苯回收率 0.995、甲苯回收率 0.005（此处的回收率均默认是基于塔顶产品的数值，即苯或甲苯在塔顶产品的回收率），如图 5-12。

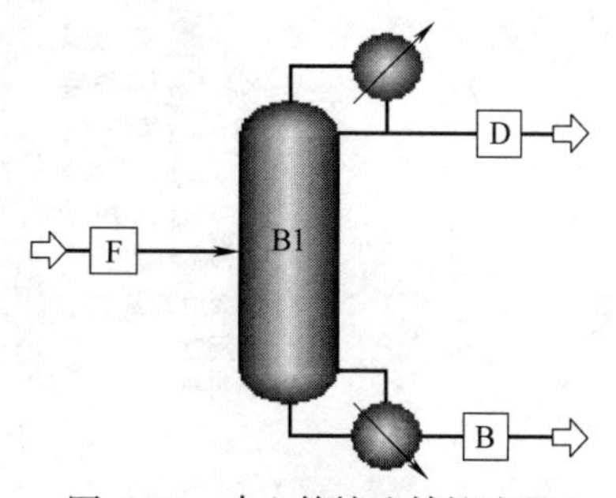

图 5-10 建立简捷法精馏流程

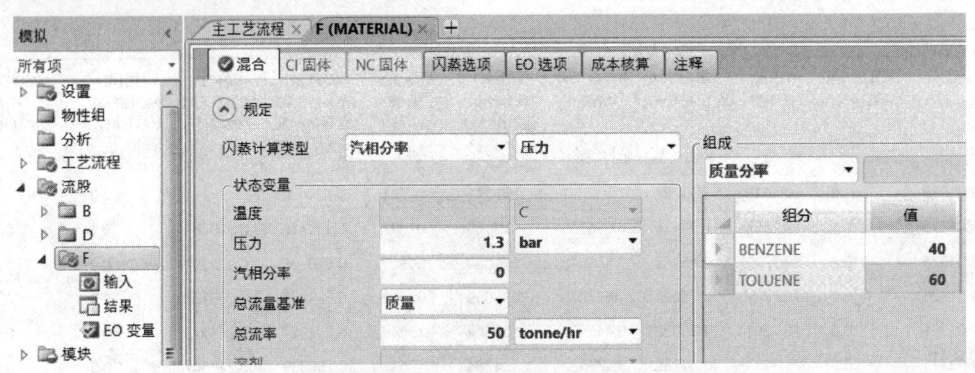

图 5-11　输入进料条件

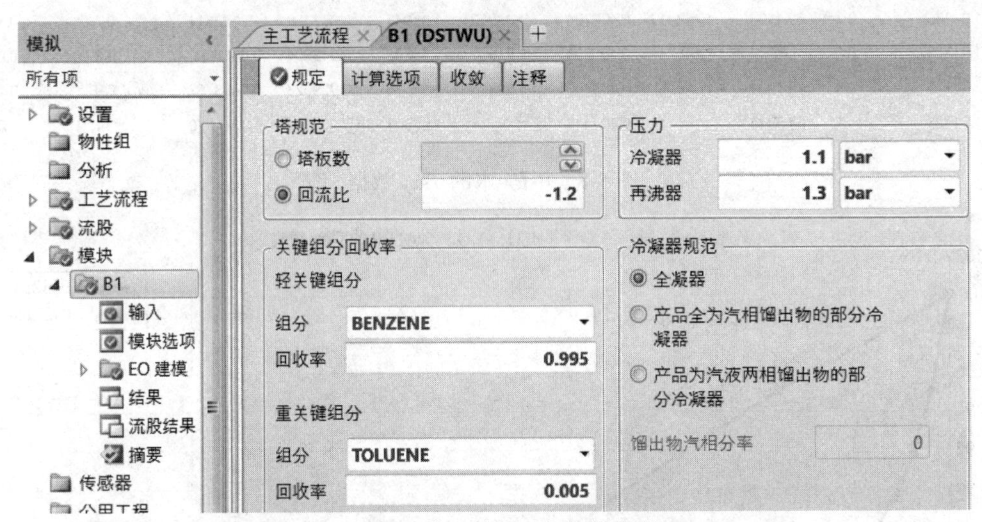

图 5-12　输入简捷法精馏塔条件

数据输入完毕，所有选项变蓝，初始化并运行，得到图 5-13 结果。

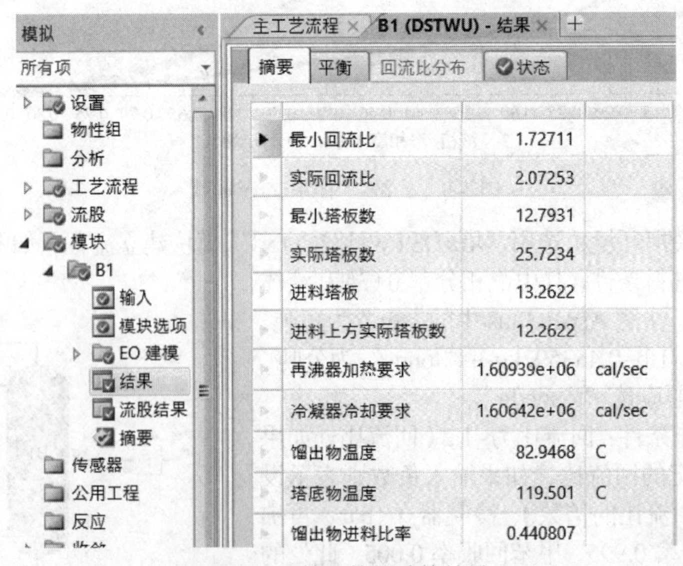

图 5-13　精馏简捷计算结果

其中最小回流比 1.727（默认基于摩尔量，下同），实际回流比 2.073（即 1.72711×1.2=

2.07253），最少塔板数 12.79 块（是指在全回流比时所需要的理论塔板数），实际塔板数 25.72（是指在回流比为 2.073、板效率 100%时所需要的塔板数），第 13.26 块板进料，塔顶馏出比 0.4408（基于摩尔量）。上述理论塔板数均包括冷凝器（塔板编号是 1）、再沸器各 1 块，虽然冷凝器无分离作用，但仍占用理论塔板的编号 1。各物流结果如图 5-14。

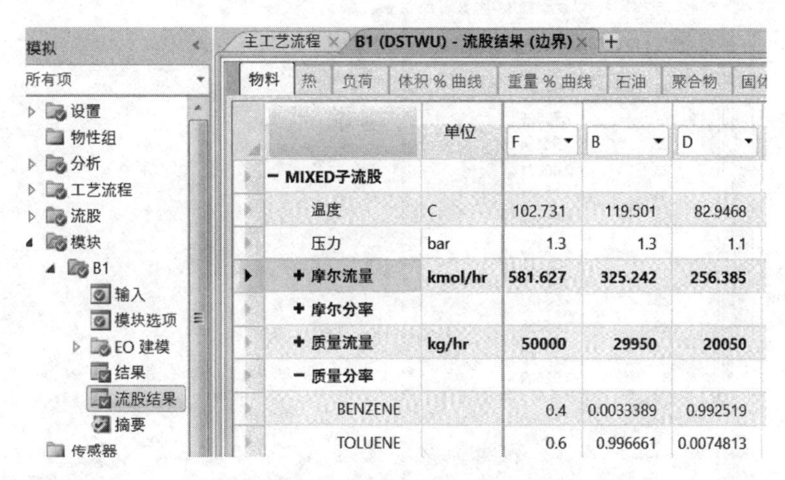

图 5-14　简捷法计算的物流信息

5.1.2　回流比与理论塔板数关系

DSTWU 模块中也可以较容易地绘制回流比与理论塔板数的曲线关系，帮助用户确定最佳理论塔板数和对应的最佳回流比。

例 5-2　在例 5-1 的基础上，绘制回流比与理论塔板数关系曲线。

打开例 5-1 模拟文件并另存为新文件。在模拟环境中，进入“模块/B1/输入”窗口的“计算选项”标签页（图 5-15）。选中“生成回流比与理论塔板数表格”，用户可以指定理论塔板数变化范围等信息（这里不指定），塔板数增量填 1。

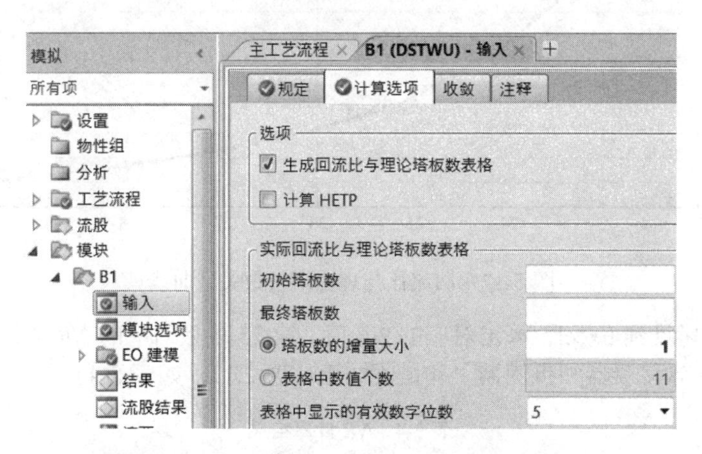

图 5-15　理论塔板数与实际回流比关系计算选项

初始化模拟并运行后，点击“模块/B1/结果”页面，在“回流比分布”标签页即得到回流比对理论塔板数表，如图 5-16。

利用功能区的“图表/自定义”绘图工具，以理论塔板数为 X 轴，以回流比为 Y 轴，即可得到回流比与理论塔板数的关系曲线，如图 5-17。

图 5-16　回流比对理论塔板数计算结果

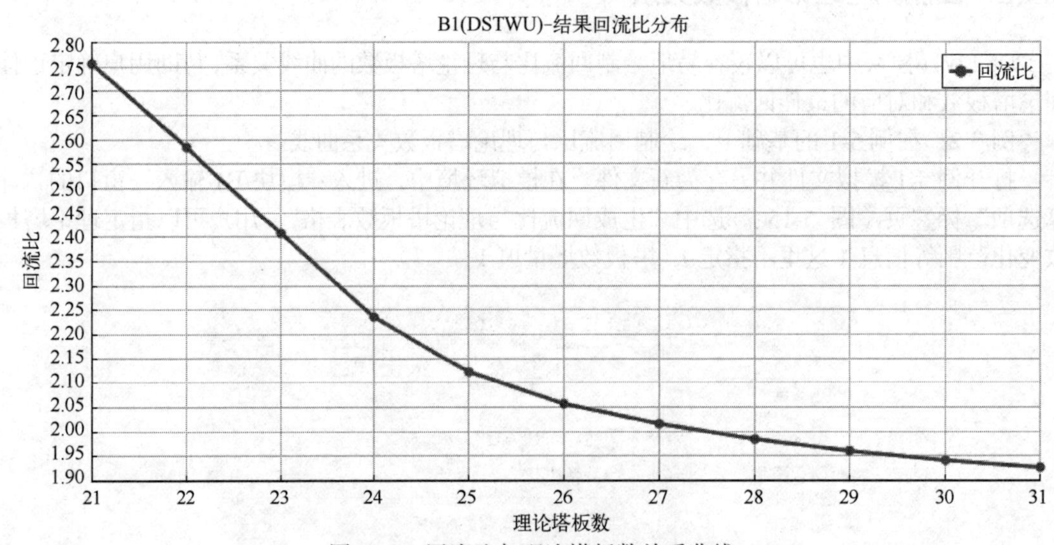

图 5-17　回流比与理论塔板数关系曲线

将上述数据拷贝到 Excel，算出对应的 *NR* 值，第 25 块板对应的 *NR* 值最小，对应最佳理论塔板数 25 块（含冷凝器和再沸器）和最优回流比值 2.12，如表 5-4。

表 5-4　*NR* 计算结果

理论塔板数（*N*）	回流比（*R*）	*NR*
21	2.755963	57.87522
22	2.584540	56.85987
23	2.408714	55.40041
24	2.236910	53.68585

续表

理论塔板数（N）	回流比（R）	NR
25	**2.122875**	**53.07188**
26	2.057527	53.4957
27	2.014931	54.40313
28	1.984224	55.55828
29	1.960655	56.85899
30	1.941741	58.25222
31	1.926086	59.70868

练习 5-1　用灵敏度分析方法，分析并绘制例 5-2 的回流比与理论塔板数关系曲线，找出其中最佳塔板数，其中“塔规范”设置部分由指定回流比为–1.2 改为指定塔板数为 20，塔板数变化范围 20~30，增量为 1，“样品变量” R 为 ACT-REFLUX（calculated actual reflux ratio），“样品变量” N 为 ACT-STAGE 或 NSTAGES，要求在灵敏度结果中显示 NR 值。

练习 5-2　正庚烷/正已烷混合液，正已烷 40%（质量分率），其余是正庚烷，流量 30t/h，饱和液相进料。进料压力 130kPa，冷凝器压力 110kPa，再沸器压力 130kPa；塔顶正已烷回收率 99.9%，正庚烷回收率 0.1%；实际回流比取最小回流比的 1.5 倍，物性方法 PENG-ROB（无二元交互参数）。①用简捷法计算精馏塔所需理论塔板数、进料位置、馏出与进料量比；②绘制理论塔板数与回流比关系曲线。（答案：理论塔板数 29.17、进料位置 13.42、馏出与进料量比 0.4368）

5.2　精馏塔严格模拟

Aspen Plus 中可通过 RadFrac 模块进行精馏塔的严格计算。RadFrac 是一种用于模拟各种类型气 - 液传质过程的模块，可用于普通蒸馏、吸收、再沸吸收、汽提、再沸汽提、萃取和共沸精馏等过程的严格计算。RadFrac 适用于两相体系、三相体系、窄沸程和宽沸程体系及液相呈强非理想性的体系。RadFrac 具有以下特征：

① 可以检测和处理塔中任何位置的自由水相或其他第二液相，也可以在每块塔板上处理固体、电解质；

② 可以模拟发生化学反应的塔（详见本书 8.4 节反应精馏）；

③ 可以处理离开任何级并返回同一级或不同级的泵送；

④ 默认情况下 RadFrac 假设各塔板均处于平衡状态，但用户也可以指定 Murphree（默弗里）板效率或蒸发效率，通过调整 Murphree 效率以匹配工厂性能；

⑤ 可以使用 RadFrac 来确定由塔板和/或填料组成的塔的尺寸和塔内件，对随机填料和结构化填料进行建模。

RadFrac 的汽-液混合物进料存在两种选项，见图 5-18。

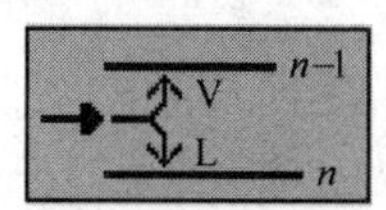

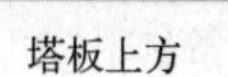

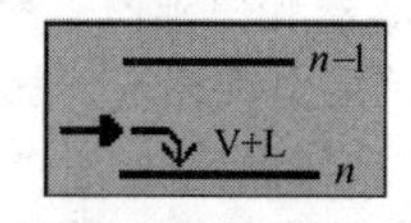

塔板上

图 5-18　两种不同进料方式

其中“塔板上方”表示在两块塔板之间进料，其中进料物流中的汽相进入进料板上一层塔板，液相进入进料板位置；“塔板上”表示进料物流中的汽相和液相都进入进料板。

5.2.1 精馏塔操作模拟

例 5-3 至例 5-8
演示视频

本节通过例题对 RadFrac 的基本使用方法进行介绍。

例 5-3 进料含苯 40%（质量分率）、甲苯 60%，处理量 50t/h，饱和液体进料。进料压力 130kPa，冷凝器压力 110kPa，塔顶压力 120kPa，再沸器压力 130kPa。理论塔板数为 26（含冷凝器、再沸器），进料板位置为第 13 块，实际摩尔回流比为 2.0725，摩尔馏出比为 0.4408，物性方法选用 NRTL-RK。用 RadFrac 核算能否达到例 5-1 的分离要求（塔顶质量回收率：苯 99.5%、甲苯 0.5%）。

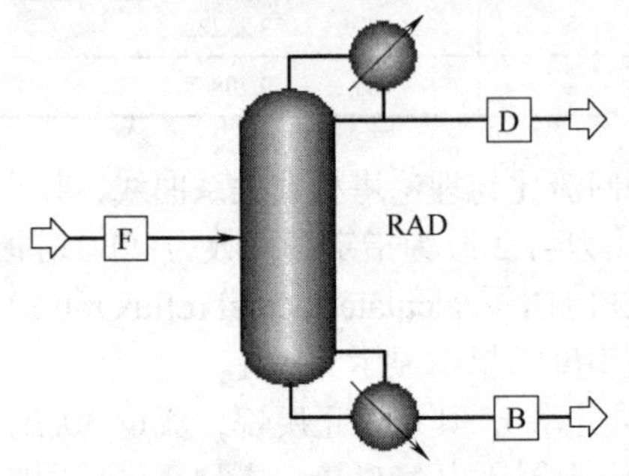

图 5-19 严格法精馏流程

首先打开例 5-1 模拟文件，先将文件另存为新的模拟文件。在工艺流程图中将原有 DSTWU 简捷法模块替换为 RadFrac 严格法模块。用鼠标选中原 B1 模块，用键盘 Delete 键删除，但保留物流 F、D、B；然后选择“塔/RadFrac/FRACT1”模块加入到流程中，将模块名称改为 RAD，将物流 F、D、B 连至 RAD 模块，如图 5-19。

由于本模拟文件已完成组分、物性、进料条件的定义，现在只需要输入 RAD 模块信息，在“模块/RAD”页面定义，如图 5-20。

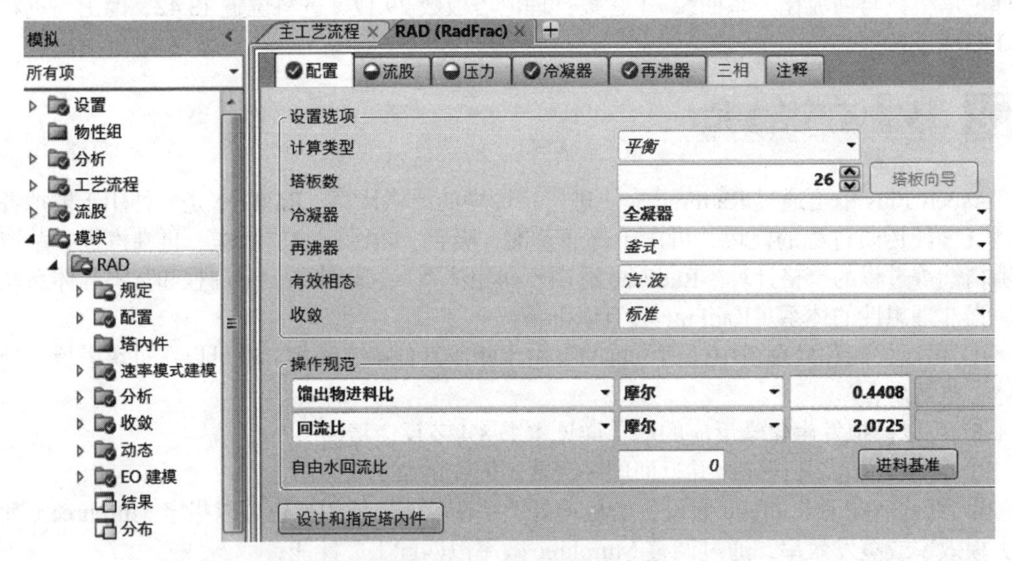

图 5-20 严格法精馏模块参数

其中，“计算类型”包括“平衡”（每块理论塔板的汽液相传质达到平衡）、“速率模式”（模拟时考虑了传质和传热速率问题、扩散物种之间的多组分相互作用），默认前者。

塔板数 26 包括了冷凝器和再沸器。冷凝器可选“全凝器”（馏出物全部冷凝）、“部分-汽相”（馏出物部分冷凝，只采出汽相）、“部分-汽相-液相”（馏出物部分冷凝，汽相、液相均采出）、“无”（无冷凝器）；再沸器选项有“釜式”“热虹吸”“无”三种。釜式再沸器的物料汽化比例高，相当于 1 块板效率，液相物料不循环，设备体积大，造价高；热虹吸式再沸器汽化比例 5%~35%，液相物料大量循环，设备体积小，造价低，热效率高。初学者一般默选釜式即可，选不同形式的再沸器计算结果差别极小。

有效相态包括汽-液、汽-液-液等。如果体系中只有一个液相，只需选汽-液，否则应选汽-

液-液、自由水或污水等。

收敛算法有“标准”“石油/宽沸程”“非常不理想的液相”“共沸”“深度冷冻”“自定义”六种选项。“标准”算法适合于大多数体系，“石油/宽沸程”适合于沸点相差大的体系（如原油，或者体系中既有沸点低于 0℃，也有沸点超过 100℃的成分时），“非常不理想的液相”适合极性物系（特别是物性方法用到了活度系数法的体系），“共沸”适合有共沸倾向的高度非理想体系，“自定义”选项可手动设置收敛算法的各项参数（在导航窗格中的“模块 / 收敛 / 收敛”中设置），适合收敛难度非常大的体系。

接下来在“流股”标签页中，输入进料位置为第 13 块板，默认“塔板上方”。进料位置有 4 种形式，本例“塔板上方”指位于第 13 块上方，实际位于第 12 块板与 13 块板之间进料（编号含冷凝器）；如果选“塔板上”，则物料进入第 13 块板液相区；如果进料选“汽相”或“液相”，则系统按规定的相态进入和处理。通常按前两种选取。默认流股 D 从第 1 块板液相采出，流股 B 从第 26 块板液相采出，如图 5-21。

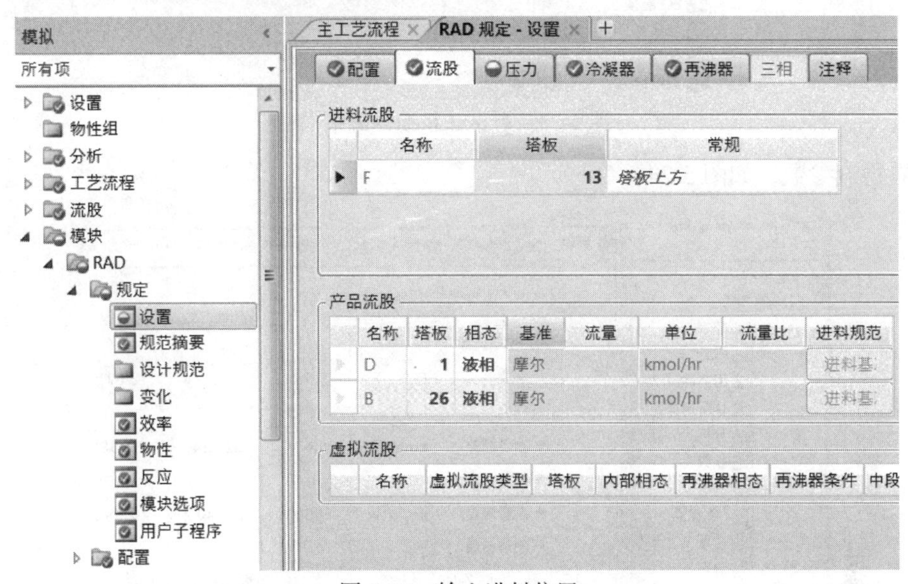

图 5-21　输入进料位置

在“压力”标签页，输入塔板 1（实为冷凝器）压力、塔板 2（实际的塔顶第 1 块板）压力及塔压降。其中塔压降 10kPa，即再沸器压力 130kPa 减去塔板 2 压力 120kPa，如图 5-22。

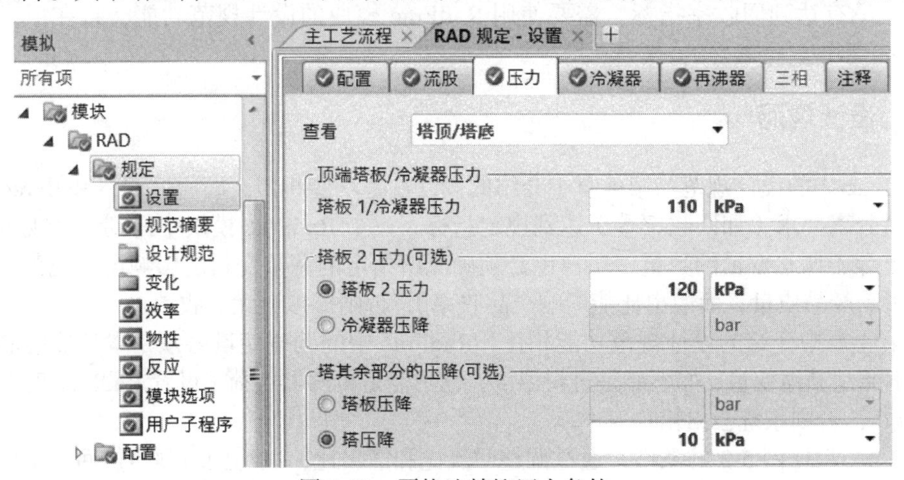

图 5-22　严格法精馏压力条件

由于所有红色标签已变蓝，表示定义完毕，重置并运行，得到分离结果见图 5-23，其中塔顶 D 物流中苯、甲苯“切割分率”（即回收率）分别为 0.9922、0.0072，与例 5-1 中的苯 99.5%、甲苯 0.5%略有差异。

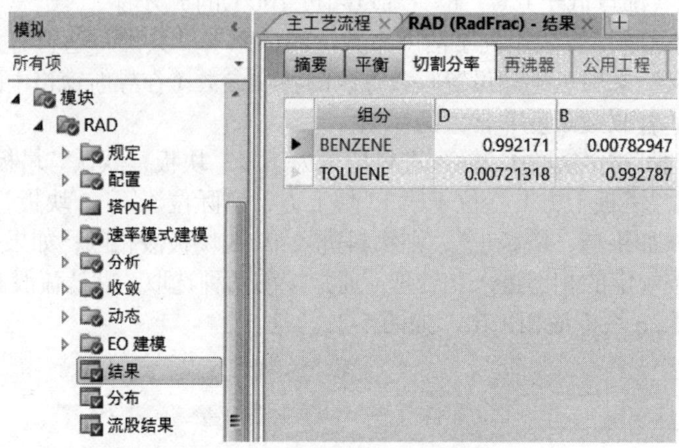

图 5-23　严格法精馏分离结果

查看物流参数，如图 5-24。

	单位	F	B	D
− MIXED子流股				
温度	C	102.731	119.4	83.0035
压力	bar	1.3	1.3	1.1
+ 摩尔流量	kmol/hr	581.627	325.246	256.381
+ 摩尔分率				
+ 质量流量	kg/hr	50000	29940.2	20059.8
− 质量分率				
BENZENE		0.4	0.00523007	0.989212
TOLUENE		0.6	0.99477	0.0107875

图 5-24　查看物流结果

由于没有达到回收率指标，需要使用 RadFrac 模块的设计规范功能，将在下一节进行介绍。

5.2.2　设计规范

RadFrac 中的设计规范与第 4 章中介绍的设计规范功能相似，即通过调整 RadFrac 的输入参数，使分离要求（如回收率等）达到规定指标。一个 RadFrac 模块中得到设计规范的数量必须大于等于调整变量的数量，用户也必须确保所指定的调整变量能影响设计规范（比如回流比能影响产品质量，而馏出比能影响产品收率），否则模拟会无法收敛。

和第 4 章中介绍的设计规范功能相比，RadFrac 中的调整变量必须是本精馏塔的输入变量，而不能是其他变量，如不能是进料温度，也不能是再沸器负荷（设置 RadFrac 时并没有输入此参数），否则系统会出错。

例 5-4　根据例 5-3 的条件，通过调整回流比和馏出比，以达到塔顶质量回收率要求（苯

99.5%、甲苯 0.5%）。

打开例 5-3 模拟文件，另存为新的文件。在模拟环境中，从导航窗格中选择“模块/RAD/规定/设计规范”，如图 5-25。

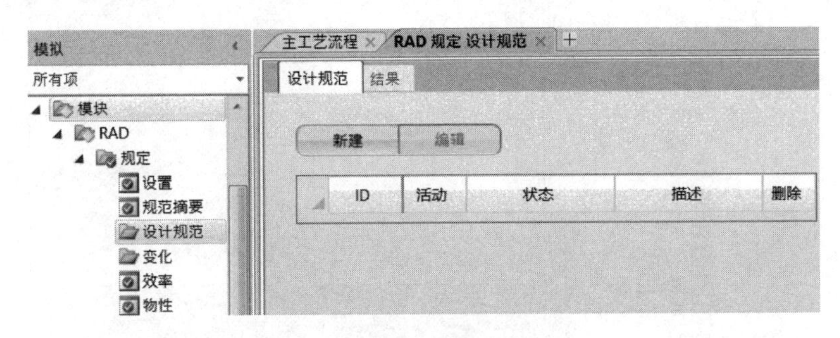

图 5-25　设计规范页面

点击“新建”建立第一个设计规范，定义（塔顶苯）质量回收率为 0.995。在“规定”标签页选择质量回收率为设计规范类型，目标为 0.995，如图 5-26。

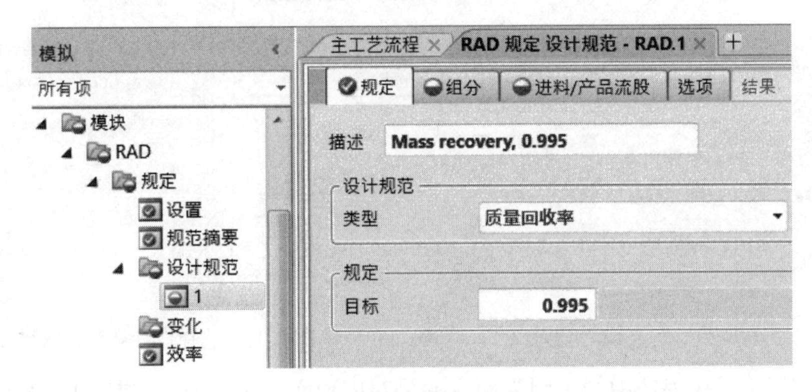

图 5-26　定义设计规范 1

在“组分”标签页中将苯添加为“所选组分”（表示 0.995 是苯的回收率），如图 5-27。

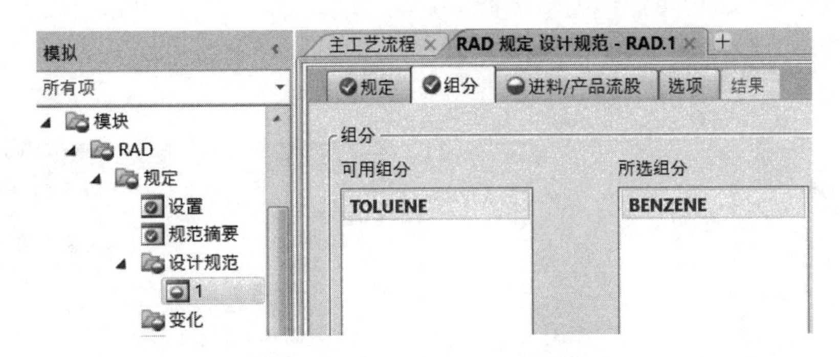

图 5-27　选择设计规范 1 的目标组分

在“进料/产品流股”标签页，从产品流股中将塔顶物流 D 添加至右侧列表（表示质量回收率是针对塔顶流股而言），基于进料 F，见图 5-28。

至此已完成第一个设计规范（苯回收率）定义。再回到“设计规范”，定义甲苯的回收率。点击“新建”，定义第二个设计规范（甲苯的塔顶质量回收率为 0.005），如图 5-29。

选中组分甲苯（表示质量回收率 0.005 是对甲苯而言），如图 5-30。

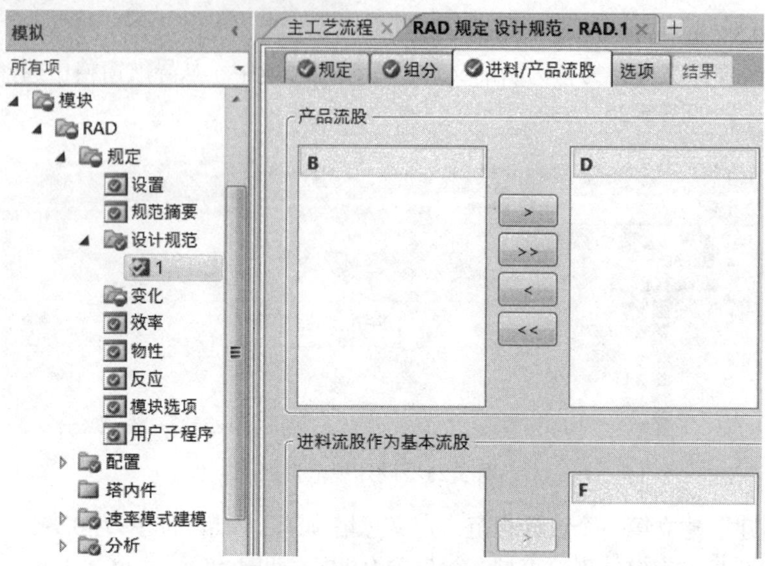

图 5-28　设计规范 1 的物流选择

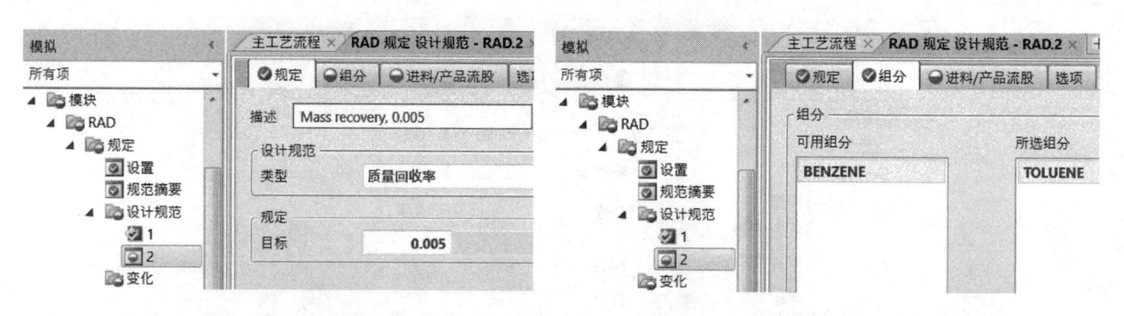

图 5-29　定义设计规范 2　　　　图 5-30　选择设计规范 2 的目标组分

从产品流股 D、B 中选中 D（因为回收率是对塔顶而言），相对于进料 F，如图 5-31。

现已完成两个设计规范的定义。两个设计规范需要两个调整变量来实现，进入“模块/RAD/规定/变化”页面，如图 5-32。

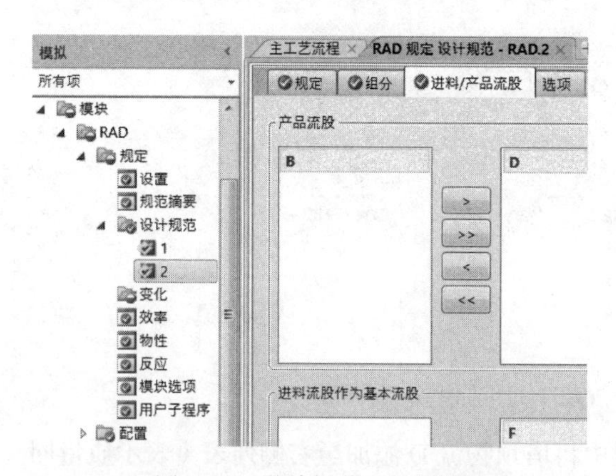

图 5-31　设计规范 2 的物流选择

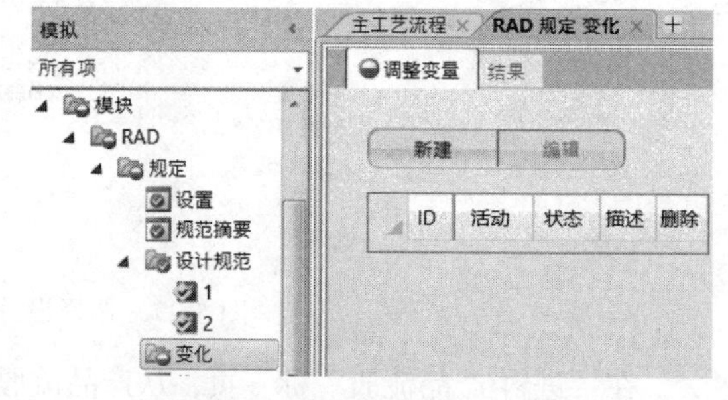

图 5-32　调整变量配置页面

点击“新建”定义第一个调整变量，进入“1”设置，设置回流比范围为 1.5~3，如图 5-33。需要注意的是，1.5 和 3 是估计值，因为前面输入的回流比 2.0725，满足设计规范的实际值应该上下浮动一些，且浮动区间须包含 2.0725，否则系统会提示出错（如输入 0.5~2 时）。

完成调整变量 1 定义后，回到“变化”页面（图 5-34），其中变化 1 的“活动”被默认选中，表示该调整变量已生效。如果用户希望不让其起作用，取消勾选即可。点击右侧 ✕ 可以删除此调整变量。

继续点击“新建”，定义第 2 个调整变量。输入馏出比 0.4~0.5（之前的输入值为 0.4408），注意浮框的提示信息，如图 5-35。

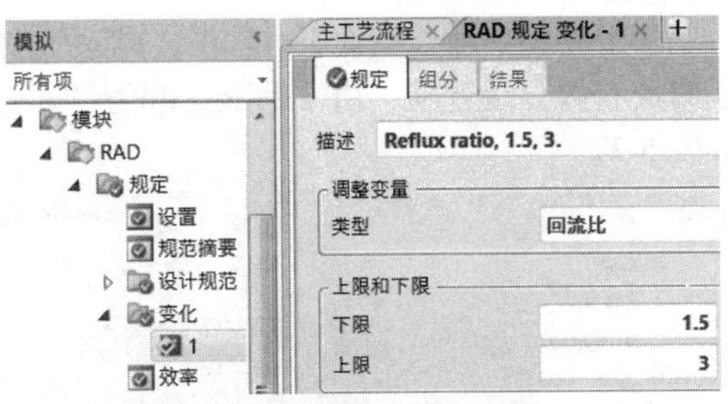

图 5-33　定义调整变量 1（回流比）

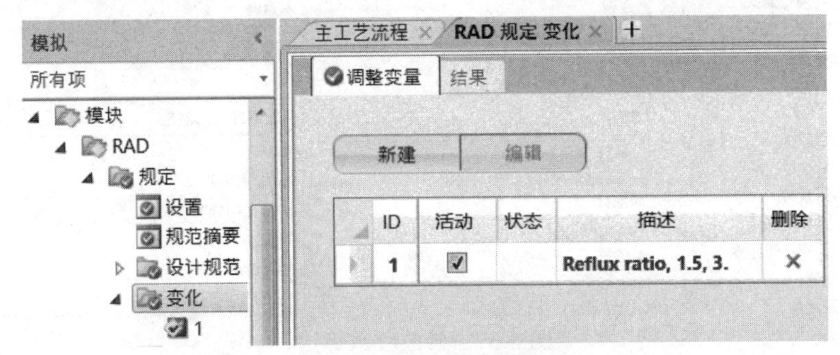

图 5-34　新建调整变量 2

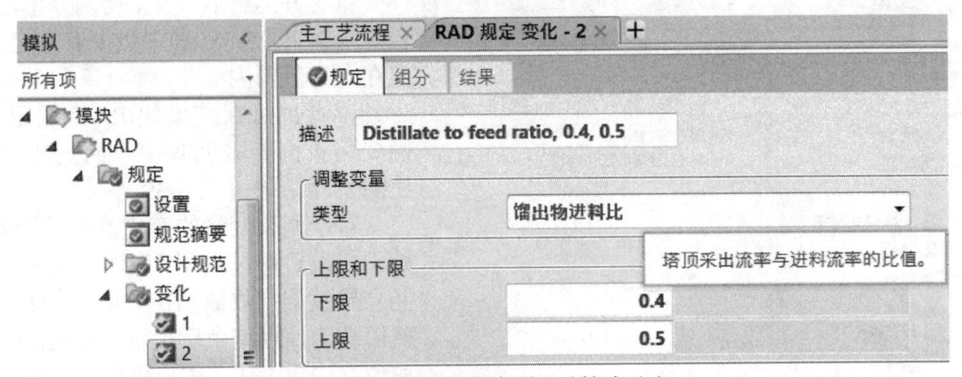

图 5-35　定义调整变量 2（馏出比）

至此，调整变量设置完成，两个调整变量对应两个设计规范。重置并运行，提示警告，提示系统外循环收敛，设计规范未收敛，如图 5-36。

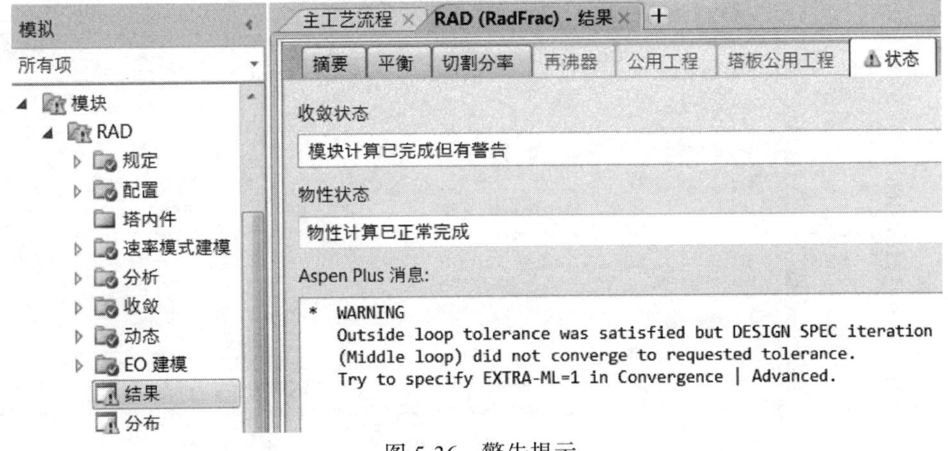

图 5-36　警告提示

如果之前物性选择状态方程法，则系统会直接收敛（状态方程法相对来说更容易收敛）。现修改收敛算法选项，由“标准”改为“非常不理想的液相”（因为使用了活度系数模型），如图 5-37。

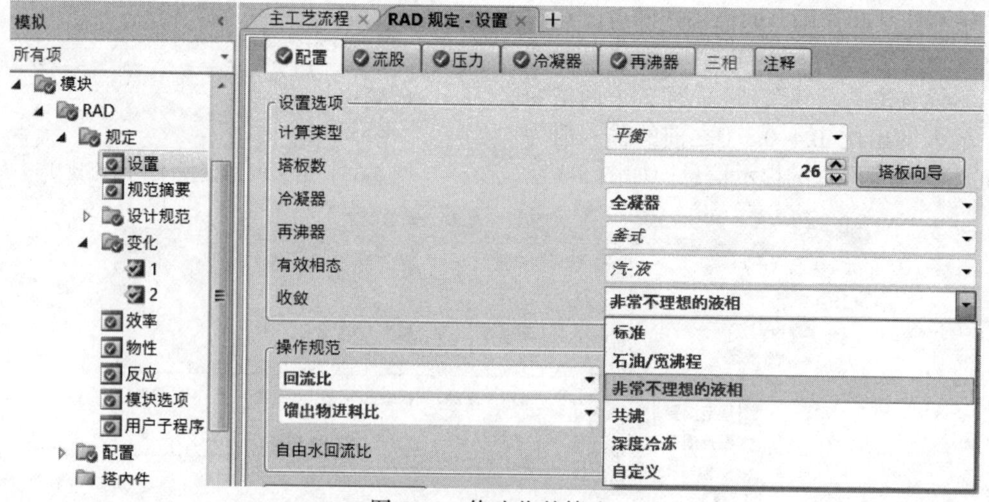

图 5-37　修改收敛算法

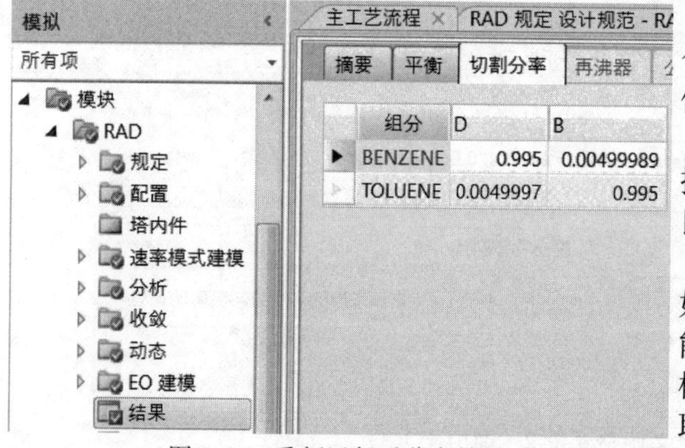

图 5-38　重新运行后分离结果

重置并运行后收敛，切割分率情况符合要求，如图 5-38。表中数据有一定误差，但在允许范围内。

读者也可在“模块/RAD/规定/规范摘要”页面查看回收率、回流比、馏出比的实际结果（图 5-39）。

对于调整变量的变化范围，建议一开始不要设置得过大，因为计算范围过大可能会导致难以收敛。用户可先估计一个大概值，若计算结束后提示“变化”（Vary）取值在边界上了，用户可再适当增大“变化”（Vary）搜索范围，直至收敛。

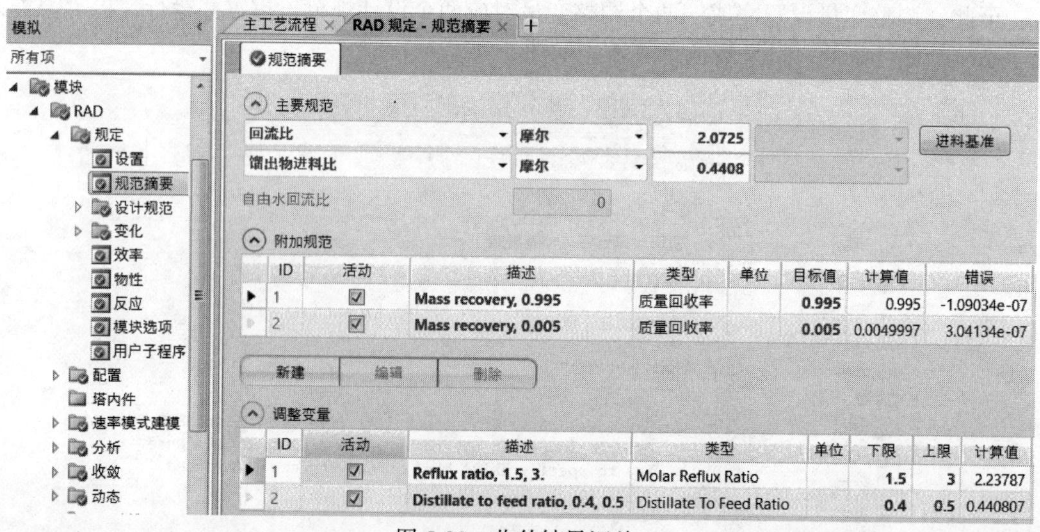

图 5-39　收敛结果汇总

5.2.3　最佳进料位置

当精馏塔理论塔板数保持不变时，通常情况下不同的进料位置都可以通过调整回流比达到分离要求。但进料位置不同时，达到相同分离要求的前提下所需要的回流比或热负荷、能耗等是不一样的，而从经济角度则要求回流比或热负荷越小越好，这就需要确定最佳的进料位置，而依据也就是最佳进料位置对应的回流比或热负荷等最小。Aspen Plus 中可以使用灵敏度分析，找出在满足相同分离要求的前提下，不同进料位置所需要的回流比或热负荷数据，为精馏塔设计提供依据。

例 5-5　在例 5-4 的基础上，确定最佳进料位置。

在例 5-4 中，分离要求（回收率）是通过模块中的设计规范实现的。在此基础上，可进行灵敏度分析，考察不同进料位置对所需回流比的影响规律，操纵变量为进料位置，样品变量为根据分离要求计算出来的实际回流比。

打开例 5-4 模拟文件并另存为新文件。在模拟环境中进入“模型分析工具/灵敏度”页面，新建灵敏度分析项目 F-STAGE。先定义操纵变量 1，类型为模块变量，为模块 RAD 中的变量 FEED-STAGE（指定的进料板位置），对于此变量还需在下方 ID1 项目中选择进料物流 F。变量的变化范围为 10~16，增量（步长）为 1（块板），定义过程如图 5-40。

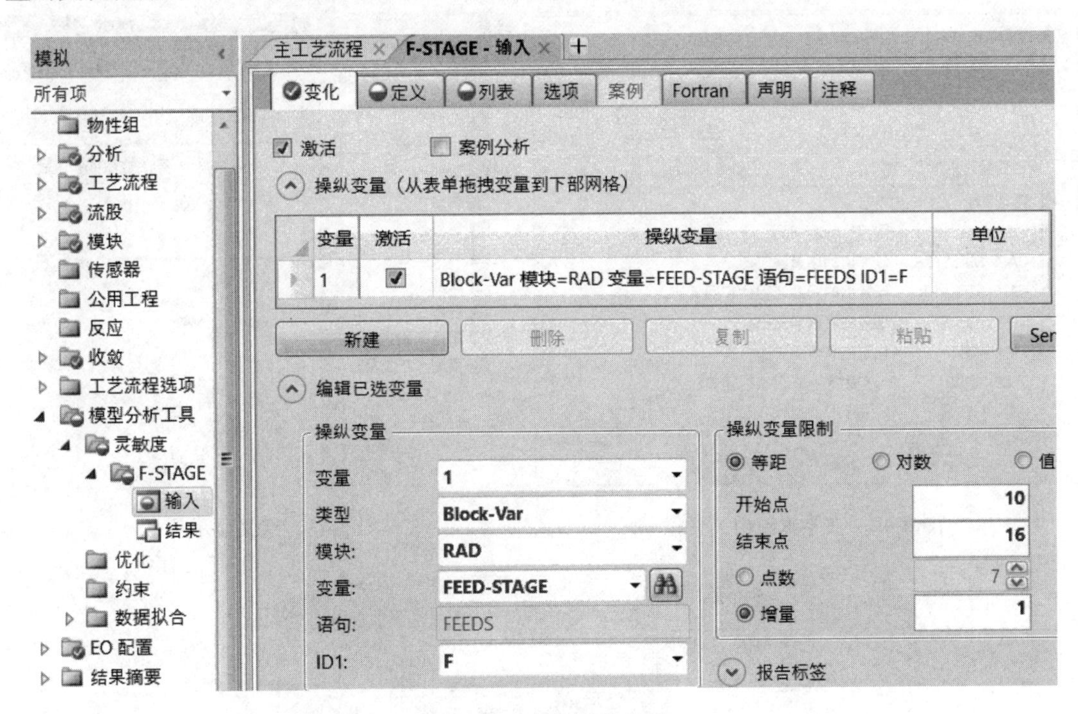

图 5-40　定义操纵变量

然后在“定义”页面输入样品变量 R，代表回流比。R 为模块变量，属 RAD 模块中的 RR（calculated reflux ratio，回流比计算值），见图 5-41。

用户也可以点击图标，用“RR”作为关键词搜索得到此变量，见图 5-42，其中 RR、CALC-MASS-RR、MOLE-RR 均可作为本例的样品变量，只是摩尔与质量回流比的数值会有差别。

在“列表”标签页，点击“填充变量”，在第 1 栏显示 R，如图 5-43。

重置并运行，可以看到进料位置变化时，所需回流比也随着变化，如图 5-44。

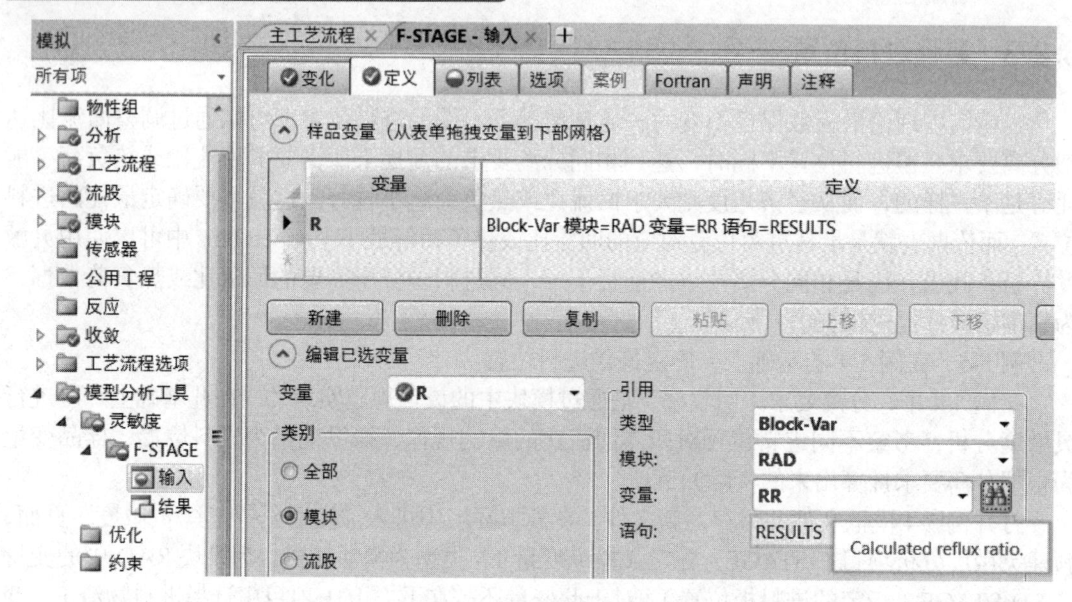

图 5-41　输入样品变量 R

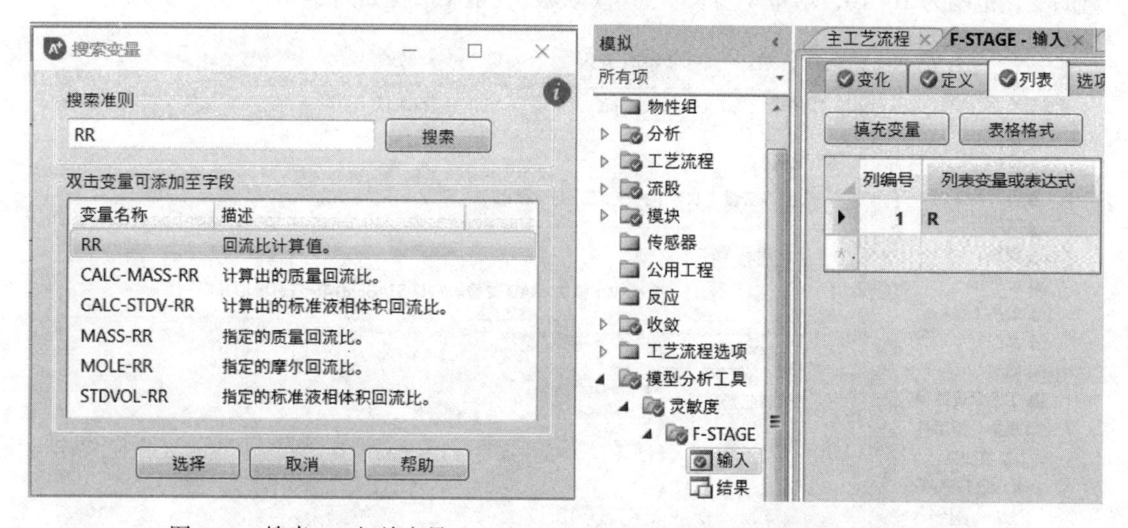

图 5-42　搜索 RR 相关变量　　　　图 5-43　定义显示项目

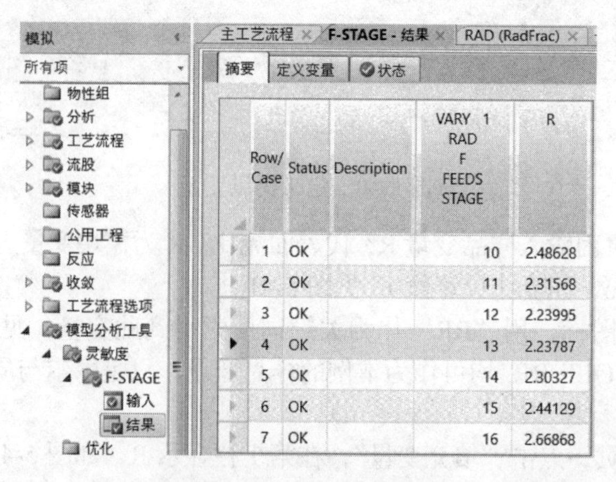

Row/Case	Status	Description	VARY 1 RAD F FEEDS STAGE	R
1	OK		10	2.48628
2	OK		11	2.31568
3	OK		12	2.23995
4	OK		13	2.23787
5	OK		14	2.30327
6	OK		15	2.44129
7	OK		16	2.66868

图 5-44　灵敏度分析结果

第 13 块板进料时，所需回流比 2.238 最小，即第 13 块板是最佳进料位置，本题设置的进料位置不必调整。

如果用户在图 5-40 中输入的变化范围是 10 至 17 块板，则运行中可能会出错，如图 5-45。第 17 块板进料时，出现错误警告的原因是设置的回流比上限 3（图 5-33）不足以达到设定的分离要求。解决办法是在图 5-33 中修改回流比上限，例如将上限提高为 4，也可达到消除错误警告的目的，读者可自行尝试。

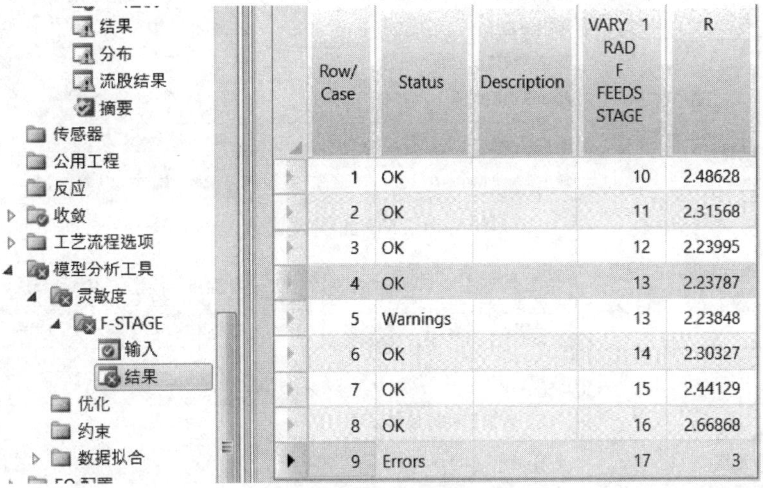

Row/Case	Status	Description	VARY 1 RAD F FEEDS STAGE	R
1	OK		10	2.48628
2	OK		11	2.31568
3	OK		12	2.23995
4	OK		13	2.23787
5	Warnings		13	2.23848
6	OK		14	2.30327
7	OK		15	2.44129
8	OK		16	2.66868
9	Errors		17	3

图 5-45　错误警告

5.2.4　*NQ* 曲线

除了上节介绍的借助设计规范计算最佳进料位置的方法之外，也可使用 RadFrac 模块中的“*NQ* 曲线”功能（*N* 为理论塔板数，*Q* 为热负荷），通过严格的精馏塔模拟快速优化 RadFrac 中的塔板数量和进料位置。*NQ* 曲线功能基于自动计算的最佳进料位置绘制热负荷（或回流比）与总板数关系曲线。在通常的配置中，热负荷随着级数的增加而继续减少，但在某点之后，这种改善会变得微不足道。*NQ* 曲线在此点停止计算，并将其作为最终塔板数，否则将继续计算直至指定的最大塔板数。

NQ 曲线计算执行智能搜索，改变塔板数的同时，在每个步骤优化进料位置，并根据指定的规则调整其他进料和侧线的位置。为了找到进料的最佳位置，必须为每个产品流（除倾析器外）和每个中段循环创建一个 RadFrac 纯度、回收率或阶段温度设计规范。

例 5-6　用 *NQ* 曲线分析工具，完成例 5-5（寻找最佳进料位置），*NQ* 曲线搜索范围为总板数 20 至 26。

打开例 5-5 模拟文件并另存为新文件。在模拟环境中，从导航窗格中进入“模块/RAD/分析/*NQ* 曲线”页面，点击“新建”生成分析项目“1”，如图 5-46。设置总板数下限 20（小于模块已经设置的总板数），上限 26（等于模块已经设置的总板数），步长 1（每次增加 1 块板），进料流股 F，目标函数为 Mole-Rr（摩尔回流比），其余选用默认设置。其中的塔板数范围可以根据需要来调整。

重置并运行，提示出错，*NQ* 曲线对应的结果为空白（没有结果）。查看“控制面板”或 RAD 模块“结果”窗口的“状态”，会发现重复多次的“DESIGN SPEC IS NOT SATISFIED BECAUSE ONE OR MORE MANIPULATED VARIABLE IS AT ITS BOUND”（设计规范不满足，因为一个或多个操纵变量处于其边界），如图 5-47。

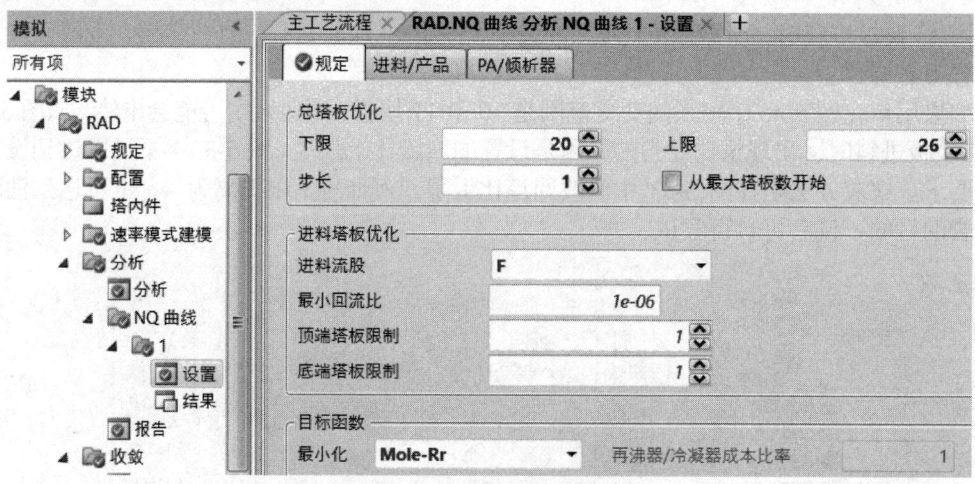

图 5-46　*NQ* 曲线设置

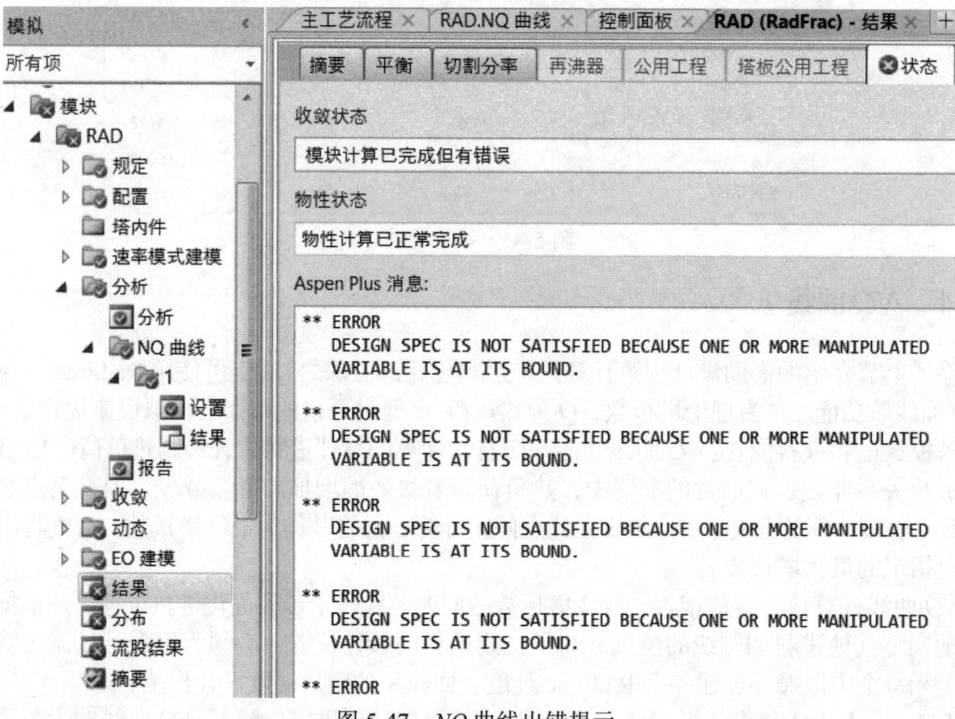

图 5-47　*NQ* 曲线出错提示

NQ 曲线分析时，从第 20 块板开始（从小到大），此时总板数明显少于之前的 26 块，但设计规范下的回流比上限仍然是 3，可以推断是回流比上限过低，达不到设计规范，因此将回流比上限改为 4，如图 5-48。

重置并运行，错误消除，查看 *NQ* 曲线“基本结果”，如图 5-49，给出了总板数从 20~26 变化时的最佳进料位置、回流比、再沸器负荷变化情况。其中，总板数为 26 块板时，最佳进料位置 13 块，回流比 2.238，与 5.2.3 节例 5-5 的分析结果一致。

由于最佳进料位置会随总板数变化，若用户希望通过灵敏度分析研究回流比或热负荷随总板数变化规律时，需要不断调整以确定最佳进料位置，而 *NQ* 曲线工具可以快速得到上述信息，比灵敏度分析更加易于使用。对于极性体系，无法利用简捷算法求解最合适理论塔板数时，也可以利用 *NQ* 曲线工具，以“理论塔板数 *N*×回流比 *R*”为目标函数（或者其他类似的目标函数），从 20~26 块板范围寻找 *NR* 最小值，作为最合适理论塔板数的依据。

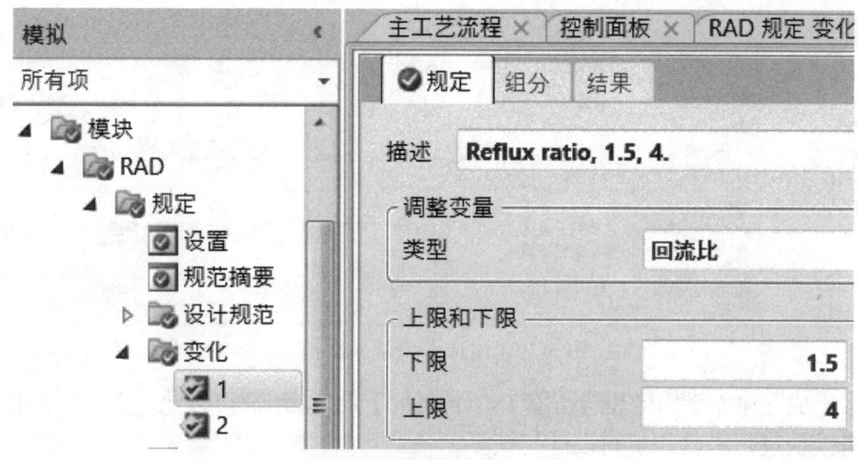

图 5-48　修改回流比上限

模拟　所有项　工艺流程　流股　模块　RAD　规定　配置　塔内件　速率模式建模　分析　分析　NQ 曲线　1　设置　结果

主工艺流程　控制面板　RAD 规定 变化 - 2　RAD.NQ 曲线 分析 NQ 曲线 1 - 结果

摘要　基本结果　TPQLV　组成　进料/产品　最优进料/产品　PA/Dec　可选 PA/Dec

进料流股　F

结果

案例编号	进料塔板	总塔板	冷凝器负荷 cal/sec	再沸器负荷 cal/sec	回流比(摩尔)	回流比(质量)	回流比(标准体积)	目标函数
1	10	20	-2.34085e+06	2.34382e+06	3.45615	3.45615	3.45615	3.45615
2	10	21	-2.15688e+06	2.15985e+06	3.10595	3.10595	3.10595	3.10595
3	11	22	-2.01287e+06	2.01584e+06	2.8318	2.8318	2.8318	2.8318
4	11	23	-1.90406e+06	1.90703e+06	2.62466	2.62466	2.62466	2.62466
5	12	24	-1.82201e+06	1.82498e+06	2.46846	2.46846	2.46846	2.46846
6	12	25	-1.75132e+06	1.75429e+06	2.3339	2.3339	2.3339	2.3339
7	13	26	-1.70084e+06	1.70381e+06	2.23781	2.23781	2.23781	2.23781

图 5-49　*NQ* 曲线“基本结果”

5.2.5　塔径计算

除了进行精馏塔内物料和能量的计算外，Aspen Plus 中也可进行塔内件设计及水力学性能计算。用户可以选择的塔板类型有 5 种：bubble caps（泡罩）、sieve（筛板）、Glitsch Ballast（格利奇重盘式浮阀塔盘）、Koch Flexitray（弹性浮阀塔板）、Nutter float valve（条形浮阀塔板）。可以选择的填料类型包括 Raschig（拉西环）、Pall（鲍尔环）、Flexipac（板波纹填料）等多种散堆填料以及规整填料。

Aspen Plus 可将 RadFrac 塔划分为多段，每段可以有不同的塔盘类型、填料类型和直径。用户也可以使用不同类型的塔盘和填料对同一部分进行尺寸计算与核算。基于塔负荷、传输特性、塔板或填料性质，Aspen Plus 可以计算多种尺寸和性能参数，如塔径、降液管宽度、压降、降液管持液量等。用户可以使用计算的压降来更新塔压力分布。

例 5-7　根据例 5-5 的结果，第 2~12 块板用板波纹 250Y 填料（等板高度 HETP 为 0.5m，11 块板对应填料总高 5.5 m），第 13~25 块板用筛板（双溢流型），分别计算其对应的塔径。

打开例 5-5 文件并另存为新文件。在模拟环境中从导航窗格进入“模块/RAD/塔内件”页面点击“添加新项”，出现需要生成水力学数据的提示，如图 5-50。

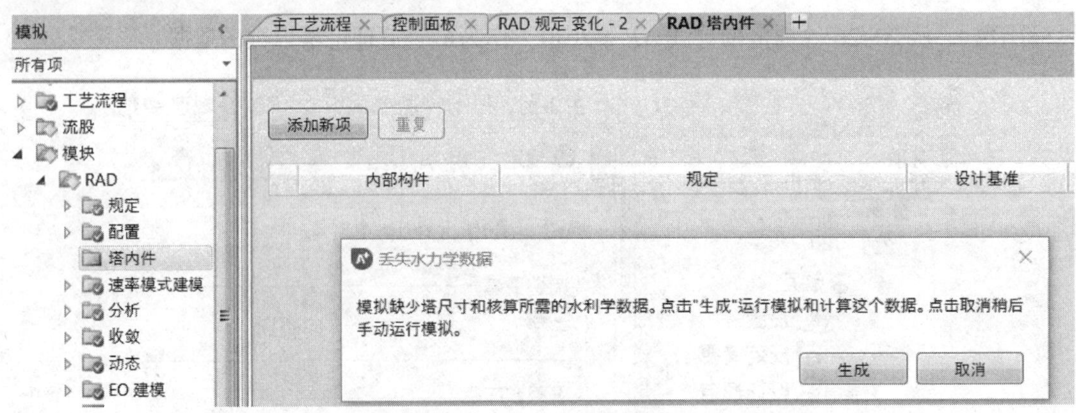

图 5-50　生成水力学数据提示

点击“生成”建立塔内件设计方案 INT-1，如图 5-51。用户可以建立多个塔内件设计方案对同一个塔模块进行塔盘和填料设计与核算。

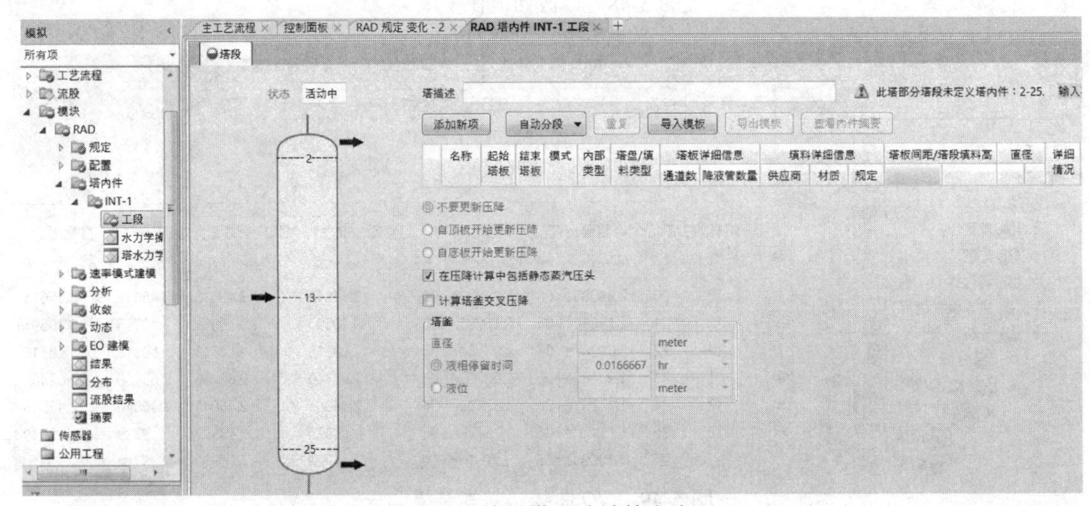

图 5-51　填料塔尺寸计算主窗口

在图 5-51 页面点击“添加新项”添加填料信息，如图 5-52。MELLAPAK 为常见的板波纹填料，供应商为 SULZER（苏尔寿），材质为 STANDARD（指此填料的标准材料，通常是金属；如果材质为塑料，则选 PLASTIC）。填料段共 11 块板，因为 HETP 为 0.5m，对应的总高 5.5m，系统自动给出直径 2.35m。

名称	起始塔板	结束塔板	模式	内部类型	塔盘/填料类型	塔板详细信息		填料详细信息			塔板间距/塔段填料高		直径	
						通道数	降液管数量	供应商	材质	规定				
CS-1	2	12	交互设计计算	填料	MELLAPAK			SULZER	STANDARD	250Y	5.5	mete	2.35338	meter

图 5-52　填料段信息

点开左侧导航窗格的“水力学操作图”，可以看到不同塔板的水力学性能、操作点等，如图 5-53。在右上方的水力学性能曲线上，横坐标为液相质量流量，纵坐标为汽相质量流量，图中左侧垂直虚线为最小液相流量（低于此流量，液体在填料上可能分布不均）；顶部虚线为汽相流量的极限值；右上方最外侧红色曲线为每米填料高度的最大允许压降（一般在 100mmH_2O/m 左右，1mmH_2O=9.80665Pa）；底部虚线为每米填料高度的最小压降；中间的若干条曲线代表填料恒定压降下的汽液负荷关系，中间为操作点。点开右上角的导航标志，可以看到详细的图例，如图 5-54。

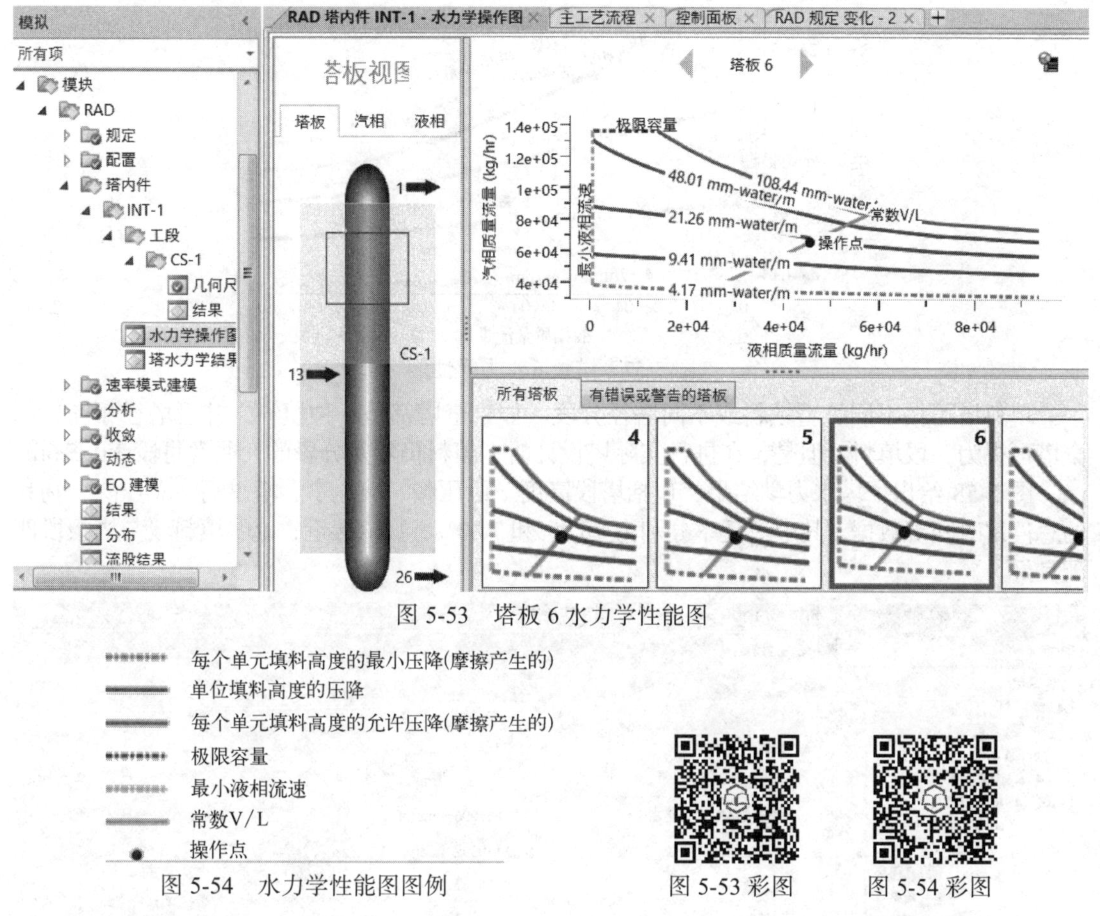

图 5-53　塔板 6 水力学性能图

图 5-54　水力学性能图图例

图 5-53 彩图　　图 5-54 彩图

类似地，设置第 13~25 块板的塔板参数（通道数 2 代表双溢流），得到塔径数据，如图 5-55，其中塔板间距默认 0.6096m。

名称	起始塔板	结束塔板	模式	内部类型	塔盘/填料类型	塔板详细信息		填料详细信息			塔板间距/塔段填料高		直径	
						通道数	降液管数量	供应商	材质	规定				
CS-1	2	12	交互设计计算	填料	MELLA			SULZER	STANDARD	250Y	5.5	meter	2.35338	meter
CS-2	13	25	交互设计计算	塔板	SIEVE	2					0.6096	meter	2.44393	meter

图 5-55　设置筛板段参数

由于塔板段和填料段塔径不同，需要圆整为相同塔径 2.5m，塔板间距也圆整为 0.6m，可以直接填入该数值，如图 5-56。需要注意的是，填料为总高 5.5m，塔板间距则为 0.6m。由于塔径变大，对应的操作点下移，如图 5-57。

名称	起始塔板	结束塔板	模式	内部类型	塔盘/填料类型	塔板详细信息		填料详细信息			塔板间距/塔段填料高		直径	
						通道数	降液管数量	供应商	材质	规定				
CS-1	2	12	交互设计计算	填料	MELLA			SULZER	STANDARD	250Y	5.5	meter	2.5	meter
CS-2	13	25	交互设计计算	塔板	SIEVE	2					0.6	meter	2.5	meter

图 5-56　调整塔径和塔高

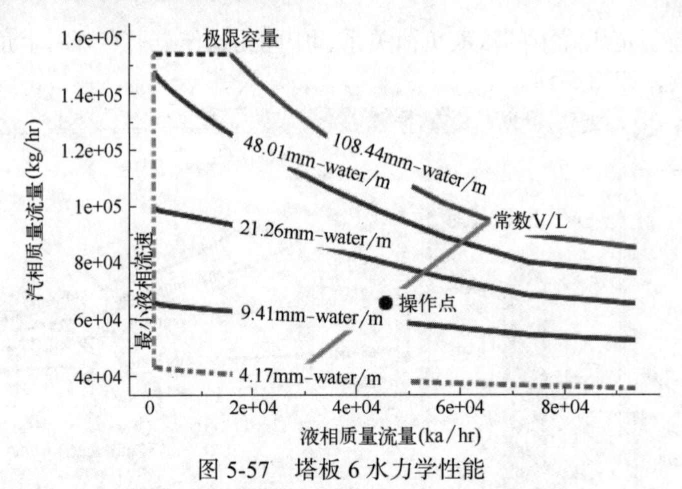

图 5-57　塔板 6 水力学性能

填料塔可按不同类型填料或不同塔径分段。如果全塔都是一种填料，并且塔径相同，则全塔可视为一段填料。但是，在进行实际塔设计时，填料仍然是分段的，通常每段 3.0~5.5m。

图 5-58 给出了塔水力学结果，包括塔段高度、段压降、液泛率、塔总高、总压降、物料的总停留时间等数据。其中液泛率分别为 70.9%和 77.0%，数值接近，说明填料段与塔板段匹配良好。

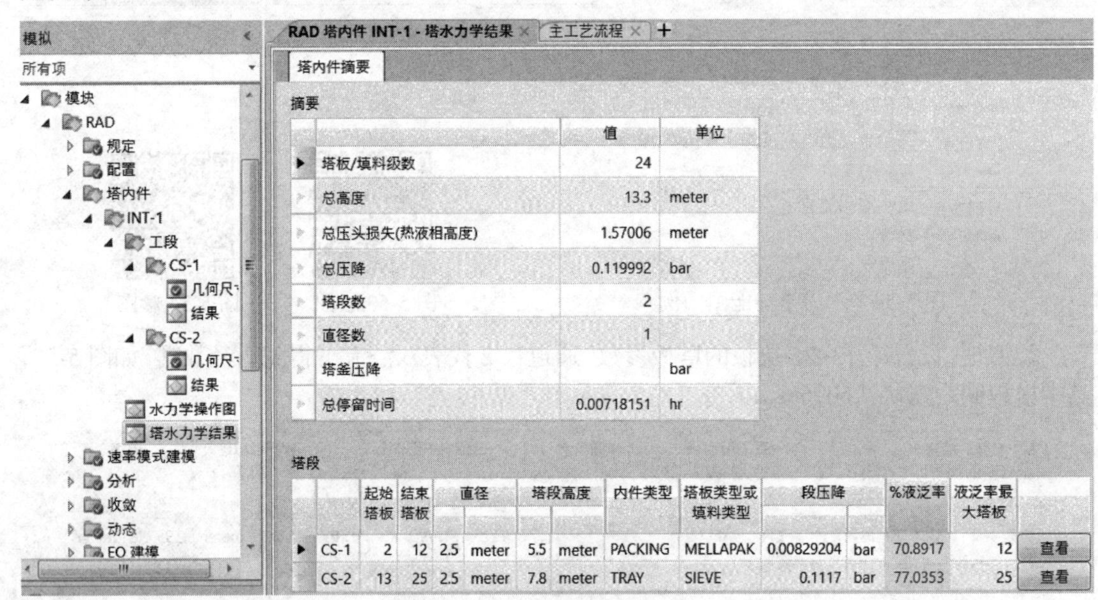

	值	单位
塔板/填料级数	24	
总高度	13.3	meter
总压头损失(热液相高度)	1.57006	meter
总压降	0.119992	bar
塔段数	2	
直径数	1	
塔釜压降		bar
总停留时间	0.00718151	hr

	起始塔板	结束塔板	直径		塔段高度		内件类型	塔板类型或填料类型	段压降		%液泛率	液泛率最大塔板	
CS-1	2	12	2.5	meter	5.5	meter	PACKING	MELLAPAK	0.00829204	bar	70.8917	12	查看
CS-2	13	25	2.5	meter	7.8	meter	TRAY	SIEVE	0.1117	bar	77.0353	25	查看

图 5-58　塔径计算结果

严格地说，用户需要根据上述填料、塔板压降，再结合液体分布器、集液盘等压降，重新修正前面模块输入的压降数据，重复前面的过程，才能得到可靠的设计结果。

5.2.6　板效率设定

根据理论塔板数计算实际塔板数需要定义塔板或总板效率。Aspen Plus 可以基于塔段规定板式塔的总体效率，也可以基于塔段或组分规定汽化效率或 Murphree 效率。总体效率的规定需基于已定义的板式塔塔段（详见例 5-7），在图 5-59 中的“整体塔段效率”处设置。对于最后一级塔板（或再沸器），只有该塔板存在汽相进料（如外部进料或内部泵循环）的情况下 Murphree 效率才有意义，否则需将最后一级的 Murphree 效率定义为 1，若未按此设置将提示警告。汽化效率或 Murphree 效率的设置详见本节例 5-8。

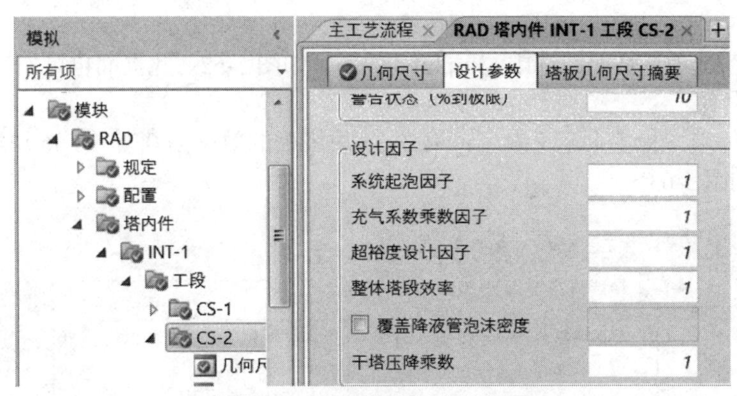

图 5-59　整体塔段效率的设置

例 5-8　在例 5-4 的基础上，采用板式精馏塔，假定实际塔板的效率为 70%，请计算达到上述分离要求的实际塔板数，以及所需要的回流比、馏出比。

打开例 5-4 并另存为新文件。本例中的理论塔板数为 26 块，扣除冷凝器、再沸器后为 24 块，实际塔板应取 24/0.7≈34 块，加上冷凝器、再沸器共 36 块。原进料位置为 13 块，按相同比例改为 12/0.7+1≈18 块板进料。现重新设置塔板数 36，其他数据不变，如图 5-60。

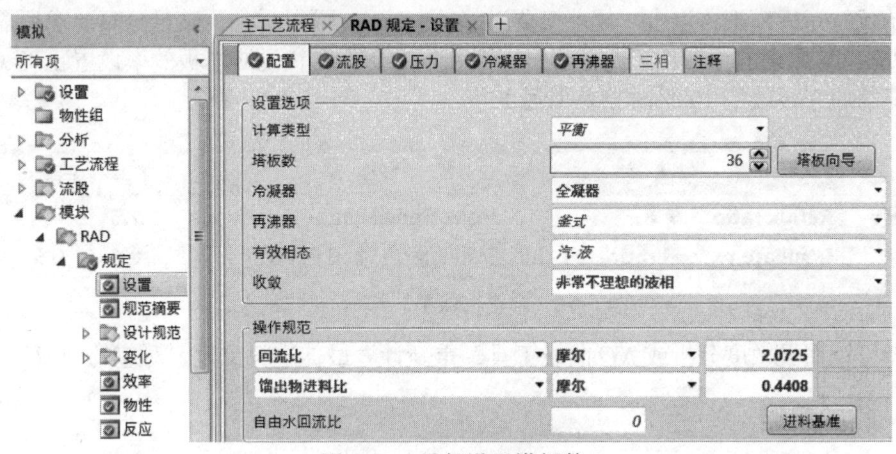

图 5-60　重新设置塔板数

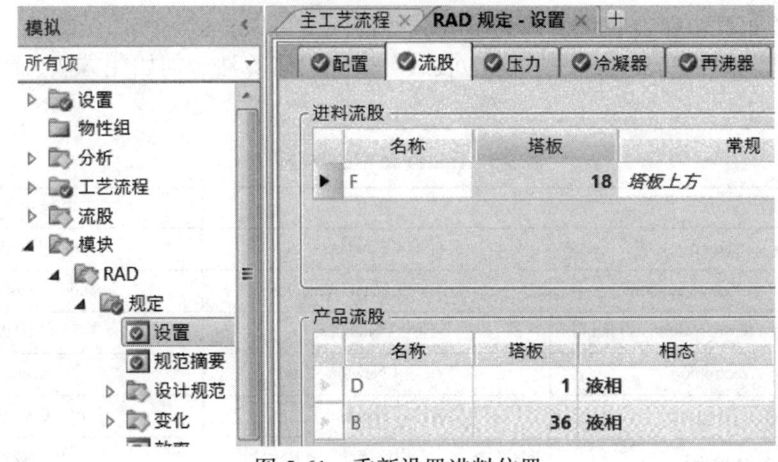

图 5-61　重新设置进料位置

重新设置进料位置第 18 块，馏出液采出位置（第 1 块）和釜液采出位置（第 36 块）自动给定，如图 5-61。

点击“效率/选项”页面并选中 Murphree 效率，如图 5-62。此页面也可勾选汽化效率，进行汽化效率的设置。

再点开“汽-液”标签页定义效率：第 2~35 块塔板的效率为 0.7，第 36 块塔板（再沸器）的效率为 1，如图 5-63。

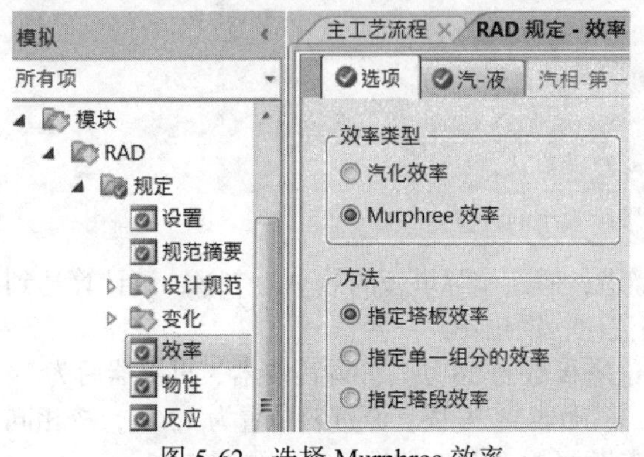

图 5-62　选择 Murphree 效率

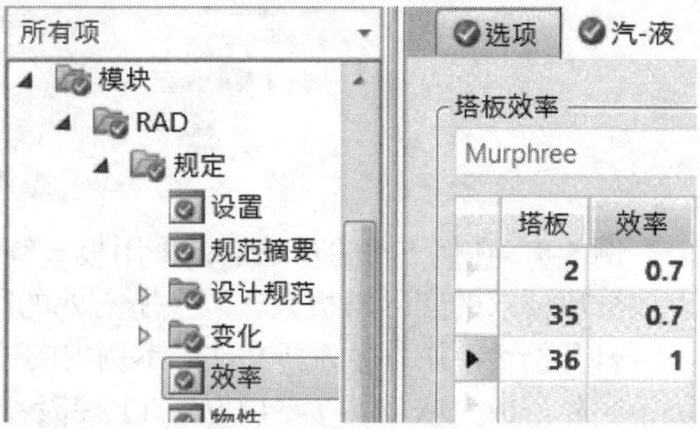

图 5-63　定义各板 Murphree 效率

初始化并运行模拟，点击“规范摘要”，如图 5-64。可以看到，满足分离要求所需要的回流比 2.266，与原来的 2.238 接近，馏出比则基本维持不变，说明塔板效率设置正确（否则回流比可能与原来板效率 100%时相差很远）。

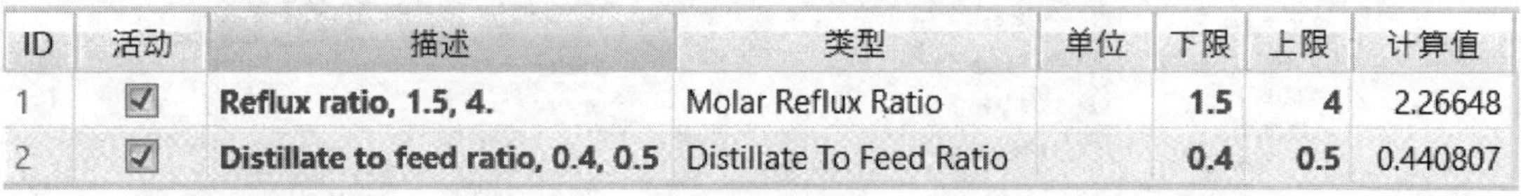

ID	活动	描述	类型	单位	下限	上限	计算值
1	☑	**Reflux ratio, 1.5, 4.**	Molar Reflux Ratio		**1.5**	**4**	2.26648
2	☑	**Distillate to feed ratio, 0.4, 0.5**	Distillate To Feed Ratio		**0.4**	**0.5**	0.440807

图 5-64　设置板效率后的回流比等

读者可以用灵敏度分析或 *NQ* 曲线工具，重新计算最佳进料位置、对应的回流比等。

5.2.7　收敛策略

RadFrac 模块共有六种收敛算法（表 5-5），默认采用标准（Standard）算法，对大多数问题都能有效而且快速地收敛。遇到不收敛的情况，可以尝试切换收敛算法。如果选择自定义方法，可以在“RadFrac 模块/收敛/收敛”表上设置算法、初始化方法、阻尼等级等关键参数。

表 5-5　RadFrac 中的收敛算法

收敛算法	算法	初始化方法
标准（Standard）	标准（Standard）	标准（Standard）
石油/宽沸程（Petroleum/wide-boiling）	流率加和（Sum-Rates）	标准（Standard）
非常不理想的液相（Strongly non-ideal liquid）	非理想（Nonideal）	标准（Standard）
共沸（Azeotropic）	牛顿（Newton）	共沸（Azeotropic）
深度冷冻（Cryogenic）	标准（Standard）	低温（Cryogenic）
自定义（Custom）	用户选择	用户选择

当 RadFrac 模块的计算无法收敛时，有如下建议。

① 默认情况下 RadFrac 的最大迭代计算次数为 25。若用户遇到不收敛的情况，首先可尝试将最大迭代次数增加直至最大值 200（在图 5-65 中进行设置）。尤其是当精馏塔在 25 次迭代中未收敛，但随着迭代次数的增加误差不断减小的情况下，可增加最大迭代次数。

② 对于高度非理想的系统，用户可以尝试非理想算法或牛顿算法。这些方法在试图收敛时考虑了组分之间的相互作用，但是需要基于较好的初值估计。如有必要，可以先指定温度估算值或组成估算值作为迭代计算的初值（图 5-66 中设置）。对于复杂度高的精馏塔，建议首先考虑简化模型，将组分数量、塔板数、分离要求等优化到易于收敛的程度，并使用此简化塔的模拟结果作为复杂情况的估计值。

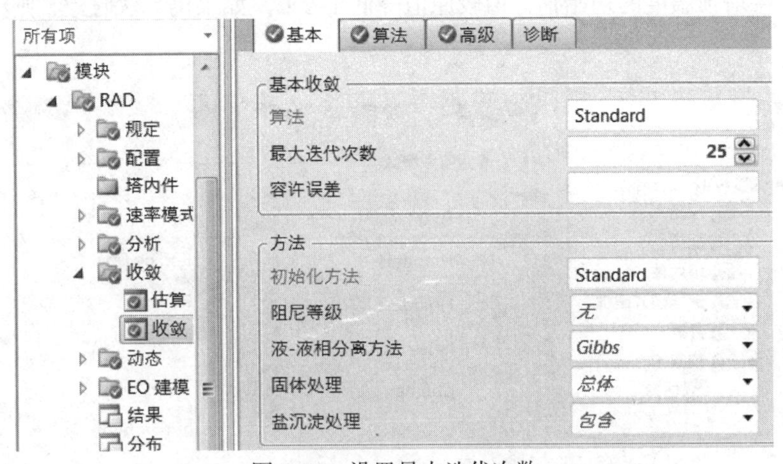

图 5-65 设置最大迭代次数

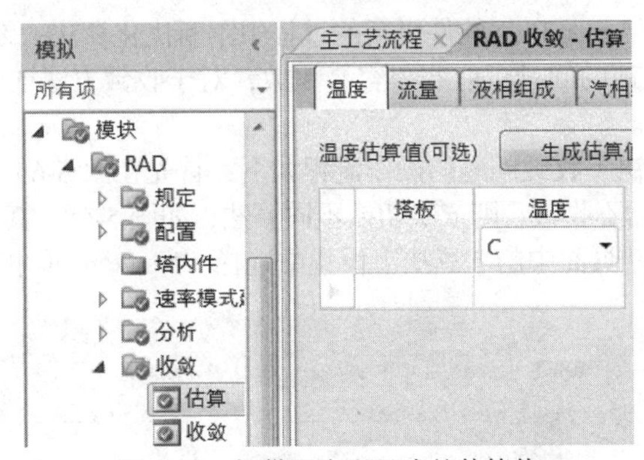

图 5-66 提供温度和组成的估算值

③ 某些共沸蒸馏体系具有多种可能的溶液组成（例如使用苯的乙醇脱水过程），因此软件计算可能会收敛到不需要的溶液。对于这种情况，使用“共沸”收敛算法（共沸初始化方法和牛顿算法）时，用户可能需要输入组成估算值或设计规范，以使最终组成保持在所需溶液附近。

④ 对于水含量很低的塔器（如炼油装置），使用流率加和算法并提供温度和流量的初值能够使得模块更易收敛。

⑤ 对于具有自由水的宽沸程混合物，如果冷凝器中仅存在自由水，则使用流率加和算法（最好能提供温度和流量分布估计值）；如果其他塔板也存在双液相，则使用标准或牛顿算法。

⑥ 多数的三相体系可使用牛顿或非理想算法。建议提供估算值（初值），以确保初始状

态时有双液相存在，并检查是否所有塔盘都存在第二个液相。

⑦ 对于设计规范难收敛或含三个以上设计规范的精馏模块，可以通过流率加和法或牛顿法（对于高度非理想系统使用牛顿法）求解。该方法要求设计规范的数量等于调整变量的数量，可以处理对调整变量高度敏感的设计规范。此外，还可以适当减小操纵变量的步长，或减小参数 Rmsol0（在图 5-67 中设置）。

⑧ 如果在收敛过程中出现过度振荡（Err/Tol 在解附近振荡；Err/Tol 可在运行结束后的控制面板中查看），可通过提高阻尼等级（damping level）来稳定收敛（图 5-65 中进行设置）。但是需留意提高阻尼等级会减慢收敛速度和增加迭代次数，因此尽可能使用适中的阻尼等级。

⑨ 使用标准和非理想算法计算反应精馏或吸收过程时，将塔釜温度的初始估计值较原值升高 1~2℃，将塔顶温度的初始估计值较原值降低 1~2℃。如果仍无法收敛，则将塔顶温度降低 20~50℃。

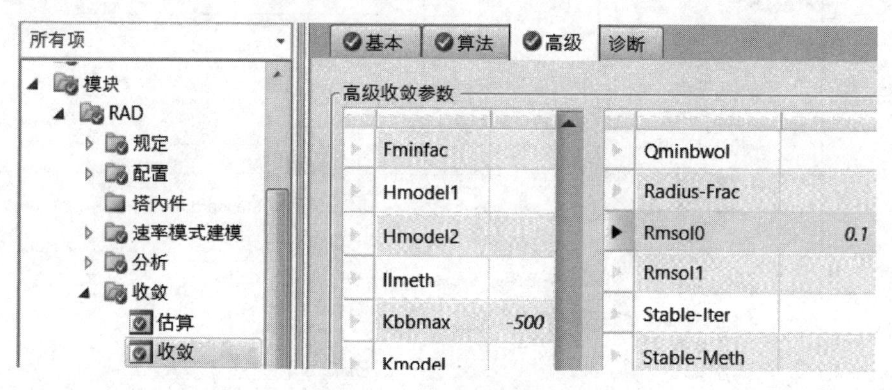

图 5-67 Rmsol0 参数设置

由于 AspenTech 在 Aspen Plus 软件更新的过程中不断优化算法，因此用户在升级软件后，之前无法收敛或难以收敛的问题可能变得容易收敛，对于收敛方法或参数的设置可能也会随着版本的变化产生调整。

最简易且有效的解决不收敛问题的操作流程如下：首先在图 5-65 中将最大迭代次数增加至最大值 200。如果仍然不收敛，则依次切换不同算法，如图 5-68。其中，如果收敛算法选择“自定义”，则在图 5-69 页面中的“算法”设置中选择“Newton”（牛顿法）。

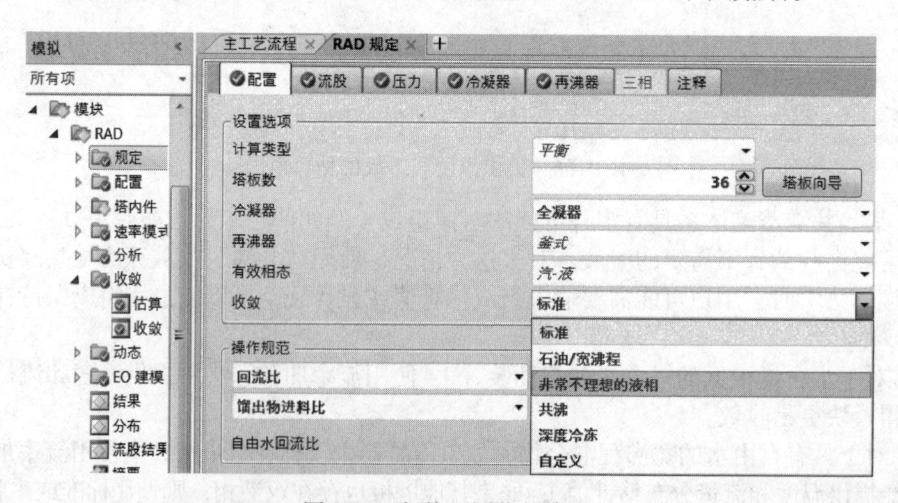

图 5-68 切换不同收敛算法

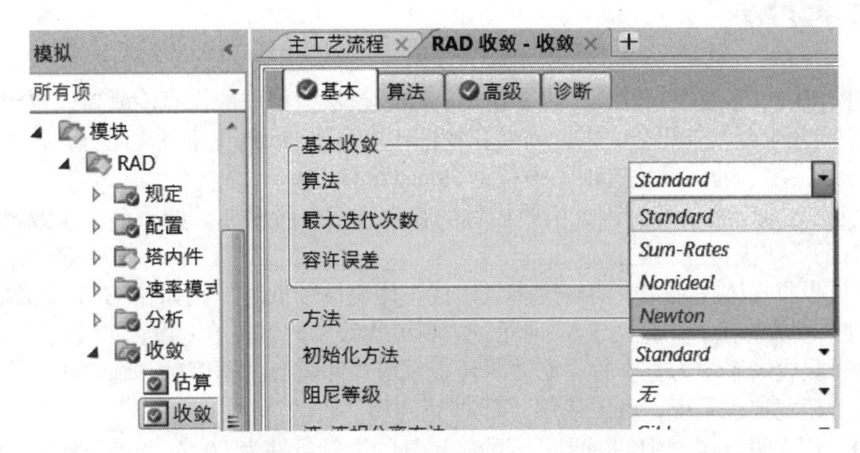

图 5-69　基本收敛算法中选择牛顿法

练习 5-3　已知甲醇-水混合液进料组成为甲醇 40%（质量分率）、水 60%，处理量 30t/h，饱和液相进料。进料压力 130kPa，冷凝器压力 110kPa，塔顶压力 120kPa，再沸器压力 130kPa，总板数 19 块（含冷凝器、再沸器），进料位置为第 14 块，回流比 1.69（基于质量），馏出与进料比 0.40（基于质量），期望塔顶甲醇含量 99.9%，塔釜水含量 99.9%，物性方法选用 NRTL-RK。

① 用 RadFrac 核算是否达到产品质量要求；

② 自行设定变量范围，调整回流比、馏出比以达到产品质量要求；

③ 用 *NQ* 曲线工具，计算总板数 15~19 块时，最佳进料位置、回流比变化情况，并将总板数 19 块的结果与②的结果对比（提示：需修改收敛算法）；

④ 设实际塔板的默弗里效率为 70%，用灵敏度工具求最佳进料板位置（提示：17/0.7=24.3→24，13/0.7=18.6→19，总实际塔板数取 26 块，初始进料板为第 19 块）。（答案：①否；②1.924、0.3998；③与②相同；④最佳进料板 19）

练习 5-4　氯乙烯工厂 HCl 塔，进料有氯化氢 HCl（hydrogen-chloride，CAS：7647-01-0）、氯乙烯 VCM（vinyl-chloride，CAS：75-01-4）、1，2-二氯乙烷 EDC（1，2-dichloroethane，CAS：107-06-2）。进料 130000kg/h，50℃，18bar，HCl 质量分率为 19.5%，VCM 质量分率为 33.5%，EDC 质量分率为 47.0%；塔板数为 35（含冷凝器和再沸器，下同），质量回流比=0.7，D/F=1.0（质量），冷凝器压力 17.88bar，再沸器压力 18.24bar；进料 17 块板（塔板上方），冷凝器使用“部分-汽相”，物性方法使用 SR-POLAR。

上述设计计算的塔底 HCl 和塔顶 VCM 含量太高，因此建立两个设计规范：①改变质量回流比 R（0.7~1.2），使 HCl 质量分率（在塔釜 B 物流中）=5×10^{-6}；②改变馏出比 $D:F$（0.9~1.1），使 VCM 质量分率（在 D 物流中）=1×10^{-5}。（提示：需修改收敛算法）。（答案：质量回流比 0.7464，馏出比 0.99999）

练习 5-5　丙酮-水分离塔，进料温度 90℃、1.2bar，其中水 2500kmol/h、丙酮 60kmol/h；塔为 13 块理论塔板（含冷凝器、再沸器），摩尔回流比 4.0，塔顶冷凝器压力 0.97bar，每块板压降 0.007bar，塔顶液相采出 60kmol/h。物性方法使用 NRTL。分离要求：釜底丙酮的摩尔分率达到 0.0005，塔顶水的摩尔分率达到 0.04，确定最佳进料位置、回流比及塔顶液相采出率以达到分离要求。（答案：最佳进料板第 10 块（含冷凝器），对应摩尔回流比 4.10，塔顶液相采出率 61.20kmol/h）

5.3 吸收过程

单元操作中的气-液吸收过程也可采用 RadFrac 模块，但一般没有冷凝器或再沸器。吸收体系通常会涉及难凝气体组分，因此需要在物性环境声明 Henry（亨利）组分，并在相关模块（如 RadFrac 模块）的“模块选项”中指定 Henry 组分 ID。

因为吸收为宽沸程体系，因此吸收模块的收敛难度有所增加。如果存在收敛困难，如下方法可能有助于解决这些问题：

① 当被吸收气体在液相中溶解度高且惰性气体流量较低时（例如在 HCl 洗涤塔中），可使用“标准”收敛算法，并且图 5-67 所示的“高级收敛参数”表单上设置“吸收塔”为“是”；

② 由于吸收塔系统为宽沸程，必要时可提供塔顶和塔底的温度估算和组成估算；

③ 对于超宽沸程系统，可以使用“石油/宽沸程”收敛算法。

例 5-9 用水吸收尾气中的丙酮、苯酚，尾气的进料条件为 50℃、1.2kgf/cm^2（1kgf/cm^2=98066.5Pa），流量为 400m^3/h，组成如表 5-6。

表 5-6 尾气组成

组分	苯酚	丙酮	氮气	氧气
摩尔分率	0.001	0.039	0.75	0.21

采用 30℃、2.0kgf/cm^2、1.0m^3/h 的水吸收。吸收塔共 11 块板，水从塔顶进，尾气从塔底进，物性方法选用 NRTL-RK，N_2 和 O_2 为 Henry 组分。吸收塔塔顶压力为 1.1kgf/cm^2，塔压降为 0.1kgf/cm^2。求吸收之后的尾气组成。

进入 Aspen Plus 物性环境，输入各组分，如图 5-70。

组分 ID	类型	组分名称	别名	CAS号
WATER	常规	WATER	H2O	7732-18-5
PHENOL	常规	PHENOL	C6H6O	108-95-2
ACETONE	常规	ACETONE	C3H6O-1	67-64-1
N2	常规	NITROGEN	N2	7727-37-9
O2	常规	OXYGEN	O2	7782-44-7

图 5-70 输入各组分

本题的氮气和氧气为难凝气，需指定为 Henry 组分。物性环境下，在导航窗格的“组分/Henry 组分”页面点击“新建”添加 Henry 组分表，如图 5-71。

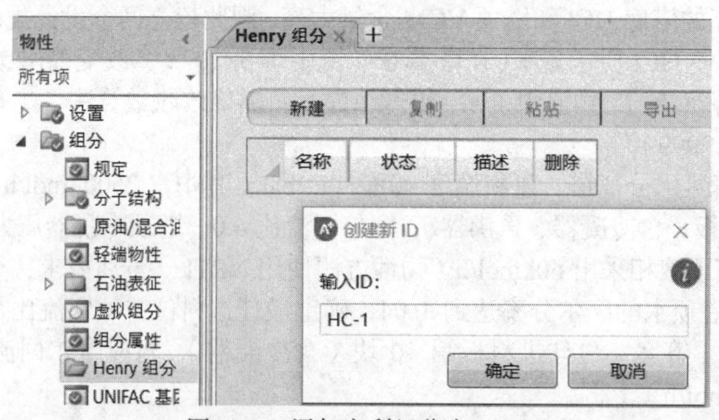

图 5-71 添加亨利组分表 HC-1

默认 ID 为 HC-1，指定 N_2、O_2 为 Henry 组分，点击“确定”，如图 5-72。

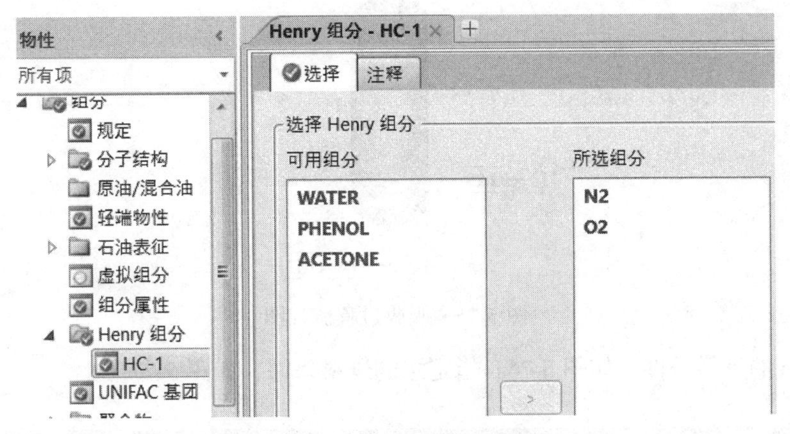

图 5-72　选择亨利组分

采用 NRTL-RK 物性方法，并从“Henry 组分”的下拉菜单中选择 HC-1，如图 5-73。此时导航窗格中的 Henry-1 和 NRTL-1 项目变红，表明系统有 Henry 和 NRTL 参数，需要用户确认。

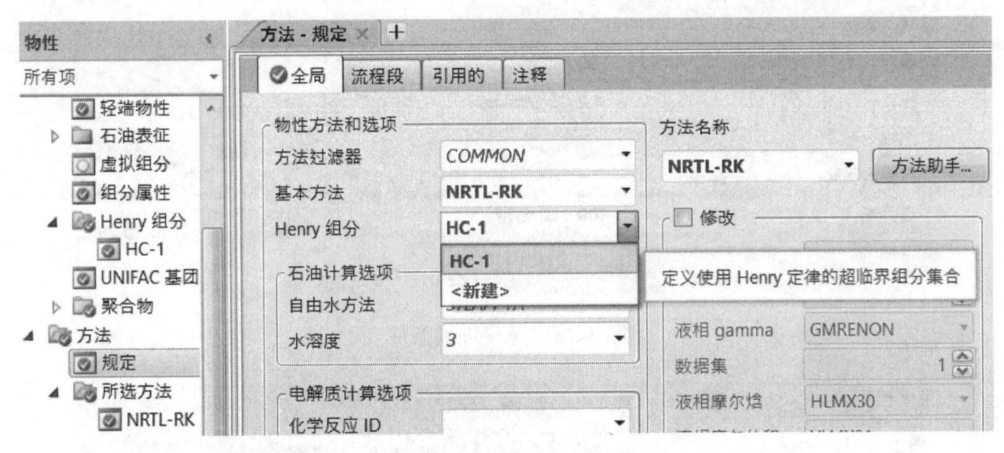

图 5-73　选择物性方法

物性中有水、丙酮与 N_2、O_2 的 Henry 数据，如图 5-74。确认 NRTL 二元交互参数。

二元交互作用 - HENRY-1 (T-DEPENDENT)

输入 | 数据库 | 注释

参数 HENRY　帮助　数据集 1　交换　查看回归信息　搜索　BIP完整性

温度相关二元参数

组分 i	组分 j	来源	温度单位	物性单位	AIJ	BIJ	CIJ	DIJ	TLOWER	TUPPER	EIJ
N2	WATER	APV121 BINARY	C	bar	164.994	-8432.77	-21.558	-0.008436...	-0.15	72.85	0
N2	ACETONE	APV121 HENRY-AP	C	bar	40.1687	-792.77	-5.5865	0.006211	-78.1	41.1	0
O2	WATER	APV121 BINARY	C	bar	144.408	-7775.06	-18.39...	-0.009443...	0.85	74.85	0
O2	ACETONE	APV121 HENRY-AP	C	bar	-0.8694...	-104.76	1.9631	-0.009637	-78.3	40	0

图 5-74　确认水、丙酮与 N_2、O_2 的 Henry 数据

在模拟环境建立图 5-75 流程，其中塔模块采用 RadFrac 模块中的 ABSBR1 模型，左侧进料的箭头位置可以用鼠标左键选中箭头之后上下拖动。

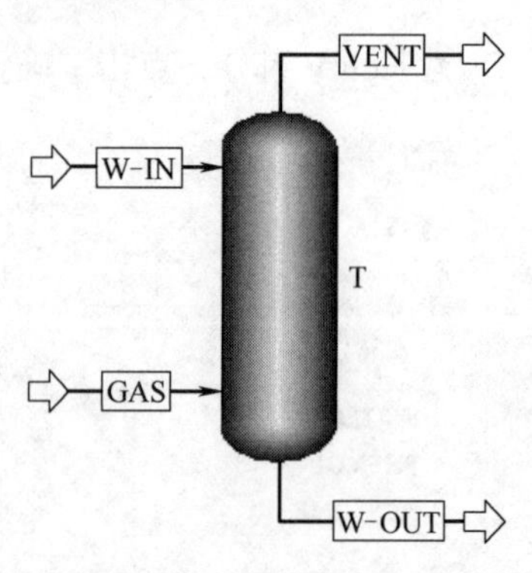

图 5-75　吸收过程流程图

指定尾气的进料条件，如图 5-76。指定水的进料条件，如图 5-77。

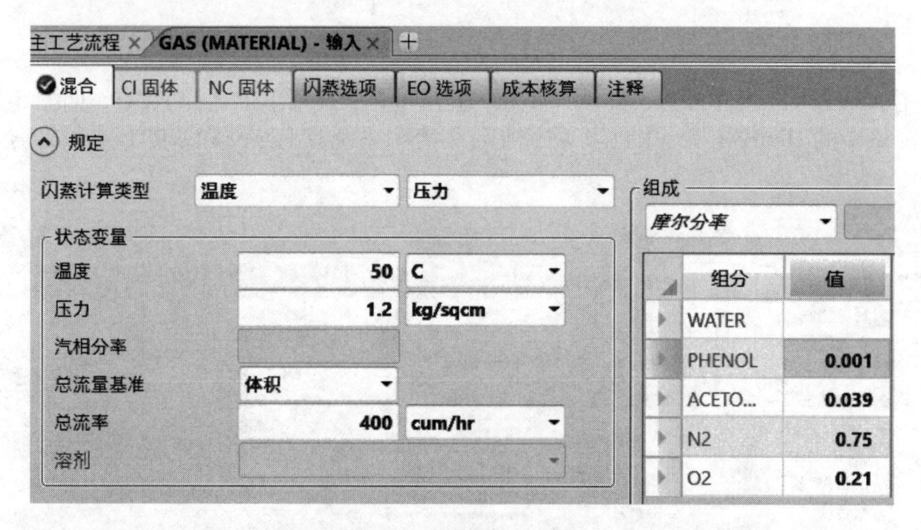

图 5-76　尾气进料条件

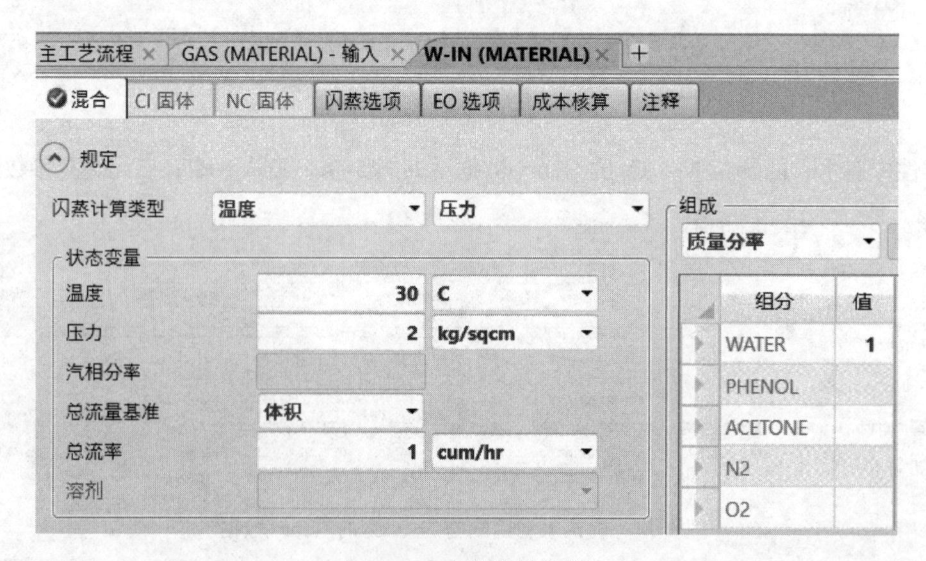

图 5-77　水的进料条件

指定吸收塔条件如图 5-78。吸收塔共 11 块板，无再沸器和冷凝器。

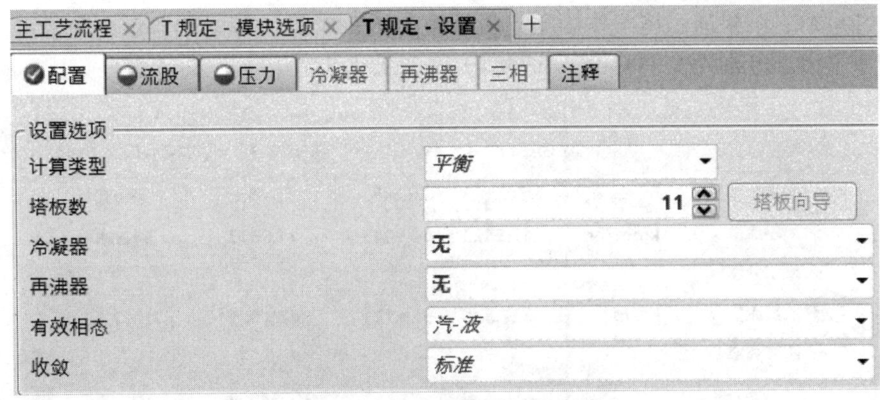

图 5-78　输入吸收塔的塔板数

在“流股”标签页，指定进、出物流参数。水从第 1 块板的“塔板上方”或“塔板上”进入；尾气从第 11 块板的“塔板上”或从第 12 块的“塔板上方”进入，而不能是第 11 块板的“塔板上方”（因为气体向上移动，从第 11 块板的塔板上方相当于直接进入第 10 块板，那么第 11 块板就没有气体流量）。吸收后的尾气从塔顶（第 1 块板）以气相排出，吸收液从塔底排出，如图 5-79。

指定吸收塔塔顶压力为 1.1kgf/cm^2，压力降为 0.1kgf/cm^2，如图 5-80。

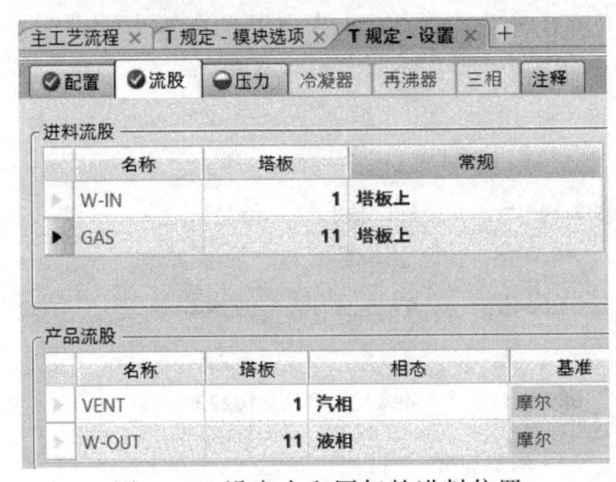

图 5-79　设定水和尾气的进料位置

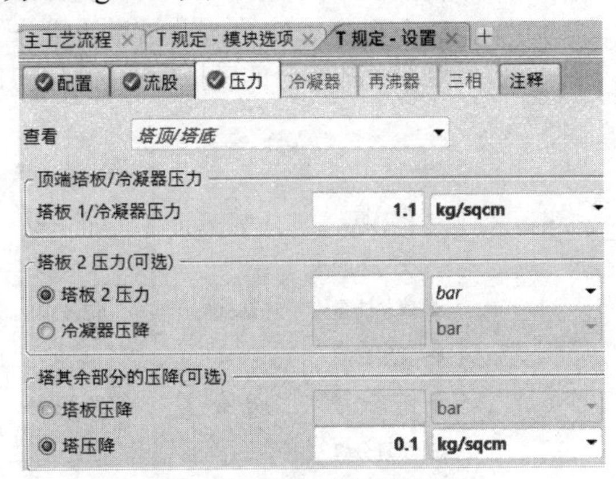

图 5-80　设定吸收塔的压力

从导航窗格进入“模块选项”页面，在“Henry 组分 ID”处选择前面定义的 HC-1，见图 5-81。

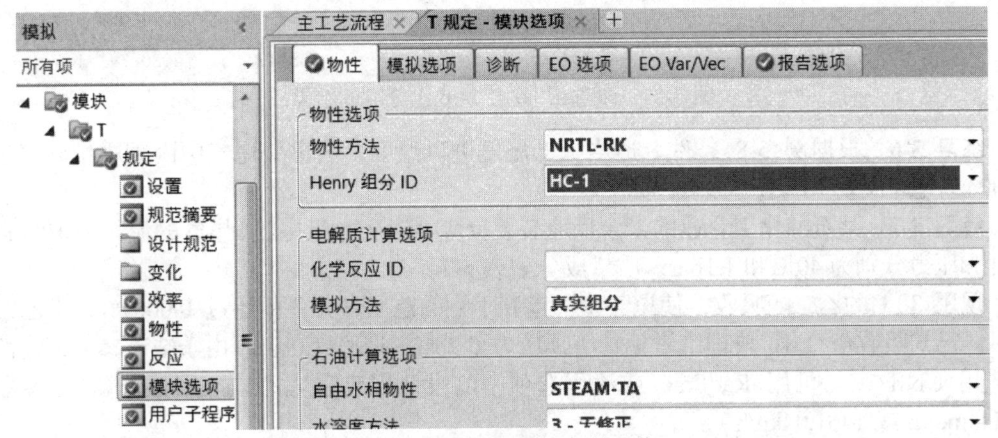

图 5-81　选定模块要用的亨利组分 HC-1

重置并运行，结果显示尾气中丙酮质量分率为 0.000432，苯酚的含量约等于零，N_2、O_2在水里的质量分率分别为 1.58×10^{-5}、9.70×10^{-6}，见图 5-82。

	单位	GAS	W-IN	VENT	W-OUT
平均分子量		30.0891	18.0153	28.4553	18.5361
+ 摩尔流量	**kmol/hr**	**17.5321**	**54.9045**	**17.5373**	**54.8994**
+ 摩尔分率					
+ 质量流量	**kg/hr**	**527.526**	**989.121**	**499.029**	**1017.62**
− 质量分率					
WATER		0	1	0.0254009	0.95954
PHENOL		0.00312781	0	2.43563e-26	0.00162144
ACETONE		0.0752805	0	0.000431501	0.0388133
N2		0.698263	0	0.738106	1.58466e-05
O2		0.223328	0	0.236062	9.69557e-06

图 5-82 物流计算结果

如果未在图 5-81 中选择 HC-1，则会得到如图 5-83 的计算结果，其中尾气的丙酮质量分率为 0.000481，而 N_2、O_2在吸收液里质量分率超过 0.002。这样的计算结果具有较大的误差，因此在涉及难凝气体组分的模拟中务必规定 Henry 组分。

	单位	GAS	W-IN	VENT	W-OUT
焓流量	cal/sec	-9000.91	-1.03973e+06	-11299.8	-1.03743e...
平均分子量		30.0891	18.0153	28.4402	18.567
+ 摩尔流量	**kmol/hr**	**17.5321**	**54.9045**	**17.3923**	**55.0444**
+ 摩尔分率					
+ 质量流量	**kg/hr**	**527.526**	**989.121**	**494.639**	**1022.01**
− 质量分率					
WATER		0	1	0.0259261	0.955273
PHENOL		0.00312781	0	2.1918e-26	0.00161447
ACETONE		0.0752805	0	0.000481215	0.0386244
N2		0.698263	0	0.739606	0.00246058
O2		0.223328	0	0.233987	0.00202793

图 5-83 未选中 HC-1 亨利组分时的结果

练习 5-6 根据例 5-8 条件，适当降低尾气进口温度，使出口尾气中丙酮质量分率达到 0.0004（允许误差 10^{-6}）。（答案：48.2℃）

练习 5-7 某石油化工企业的聚合反应装置反应器产生大量尾气，尾气的流量为 $100m^3/h$，温度和压力分别为 40℃和 1.1bar，质量成分如表 5-7。

现用 30℃的乙二醇吸收，使尾气中甲苯和丁酮的总质量分率不超过 0.0001%，求乙二醇用量。已知吸收塔有 10 块理论塔板，塔顶压力 0.9bar，塔底 1.0bar。由于缺乏参数，物性方法选用 UNIFAC。可用 RadFrac 或流程选项中的设计规范完成乙二醇用量计算。（答案：23.54kmol/h 或 1461.04kg/h）

表 5-7　练习 5-7 尾气成分

物质	质量分率/%
甲苯	0.04
丁酮	0.03
乙二醇	0.03
氮气	78.90
氧气	21.00

5.4 萃取过程

液-液萃取过程可使用塔器模块中的 Extract 模块进行严格计算。Extract 模块可以有多个进料和产品流股，但是需指定第一液相和第二液相。其中，第一液相指从第一级（顶部）流向最后一级（底部）的液相，第二液相的流向则相反，以此进行区分。另外，Extract 虽然假设了平衡级，但仍可以指定组分或塔板效率。由于萃取过程通常为液-液平衡（liquid-liquid equilibrium，LLE）过程，不涉及汽相，因此操作压力对萃取结果的影响基本可以忽略。

萃取过程的准确计算依赖于组分的 LLE 二元交互参数。用户可以使用 Aspen Plus 中的内置物性数据库，或者查阅文献中的 LLE 数据。但由于 LLE 数据相对缺乏，在没有 LLE 二元交互参数的情况下，可采用 UNIF-LL 物性方法来估算液-液平衡关系，或者使用 VLE（vapor-liquid equilibrium，汽-液平衡）数据。

例 5-10　使用 Aspen Plus 模拟 MIBK（甲基异丁基酮）萃取含酚废水过程。废水原料中含苯酚 0.5%（质量分率），邻甲酚、间甲酚各 0.2%，其余是水。废水流量 10.0t/h，温度 30℃；萃取剂 MIBK 流量 2.0t/h，温度 30℃。试模拟三级萃取后出口废水的组成。

首先输入组分，如图 5-84。

组分 ID	类型	组分名称	别名	CAS号
MIBK	常规	METHYL-ISOBUTYL-KETONE	C6H12O-2	108-10-1
WATER	常规	WATER	H2O	7732-18-5
PHENOL	常规	PHENOL	C6H6O	108-95-2
O-CRESOL	常规	O-CRESOL	C7H8O-3	95-48-7
M-CRESOL	常规	M-CRESOL	C7H8O-4	108-39-4

图 5-84　输入组分

选择 NRTL 物性方法，并尽量选用其中的 LLE 交互参数，在没有 LLE 参数时，才选用 VLE 参数，如图 5-85。

组分 i	组分 j	来源	温度单位	AIJ	AJI	BIJ	BJI	CIJ	DIJ	EIJ	EJI	FIJ	FJI	TLOWER	TUPPER
MIBK	WATER	APV121 LLE-ASPEN	C	282.127	1.2587	-12671.5	-761.676	0.2	0	-41.9358	1.1267	0	0	0	75
WATER	PHENOL	APV121 LLE-ASPEN	C	147.837	205.975	-7315.47	-8352.64	0.2	0	-20.5607	-31.5614	0	0	17.8	66.3
WATER	O-CRESOL	APV121 LLE-ASPEN	C	-39.1193	125.459	2345.71	-5774.69	0.2	0	6.6169	-18.8445	0	0	25.6	148.7
WATER	M-CRESOL	APV121 LLE-ASPEN	C	11.277	117.038	-273.982	-4954.81	0.2	0	-0.6645	-17.8352	0	0	-0.2	140.5
PHENOL	O-CRESOL	APV121 VLE-IG	C	0	0	-448.687	790.378	0.3	0	0	0	0	0	85.9	89.2
PHENOL	M-CRESOL	APV121 VLE-IG	C	0	0	380.928	-215.775	0.3	0	0	0	0	0	121.6	136.3

图 5-85　系统自带的交互参数

由于部分组分之间的二元交互参数仍然缺乏，因此勾选上方“使用 UNIFAC 估算”，在物性环境重置并运行，得到估算结果如图 5-86，可知缺失的二元交互参数已通过 PCES（property constant estimation system，性质常数估算系统）估算得到。

二元交互作用 - NRTL-1 (T-DEPENDENT)

输入 | 数据库 | 注释

参数 NRTL　帮助　数据集 1　交换　输入Dechema格式　☑ 使用UNIFAC估算　查看回归信息　搜索　BIP完整

温度相关二元参数

组分 i	组分 j	来源	温度单位	AIJ	AJI	BIJ	BJI	CIJ	DIJ	EIJ	EJI
MIBK	WATER	APV121 LLE-ASPEN	C	282.127	1.2587	-12671.5	-761.676	0.2	0	-41.9358	1.1267
WATER	PHENOL	APV121 LLE-ASPEN	C	147.837	205.975	-7315.47	-8352.64	0.2	0	-20.5607	-31.5614
WATER	O-CRESOL	APV121 LLE-ASPEN	C	-39.1193	125.459	2345.71	-5774.69	0.2	0	6.6169	-18.8445
WATER	M-CRESOL	APV121 LLE-ASPEN	C	11.277	117.038	-273.982	-4954.81	0.2	0	-0.6645	-17.8352
PHENOL	O-CRESOL	APV121 VLE-IG	C	0	0	-448.687	790.378	0.3	0	0	0
PHENOL	M-CRESOL	APV121 VLE-IG	C	0	0	380.928	-215.775	0.3	0	0	0
MIBK	PHENOL	R-PCES	C	0	0	-247.834	-230.014	0.3	0	0	0
MIBK	O-CRESOL	R-PCES	C	0	0	-226.727	-294.714	0.3	0	0	0
MIBK	M-CRESOL	R-PCES	C	0	0	-226.727	-294.714	0.3	0	0	0
O-CRESOL	M-CRESOL	R-PCES	C	0	0	128.834	-114.781	0.3	0	0	0

图 5-86　估算后的交互参数

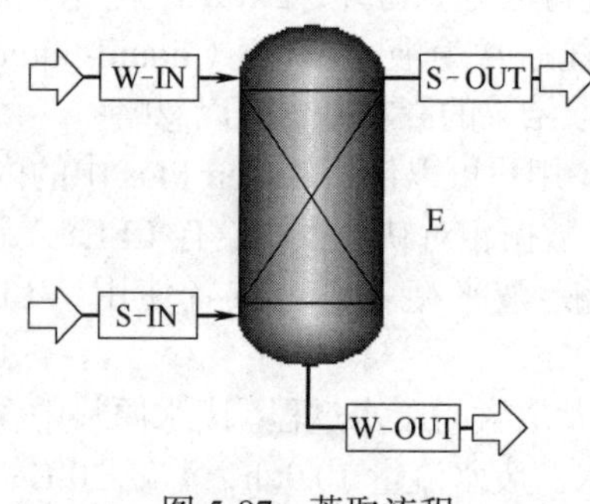

图 5-87　萃取流程

在模型选项板中选择“塔/ Extract / ICON1”建立流程，如图 5-87。

需要注意的是，萃取剂 MIBK 密度小于 1，因此应从塔底部进入（第二液相）；废水密度通常大于 1，应从塔顶进入（第一液相），这样水和萃取剂才能进行逆流接触和萃取。

输入废水进料条件，其中进料压力输入不低于塔顶压力的数值即可，对结果无影响，如图 5-88。

输入 MIBK 进料条件，如图 5-89，其中压力不得低于塔底压力，否则物料无法进入。

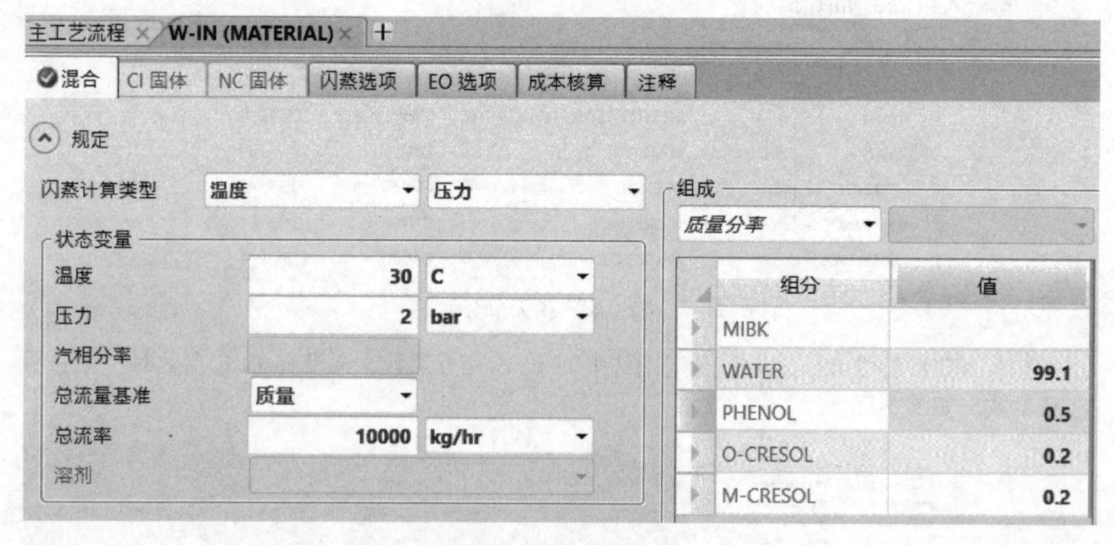

图 5-88　废水进料条件

萃取塔条件如图 5-90，塔板数为 3（表示三级萃取），绝热。

下一步进入“关键组分”标签页。其中第一液相为水相，关键组分为水（塔第一级进入）；第二液相为萃取剂 MIBK（塔最后一级进入），关键组分为 MIBK，二者逆流接触和传质，如图 5-91。其他组分属于低含量组分，不必作为第一、第二液相的关键组分。

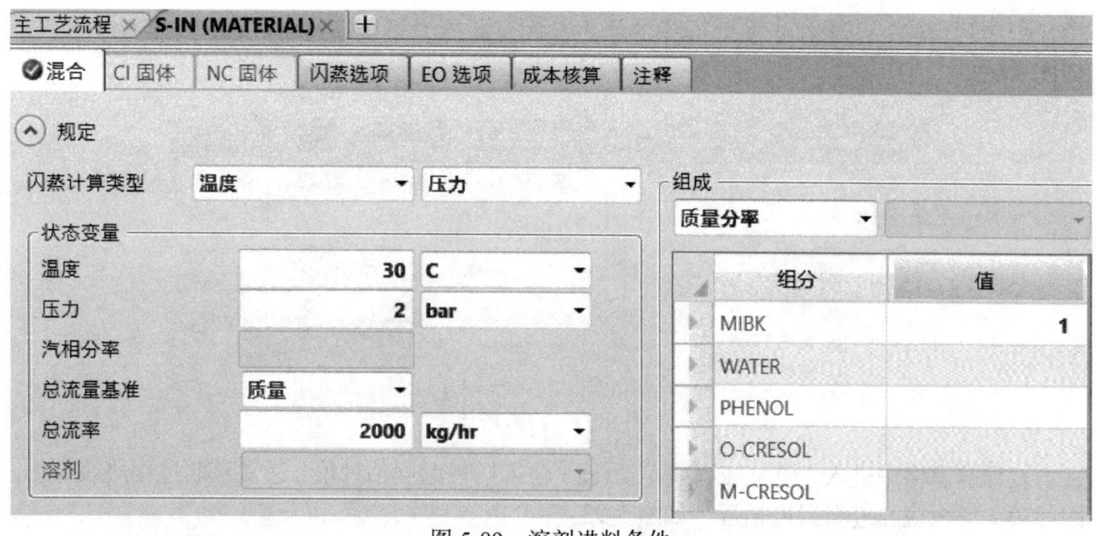

图 5-89 溶剂进料条件

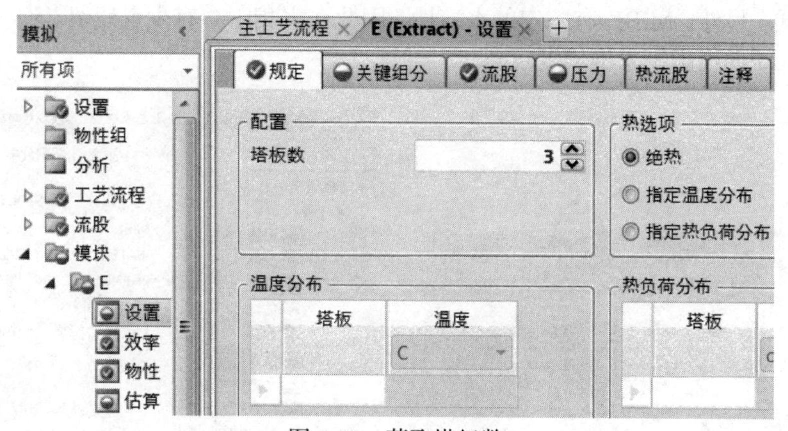

图 5-90 萃取塔级数

图 5-91 选择关键组分

在“压力”标签页输入塔压，第一级压力为 1.5bar，萃取过程的操作压力对结果影响极微，但应尽量输入一个接近实际操作的压力，而且此压力不至于过低，以免造成物料汽化，如图 5-92。

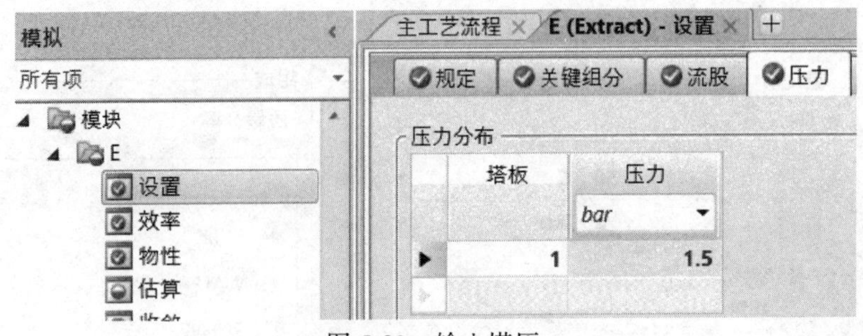

图 5-92　输入塔压

在导航窗格中进入“模块/ E /估算”页面，输入塔板温度估计值。通常萃取过程热效应小，因此第 1 塔板应与进料温度相近，如图 5-93。

数据输入完毕，重置并运行，结果如图 5-94。可以看到，此体系萃取效率高，水相的残留酚浓度极低。另外，MIBK 有一定的水溶性，因此在水相中会有少量残留。这些都与实际情况基本一致，说明模拟结果可信度较高。

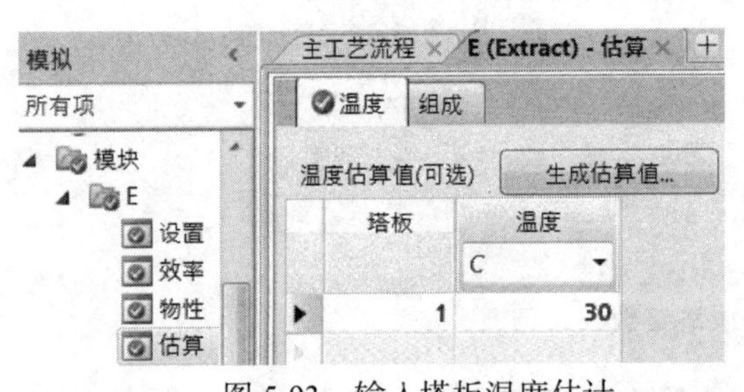

图 5-93　输入塔板温度估计

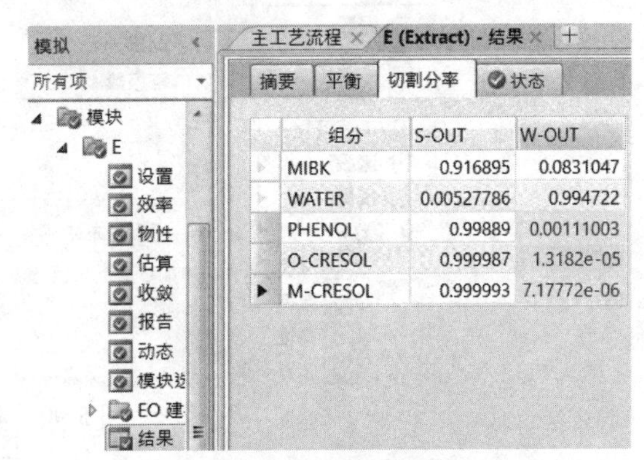

图 5-94　运行结果

练习 5-8　用 MBK（2-己酮，或甲基正丁基酮）萃取含酚废水。原料废水中苯酚 0.52%（质量分率），对苯二酚 1.05%，其余是水。原料流量 113.9t/h，温度 40℃。萃取剂流量 15.0t/h，温度 40℃，其中 MBK97.995%，水 2.0%，苯酚 0.002%，对苯二酚 0.003%。部分物性参数见表 5-8，其余参数请选用系统自带的 LLE（首选）或 VLE（次选）数据。试模拟五级萃取出口废水组成。（答案：苯酚质量分率为 1×10^{-6}、对苯二酚质量分率为 3.38×10^{-4}）

表 5-8　MBK 与苯酚或对苯二酚的二元交互参数

组分 i	组分 j	温度单位	b_{ij}	b_{ij}
MBK	苯酚	℃	192.137	−109.231
MBK	对苯二酚	℃	−292.856	325.692

第6章

反应器模拟

Aspen Plus 中反应器有 7 个模块（图 6-1），可分为三类：生产能力类、热力学平衡类和化学动力学类。每种反应器的适用情况见表 6-1。

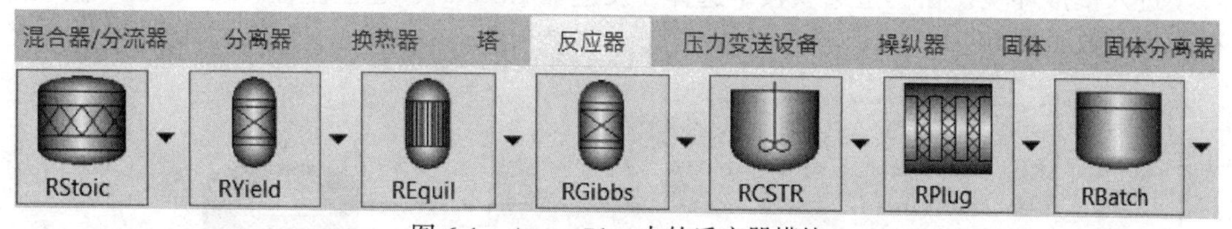

图 6-1 Aspen Plus 中的反应器模块

生产能力类反应器包括化学计量反应器（RStoic）和产率反应器（RYield），其主要特点是由用户指定生产能力进行物料和能量衡算，不考虑热力学可能性和动力学限制。

热力学平衡类包括平衡反应器（REquil）和吉布斯反应器（RGibbs）两个模块，其主要特点是根据热力学平衡条件计算体系发生化学反应能达到的热力学平衡状态，不考虑动力学限制。

化学动力学类反应器包括全混流反应器（RCSTR）、平推流反应器（RPlug）和间歇反应器（RBatch）三个模块，其主要特点是根据化学反应动力学计算反应结果，其中 RCSTR 也可进行热力学平衡计算。

表 6-1 反应器各模块适用情况

模块	说明	适用对象
RStoic	化学计量反应器	热力学、动力学数据未知或不重要，但化学反应计量式和反应程度已知的反应器
RYield	产率反应器	热力学、动力学、化学反应计量式未知或不重要，但产物分布已知的反应器
REquil	平衡反应器	动力学数据未知或不重要，但化学反应计量式已知，化学平衡和相平衡同时发生的反应器
RGibbs	吉布斯反应器	动力学与化学反应计量式未知，发生相平衡或化学平衡的反应器
RCSTR	全混流反应器	动力学数据和化学反应计量式已知的全混流反应器
RPlug	平推流反应器	动力学数据和化学反应计量式已知的平推流反应器
RBatch	间歇反应器	动力学数据和化学反应计量式已知的间歇或半间歇反应器

6.1 化学计量反应器

化学计量反应器 RStoic 按照用户输入的化学反应方程式中的计量关系进行反应，从而得到反应器的物料平衡和热量平衡。对于反应动力学参数未知但反应方程式和反应进度已知的反应体系，可使用此反应器模块模拟。用户需给定反应器中的所有化学反应方程式、每个方程式的反应程度或转化率，以及反应器的操作条件（温度、压力、热负荷、汽相分率中的两项）。化学计量反应器还可以根据物性模型，计算化学反应在任一温度、压强下的反应热。

例 6-1　550℃、1bar 下，丙烷脱氢制丙烯反应器中存在如下的主、副反应：

$$\text{主反应：} C_3H_8 \longrightarrow C_3H_6 + H_2$$

$$\text{副反应：} C_3H_8 \longrightarrow C_2H_4 + CH_4$$

丙烷原料进料量为 2kmol/h，原料温度为 550℃，压力 1bar，进入反应器进行反应。主反应转化率为 19.6%，副反应转化率为 3.1%。物性方法选用 SRK。使用 RStoic 模拟该反应，计算该反应器的热负荷以及主、副反应在 550℃、1bar 下的反应热。

输入组分（图 6-2），选择物性方法 SRK，确认二元交互参数。

进入模拟环境，在模型选项板中选择“反应器/RStoic”，建立流程（图 6-3）。输入进料物流参数（图 6-4）。

组分 ID	类型	组分名称	别名	CAS号
C3H8	常规	PROPANE	C3H8	74-98-6
C3H6	常规	PROPYLENE	C3H6-2	115-07-1
H2	常规	HYDROGEN	H2	1333-74-0
C2H4	常规	ETHYLENE	C2H4	74-85-1
CH4	常规	METHANE	CH4	74-82-8

图 6-2　组分输入界面

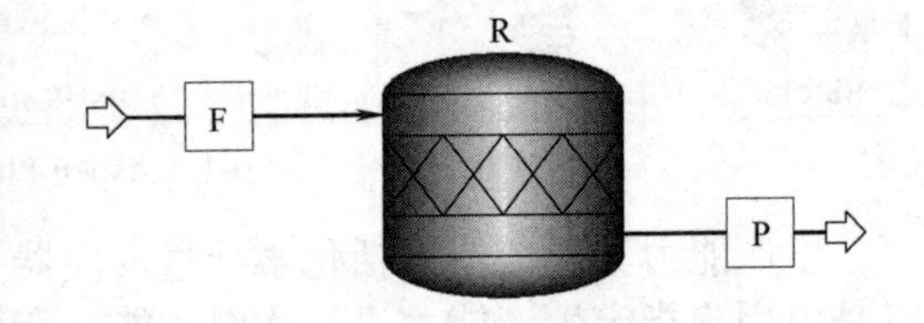

图 6-3　RStoic 反应器流程

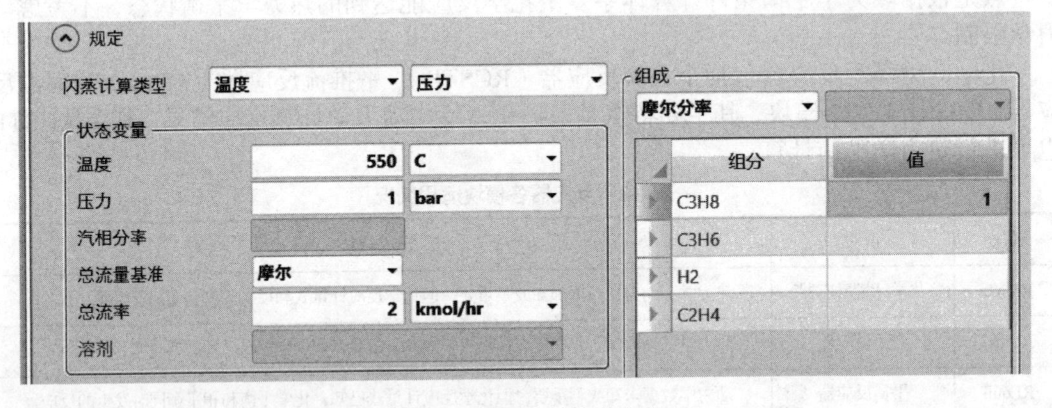

图 6-4　设置进料物流参数

设置反应器 RStoic 模块参数，在“规定”标签页中指定反应器温度为 550℃，压力为 1bar，如图 6-5。在“反应”标签页中，点击“新建”，输入反应器的主反应计量式。“系数”即反应方程式的化学计量数，反应物的化学计量数为负值，产物为正值。若反应物系数输入正值，Aspen Plus 会自动调整为负值。随后在“产品生成”处输入摩尔反应进度或转化率。本题输入主反应的转化率 0.196，组分为反应物丙烷，如图 6-6 所示。输入完成后点击“关闭”。

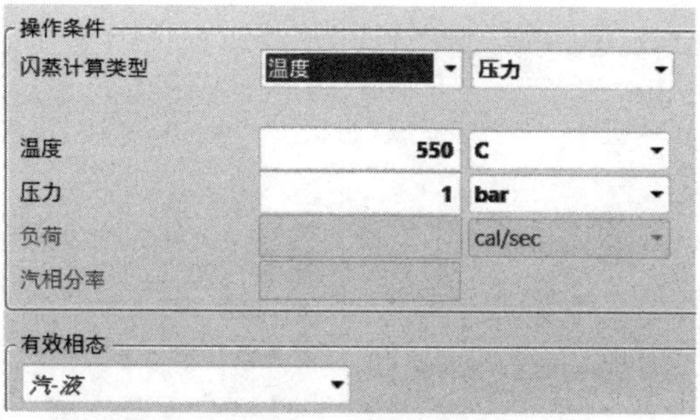

图 6-5 RStoic 反应器操作条件设置

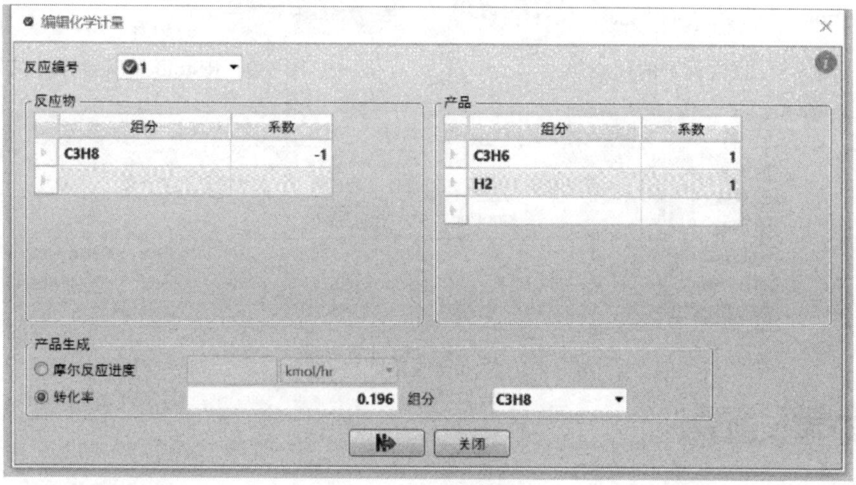

图 6-6 设置主反应

随后继续点击“新建”，输入副反应的化学计量数和转化率信息，如图 6-7 所示。

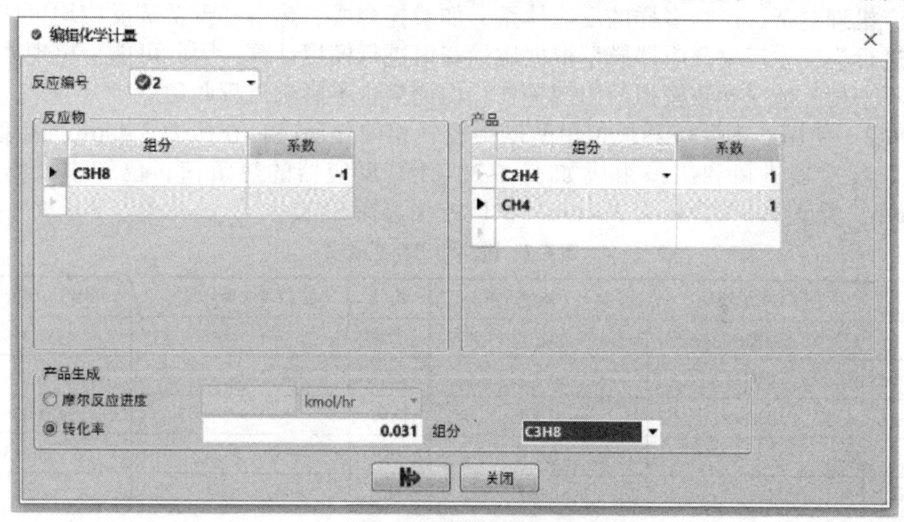

图 6-7 设置副反应

进入“反应热”标签页，点击“报告计算的反应热”，并在下方表格中输入主、副反应的反应编号、参考组分、参考温度、参考压力、参考相，如图 6-8。

随后运行模拟，反应器模块结果如图 6-9 所示。点击标签栏中的“反应”，可查看本反应器中的反应热（图 6-10）。注意反应热结果与进料量、转化率无关，仅与参考温度、压力及相态有关。

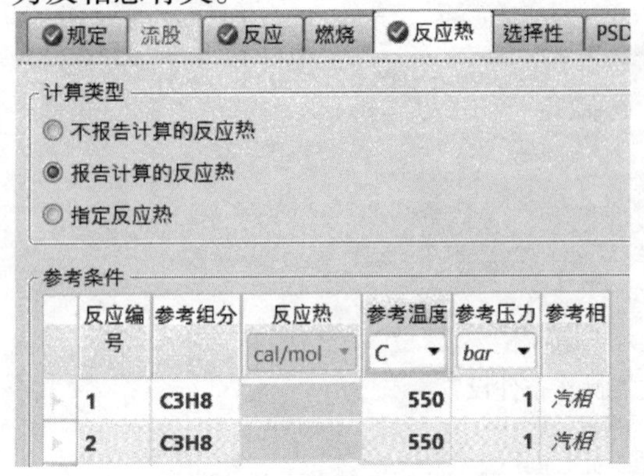

图 6-8　报告计算的反应热

出口温度	550	C
出口压力	1	bar
热负荷	3719.21	cal/sec
净热负荷	3719.21	cal/sec
汽相分率	1	
第一液相/全液相		

图 6-9　RStoic 反应器计算结果

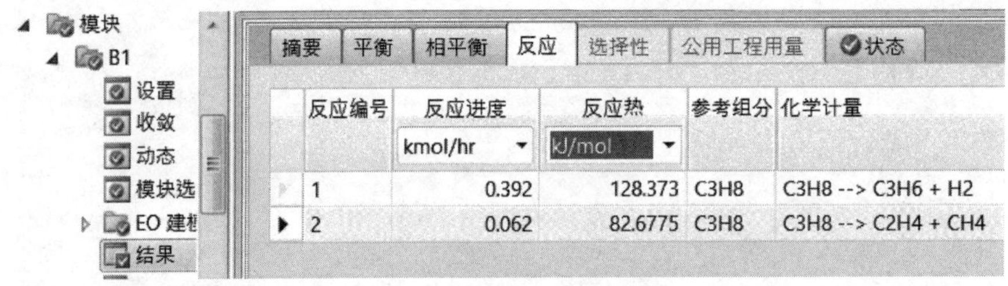

图 6-10　反应热计算结果

6.2 产率反应器

在化学反应计量式、热力学和动力学数据未知或不重要，而反应器进、出口产物分布已知的情况下，可使用产率反应器 RYield 模块计算物料平衡和能量平衡。产率反应器常适用于反应机理复杂、产物多样的反应体系，如费托合成、热解、重整等反应均可使用产率反应器进行模拟。产率反应器模型根据质量守恒进行模拟计算，因此可能会出现质量平衡而元素不平衡的情况导致模拟后出现警告，但此警告不影响流程收敛。

例 6-2　使用产率反应器模拟甲醇制烯烃气相催化反应。在压力 3.4atm、温度 490℃条件下，反应器进口和出口组成如表 6-2。计算反应器的热负荷，已知进口物料流量 15000kg/h，温度 105℃、压力 3.4atm。物性方法选择 SRK。

表 6-2　进料和出料组成表

组分	进口（质量分率）	出口（质量分率）	组分	进口（质量分率）	出口（质量分率）
水	0.835	0.612	乙烯	—	0.179
甲醇	0.097	0.001	乙烷	—	0.004
乙醇	0.068	0.001	丙烯	—	0.179
甲烷	—	0.010	丙烷	—	0.013
二氧化碳	—	0.001			

输入组分，如图 6-11。热力学方法选择 SRK。

进入模拟环境，选择“反应器/RYield”模块建立流程，如图 6-12。设置进料物流参数，如图 6-13。

组分 ID	类型	组分名称	别名	CAS号
WATER	常规	WATER	H2O	7732-18-5
METHANOL	常规	METHANOL	CH4O	67-56-1
ETHANOL	常规	ETHANOL	C2H6O-2	64-17-5
METHANE	常规	METHANE	CH4	74-82-8
CO2	常规	CARBON-DIOXIDE	CO2	124-38-9
ETHYLENE	常规	ETHYLENE	C2H4	74-85-1
ETHANE	常规	ETHANE	C2H6	74-84-0
C3H6-2	常规	PROPYLENE	C3H6-2	115-07-1
PROPANE	常规	PROPANE	C3H8	74-98-6

图 6-11　组分输入界面

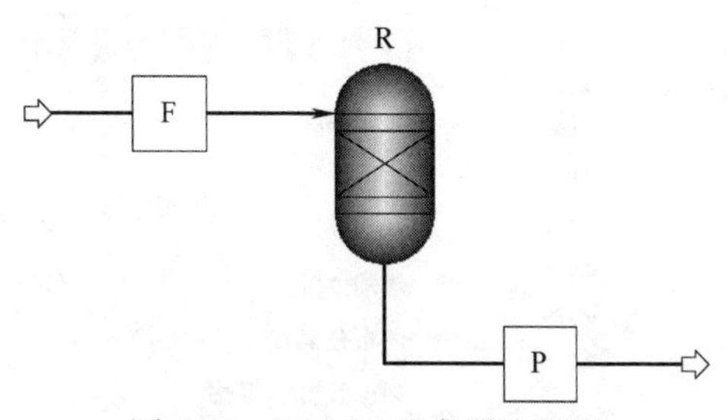

图 6-12　RYield 反应器流程图

闪蒸计算类型：温度　压力

状态变量

项目	值	单位
温度	105	C
压力	3.4	atm
汽相分率		
总流量基准	质量	
总流率	15000	kg/hr
溶剂		

组成：质量分率

组分	值
WATER	83.5
METHANOL	9.7
ETHANOL	6.8
METHANE	
CO2	

图 6-13　进料物流设置

设置 RYield 反应器参数。如图 6-14，在“规定”标签页中设置反应器温度和压力。

操作条件

闪蒸计算类型：温度　压力

项目	值	单位
温度	490	C
温度变化		C
压力	3.4	atm
负荷		cal/sec
汽相分率		

有效相态：汽-液

图 6-14　RYield 反应器设置

随后，进入“产量”标签页设置产物分布选项（图 6-15）。产量选项默认为“组分产率”，即产物中存在的所有组分及其含量。此处根据题目已知条件输入每个组分及其质量含量。

运行模拟，反应器模块出现警告信息“THE FOLLOWING ELEMENTS ARE NOT IN ATOM BALANCE：H　O　C”，这是由进口物流和用户输入的出口物流的元素量不相等所致，但不影响流程收敛。产率反应器只确保总体质量守恒，不确保元素守恒。反应器结果如图 6-16。

图 6-15　RYield 反应器收率设置

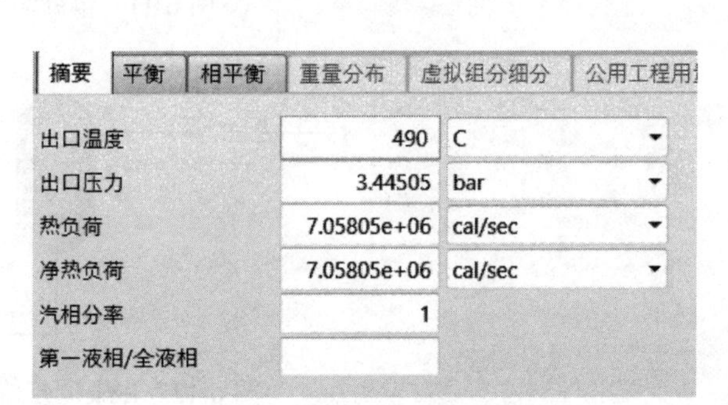

图 6-16　RYield 反应器计算结果

6.3　平衡反应器

平衡反应器 REquil 模块根据化学反应方程式，按照化学反应方程式的吉布斯函数计算反应平衡常数，模拟体系同时达到化学平衡和相平衡时的状态。此反应器可计算化学反应能达到的限度，但不考虑化学动力学上的可行性。平衡反应器只能模拟单相和两相体系，不能模拟三相体系。此外，只有在用户指定有效相态为“仅液相”的情况下，软件才认为反应在液相中发生；其他情况下的反应均视作气相反应。REquil 要求至少一股进料物流以及两股出料物流。

默认情况下，反应器模块认为化学反应处于反应器温度下的平衡状态。用户也可通过两种方式限制反应的平衡条件：指定反应的平衡温度或指定反应的摩尔反应进度。若指定反应的平衡温度，则需输入参数“温差”（温差可正可负），软件根据“反应温度=反应器温度+温差”下的化学平衡进行模拟计算。默认条件下温差为 0，即软件计算反应器温度下的化学平衡。若温差不为零，且计算结果不易收敛，用户还可输入进度估算，使得计算结果更易收敛。若用户规定某个反应的摩尔反应进度（摩尔反应进度等于反应中某组分的摩尔量的变化量除以其化学计量数），则软件不再计算此反应的化学平衡常数，而是直接根据摩尔反应进度进行物料衡算。若反应器中存在多个化学反应，可以分别针对某个反应限制其平衡条件。

例 6-3　CO_2 加氢制甲醇反应体系中可能存在如下反应：

$$CO_2+3H_2 \rightleftharpoons CH_3OH+H_2O$$

$$CO_2+H_2 \rightleftharpoons CO+H_2O$$

$$2CH_3OH \rightleftharpoons CH_3OCH_3+H_2O$$

反应条件为 3MPa、250℃。反应器进料为 3MPa、250℃、CO_2 和 H_2 摩尔比为 1∶3 的混合物，总进料量为 10kmol/h。物性方法采用 SRK。使用平衡反应器 REquil 模拟该反应，计算出口物料组成。

添加组分，如图 6-17 所示。物性方法选择 SRK，确认二元交互参数。

进入模拟环境，选择“反应器/REquil”，绘制流程图，如图 6-18 所示。输入进料物流条件，如图 6-19 所示。

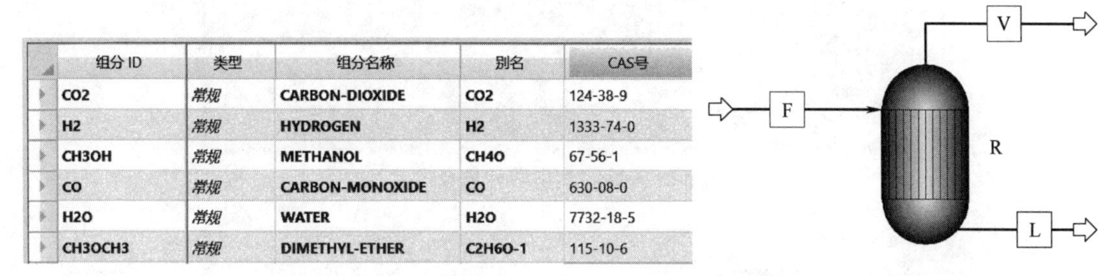

组分 ID	类型	组分名称	别名	CAS号
CO2	常规	CARBON-DIOXIDE	CO2	124-38-9
H2	常规	HYDROGEN	H2	1333-74-0
CH3OH	常规	METHANOL	CH4O	67-56-1
CO	常规	CARBON-MONOXIDE	CO	630-08-0
H2O	常规	WATER	H2O	7732-18-5
CH3OCH3	常规	DIMETHYL-ETHER	C2H6O-1	115-10-6

图 6-17 组分输入界面

图 6-18 REquil 反应器流程

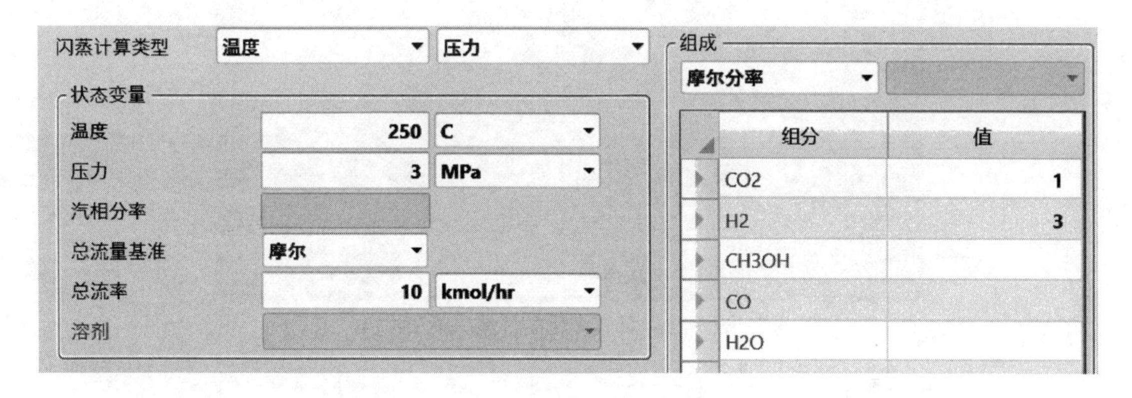

图 6-19 进料物流设置

设置 REquil 反应器的操作条件。反应器温度为 250℃，压力为 3MPa，如图 6-20 所示。

操作条件
闪蒸计算类型 温度 压力
温度 250 C
压力 3 MPa
负荷 cal/sec
汽相分率

图 6-20 REquil 反应器设置

随后，在“反应”标签页，点击“新建”，在弹出的窗口中添加第一个反应。表单中的“系数”即化学反应计量数，另外需指明是否为固体。下方即可限定化学反应的平衡条件。本例中的温差为 0。第一个反应的输入如图 6-21 所示。

输入第二个和第三个化学反应的信息，结果如图 6-22 和图 6-23 所示。

运行模拟，查看反应器模拟结果（图 6-24）。在反应器结果中的“Keq”标签页还可看到计算的三个反应的平衡常数。

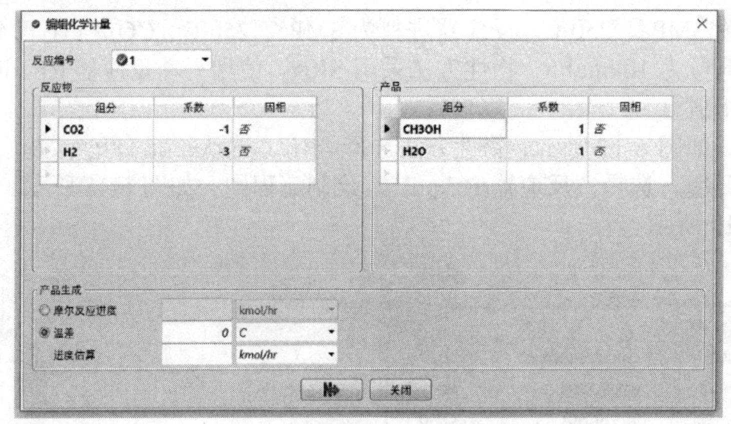

图 6-21　反应 1 化学计量数设置

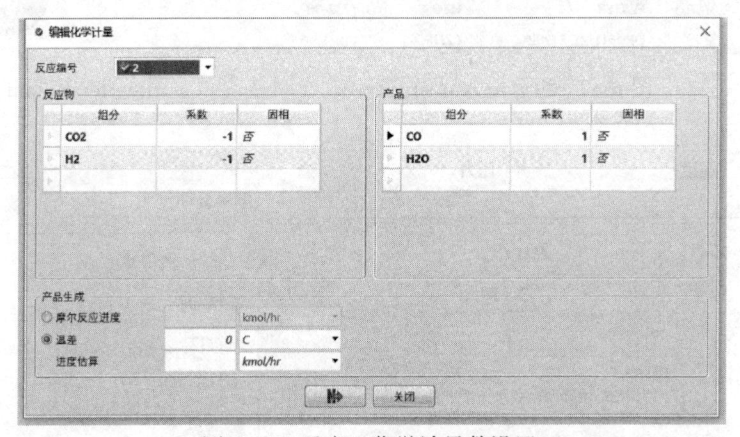

图 6-22　反应 2 化学计量数设置

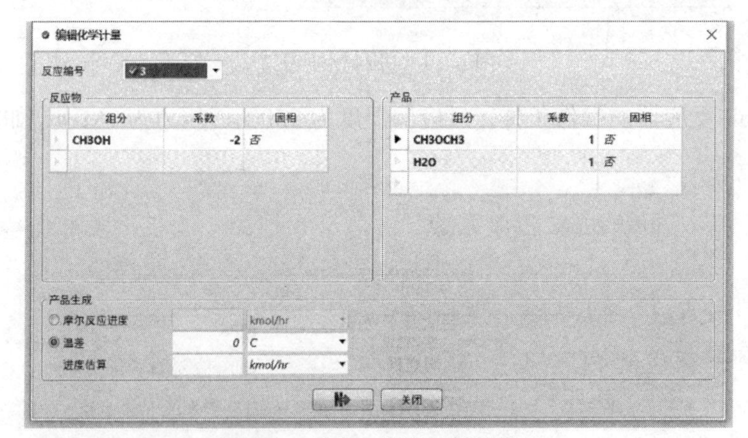

图 6-23　反应 3 化学计量数设置

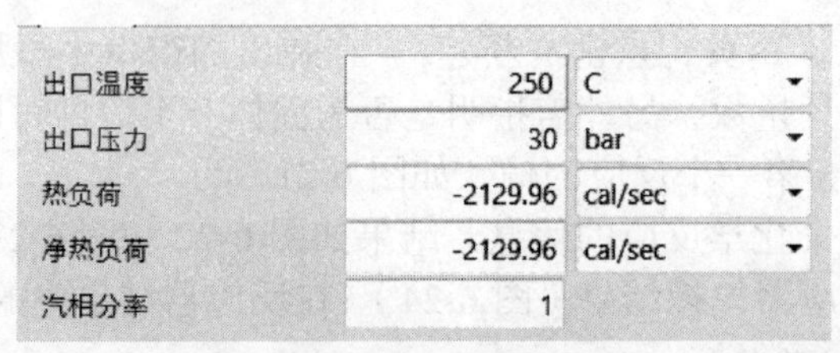

图 6-24　反应器模拟结果

6.4 吉布斯反应器

吉布斯反应器（RGibbs）根据系统的吉布斯函数趋于最小值的原则，计算同时达到化学平衡和相平衡时的系统组成和相分布。和平衡反应器（REquil）相比，吉布斯反应器可以在化学反应方程式未知的情况下估算反应器的平衡状态，常适用于反应机理复杂、产物多样，且反应受化学平衡控制的反应体系。RGibbs 可以处理有固相参与化学反应或相变化的多相体系，也具备平衡反应器的限制化学平衡的功能，是唯一能处理汽液固三相平衡的反应器模块。

例 6-4　用吉布斯反应器（RGibbs）模拟 C_5/C_6 轻质烷烃的异构化反应。已知反应原料的流量为 30kg/h，温度为 210℃，压力为 2.9MPa，组成如表 6-3 所示。反应器温度为 170℃，压强为 2.8MPa。物性方法选择 SRK。

表 6-3　进料组成表

组分	质量分率
2-甲基丁烷（2-methylbutane）	0.259
正戊烷（*n*-pentane）	0.287
2-甲基戊烷（2-methylpentane）	0.155
3-甲基戊烷（3-methylpentane）	0.104
甲基环戊烷（methylcyclopentane）	0.044
正己烷（*n*-hexane）	0.151

添加组分，如图 6-25 所示。物性方法选择 SRK。确认二元交互参数。

组分 ID	类型	组分名称	别名	CAS号
2-MET-01	常规	2-METHYL-BUTANE	C5H12-2	78-78-4
N-PEN-01	常规	N-PENTANE	C5H12-1	109-66-0
2-MET-02	常规	2-METHYL-PENTANE	C6H14-2	107-83-5
3-MET-01	常规	3-METHYL-PENTANE	C6H14-3	96-14-0
METHY-01	常规	METHYLCYCLOPENTANE	C6H12-2	96-37-7
N-HEX-01	常规	N-HEXANE	C6H14-1	110-54-3

图 6-25　组分输入界面

进入模拟环境，添加 RGibbs 模块，绘制流程图，如图 6-26 所示。输入进料物流的参数，如图 6-27 所示。

随后输入反应器模块的参数。吉布斯反应器的计算选项选择默认项“计算相平衡和化学平衡”。操作条件如图 6-28 所示，其他选项均选用默认选项。

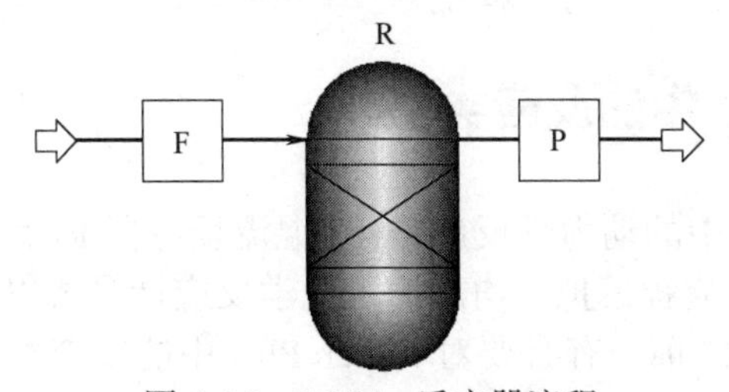

图 6-26　RGibbs 反应器流程

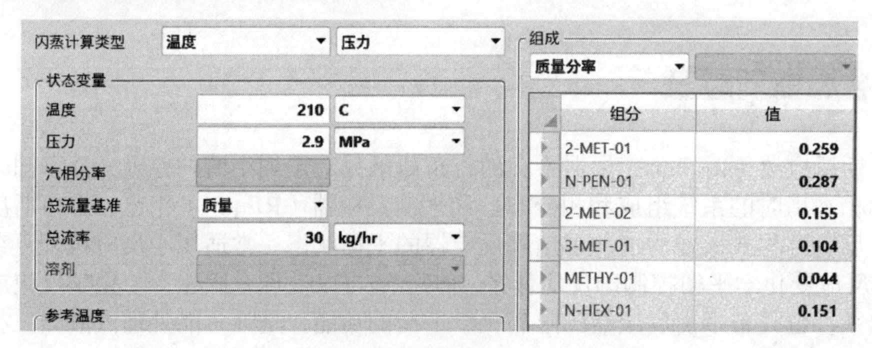

图 6-27　进料物流设置

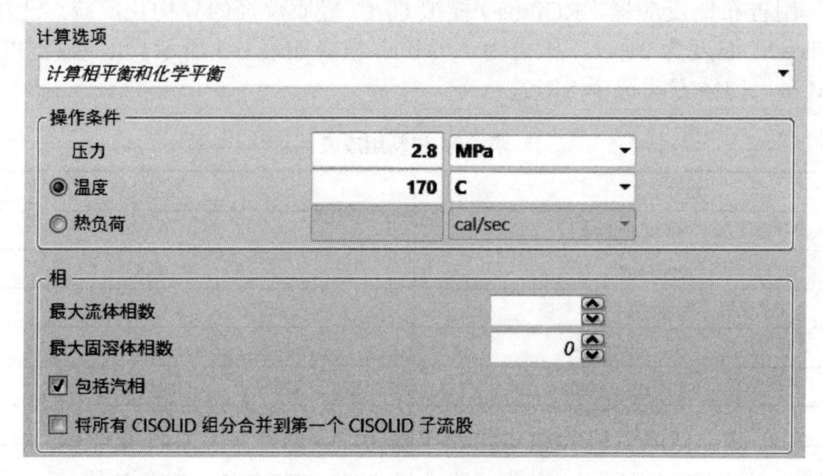

图 6-28　RGibbs 反应器设置

在“产品”标签页中可以对产物类型进行设置。选择默认选项“RGibbs 将所有组分都视为产品”。如果有不参加反应的组分可在“惰性组分”标签页中输入。

运行模拟，反应器出料流股结果如图 6-29 所示。

- 摩尔流量	kmol/hr	0.390767
2-MET-01	kmol/hr	0.196944
N-PEN-01	kmol/hr	0.062047
2-MET-02	kmol/hr	0.0558327
3-MET-01	kmol/hr	0.0359755
METHY-01	kmol/hr	0.0210116
N-HEX-01	kmol/hr	0.0189565

图 6-29　反应器模拟结果

6.5 Aspen Plus 中的反应类型

若需使用 Aspen Plus 中的动力学反应器（全混流反应器 RCSTR、平推流反应器 RPlug、间歇反应器 RBatch）进行流程模拟，均需输入化学反应计量式以及相应的动力学数据。因此，在介绍动力学反应器之前，有必要对 Aspen Plus 中的反应类型以及需输入的动力学参数进行简要介绍。

在动力学反应器的设置中，需定义反应集。一个反应器中可以包括一个或多个反应集，而每个反应集中也可定义一个或多个化学反应。定义反应集时，需指定此反应集的反应类型，反应类型决定了此反应集中每个化学反应的动力学参数的输入形式。Aspen Plus 共内置了 13 种反应类型，包括：CRYSTAL、EMULSION、FREE-RAD、GENERAL、IONIC、LHHW、POWERLAW、REAC-DIST、SEGMENT-BAS，STEP-GROWTH、USER、USER-ACM、ZIEGLER-NAT。每种模型的适用体系和待输入参数均有所区别。本章主要介绍 LHHW、POWERLAW 和 GENERAL 三种反应类型。REAC-DIST（reactive distillation）为反应精馏过程常用的反应类型，将在本书 8.4 节进行介绍。读者可查阅 Aspen Plus 帮助文件了解其他模型的详细内容。

LHHW 模型，即 Langmuir-Hinshelwood-Hougen-Watson 模型，常用于气-固相催化反应。LHHW 模型的速率表达式的形式与反应机理和控制步骤有关（参见各类化学反应工程书籍），Aspen Plus 软件中设置了多个参数，以适用于各种类型的速率表达式。考虑如下可逆反应

$$\mathrm{A+B} \rightleftharpoons \mathrm{R+S}$$

软件中 LHHW 模型的速率表达式如下：

$$\text{反应速率}=\frac{[\text{动力学因子}][\text{推动力表达式}]}{[\text{吸附表达式}]} \tag{6-1}$$

根据速率基准的不同，反应速率可以有两种形式：若以反应器体积为速率基准，则反应速率的单位为 kmol/（s · m^3），形式为

$$\text{反应速率}=-\frac{1}{V}\frac{\mathrm{d}n_\mathrm{A}}{\mathrm{d}t}=-\frac{1}{V}\frac{\mathrm{d}n_\mathrm{B}}{\mathrm{d}t}=\frac{1}{V}\frac{\mathrm{d}n_\mathrm{R}}{\mathrm{d}t}=\frac{1}{V}\frac{\mathrm{d}n_\mathrm{S}}{\mathrm{d}t} \tag{6-2}$$

式中，V 为反应器体积，m^3。

若以催化剂质量为速率基准，则反应速率的单位为 kmol/（s · kg），形式为

$$\text{反应速率}=-\frac{1}{W}\frac{\mathrm{d}n_\mathrm{A}}{\mathrm{d}t}=-\frac{1}{W}\frac{\mathrm{d}n_\mathrm{B}}{\mathrm{d}t}=\frac{1}{W}\frac{\mathrm{d}n_\mathrm{R}}{\mathrm{d}t}=\frac{1}{W}\frac{\mathrm{d}n_\mathrm{S}}{\mathrm{d}t} \tag{6-3}$$

式中，W 为装填的催化剂质量，kg。

动力学因子的表达式也有两种形式，用户可根据实际情况任选其中一种：

$$\text{动力学因子}=kT^n\mathrm{e}^{-\frac{E}{RT}} \tag{6-4}$$

或

$$\text{动力学因子}=k\left(\frac{T}{T_0}\right)^n\mathrm{e}^{-\frac{E}{R}\left(\frac{1}{T}-\frac{1}{T_0}\right)} \tag{6-5}$$

推动力表达式的形式为

$$\text{推动力表达式}=k_1\prod_i c_i^{\alpha_i}-k_2\prod_i c_i^{\beta_i} \tag{6-6}$$

式中，c_i 为组分 i 的体积摩尔浓度，单位为 kmol/m^3，组分 i 可以为反应物或产物，c_i 也可用其他浓度（如压强、摩尔分率等）表示；k_i 称为推动力常数。

吸附表达式的形式为

$$\text{吸附表达式}=\left[\sum_{i=1}^{M}K_i\left(\prod_{j=1}^{N}c_j^{v_j}\right)\right]^m \tag{6-7}$$

式中，K_i 称为吸附常数。式（6-6）和式（6-7）中的推动力常数 k_i 或吸附常数 K_i 均为温度的函数。用户需给定四个参数 A_i、B_i、C_i、D_i，通过以下关系式计算相应的 k_i 或 K_i（每个 k_i 或 K_i 所对应的 A_i、B_i、C_i、D_i 均各自独立）：

$$\ln K_i=A_i+\frac{B_i}{T}+C_i\ln T+D_iT \quad \text{或} \quad K_i=\mathrm{e}^{A_i}\mathrm{e}^{\frac{B_i}{T}}T^{C_i}\mathrm{e}^{D_iT} \tag{6-8}$$

式（6-4）~式（6-8）中出现的 M、N、m、n、A_i、B_i、C_i、D_i、α_i、β_i、v_j 均可由动力学实验测量得到。具体的动力学参数换算以及使用方法详见例 6-5 至例 6-7。

POWERLAW，即幂数型反应速率模型，其形式可表示为

$$\text{反应速率}=[\text{动力学因子}][\text{推动力表达式}] \tag{6-9}$$

其中反应速率、动力学因子的表示式与 LHHW 模型相同，同式（6-2）~式（6-5）。POWERLAW 模型的推动力表达式为

$$\text{推动力表达式}=\prod_{i=1}^{N} c_i^{\alpha_i} \tag{6-10}$$

式中，c_i 为组分 i 的体积摩尔浓度（i 可以是反应物或产物），c_i 也可用其他浓度（如压强、摩尔分率等）表示。比较式（6-10）和式（6-6），可以注意到式（6-10）仅包含一项，而式（6-6）包含两项。

若一个反应集中同时包含 LHHW 模型和 POWERLAW 模型表示的动力学反应，也包含达到化学平衡的平衡反应，还包含用户自定义模型的动力学反应，此时可使用反应类型中的 GENERAL 模型，对一个反应集中的多种不同类型化学反应分别进行定义。使用此模型时，在输入化学反应方程式后，可定义此化学反应类型为 Custom（自定义模型）、EQUILIBRIUM（化学平衡反应）、GLHHW（通用 LHHW 模型）、LHHW 或 POWERLAW 中的一种。定义反应类型之后，即可按照相应动力学模型进行参数输入。其中 GLHHW 模型与 LHHW 模型本质相同，但吸附表达式的输入形式有所区别。

用户可根据现有的动力学数据选择恰当的反应类型进行模拟。注意不同资料中的速率表达式可能与式（6-1）~式（6-10）有所不同，需对表达式进行变换后方可输入到软件中。另外，Aspen Plus 对于反应速率和浓度的单位已做严格规定，如反应速率单位为 kmol/（s·m^3）或 kmol/（s·kg）、分压单位为 Pa 等（可参见帮助文件的 Using the Simulation Environment/Specifying Reactions/Specifying LHHW Reactions for Reactors and Pressure Relief Systems/Units for LHHW Pre-Exponential Factor and Equilibrium Constant 页面），而动力学参数的数值也与单位的选择有关，因此从文献资料中查找动力学数据输入软件中时需特别注意单位换算问题。

6.6 全混流反应器

全混流反应器模块 RCSTR 是模拟全混流状态的理想反应器，即反应器内各处物料组成和温度都相等，且等于反应器出口处的组成和温度。全混流反应器（continuous stirred-tank reactor，CSTR）通常用于液相反应，是带有搅拌的釜式反应器的理想状态。全混流反应器模块可以模拟有固体参与反应的单相、双相和三相反应器，也可同时处理动力学反应和平衡反应。全混流反应器模块可以按照概念模式（经典 CSTR 模型）或基于设备的模型（指定反应器的形状和换热器的类型）进行模拟。

例 6-5 碳酸乙烯酯（A）与甲醇（B）发生酯交换反应，生成碳酸二甲酯（C）和乙二醇（D），反应方程式如下：

$$(\text{碳酸乙烯酯}) + 2CH_3OH \rightleftharpoons CH_3OC(=O)OCH_3 + \begin{matrix} CH_2OH \\ | \\ CH_2OH \end{matrix}$$

已知该反应为可逆反应，动力学实验测得反应速率的表达式为：

$$r=5.5\exp\left(-\frac{16.5\text{kJ/mol}}{RT}\right)c_A c_B-50143\exp\left(-\frac{34.6\text{kJ/mol}}{RT}\right)c_C c_D c_B^{-1}$$

反应速率的单位为 kmol/（s·m^3）。已知进料物流温度为 25°C，压强为 100kPa，进料量为 10kmol/h，原料中碳酸乙烯酯与甲醇的摩尔比为 1∶3。反应器在 50°C、100kPa 下操作，反应器体积为 20L。物性方法选择 UNIQ-RK。用全混流反应器（RCSTR）模拟该反应，并计算出口物料中碳酸二甲酯的流量。

输入组分，如图 6-30 所示。物性方法选择 UNIQ-RK，确认二元交互参数。

组分 ID	类型	组分名称	别名	CAS号
ETHYL-01	常规	ETHYLENE-CARBONATE	C3H4O3	96-49-1
METHA-01	常规	METHANOL	CH4O	67-56-1
DIMET-01	常规	DIMETHYL-CARBONATE	C3H6O3-D3	616-38-6
ETHYL-02	常规	ETHYLENE-GLYCOL	C2H6O2	107-21-1

图 6-30　组分输入界面

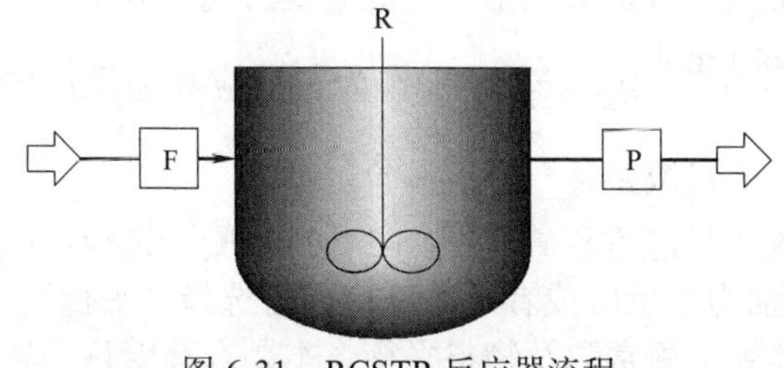

图 6-31　RCSTR 反应器流程

选择“反应器/RCSTR”模块建立流程，如图 6-31。设置进料物流参数，如图 6-32。

随后设置 RCSTR 反应器参数，“有效相态”为“仅液相”，如图 6-33 所示。如果 CSTR 反应器连接了二股或三股出口物流，则应在“流股”标签页中设定每一股物流的出口相态。

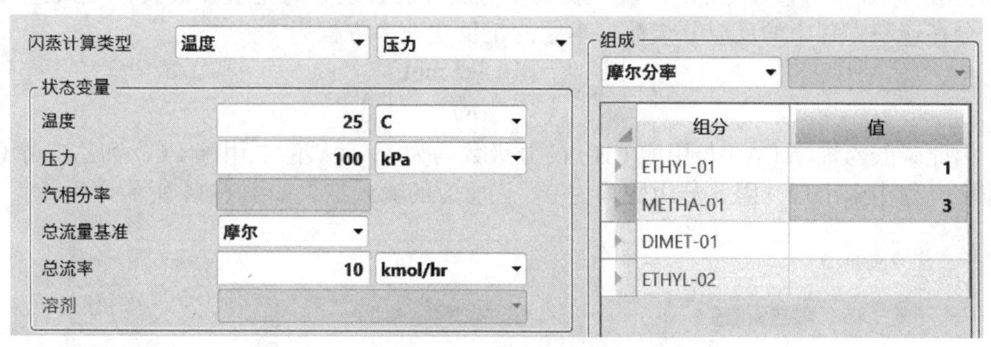

图 6-32　进料物流设置

模型仿真
◉ 概念模式
○ 基于设备的模型

操作条件
压力　100　kPa
◉ 温度　50　C
○ 负荷　cal/sec
○ 汽相分率

滞留量
有效相态　仅液相　第二液相
规范类型　反应器体积
反应器
数量　20　l
停留时间　hr
相态
相
数量　l
体积分率
停留时间　hr

图 6-33　RCSTR 反应器操作条件设置

在“动力学”标签页中点击“新建”，新建反应集，名称使用默认的 R-1。本题的反应类型选择 POWERLAW、LHHW 或 GENERAL 均可，但由于本题的速率方程中无吸附表达式，因此选择 POWERLAW 更加方便，本例以 POWERLAW 进行模拟，读者也可自行尝试使用其他反应类型进行模拟。添加 R-1 反应集后，可看到此时列表中出现 R-1，表示 R-1 反应集已添加至此反应器模块中。左侧导航窗格中的“反应”图标也出现红色标记，表示输入不完整。

在导航窗格中展开“反应”菜单，点击“R-1”，进入 R-1 输入界面。对比本题中的速率方程和式（6-9）、式（6-10），可以注意到本题中的反应速率由 $5.5\exp\left(-\frac{16.5\text{kJ/mol}}{RT}\right)c_\text{A}c_\text{B}$ 和 $-50143\exp\left(-\frac{34.6\text{kJ/mol}}{RT}\right)c_\text{C}c_\text{D}c_\text{B}^{-1}$ 两项组成（可理解为正反应和逆反应速率），而式（6-10）中仅包含一项。因此，本题需新建两个化学反应，分别为题中正反应和逆反应，并将 $r=5.5\exp\left(-\frac{16.5\text{kJ/mol}}{RT}\right)c_\text{A}c_\text{B}$ 和 $r=50143\exp\left(-\frac{34.6\text{kJ/mol}}{RT}\right)c_\text{C}c_\text{D}c_\text{B}^{-1}$ 分别作为正反应和逆反应的速率方程，这样总反应速率即为两个反应速率的代数差，与题设等价。

点击“新建”按钮，在弹出对话框中输入正反应方程式（图 6-34）。右侧可选择反应类型为“动力学”或“平衡”，表示此反应为动力学反应或者平衡反应。若选择“平衡”，则无需输入动力学参数，软件按照物性参数计算平衡常数及物料平衡。本题选择默认选项“动力学”。在下方表单中，“系数”表示参与反应的各组分的化学计量数，“指数”表示各组分在速率方程中的反应分级数。本题的正反应速率方程为

$$r=5.5\exp\left(-\frac{16.5\text{kJ/mol}}{RT}\right)c_\text{A}c_\text{B}$$

因此碳酸乙烯酯（A）与甲醇（B）的分级数均为 1，而碳酸二甲酯（C）和乙二醇（D）在速率方程中未出现，因此分级数均为 0。正反应的输入结果如图 6-34 所示。

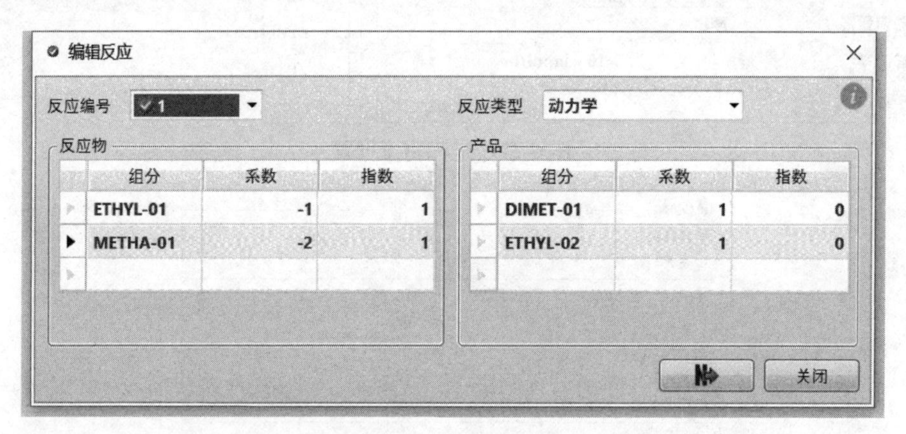

图 6-34　正反应设置

完成主反应的输入后，点击“关闭”。再次点击“新建”，输入逆反应的系数与指数，结果如图 6-35 所示。

完成正、逆反应的输入后，进入“动力学”标签页（图 6-36），输入动力学参数。此页面可点击页面上方的反应方程式右侧的图标▼，在本反应集的化学反应之间切换。

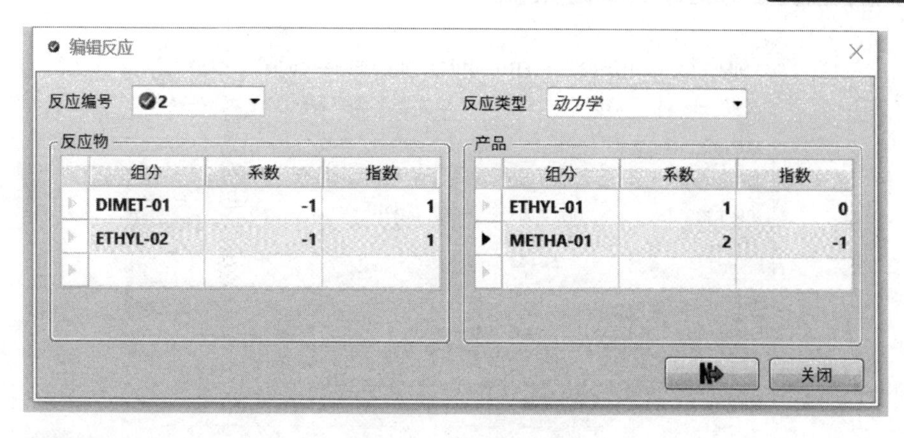

图 6-35 逆反应设置

本题中的反应速率单位为 kmol/（s · m^3），因此“速率基准”使用默认选项“反应器（体积）”。首先输入正反应的动力学参数。比较正反应的速率方程与不含 T_0 的动力学因子表达式（6-4），有

$$动力学因子=kT^n e^{-\frac{E}{RT}}=5.5\exp\left(-\frac{16.5\text{kJ/mol}}{RT}\right)$$

可知

$$k=5.5 \qquad n=0 \qquad E=16.5\text{kJ/mol}$$

T_0 无需输入。由于本题中速率方程中的浓度（c_A、c_B 等）以体积摩尔浓度表示，因此下方的“[Ci] 基准”使用默认的“体积摩尔浓度”。若速率方程以分压、摩尔分率等其他形式表示，则此处也应选择对应基准。此外，软件中默认使用 kmol/m^3 作为体积摩尔浓度的单位，而单位会影响速率方程的计算结果，因此用户需注意所使用的浓度单位是否与软件的规定一致。如需了解其他浓度基准所规定的单位可查看帮助文件。正反应的动力学因子输入结果如图 6-36 所示。

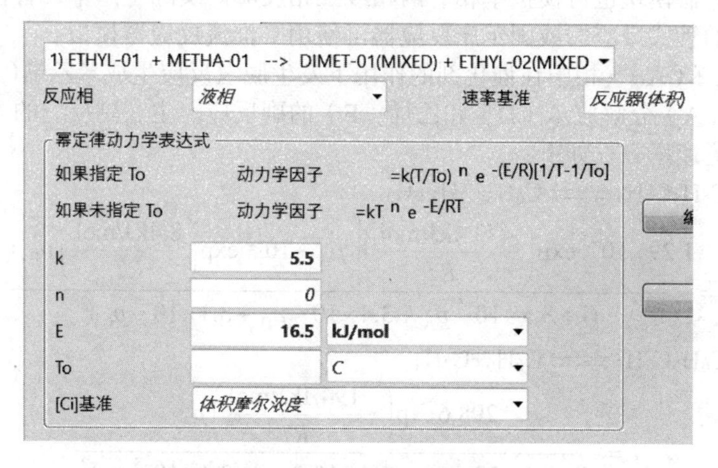

图 6-36 正反应动力学因子设置

接下来输入逆反应的动力学参数。点击上方的化学反应右侧的▼，选择逆反应。逆反应的参数输入结果如图 6-37 所示。

至此，所需输入已全部完成。运行模拟，出口物料结果如图 6-38 所示。

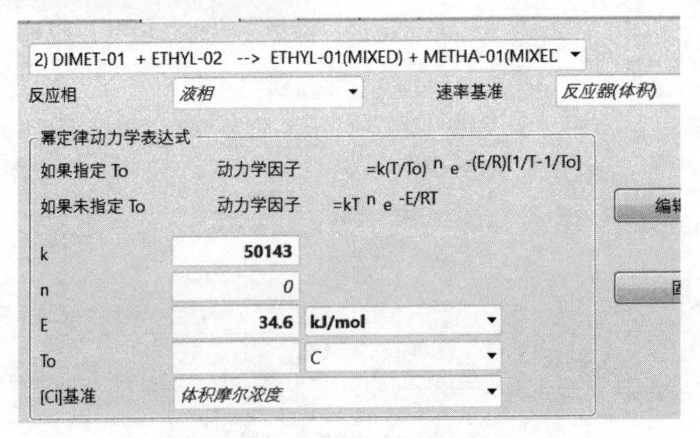

图 6-37 逆反应动力学因子设置

- 摩尔流量	kmol/hr	8.3551
ETHYL-01	kmol/hr	0.855101
METHA-01	kmol/hr	4.2102
DIMET-01	kmol/hr	1.6449
ETHYL-02	kmol/hr	1.6449

图 6-38 出口物料模拟结果

6.7 平推流反应器

平推流反应器 RPlug 模块是模拟平推流流动的理想反应器，即反应器内物料以一致的方向向前移动，所有物料颗粒在反应器内的停留时间完全相同，径向完全混合，轴向无返混。平推流反应器模块也可模拟单相、两相或三相反应。实际生产中，管径较小、长度较长、流速较大的管式反应器或固定床反应器可使用平推流反应器模拟。

例 6-6 乙苯（A）气相中在催化剂的作用下发生脱氢反应生成苯乙烯（B）和氢气（C），同时存在乙苯（A）分解成苯（D）和乙烯（E）的副反应。主、副反应的方程式和动力学实验测得的反应速率方程如下：

主反应：$C_6H_5C_2H_5 \rightleftharpoons C_6H_5C_2H_3+H_2$

$$r=\frac{1.29\times10^{-3}\exp\left(-\dfrac{73.4\text{kJ/mol}}{RT}\right)\left[p_\text{A}-10^{-5}\exp\left(\dfrac{8.4\text{kJ/mol}}{RT}\right)p_\text{B}p_\text{C}\right]}{(1+8.5\times10^{-5}p_\text{A}+3.4\times10^{-4}p_\text{B}+3.1\times10^{-5}p_\text{C})^2}$$

副反应：$C_6H_5C_2H_5 \rightleftharpoons C_6H_6+C_2H_4$

$$r=\frac{298.6\exp\left(-\dfrac{194.1\text{kJ/mol}}{RT}\right)p_\text{A}}{(1+8.5\times10^{-5}p_\text{A}+3.4\times10^{-4}p_\text{B}+3.1\times10^{-5}p_\text{C})^2}$$

例 6-6 演示视频

反应速率的单位为 kmol/（s·kg）。已知进料物流为纯乙苯，温度为 620℃，压强为 100kPa，进料量为 700kmol/h。反应器进、出口温度分别为 620℃和 500℃，压降为 0。反应器列管数 500 根，列管内径 40mm，管长 5m。催化剂装填量 1200kg，床空隙率 0.4。物性方法选用 SRK。用平推流反应器（RPlug）模拟该反应，计算出口物料组成。

添加组分（图 6-39）。热力学方法选择 SRK。

进入模拟环境，选择“反应器/RPlug”建立流程，见图 6-40。设置进料物流参数（图 6-41）。

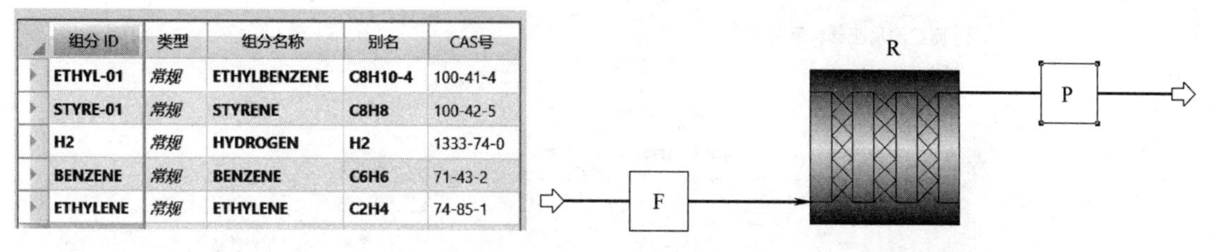

组分 ID	类型	组分名称	别名	CAS号
ETHYL-01	常规	ETHYLBENZENE	C8H10-4	100-41-4
STYRE-01	常规	STYRENE	C8H8	100-42-5
H2	常规	HYDROGEN	H2	1333-74-0
BENZENE	常规	BENZENE	C6H6	71-43-2
ETHYLENE	常规	ETHYLENE	C2H4	74-85-1

图 6-39　组分输入界面

图 6-40　RPlug 反应器流程

闪蒸计算类型　温度　压力

状态变量

状态变量	值	单位
温度	620	C
压力	100	kPa
汽相分率		
总流量基准	摩尔	
总流率		kmol/hr
溶剂		

组成　摩尔流量　kmol/hr

组分	值
ETHYL-01	700
STYRE-01	
H2	
BENZENE	
ETHYLENE	

图 6-41　进口物料设置

设置 RPlug 反应器参数。反应器类型选择“指定温度的反应器”，操作条件选择“温度分布”并输入不同位置的温度，如图 6-42 所示。

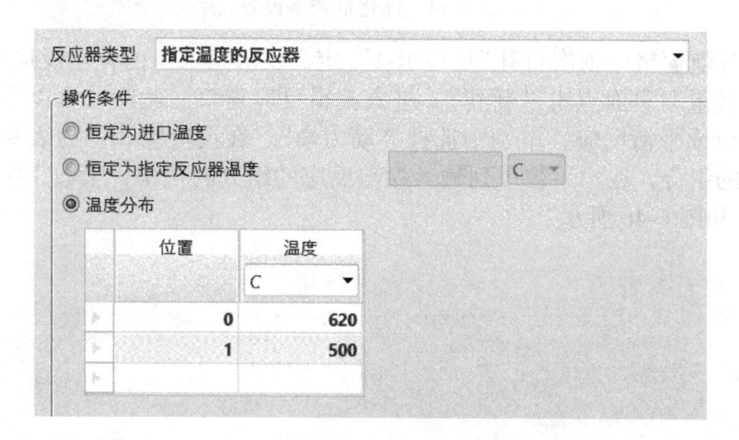

图 6-42　RPlug 反应器操作条件设置

在“配置”页面，定义反应器的几何结构。本题中选择多管反应器，管数 500，管长 5m，直径 40mm，有效相为“仅汽相”，如图 6-43 所示。

在“反应”标签页，点击“新建”建立反应集，名称使用默认名 R-1，反应类型选择 LHHW。因为本例中主、副反应均为 LHHW 型动力学方程，因此可以将两个反应定义在同一个反应集中。本例中反应器进口压强等于进口物料压强，压降为 0，因此在“压力”标签页无需输入参数，使用默认值即可。在“催化剂”标签页中，勾选“反应器内的催化剂”，输入结果如图 6-44。

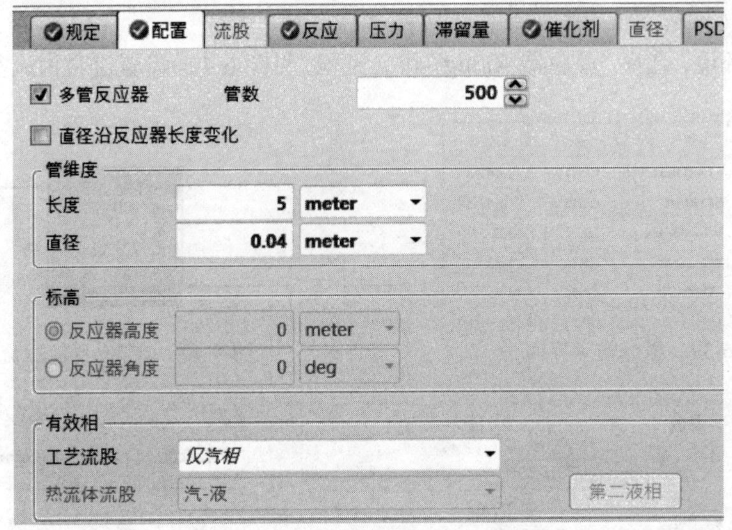

图 6-43　RPlug 反应器结构设置

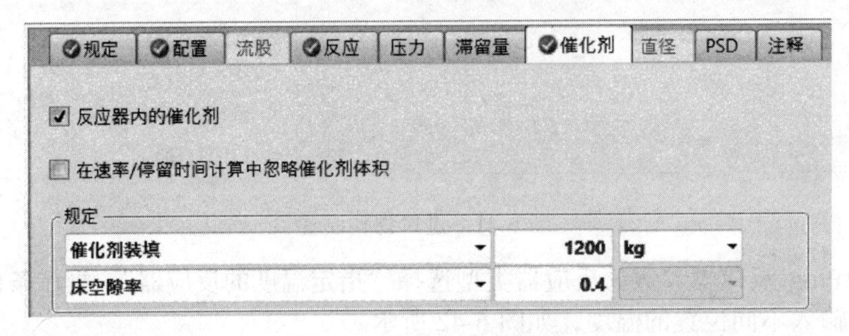

图 6-44　催化剂条件设置

接下来在导航窗格中依次打开“反应/R-1”，定义反应集 R-1 的化学反应及动力学模型。首先在“化学计量”页面点击“新建”，进入编辑反应窗口。此窗口可以选择反应类型为动力学控制反应或平衡反应，本例中选择“动力学”。在反应物和产物表格中，从下拉列表中选择相应的组分，在“系数”列输入参与反应的组分的化学计量数，主反应和副反应信息如图 6-45 和图 6-46 所示。

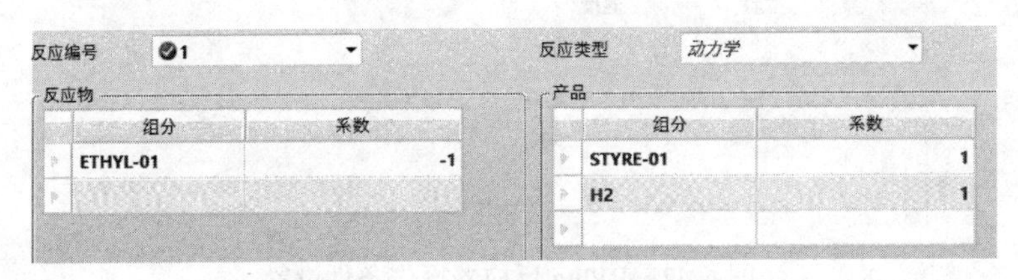

图 6-45　主反应化学计量数设置

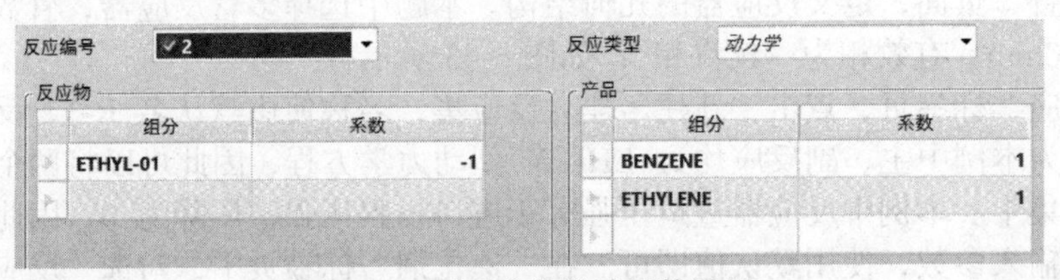

图 6-46　副反应化学计量数设置

接下来需在"动力学"标签页输入反应的动力学参数。首先需将题目给定的速率方程转化为符合要求的形式。对于主反应，有

$$动力学因子=kT^n\mathrm{e}^{-\frac{E}{RT}}=1.29\times10^{-3}\exp\left(-\frac{73.4\mathrm{kJ/mol}}{RT}\right) \tag{6-11}$$

$$推动力表达式=k_1\prod_i p_i^{\alpha_i}-k_2\prod_i p_i^{\beta_i}=p_\mathrm{A}-10^{-5}\exp\left(\frac{8.4\mathrm{kJ/mol}}{RT}\right)p_\mathrm{B}p_\mathrm{C} \tag{6-12}$$

$$吸附表达式=\left[\sum_{i=1}^{M}K_i\left(\prod_{j=1}^{N}p_j^{v_j}\right)\right]^m$$

$$=(1+8.5\times10^{-5}p_\mathrm{A}+3.4\times10^{-4}p_\mathrm{B}+3.1\times10^{-5}p_\mathrm{C})^2 \tag{6-13}$$

注意需将 k_i 或 K_i 转化为式（6-8）的形式，通过输入 A、B、C、D 四个参数的值规定 k_i 或 K_i。以 k_1 和 k_2 为例，有

$$k_1=1=\mathrm{e}^0\mathrm{e}^{\frac{0}{T}}T^0\mathrm{e}^0$$

$$k_2=10^{-5}\exp\left(\frac{8.4\mathrm{kJ/mol}}{RT}\right)=\mathrm{e}^{-11.51}\mathrm{e}^{\frac{1010}{T}}T^0\mathrm{e}^0$$

因此，对于 k_1，有

$$A=B=C=D=0$$

对于 k_2，有

$$A=-11.51 \qquad B=1010 \qquad C=D=0$$

同理可计算每个 K_i 所对应的 A、B、C、D。

计算完毕后在"动力学"标签页，选择"反应相"为"汽相"（反应相选择错误会得到错误的计算结果）。由于本例中反应速率的单位为 kmol/（s·kg），因此速率基准选择"催化剂（重量）"。其他动力学参数如图 6-47 所示。

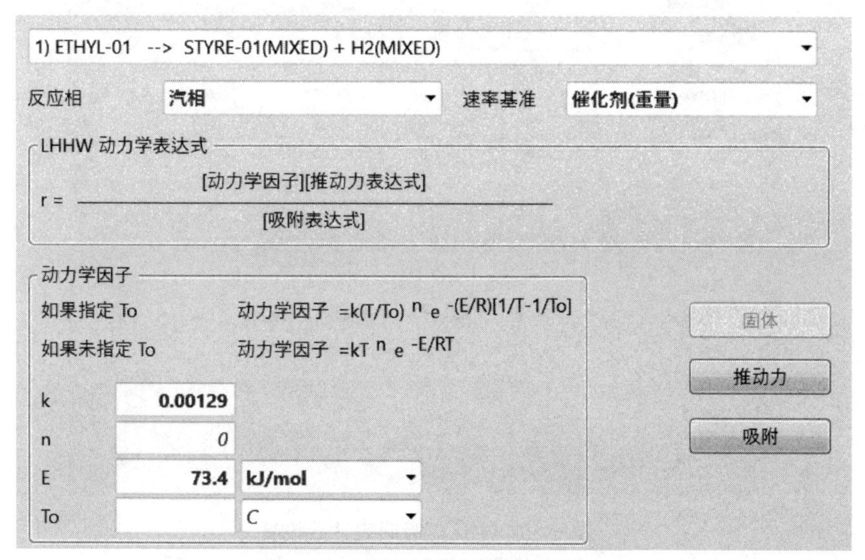

图 6-47　主反应动力学因子设置

点击"推动力"，进入推动力表达式输入界面。由于速率方程中以分压表示，因此"[Ci] 基准"选择"分压"。项 1 的"浓度指数"即为推动力表达式中的第一项里各组分分压的幂，没有出现的组分的浓度指数为 0。项 1 的"推动力常数的系数"即为式（6-11）中的 A、

B、C、D。输入结果如图 6-48 所示。同理可输入项 2［即推动力表达式（6-12）的第二项］的相应参数，结果如图 6-49 所示。

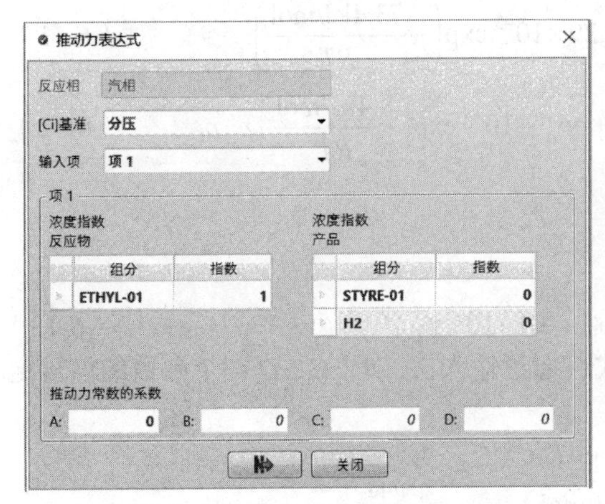

图 6-48 主反应推动力项 1 设置

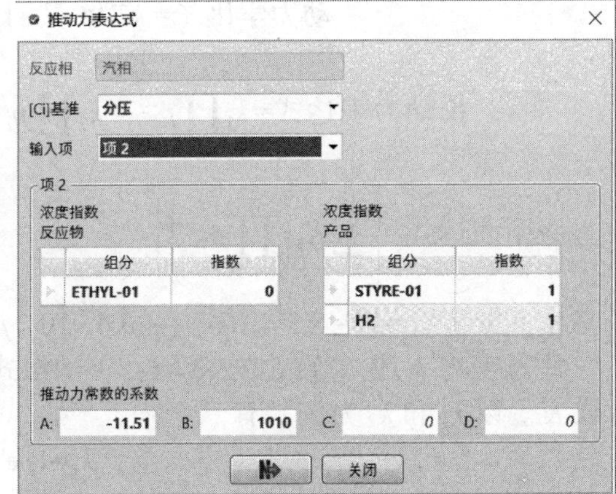

图 6-49 主反应推动力项 2 设置

在图 6-47 界面中点击“吸附”，进入吸附表达式的输入页面。由式（6-13）可知，吸附表达式指数为 2，共 4 项。在上方“浓度指数”表格中依次输入每项中各组分的幂，未出现的组分填 0。在下方“吸附常数”表格中填写每项的吸附常数 K_i 所对应的 A、B、C、D。结果如图 6-50 所示。

吸附表达式

反应相 汽相

[Ci]基准 分压

吸附表达式指数 2

浓度指数

组分	Term no. 1	Term no. 2	Term no. 3	Term no. 4	Term no. 5
ETHYL-01	0	1	0	0	
STYRE-01	0	0	1	0	
H2	0	0	0	1	

吸附常数

项编号	1	2	3	4
系数 A	0	-9.373	-7.987	-10.382
系数 B	0	0	0	0
系数 C	0	0	0	0
系数 D	0	0	0	0

关闭

图 6-50 主反应吸附表达式设置

至此，主反应的动力学参数已输入完毕。接下来需输入副反应的动力学参数。对于副反应，有

$$动力学因子=kT^n\mathrm{e}^{-\frac{E}{RT}}=298.6\exp\left(-\frac{194.1\mathrm{kJ/mol}}{RT}\right)p_{\mathrm{A}}$$

$$推动力表达式=k_1\prod_i p_i^{\alpha_i}-k_2\prod_i p_i^{\beta_i}=p_A$$

$$吸附表达式=\left[\sum_{i=1}^{M}K_i\left(\prod_{j=1}^{N}p_j^{\nu_j}\right)\right]^m$$

$$=(1+8.5\times10^{-5}p_A+3.4\times10^{-4}p_B+3.1\times10^{-5}p_C)^2$$

由于副反应的推动力表达式中仅有第一项，因此表达式中第二项的 k_2 应该为 0。对于这种情况，Aspen Plus 在帮助文件中建议用户对于 k_2 的 A 值给定一个数字较大的负数，以保证 k_2 接近于 0。本题中定为−10000。

在“动力学”标签页（图 6-47）的下拉列表中选择副反应，输入相应参数。副反应各参数的计算方法同上。结果如图 6-51 至图 6-53 所示。由于副反应的吸附项和主反应完全相同，因此副反应吸附表达式的输入同图 6-50。

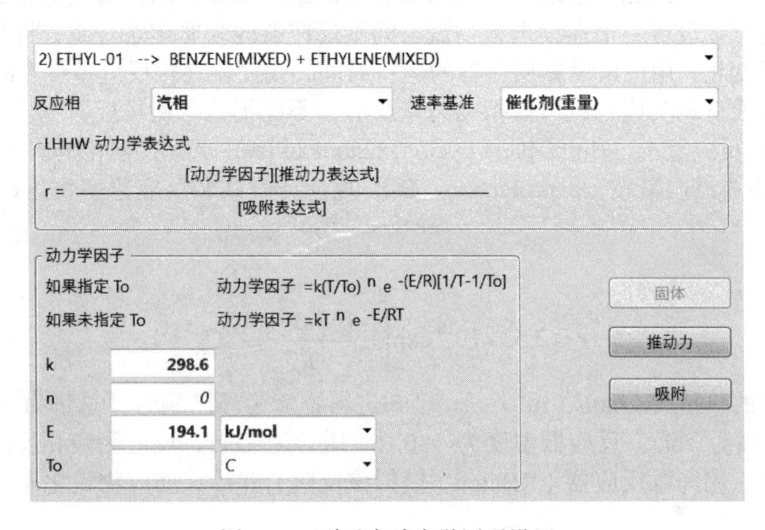

图 6-51 副反应动力学因子设置

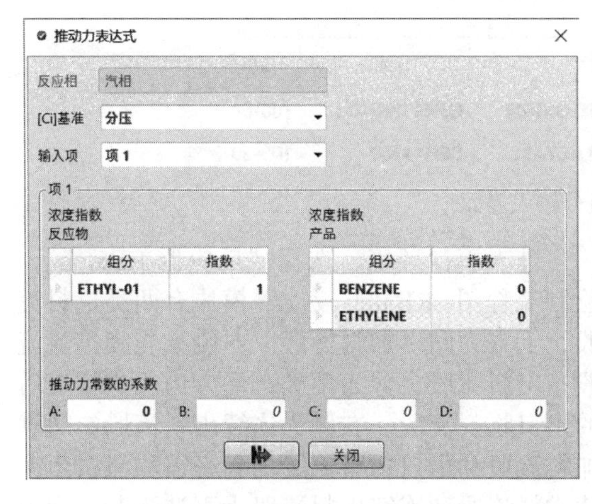

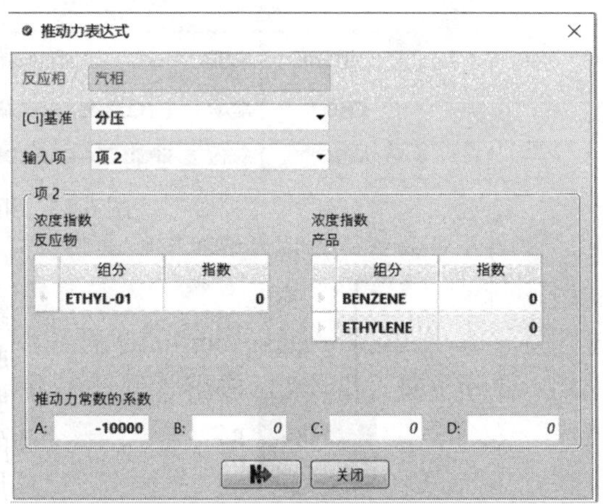

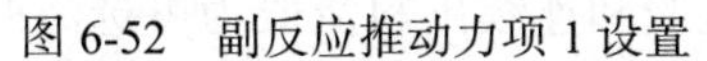
图 6-52 副反应推动力项 1 设置

图 6-53 副反应推动力项 2 设置

动力学参数输入完毕后，即可运行模拟。反应器出口物料组分如图 6-54 所示。

在导航窗格中依次选择“模块/R/分布”，即可查看反应器内沿轴向的组分变化以及反应动力学各项计算结果。

- 摩尔流量	kmol/hr	805.547
ETHYL-01	kmol/hr	594.453
STYRE-01	kmol/hr	104.347
H2	kmol/hr	104.347
BENZENE	kmol/hr	1.20003
ETHYLENE	kmol/hr	1.20003

图 6-54　出口物料模拟结果

6.8 间歇反应器

间歇反应器（RBatch）模块可模拟间歇或半间歇反应器。用户可设置任意数量的连续进料物流，也可以设置一个连续出料物流。间歇反应器内为非定态过程，即反应器内组分的组成随时间变化，用户可设置反应器的运行时间，或设置终止反应条件。RBatch 可以模拟单相、两相或三相反应；只可模拟动力学反应，不能模拟平衡反应。

例 6-7　在反应釜中，环己酮肟（cyclohexanone oxime，A）在催化剂的作用下发生 Beckmann 重排生成己内酰胺（caprolactam，B），反应方程式和反应速率表达式如下：

$$r = 2.53\times10^{18}\exp\left(-\frac{165\text{kJ/mol}}{RT}\right)C_{\text{A}}^{1.5}$$

反应速率的单位为 kmol/（$m^3 \cdot s$）。已知进料物流为环己酮肟，总量为 40kmol，温度为 100℃，压强为 1bar。反应器温度为 130℃，压力为 1bar，反应为液相反应。物性方法选择 WILSON。用间歇反应器（RBatch）模拟该反应，并计算反应物转化率达到 95%所需的时间。

添加组分，如图 6-55 所示。物性方法选择 WILSON。

组分 ID	类型	组分名称	别名	CAS号
CHO	常规	CYCLOHEXANONE-OXIME	C6H11NO-D1	100-64-1
CPL	常规	EPSILON-CAPROLACTAM	C6H11NO	105-60-2

图 6-55　组分输入界面

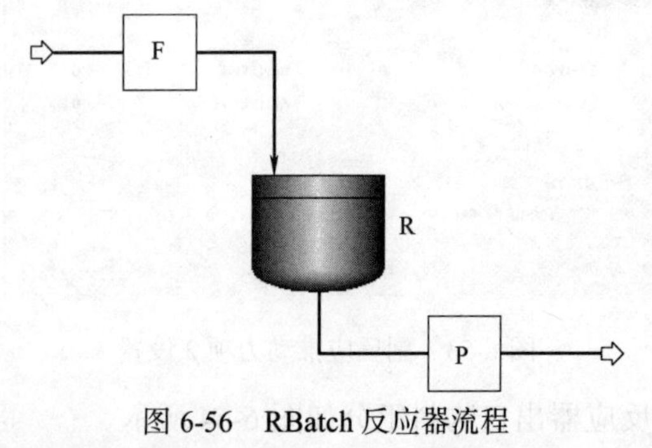

图 6-56　RBatch 反应器流程

进入模拟环境，选择“反应器/RBatch”，绘制流程图。RBatch 反应器模块有两类进料流股，上方为间歇加料流股，左侧为连续进料流股；出料流股也分为两类，下方为反应结束后的出口物料流股，右侧为连续出料流股。间歇加料流股和出口物料流股均为必需物流；而连续进料流股和连续出料流股为可选流股，适用于半间歇反应器。本题为间歇反应器，仅添加上下两股物流，如图 6-56 所示。

输入进料流股参数。本题加料总量为 40kmol，因此流量可先设置为 40kmol/h（之后会设置加料时间为 1h），如图 6-57 所示。

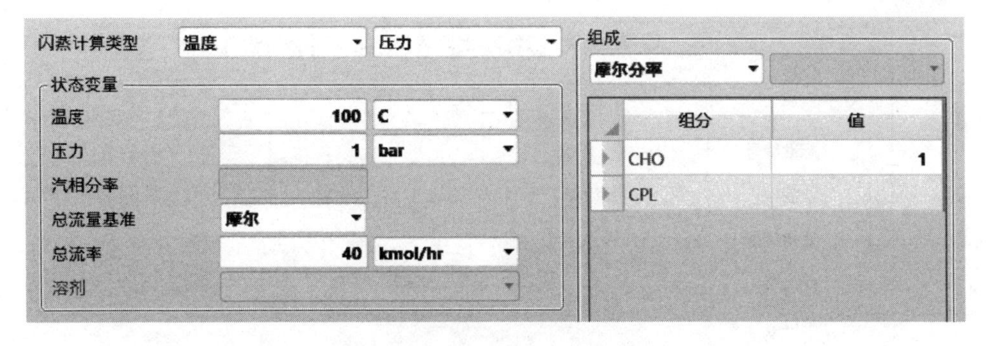

图 6-57 间歇进料物流流程

设置反应器参数。本题中反应为液相反应，有效相态为“仅液相”，如图 6-58 所示。

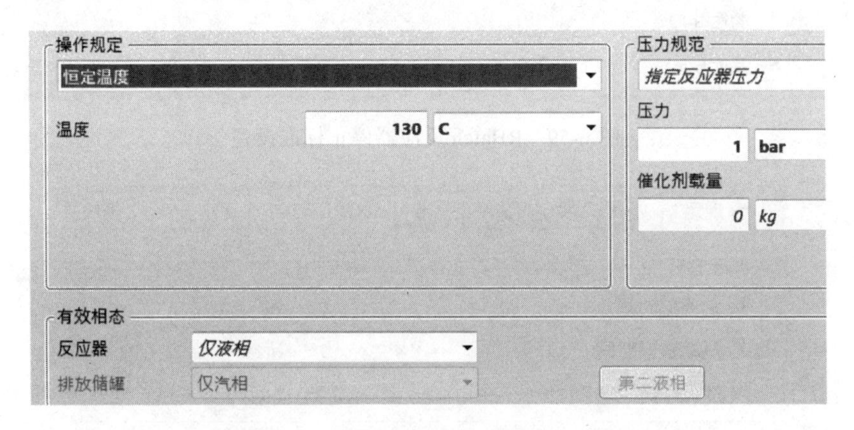

图 6-58 RBatch 反应器操作条件设置

在“动力学”标签页，点击“新建”，建立反应集 R-1，类型选择 POWERLAW 幂数型反应速率模型。

在“停止标准”标签页，可以设置一个或多个反应器停止运行的条件，如当反应器、排放储罐、排放口的某变量达到设定值后，反应器即终止运行。可设置的变量包括转化率、反应器温度或压力、摩尔分率等。本题需计算反应物转化率达到 95%的时间，因此本题设置一个停止标准，“位置”为“反应器”，“变量类型”为“转换”（即转化率），“停止值”为 0.95（95%），组分为环己酮肟。停止标准还需设置“接近方向”，有两个选项：“下文”（意为从下向上接近目标值）和“上文”（意为从上向下接近目标值）。本题中，转化率在反应开始后将从 0 开始增大，因此“接近方向”选择“下文”。需注意若接近方向选择错误，即使达到目标值反应可能也无法停止，且模拟结束后会提示警告。输入如图 6-59 所示。

在“操作时间”标签页，可设置间歇反应器的操作时间，有两种设置方式，规定总周期时间，或规定间歇进料时间和停机时间。若选择规定总周期时间，则加料量=间歇进料流速×总周期时间；若选择规定间歇进料时间和停机时间，则加料量=间歇进料流速×间歇进料时间，停机时间为维护反应器或批次之间的清洗时间。由于本题的加料总量为 40kmol，且前文将流速设置为 40kmol/h，因此本题可规定总周期时间为 1h。“分布结果时间”处需规定模拟计算的最大时间及数据点数。最大计算时间是指若停止标准始终未达到的情况反应器模拟的最长时间。最大分布点数则由最大计算时间和分布点间的时间间隔自动计算得出。本题设置最大计算时间为 1h，时间间隔设置为 0.05h，即每 0.05h 计算一次反应器内的各结果。输入参数如图 6-60 所示。

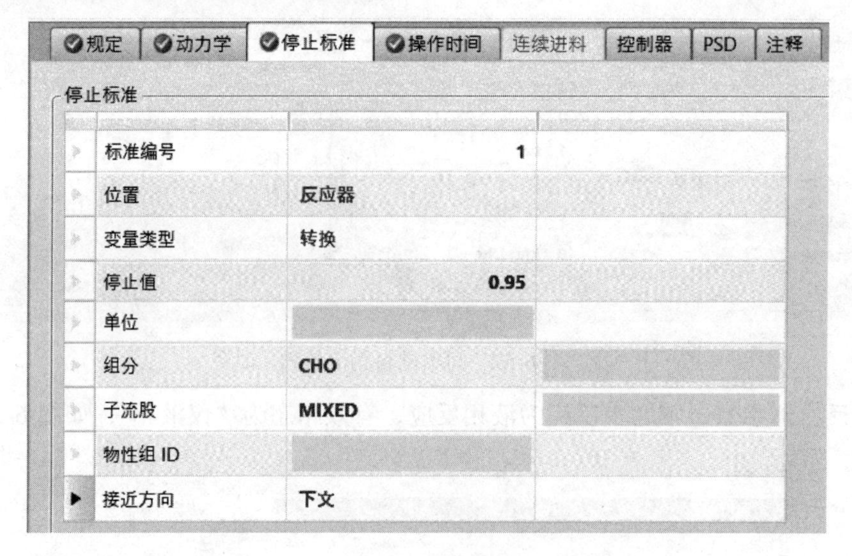

图 6-59　RBatch 反应器停止标准设置

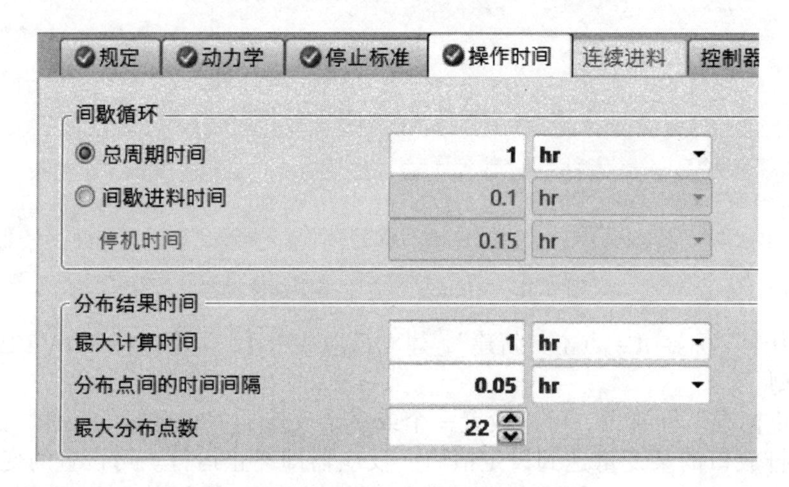

图 6-60　RBatch 反应器操作时间设置

随后输入反应的动力学参数。从导航窗格进入“反应/R-1”，新建化学反应，输入化学计量式和反应级数信息，如图 6-61 所示。动力学参数如图 6-62 所示。

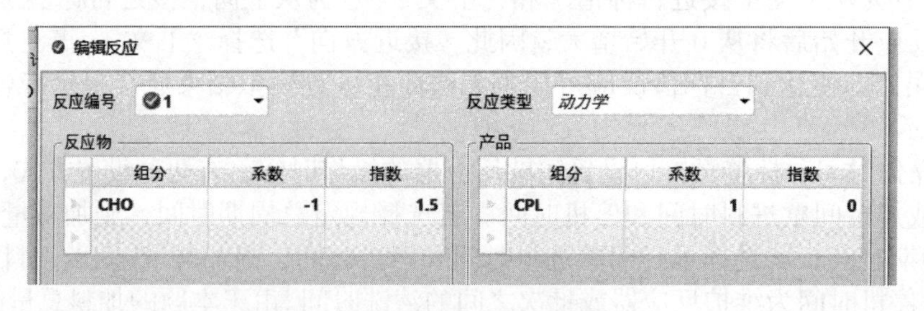

图 6-61　反应化学计量数设置

所需输入已完成，运行模拟，反应器模拟结果如图 6-63 所示。可以看到反应在约 0.63h 处达到了停止标准，操作结束。在左侧导航窗格选择“模块/R/分布”，可以查看反应器内不同时间的状态。点击上方“组成”标签，可以看到反应物和产物的摩尔分率随时间的变化关系，如图 6-64 所示。

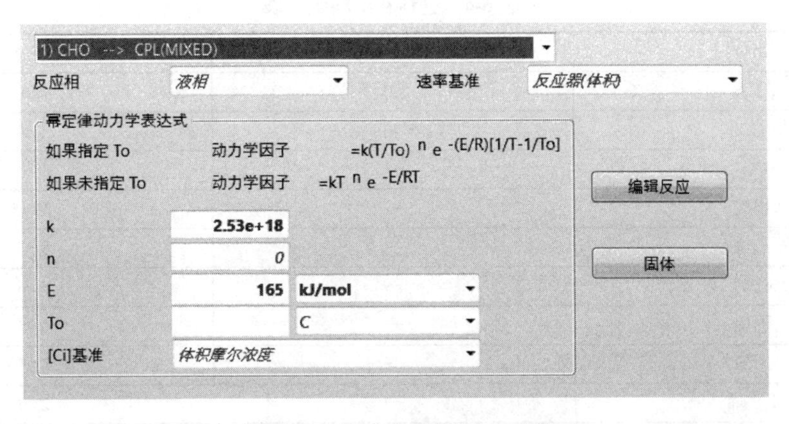

图 6-62　反应动力学因子设置

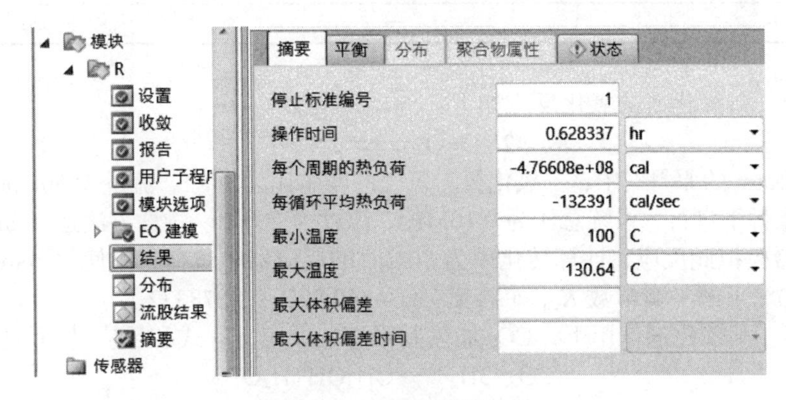

图 6-63　反应器模拟结果

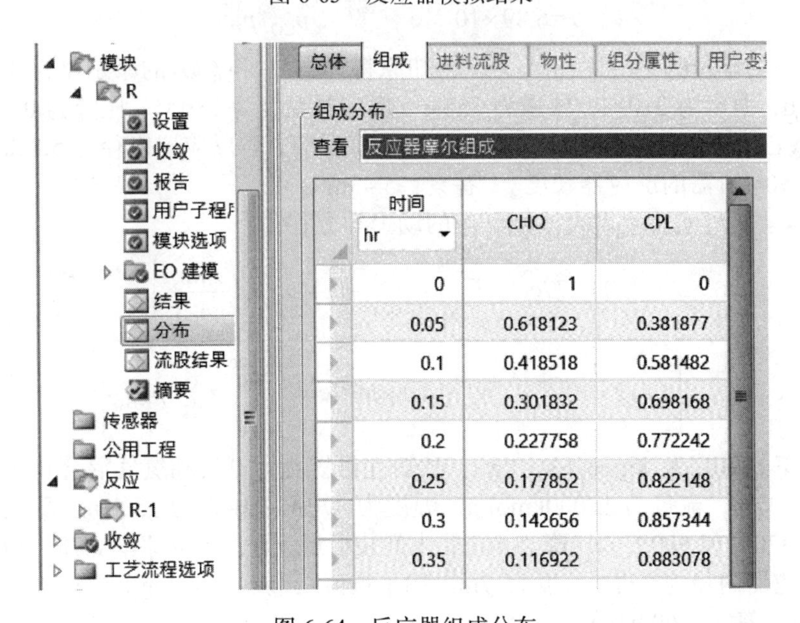

时间 (hr)	CHO	CPL
0	1	0
0.05	0.618123	0.381877
0.1	0.418518	0.581482
0.15	0.301832	0.698168
0.2	0.227758	0.772242
0.25	0.177852	0.822148
0.3	0.142656	0.857344
0.35	0.116922	0.883078

图 6-64　反应器组成分布

练习 6-1　使用产率反应器（RYield）和吉布斯反应器（RGibbs）模拟费托合成反应。在压力 3.0MPa、温度 270℃条件下，反应器进口和出口组成如表 6-4。已知进口物料标准状况下流量 350000m^3/h，温度 200℃，压力 3.0MPa。物性方法选择 PENG-ROB。

表 6-4 进料和出料组成表

组分	进口（摩尔分率）/%	出口（摩尔分率）/%
H_2	60	42.93
CO	40	1.34
CO_2	—	11.83
甲烷	—	23.35
乙烷	—	3.56
乙烯	—	5.06
丙烷	—	0.95
丙烯	—	6.85
1-丁烯	—	2.49
2-甲基-2-丁烯	—	0.82
1-戊烯	—	0.82

练习 6-2 一氧化氮的氧化反应如下：

$$2NO+O_2 \rightleftharpoons 2NO_2$$

150℃、1atm 的原料气中，一氧化氮与氧气的摩尔比为 1∶1，流量为 50kmol/h。反应在恒压及等温条件下进行，系统总压为 0.10MPa，温度为 200℃。物性方法选择 SRK。①使用 RStoic 反应器模拟此反应，计算转化率为 70%时的反应器热负荷；②使用 Aspen Plus 计算此反应在 200℃下的平衡常数 K_{eq}。（答案：①–260.9kW；②78332）

练习 6-3 某催化剂作用下，CO_2 加氢制甲醇的反应方程式和反应动力学方程如下：

$$CO_2+3H_2 \longrightarrow CH_3OH+H_2O$$

$$r=6.89\times10^{-14}e^{-\frac{26.8\text{kJ/mol}}{RT}}p_{CO_2}p_{H_2}^{1.5}$$

反应速率的单位为 kmol/（m^3·s）。已知原料气中 H_2 和 CO_2 的摩尔比为 4∶1，总流量为 100kmol/h，温度为 210℃，压强为 25bar。反应器温度为 280℃，压降为 0。物性方法选用 RK-SOAVE。用平推流反应器（RPlug）模拟该反应，若反应器内径为 5.8cm，计算 CO_2 转化率达到 50%所需的反应器长度。（答案：5.43m）

练习 6-4 通过实验测得合成氨反应的动力学方程为：

$$r=\frac{0.0277e^{-\frac{34.5\text{kJ/mol}}{RT}}\left(p_{N_2}-0.44\times10^{-4}\frac{p_{NH_3}^2}{p_{H_2}}\right)}{\left[1+(2\times10^{-10}p_{H_2})^{0.5}+1.1\times10^{-5}e^{-\frac{22.9\text{kJ/mol}}{RT}}p_{H_2}^{-1.5}p_{NH_3}\right]^2}$$

反应速率的单位为 kmol/（s·kg）。已知进料物流为氮气和氢气混合物（氮气和氢气摩尔比为 1∶3.5），流量为 15000kmol/h，温度为 370℃，压强为 150bar。反应器进、出口温度分别为 370℃和 500℃，压降为 0。催化剂装填量 1.8t，床空隙率 0.78。物性方法选用 PR-BM。反应器内径为 1m，长度为 7m。用平推流反应器（RPlug）模拟该反应，计算氮气的转化率。（答案：60.9%）

第7章

换热器模拟与设计

Aspen Plus 的换热器模型中共有四种模块（图 7-1），各模块的主要用途见表 7-1。其中，最常用的换热器模块是 Heater 和 HeatX，将在本章重点介绍。

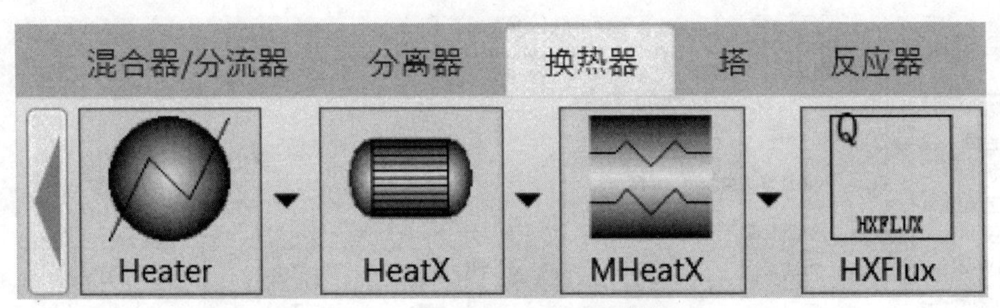

图 7-1　Aspen Plus 换热器模块

表 7-1　各换热器模块主要用途

模块	说明	目的	用途
Heater	单流股换热器	确定出口物流的热和相态条件	用于加热器、冷却器、冷凝器等
HeatX	双流股换热器	两个物流之间换热	对管壳式换热器、空气冷却器（空冷器）、板式换热器等常用换热器模块进行严格计算；用于已知结构的管壳式换热器核算
MHeatX	多流股换热器	任意多股物流之间传热	用于任意多股物流的换热器、LNG（液化天然气）换热器
HXFlux	用于模拟热对流或热辐射	进行散热器和热源之间的对流传热计算	用于双面单层换热器

7.1 Heater

Heater 模块用于单股物流的加热或冷却，可用于如下单相或多相计算：泡/露点计算、加入或移走用户指定的热负荷、匹配过热或过冷程度、一定汽相分率时热负荷计算等。Heater 也可用于模拟已知压降的阀、无需知道功率的泵和压缩机，也可用于设定或改变物流的热力学条件。Heater 模块还可和其他模块联结，利用另一模块提供的热量作为本模块的热负荷。

例 7-1　①有一压力为 2.0bar、温度为 90℃、流量为 56192kg/h 的热水物流，如果将其温度降低到 70℃，压降 0.2bar，可以放出多少热量？水的物性方法选用 IAPWS-95。②如果将上述热水用于给冷甲醇物流供热，求甲醇出口温度。已知甲醇物流温度为 30℃、压力 1.2bar、流量 50000kg/h、压降 0.2bar，甲醇物性方法选择 IDEAL。

本题中水和甲醇物流分别采用了不同的物性方法。其中，IAPWS-95 物性方法用于计算水或水蒸气的热力学性质，常常用作 Aspen Plus 中水/水蒸气换热器模块的物性方法。因此可将本题的全局物性方法设为 IDEAL，然后通过换热器的模块选项对热水冷却模块使用不同的物性方法。

① 进入 Aspen Plus，输入组分水和甲醇。物性方法选择 IDEAL。

进入模拟环境，选择“换热器/Heater”添加 Heater 模块，并命名为 HOT，建立流程，如图 7-2。

在导航窗格中的“模块/HOT/模块选项”选择此模块的物性方法为 IAPWS-95，如图 7-3。

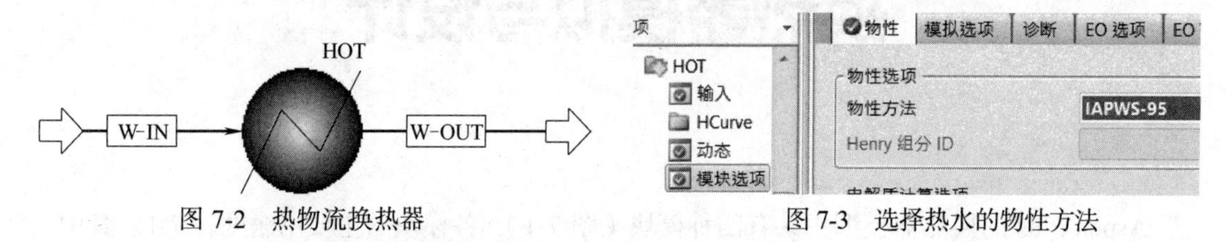

图 7-2　热物流换热器　　　　图 7-3　选择热水的物性方法

输入热水物流的信息，见图 7-4。

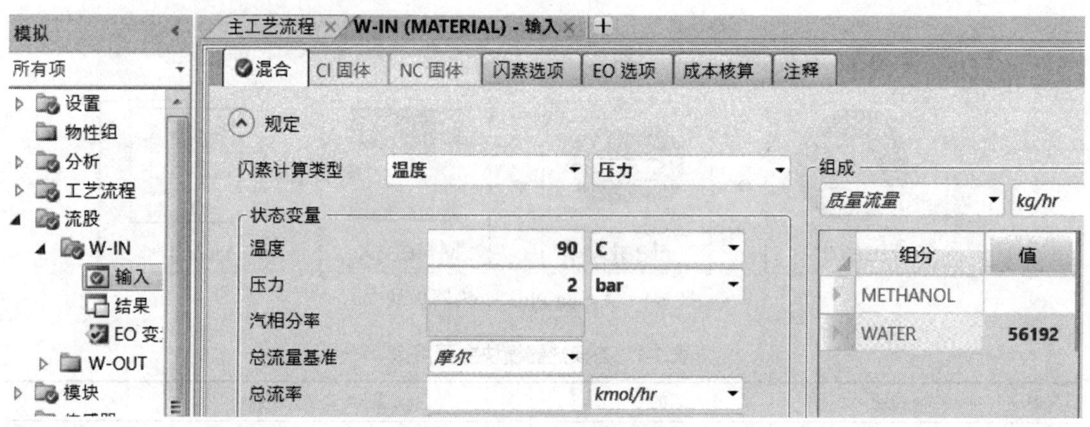

图 7-4　热物流进料参数

输入换热器 HOT 的出口温度和压降，如图 7-5。

重置并运行后，查看结果可知热负荷为–1310.41kW，表示热水在换热器放出的热量，如图 7-6。

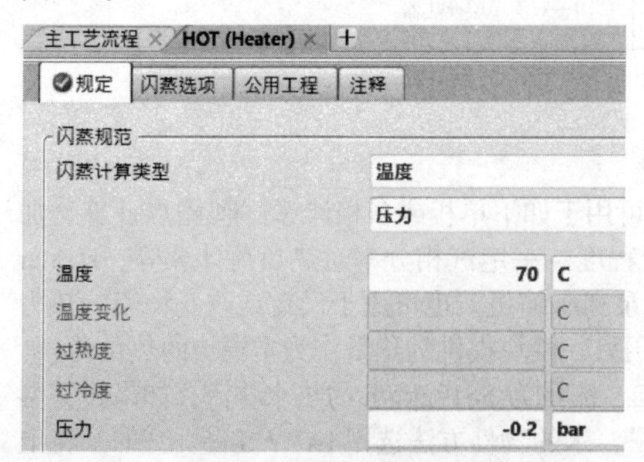

图 7-5　热物流换热器 HOT 操作参数

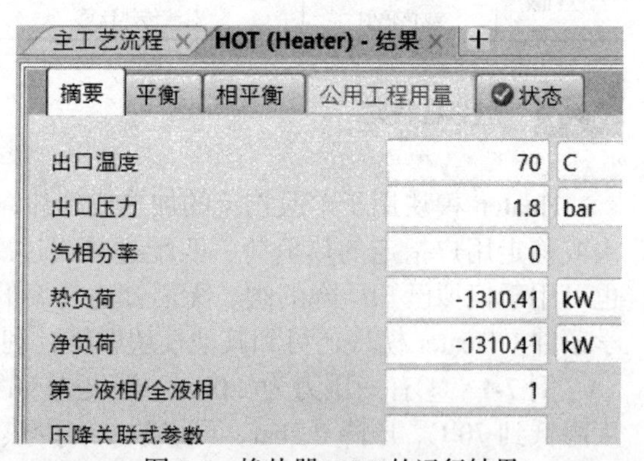

图 7-6　换热器 HOT 的运行结果

② 添加第二个 Heater 模块，并命名为 COLD，建立图 7-7 的流程。点开模型选项板“物料”位置的按钮▲，选择“热量 Q”箭头，添加热流股（以下简称热流），如同进行物流联结一样联结 HOT 与 COLD（虚线表示热流，如图 7-7），将热流从 HOT 指向 COLD，表示使用 HOT 模块的热负荷为 COLD 模块加热，并将热流命名为 Q（名称也可任取）。

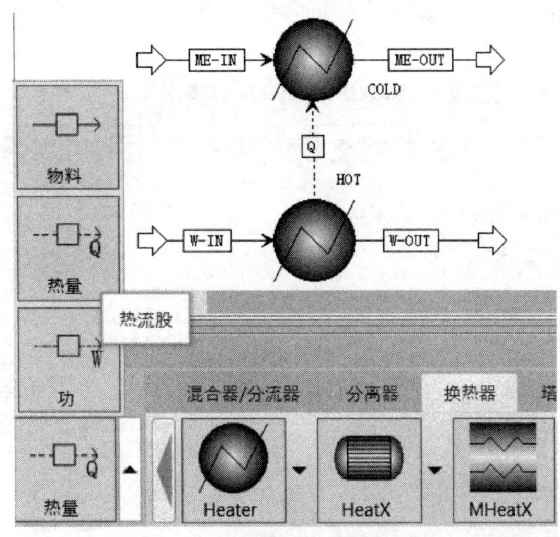

图 7-7　冷物流换热器流程

输入甲醇进口物流状态，如图 7-8。

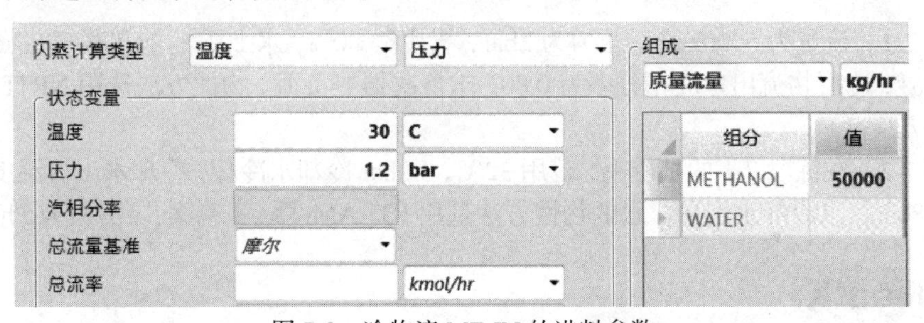

图 7-8　冷物流 ME-IN 的进料参数

设置换热器 COLD 的压力为–0.2bar，如图 7-9。这里不能输入与热量有关的参数，包

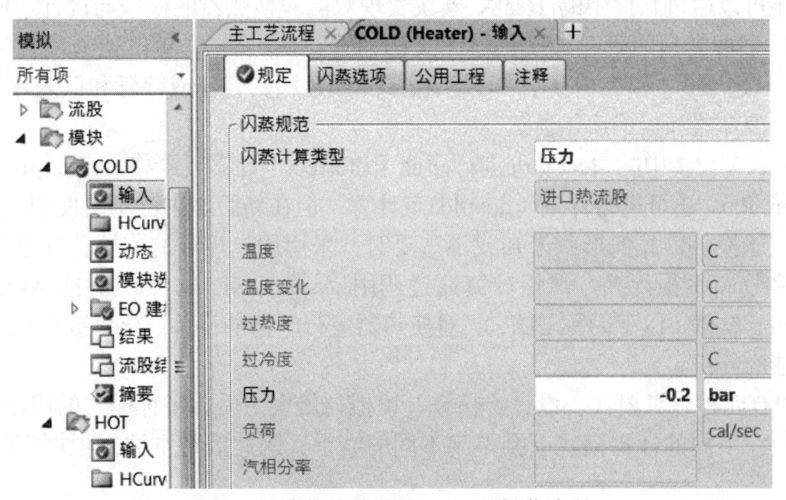

图 7-9　冷物流换热器 COLD 操作参数

括负荷、温度、汽相分率等，因为这些参数都取决于 HOT 模块能提供的热负荷，是系统运行时计算出来的。

重置并运行之后，查看 COLD 模块出口温度 60.0℃，热负荷正好与 HOT 的热负荷数值相等，符号相反（图 7-10）。可见，利用热量流股和 Heater 模块，用户可以很方便地把热量从一个模块转移给另一个模块。

主工艺流程 × | COLD (Heater) - 结果 × | +

摘要 | 平衡 | 相平衡 | 公用工程用量 | 状态

出口温度	60.0012	C
出口压力	1	bar
汽相分率	0	
热负荷	1310.41	kW
净负荷	0	cal/sec
第一液相/全液相	1	
压降关联式参数		
压降	0.2	bar

图 7-10　换热器 COLD 的运行结果

练习 7-1　流量为 5000kg/h，压力为 2bar，含甲醇 80%、水 20%的饱和蒸气在蒸汽冷凝器中部分冷凝，冷凝物流出口液相分率为 0.80，求冷凝器热负荷。物性方法选用 NRTL-RK。（答案：–1457.6kW）

练习 7-2　在练习 7-1 的基础上，若用 32℃、3.0bar 冷却水冷却，冷却水出口温度为 40℃，压力为 2.8bar，求冷却水用量。水的物性方法选用 STEAM-TA。（答案：157319kg/h）

7.2 HeatX

从上节可以看出，Aspen Plus 可以通过热流联结两个 Heater 模块实现两股物流热量的转移。此外，还可以通过软件中的 HeatX 模块实现双流股换热器的模拟与设计。HeatX 的特点在于可以模拟多种类型的管壳式换热器（又称列管式换热器），包括逆流和顺流，分段挡板 TEMA E、F、G、H、J 和 X 壳体，杆式挡板 TEMAE 和 F 壳体或裸管和低翅片管。HeatX 也可以模拟空气冷却器和板式换热器。

Aspen Plus V12.1 中的 HeatX 可进行简捷（shortcut）计算或严格（rigorous）计算。之前版本的 Aspen Plus 还可进行详细（detailed）计算，但在新版本中已不再使用此功能。HeatX 的简捷计算用于换热器几何形状未知或不重要时，采用用户规定的或缺省的总传热系数值，只进行热量和物料平衡计算。严格计算通过调用 AspenONE 软件家族的 Aspen Exchanger Design & Rating 软件（以下简称 EDR），对换热器进行严格的设计、核算或模拟，也可对换热器执行机械结构分析。

HeatX 中有四种计算模式：设计、核算、模拟与最大污垢。每种模式的用途见表 7-2。同样的输入参数在不同的计算模式下会得到不同的结果，因此需特别注意根据实际用途选择计算模式。

表 7-2　EDR 的计算模式

计算模式	对应英文	用途
设计	Design （Sizing）	确定所需的换热器尺寸，以达到所需性能
核算	Rating/Checking	确定换热器（已定义几何参数）是否具有足够的表面积以达到规定要求的性能
模拟	Simulation	根据已定义几何参数、规定流率和入口条件，计算出口条件
最大污垢	Find Fouling	根据所需换热器中的给定热负荷，确定最大污垢量

HeatX 可以对单相和两相物流的传热系数和压降进行分析，也可估算显热、核沸腾和冷凝膜系数、污垢系数等多种参数。HeatX 中，用户必须指定冷、热物流进口条件，以及换热器如下性能之一：冷物流或热物流的出口温度或温度变化、冷物流或热物流的出口摩尔汽相分率、冷物流或热物流的出口过热或过冷程度、换热器热负荷、传热表面积、冷物流或热物流的出口温度差。

EDR 软件是一款专门用于换热器设计与校核的软件，包含了管壳式、板式、板翅式换热器，空气冷却器，加热炉等多种传热设备模型。EDR 在新版本的 AspenONE 软件包内需单独安装，可独立使用。Aspen Plus V12.1 中集成了“EDR 浏览器”，可以在 HeatX 模块中较方便地调用 EDR 进行换热器设计与校核。但是，对于常规组分物流之间的换热器计算，直接用 EDR 进行换热器的设计、模拟或核算，比在 Aspen Plus 中调用时速度更快、更方便，计算结果可靠，且无需在 Aspen Plus 中建立模拟流程。

本章将对 Aspen Plus 中调用 EDR（本节）与单独使用 EDR 软件（7.3 节）的方法都进行介绍，用户可根据需要选择适宜的使用方式。

7.2.1　换热器基本结构

根据国家标准 GB/T 151—2014《热交换器》内对管壳式换热器型号的分类，参考 TEMA（Tubular Exchanger Manufacturers Association，管式交换器制造商协会）标准，详细分类型号和代号如图 7-11。常见的换热器类型包括直管固定管板式换热器 BEM、可移动 U 型管束型换热器 BEU 等。

7.2.2　简捷计算

HeatX 的简捷计算模式可以通过很少的输入信息，完成换热器简单、快速的设计或核算，为用户提供决策参考。简捷计算可以指定换热器两侧的压降，基于热量和材料平衡确定出口物流条件，并使用恒定或输入的传热系数估计换热器面积。

例 7-2　甲醇物流温度 30℃、压力 1.2bar、流量 50000kg/h。用热水加热该物流，甲醇物流的压降为 0.2bar，物性方法为 IDEAL。热水物流的温度 90℃、压力 2.0bar、流量 56192kg/h，经换热后变为 70℃的水，压降 0.2bar，物性方法使用 IAPWS-95。用 HeatX 的简捷法设计一管壳式换热器（热水走壳程），并求甲醇出口温度、换热器的热负荷、所需换热面积。

打开例 7-1 模拟文件并另存为新文件。在模拟环境中，删除流程上已有的 Heater 模块，选用“换热器/HeatX/GEN-HT”模块建立流程，并将模块命名为 HEATX，如图 7-12。

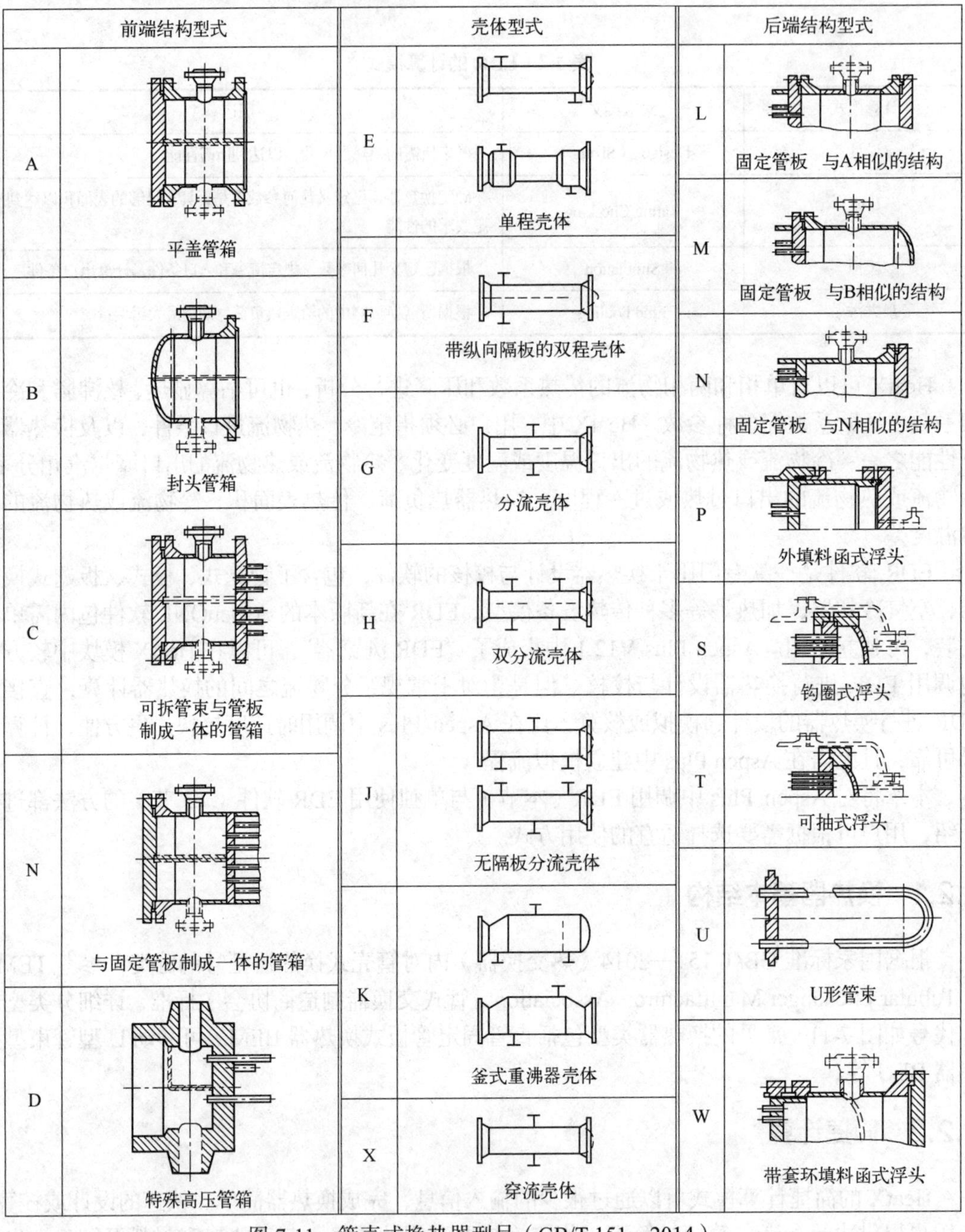

前端结构型式		壳体型式		后端结构型式	
A	平盖管箱	E	单程壳体	L	固定管板 与A相似的结构
B	封头管箱	F	带纵向隔板的双程壳体	M	固定管板 与B相似的结构
C	可拆管束与管板制成一体的管箱	G	分流壳体	N	固定管板 与N相似的结构
N	与固定管板制成一体的管箱	H	双分流壳体	P	外填料函式浮头
D	特殊高压管箱	J	无隔板分流壳体	S	钩圈式浮头
		K	釜式重沸器壳体	T	可抽式浮头
		X	穿流壳体	U	U形管束
				W	带套环填料函式浮头

图 7-11 管壳式换热器型号（GB/T 151—2014）

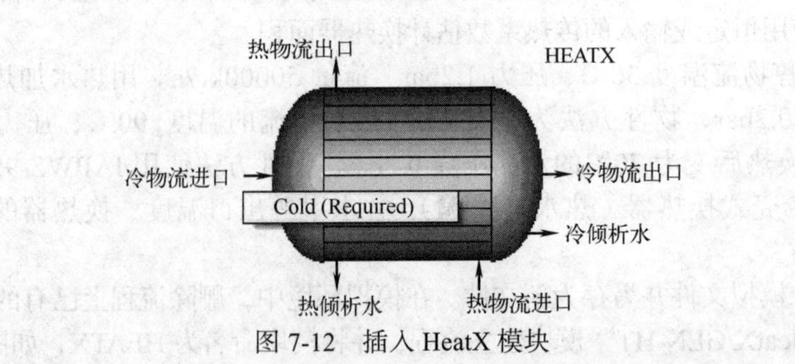

图 7-12 插入 HeatX 模块

当连接流股时，可注意到不同位置需要连接的物流不同：左、右位置为冷物流进、出（一般情况下冷物流走管程），上、下位置则是热物流进、出（一般情况下热物流走壳程）。建立如图 7-13 流程，注意正确连接其中冷、热物流位置。

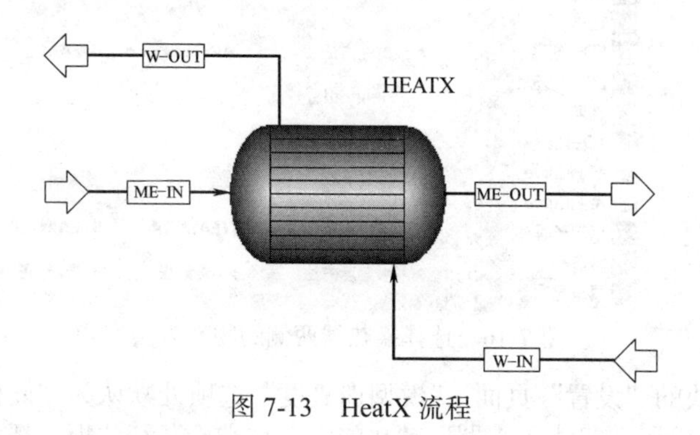

图 7-13　HeatX 流程

输入冷物流入口条件，见图 7-14。

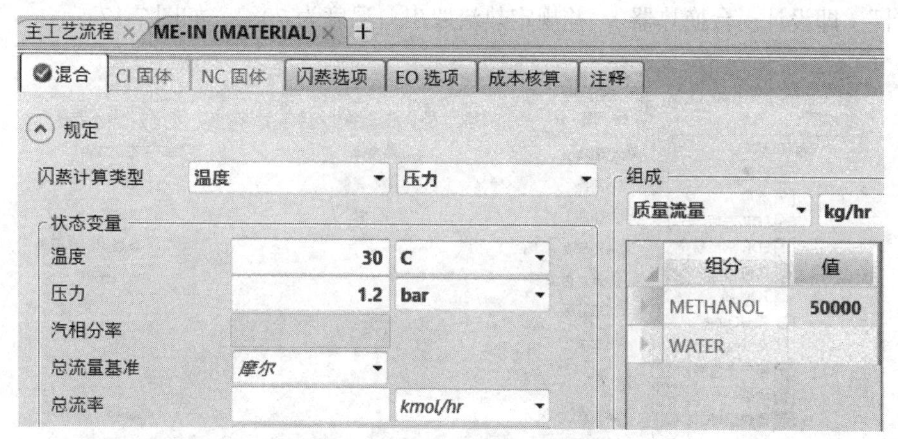

图 7-14　冷物流 ME-IN 进料参数

输入热物流入口条件，如图 7-15。

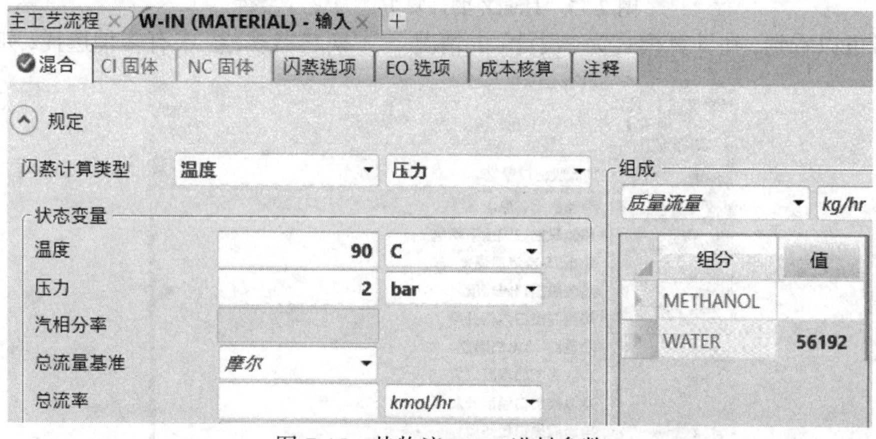

图 7-15　热物流 W-IN 进料参数

在 HeatX 模块的“模块选项”，选择热侧的物性方法为 IAPWS-95，冷侧甲醇的物性方法为 IDEAL，如图 7-16。

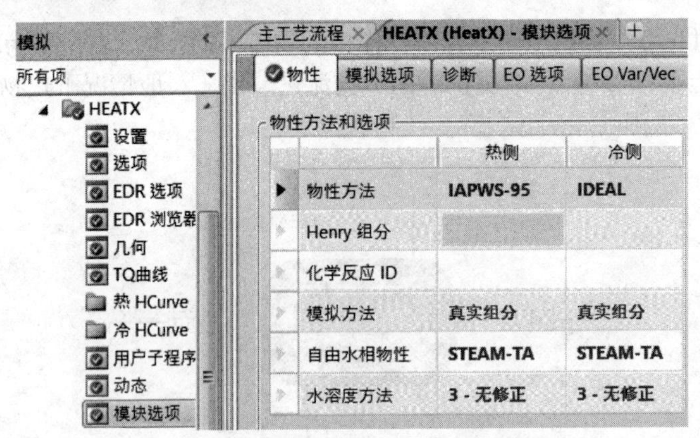

图 7-16　选择换热器两侧的物性方法

进入 HeatX 模块的“设置”页面。“模型逼真度”选项处默认为“简捷”，表示简捷计算；其他的选项如“壳&管”、“釜式再沸器”、“热虹吸”、“空冷”和“板”都为对应类型换热器的严格计算。本例中选择“简捷”。热流体走“壳体”，流动方向一般选择逆流。计算模式处选择“设计”（即设计一台换热器），并规定热流股出口温度为 70℃，如图 7-17。

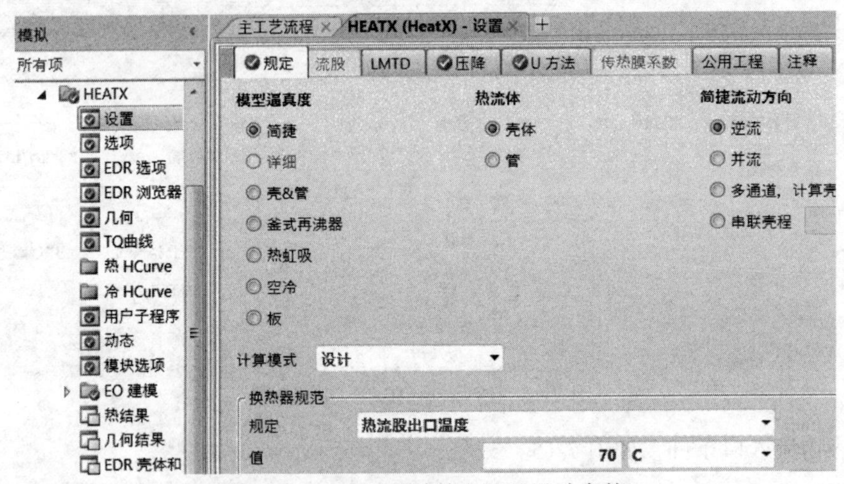

图 7-17　HeatX 的计算方法及设计参数

读者可以看到，在计算模式为“设计”的情况下，“换热器规范”中有多种选择，如图 7-18，

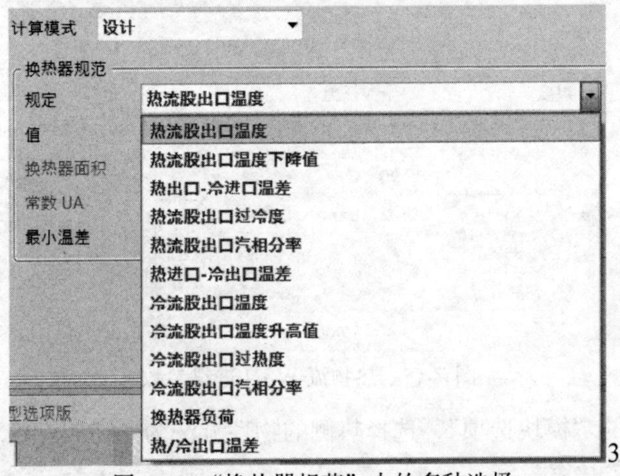

图 7-18　“换热器规范”中的多种选择

用户可以根据需要来做决定。

输入热侧出口压力为–0.2bar（负数表示压降），如图 7-19。

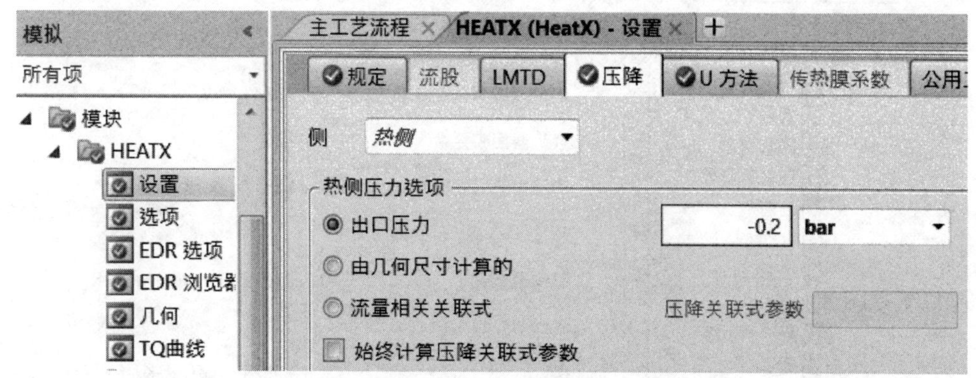

图 7-19　热物流压降

输入冷侧出口压力为–0.2bar，如图 7-20。

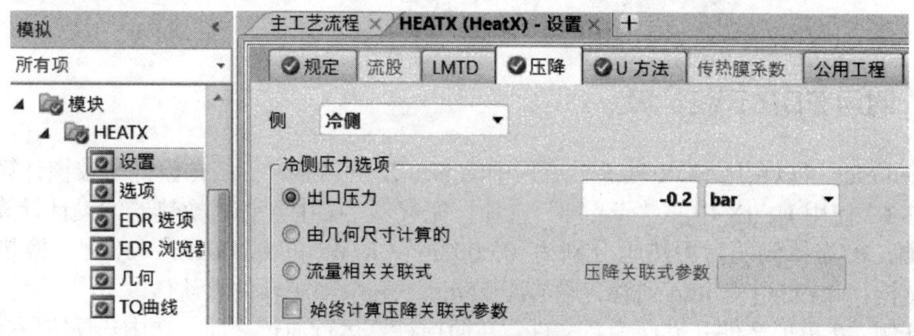

图 7-20　冷物流压降

重置并运行，在“热结果”页面看到，甲醇出口温度 60.0℃（冷流股出口），换热量 1310.41kW，如图 7-21，与例 7-1 计算结果一致。

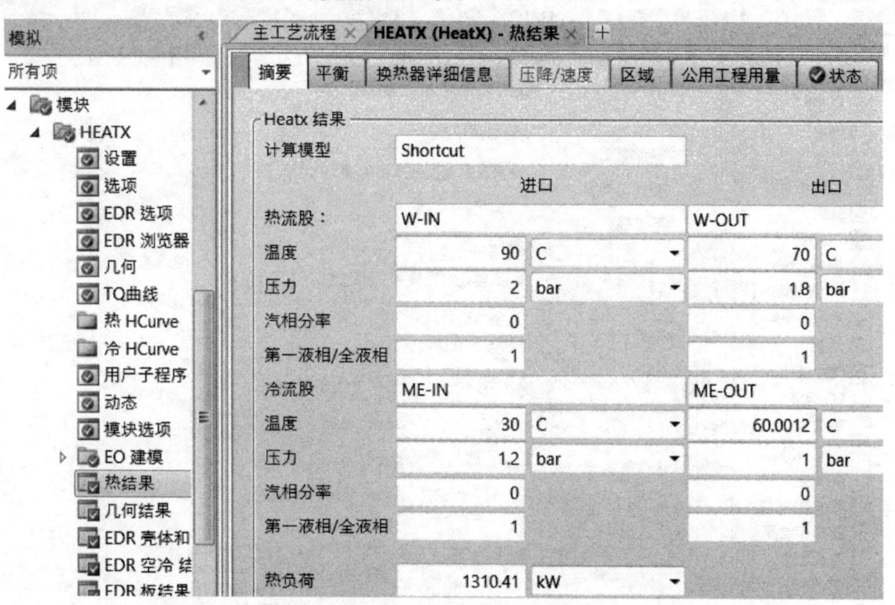

图 7-21　HeatX 运行结果

在“换热器详细信息”标签页，查看换热面积为 44.35m²，见图 7-22。

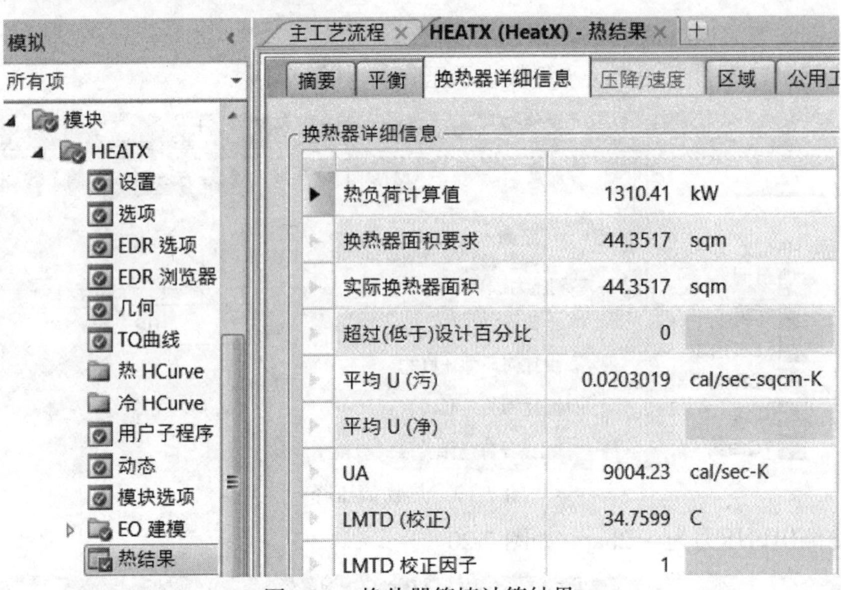

图 7-22　换热器简捷计算结果

7.2.3　调用 EDR 严格计算

Aspen Plus 可以调用 EDR 软件对流程中的 HeatX 换热器进行结构设计与校核计算。

例 7-3　使用 HeatX 中的“壳&管”选项，完成例 7-2 中管壳式换热器的设计计算。假定热流体侧、冷流体侧的污垢热阻分别为 $0.0002m^2 \cdot K/W$ 和 $0.0001m^2 \cdot K/W$。换热器选用 3000mm 长、Φ19mm×2mm 列管，管心距 25mm，其余采用软件默认值。

打开例 7-2 模拟文件并另存为新文件。在简捷计算运行通过之后，选中“规定”标签页上的“壳&管”选项，出现图 7-23 提示。常规的管壳式换热器通常选择“壳&管”类型；“选择

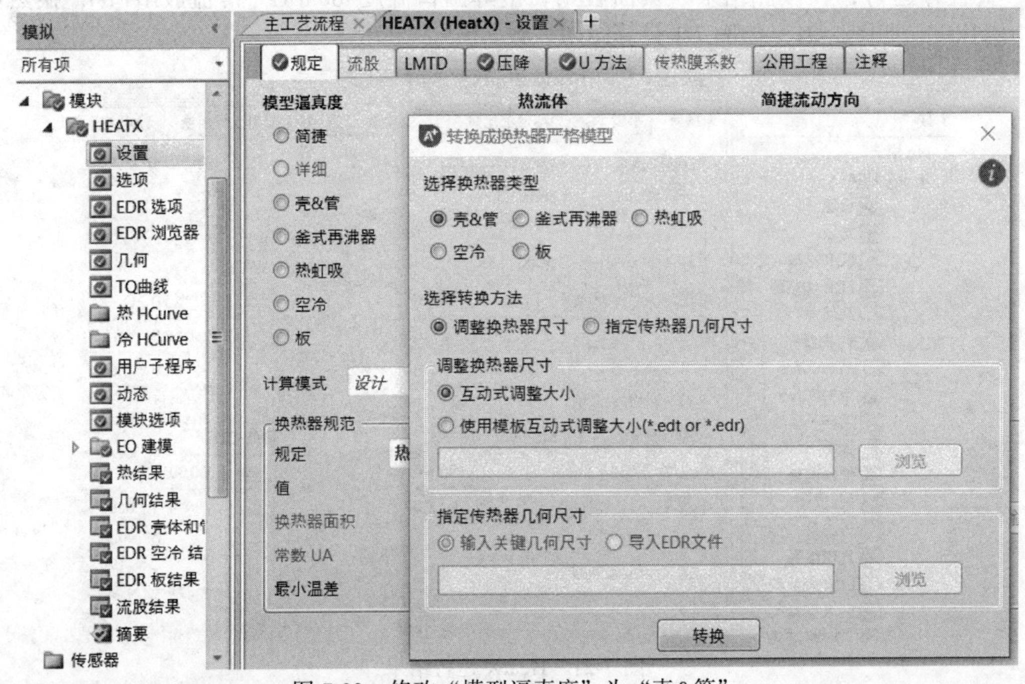

图 7-23　修改“模型逼真度”为“壳&管”

转换方法”项选择“调整换热器尺寸”，表示软件根据流程参数自动生成换热器尺寸。如果选择“指定传热器几何尺寸”，则需要用户指定换热器详细结构参数。下方的“互动式调整大小”表示可手动修正自动生成的尺寸参数，“使用模板互动式调整大小”则需要用到已有的.edr或.edt 模板文件。

在默认状态下，点击下方的“转换”，系统会调用 EDR 软件，进行严格的换热器设计计算，弹出 EDR 尺寸计算控制台窗口（图 7-24）。

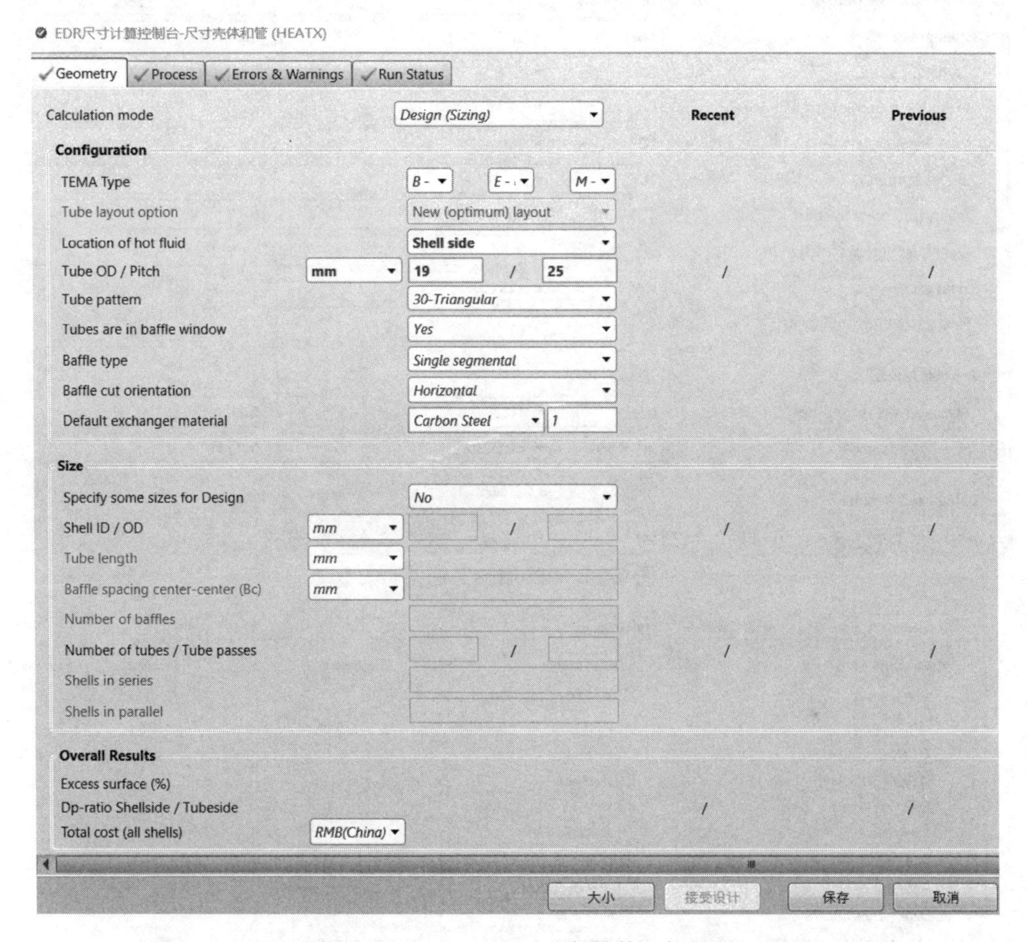

图 7-24　“Geometry”（几何结构）标签页

在“Geometry”（几何结构）标签页，软件已自动生成了换热器的部分结构尺寸信息，用户可以根据情况修改。Calculation mode（计算模式）为 Design，即表 7-2 中的“设计”模式。

在窗口上部的 Configuration（布局）栏目下，Tube OD（tube outer diameter，管外径）输入 19mm，Pitch（管心距）输入 25mm（管心距一般是管径的 1.25 倍，这里参照 GB/T 28712.2—2012 为 25mm）。最下方 Overall Results（总结果）下的 Total cost（总费用）单位改用 RMB（人民币）。其余选项不作调整。

然后进入“Process”（工艺）标签页，可以看到流程模拟中输入的物流参数已自动导入。在页面底部输入 Hotside（热侧）和 Coldside（冷侧）的 Allowable pressure drop（允许压降）均为 0.2bar。Hotside（热侧）和 Coldside（冷侧）的 Fouling resistance（污垢热阻）分别为 $0.0002m^2 \cdot K/W$ 和 $0.0001m^2 \cdot K/W$，如图 7-25。

随后点击窗口底部的“大小”，进行换热器的设计计算，得到图 7-26 中窗口右侧显示的换

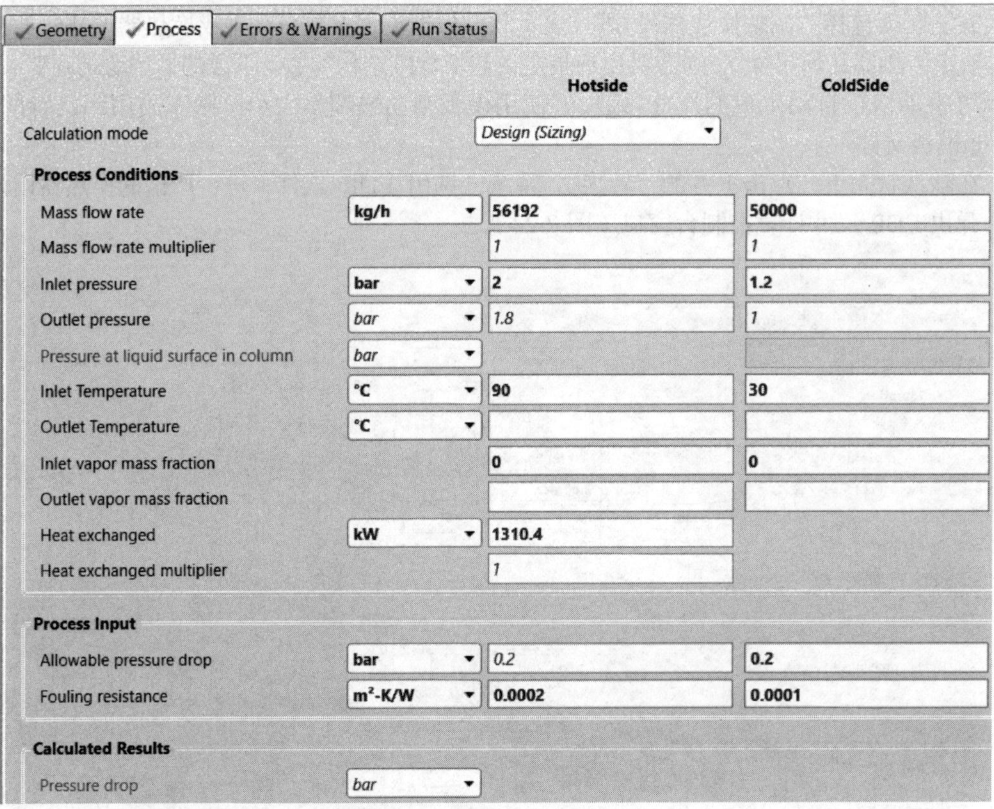

图 7-25 “Process”标签页

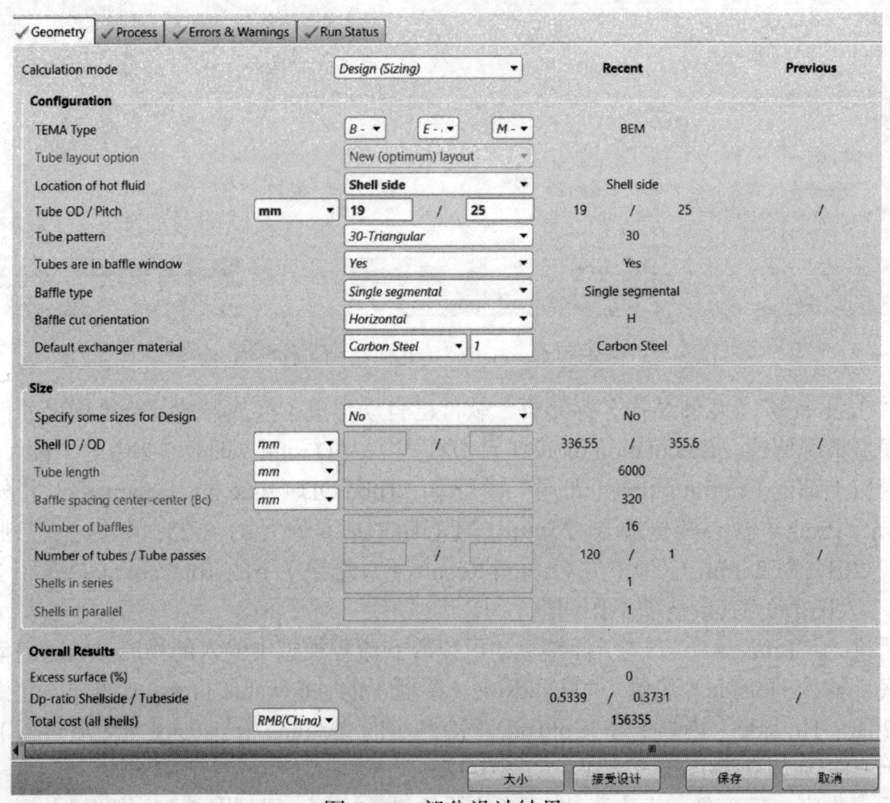

图 7-26 部分设计结果

热器部分信息。

用户可以选择保存文件，保存后页面状态不变。这里点击“接受设计”，则回到 HeatX 页面，“计算模式”已由原来的“设计”自动变成“模拟”（因为刚才已完成了“设计”计算，并且已经“接受设计”），如图 7-27。上述换热器尺寸设置页面后续可在“EDR 浏览器”中打开，继续进行修改。

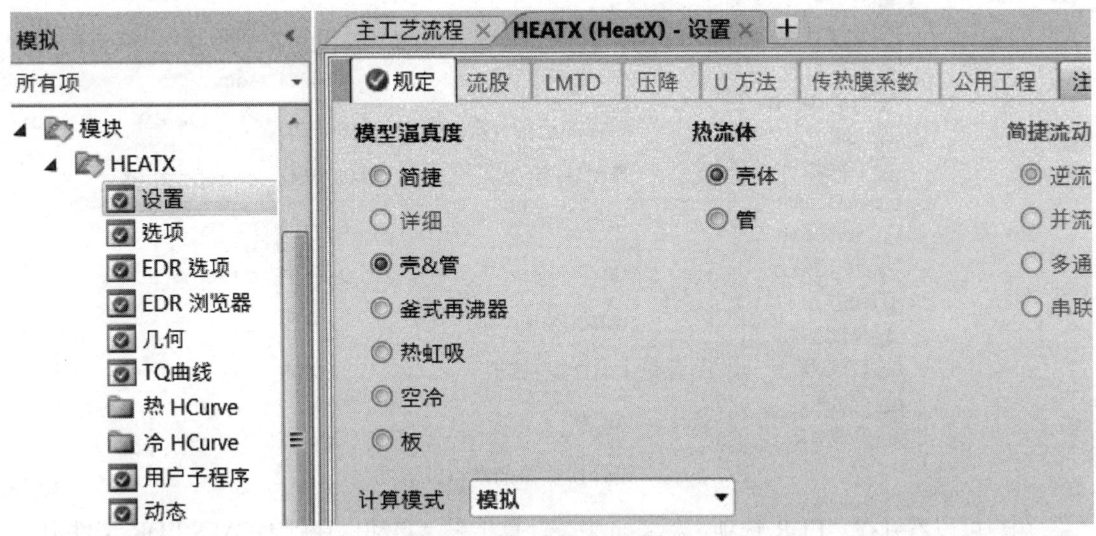

图 7-27　HeatX 界面

此时 Aspen Plus 软件中的换热器结构数据仍然是之前简捷计算的结果。用户重置并运行后，HeatX 的“热结果”如图 7-28，和图 7-21 中的简捷计算结果已有所不同。这是根据所设计的换热器在流程中经过严格计算得到的换热结果，其中热流体的出口温度略低于 70℃，冷流体出口温度略高于 60℃，总换热量 1368.54kW 也稍高于设计要求，即设计上留有冗余，是正常情况。

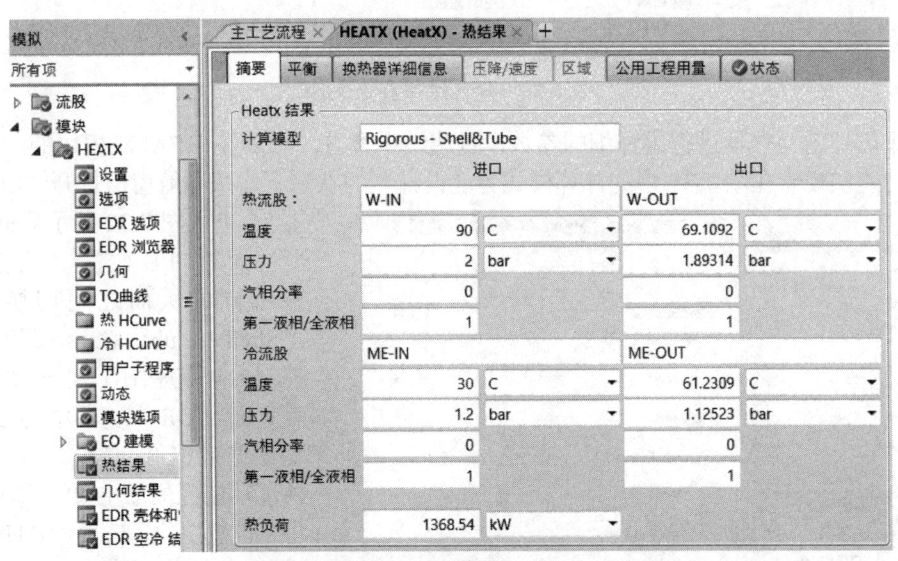

图 7-28　所设计换热器的“模拟”结果

在“换热器详细信息”页面给出了负荷、面积等信息（图 7-29），与简捷法计算结果（图 7-22）非常相近。

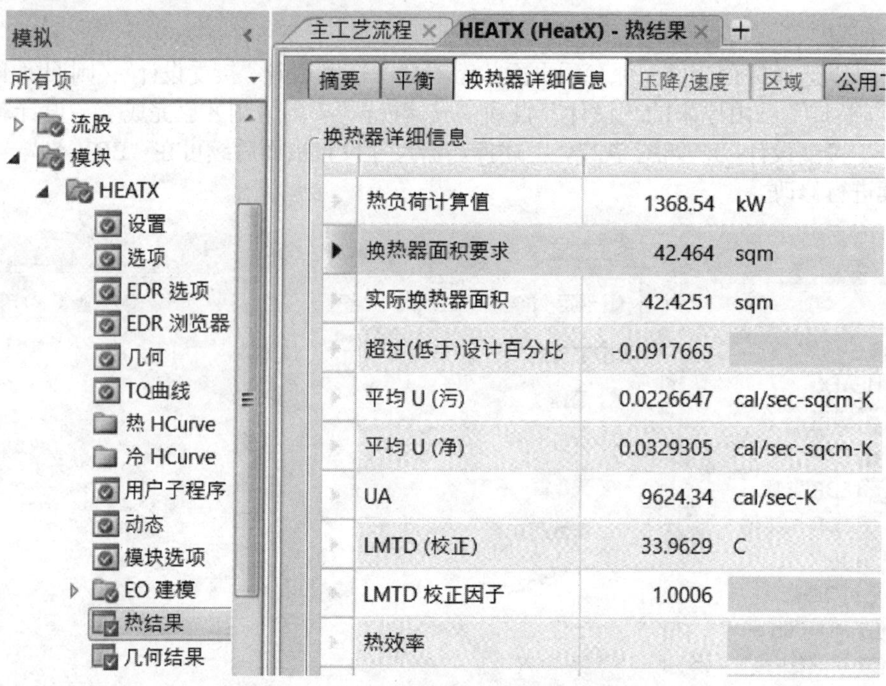

图 7-29　所设计换热器的严格计算结果

用户可以看到在“EDR 选项”标签页中，计算结果已自动保存到 HEATX.EDR 文件中，如图 7-30。用户也可修改此文件名称。

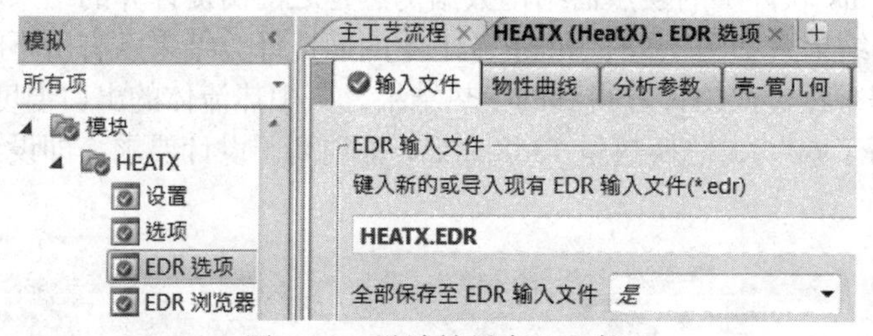

图 7-30　设计结果存入文件

如果需要对换热器进行更详细的参数设置或结果查看，可以在 HEATX 模块的“EDR 浏览器”功能实现。在图 7-31 中的计算模式为“设计”的状态下，从导航窗格打开“EDR 浏览器”，进入图 7-32 所示界面。通过此界面的“EDR 导航”窗格，可以在不同的页面之间切换，其中“Shell & Tube / Console”（壳&管/控制台）就是图 7-24 至图 7-26 所示页面。EDR 浏览器中的参数默认基于美制（US）单位，用户可以在顶部功能区的“主页”选项卡下，将“设置单位”选项由“US”切换成“Metric”（图 7-32 左上角），EDR 浏览器中已经输入的参数将自动转换为公制单位。

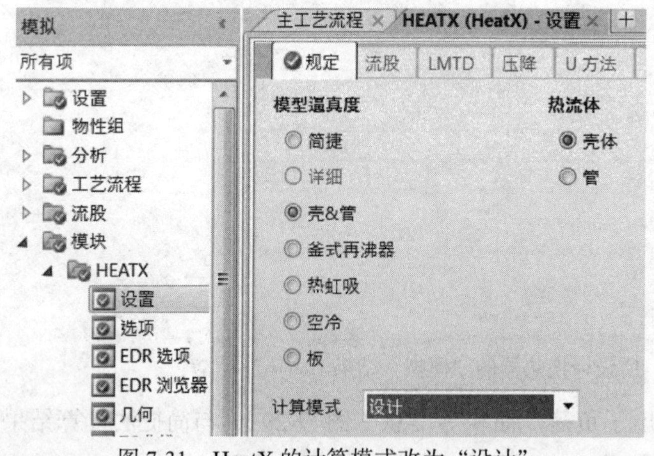

图 7-31　HeatX 的计算模式改为“设计”

从 EDR 导航窗格进入 “Shell & Tube / Input / Problem Definition/Process Data”（壳&管/输入/问题定义/工艺参数）页面，填入 Hot Stream（热流股）的 Out Temperature（出口温度）70℃，其他参数均为之前已输入的数值，如图 7-32。

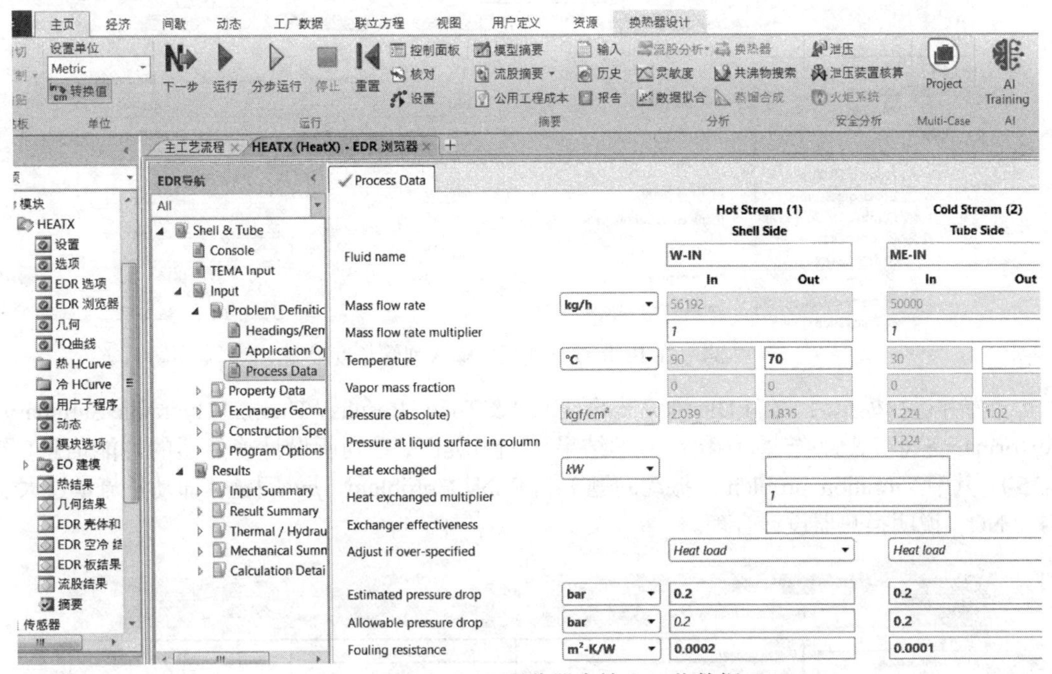

图 7-32　在 EDR 浏览器中输入工艺数据

在 “Shell & Tube / Input / Exchanger Geometry / Tubes”（壳&管/输入/换热器几何结构/列管）页面，Tube wall thickness（管壁厚）设置为 2mm，如图 7-33，这是之前图 7-24 至图 7-26 中未输入的信息。

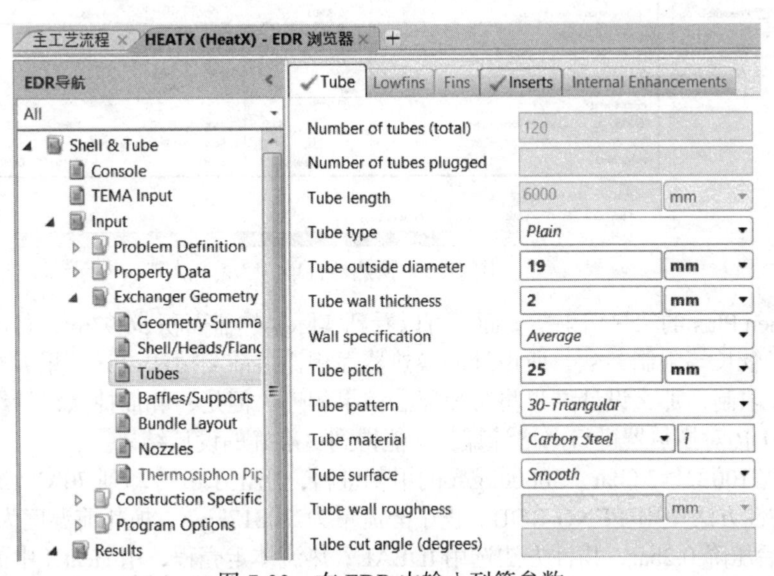

图 7-33　在 EDR 中输入列管参数

在 “Shell & Tube / Input / Program Options / Design Options”（壳&管/输入/程序选项/设计选

项）页面，进入“Geometry Limits”（几何结构限制）标签页，Tube length（管长）的 Minimum（最小值）和 Maximum（最大值）均输入 3000mm，表示管长为 3000mm，如图 7-34。

主工艺流程
HEATX (HeatX) - EDR 浏览器
EDR导航
All
Shell & Tube
Console
TEMA Input
Input
Problem Definition
Property Data
Exchanger Geometry
Construction Specificatic
Program Options
Design Options
Thermal Analysis
Methods/Correlation
Calculation Options
Geometry Options
Geometry Limits
Process Limits
Optimization Options
Geometry Limits
Increment
Minimum
Maximum
Shell diameter
mm
25
150
2500
Tube length
mm
3000
3000
Tube passes
1,2,4,6...
1
8
Baffle spacing
mm
50.8
600
Baffle cut (% of diameter)
10
40
Shells in series
1
6
Shells in parallel
1
10
Use pipe for shells below this diameter
609.6
mm

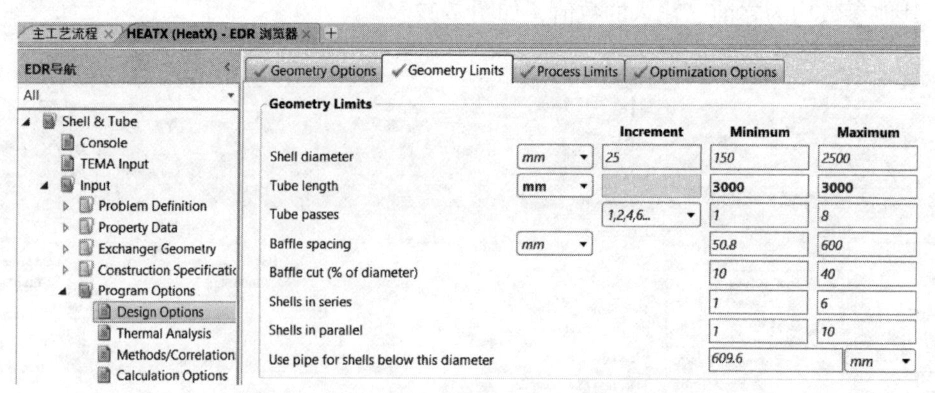

图 7-34　在 EDR 设计选项中输入列管长度限制

重置并运行模拟后，在 EDR 浏览器的“Shell & Tube / Results / Thermal/Hydraulic Summary / Performance”（壳&管/结果/热和水力学结果/性能）页面，看到所设计换热器的性能信息（图 7-35），其中 Vibration problem（振动问题）和 RhoV2 problem（ρv^2 问题，即动量流量过大）均为 NO，说明换热器设计合理。

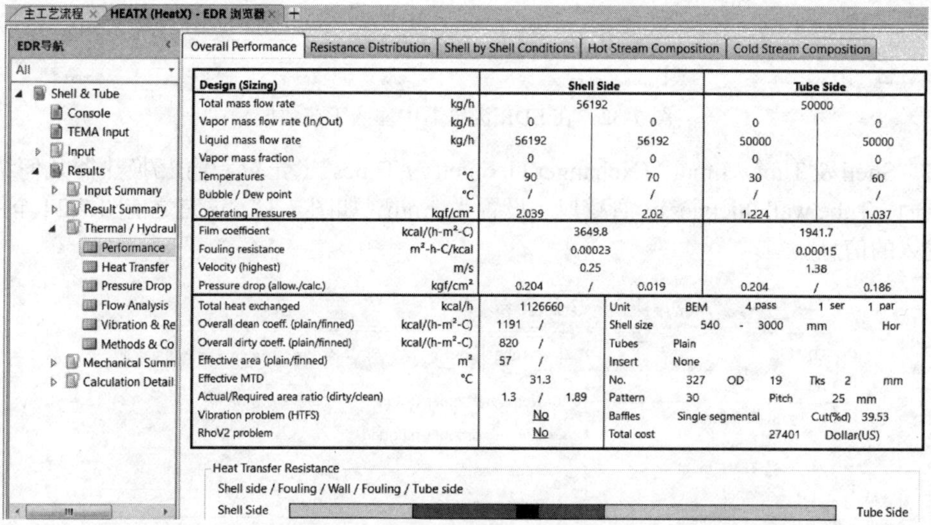

主工艺流程
HEATX (HeatX) - EDR 浏览器
EDR导航
All
Shell & Tube
Console
TEMA Input
Input
Results
Input Summary
Result Summary
Thermal / Hydraul
Performance
Heat Transfer
Pressure Drop
Flow Analysis
Vibration & Re
Methods & Co
Mechanical Summ
Calculation Detail
Overall Performance
Resistance Distribution
Shell by Shell Conditions
Hot Stream Composition
Cold Stream Composition
Design (Sizing)
Shell Side
Tube Side
Total mass flow rate kg/h 56192 50000
Vapor mass flow rate (In/Out) kg/h 0 0 0 0
Liquid mass flow rate kg/h 56192 56192 50000 50000
Vapor mass fraction 0 0 0 0
Temperatures °C 90 70 30 60
Bubble / Dew point °C / / / /
Operating Pressures kgf/cm² 2.039 2.02 1.224 1.037
Film coefficient kcal/(h-m²-C) 3649.8 1941.7
Fouling resistance m²-h-C/kcal 0.00023 0.00015
Velocity (highest) m/s 0.25 1.38
Pressure drop (allow./calc.) kgf/cm² 0.204 / 0.019 0.204 / 0.186
Total heat exchanged kcal/h 1126660
Overall clean coeff. (plain/finned) kcal/(h-m²-C) 1191 /
Overall dirty coeff. (plain/finned) kcal/(h-m²-C) 820 /
Effective area (plain/finned) m² 57 /
Effective MTD °C 31.3
Actual/Required area ratio (dirty/clean) 1.3 / 1.89
Vibration problem (HTFS) No
RhoV2 problem No
Unit BEM 4 pass 1 ser 1 par
Shell size 540 - 3000 mm Hor
Tubes Plain
Insert None
No. 327 OD 19 Tks 2 mm
Pattern 30 Pitch 25 mm
Baffles Single segmental Cut(%d) 39.53
Total cost 27401 Dollar(US)
Heat Transfer Resistance
Shell side / Fouling / Wall / Fouling / Tube side
Shell Side
Tube Side

图 7-35　换热器性能

回到 Aspen Plus 的“热结果”页面，可以看到实际换热器面积 56.97m²，如图 7-36。本例中由于添加了管长等限制参数，所设计的换热器面积比之前简捷法设计结果大些。读者可以尝试去除管长限制，那么设计结果将与简捷法结果相近。但是，和简捷法设计结果相比，应尽可能使用 EDR 对换热器进行严格计算，才能得到更准确的设计结果。

练习 7-3　100℃、3.0bar、50000kg/h 的甲苯进料，用正丁醇冷却到 70℃，冷却过程压降为 0.2bar，物性方法使用 PENG-ROB。正丁醇流量为 30817kg/h，换热前温度为 30℃，压力 2.0bar，换热后压降 0.2bar，物性方法选用 IDEAL。热流体走壳程，用 HeatX 中的简捷法计算管壳式换热器所需换热面积。（答案：22.5m²）

练习 7-4　按练习 7-3 条件，在 Aspen Plus 中调用 EDR，计算所需换热面积。假定冷、热流体污垢热阻均为 0.0001m²·K/W，用长 4500mm、Φ25mm×2.5mm 的换热管，管心距

32mm，其余参数采用默认值。（答案：45.7m²）

练习 7-5　按练习 7-3 条件，如果正丁醇出口为 55℃，用简捷法计算正丁醇用量。（答案：37204kg/h）

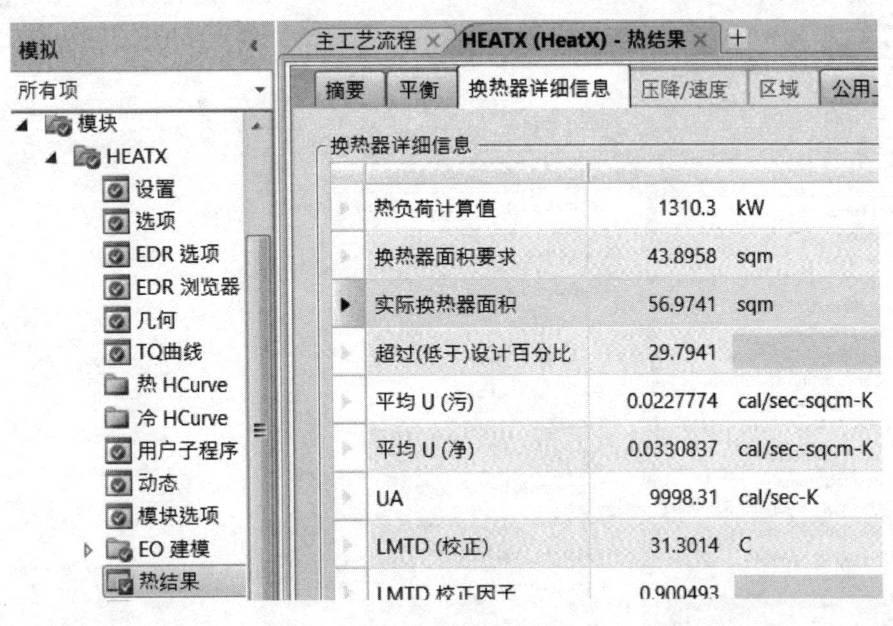

图 7-36　所设计的换热器详细信息

7.3 EDR

上一节对 Aspen Plus 中调用 EDR 软件进行换热器设计的方法进行了介绍。EDR 软件不仅可以在 Aspen Plus 或 Aspen HYSYS 中调用，也可单独使用以进行换热器设计、校核或模拟。下面通过例题介绍 EDR 软件的使用方法。

例 7-4　甲醇流股温度为 30℃、压力 1.2bar、流量 50000kg/h，用热水加热后的压降为 0.2bar，物性方法选用 IDEAL。热水温度 90℃、压力 2.0bar、流量 56192kg/h，最终变为 70℃，压降 0.2bar，物性方法选用 IAPWS-95。假定热流体侧污垢热阻 0.0002m²·K/W，冷流体侧污垢热阻 0.0001m²·K/W，用长 3000mm、Φ19mm×2mm 的列管，管心距 25mm，其余采用软件默认值。用 EDR 完成换热器设计。

例 7-4 演示视频

从开始菜单打开“Aspen EDR / Aspen Exchanger Design & Rating”进入 EDR 界面，选择“New”新建换热器模型文件，弹出图 7-37 窗口。可以看到，EDR 软件除了可以模拟多种类型的换热器模型外，也可进行预算费用估计（Budget Cost Est）、金属性质分析（Metals）、管板布置（Tubesheet Layout）等。

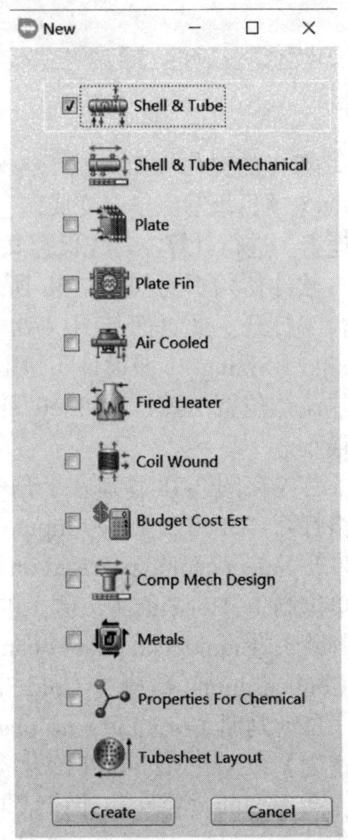

图 7-37　新建“Shell & Tube”（管壳式）换热器

选择 Shell & Tube（壳&管），点击“Create”进入图 7-38 的 EDR 主界面。

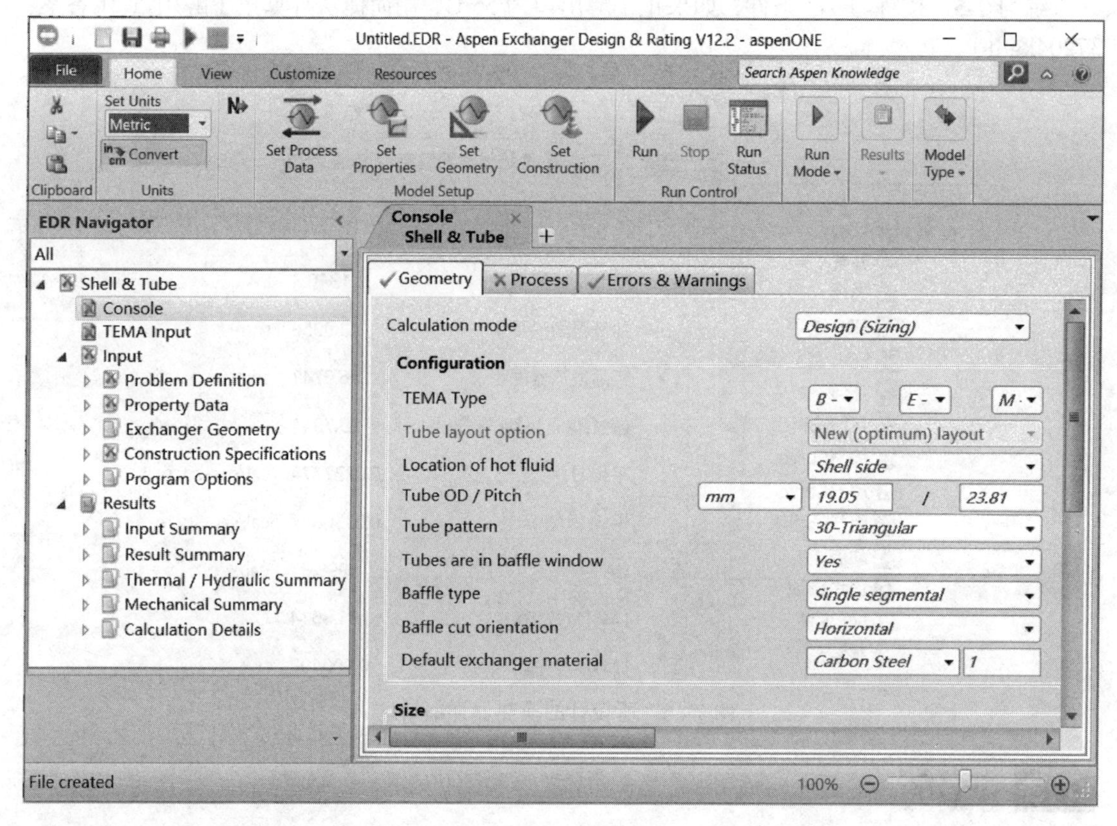

图 7-38　EDR 主界面

EDR 的操作界面类似于 Aspen Plus，左侧为导航窗格，顶部为功能区。使用时须将所有标签项目填写完毕，变成蓝色之后，才能点击顶部功能区 Home（主页）选项卡的“Run”（运行）进行计算。首先保存文件，默认后缀为.edr。注意随时保存，避免信息丢失。

软件初始页面如图 7-38 所示，也可从导航窗格的“Shell & Tube/Console”（壳&管/控制台）打开。此页面与图 7-24 所示页面结构相同。Calculation mode（计算模式）默认为 Design（Sizing）（即设计），用户如需使用其他计算模式可在此切换。Location of hot fluid（热流体位置）默认为 Shell side（壳程），这是因为多数情况下这样设计的换热器所需面积最小。

首先在图 7-38 窗口左上角将系统默认的 US 美制单位切换为 Metric 公制单位。从导航窗格打开“Shell & Tube / Input / Problem Definition / Application Options”应用选项页面（图 7-39），Select geometry based on this dimensional standard（几何结构的尺寸标准）选择 SI（国际单位制）。Hot Side（热侧）的 Application（应用类型）选项包括 Program（表示由程序自动判断）；Liquid，no phase change（液体，无相变）；Gas，no phase change（气体，无相变）和 Condensation（冷凝）。Cold Side（冷侧）的 Application（应用类型）选项包括 Program（由程序自动判断）；Liquid，no phase change（液体，无相变）；Gas，no phase change（气体，无相变）和 Vaporization（汽化）。如果用户能更准确指定流体在传热过程中的状态，将有助于提高程序的收敛性和计算结果的可靠性。本例已知冷、热流体两侧都为液体，因此均选 Liquid，no phase change，如图 7-39。

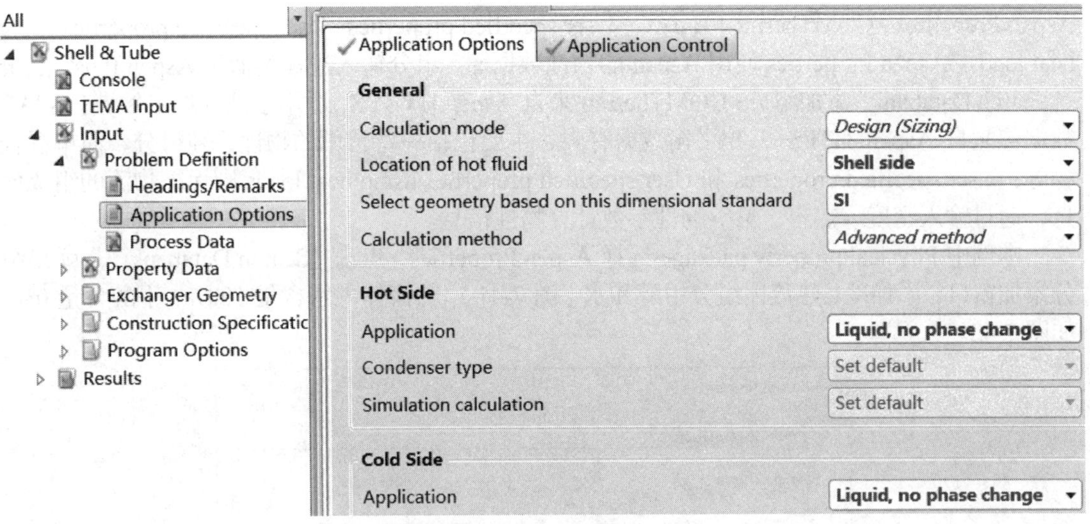

图 7-39 换热器设计应用选项

随后进入“Shell & Tube / Input / Problem Definition / Process Data”工艺参数页面（图 7-40），左侧对应 Hot Stream（热流体）、Shell Side（壳程），右侧对应 Cold Stream（冷流体）、Tube Side（管程）。根据已知条件输入 Fluid name（流体名称，可任取）、Mass flow rate（质量流量）、Temperature In/Out（进/出口温度）、Pressure In（进口压力）、Allowable pressure drop（允许压降）、Fouling resistance（污垢热阻）等，如图 7-40。输入参数的过程中，只要用户提供了必要的参数即可，而不是每个参数都必须输入，软件会通过计算得到其余信息。例如，冷流体出口温度可通过热量平衡计算得到，因此不必输入。在填入冷、热流体进口压力及允许压降后，系统会自动计算出其出口压力及估计压力降。完成后 Process Data 标签上无图标，表明该页面已输入完毕。

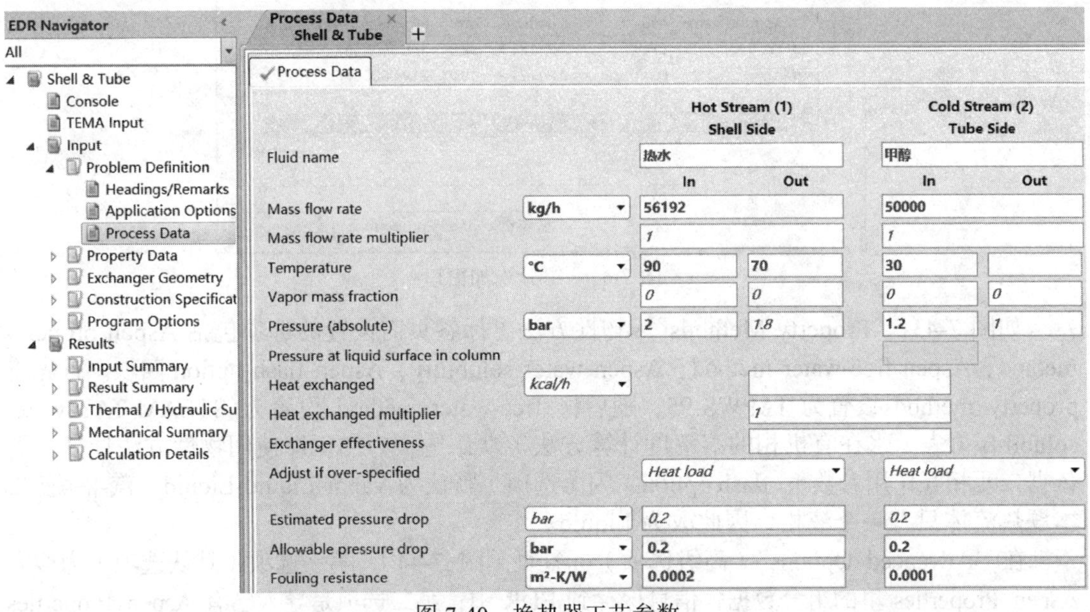

图 7-40 换热器工艺参数

下一步需输入冷、热流体的物性信息。进入“Shell & Tube/Input/Property Data/Hot Stream（1） Compositions”热流体组成页面。Physical property package（物性包）共有五种选项：

Aspen Properties、COMThermo、B-JAC、User specified properties、User specified properties using heat loads。Aspen Properties 使用 Aspen 的物性数据库，组分输入过程类似于 Aspen Plus，点击“Search Databank”添加组分；COMThermo 来自 Aspen HYSYS，适用于油气加工领域；B-JAC 数据包来自 Aspen HTFS+，相平衡数据有限，主要包括一些常用的物性、纯组分、简单混合物等；User specified properties 和 User specified properties using heat loads 则无需物流的组成信息，通过输入密度、热容、焓等物性参数计算物性信息。

本例中 Physical property package 选择 Aspen Properties，点击“Search Databank…”弹出组分添加窗口，添加冷、热流体组分甲醇和水（图 7-41）。热流体中水含量 100%，甲醇含量 0%，如图 7-42。

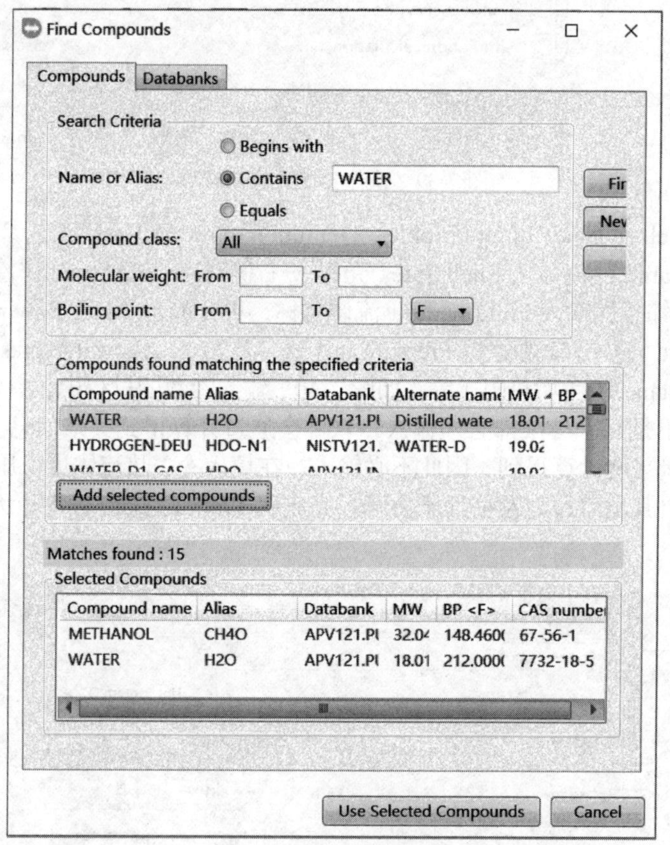

图 7-41　组分添加窗口

如图 7-43，“Property Methods”（物性方法）标签页需设置的选项包括 Aspen property method、Aspen free-water method、Aspen water solubility、Aspen flash option 四项。首先将 property method 设置为 IAPWS-95；随后将 free-water method 设置为 STEAM-TA；water solubility（表示水在有机相的溶解度计算方法）默认选项为 3，即使用物性方法计算（需依据二元相互作用参数）；flash option（闪蒸选项）默认为 Vapor-Liquid-Liquid（汽-液-液），本题热流体只有一个液相，因此改为 Liquid。

在“Advanced Options”（高级选项）标签页（图 7-44），第一选项（默认选项）为搜索 Aspen Properties 里的组分数据，信息保存到 EDR 中；第二选项是导入已有 Aspen Properties 的.APRBKP 文件，导入之后，EDR 不再依赖这些文件；第三选项是导入 Aspen Properties 的.APRPDF 或.APPDF 文件数据，但物性信息不会保存在 EDR 中，运行 EDR 时，必须包括这些文件，而不使用本地物性包。这里默认采用第一选项。

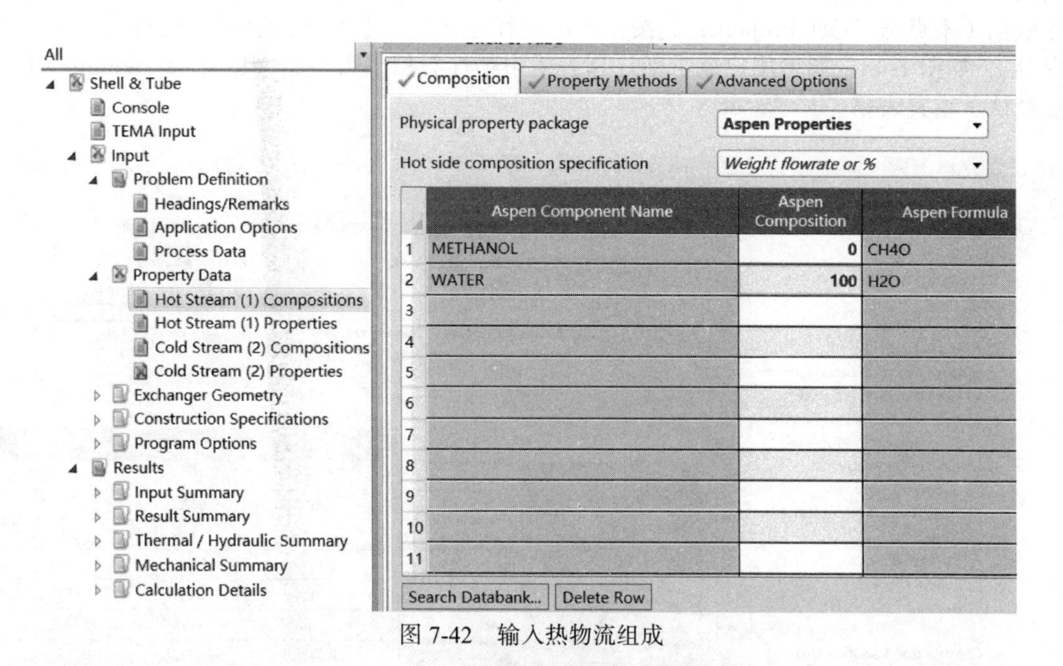

图 7-42　输入热物流组成

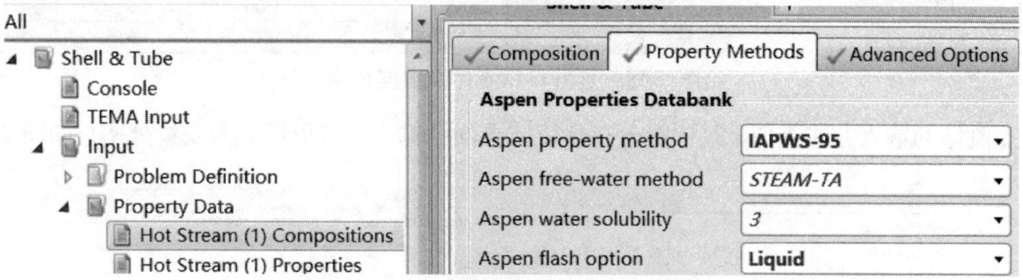

图 7-43　选择热物流物性方法及相态

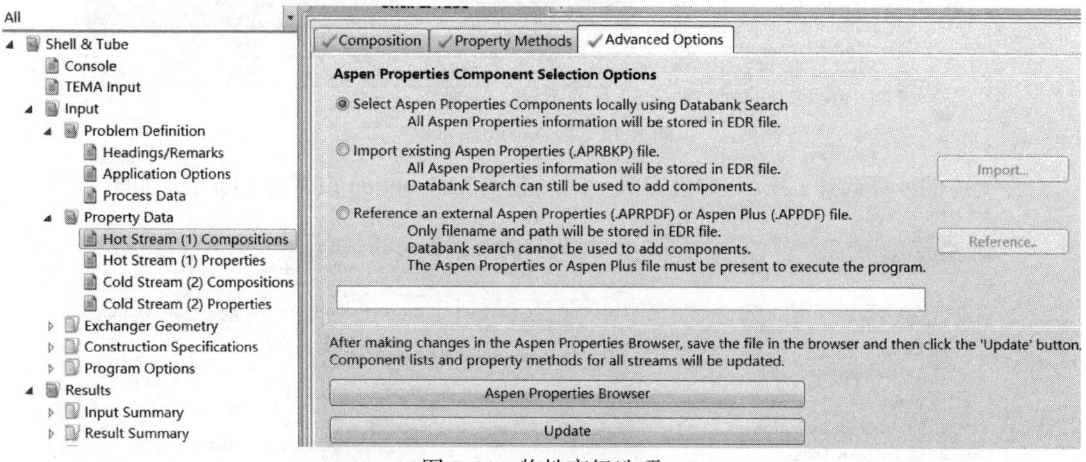

图 7-44　物性高级选项

进入“Hot Stream（1）Properties”页面查看软件计算的热流体物性。根据物流的进出口温度和压力，系统自动给出计算温度节点数 5、温度范围 90~70℃、压力范围 2~1.8bar。建议用户查看并确认此信息无误，因为如果给出的范围小于实际范围，将影响计算结果的可靠性。

点击“Get Properties”（获得物性）按钮，软件将根据上文选择的物性方法计算热物流的物性数据（不点击“Get Properties”按钮不影响程序运行，系统在运行后也会自动填充表格内容），如图 7-45。如果用户欲重新计算表格中物性数据，可点击“Restore Defaults”（恢复默认）重置表格。

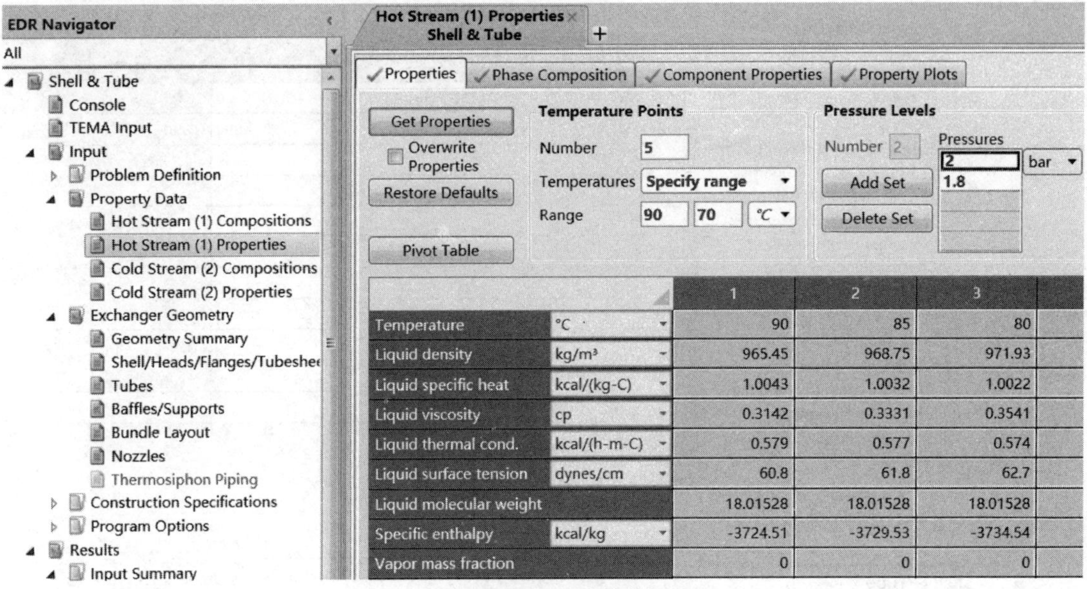

图 7-45　查看热物流计算数据范围

冷流体的输入办法类似，其中组分在热流体页面已输入，这里仅填入质量分率，如图 7-46。

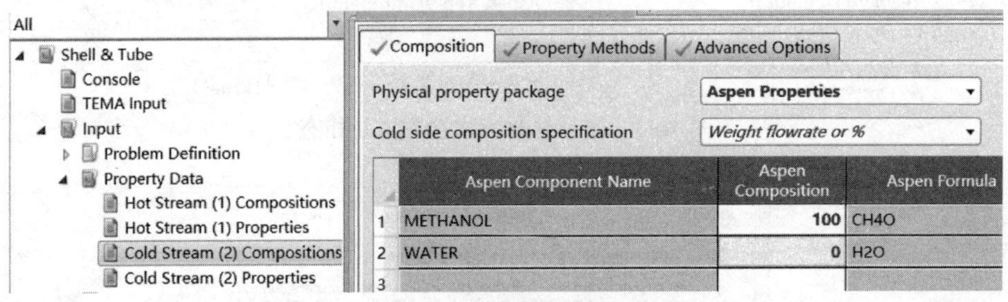

图 7-46　输入冷物流组成

冷流体的计算选择 IDEAL 物性方法，闪蒸选项 flash option 设置为 Liquid，如图 7-47。

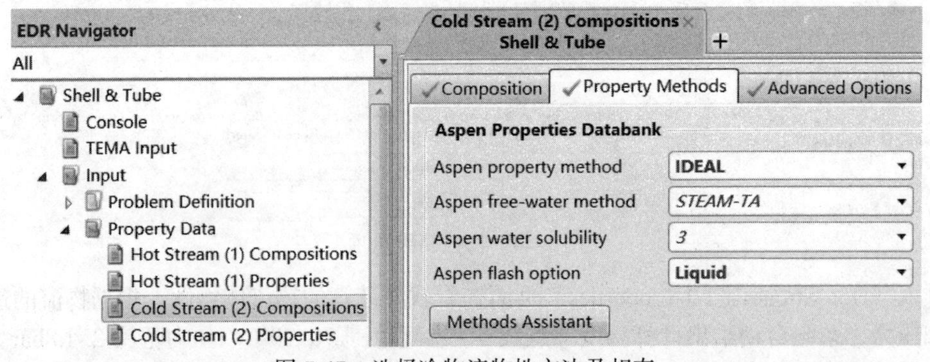

图 7-47　选择冷物流物性方法及相态

需要特别注意冷流体的温度范围是否合理。软件自动生成的范围是30~90℃，13个节点。其中起点 30℃等于甲醇初始温度（最低温度），终点 90℃是热水的最高温度（就是实际可能达到的最高温度）。此范围是甲醇换热前后实际可能的温度，用户可以根据实际情况适当缩小其计算范围，但这里选择不调整，点击“Get Properties”获得具体物性参数，如图 7-48。

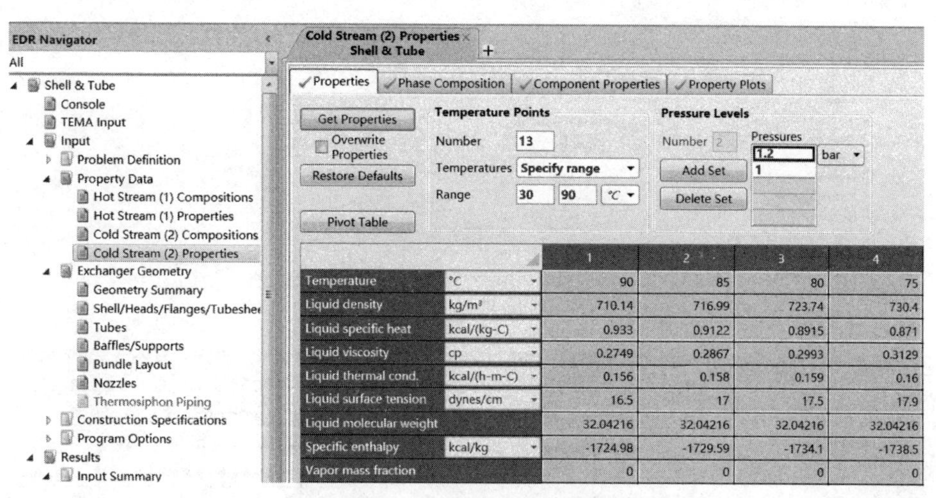

图 7-48　查看冷物流数据范围

在“Exchanger Geometry/Geometry Summary”（换热器几何结构/几何结构摘要）页面，可设置换热器结构参数，用户可检查是否合理，并根据实际情况修改。此处选用外径（OD，outer diameter）19mm 列管，壁厚（Thickness）2mm，管心距（Pitch）25mm，如图 7-49。

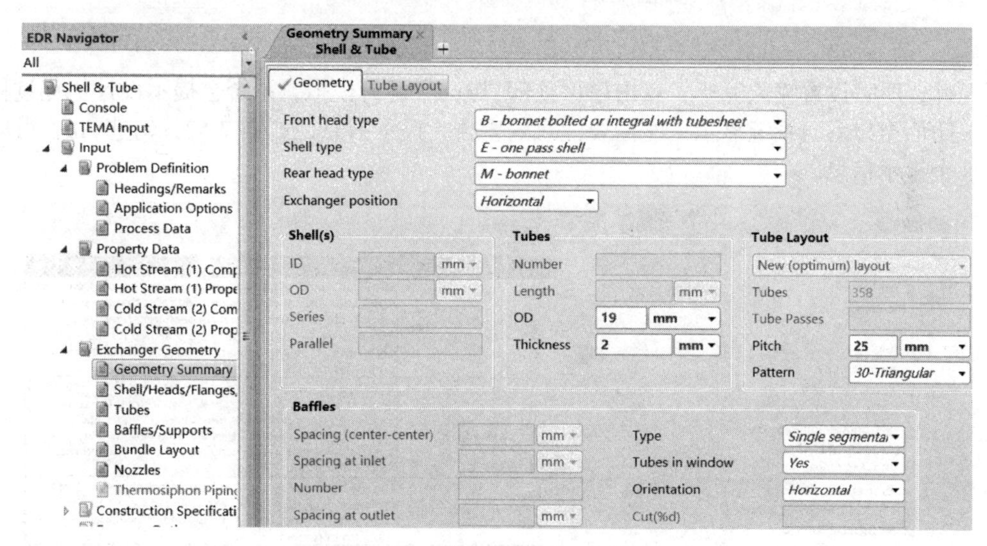

图 7-49　换热器几何尺寸信息

在“Shell/Heads/Flanges/Tubesheets”（壳体/封头/法兰/管板）页面（图 7-50），默认结构为 BEM 组合（这是最常用的换热器结构形式，B 表示前端结构形式为封头管箱，E 表示单程壳体，M 表示后端结构为固定管板，如图 7-11 所示）。

打开“Design Options”（设计选项）页面，进入“Geometry Limits”标签页（图 7-51），人为限制 Tube length（列管长度）的 minimum（最小）、maximum（最大）都是 3000mm（表示列管长 3000mm）。

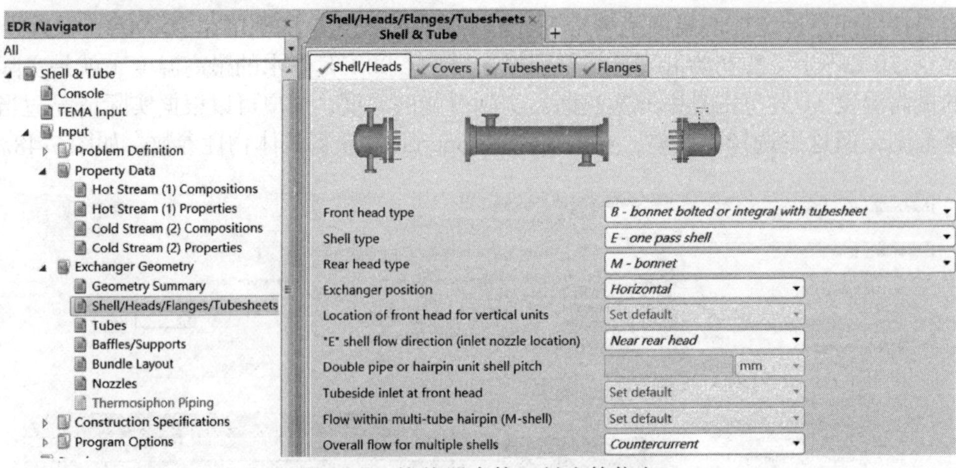

图 7-50　换热器壳体、封头等信息

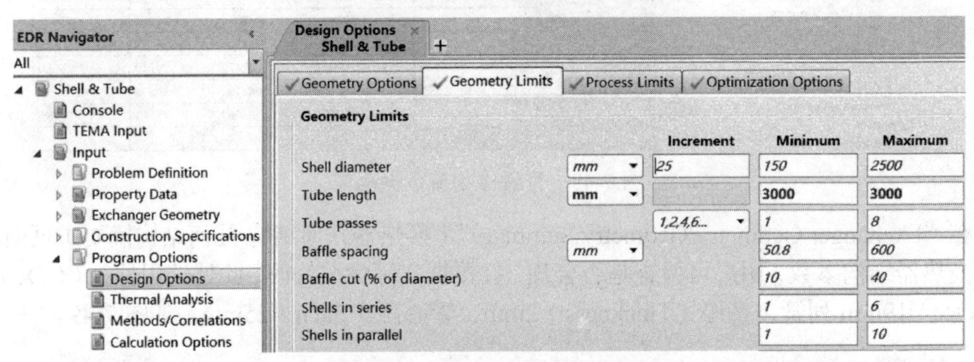

图 7-51　换热器列管长度限制

至此，所需设置输入完毕，点击窗口顶部“Run”运行模拟，系统会提示设计优化过程窗口，关闭该窗口后，系统显示一些需要注意的警告、提示信息，如图 7-52，勾选 All，可以看到共 8 个提示信息。

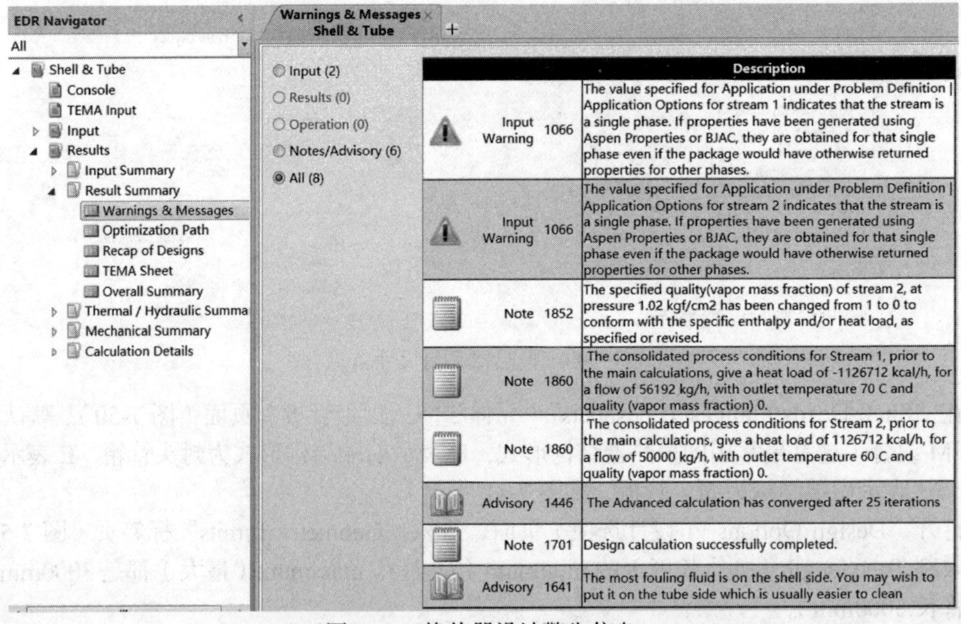

图 7-52　换热器设计警告信息

在“Results/Result Summary/TEMA Sheet”页面查看所设计的换热器结构，见图 7-53 和图 7-54。其中比较重要的数据包括：第 6 行显示壳体直径 540mm，长 3000mm；第 7 行显示换热面积 57m²；第 16 行显示热流体（热水）进、出口温度分别为 90℃、70℃，冷流体（甲醇）进、出口温度分别为 30℃、60℃；第 29 行显示换热量为 1126712kcal/h（1310.4kW/h）；第 55 行显示换热器总质量为 1675.3kg，充水后质量 2366.2kg，管束 998.1kg。该表可以通过左上角 File/Export to Excel 输出成 Excel 表格形式。

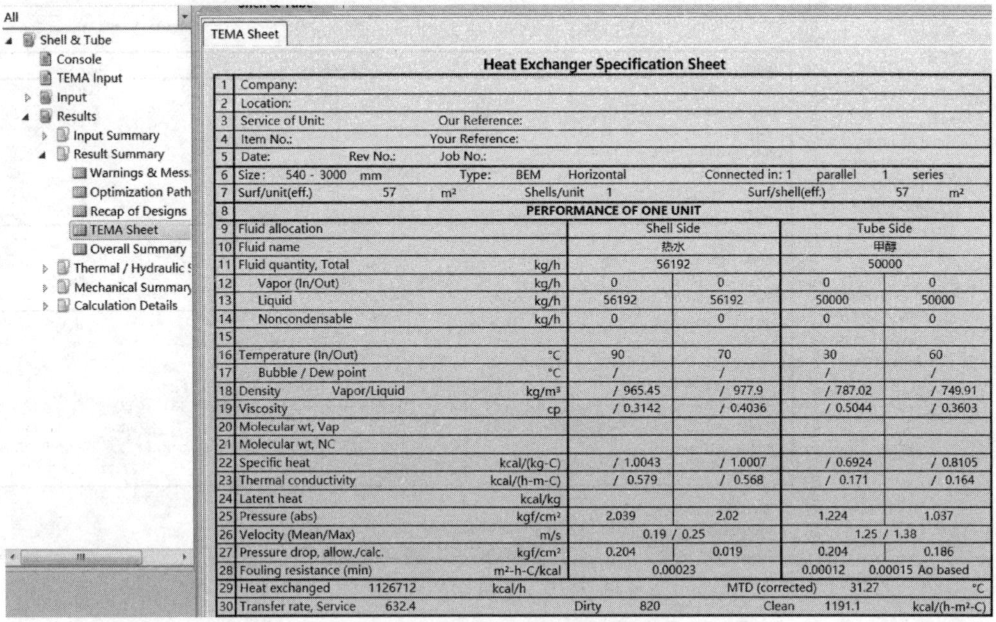

All
Shell & Tube
Console
TEMA Input
Input
Results
Input Summary
Result Summary
Warnings & Mess
Optimization Path
Recap of Designs
TEMA Sheet
Overall Summary
Thermal / Hydraulic S
Mechanical Summary
Calculation Details

TEMA Sheet

Heat Exchanger Specification Sheet

No.	Item	Unit	Shell Side In	Shell Side Out	Tube Side In	Tube Side Out
1	Company:					
2	Location:					
3	Service of Unit: Our Reference:					
4	Item No.: Your Reference:					
5	Date: Rev No.: Job No.:					
6	Size: 540 - 3000 mm Type: BEM Horizontal		Connected in: 1 parallel 1 series			
7	Surf/unit(eff.) 57 m²		Shells/unit 1		Surf/shell(eff.) 57 m²	
8	PERFORMANCE OF ONE UNIT					
9	Fluid allocation		Shell Side		Tube Side	
10	Fluid name		热水		甲醇	
11	Fluid quantity, Total	kg/h	56192		50000	
12	Vapor (In/Out)	kg/h	0	0	0	0
13	Liquid	kg/h	56192	56192	50000	50000
14	Noncondensable	kg/h	0	0	0	0
15						
16	Temperature (In/Out)	°C	90	70	30	60
17	Bubble / Dew point	°C	/	/	/	/
18	Density Vapor/Liquid	kg/m³	/ 965.45	/ 977.9	/ 787.02	/ 749.91
19	Viscosity	cp	/ 0.3142	/ 0.4036	/ 0.5044	/ 0.3603
20	Molecular wt, Vap					
21	Molecular wt, NC					
22	Specific heat	kcal/(kg-C)	/ 1.0043	/ 1.0007	/ 0.6924	/ 0.8105
23	Thermal conductivity	kcal/(h-m-C)	/ 0.579	/ 0.568	/ 0.171	/ 0.164
24	Latent heat	kcal/kg				
25	Pressure (abs)	kgf/cm²	2.039	2.02	1.224	1.037
26	Velocity (Mean/Max)	m/s	0.19 / 0.25		1.25 / 1.38	
27	Pressure drop, allow./calc.	kgf/cm²	0.204	0.019	0.204	0.186
28	Fouling resistance (min)	m²-h-C/kcal	0.00023		0.00012	0.00015 Ao based
29	Heat exchanged 1126712	kcal/h		MTD (corrected)	31.27	°C
30	Transfer rate, Service 632.4		Dirty 820		Clean 1191.1	kcal/(h-m²-C)

图 7-53　换热器设计 TEMA Sheet 表单（1）

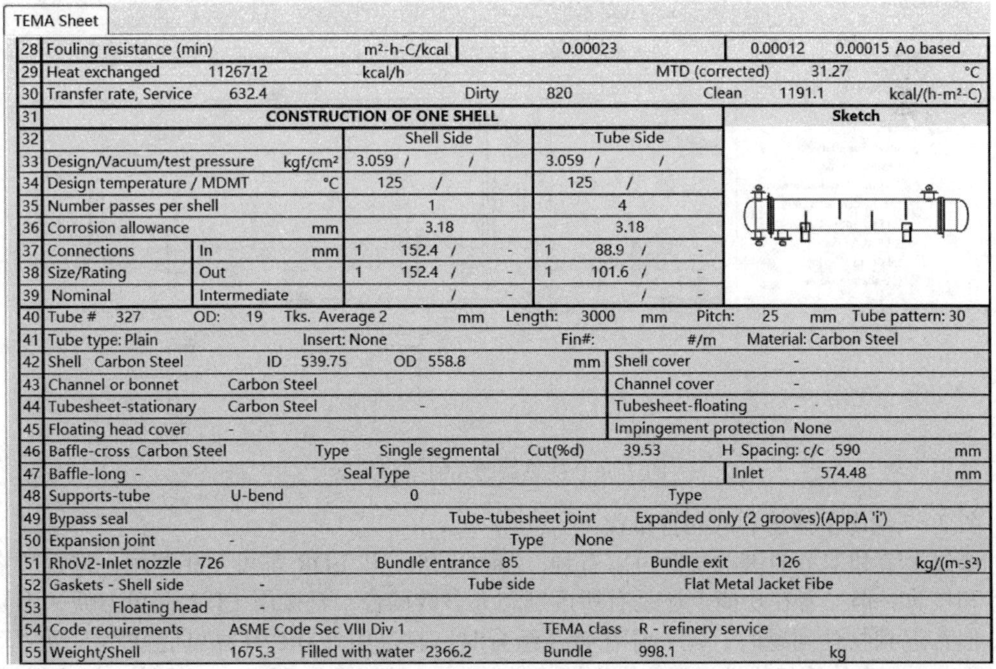

TEMA Sheet

No.	Item		Unit	Shell Side	Tube Side	
28	Fouling resistance (min)		m²-h-C/kcal	0.00023		0.00012 0.00015 Ao based
29	Heat exchanged 1126712		kcal/h		MTD (corrected) 31.27	°C
30	Transfer rate, Service 632.4			Dirty 820	Clean 1191.1	kcal/(h-m²-C)
31	CONSTRUCTION OF ONE SHELL					Sketch
32				Shell Side	Tube Side	
33	Design/Vacuum/test pressure		kgf/cm²	3.059 / /	3.059 / /	
34	Design temperature / MDMT		°C	125 /	125 /	
35	Number passes per shell			1	4	
36	Corrosion allowance		mm	3.18	3.18	
37	Connections	In	mm	1 152.4 / -	1 88.9 / -	
38	Size/Rating	Out		1 152.4 / -	1 101.6 / -	
39	Nominal	Intermediate		/ -	/ -	
40	Tube # 327	OD: 19 Tks. Average 2	mm	Length: 3000 mm	Pitch: 25 mm	Tube pattern: 30
41	Tube type: Plain	Insert: None		Fin#: #/m	Material: Carbon Steel	
42	Shell Carbon Steel	ID 539.75	OD 558.8 mm		Shell cover -	
43	Channel or bonnet	Carbon Steel			Channel cover -	
44	Tubesheet-stationary	Carbon Steel	-		Tubesheet-floating -	
45	Floating head cover	-			Impingement protection None	
46	Baffle-cross Carbon Steel	Type	Single segmental	Cut(%d) 39.53	H Spacing: c/c 590	mm
47	Baffle-long -		Seal Type		Inlet 574.48	mm
48	Supports-tube	U-bend	0		Type	
49	Bypass seal			Tube-tubesheet joint	Expanded only (2 grooves)(App.A 'i')	
50	Expansion joint	-		Type None		
51	RhoV2-Inlet nozzle 726		Bundle entrance 85		Bundle exit 126	kg/(m-s²)
52	Gaskets - Shell side	-		Tube side	Flat Metal Jacket Fibe	
53	Floating head	-				
54	Code requirements	ASME Code Sec VIII Div 1		TEMA class	R - refinery service	
55	Weight/Shell	1675.3	Filled with water 2366.2	Bundle	998.1	kg

图 7-54　换热器设计 TEMA Sheet 表单（2）

在“Results/Thermal/Hydraulic Summary/Performance”页面可以看到所设计换热器的性能情况，如图 7-55，其中 Vibration problem、RhoV2 problem 均为 No，表示无振动问题，ρv^2 小于 TEMA 指定值。最底部的 Heat Transfer Resistance（传热阻力）示意图显示管程、壳程传热阻力比较均衡，这些信息为用户进行优化设计提供了参考，用户可以针对性地减少相关热阻，以提高传热效率。

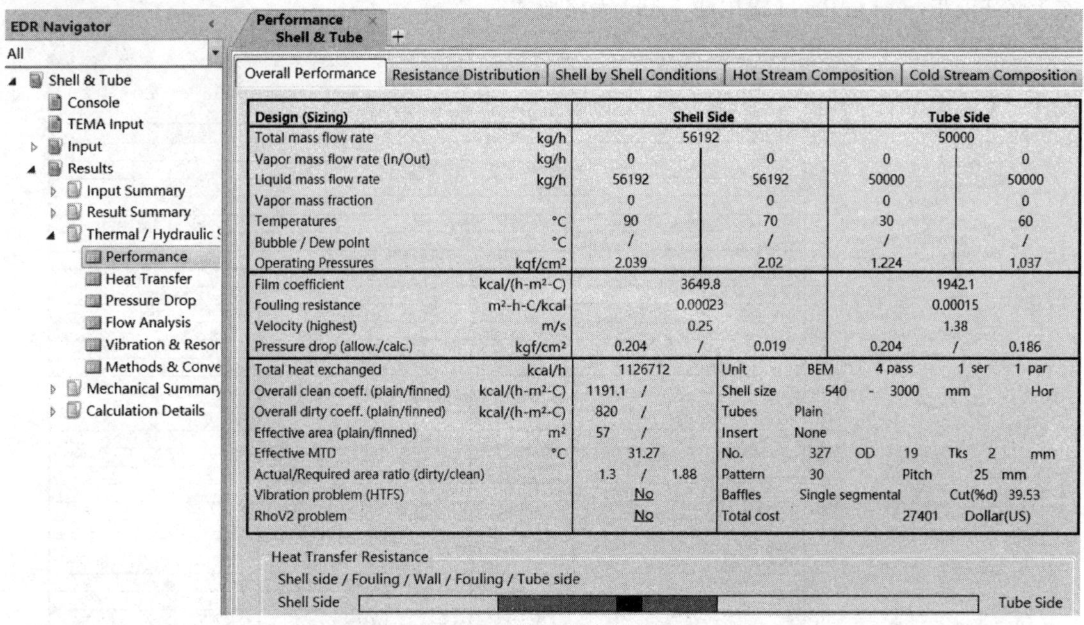

Design (Sizing)		Shell Side		Tube Side	
Total mass flow rate	kg/h	56192		50000	
Vapor mass flow rate (In/Out)	kg/h	0	0	0	0
Liquid mass flow rate	kg/h	56192	56192	50000	50000
Vapor mass fraction		0	0	0	0
Temperatures	°C	90	70	30	60
Bubble / Dew point	°C	/	/	/	/
Operating Pressures	kgf/cm²	2.039	2.02	1.224	1.037
Film coefficient	kcal/(h-m²-C)	3649.8		1942.1	
Fouling resistance	m²-h-C/kcal	0.00023		0.00015	
Velocity (highest)	m/s	0.25		1.38	
Pressure drop (allow./calc.)	kgf/cm²	0.204	0.019	0.204	0.186

Total heat exchanged	kcal/h	1126712	Unit	BEM 4 pass 1 ser 1 par
Overall clean coeff. (plain/finned)	kcal/(h-m²-C)	1191.1 /	Shell size	540 - 3000 mm Hor
Overall dirty coeff. (plain/finned)	kcal/(h-m²-C)	820 /	Tubes	Plain
Effective area (plain/finned)	m²	57 /	Insert	None
Effective MTD	°C	31.27	No.	327 OD 19 Tks 2 mm
Actual/Required area ratio (dirty/clean)		1.3 / 1.88	Pattern	30 Pitch 25 mm
Vibration problem (HTFS)		No	Baffles	Single segmental Cut(%d) 39.53
RhoV2 problem		No	Total cost	27401 Dollar(US)

图 7-55　换热器的性能

图 7-56 给出了换热器的几何结构数据。

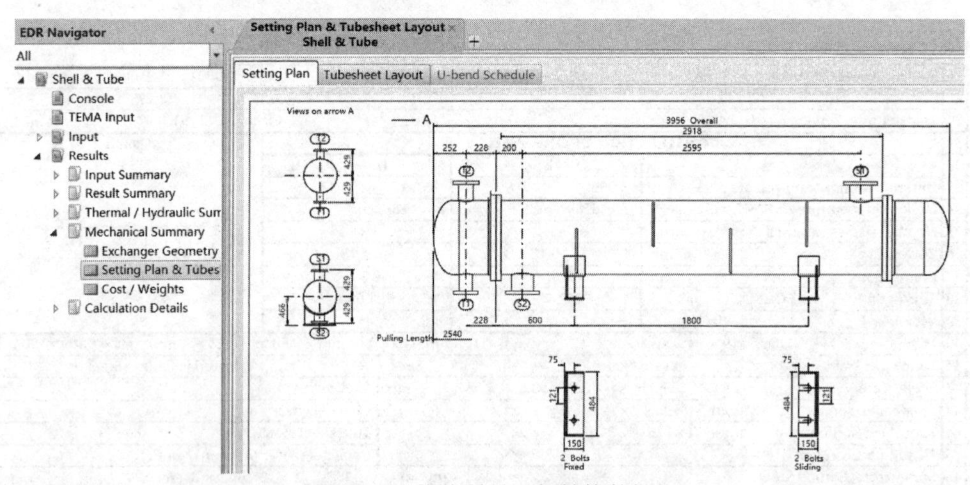

图 7-56　换热器的几何结构数据

图 7-57 给出了换热器的列管布置。

通过上节和本节的讲解我们可以看到，Aspen Plus 和 EDR 都可互相调用，进行严格的设计和核算，但二者在功能上还是有所区别。大多数场合，直接用 EDR 简单方便，不易出错，但在遇到物性问题时，比如存在特殊组分时，直接用 EDR 计算可能并不方便，而从 Aspen Plus 中先估算好物性之后，将物性传递给 EDR 计算（参见图 7-44 物性高级选项），这样就非常方便。

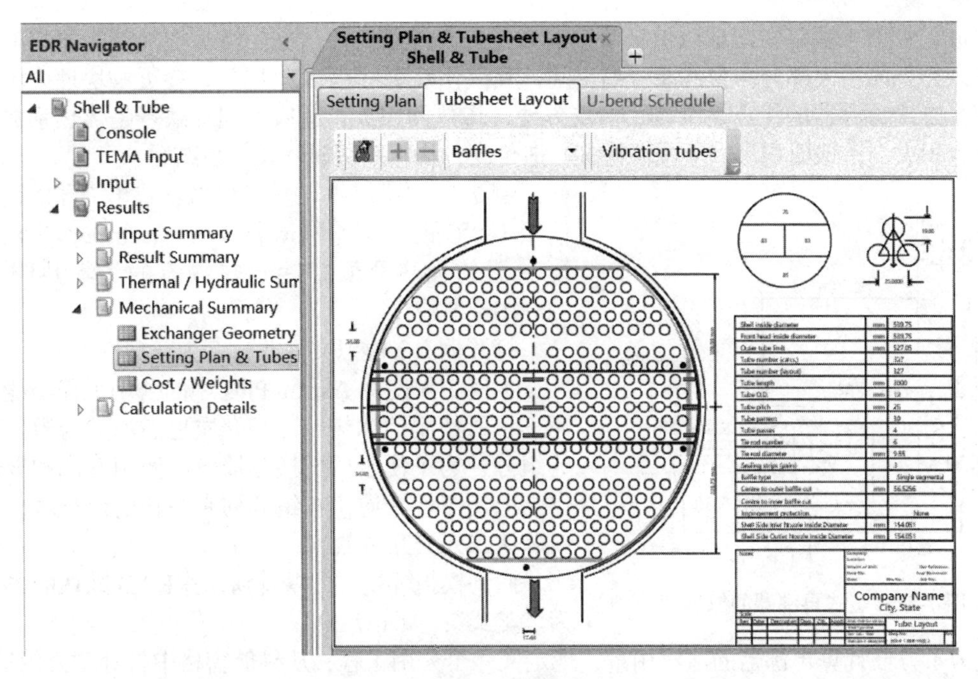

图 7-57　换热器的列管布置

练习 7-6　使用 EDR 设计一芳烃换热器。芳烃物流入口温度 180℃、压力 0.4MPa、流量 10000kg/h，走壳程，质量组成为苯 22%、甲苯 28%、乙苯 39%、水 11%，出口温度 110℃，允许压降 0.02MPa，污垢热阻 0.0001m^2 · K/W。冷却水入口温度 32℃、出口 40℃，压力 0.4MPa，走管程，允许压降 0.02MPa，污垢热阻 0.0003m^2 · K/W。芳烃物性方法选用 Aspen Property 的 NRTL-RK、V-L-L 三相，冷凝过程冷却水物性选用 IAPWS-95。几何尺寸采用 SI 标准，Φ25mm × 2.5mm 的列管长 3000 mm，管心距 32 mm，面积富余 20%。用 EDR 计算所需换热面积、冷却水用量。（答案：30.6m^2、196.73t/h）

练习 7-7　用 EDR 设计一烷烃冷却器，用 4.0bar、28℃的水冷却烷烃。冷却水走管程，出口温度 38℃，污垢热阻 0.0003m^2 · K/W。烷烃（丙烷、正丁烷摩尔分率都为 50%）走壳程，流量 20000kg/h、压力 12bar、进口温度 80℃，要求出口温度达到 55℃，污垢热阻 0.0001m^2 · K/W。Φ19mm × 2mm 列管长 4500mm，管心距 25mm，面积富余 20%，允许压降均取 0.3bar，其余采用系统默认值。烷烃用 EDR 自带的 COMThermo 的物性 Peng-Robinson，水用 Aspen Property 的物性 IAPWS-95。计算所需换热面积、冷却水用量。（答案：110.9m^2，165.7t/h）

7.4 再沸器设计（公用工程）

在精馏塔设计中经常会遇到流体换热过程中发生相变的换热器，如再沸器有汽化过程，塔顶冷凝器有气体冷凝过程。精馏塔中的再沸器可以利用 RadFrac 里的“再沸器向导”与 EDR 联结进行计算和设计。在 RadFrac 里的再沸器有两种，一种是釜式再沸器，另一种是热虹吸再沸器，本节将分别介绍。本节也会对 Aspen Plus 中的公用工程功能进行介绍。

7.4.1 釜式再沸器

釜式再沸器（kettle reboiler）的原理如图 7-58 所示，由一个扩大的壳体和一个可抽出的管束组成，管束末端有溢流堰以保证管束有效浸没在沸腾的流体中。溢流堰外侧为出料液体的缓冲区，壳体扩大部分作为汽液分离空间，其汽化效率可达 80%以上，接近一块理论塔板的效率。釜式再沸器的优点是维修、清洗方便，传热面积大，适应性强。缺点是传热系数小，壳体容积大，占地面积大，金属消耗多，造价高，物料停留时间长，易结垢。

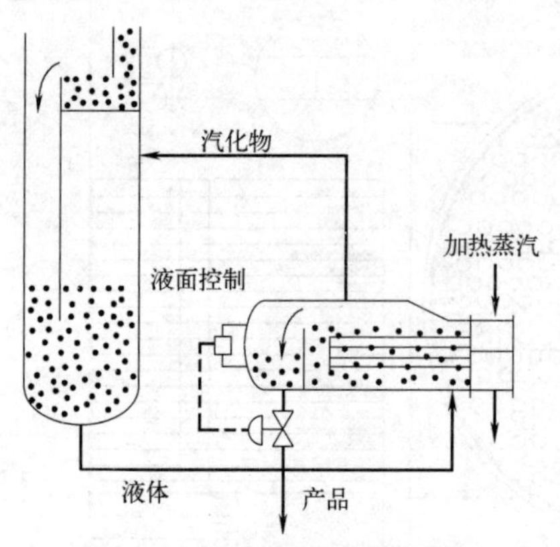

图 7-58　釜式再沸器的原理图

例 7-5　为例 5-3 的精馏塔做釜式再沸器的设计，使用 140℃低压蒸汽（low pressure steam）作为精馏塔再沸器的加热介质，冷、热物流的污垢热阻均为 $0.0001m^2 \cdot K/W$。

打开例 5-3 模拟文件并另存为新文件。

本例中需使用 Aspen Plus 中的公用工程功能。公用工程所使用的加热或冷却介质也需添加为模拟程序的组分，为了便于后面换热器设计使用蒸汽和冷却水作为公用工程介质，在组分列表中新增组分水，并重新确认二元交互参数。

回到模拟环境，可以看到，塔 RAD 默认的再沸器为“釜式”，如图 7-59。

为了方便计算再沸器的蒸汽用量，现定义一个公用工程，从导航窗格中打开“公用工程”页面，点击“新建”，如图 7-60。

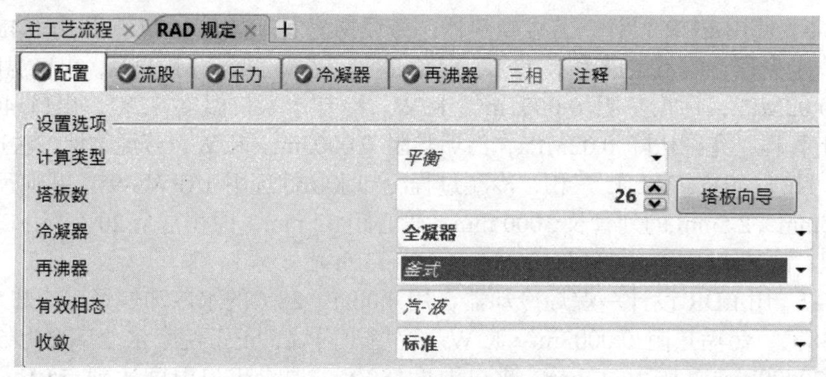

图 7-59　塔 RAD 的再沸器为“釜式”

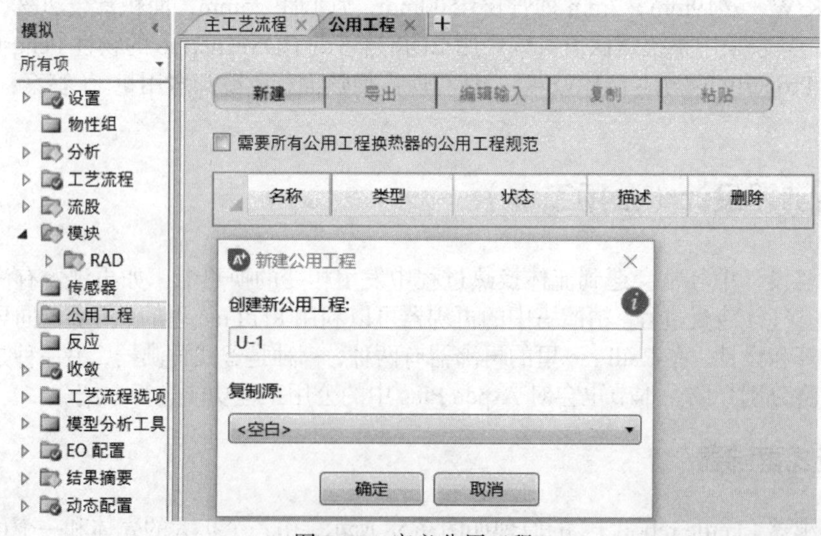

图 7-60　定义公用工程

在弹出对话框中，将公用工程重命名 STEAM，从“复制源”下拉菜单选中公用工程类型为低压蒸汽（即复制低压蒸汽的温度、压力、物性等信息），如图 7-61。

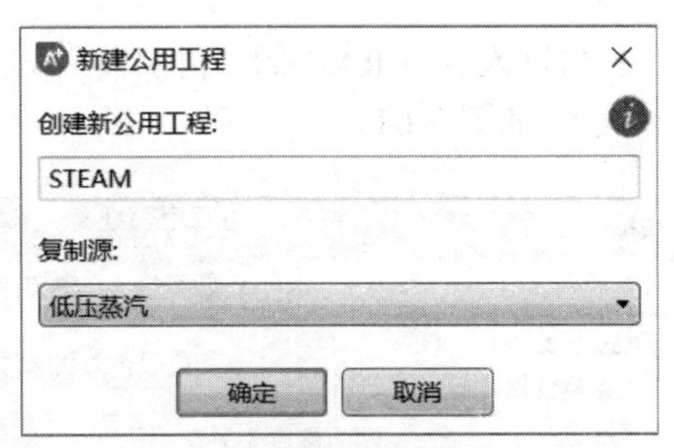

图 7-61　选择公用工程

点击“确定”后，定义名为 STEAM 的低压蒸汽公用工程。从“公用工程/STEAM/输入”页面查看其具体信息，填入采购价格 200$/t（用户可将$视为人民币￥，我国低压蒸汽价格大约为 200 元/t），并选中“指定进口/出口条件”，如图 7-62。

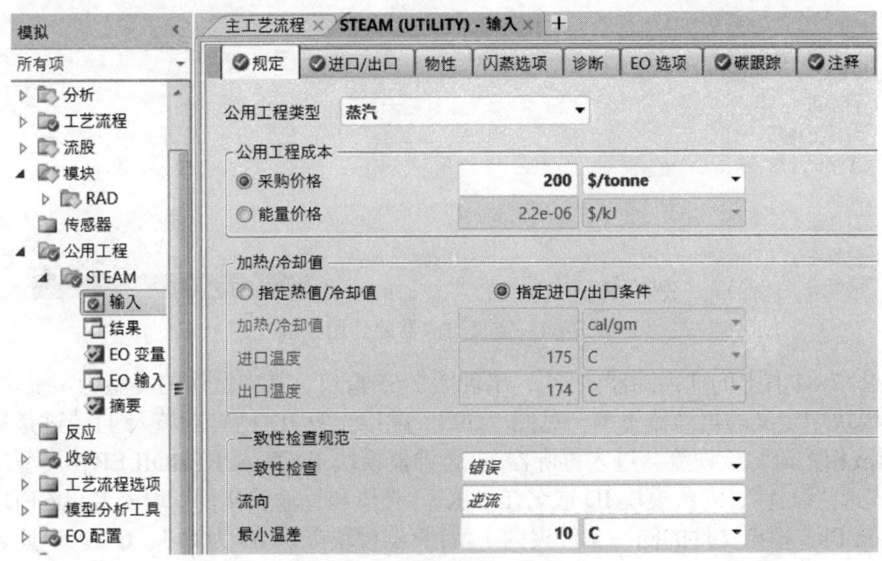

图 7-62　设置蒸汽价格信息

从“进口/出口”页面查看、修改蒸汽进、出口状态信息。其中蒸汽进口设置为 140℃（比塔釜温度 119℃高 21℃，一般需保证 10~20℃温差）、出口 139℃（比蒸汽进口低 1℃），进口饱和蒸汽的汽相分率为 1，出口饱和水的汽相分率为 0，如图 7-63。

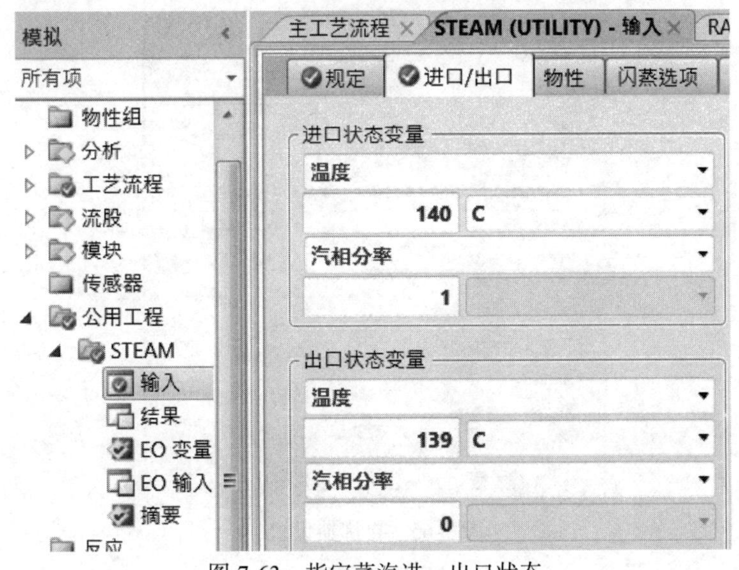

图 7-63　指定蒸汽进、出口状态

再进入设备 RAD 的“再沸器”页面，在“公用工程”位置选 STEAM（前面定义的低压蒸汽），如图 7-64。

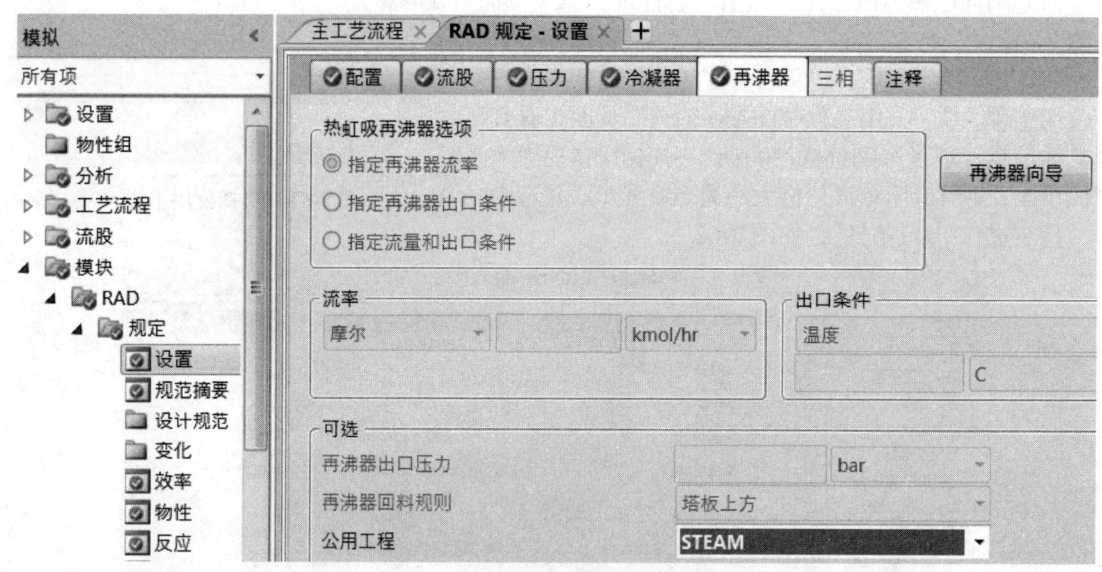

图 7-64　定义再沸器的公用工程

点击图 7-64 右上的“再沸器向导”，出现图 7-65 窗口，其中默认的类型为“釜式”，是前面 RAD 模块中定义的再沸器类型（见图 7-59）。虚拟流股 ID 已自动填入 11（这是从塔底引出的虚拟液相物流，该物流会进入再沸器），再沸器模块 ID 填入 REBOILER，类型选“壳和管”，模式选“设计”，闪蒸模块 ID 取名 TANK，“壳体和管输入文件”填入 Kettle.EDR（默认位于 Aspen Plus 模拟文件的同一文件夹内），计算器模块默认 ID 为 C-1、C-2。上述名称可任取，但不能用中文。

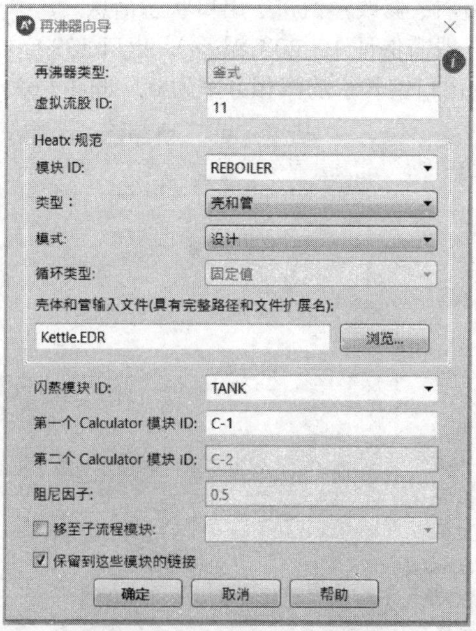

图 7-65　再沸器设置

点击“确定”回到流程图，可以看到流程中自动添加了一个换热器（即再沸器）和一个闪蒸罐，换热器通过虚拟流股 11 连接精馏塔，如图 7-66。

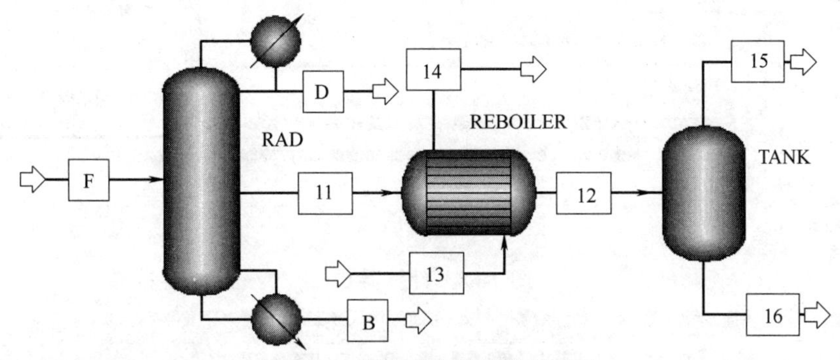

图 7-66　设置再沸器后的流程图

精馏塔引出的虚拟物流 11，代表进入再沸器的物流，不影响精馏塔的计算，其值不需要输入，系统会自动赋值，是最后一块实际塔板（编号 25，不是 26）的液相流量，如图 7-67 底部所示。

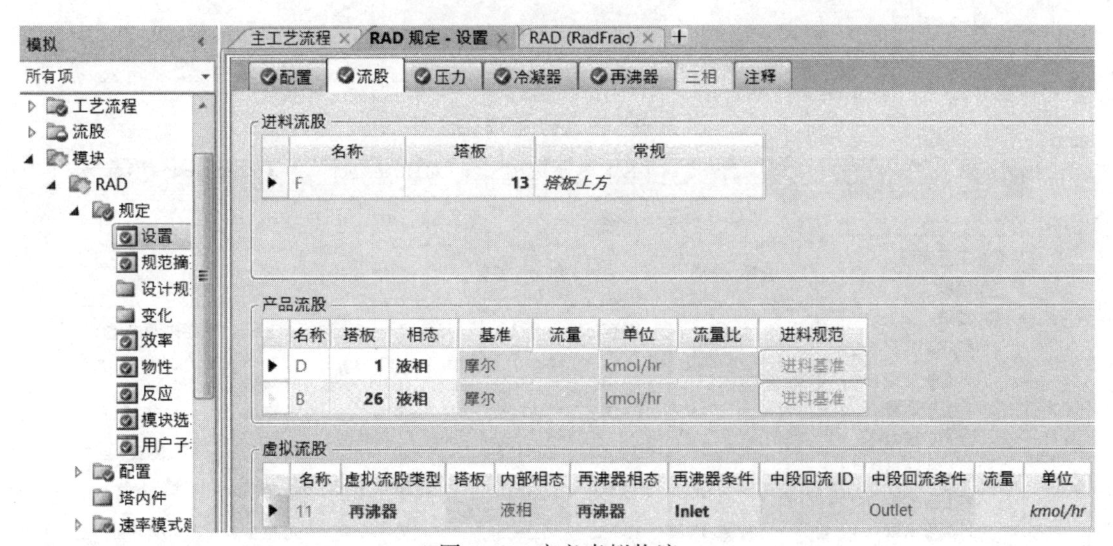

图 7-67　定义虚拟物流

需要说明，流程图 7-66 表示塔底物流进入换热器（釜式再沸器），被加热后部分汽化，再进入闪蒸罐，闪蒸后的汽相返回塔底，液相作为产品离开，读者可根据需要决定在换热器前是否加一台泵，这里不加。

可以看到执行再沸器向导后，软件自动添加了计算器 C-1（图 7-68）。C-1 中定义了两个变量，其中 QCALC 为 RAD 塔的再沸器热负荷（是计算精馏塔时得出的数据），为导入变量；DUTY 为 REBOILER 模块所需要的加热负荷，为导出变量。二者应该相等（即 DUTY=QCALC，使 REBOILER 模块的负荷自动等于塔 RAD 计算出来的再沸器负荷）。

物流 13 为 REBOILER 模块的加热物流，需手动输入进料条件。根据题设，物流 13 应为 140℃的饱和蒸汽（即公用工程的低压蒸汽），流量可以暂时先输入估计值，如 45000kg/h，之后会根据计算结果填入实际值。进料参数输入结果如图 7-69。

重置、运行之后，会生成换热器文件 KETTLE.EDR，位于此 Aspen Plus 文件所在目录。查看精馏塔 RAD 的“分布”结果，如图 7-70，自动引出的物流 11 实际就是精馏塔第 25 块塔

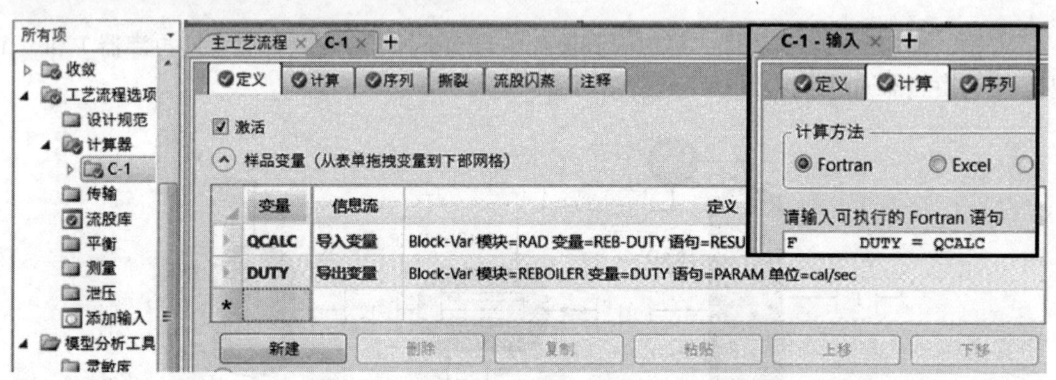

图 7-68 计算器 C-1

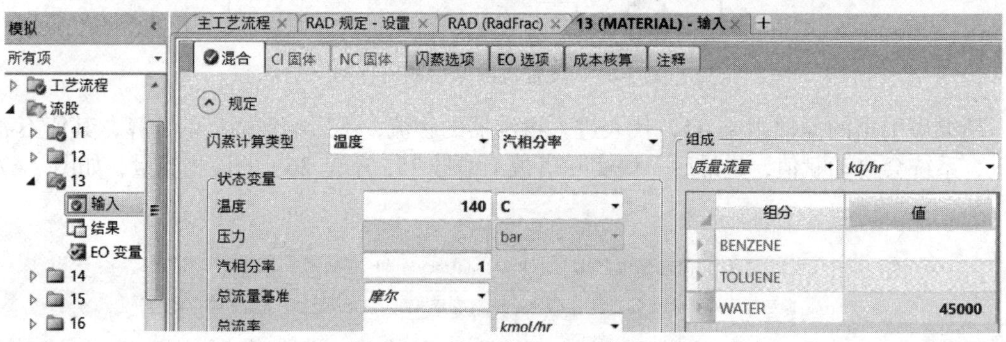

图 7-69 输入物流 13 的条件

图 7-70 精馏塔的水力学数据表

板（倒数第 2 块）的液相流量。查看物流 11 的结果，如图 7-71，可以看出，二者流量相同，等于 98360.4kg/h。

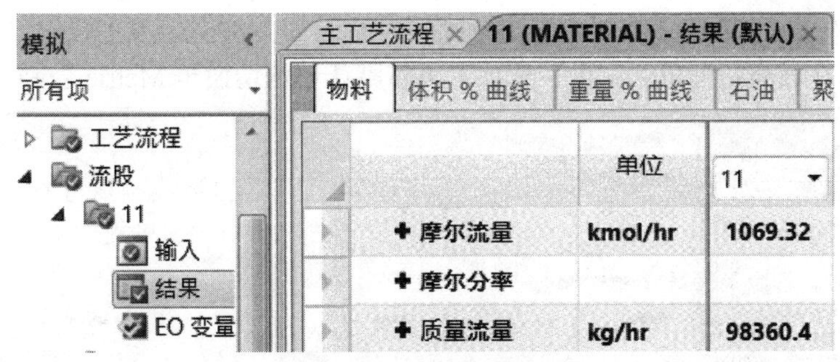

图 7-71　物流 11 的结果

导航窗格中打开“公用工程/STEAM/结果”，可知公用工程消耗低压蒸汽 11350.9kg/h，如图 7-72。

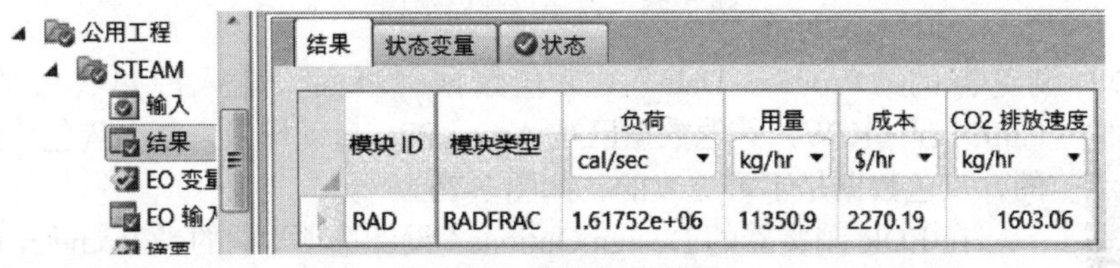

图 7-72　公用工程结果

现将物流 13（蒸汽）的流量改为实际消耗量 11350.9kg/h，如图 7-73。

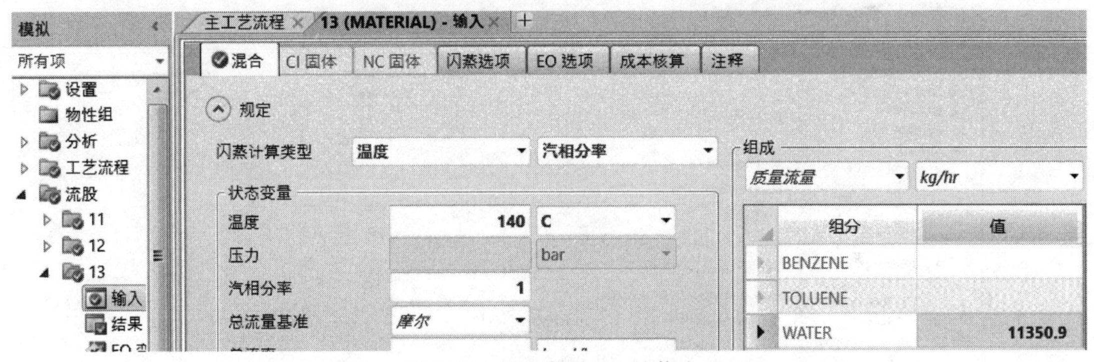

图 7-73　设置物流 13 的信息

重置、运行后，可在 EDR 浏览器看到计算结果，如图 7-74。

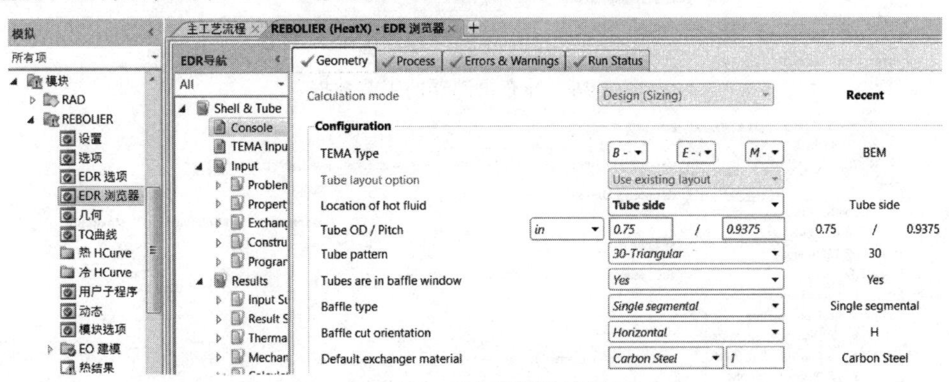

图 7-74　再沸器设计结果

上述结果是根据软件默认的标准设计的再沸器，其中存在一些问题，比如 TEMA 结构形式为 BEM，而不是釜式结构。在“Geometry Summary”页面将其换成釜式 BKU 结构（B 是常用的前端结构，K 表示釜式，U 表示 U 形管），列管选用 Φ25mm × 2.5mm，管心距 32mm，如图 7-75。（可在页面左上角“主页”选项卡下将默认单位切换至 Metric 公制。）

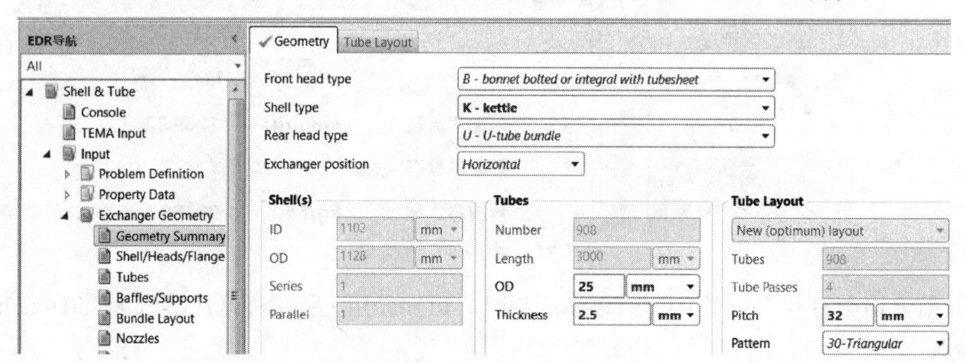

图 7-75　选择再沸器结构

在 EDR 浏览器的“Process Data”（工艺数据）页面，输入冷热物流的污垢热阻 0.0001m^2·K/W，其他数据已被 Aspen Plus 自动导入，其中蓝色数据是可调整的，灰色数据是不可更改的，如图 7-76。

图 7-76 彩图

在 EDR 浏览器的 Design Options（设计选项）中的“Geometry Limits”（几何结构限制）标签页，规定列管最小、最大均为 3000mm（即固定为 3.0m），如图 7-77。

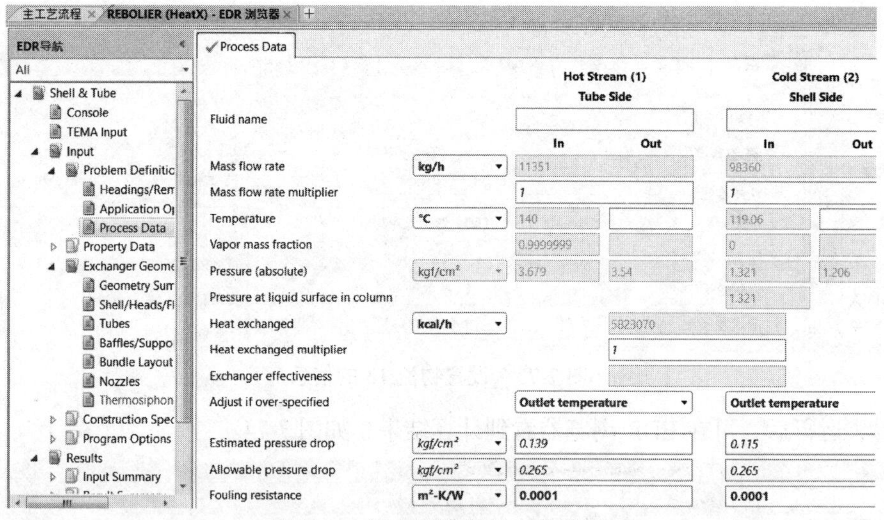

图 7-76　补充再沸器的工艺数据

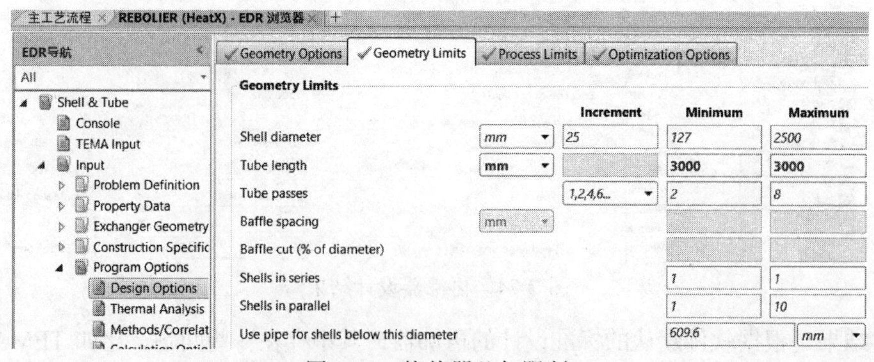

图 7-77　换热器几何限制

在“Process Limits”（工艺限制）页面，输入最大速度 30m/s（蒸汽速度不应超过此值），其余为默认值，如图 7-78。

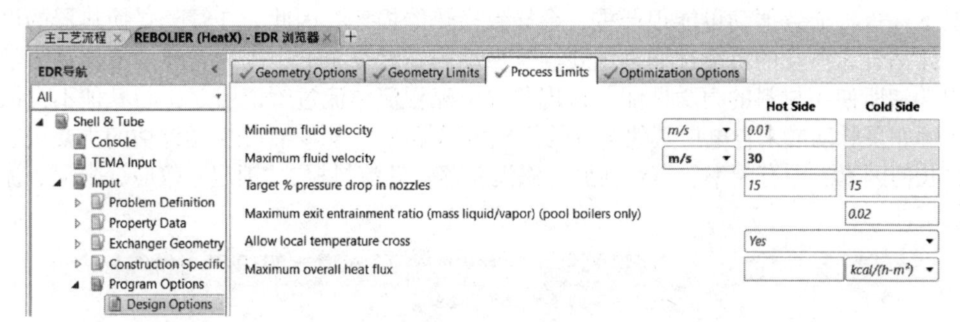

图 7-78　工艺限制

在“Optimization Options”（优化选项）页面，Minimum % excess surface area required（即换热面积富余量）输入 20%（设计模式的余量范围为 0~20%，工程实际一般选 30%~50%），如图 7-79。

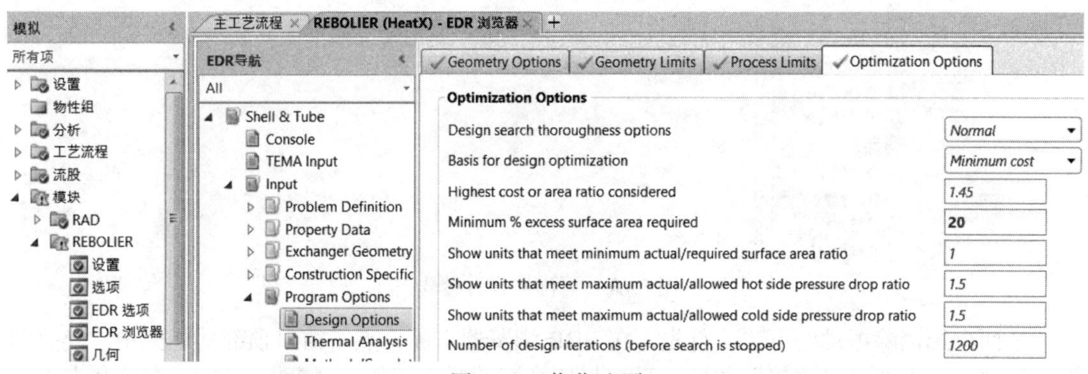

图 7-79　优化选项

重置、运行之后，查看所设计换热器的性能，其中 Vibration problem 为红色 Possible，表示可能存在振动，如图 7-80。

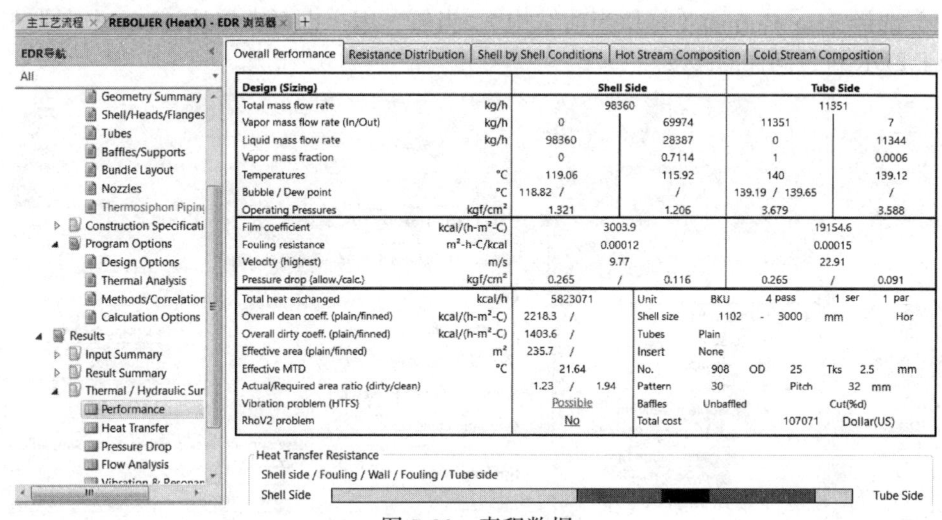

图 7-80　壳程数据

回到 Aspen Plus，在 REBOILER“热结果”的“状态”标签页，同样提示有振动，如图 7-81。Vibration problem（振动问题）指当流体流过或经过支撑管时会激发管的振动。在某些情况下，这种流致振动可能很严重，会导致换热器损坏。因此，在管壳式换热器的设计过程中，评估管道振动的可能性非常重要。管振动问题是复杂的，因为它涉及流体动力学、结构动力学和所使用材料的力学性能。该现象仅由壳程流体流过管道引起，与其他不良振动源无关（例如泵脉动或来自电厂其他地方的机械传递振动）。影响管壳振动评估的主要机制和因素有：几何因素、固有频率、声音共振、涡流脱落、湍流抖振、“锁定”效应、阻尼、流体弹性不稳定性。

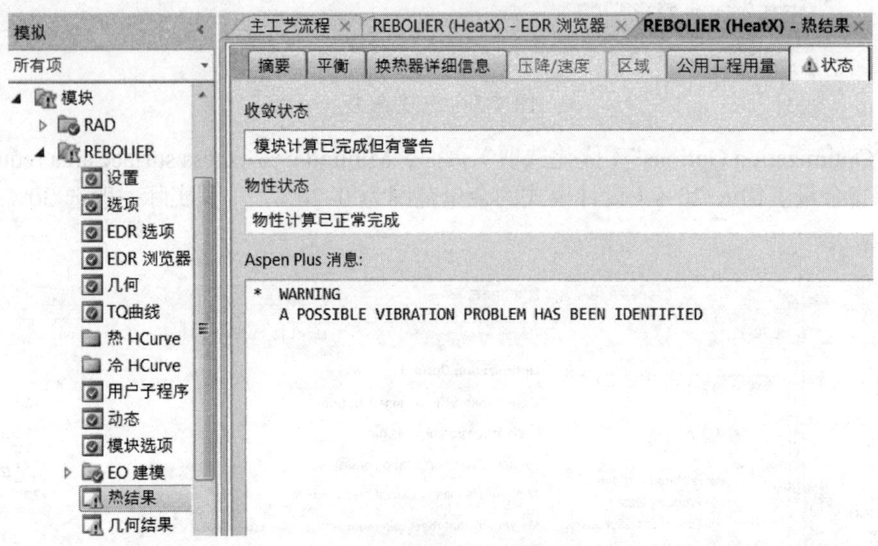

图 7-81　再沸器设计警告

下面介绍消除振动的方法。首先，在 EDR 浏览器页面，点击窗口顶部功能区中“换热器设计”选项卡下的“已连接”图标，系统将切换至“脱机工作”（如图 7-82），在此状态下用户可切换换热器的计算模式。随后，在 EDR 浏览器的“Application Options”页面，将 EDR 的 Calculation mode（计算模式）由 Design（Sizing）（设计）改为 Simulation（模拟）。此时系统会询问：Use current design geometry in Simulation mode?（是否在模拟中用当前设计的几何结构？）选择 Use Current（采用当前结构）。当然，用户也可直接从 EDR 软件打开文件 KETTLE.EDR 进行同样的修改。

图 7-82　修改计算模式为“模拟”

这里采用增加壳体支撑的办法消除振动。在 Baffles/Supports（挡板/支撑）的“Tube Supports”（列管支撑）标签页，将 Number of supports for K，X shells（K、X 壳体的支撑数量）从 2 改为 5，如图 7-83。需要说明的是，该项数据在“设计”的计算模式下是无法修改的。

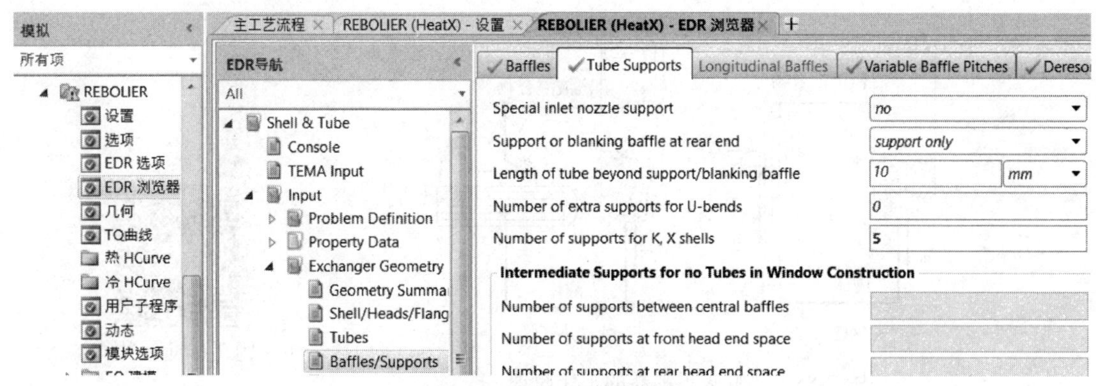

图 7-83 增加壳体支撑数

“脱机工作”状态下，点击顶部功能区中“换热器设计”选项卡下的“Run”图标，重新运行 EDR，可以看到，Vibration problem 处已由之前的 Possible 变成 NO，即无振动问题，如图 7-84。

Results
Input Summary
Result Summary
Thermal / Hydraul
Performance
Heat Transfer
Pressure Drop
Flow Analysis
Vibration & Re
Methods & Co
Mechanical Summ
Calculation Detail

Temperatures	°C	119.06	
Bubble / Dew point	°C	118.82 /	
Operating Pressures	kgf/cm²	1.321	
Film coefficient	kcal/(h-m²-C)		2926.6
Fouling resistance	m²-h-C/kcal		0.00012
Velocity (highest)	m/s		10.02
Pressure drop (allow./calc.)	kgf/cm²	0.265	/
Total heat exchanged	kcal/h	6001060	
Overall clean coeff. (plain/finned)	kcal/(h-m²-C)	1807.4 /	
Overall dirty coeff. (plain/finned)	kcal/(h-m²-C)	1227.1 /	
Effective area (plain/finned)	m²	235.7 /	
Effective MTD	°C	21.28	
Actual/Required area ratio (dirty/clean)		1.03 / 1.51	
Vibration problem (HTFS)		No	
RhoV2 problem		No	

图 7-84 消除振动后的换热器性能

7.4.2 热虹吸再沸器

热虹吸再沸器（thermosiphon reboiler）的工作原理如图 7-85，利用再沸器入口（不含气泡的液体）和再沸器出口（蒸气/液体混合物）之间的密度差，提供足够的液相压头，促使工艺介质自然循环流动，因此不需要泵。具体工作方式为塔底无气泡的液体进入再沸器被加热后部分汽化，形成的汽-液混合物密度显著减小（小于无气泡的液体），一起进入塔内，并在塔内实现汽-液分离。由于存在左右两侧物料的密度差和压力差，塔底的液体被不断压入再沸器内，形成虹吸和快速循环。热虹吸再沸器可分为立式和卧式，立式通常采用管内蒸发、单管程，卧式通常为壳程蒸发。其设计要点包括以下几点。

① 汽化率：碳氢化合物 10%~35%，水溶液 2%~10%，最大不超过 50%；

② 安装高度：安装高度需保证足够的液相压头，以提供热虹吸过程的循环动力；

③ 管线压力分配：合理的压力分配以使热虹吸循环管线工作稳定，一般入口管线压降占

比 20%~30%，出口管线线压降占比 10%~20%（最大不超过 30%），出口管线气相 ρv^2 不大于 72kg/（m · s²）；

④ 出口流型：出口不要发生雾状流和过渡流。

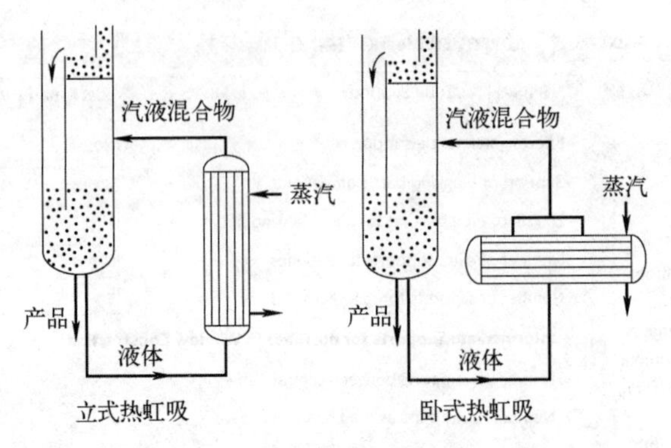

图 7-85　热虹吸再沸器的工作原理

例 7-6 演示视频

例 7-6　为例 5-3 的精馏塔做立式热虹吸再沸器设计，用 140℃低压蒸汽加热（出口 139℃），假定蒸汽侧污垢热阻 0.000088m² · K/W，物料侧污垢热阻 0.000172m² · K/W。

打开例 5-3 模拟文件并另存为新文件。先建立低压蒸汽公用工程 STEAM，计算出再沸器消耗 140℃低压饱和蒸汽为 11350.6kg/h（过程参考上节例 7-5），该用量与所选再沸器类型无关。

进入设备 RAD 的设置页面，将再沸器由“釜式”改为“热虹吸”，如图 7-86。

配置　流股　压力　冷凝器　再沸器　三相　注释

设置选项

计算类型	平衡
塔板数	26　塔板向导
冷凝器	全凝器
再沸器	热虹吸
有效相态	釜式
收敛	热虹吸 / 无

热虹吸再沸器。

图 7-86　修改再沸器类型

进入“再沸器”标签页，在“热虹吸再沸器选项”里有三个选项，通常选第二个“指定再沸器出口条件”，易于指定参数，并指定再沸器流量出口物流的摩尔汽相分率为 0.15，再沸器压力不填，默认为塔底压力，如图 7-87。

在图 7-87 页面底部可以看到塔釜的三种结构。第一个是不带折流板的循环；第二个是带折流板的循环，需要足够的液体返回；第三个是带辅助折流板的循环（常在裙座较低，为增加热虹吸循环动力时使用）。通常默认选第一种。

点击“再沸器向导”，输入相应信息，如图 7-88。

其中，默认的再沸器类型为热虹吸，这是前面塔设置中选定的（图 7-86）。虚拟流股 ID 已自动填入 11（这是从塔底引出的液相物流，该物流会进入再沸器），再沸器模块 ID 填入 REBOILER，类型选“壳和管”，模式选“设计”，闪蒸模块 ID 取名 TANK，“壳体和管输入文件”填入 Thermo.EDR（不分大小写），计算器模块为 C-1、C-2。点击“确定”之后，可以看

配置
流股
压力
冷凝器
再沸器
三相
注释
热虹吸再沸器选项
指定再沸器流率
指定再沸器出口条件
指定流量和出口条件
再沸器向导
流率
摩尔
kmol/hr
出口条件
摩尔汽相分率
0.15
可选
再沸器出口压力
bar
再沸器回料规则
塔板上方
公用工程
STEAM
再沸器配置
NT-1
NT
NT-1
NT
NT-2
NT
NT-1
无折流板循环
折流板循环
辅助折流板循环
(需要充足的液相回流)

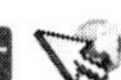

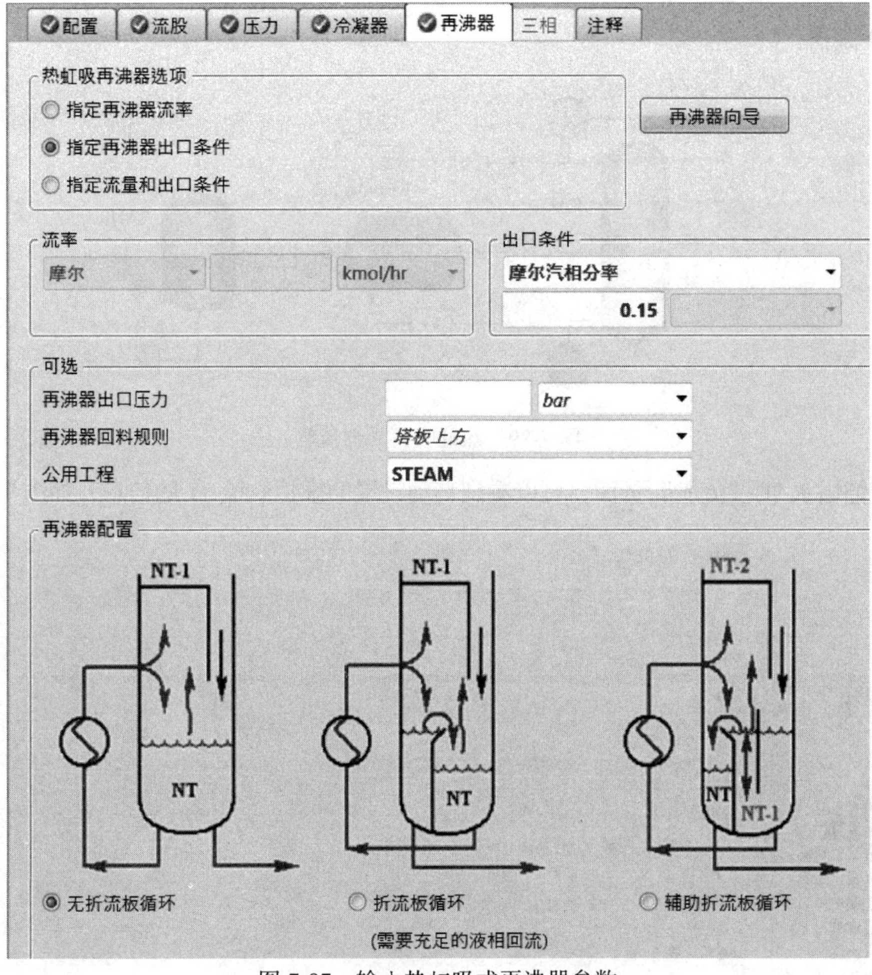

图 7-87　输入热虹吸式再沸器参数

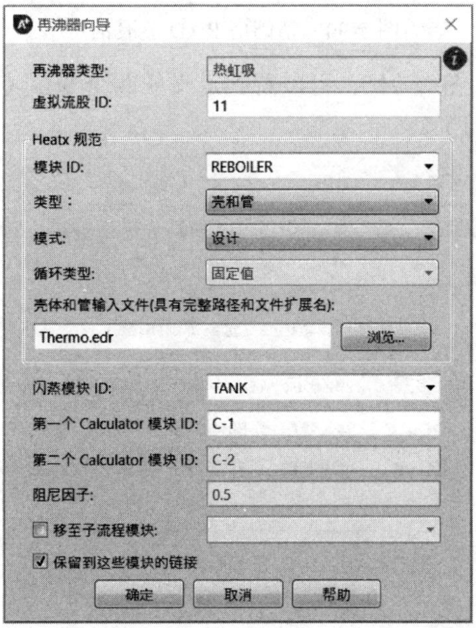

再沸器向导
再沸器类型:
热虹吸
虚拟流股 ID:
11
Heatx 规范
模块 ID:
REBOILER
类型：
壳和管
模式:
设计
循环类型:
固定值
壳体和管输入文件(具有完整路径和文件扩展名):
Thermo.edr
浏览...
闪蒸模块 ID:
TANK
第一个 Calculator 模块 ID:
C-1
第二个 Calculator 模块 ID:
C-2
阻尼因子:
0.5
移至子流程模块:
保留到这些模块的链接
确定
取消
帮助

图 7-88　再沸器向导信息

到图 7-89 流程。

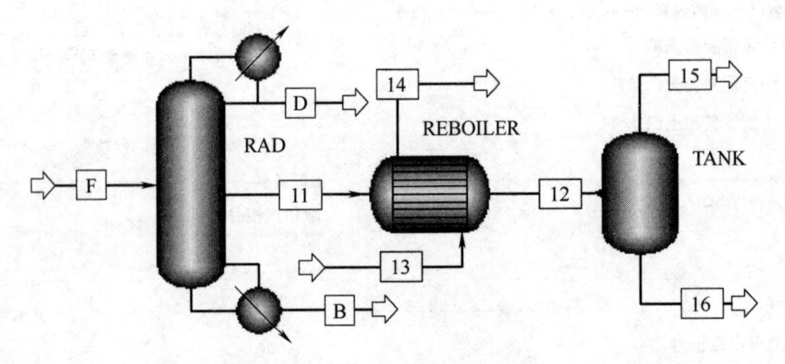

图 7-89　热虹吸再沸器流程

从精馏塔 RAD“流股”页面，可以看到自动设置的虚拟物流 11 的信息，如图 7-90。

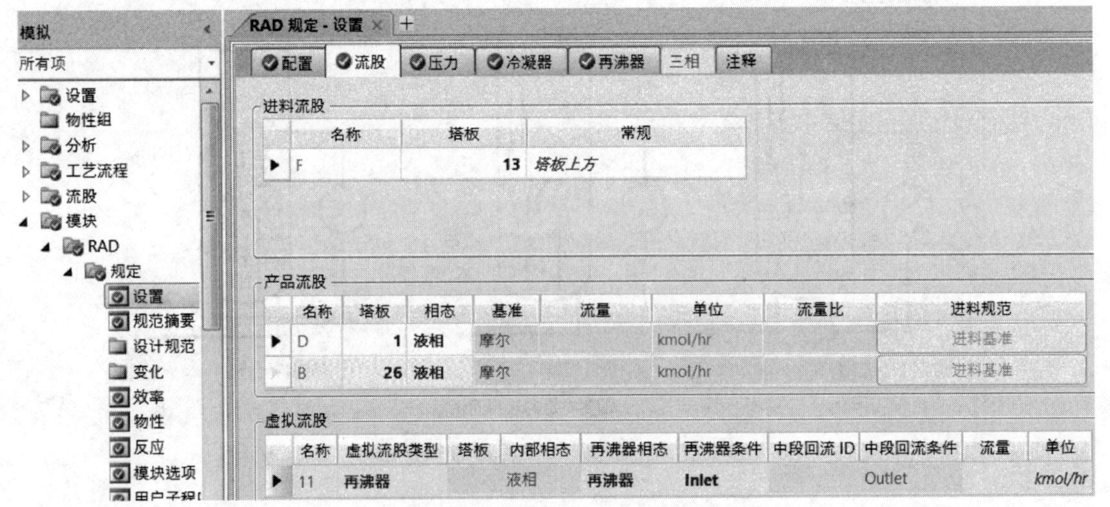

图 7-90　精馏塔 RAD 流股信息

从计算器 C-1 页面（图 7-91），可以看到定义的两个变量 QCALC 和 DUTY，将变量 QCALC 的值赋给变量 DUTY。

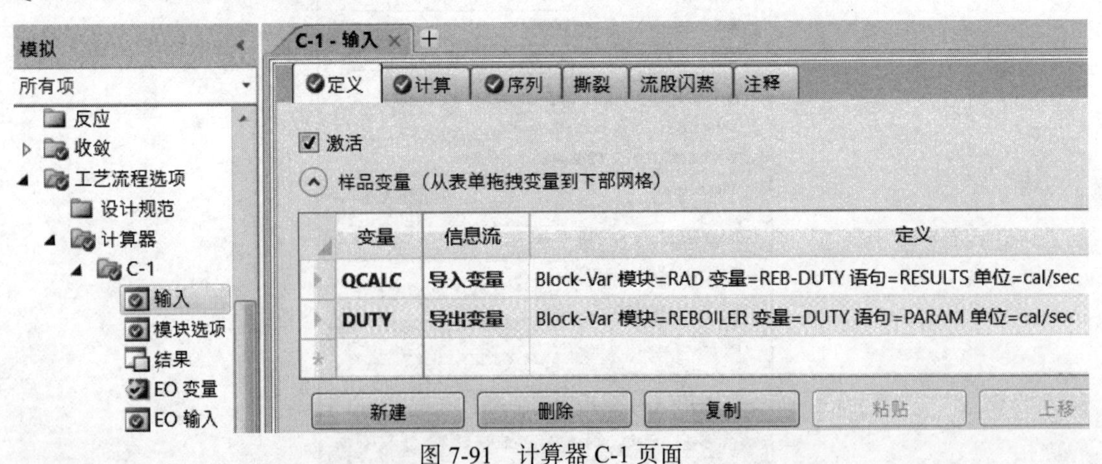

图 7-91　计算器 C-1 页面

流股 13 输入蒸汽量 11350.6kg/h（这是公用工程 STEAM 计算结果），如图 7-92。

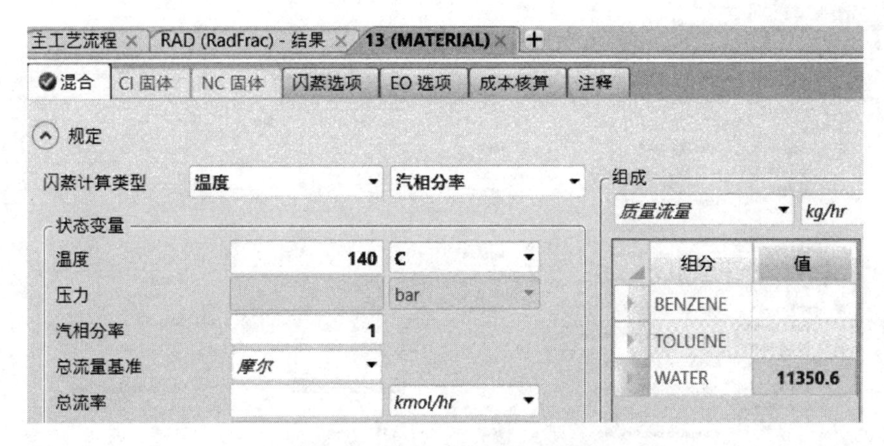

图 7-92　定义再沸器蒸汽用量

重置并运行，然后在 Aspen Plus 文件所在目录，有文件名为 THERMO.EDR 的文件，用 EDR 浏览器查看（或用 EDR 打开 THERMO.EDR）。在“Application Options”（应用选项）页面下规定单位为 SI，冷侧设置 Application（应用）为 Vaporization（蒸发），Vaporizer type（蒸发器类型）为 Thermosiphon（热虹吸），如图 7-93。

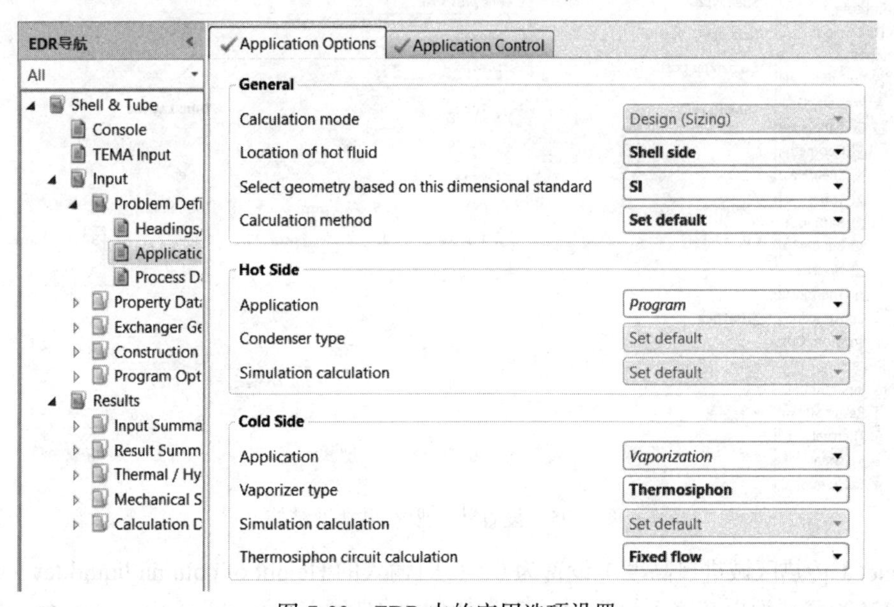

图 7-93　EDR 中的应用选项设置

在“Process Data”（工艺数据）页面，输入两侧允许压降分别为 30kPa 和 20kPa（当换热器出口为负压时，压降一般不大于进口压强 40%；换热器出口压力为正压时，压降一般不大于进口压强 20%），两侧的污垢热阻分别为 0.000088m^2·K/W 和 0.000172m^2·K/W，如图 7-94 所示。

规定管径 25mm，壁厚 2mm，管心距 32mm，Exchanger position（换热器放置方式）为 Vertical（立式），如图 7-95。

在图 7-96 的“Thermosiphon Piping”（热虹吸管线）页面，设置 Percent of driving head lost in inlet line（入口管线压降占比）为 25（%），Percent of driving head lost in outlet line（出口管线压降占比）为 10（%）。下一步设置再沸器的液面高度。为简便起见，可将 Height of heat transfer

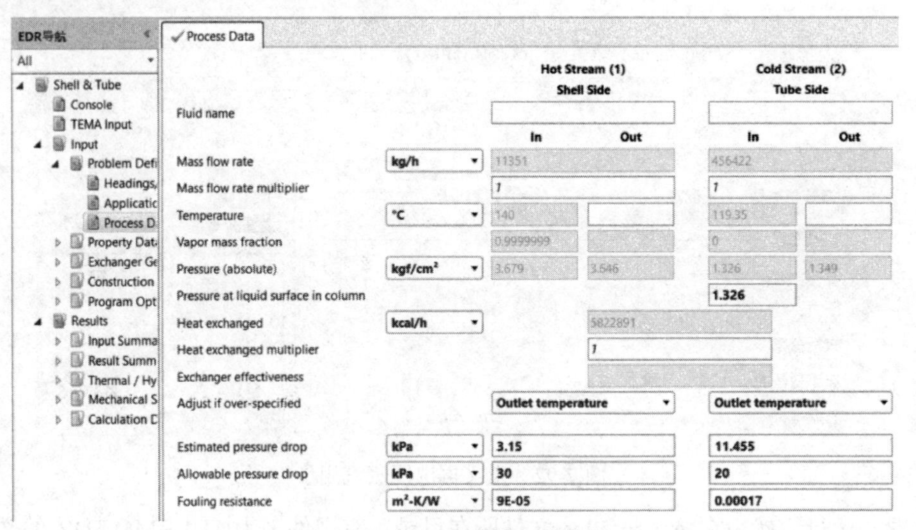

图 7-94　设置再沸器工艺数据

图 7-95　设置热虹吸式再沸器结构

region inlet（传热区域进口高度）设置为 0，此时输入的 Height of column liquid level（塔内液位高度）2500 mm 为再沸器下封头管板与塔内液面的高度差，Height of return line to column（再沸器顶部出口管返回塔接管的高度）输入 3000mm，表示再沸器下封头管板与再沸器返回口的高度差。再沸器返回口与塔釜液面高度差一般不能低于 300mm，否则会造成气液分离不干净；高度差也不能过高，否则会造成出口段压降上升，进而造成再沸器循环动力不足、安装高度增加。一般初始设为 600mm 左右。

在“Materials of Construction”（结构材料）页面选取设备的材质。可设置此再沸器筒体冷侧及管程的材质为 SS 304（stainless steel 304，304 不锈钢），其他部分使用 Carbon Steel（碳钢）材质，具体设置如图 7-97。

在 Design Options（设计选项）的“Geometry Limits”（几何结构限制）页面，设置管长的范围从 1400 至 4500mm（因为塔裙座高度限制，立式虹吸再沸器不能太长，通常在 3000mm 以内），如图 7-98。

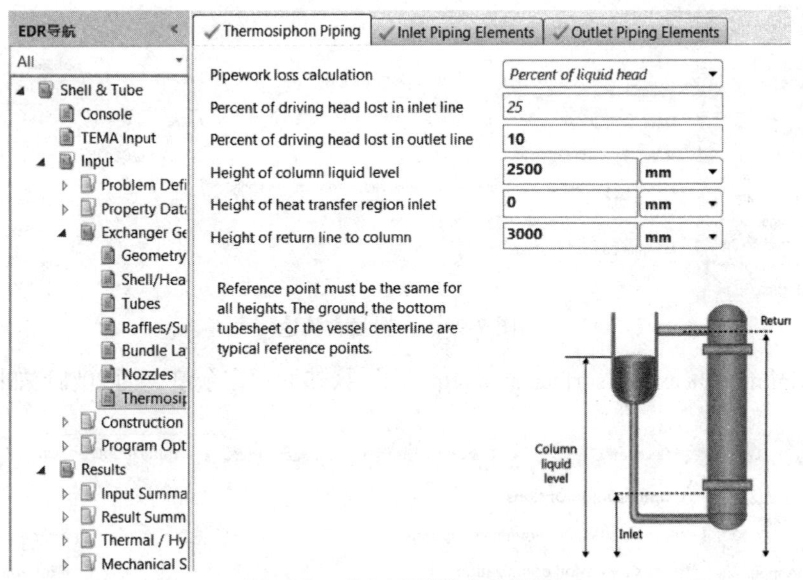

图 7-96　热虹吸管线参数设置

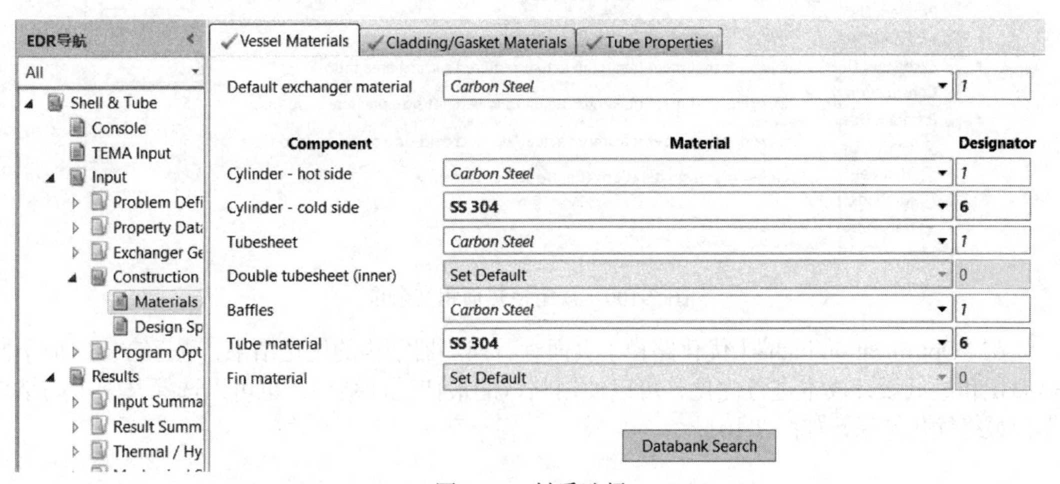

图 7-97　材质选择

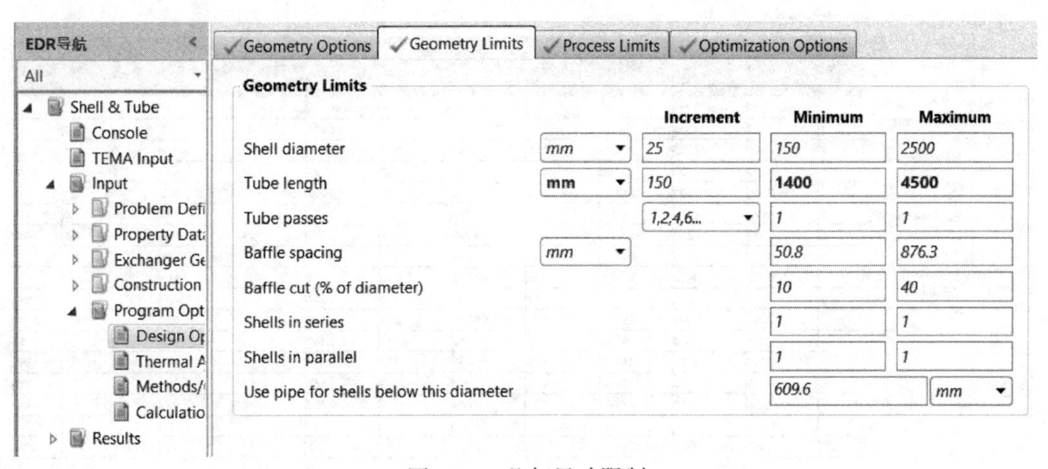

图 7-98　几何尺寸限制

规定换热器内最大流速 30m/s，如图 7-99。

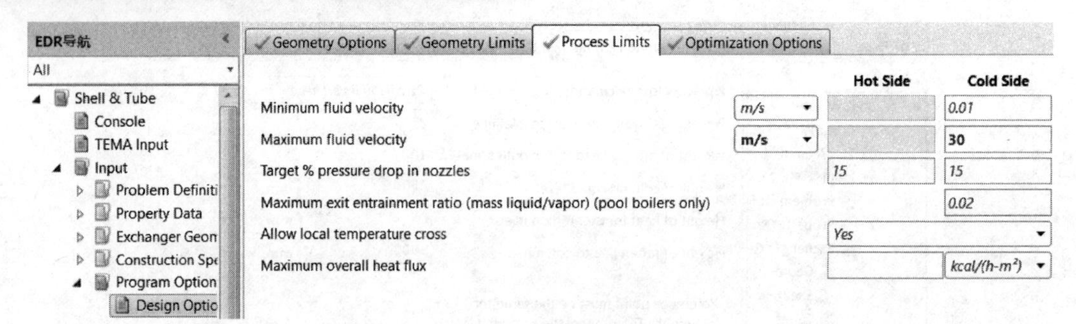

图 7-99　设置最大流速

规定 Minimum % excess surface area required（换热面积富余量）为 20%，如图 7-100。

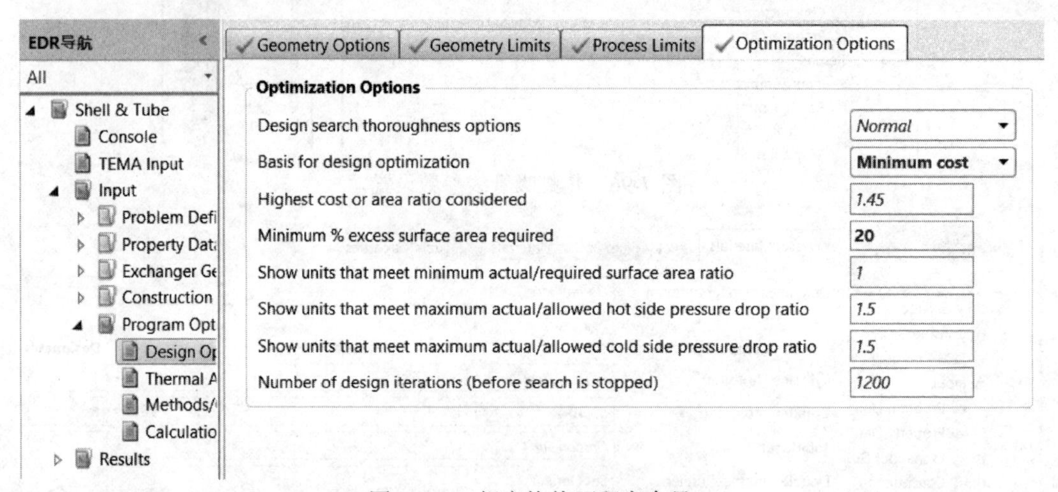

图 7-100　规定换热面积富余量

在“Optimization Path”（优化路径）页面查看换热器结构的优化结果，程序会依据最小换热面积和最低设计成本进行优化，可以使用默认的最佳设计结果，也可以选择某一中间结果作为最终优化结果，如图 7-101。

Optimization Path

Current selected case 11 Select

		Shell	Tube Length			Pressure Drop				Baffle		Tube	
	Item	Size	Actual	Reqd.	Area ratio	Shell	Dp Ratio	Tube	Dp Ratio	Pitch	No.	Tube Pass	No.
		mm	mm	mm		kgf/cm²		kgf/cm²		mm			
1	1	1225	4500	3683.9	1.22	0.05	0.17	0.222	1.47 *	625	6	1	1232
2	2	1250	4500	3603.5	1.25	0.045	0.15	0.217	1.44 *	570	6	1	1271
3	3	1275	4500	3482	1.29	0.051	0.17	0.21	1.39 *	625	6	1	1340
4	4	1300	4500	3405.3	1.32	0.045	0.15	0.206	1.37 *	625	6	1	1382
5	5	1325	4350	3335.6	1.3	0.051	0.17	0.196	1.3 *	520	6	1	1438
6	6	1350	4200	3257.6	1.29	0.036	0.12	0.186	1.24 *	620	4	1	1499
7	7	1375	4200	3195.5	1.31	0.052	0.17	0.182	1.21 *	520	6	1	1547
8	8	1400	4050	3123.6	1.3	0.038	0.13	0.174	1.15 *	620	4	1	1610
9	9	1425	4050	3045.9	1.33	0.035	0.12	0.167	1.11 *	620	4	1	1666
10	10	1450	3900	2979.1	1.31	0.038	0.13	0.158	1.05 *	620	4	1	1740
11	11	1475	3600	2959.5	1.22	0.036	0.12	0.147	0.98	430	6	1	1793
12	12	1500	3600	2878.7	1.25	0.041	0.14	0.144	0.96	430	6	1	1862
13	13	1525	3450	2835.8	1.22	0.039	0.13	0.137	0.91	390	6	1	1919
14	14	1550	3450	2755.5	1.25	0.044	0.15	0.135	0.9	390	6	1	1998
15													
16	11	1475	3600	2959.5	1.22	0.036	0.12	0.147	0.98	430	6	1	1793

图 7-101　优化路径

重置并运行模拟，在 Performance（性能）页面中可以查看结果，无 ρv^2 问题、可能有振动，如图 7-102。

EDR导航　All
Shell & Tube / Console / TEMA Input / Input / Results / Input Summa / Result Summ / Thermal / Hy / Performar / Heat Tran / Pressure D / Flow Anal / Vibration / Methods / Mechanical S / Calculation D

Overall Performance | Resistance Distribution | Shell by Shell Conditions | Hot Stream Composition | Cold Stream Composition

Design (Sizing)		Shell Side		Tube Side	
Total mass flow rate	kg/h	11351		456422	
Vapor mass flow rate (In/Out)	kg/h	11351	0	0	66622
Liquid mass flow rate	kg/h	0	11351	456422	389801
Vapor mass fraction		1	0	0	0.146
Temperatures	°C	140	139.4	119.39	120.17
Bubble / Dew point	°C	140 / 140	139.65 / 139.65	123.91 / 124.16	120.12 / 120.38
Operating Pressures	kgf/cm²	3.679	3.642	1.499	1.352
Film coefficient	kcal/(h-m²-C)	8150.3		1537.1	
Fouling resistance	m²-h-C/kcal	0.0001		0.00024	
Velocity (highest)	m/s	8.32		7.93	
Pressure drop (allow./calc.)	kgf/cm²	0.3 /	0.036	0.15 /	0.147

Total heat exchanged	kcal/h	5822891	Unit	BEM　1 pass　1 ser　1 par
Overall clean coeff. (plain/finned)	kcal/(h-m²-C)	1079 /	Shell size	1475 - 3600 mm Ver
Overall dirty coeff. (plain/finned)	kcal/(h-m²-C)	789.1 /	Tubes	Plain
Effective area (plain/finned)	m²	487.8 /	Insert	None
Effective MTD	°C	18.4	No.	1793 OD 25 Tks 2 mm
Actual/Required area ratio (dirty/clean)		1.22 / 1.66	Pattern	30 Pitch 32 mm
Vibration problem (HTFS)		Possible	Baffles	Single segmental Cut(%d) 25.58
RhoV2 problem		No	Total cost	155631 Dollar(US)

Heat Transfer Resistance
Shell side / Fouling / Wall / Fouling / Tube side
Shell Side　Tube Side

图 7-102　修改后性能结果

下面介绍在核算（Rating/Checking）模式下消除此换热器的振动问题。在当前文件夹下，创建一个热虹吸再沸器 THERMO.EDR 文件的复制文件，并命名为 THERMO-edr.EDR，双击此文件用 EDR 软件打开。在“Console”（控制台）页面更改 Calculation mode（计算模式）为 Rating/Checking（核算）模式，弹出的对话框选择 Use Current（使用当前），即选用 Design（Sizing）设计模式过程中得出的最佳设计结果作为参数校核模式的初始值，如图 7-103。

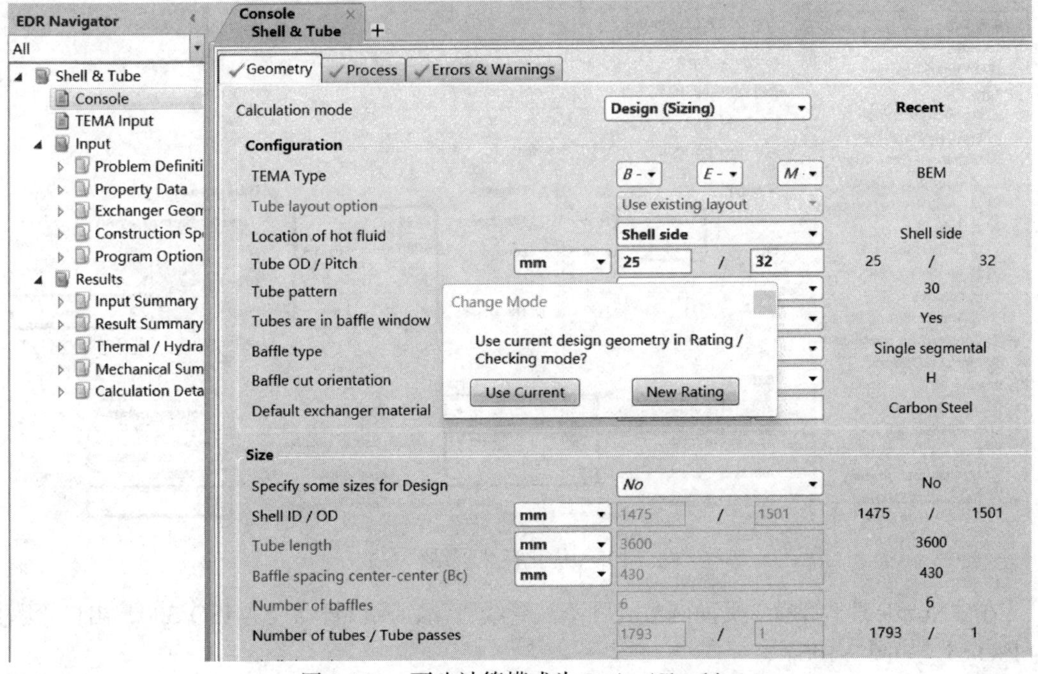

图 7-103　更改计算模式为 Rating/Checking

在“Application Options”（应用选项）页面下规定单位为 SI，Cold Side（冷侧）设置 Thermosiphon circuit calculation（热虹吸回路计算）为 Find flow（查找流量），表示根据压头和压降计算热虹吸流量，如图 7-104。

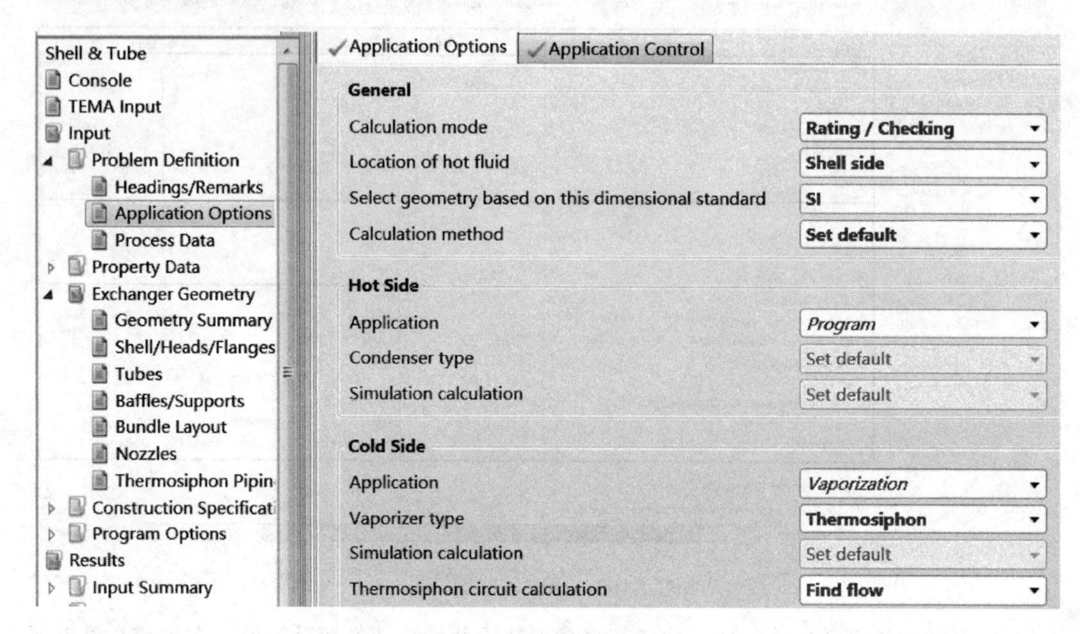

图 7-104　设置应用选项

根据《GB/T 28712.4—2012 热交换器型式与基本参数　第 4 部分：立式热虹吸式重沸器》内的相关结构参数优化换热器参数，如图 7-105。

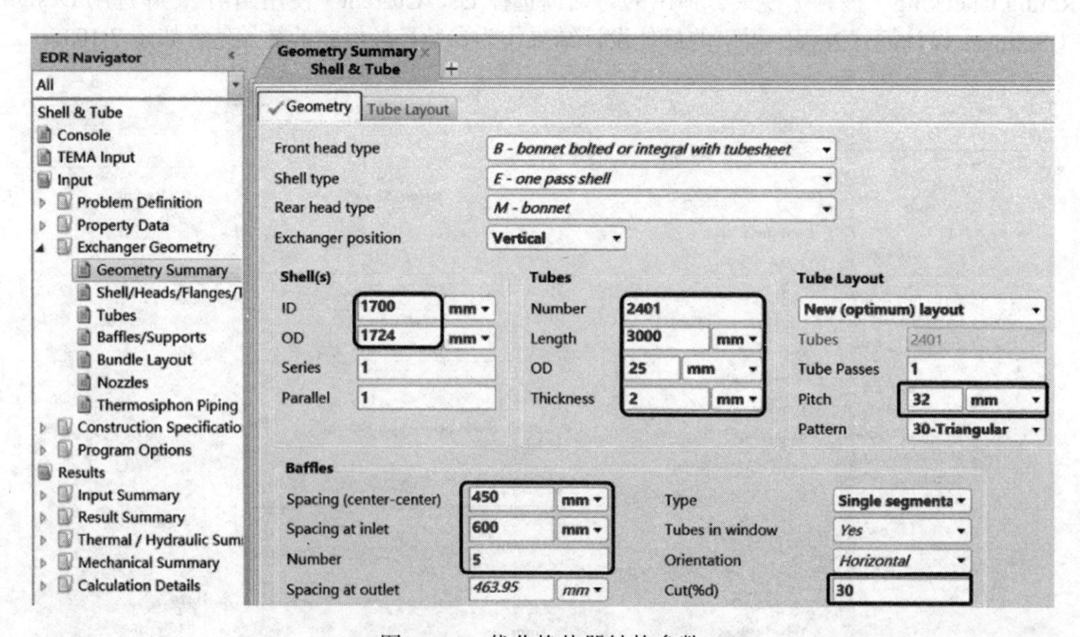

图 7-105　优化换热器结构参数

在“Nozzles”（管嘴）页面圆整壳程蒸汽管线管嘴，入口管嘴设为 ISO 300，出口管嘴设为 ISO 65，如图 7-106。

在“Tube Side Nozzles”（管程管嘴）页面，圆整管程工艺介质管嘴，入口管嘴为 ISO 350，

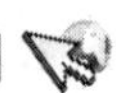

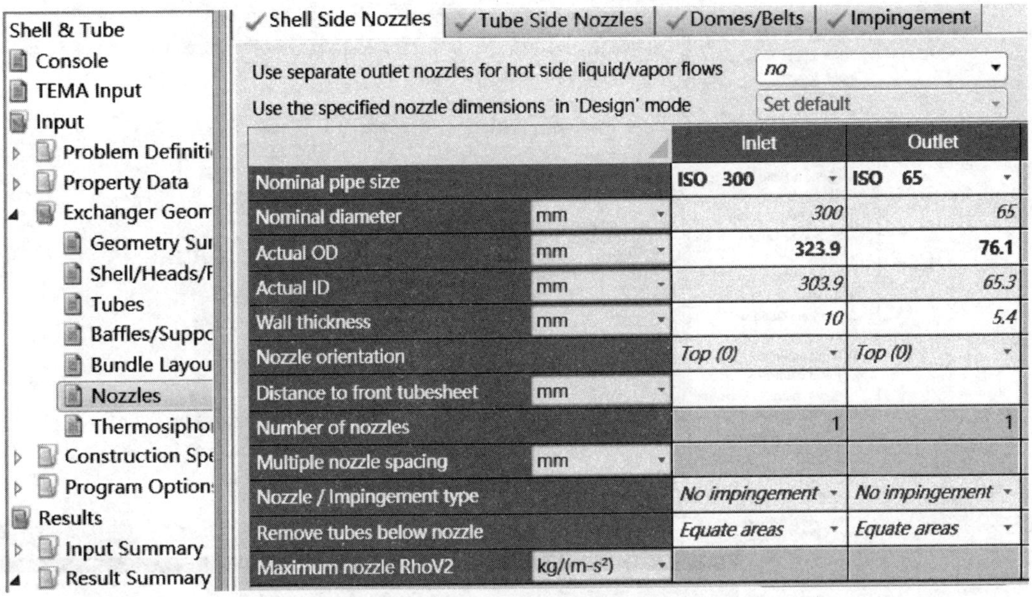

Shell & Tube
Console
TEMA Input
Input
Problem Definiti
Property Data
Exchanger Geom
Geometry Sur
Shell/Heads/F
Tubes
Baffles/Suppo
Bundle Layou
Nozzles
Thermosipho
Construction Spe
Program Option
Results
Input Summary
Result Summary
Shell Side Nozzles
Tube Side Nozzles
Domes/Belts
Impingement
Use separate outlet nozzles for hot side liquid/vapor flows
no
Use the specified nozzle dimensions in 'Design' mode
Set default
Inlet
Outlet
Nominal pipe size
ISO 300
ISO 65
Nominal diameter
mm
300
65
Actual OD
mm
323.9
76.1
Actual ID
mm
303.9
65.3
Wall thickness
mm
10
5.4
Nozzle orientation
Top (0)
Top (0)
Distance to front tubesheet
mm
Number of nozzles
1
1
Multiple nozzle spacing
mm
Nozzle / Impingement type
No impingement
No impingement
Remove tubes below nozzle
Equate areas
Equate areas
Maximum nozzle RhoV2
kg/(m-s²)

图 7-106 圆整壳程蒸汽管线管嘴

出口管嘴为 ISO 700，如图 7-107。

Shell & Tube
Console
TEMA Input
Input
Problem Definiti
Property Data
Exchanger Geom
Geometry Sur
Shell/Heads/F
Tubes
Baffles/Suppo
Bundle Layou
Nozzles
Thermosipho
Construction Spe
Program Option
Results
Input Summary
Shell Side Nozzles
Tube Side Nozzles
Domes/Belts
Impingement
Use separate outlet nozzles for cold side liquid/vapor flows
no
Use the specified nozzle dimensions in 'Design' mode
Set default
Inlet
Outlet
Nominal pipe size
ISO 350
ISO 700
Nominal diameter
mm
350
700
Actual OD
mm
355.6
711
Actual ID
mm
335.6
691
Wall thickness
mm
10
10
Nozzle orientation
Bottom (180)
Top (0)
Distance to tubesheet
mm
Centerline offset distance
mm
Maximum nozzle RhoV2
kg/(m-s²)
Tube side nozzle flange rating
Tube side nozzle flange type
Slip on

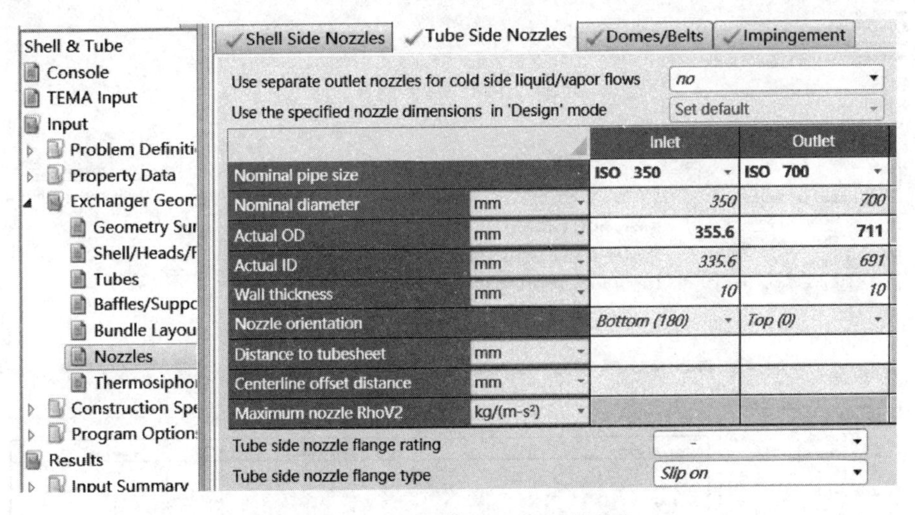

图 7-107 圆整管程工艺介质管嘴

根据设置的热虹吸再沸器长度，对热虹吸管线参数进行设置，Height of column liquid level（塔内液位高度）输入 2800mm，Height of return line to column（再沸器顶部出口管返回塔接管的高度）输入 3500mm，如图 7-108。

运行结果，发现有一警告 1611，指出流体不稳定性振动 0 处，严重 0 处；共振 2 处，严重共振 0 处，如图 7-109。

可通过在“Input/Exchanger Geometry/Baffles/Supports/Deresonating Baffles”页面，增加 2 块消音板（deresonating baffles）消除共振，如图 7-110。重新运行后在“Performance”页面中可知无 ρv^2 问题、无振动，如图 7-111。

练习 7-8 为例 5-3 精馏塔设计一台卧式热虹吸再沸器，该塔实际采用 40%负荷工作，用

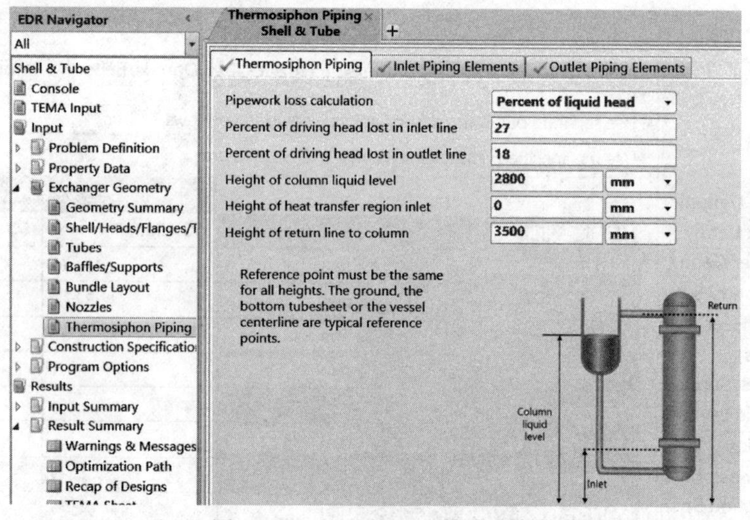

图 7-108　调整热虹吸管线参数

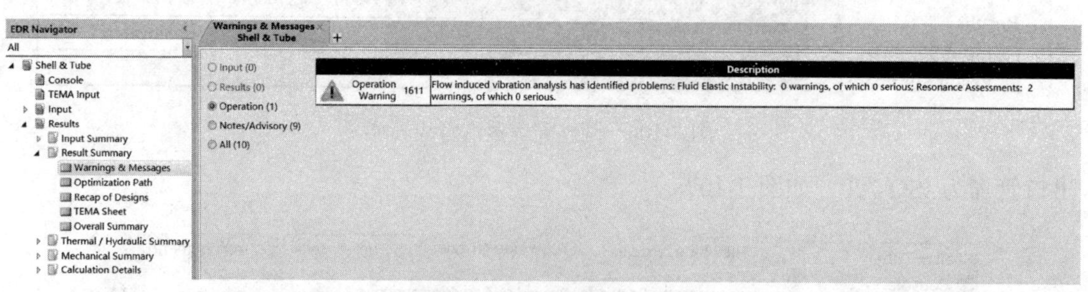

图 7-109　警告信息

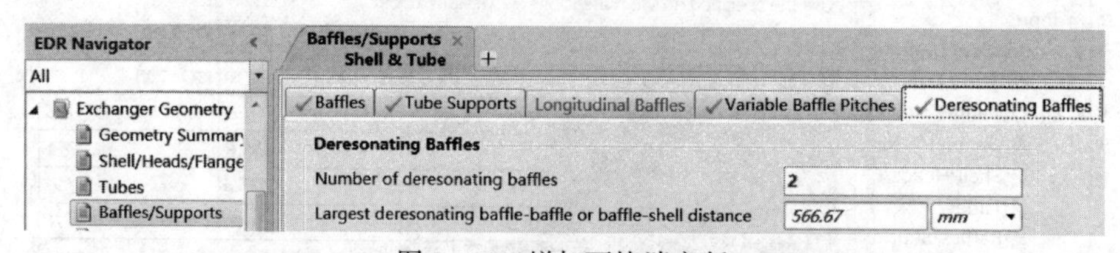

图 7-110　增加两块消音版

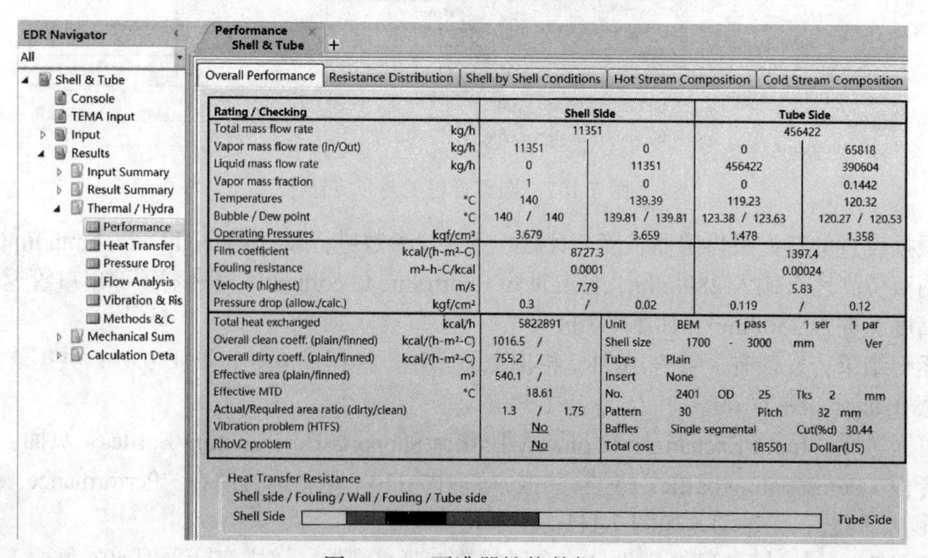

图 7-111　再沸器性能数据

140℃蒸汽加热（出口 139℃），再沸器出口汽相分率为 0.12。3000mm 管长、Φ25mm×2.5mm 的列管，管心距 32mm，最大气速 30m/s，污垢热阻均取 0.0001m^2·K/W，冷物流走壳程，面积富余 20%，其余采用 EDR 默认值，不考虑振动问题。（答案：Φ825mm×3000mm 的壳体、102.5m^2）

7.5 冷凝器设计

对于精馏塔中的再沸器，通过 Aspen Plus 中的“再沸器向导”可以自动生成相应的再沸器模型。然而，对于冷凝器，用户需手动建立虚拟流股和换热器流程。本节将介绍冷凝器的设计方法。

7.5.1 水冷器设计

例 7-7 为例 5-3 的精馏塔设计一台水冷器（即水冷凝器），苯侧、水侧污垢热阻分别取 0.0001m^2·K/W、0.0002m^2·K/W，用 Φ25mm×2.5mm 管，管心距 32mm，管长 6000mm，换热面积富余 20%。

打开例 5-3 文件并另存为新文件，然后在组分列表添加水（因为要用到冷却水）。

为了计算冷凝器所需冷却水量，在精馏塔“冷凝器”页面，定义一个名为 CW 的冷却水公用工程，其“复制源”为冷却水（表示使用系统自带的冷却水数据），如图 7-112。

设定冷却水价格（循环水价格主要取决于电费，我国约 1 元/t），并选中“指定进口/出口条件”，如图 7-113。

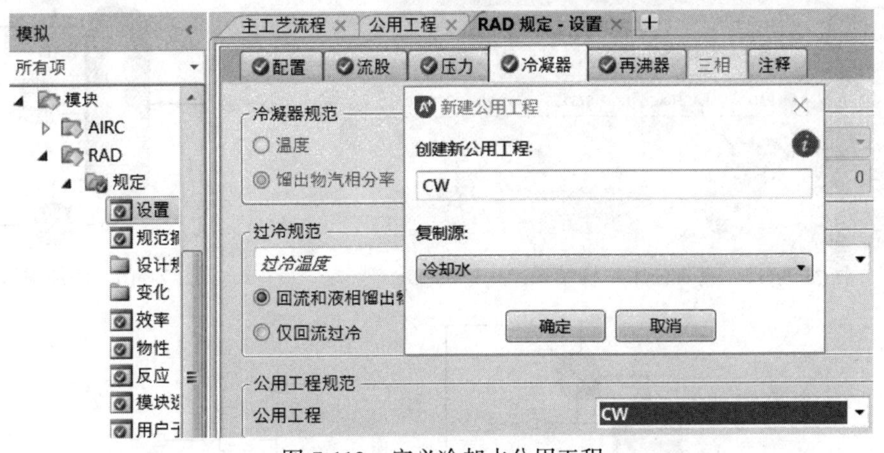

图 7-112 定义冷却水公用工程

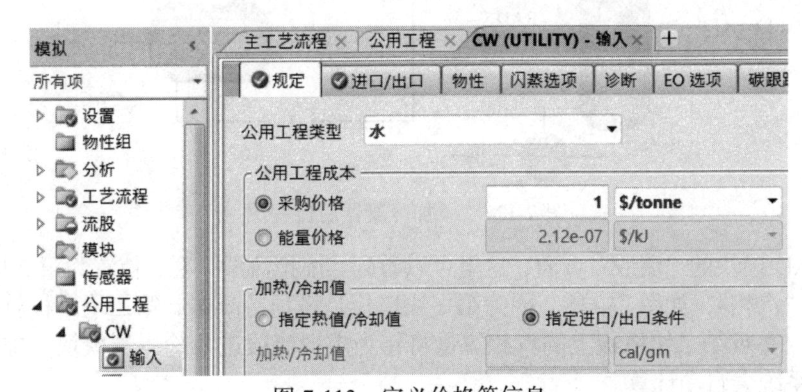

图 7-113 定义价格等信息

在“进口/出口”页面，指定冷却水进、出条件，如图 7-114。

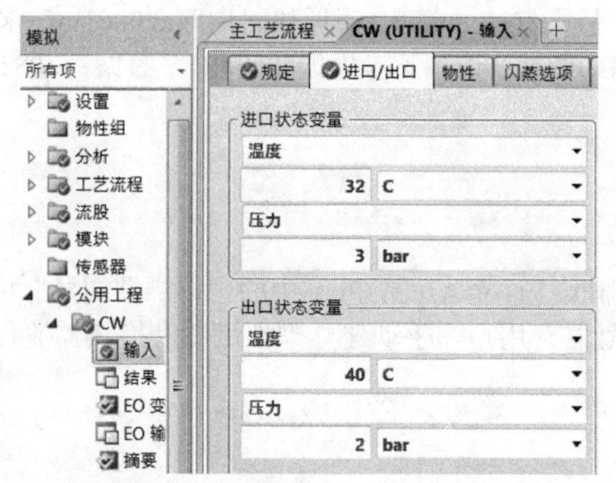

图 7-114 定义冷却水进、出口状态条件

重置、运行收敛后，查看冷却水的使用量为 731198kg/h，如图 7-115。

接下来配置冷凝器模块。精馏模块内并没有冷凝器向导，因此需要自行引出一股虚拟物流作为冷凝器进料。鼠标在“模型选项板”选中“物料”后，从图 7-116 所示的虚拟流股箭头引出一股虚拟流股，并按住鼠标左键将这股物流往上拖到塔顶，并将此流股命名为 11。物流引出后，连接一个 HeatX 换热器（命名为 CWC，即冷凝器），如图 7-117。

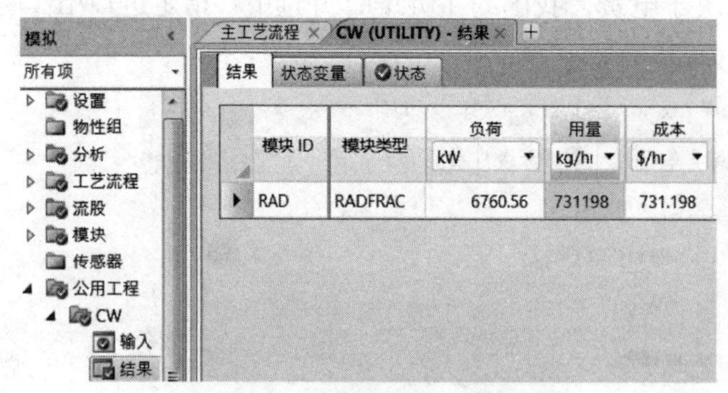

图 7-115 查看公用工程结果

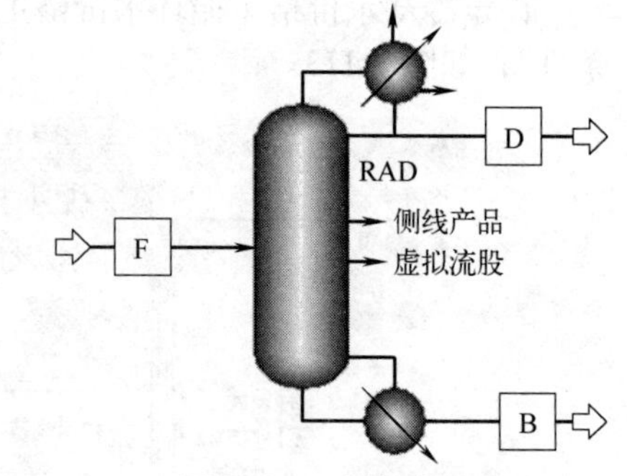

图 7-116 添加虚拟物流

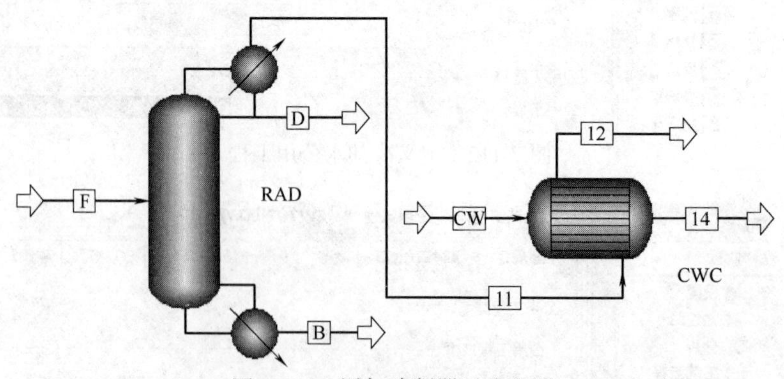

图 7-117 添加冷凝器后流程图

进入 RAD 模块的“流股”页面，这里可以看到“虚拟流股”栏，位置为第 2 块塔板，“内部相态”选“汽相”，如图 7-118。因为第一块塔板是塔顶冷凝器，第二块塔板就相当于第一块实际塔板，并且第二块塔板上的汽相流量将作为虚拟流股进入冷凝器模块。虚拟流股流量不用填写，系统会自动计算。

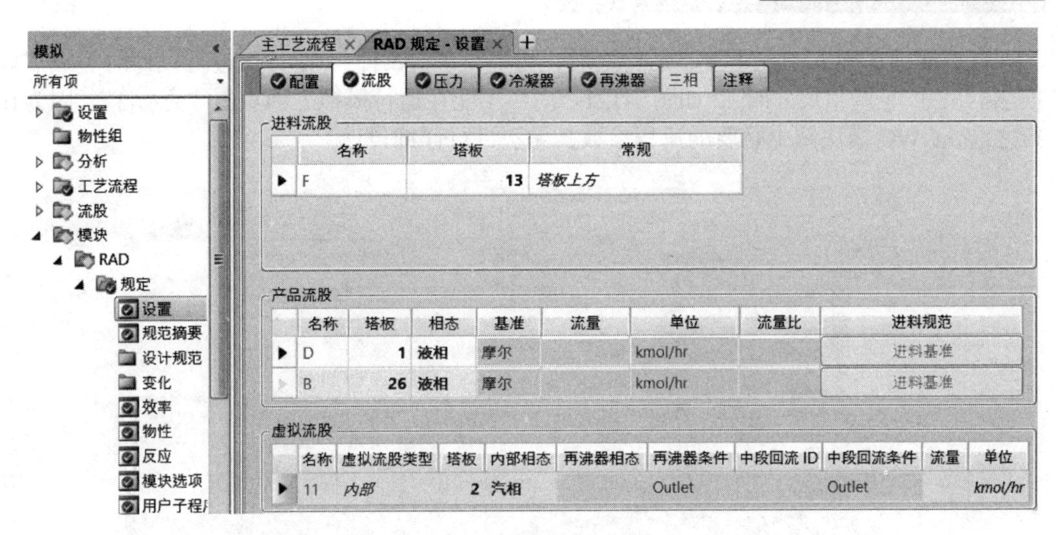

图 7-118　配置虚拟物流

设定物流 CW 水量，为计算出的公用工程冷却水用量 731198kg/h，如图 7-119。

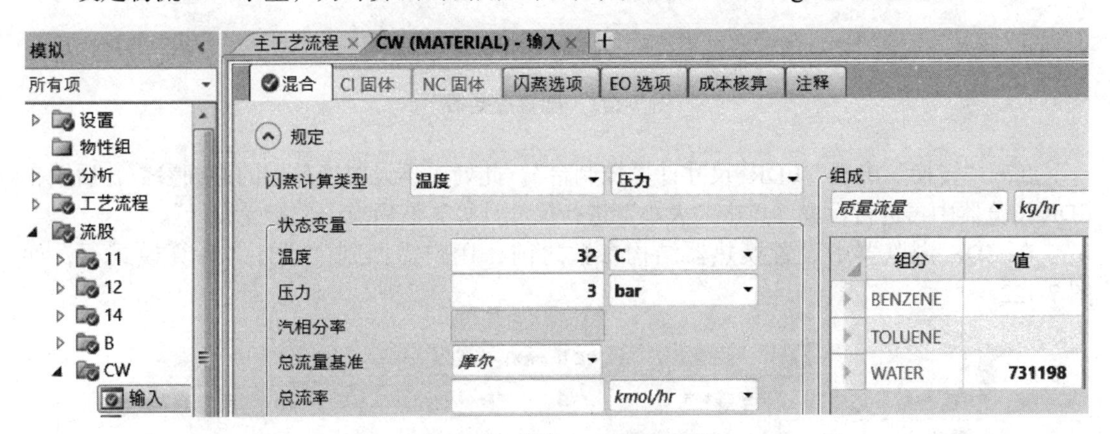

图 7-119　输入 CW 物流参数

现配置 CWC 冷凝器。默认热流体走壳体，冷却水走管程，冷凝器的热负荷等于精馏塔的冷凝负荷–6760.56kW（RAD 模块的“结果”页面，如图 7-120）。

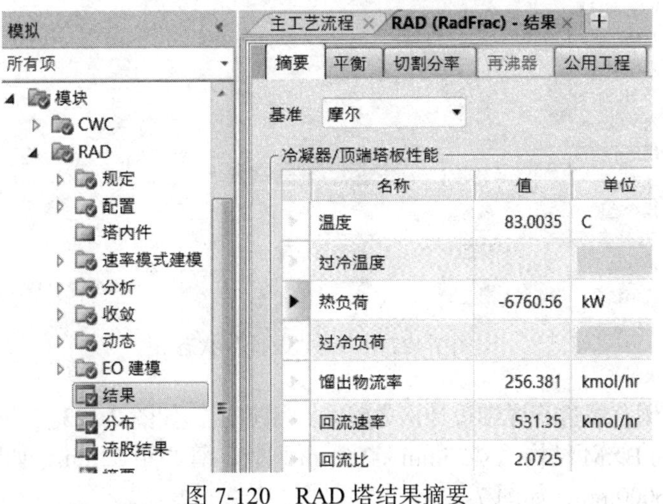

图 7-120　RAD 塔结果摘要

在“简捷”模式中先重置、运行之后，再点击“壳&管”（第一次进行设计时）或“调整换热器尺寸”（调整尺寸时），如图 7-121。用户不能在运行模拟之前点击“壳&管”，因为在运行之前，CWC 模块缺少必要的流程参数，无法进行详细设计。

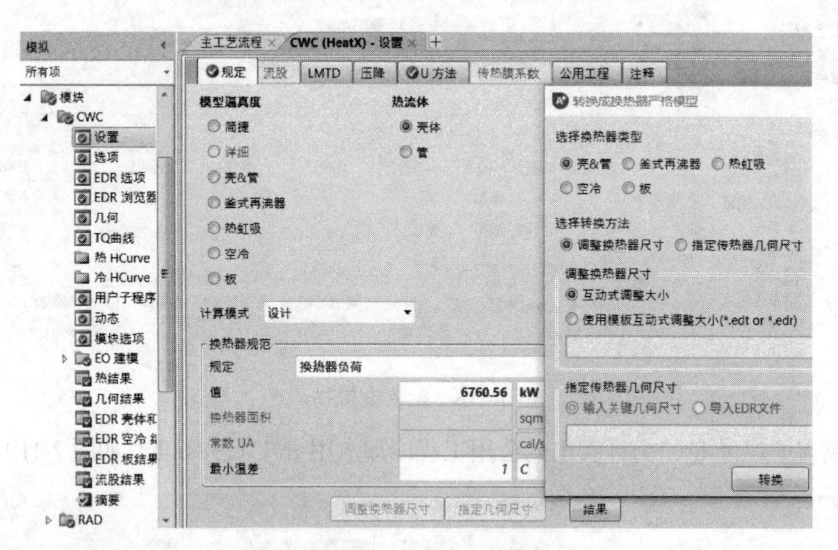

图 7-121　配置冷凝器

点击“转换”出现“EDR 尺寸计算控制台”。此处先不设置换热器的详细参数，后续在 EDR 浏览器中再进行设置。点击“大小”进行尺寸计算，然后点击“接受设计”。

在 EDR 浏览器中设置换热器结构参数之前，用户需回到“设计”计算模式下，如图 7-122。

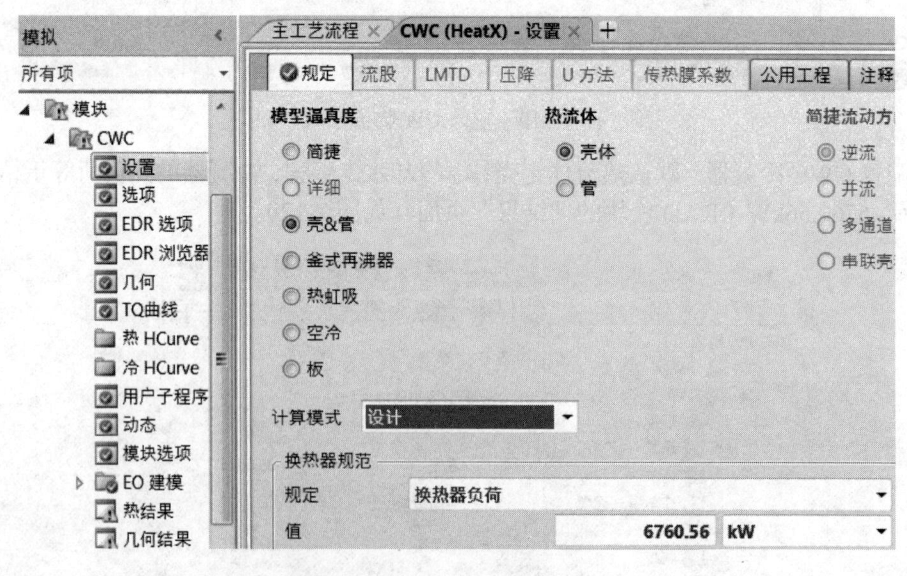

图 7-122　回到“设计”状态

然后用 EDR 浏览器进行详细设计。先输入污垢热阻，如图 7-123。

选用低压降的 BXM 结构，Φ25mm × 2.5mm 列管，管心距 32mm，如图 7-124。

限制管长为 6000mm，如图 7-125。

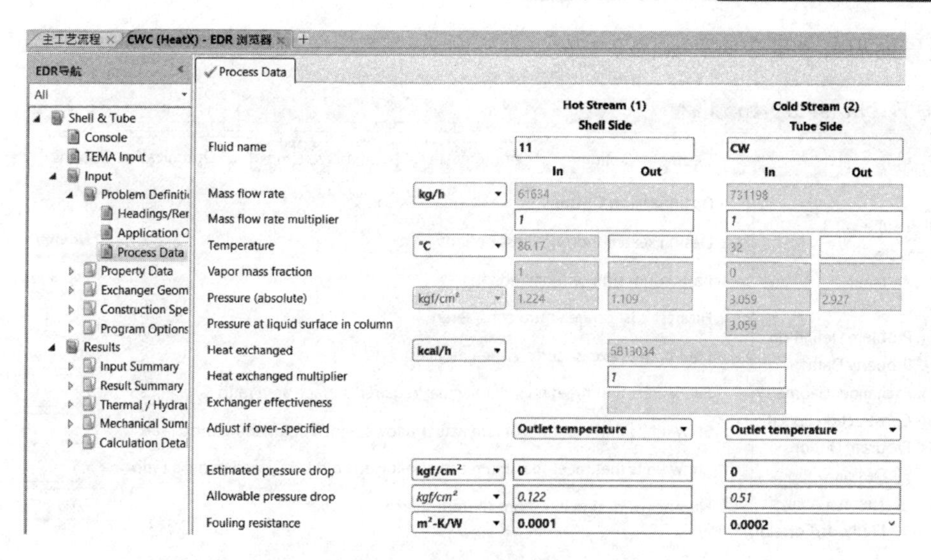

图 7-123　输入污垢热阻

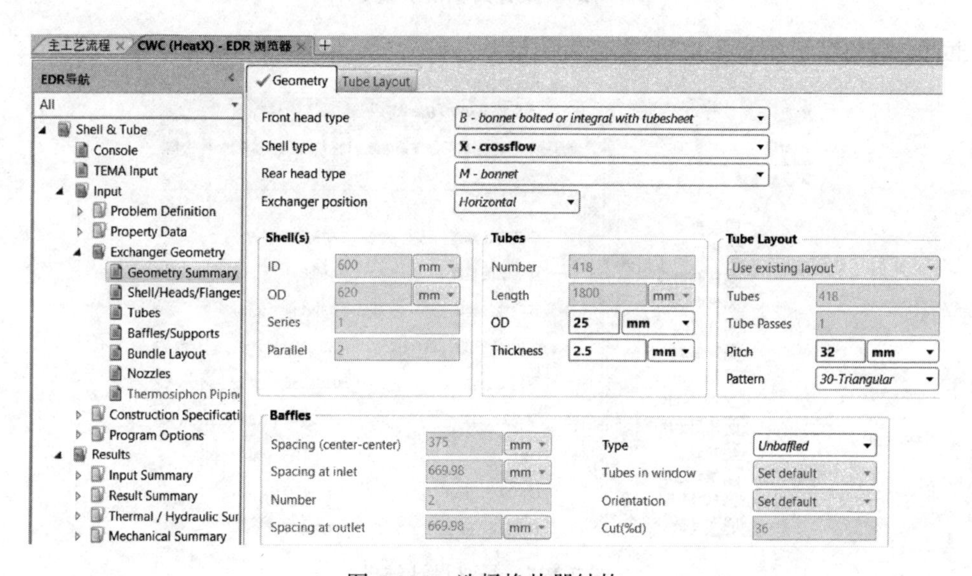

图 7-124　选择换热器结构

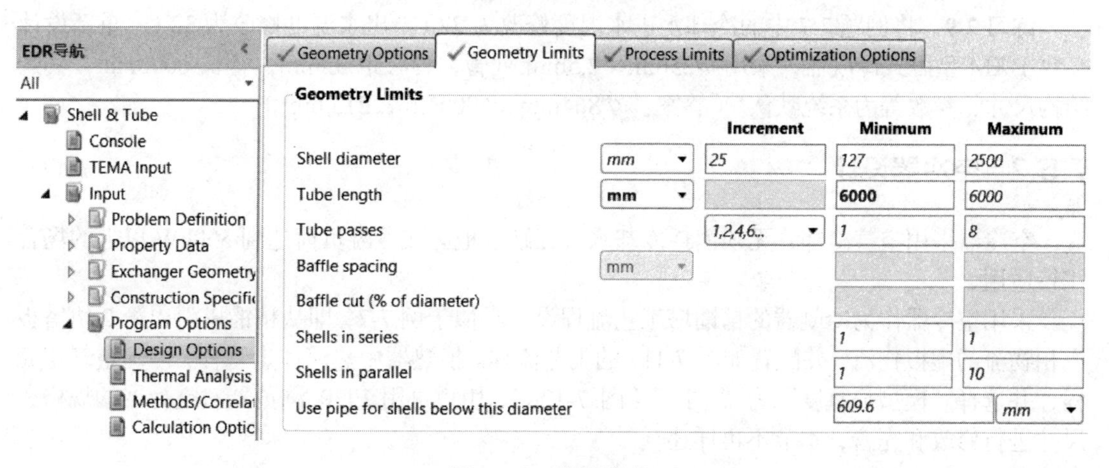

图 7-125　限制管长

设置面积富余量 20%，如图 7-126。

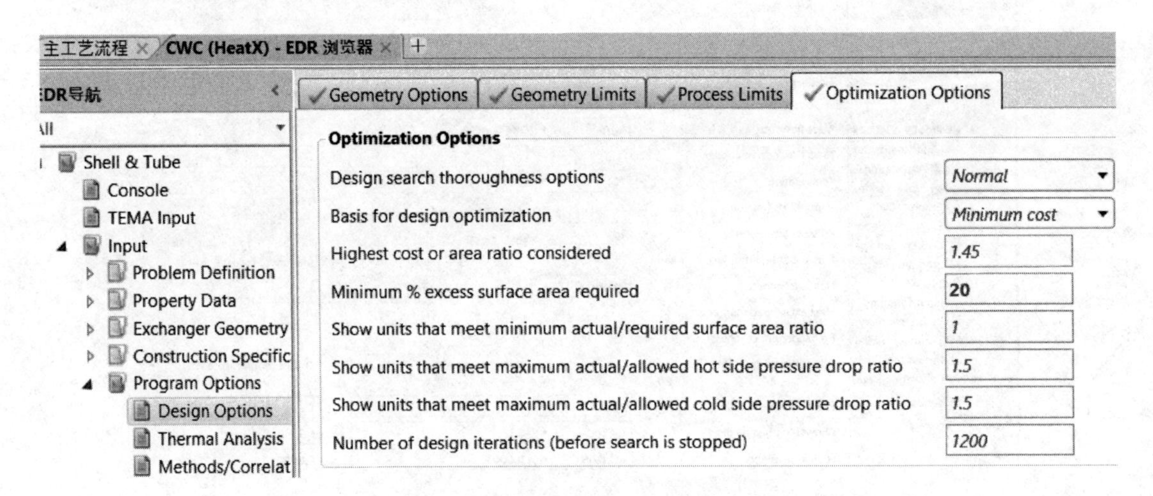

图 7-126　设置面积富余量 20%

重置、运行结果如图 7-127，无警告信息。

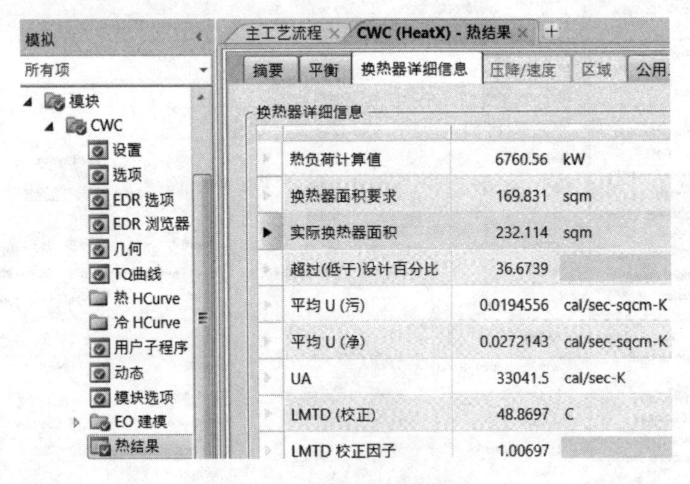

图 7-127　最终设计结果

练习 7-9　将例题 7-7 中的冷却水进水温度修改为 22℃，出水温度修改为 32℃，重新设计一台 BXM 型卧式冷凝器，采用 Φ25mm × 2.5mm 列管，管心距 32mm，管长 6000mm，其余结构尺寸、参数等为系统默认。（答案：Φ864mm × 6000mm；213.6m^2）

7.5.2　空冷器设计

空冷器采用空气冷却，无须消耗冷却水，在缺水地区或冷凝负荷达到 500kW 以上的场合比较适用。

采用空冷器作为冷凝器的精馏塔工艺流程设置类似于例 7-7，即从精馏塔引出第 2 块塔板汽相物流的虚拟物流，并配置如图 7-117 的工艺流程。换热器中热流体走管程，冷却空气走壳程，并选择“模型逼真度”为“空冷”（图 7-128）。用户可用 EDR 浏览器对空冷器的规格、尺寸进行修改和完善，本节不再详述。

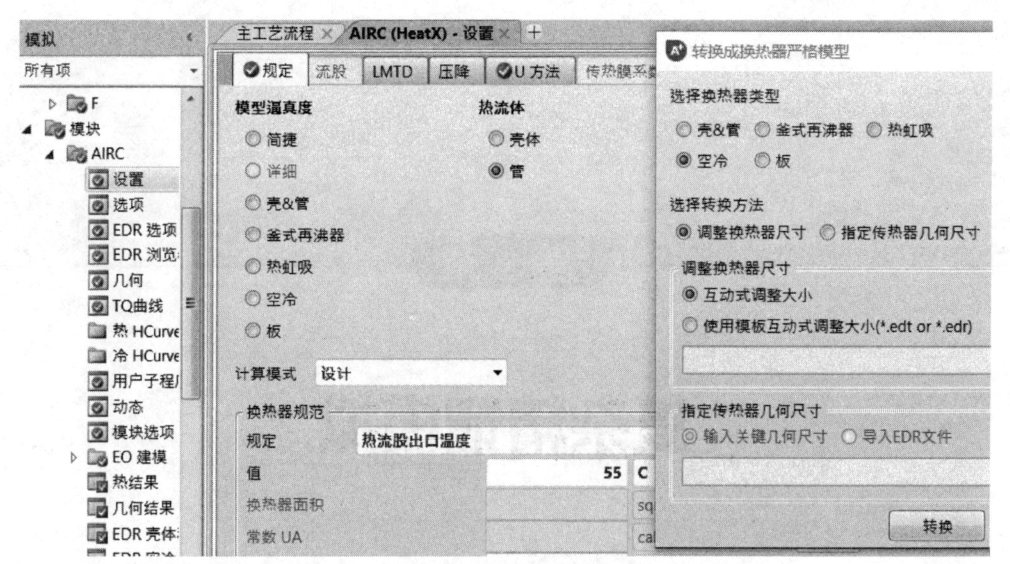

图 7-128　配置空冷器

例 7-8　为例 5-3 的精馏塔设计一台空冷器。已知空冷器的空气进、出口温度分别为 30℃和 60℃，压力均为常压，空冷器的热物流出口温度为 55℃。

例 7-8.bkp

读者可尝试自行解答此题，解答过程从略。读者可扫描二维码下载例题文件“例 7-8.bkp”。

练习 7-10　为例 5-3 精馏塔设计一台空冷器，该塔实际采用 40%负荷工作，空气 30℃进、65℃出，空冷器的热流股出口温度设为 55℃，指定汽相分率为 0.12。空冷器采用 Φ25mm×2.5mm 的换热管，管内污垢热阻取 0.0001m^2·K/W，管外取 0.0005m^2·K/W，其余采用 EDR 默认值。（答案：7024.1m^2）

第8章

复杂精馏模拟

常见的复杂精馏一般分为两类：一类是为解决共沸体系或相对挥发度接近于 1（一般规定为小于 1.1）的难分离物系分离问题的精馏过程，如萃取精馏、共沸精馏、变压精馏、加盐精馏等；另一类是以节能为主要目的的精馏过程，如反应精馏、多效精馏、热泵精馏、隔壁精馏、内部热耦合精馏等。这些复杂精馏有时可以同时或交叉使用，如变压精馏与多效精馏联用、反应精馏与热泵精馏联用、共沸精馏与热泵精馏联用等，既分离了难分离物系，又实现了节能。本章所涉及特殊精馏特点具体见表 8-1。

表 8-1　复杂精馏特点汇总

目的	分类	特点	优点	缺点
共沸或相对挥发度接近于 1（<1.1）的物系分离	萃取精馏	通过加入萃取剂改变原有组分汽-液相平衡，从而增大相对挥发度，降低原体系分离难度	解决低相对挥发度体系难以分离的问题	合适萃取剂的选择对精馏的性能有决定性影响；可能引起产品组成里的微量萃取剂残留
	共沸精馏	通过加入共沸剂形成新的共沸物，从而改变原溶液相对挥发度，降低原体系分离难度	解决低相对挥发度体系难以分离的问题	合适共沸剂的选择对此种精馏性能有决定性影响；可能引起产品组成里的微量共沸剂残留
	变压精馏	通过改变精馏时的操作压力，进而改变共沸组成或增大相对挥发度，降低原体系分离难度	不引入第三物质分离低相对挥发度体系，较少产品污染；由于变压提高两塔温度差，常可配合热泵等节能精馏方式	共沸组成需对压力变化敏感度高
降低能耗或设备投资	反应精馏	在一个装置内同时发生分离与反应，通过反应与精馏的协同作用，促进反应与精馏分离过程	精馏时利用了反应热能，节省能耗；通过塔内件操作，其汽-液混合程度高；利用汽-液相平衡将反应产物移出液相或汽相反应体系，打破了反应平衡；由于汽-液相平衡存在，解决了反应体系局部飞温问题；反应与精馏共用一套配管系统等，节省了投资	对反应体系的反应速率、反应温度、物系黏度等有较高要求
	多效精馏	利用不同压力下操作温度不同的特点，使用高压力下塔顶蒸汽加热低压力下塔釜再沸器，进而达到节能目的	合理应用多效精馏可以节能；在不同体系内使用多效精馏，如高压塔的冷凝器和低压塔的再沸器为同一换热器，可以在节能条件下同时达到节省投资目的	对多效精馏时的高、低压塔操作压力有较高要求

续表

目的	分类	特点	优点	缺点
降低能耗或设备投资	热泵精馏	通过压缩机做功将原来不能利用的低品位蒸汽提升为可以利用的高品位热源，从而用来加热再沸器等，进而达到节能目的	充分利用低品位热能，达到节能目的	对物系压缩后热能品位提升的速度有要求，对提升的最高温度有要求；增加了设备投资
	隔壁精馏	通过内部加垂直隔板或主塔外加侧塔的方式，将需要普通两塔分离才能获得的三种产品，改为在一个塔内完成	因为共用1个冷凝器和再沸器，可以在节省投资的同时节省能耗	对三种物系分离时的操作压力、回流量、产品纯度等有一定要求

8.1 萃取精馏

在共沸体系或相对挥发度接近于1的体系中，加入挥发性小（沸点高）的第三组分，使料液中组分间的相对挥发度增大，以便用精馏的方法进行分离，这种特殊的精馏方法称为萃取精馏，其中所加入的第三组分叫萃取剂或溶剂。

在萃取精馏塔中，使塔内液相保持一定的萃取剂浓度是十分重要的，液相中萃取剂浓度过低不利于萃取精馏。在一般精馏过程中，增加回流比对分离有利，但对于萃取精馏，回流比有最佳值，回流比过大，萃取剂浓度降得过低，相对挥发度减小，对分离反而不利。

由于萃取精馏过程中，需要考虑到萃取剂的回收和循环利用问题，因此萃取精馏一般都有循环（反馈）物流。另外，在循环过程中，会有少量萃取剂随产品排出系统，萃取剂的总量会逐渐减少，因此需要适量补充萃取剂。循环物流的存在、萃取剂的损失显著增加了模拟与收敛的难度。萃取精馏模拟的原则就是先将流程中的各塔分开计算，使其分别收敛之后，再将其联结起来模拟。如果一开始就使各塔联结起来进行全流程的模拟，则很可能不收敛。

例 8-1 使用二甲基亚砜（DMSO）萃取精馏分离甲醇与四氢呋喃，该工艺过程包括一个萃取精馏塔T1和一个溶剂再生塔T2，萃取剂由T1塔的顶部进入，萃取精馏塔塔顶得到四氢呋喃，塔釜的二甲基亚砜和甲醇进入溶剂再生塔T2，回收二甲基亚砜；再生塔塔顶得到甲醇，塔釜的二甲基亚砜通过换热后循环使用，全流程如图8-1。

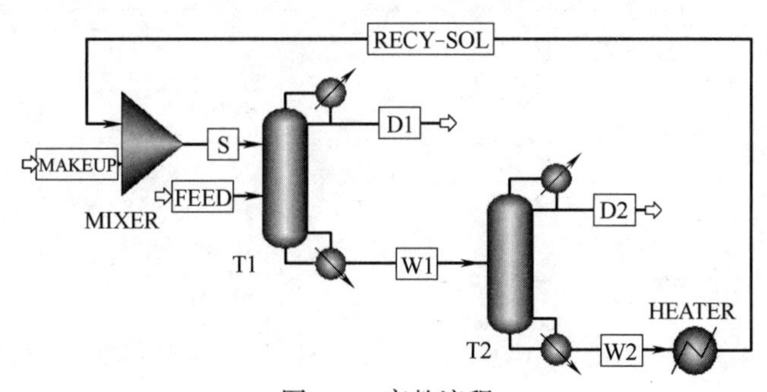

图 8-1 完整流程

原料流量100kmol/h，甲醇与四氢呋喃各占50%（摩尔分率），进料温度46℃，进料压力2bar。萃取剂温度46℃，压力2bar。萃取精馏塔的理论塔板数25（包括冷凝器、再沸器），摩尔回流比为1.0，塔顶采出量为50kmol/h，塔顶压力1bar，塔釜压力1.23bar，原料进料位置为第 17 块塔板，萃取剂进料位置为第 3 块塔板。溶剂再生塔理论塔板数为 10（包括冷凝器、再沸器），进料板为 5，摩尔回流比 0.5，塔顶压力 1bar，塔釜压力 1.1bar。要求萃取精馏塔塔顶四氢呋喃摩尔纯度达到 99.5%，试确定萃取剂循环量。物性方法选择 UNIQUAC。

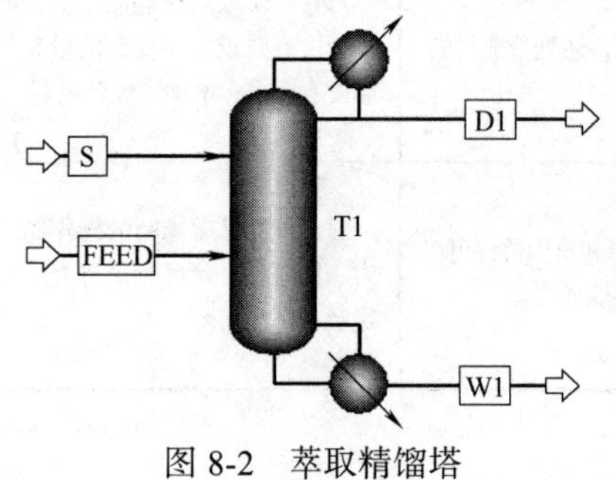

图 8-2　萃取精馏塔

由于本例中存在循环物流，直接模拟带循环的流程容易出错，且收敛难度大。因此首先对无循环物流的流程进行模拟，确保收敛后再设置循环物流。

进入 Aspen Plus，添加组分甲醇（CH4O）、四氢呋喃（THF）、二甲基亚砜（DMSO）。

选择物性方法 UNIQUAC，确认二元交互参数后，进入模拟环境，添加 RadFrac 塔模块，如图 8-2。

输入进料物流 FEED 条件，如图 8-3。

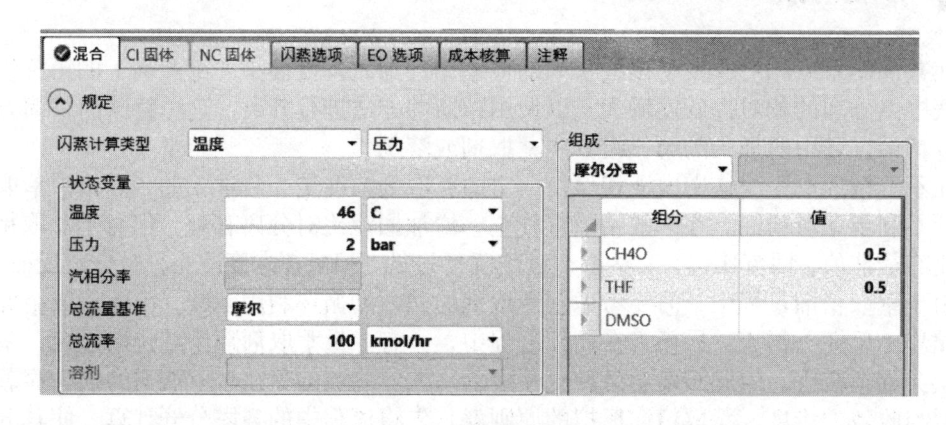

图 8-3　料液进料条件

萃取精馏过程中，萃取剂加入量对萃取精馏存在较大影响。萃取剂加入量越大，分离效果越好，但溶剂回收能耗越大，因此萃取剂加入量需综合考虑能耗与分离效果。先假定为 100kmol/h，萃取剂进料 S 条件如图 8-4。

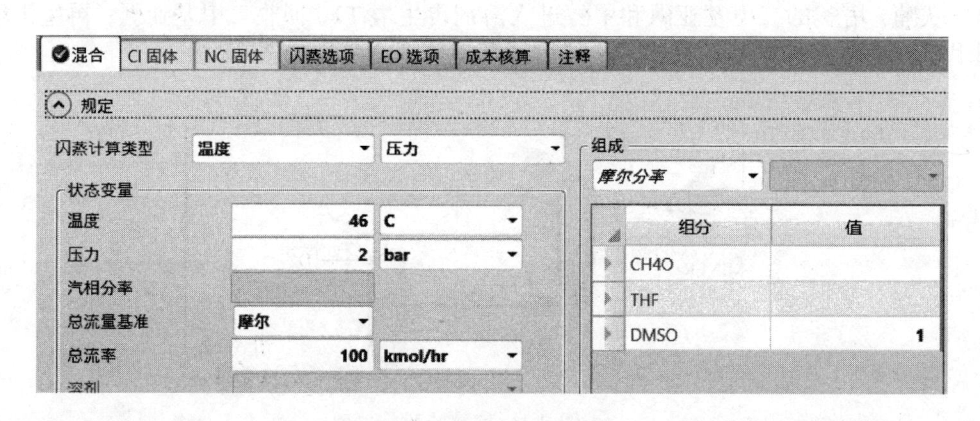

图 8-4　萃取剂进料条件

根据题设输入萃取精馏塔的条件，如图 8-5。

设置进料位置，料液和萃取剂分别从第 17 和第 3 块板的“塔板上方”加入。

设置塔压及压降，塔顶压力为 1bar，塔压降为 0.23bar。

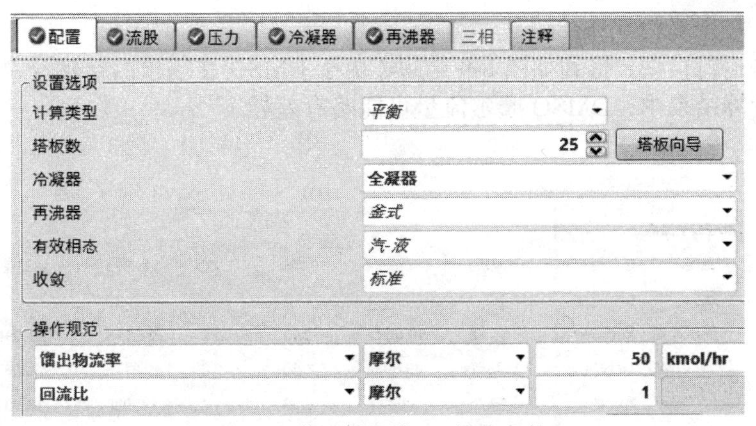

图 8-5　萃取精馏塔 T1 操作条件

初始化并运行，可以看到结果中塔顶 THF 纯度低于目标值 99.5%。为此，可通过增加萃取剂的加入量使 THF 纯度达到目标值。建立 T1 塔模块内的设计规范，指定 D1 的 THF 摩尔纯度为 0.995，操纵变量为萃取剂（S 物流）的流量（设置过程从略，可参考本书 5.2.2 节），可以计算纯度达标时的萃取剂进料流量为 152.158kmol/h，运行结果如图 8-6。

随后可将物流 S 的进料量修改为 152.158kmol/h，并取消 T1 塔模块内的设计规范，以免影响后续循环收敛计算。至此，单独的萃取精馏塔设计完毕，接下来模拟溶剂再生塔。将溶剂再生塔连接后流程如图 8-7。

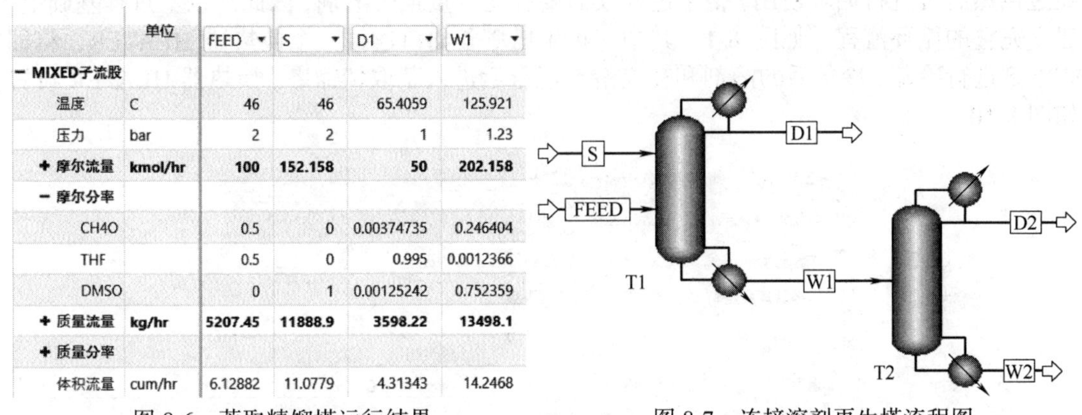

	单位	FEED	S	D1	W1
- MIXED子流股					
温度	C	46	46	65.4059	125.921
压力	bar	2	2	1	1.23
+ 摩尔流量	kmol/hr	100	152.158	50	202.158
- 摩尔分率					
CH4O		0.5	0	0.00374735	0.246404
THF		0.5	0	0.995	0.0012366
DMSO		0	1	0.00125242	0.752359
+ 质量流量	kg/hr	5207.45	11888.9	3598.22	13498.1
+ 质量分率					
体积流量	cum/hr	6.12882	11.0779	4.31343	14.2468

图 8-6　萃取精馏塔运行结果

图 8-7　连接溶剂再生塔流程图

设置精馏塔 T2 的操作条件如图 8-8。其中，塔底采出与进料比值取 0.752359，是由于在图 8-6 中，萃取精馏塔塔底萃取剂的摩尔分率为 0.752359，而甲醇与萃取剂沸点相差大，可完全分离，因此可认为萃取剂可全部从塔底采出。

配置 | 流股 | 压力 | 冷凝器 | 再沸器 | 三相 | 注释

设置选项
计算类型：平衡
塔板数：10
冷凝器：全凝器
再沸器：釜式
有效相态：汽-液
收敛：标准

操作规范
回流比　摩尔　0.5
塔底采出与进料比　摩尔　0.752359

图 8-8　溶剂再生塔 T2 操作条件

设置再生塔进料位置。由于甲醇与萃取剂 DMSO 的分离较容易，因此再生塔进料位置可取塔中部第 5 块“塔板上方”。

设置溶剂再生塔压力及压降，

压力为 1bar，塔压降为 0.1bar。

初始化并运行模型，得到如图 8-9 结果（由于 DMSO 在塔顶的摩尔分率极低，因此在不同版本的计算结果中，DMSO 摩尔流量可能略有差异）。

	单位	D1	D2	FEED	S	W1	W2
− MIXED子流股							
温度	C	65.4059	64.034	46	46	125.921	193.929
压力	bar	1	1	2	2	1.23	1.1
− 摩尔流量	**kmol/hr**	**50**	**50.0627**	**100**	**152.158**	**202.158**	**152.096**
CH4O	kmol/hr	0.187367	49.8082	50	0	49.8126	0.00442567
THF	kmol/hr	49.75	0.249988	50	0	0.249988	1.44388e-07
DMSO	kmol/hr	0.062621	0.0045109	0	152.158	152.096	152.091
− 摩尔分率							
CH4O		0.00374735	0.994916	0.5	0	0.246404	2.90979e-05
THF		0.995	0.0049935	0.5	0	0.0012366	9.49322e-10
DMSO		0.00125242	9.0105e-05	0	1	0.752359	0.999971
+ 质量流量	**kg/hr**	**3598.22**	**1614.34**	**5207.45**	**11888.9**	**13498.1**	**11883.8**

图 8-9　无循环流程运行结果

至此，无循环物流的流程设计完毕。在实际流程中，溶剂再生塔 T2 塔釜回收的溶剂经过换热后可进行循环使用，整个过程仅需要补充少量损失溶剂，因此在以上过程基础上，建立完整的循环流程，如图 8-1。其中，再生塔塔釜出口连接一个换热器 HEATER，将回收溶剂进行冷却，冷却后的溶剂和补充溶剂混合后进入萃取精馏塔。换热器 HEATER 设置如图 8-10。

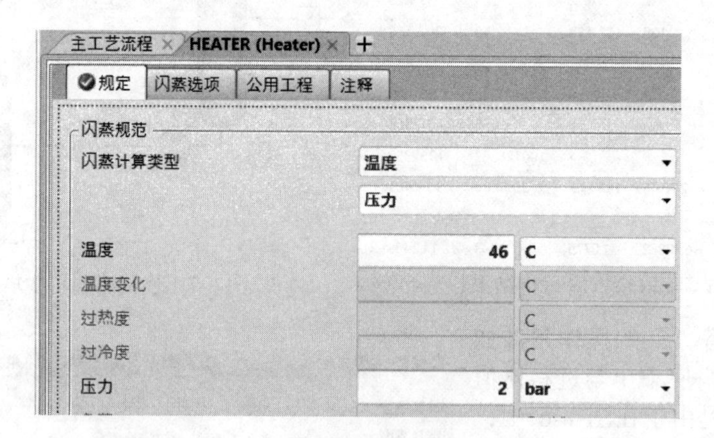

图 8-10　设置换热器 HEATER

设置混合器 MIXER 的操作条件，MIXER 的压力为 0（即压降为 0）。

流程中的绝大部分溶剂 DMSO 可从溶剂回收塔中再生进入循环，但仍会有少量溶剂损失，主要来自萃取塔塔顶物流 D1（0.062621kmol/h）和再生塔塔顶物流 D2（0.0045109kmol/h，见图 8-9），因此需要设置补充物流 MAKEUP 流量为 0.062621+0.0045109=0.0671319kmol/h，如图 8-11。

物料循环后，注意需取消 T1 塔内原有设计规范（否则影响循环收敛），然后重新初始化运行，结果如图 8-12。

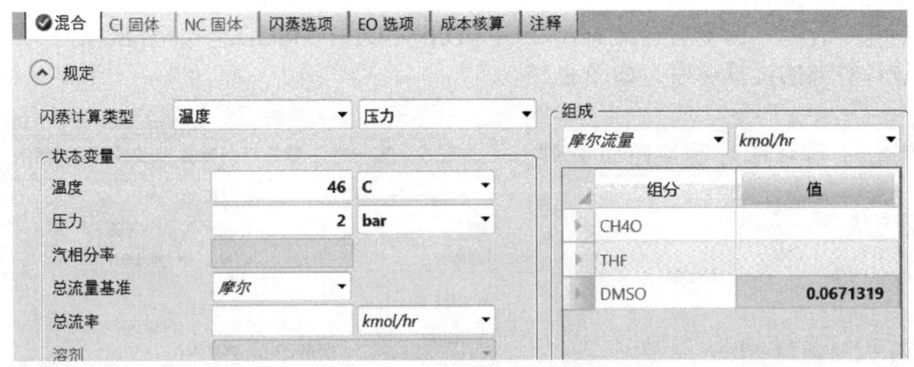

图 8-11 设置补充物流 MAKEUP

	单位	D1	D2	FEED	MAKEUP	RECY-SOL	S	W1	W2
- MIXED子流股									
温度	C	65.4046	64.0332	46	46	46	46	125.928	193.929
压力	bar	1	1	2	2	2	2	1.23	1.1
- 摩尔流量	**kmol/hr**	**50**	**50.0671**	**100**	**0.0671319**	**152.161**	**152.228**	**202.228**	**152.161**
CH4O	kmol/hr	0.188558	49.8114	50	0	0.00443629	0.00443629	49.8159	0.00443593
THF	kmol/hr	49.7488	0.2512	50	0	1.45415e-07	1.45415e-07	0.2512	1.45419e-07
DMSO	kmol/hr	0.0626419	0.00448888	0	0.0671319	152.156	152.223	152.161	152.156
- 摩尔分率									
CH4O		0.00377115	0.994893	0.5	0	2.91553e-05	2.91425e-05	0.246336	2.9153e-05
THF		0.994976	0.00501725	0.5	0	9.55666e-10	9.55245e-10	0.00124216	9.55693e-10
DMSO		0.00125284	8.96571e-05	0	1	0.999971	0.999971	0.752422	0.999971

图 8-12 循环流程结果

循环之后，可以看到操作条件会产生微小变化，之前的溶剂补充量也需要进行相应微调。为此，可使用流程选项中的计算器功能，使加入 MAKEUP 中的 DMSO 量始终等于物流 D1、D2 中 DMSO 量之和。

因此，首先定义如图 8-13 所示的 3 个样品变量，其中 DMSOD1、DMSOD2、MAKEUP 分别代表中 D1、D2、MAKEUP 物流中 DMSO 的摩尔流量。DMSOD1 和 DMSOD2 为导入变量，MAKEUP 为导出变量。

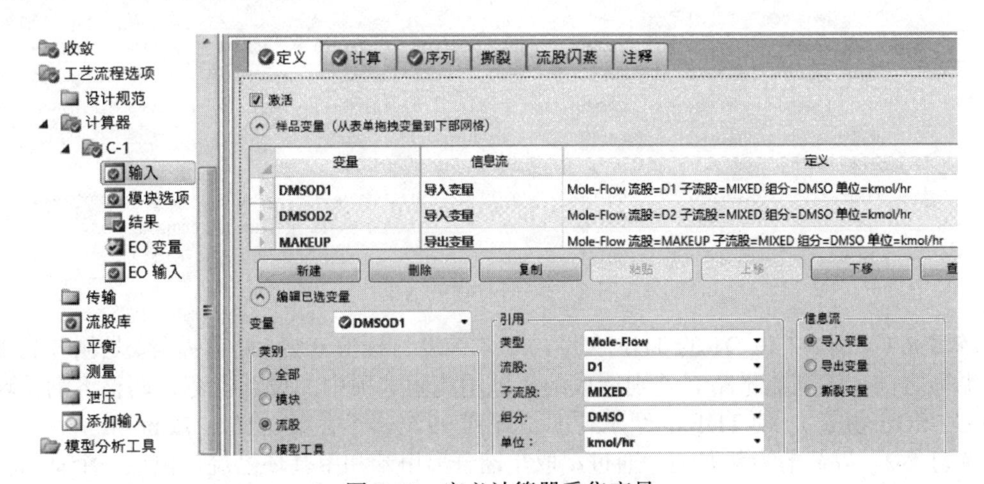

图 8-13 定义计算器采集变量

然后在“计算”标签页定义 MAKEUP =DMSOD1+DMSOD2，如图 8-14。

设置计算器的计算顺序，如图 8-15。

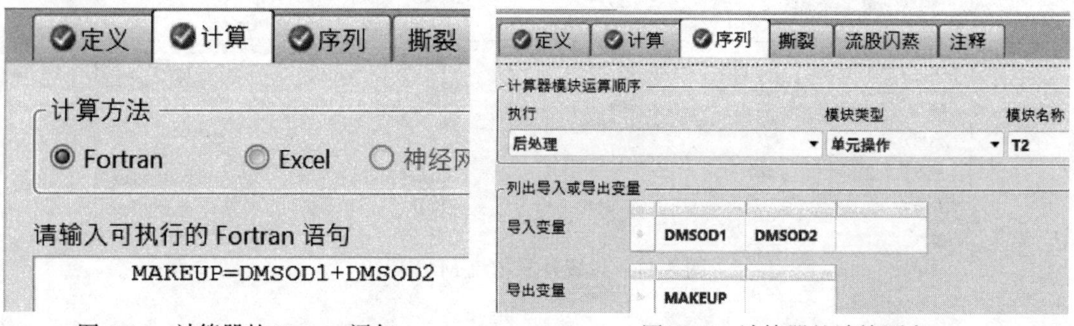

图 8-14　计算器的 Fortran 语句　　　　图 8-15　计算器的计算顺序

运行之后查看结果，可以看到 MAKEUP 实际补充量为 0.0671318kmol/h，与之前的补充量 0.0671319kmol/h 略有差别，如图 8-16。

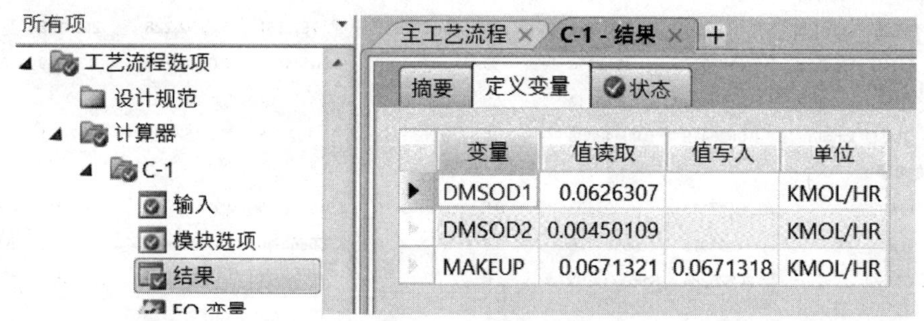

图 8-16　计算器结果

计算出补充溶剂的准确值后，可以在总物流结果中查看循环物流流量为 152.109kmol/h，如图 8-17。

	单位	D1	D2	FEED	MAKEUP	RECY-SOL	S	W1	W2
− MIXED子流股									
相态		液相	液相	液相	液相	液相	液相	液相	液相
温度	C	65.4042	64.033	46	46	46	46	125.918	193.929
压力	bar	1	1	2	2	2	2	1.23	1.1
− 摩尔流量	**kmol/hr**	**50**	**50.0671**	**100**	**0.0671318**	**152.109**	**152.176**	**202.176**	**152.109**
CH4O	kmol/hr	0.18892	49.8111	50	0	0.00442796	0.00442814	49.8155	0.00442796
THF	kmol/hr	49.7484	0.251551	50	0	1.45377e-07	1.45392e-07	0.251551	1.45377e-07
DMSO	kmol/hr	0.0626307	0.00450109	0	0.0671318	152.105	152.172	152.109	152.105
− 摩尔分率									
CH4O		0.00377841	0.994886	0.5	0	2.91104e-05	2.90988e-05	0.246396	2.91104e-05
THF		0.994969	0.00502427	0.5	0	9.55739e-10	9.55416e-10	0.00124422	9.55739e-10
DMSO		0.00125261	8.99011e-05	0	1	0.999971	0.999971	0.752359	0.999971

图 8-17　所有物流结果

练习 8-1　例 8-1 中 D1 的 THF 含量与摩尔纯度目标值 0.995 略有差异，是循环起来之后与循环之前的溶剂流量略有差别造成的，试用流程选项中的设计规范，调整溶剂循环量（RECY-SOL 物流），使 THF 的摩尔纯度正好到 99.5%。（答案：152.27kmol/h）

练习 8-2　以苯酚为萃取剂，通过萃取精馏分离甲苯和甲基环己烷，包括一个萃取精馏塔和一个再生塔。萃取剂加入条件为 105℃、137.89kPa，原料进料温度为 25℃，压力为

137.89kPa，甲基环己烷流量 90.72kmol/h，甲苯流量 90.72kmol/h。原料经过换热器预热到 105℃后进入萃取精馏塔中，萃取精馏塔塔板数为 22（含冷凝器、再沸器），萃取剂进料位置为第 7 块板，原料进料位置为第 14 块板，塔顶采用全凝器，塔釜为釜式再沸器，摩尔回流比 8，塔顶采出率 90kmol/h，塔顶压力 100kPa，单板压降 1.4kPa。溶剂再生塔理论塔板数 20，进料位置 10，塔顶采出率 92kmol/h，摩尔回流比 5，塔顶压力 100kPa，单板压降 1.4kPa。物性方法为 UNIFAC，求萃取剂的循环量和萃取剂补充量。（答案：499.44kmol/h，0.56kmol/h）

8.2 共沸精馏

共沸精馏是在体系中加入第三组分，与原溶液中的一个或者两个组分形成沸点比原来组分和原来恒沸物的沸点更低的新的最低共沸物，使组分间的相对挥发度增大，从而使原溶液易于分离的精馏方法。加入的第三组分称为恒沸剂或者夹带剂。

与萃取精馏相似，共沸精馏过程中一般都存在共沸剂的循环利用和补充问题。此外，共沸体系通常是强烈的非理想体系，经常在塔内及塔顶冷凝器出现汽-液-液三相平衡，因此即使是单塔，也容易出现收敛困难的问题，使得全流程的模拟和收敛非常困难。为此，共沸精馏的模拟仍采用先将各塔分开模拟，收敛之后再联结起来进行全流程模拟的办法，这样可显著降低过程的收敛难度，这种各个击破的办法在许多时候都非常有效。

例 8-2　以乙酸正丙酯为共沸剂，采用共沸精馏进行乙酸脱水。原料乙酸水溶液进料温度为 40℃，压力 2bar，进料流量 1000kg/h，含水 70%（质量分率），乙酸 30%。共沸精馏塔（不含冷凝器）塔顶压力 1.2bar，塔压降 0.21bar，理论塔板数为 21，原料从第 3 块板进料，共沸剂从第 1 块板进料。溶剂回收塔（含冷凝器、再沸器）塔顶压力 1.2bar，塔压降 0.22bar，理论塔板数 22，质量回流比 2，塔底采出与进料比为 0.979，从第 11 块塔板进料。物性方法使用 NRTL-HOC。要求共沸精馏塔塔釜中乙酸质量纯度、质量回收率均达到 99%，求共沸剂的循环量。

本例中的流程包括两个精馏塔，一个共沸精馏塔和一个溶剂回收塔。原料稀乙酸从共沸精馏塔的第 3 块板加入，塔底得到无水乙酸，塔顶蒸出乙酸正丙酯-水的共沸物，共沸物通过冷凝器冷凝、分相器分相后，在酯相（轻相）中将绝大部分的共沸剂返回共沸塔作为回流，而下层水相进入溶剂回收塔，在塔顶回收残留的酯（实际上是酯-水共沸物），塔釜得到纯净的水。本例模拟过程仍是先使共沸塔收敛，得到基础数据，再进行全流程的模拟。

进入 Aspen Plus 中，输入组分，如图 8-18，并选择物性方法为 NRTL-HOC。

首先单独进行共沸精馏塔的设计，流程图如图 8-19。

组分 ID	类型	组分名称	别名	CAS号
HAC	常规	ACETIC-ACID	C2H4O2-1	64-19-7
H2O	常规	WATER	H2O	7732-18-5
ACETATE	常规	N-PROPYL-ACETATE	C5H10O2-3	109-60-4

图 8-18　输入组分

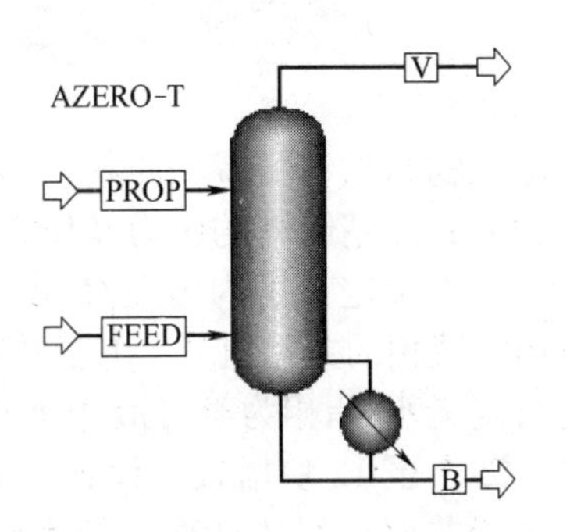

图 8-19　共沸精馏塔流程

输入原料进料条件，温度为 40℃，压力 2bar，进料流量 1000kg/h，含水 70%（质量分率），乙酸 30%。

输入溶剂进料条件，首先估算溶剂加入量为 4000kg/h，如图 8-20。

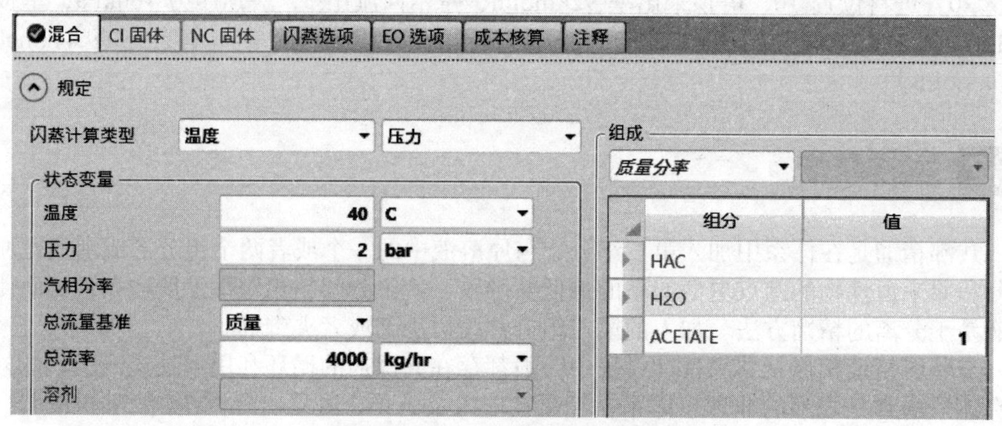

图 8-20　输入共沸剂加入条件

输入共沸精馏塔条件。体系中存在两个液相（乙酸相和水-酯相），因此“有效相态”需设置为“汽-液-液”。此体系为共沸体系，收敛难度较大，收敛算法需改为“共沸”。由于塔底得到无水乙酸，而乙酸的进料量为 300kg/h，因此可设置塔底物流率为 300kg/h。如图 8-21。

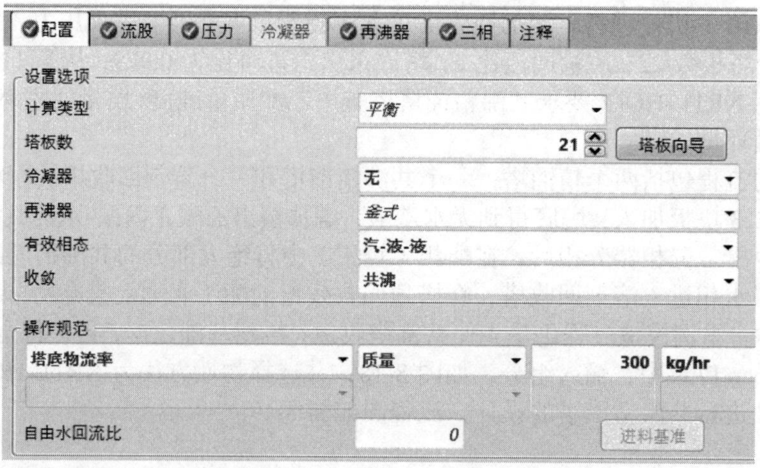

图 8-21　共沸精馏塔条件

输入物料加料位置，原料从第 3 块板进料，共沸剂从第 1 块板进料。

输入共沸精馏塔的压力及压降，塔顶压力为 1.2bar，塔压降为 0.21bar。

由于上文定义塔内出现汽-液-液三相，因此还需在“三相”标签页定义三相出现的位置及第二液相的关键组分。由于共沸剂乙酸正丙酯从塔的上部加入，且水-酯相从塔顶蒸出，因此可定义水-酯相为第二液相（乙酸相为第一液相），且三相出现的位置设置为塔的上半部分，即 1 至 12 块塔板，设置如图 8-22。

由于共沸过程的计算收敛难度大，可增加 AZERO-T 共沸精馏塔的最大迭代次数至 200，如图 8-23。

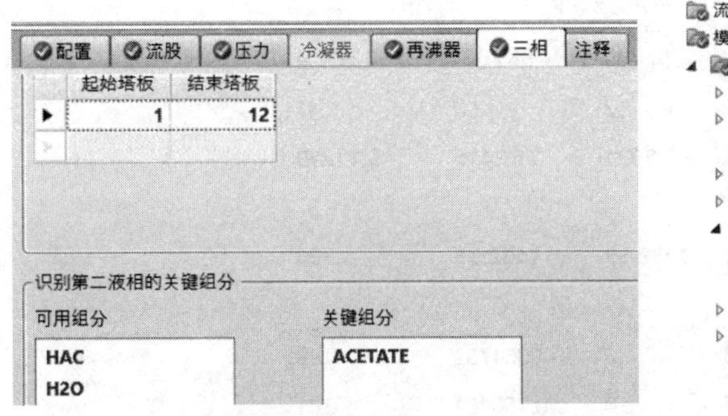

图 8-22　选择三相位置

图 8-23　定义收敛算法

由于要求塔釜中乙酸质量纯度为 99%，因此在精馏塔中添加设计规范，规定塔釜中乙酸质量纯度为 99%、质量回收率为 99%，如图 8-24 和图 8-25。

定义设计规范的调整变量，为进料速率（20~200kmol/h）和精馏塔塔底物流率（200~400kg/h），如图 8-26 和图 8-27。

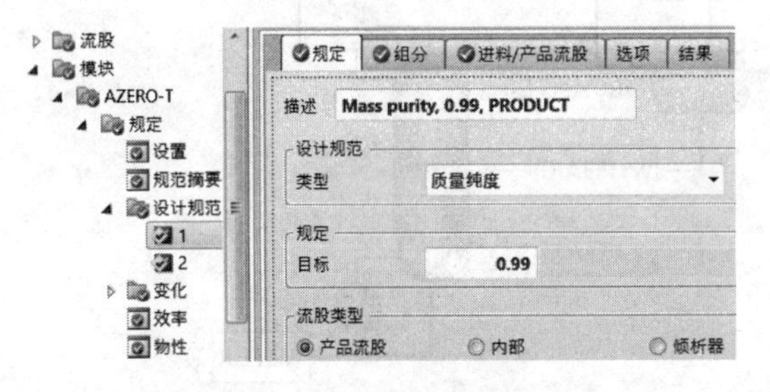

图 8-24　定义质量纯度设计规范

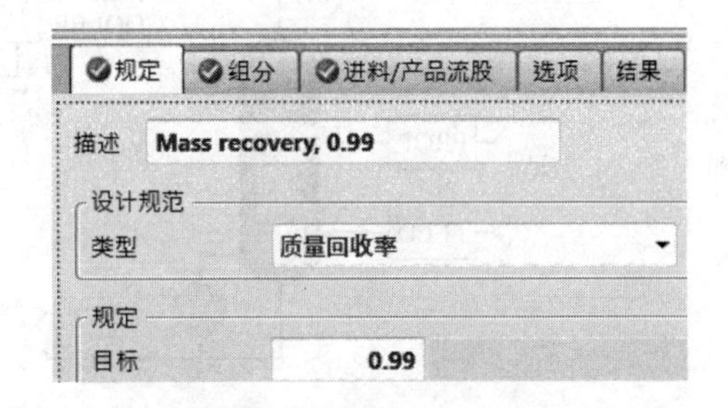

图 8-25　定义乙酸质量回收率设计规范

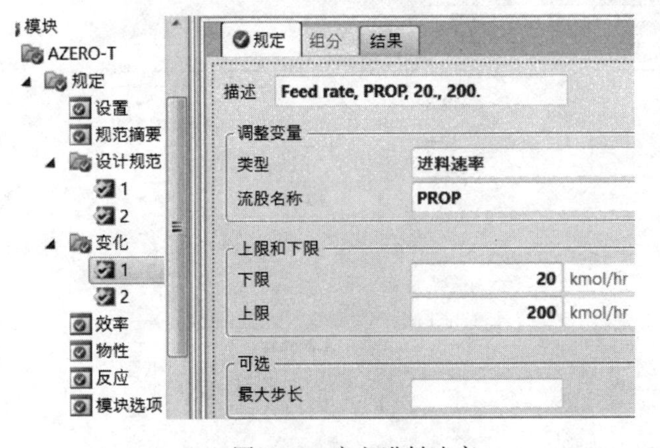

图 8-26　定义进料速率

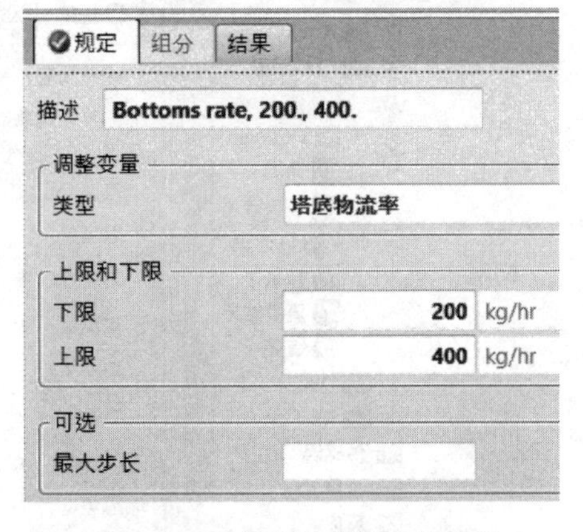

图 8-27　定义精馏塔塔底物流率

初始化并运行，得到如图 8-28 结果。

至此，单独的共沸精馏塔设计完毕，下面完善流程，将塔顶汽相通过冷凝器冷却后，使用分相器进行分相，其中有机相（酯相）循环，水相中含少量溶剂，通过溶剂再生塔进行回收，流程图如图 8-29。

共沸精馏塔塔顶气相冷凝器设置过程如图 8-30。由于蒸气冷凝后会产生水相和有机相，因此“有效相态”需设置为“汽-液-液”。

	单位	FEED	PROP	V	B
温度	C	40	40	88.2091	127.454
压力	bar	2	2	1.2	1.41
+ 摩尔流量	**kmol/hr**	**43.8515**	**38.5021**	**77.2415**	**5.11219**
+ 摩尔分率					
+ 质量流量	**kg/hr**	**1000**	**3932.35**	**4632.35**	**300**
− 质量分率					
HAC		0.3	0	0.00064762	0.99
H2O		0.7	0	0.150464	0.01
ACETATE		0	1	0.848889	1.31526e-12

图 8-28 运行结果

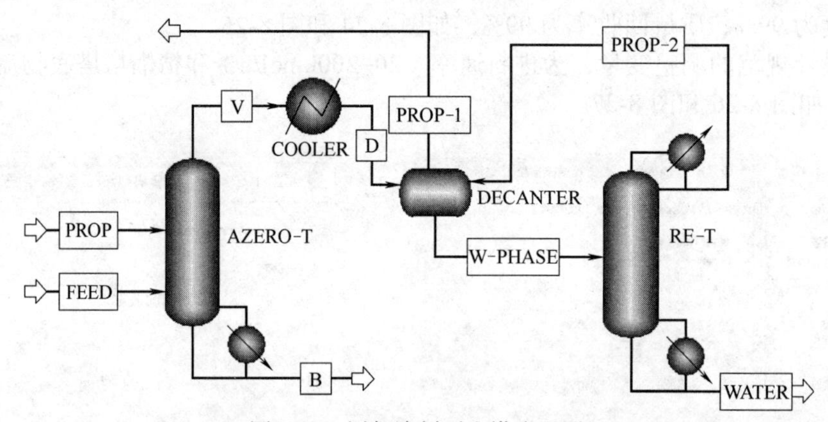

图 8-29 添加溶剂再生塔流程图

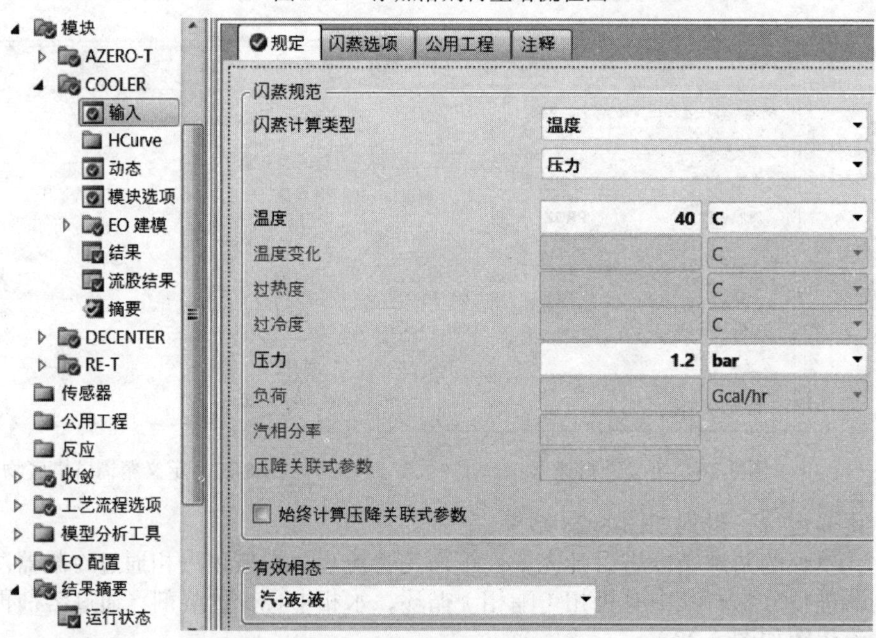

图 8-30 塔顶气相冷凝器设置

分相器出口压力设为 2bar。可定义水相为第二液相的关键组分，设置关键组分的摩尔分率阈值为 0.5，如图 8-31。

设置再生塔 RE-T 的操作条件，如图 8-32。

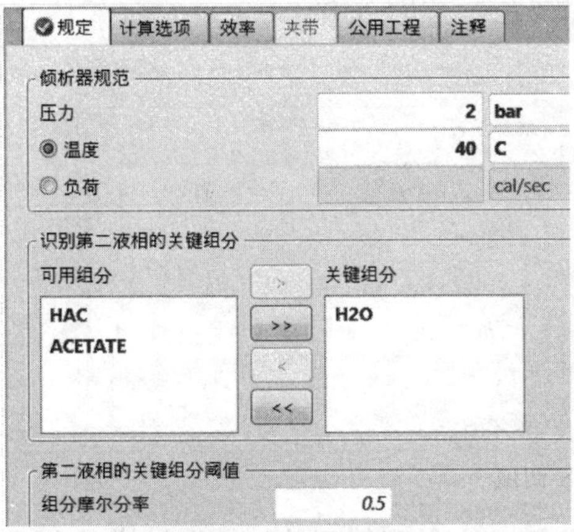

规定
计算选项
效率
夹带
公用工程
注释
倾析器规范
压力
2
bar
温度
40
C
负荷
cal/sec
识别第二液相的关键组分
可用组分
关键组分
HAC
ACETATE
H2O
>>
<
<<
第二液相的关键组分阈值
组分摩尔分率
0.5

图 8-31　分相器设置

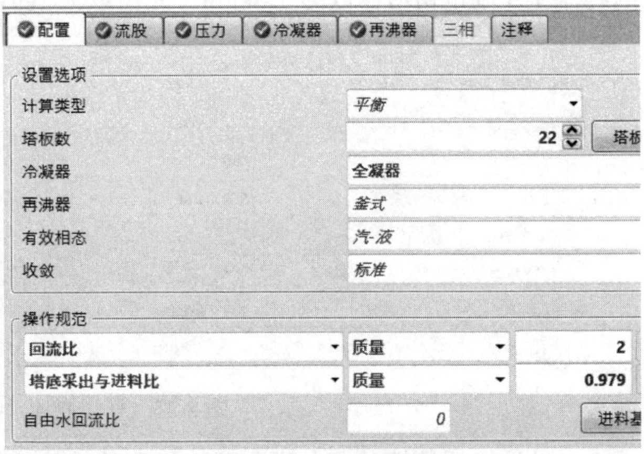

配置
流股
压力
冷凝器
再沸器
三相
注释
设置选项
计算类型
平衡
塔板数
22
冷凝器
全凝器
再沸器
釜式
有效相态
汽-液
收敛
标准
操作规范
回流比
质量
2
塔底采出与进料比
质量
0.979
自由水回流比
0

图 8-32　再生塔条件设置

在“流股”标签页，设置再生塔物料进料位置为第 11 块板的塔板上方。

输入再生塔的压力及压降，塔顶压力为 1.2bar，塔压降为 0.22bar。

初始化运行模型，得到如图 8-33 结果。

	单位	B	D	FEED	PROP	PROP-1	PROP-2	V	W-PHASE	WATER
− MIXED子流股										
温度	C	127.454	40	40	40	40	84.0243	88.2091	40	109.786
压力	bar	1.41	2	2	2	2	1.2	1.2	2	1.42
+ 摩尔流量	kmol/hr	5.11219	77.2415	43.8515	38.5021	43.3015	0.184709	77.2415	34.1246	33.9399
+ 摩尔分率										
+ 质量流量	kg/hr	300	4632.35	1000	3932.35	4020.21	13.1306	4632.35	625.265	612.135
− 质量分率										
HAC		0.99	0.00064762	0.3	0	0.000498434	2.28697e-06	0.00064762	0.00159328	0.00162741
H2O		0.01	0.150464	0.7	0	0.0213574	0.0935305	0.150464	0.979371	0.998373
ACETATE		1.31526e-12	0.848889	0	1	0.978144	0.906467	0.848889	0.0190358	1.08078e-20
体积流量	l/min	5.39315	86.1209	17.2379	75.502	76.6229	0.262241	31455.3	10.6682	11.2394

图 8-33　物料结果

至此，两个精馏塔全部计算完毕，接下来将分相器和溶剂再生塔塔顶物流进行循环，循环后的流程如图 8-34。

PROP-1
V
D
PROP-2
COOLER
DECENTER
MIXER
PROP
T-S
AZERO-T
W-PHASE
FEED
B
RE-T
WATER

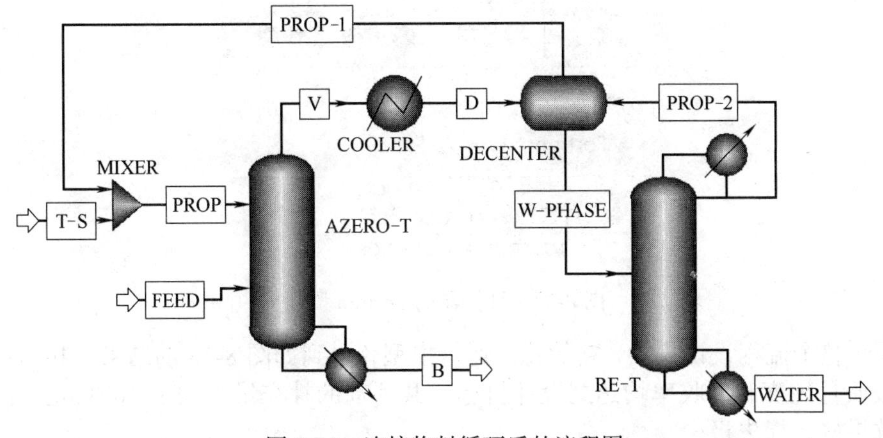

图 8-34　连接物料循环后的流程图

由于绝大部分的溶剂为循环而来，因此过程仅需要补充少量新鲜溶剂，将补充的共沸剂物流 T-S 流量初值修改为 1.5kg/h（此值取大概值即可），如图 8-35。

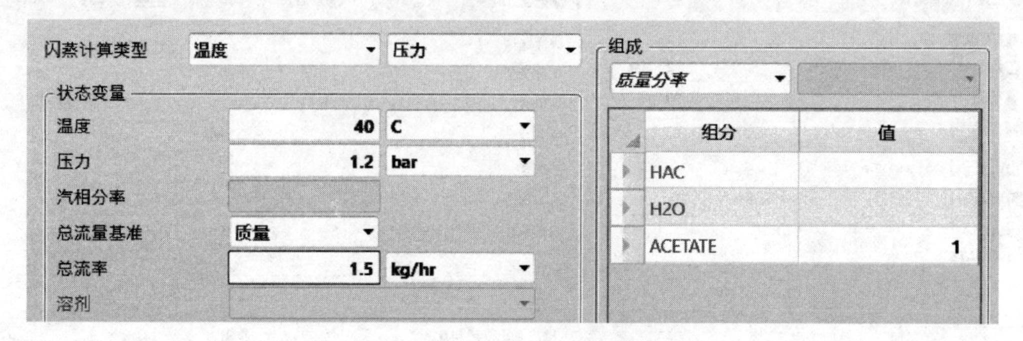

图 8-35 赋予物流 T-S 初值

通过计算器计算补充共沸剂 T-S 物流的准确值，其加入量应等于共沸精馏塔塔釜和溶剂再生塔塔釜中的损失量，计算器设置过程如图 8-36 和图 8-37。

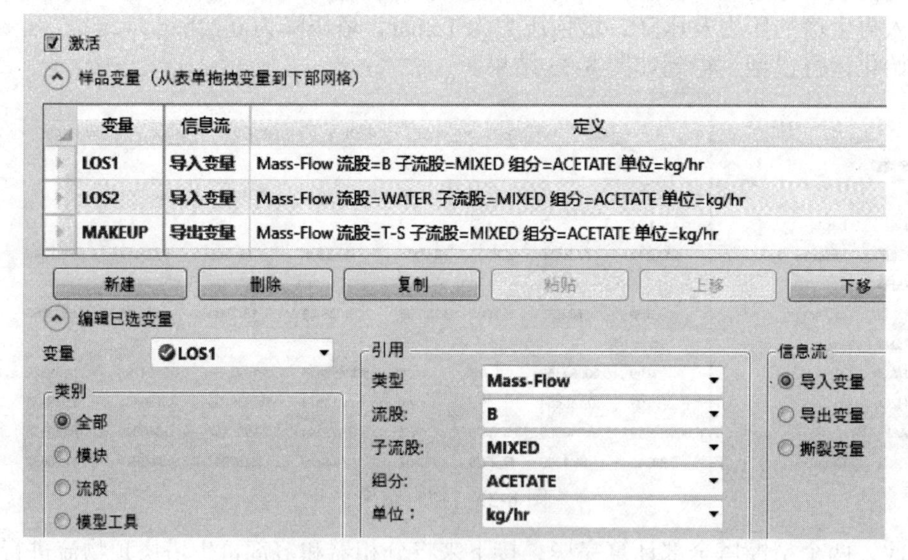

图 8-36 计算器中变量设置

图 8-37 计算器的 Fortran 语句

至此，整个流程设计完毕，初始化、运行模型，得到如图 8-38 的结果。共沸精馏塔塔底的乙酸质量纯度和回收率均达到设计目标，共沸剂的补充量为 2.1×10^{-6}kg/h，说明共沸剂回收效果好，损失极少。

	单位	B	D	FEED	PROP	PROP-1	PROP-2	T-S	V	W-PHASE	WATER
温度	C	128.763	40	40	40.0266	40	84.0069	40	87.3627	40	109.793
压力	bar	1.41	1.2	2	1.2	2	1.2	1.2	1.2	2	1.42
+ 摩尔流量	**kmol/hr**	**5.14332**	**83.288**	**43.8515**	**44.5791**	**44.5798**	**0.211856**	**2.06397e-08**	**83.288**	**38.9201**	**38.7082**
+ 摩尔分率											
- 质量流量	**kg/hr**	**301.826**	**4837.82**	**1000**	**4139.58**	**4139.65**	**14.9759**	**2.108e-06**	**4837.82**	**713.15**	**698.174**
HAC	kg/hr	298.808	3.01826	300	1.82647	1.82647	1.96949e-09	0	3.01826	1.1918	1.1918
H2O	kg/hr	3.01826	785.251	700	88.2683	88.2696	1.42669	0	785.251	698.408	696.982
ACETATE	kg/hr	2.108e-06	4049.55	0	4049.49	4049.55	13.5492	2.108e-06	4049.55	13.5494	7.24936e-18
- 质量分率											
HAC		0.99	0.000623889	0.3	0.00044122	0.000441213	1.31511e-10	0	0.000623889	0.00167117	0.00170702
H2O		0.00999999	0.162315	0.7	0.021323	0.021323	0.0952656	0	0.162315	0.979329	0.998293
ACETATE		6.98415e-09	0.837061	0	0.978236	0.978236	0.904734	1	0.837061	0.0189994	1.03833e-20
体积流量	cum/hr	0.32625	5.44716	1.03427	4.73417	4.73408	0.0179403	2.42845e-09	2031.04	0.730064	0.76916

图 8-38 最终结果

练习 8-3 以苯为共沸剂，使用图 8-34 所示循环流程，采用共沸精馏进行异丙醇脱水。共沸剂进料条件为饱和液体，压力 111kPa，初始流量为 100kmol/h。原料进料为饱和液体，压力 111kPa，异丙醇流量 63.94kmol/h，水 30.22kmol/h。共沸精馏塔理论塔板数为 38，塔顶无冷凝器，再沸器为釜式再沸器，原料进料位置为 5，共沸剂进料位置为 1，塔顶压力 100kPa，塔釜压力 104kPa。从共沸精馏塔塔顶出来的蒸气通过冷凝器进行冷凝后，进入分相器，分相器条件为 30℃，出口压力为 111kPa。分相器流出的苯相与新鲜共沸剂混合后回到共沸精馏塔中（进料位置为 1），水相进入理论塔板数为 10 的溶剂回收塔中。溶剂回收塔的塔顶为全凝器，塔釜为釜式再沸器，馏出物进料比（摩尔）为 0.8，摩尔回流比为 1，全塔压力为 102kPa。试通过调节共沸精馏塔塔釜采出量的值（10~70kmol/h），确保共沸精馏塔塔釜中异丙醇的质量分率为 99.5%。（答案：塔釜采出量 44.11kmol/h）

8.3 变压精馏

对于共沸体系或相对挥发度接近于 1 的难分离物系，在压力变化不大的情况下，如果共沸组成变化大于 5%（质量或摩尔分率）或消失，则可以采用两个不同压力操作的精馏塔流程，实现相关混合物的分离。变压精馏分离方法主要有最低共沸物分离方法（图 8-39 和图 8-40）和最高共沸物分离方法（图 8-41 和图 8-42）。

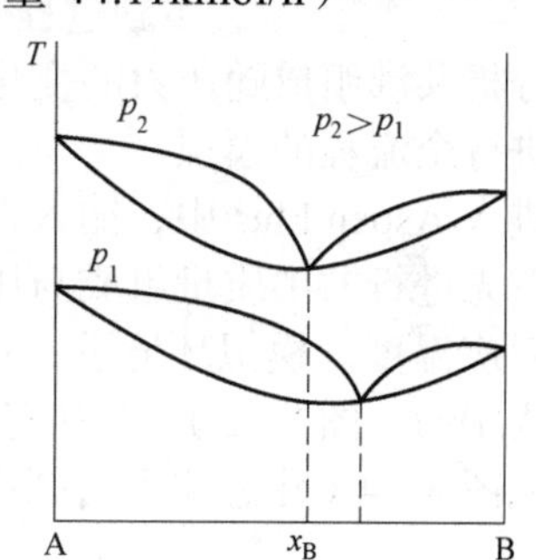

图 8-39 具有最低共沸物的 T-x-y 图

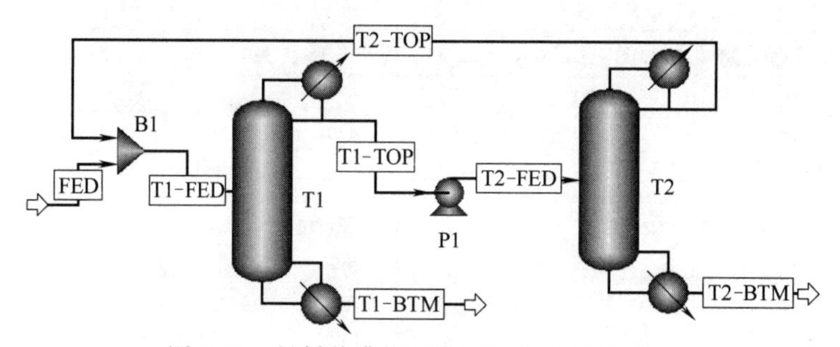

图 8-40 最低共沸物两塔双压分离流程图

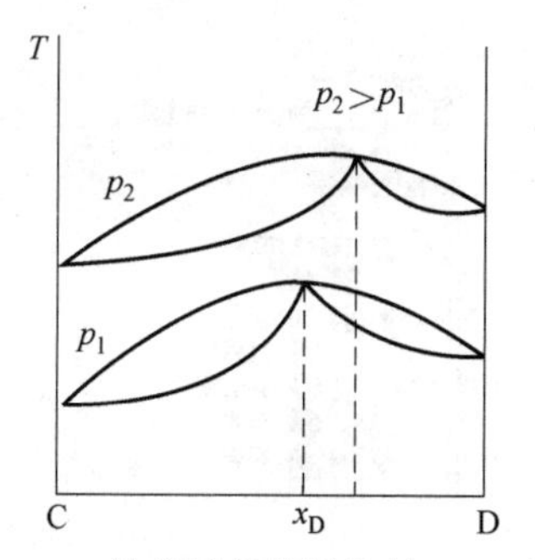

图 8-41 具有最高共沸物的 T-x-y 图

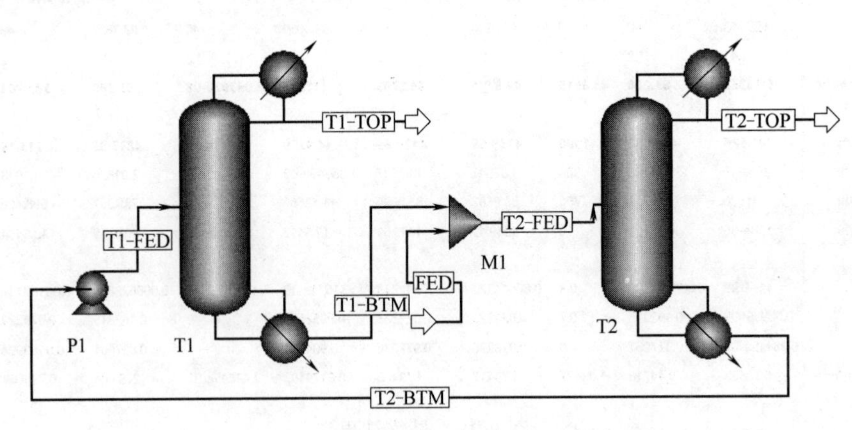

图 8-42　最高共沸物两塔双压分离流程图

变压精馏的好处在于：

① 高压塔和低压塔之间的压力差提供了两塔热耦合的条件，以此可达到节能目的；

② 对比萃取精馏和共沸精馏，不引入第三组分，这样可避免添加组分在产品中的残留。

以下通过甲醇与苯混合物的分离讲解变压精馏的模拟方法。

例 8-3　采用双塔变压精馏（图 8-40）进行甲醇与苯最低共沸体系的分离，原料甲醇-苯混合物进料温度为 45℃，压力 4bar，进料流量 2000kg/h，质量分率为甲醇 40%、苯 60%。其中一个塔是常压塔，另一个塔压力自定。要求甲醇和苯的质量浓度、质量回收率均达到 99%，试确定另一个塔的塔顶压力和物流循环量。物性方法为 NRTL。

例 8-3 演示视频

本题过程主要包括两个精馏塔，其中一个为常压塔，另一个为加压塔。需先分析共沸组成随压力的变化，选择合适的压力，然后搭建最低共沸物两塔双压分离流程，进行全流程的模拟。

进入 Aspen Plus 中，输入组分甲醇（CH_3OH）和苯（C_6H_6），并选择物性方法 NRTL。

首先进行共沸质量组成与压力的分析，分别计算压力为 1bar、5bar、10bar 下的共沸组成及对应温度。模拟环境下，点击顶部功能区“主页”选项卡下的“共沸物搜索”，设置压力为 1bar（图 8-43），设置完成后点击左侧窗格中的“共沸物”，查看共沸物质量组成数据，见图 8-44（注意需点击图中所示图标以切换显示质量分率）。

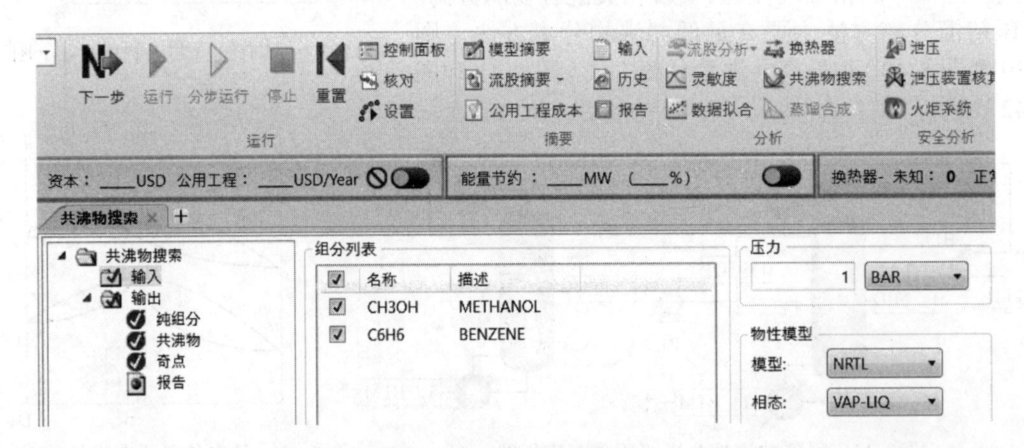

图 8-43　共沸物搜索设置

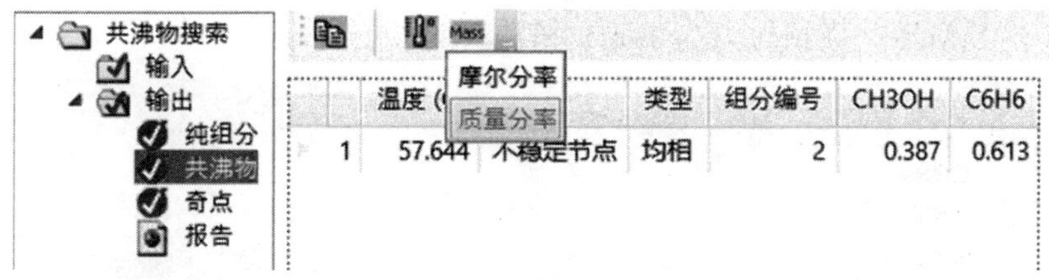

图 8-44　共沸物质量组成数据

同理，计算 5bar 和 10bar 下的共沸物组成，所得数据如表 8-2，可知 1bar 与 10bar 时，甲醇质量组成差别为 8.4%，大于 5%的要求，因此加压塔可采取 10bar 下精馏。

表 8-2　共沸物性质随压力变化表

压力/bar	温度/℃	甲醇质量分率	苯质量分率
1	57.644	0.387	0.613
5	106.119	0.413	0.587
10	133.409	0.471	0.529

在物性环境下可查看两共沸物在 1bar 和 10bar 下的 *T-x-y* 图（设置方法详见本书 3.4 节），分析可知甲醇-苯可形成最低共沸物，如图 8-45。

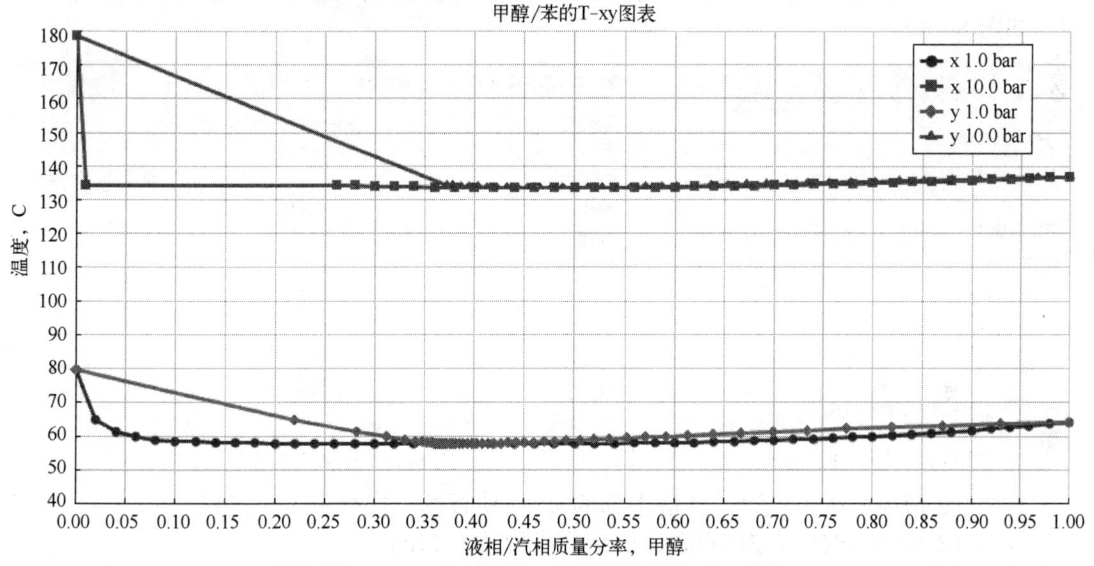

图 8-45　1bar 和 10bar 下甲醇-苯的 *T-x-y* 图

根据本题原料中苯的质量分率以及苯-甲醇溶液的共沸性质，可设计低压塔和高压塔组合的变压精馏流程。首先原料在塔顶压力 1bar 的低压塔中精馏分离，塔釜得到高纯度甲醇，塔顶得到共沸物；随后此共沸物进入塔顶压力 10bar 的高压塔中，塔釜得到高纯度苯，塔顶得到共沸物。共沸物可循环利用，与原料混合后再次回到低压塔精馏分离。根据实际经验，低压塔和高压塔的塔板数均可设为 32，进料位置均为第 17 块，回流比均设为 1.5。此外，低压塔的塔顶采出量可设为 6900kg/h，高压塔的塔顶采出量可设为 5700kg/h。读者可在完成本题模拟后自行尝试优化这些参数。

建立最低共沸物两塔双压分离流程，流程图如图 8-40。输入原料 T1-FED 进料条件：温度 45℃，压力 4bar，进料流量 2000kg/h，质量分率为甲醇 40%、苯 60%。

T1 塔操作条件如图 8-46。根据相图可知此共沸体系的非理想性强，因此需将本塔的收敛算法修改为“非常不理想的液相”（图 8-46）。

设置 T1 塔料液的进料位置为第 17 块板的“塔板上方”。

设置 T1 塔的塔压，塔顶压力为 1bar，塔压降为 0.25bar。

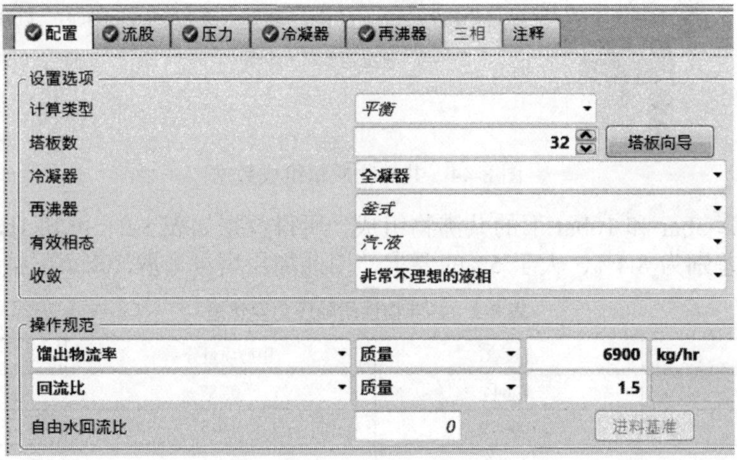

配置
流股
压力
冷凝器
再沸器
三相
注释
设置选项
计算类型
平衡
塔板数
32
塔板向导
冷凝器
全凝器
再沸器
釜式
有效相态
汽-液
收敛
非常不理想的液相
操作规范
馏出物流率
质量
6900
kg/hr
回流比
质量
1.5
自由水回流比
0
进料基准

图 8-46 输入 T1 塔条件

由于高压塔的塔顶压力为 10bar，因此可规定泵 P1 的出口压力为 11bar，如图 8-47。

输入 T2 塔配置条件。此塔也存在共沸物，可设置收敛算法为“共沸”以促进计算收敛，如图 8-48。

规定
计算选项
闪蒸选项
公用工程
模型
泵
涡轮机
泵出口规范
排放压力
11
bar
压力增加
bar
压力比率
所需功率
kW
使用性能曲线确定排放条件

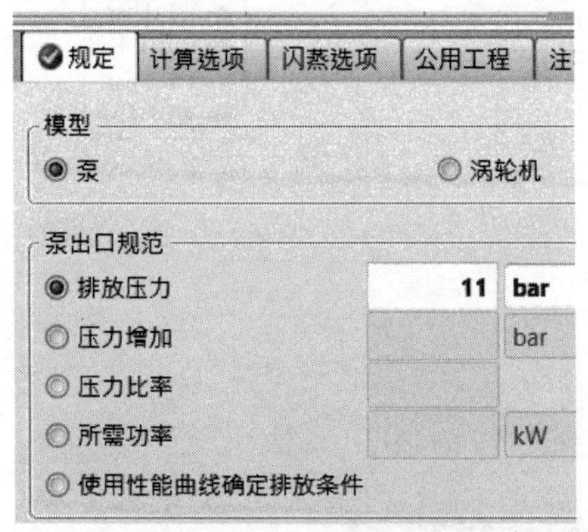

图 8-47 输入 P1 泵参数

配置
流股
压力
冷凝器
再沸器
三相
注释
设置选项
计算类型
平衡
塔板数
32
塔板向导
冷凝器
全凝器
再沸器
釜式
有效相态
汽-液
收敛
共沸
操作规范
馏出物流率
质量
5700
kg/hr
回流比
质量
1.5
自由水回流比
0
进料基准

图 8-48 输入 T2 塔条件

输入 T2 精馏塔进料位置，从塔中部的第 17 块板的“塔板上方”进料。

输入 T2 精馏塔的压力为 10bar，塔压降可取为 0.25bar。

为使流程更易收敛，需为循环物流 T2-TOP 赋初值。输入循环物流 T2-TOP 条件，其中初始流量与 T2 塔采出量相等，组分含量等于 10bar 条件下的共沸组成，温度则为对应共沸温度，如图 8-49。

T2-TOP
输入
结果
EO 变量
模块
M1
P1
设置
动态
混合
CI 固体
NC 固体
闪蒸选项
EO 选项
成本核算
注释
规定
闪蒸计算类型
温度
压力
组成
质量分率
状态变量
温度
133
C
压力
10
bar
汽相分率
总流量基准
质量
总流率
5700
kg/hr
组分
值
CH3OH
47
C6H6
53

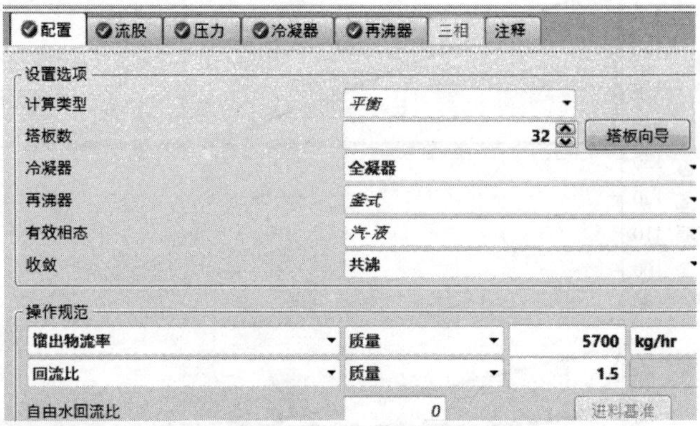

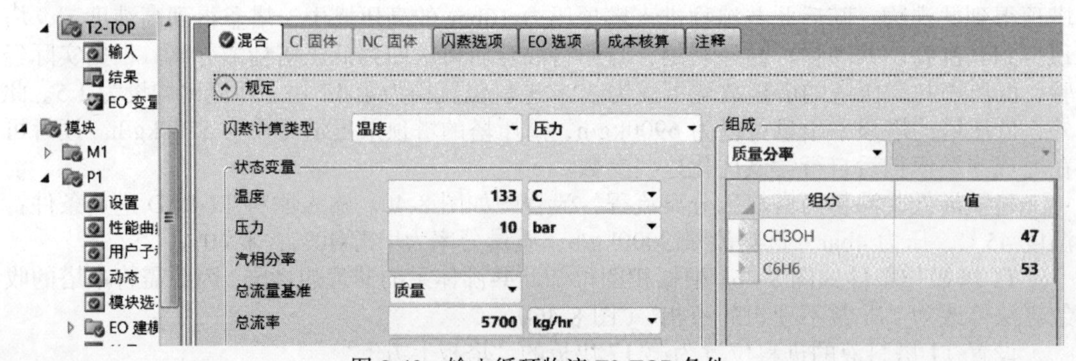

图 8-49 输入循环物流 T2-TOP 条件

由于本例中的共沸体系非理想性较强、收敛难度高，因此已将 T1、T2 塔的收敛算法修改为“非常不理想的液相”和“共沸”（如图 8-46 和图 8-48）。此外，需将 T1、T2 模块的最大迭代次数增加至 200（在导航窗格中的“模块/T1/收敛/收敛”中设置）。本例中还需输入 T1 塔温度估计，其中塔顶、塔底分别等于 1.0bar 下的共沸温度（塔顶是共沸物）、甲醇在 1.25bar 下的沸点（塔底是纯甲醇），如图 8-50。

同样，输入 T2 塔温度估计，其中塔顶、塔底分别等于 10bar 下的共沸温度（塔顶是共沸物）、苯在 10.25bar 下的沸点（塔底是纯苯），如图 8-51。

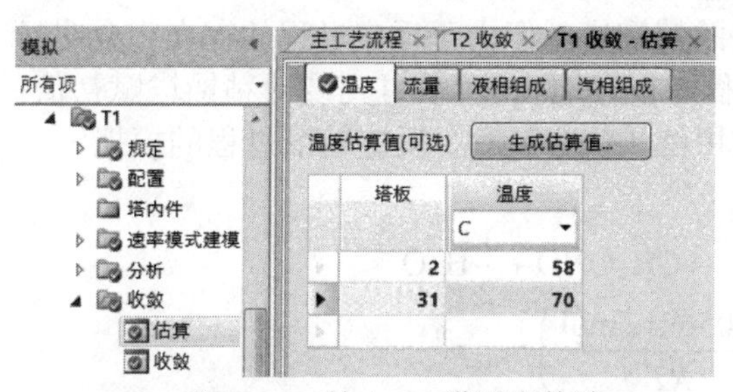

图 8-50　输入 T1 塔温度估计

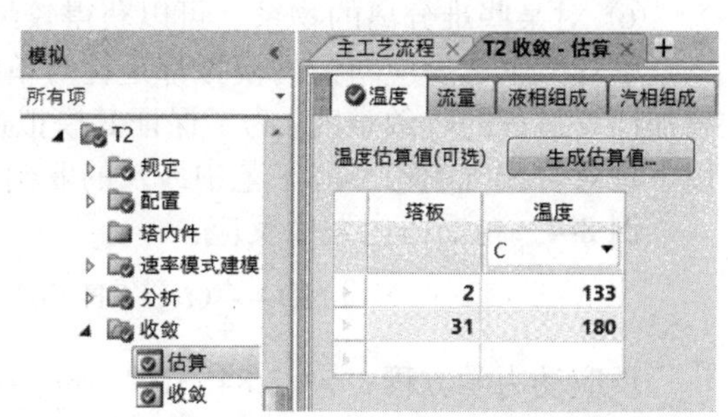

图 8-51　输入 T2 塔温度估计

初始化，运行，得到如图 8-52 结果。

	单位	FED	T1-BTM	T1-FED	T1-TOP	T2-BTM	T2-FED	T2-TOP
相态		液相	液相		液相	液相	液相	液相
温度	C	45	69.9693	98.2893	57.6443	180.027	58.4499	133.409
压力	bar	4	1.25	4	1	10.25	11	10
+ 摩尔流量	kmol/hr	40.3293	24.9671	162.484	137.516	15.3622	137.516	122.154
+ 摩尔分率								
+ 质量流量	kg/hr	2000	800	7700	6900	1200	6900	5700
− 质量分率								
CH3OH		0.4	1	0.45091	0.387247	0	0.387247	0.468773
C6H6		0.6	6.74644e-09	0.54909	0.612753	1	0.612753	0.531227
体积流量	cum/hr	2.36763	1.08555	95.0385	8.30694	1.74229	8.31685	7.93569

图 8-52　运行结果

可见甲醇和苯产品都达到了分离要求，至此变压精馏工艺设计完毕。

练习 8-4　采用变压精馏进行甲醇与甲乙酮的分离，原料进料温度为 45℃，压力 4bar，进料流量 1000kg/h，质量分率为甲醇 70%、甲乙酮 30%。其中一个塔是常压塔，另一个塔压力自定。要求甲醇和甲乙酮的质量浓度、质量回收率均达到 98%，选择另一个塔的塔顶压力，并设置循环流程。物性方法使用 NRTL。

8.4 反应精馏

一般化工生产中，反应和分离两种操作通常分别在两类单独的设备中进行。若能将两者结合起来，在一个设备中同时进行，将反应生成的产物或中间产物及时分离，则可以提高产品的收率，同时又可利用反应热供产品分离，达到节能的目的。反应精馏就是一种通过反应与精馏的协同作用，在一个装置内进行反应的同时用精馏方法分离出产物，进而同时促进反应与分离的过程。

反应精馏有如下优点：

① 利用汽-液平衡原理，迅速将反应产物移出液相或气相反应体系，破坏了可逆反应平衡，增加了反应的选择性和转化率，使反应速度提高，从而提高了生产能力；

② 通过塔内件对汽-液相的分配作用，提高汽液混合程度；

③ 由于存在汽-液平衡，解决了反应体系局部飞温问题；

④ 精馏过程利用了反应热，节省了能量；

⑤ 反应器和精馏塔合成为一个设备，节省投资；

⑥ 对某些难分离的物系，可以获得较纯的产品。

尽管大多数反应精馏的模拟都是针对单独的精馏塔，但由于反应过程的存在，会明显增加计算过程的收敛难度。为了保证其模拟过程能很好地收敛，往往需要对精馏塔赋初值。以下是对合成气制乙二醇工艺中涉及的亚硝酸甲酯（CH_3ONO）反应精馏过程的模拟。

例 8-4 精馏塔内发生反应：

$$NO+\frac{1}{4}O_2+CH_3OH\longrightarrow CH_3ONO+\frac{1}{2}H_2O$$

反应动力学方程：$r=3.84\times10^{-6}\exp\left(-\dfrac{19.056\text{kJ / mol}}{RT}\right)p_{NO}p_{O_2}^{0.1}$

式中，r 为亚硝酸甲酯的生成速率，kmol/（m^3 · s）；p_{NO} 和 p_{O_2} 分别为 NO 和 O_2 的分压，Pa。

由于亚硝酸甲酯在反应体系下为气态，容易发生爆炸，因此在进料中添加惰性气体 N_2 作为保护。混合气进料温度 45℃，压力 5.5bar，摩尔流量 123.905kmol/h，摩尔组成为 NO 占 21.06%、H_2O 占 0.06%、CH_3OH 占 6.85%、O_2 占 3.45%、N_2 占 68.58%。液相甲醇进料温度 35℃，进料压力 5.5bar，摩尔流量 42.5kmol/h，摩尔组成为甲醇 99.1%、水 0.9%。物性方法选用 NRTL-RK。反应精馏塔总理论塔板数 20（含再沸器、冷凝器），原料甲醇从塔第 6 块板进入，反应混合气从塔第 14 块板进入，反应段理论塔板数为 9（从第 6~14 块），反应的停留时间 8s，塔顶只采出汽相产品，塔釜摩尔采出量为 40mol/h，塔顶摩尔回流比为 2，塔顶压力 5bar，塔压降 0.2bar。求精馏塔出口亚硝酸甲酯产量。

添加组分，如图 8-53，然后选择物性方法为 NRTL-RK。

进入模拟环境建立工艺流程，如图 8-54。本例的塔顶只采出汽相，因此在连接塔顶冷凝器物流时需连接“汽相馏出物”流股。

选择组分

组分 ID	类型	组分名称	别名	CAS号
NO	常规	NITRIC-OXIDE	NO	10102-43-9
O2	常规	OXYGEN	O2	7782-44-7
CH3OH	常规	METHANOL	CH4O	67-56-1
H2O	常规	WATER	H2O	7732-18-5
N2	常规	NITROGEN	N2	7727-37-9
ESTER	常规	METHYL-NITRITE	CH3NO2-N1	624-91-9

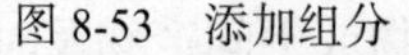

图 8-53 添加组分

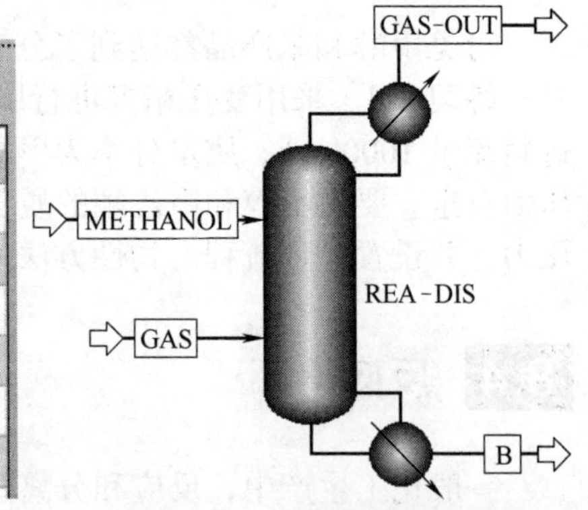

图 8-54 反应精馏流程图

输入甲醇进料物流 METHANOL 条件：进料温度 35℃，进料压力 5.5bar，摩尔流量 42.5kmol/h，摩尔组成为甲醇 99.1%、水 0.9%。

输入进料气体物流 GAS 条件，如图 8-55。

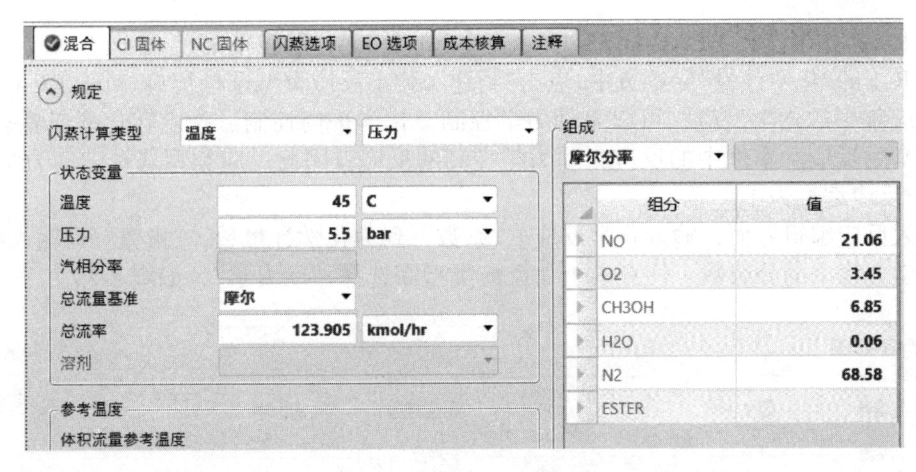

图 8-55　输入进料气体条件

配置反应精馏塔条件。由于精馏塔中存在多种难凝气（N_2、O_2 等），因此不能使用全凝器，“冷凝器”选项选择“部分-汽相”（馏出物部分冷凝，只采出汽相），如图 8-56。

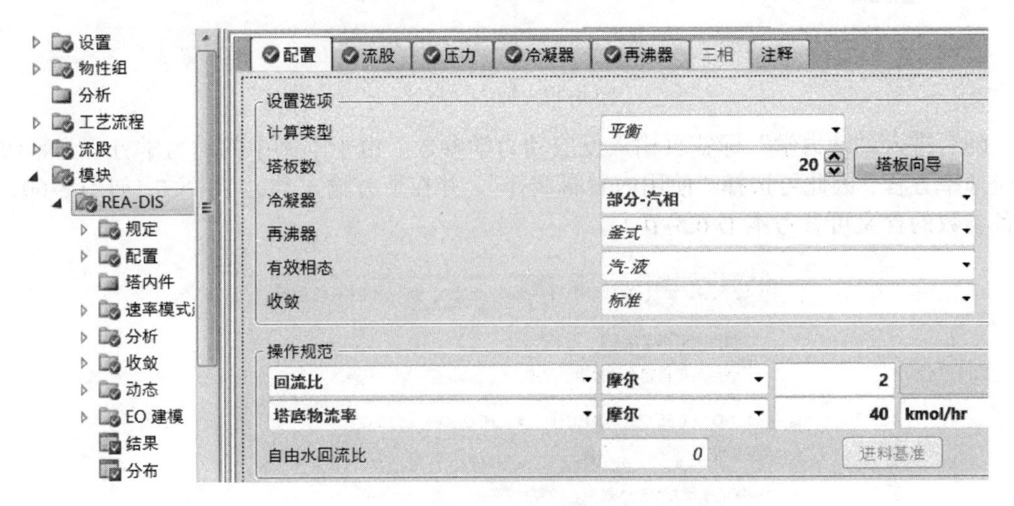

图 8-56　输入精馏塔条件

配置反应精馏塔物料进料位置，如图 8-57。注意塔顶采出流股 GAS-OUT 为“汽相”。

输入精馏塔压力，塔顶压力为 5bar，塔压降为 0.2bar。

对于反应精馏塔中的化学反应，需定义反应集。在导航窗格中打开“反应”页面，创

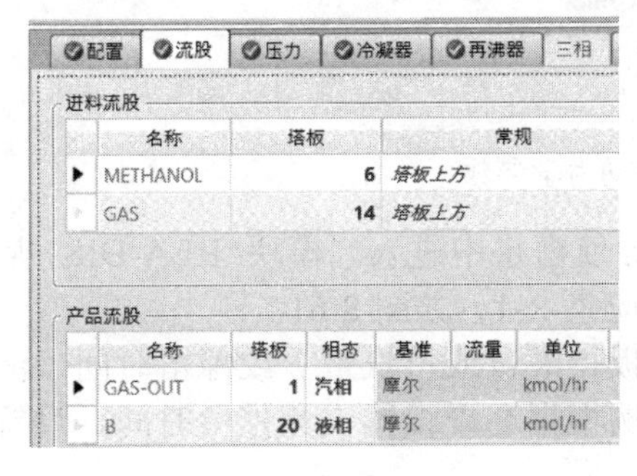

图 8-57　物料进料位置

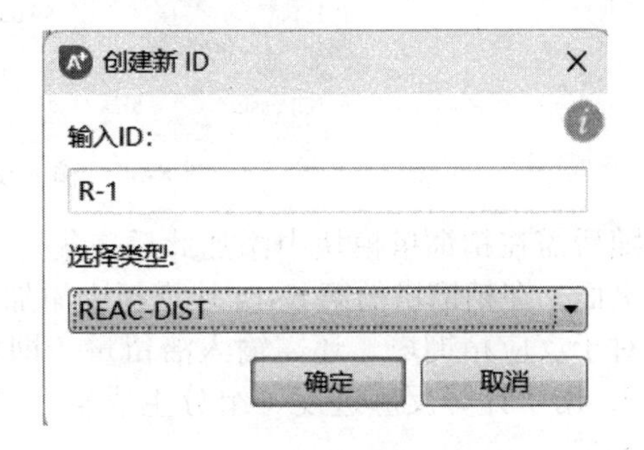

图 8-58　创建反应 R-1

建反应 R-1，类型选择 REAC-DIST（reactive distillation，反应精馏），如图 8-58。

在 R-1 的“化学计量”标签页中，点击“新建”，弹出反应类型选择窗口。对于 REAC-DIST 类型反应集中的化学反应，可以是动力学控制、化学平衡控制、指定转化率或者盐溶解-沉淀平衡的反应。本例中的反应为动力学控制的反应，因此反应类型选择“动力学/平衡/转换”，反应编号为 1。

进入反应编辑界面，输入化学反应。“系数”列为化学计量数，“指数”列输入各组分在动力学方程中的分级数。注意右上角反应类型需选择“动力学”，如图 8-59。

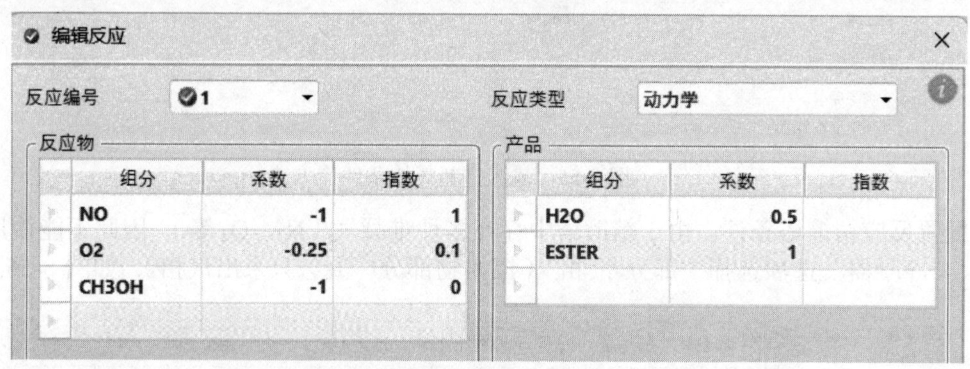

图 8-59　输入反应式

随后进入“动力学”标签页输入反应动力学参数。由于本例中的动力学方程为幂数型反应速率方程，因此可选择“使用内置幂定律”，并在下方输入动力学参数，如图 8-60（对于各参数的含义可参考本书 6.5 节）。

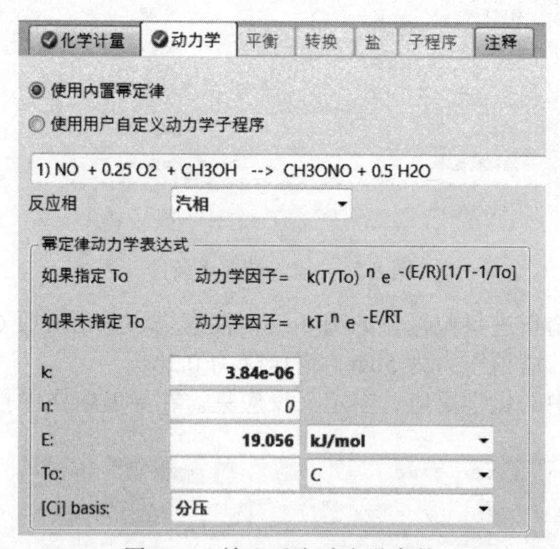

图 8-60　输入反应动力学参数

随后需在精馏塔模块中添加此反应集。从导航窗格中进入“模块/ REA-DIS /规定/反应”页面，在精馏塔的第 6~14 块塔板中添加反应集 R-1，如图 8-61。

对于反应精馏塔，还需输入滞留量（即塔板持液量或持汽量）或停留时间（液相或汽相），用于计算反应进度（组分生成量），本例根据题设设置汽相停留时间，设置结果见图 8-62。

初始化并运行模型，得到如图 8-63 结果，其中亚硝酸甲酯产量为 706.111kg/h。

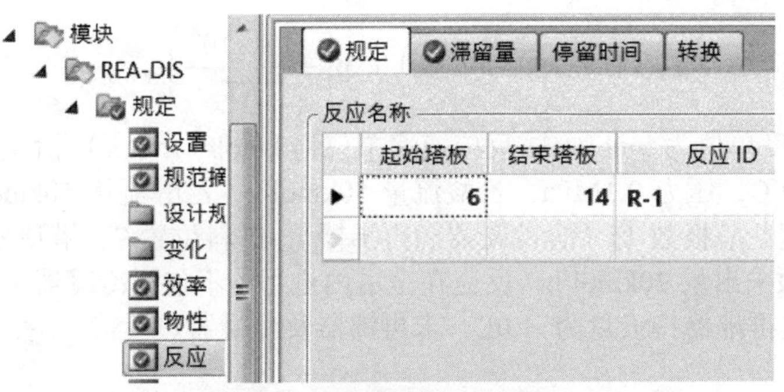

图 8-61 添加精馏塔的反应集

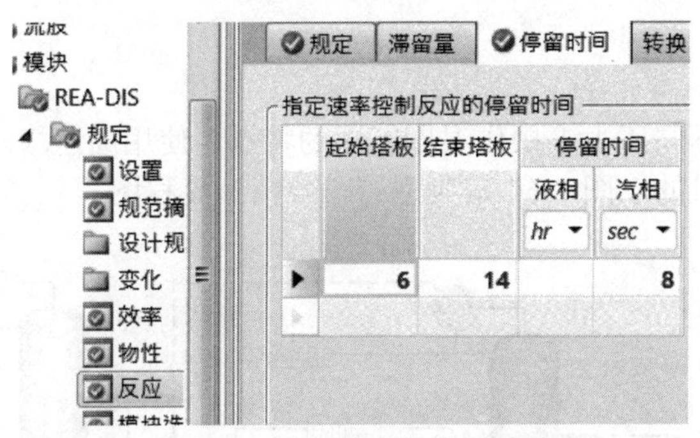

图 8-62 设置反应段停留时间

	单位	B	GAS	GAS-OUT	METHANOL
- MIXED子流股					
温度	C	115.952	45	31.5563	35
压力	bar	5.2	5.5	5	5.5
- 摩尔流量	**kmol/hr**	**40**	**123.905**	**117.729**	**42.5**
NO	kmol/hr	0	26.0944	14.5265	0
O2	kmol/hr	3.78846e-18	4.27472	1.38274	0
CH3OH	kmol/hr	33.7594	8.48749	5.27762	42.1175
CH3ONO	kmol/hr	3.11861e-07	0	11.5679	0
H2O	kmol/hr	6.24057	0.074343	0.000248128	0.3825
N2	kmol/hr	3.08136e-21	84.974	84.974	0
+ 摩尔分率					
+ 质量流量	**kg/hr**	**1194.15**	**3573.49**	**3735.77**	**1356.43**
+ 质量分率					

图 8-63 收敛物流结果

本例的收敛难度相对较低，因此无需对收敛算法等参数进行特别设置。对于收敛难度较大的体系，用户还可更改默认收敛算法、增加最大迭代次数或提供温度初值。如反应同时有副反应或逆反应存在，还可以用模型分析工具进行相关产品流率的最大量或副产物最小量的优化分析。

练习 8-5 模拟精馏塔内乙酸乙酯的生成反应，反应方程式为：

$$CH_3COOH\,(A) + C_2H_5\,OH(B) \rightleftharpoons CH_3COOC_2H_5\,(C) + H_2O\,(D)$$

正反应的动力学方程：$r_1 = 1.9\times10^8 \exp\left(-\dfrac{5.95\times10^7}{RT}\right)c_A c_B$

逆反应的反应动力学方程：$r_{-1}=5.0\times10^{7}\exp\left(-\dfrac{1.4\times10^{8}}{RT}\right)c_{\rm C}c_{\rm D}$

方程中的浓度单位为 kmol/m³，反应速率单位为 kmol/（m³·s），活化能单位为 J/kmol。

进料温度 30℃，压力 0.1MPa，乙酸流量 50kmol/h，乙醇流量 50kmol/h。全塔操作压力 0.1MPa，塔理论塔板数 15（含冷凝器、再沸器），进料位置 7，塔顶采用全凝器，摩尔回流比 0.7，塔顶采出量 20kmol/h，反应在全塔内进行（不包括冷凝器），其中每块板持液量为 0.3L，塔釜再沸器持液量为 1.0L。求再沸器及冷凝器热负荷。（答案：–330.91kW、219.40kW）

8.5 多效精馏

多效精馏是利用不同压力下操作温度不同的特点，使用高压塔顶蒸气加热低压塔釜再沸器，进而达到节能目的。图 8-64 是典型的三效精馏流程图。

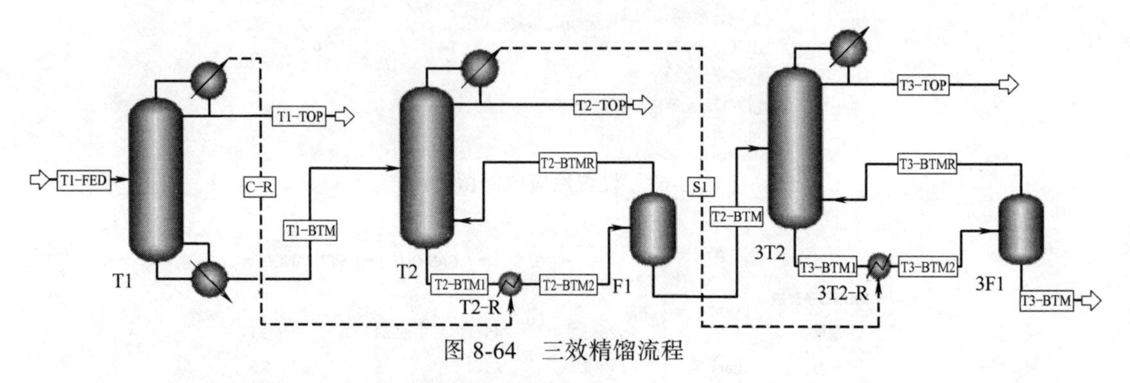

图 8-64　三效精馏流程

多效精馏的理想最大节能效果用公式计算如下：

$$\eta=\frac{N-1}{N}\times100\%$$

式中，η为理想最大节能效率；N 为多效级数。由公式可知双效精馏的理论效率为 50%，三效为 67%，四效为 75%。目前应用的双效与三效居多，但国内已有工业化的七效精馏分离乙醇-水体系，也有十二效的海水淡化装置。

进行多效精馏设计时选取合适的操作压力非常重要，其选用时需要注意如下事项：

① 需要保证压力最高塔的釜温不超过现场公用工程的加热能力；

② 需保证压力最低塔的塔顶温度不低于现场公用工程的冷却能力；

③ 需保证多效精馏的两两双效顺利进行；

④ 要防止压力上升造成的相对挥发度下降过多、能耗上升过大。

由于多效精馏过程中存在循环物流，因此会明显增加计算过程的收敛难度。为了保证其模拟过程能很好地收敛，首先需要进行单塔模拟，然后进行塔釜再沸器拆分、不连接循环物料的热能匹配，最后是添加循环物流的全流程模拟。为降低收敛难度，建议对循环物流赋初值。

以下是煤制甲醇工艺中，甲醇精制时的双效精馏分离甲醇-水混合液的案例。

例 8-5　使用双效精馏分离甲醇-水溶液（如图 8-65），该工艺过程包括一个高压精馏塔 T1 和一个常压精馏塔 T2，原料从 T1 塔中下部进入，在 T1 塔的塔顶采出合格甲醇，塔釜采出的甲醇-水溶液进入 T2 塔中下部，在 T2 塔的塔顶采出合格甲醇，塔釜采出废水。

T1 高压塔塔顶与 T2 常压塔的塔釜共用一个换热器，T1 塔的汽相采出为 T2 塔的塔釜提供能量。

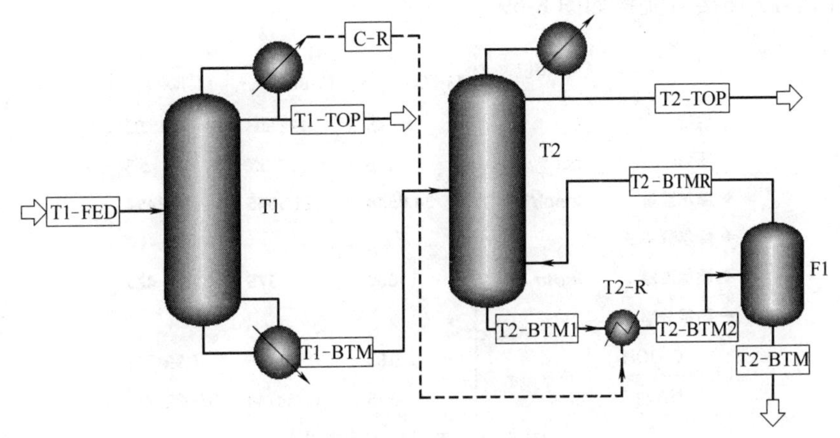

图 8-65　双效精馏完整流程

原料 T1-FED 流量 1000kg/h，甲醇质量分率 85%、水质量分率 15%，进料温度 45℃，进料压力 6bar。高压塔 T1 的理论塔板数 62（包括冷凝器、再沸器），原料从第 56 块加入，塔顶压力 5.5bar，压降 0.2bar，质量回流比 1.0，塔顶采出量 425kg/h。常压塔 T2 理论塔板数为 62（包括冷凝器、再沸器），进料板为 45，质量回流比 1.0，塔顶采出量 425kg/h，塔顶压力 1bar，压降 0.2bar。物性方法选用 NRTL。要求塔顶甲醇质量纯度达到 99.2%，试确定两个塔的物料平衡表。

进入 Aspen Plus，添加组分甲醇（CH_3OH）和水（H_2O）。

选择物性方法 NRTL，确认二元交互参数后，进入模拟环境。由于过程存在循环物流，先单独模拟高压塔 T1，在主界面中插入 RadFrac 塔模块，如图 8-66。

输入进料物流 T1-FED 条件：流量 1000kg/h，甲醇质量分率 85%、水质量分率 15%，45℃，6bar。

设置加压塔 T1 的操作条件（如图 8-67），其中回流比为事前估算值，采出量大致是甲醇总量 850kg/h 的一半（读者可在完成本题模拟后尝试优化这些参数）。

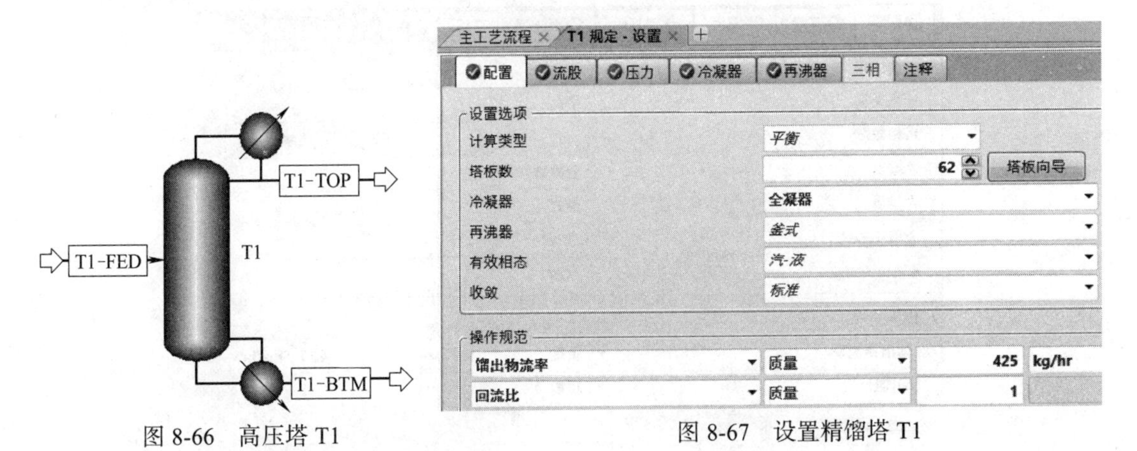

图 8-66　高压塔 T1　　　　图 8-67　设置精馏塔 T1

设置 T1 塔的进料位置为第 56 块板的“塔板上方”。

设置塔压及压降，塔顶压力为 5.5bar，塔压降为 0.2bar。多效精馏中，高压塔的压力要足够高，确保塔顶温度适当高于低压塔的塔釜温度，以满足供热要求。

初始化并运行，得到图 8-68 结果。由结果可知塔顶甲醇纯度基本满足要求。至此，单独的加压塔 T1 设计完毕，接下来连接常压塔 T2。

将常压塔 T2 连接后流程如图 8-69。

	单位	T1-FED	T1-BTM	T1-TOP
温度	C	45	122.803	115.03
压力	bar	6	5.7	5.5
+ 摩尔流量	**kmol/hr**	**34.8538**	**21.5045**	**13.3494**
+ 摩尔分率				
+ 质量流量	**kg/hr**	**1000**	**575**	**425**
− 质量分率				
CH3OH		0.85	0.745256	0.991713
H2O		0.15	0.254744	0.00828731

图 8-68　T1 塔运行结果

T1-TOP
T2-TOP
T1-FED
T1
T2
T1-BTM
T2-BTM

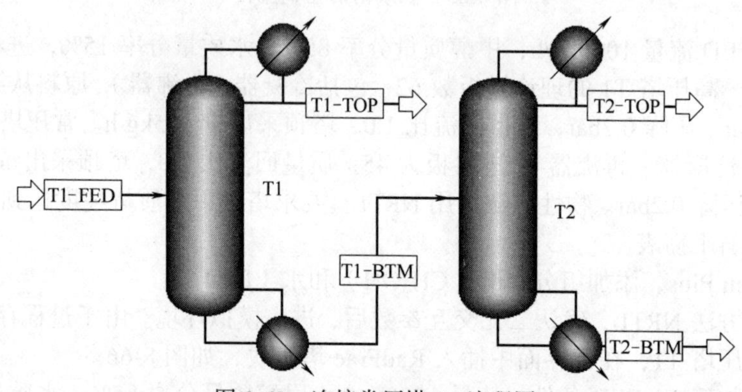

图 8-69　连接常压塔 T2 流程图

设置精馏塔 T2 的参数，如图 8-70。采出流量 425kg/h 大致为甲醇总量 850kg/h 的一半，表示甲醇一半从 T1 塔采出，一半从 T2 塔采出。

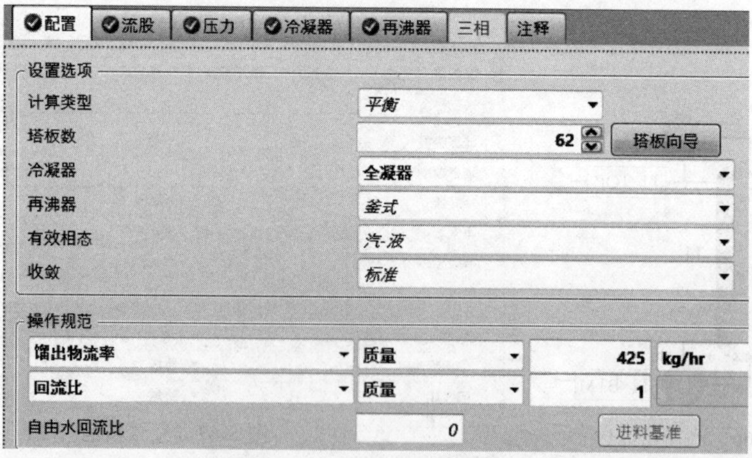

配置
流股
压力
冷凝器
再沸器
三相
注释
设置选项
计算类型
平衡
塔板数
62
塔板向导
冷凝器
全凝器
再沸器
釜式
有效相态
汽-液
收敛
标准
操作规范
馏出物流率
质量
425
kg/hr
回流比
质量
1
自由水回流比
0
进料基准

图 8-70　设置常压塔 T2

设置常压塔 T2 进料位置，从第 45 块板的“塔板上方”进料。

设置常压塔 T2 塔顶压力和压降，塔顶压力 1bar，塔压降 0.2bar。

设置完成后，初始化并运行模型，得到如图 8-71 结果，可知 T2 塔的塔顶甲醇浓度也达到纯度目标。T2 塔的塔底（第 62 块板）的流量数据如图 8-72，后续将作为循环物流的初值。

	单位	T1-BTM	T2-BTM	T2-TOP
温度	C	122.803	102.364	64.2007
压力	bar	5.7	1.2	1
+ 摩尔流量	**kmol/hr**	**21.5045**	**8.24063**	**13.2638**
+ 摩尔分率				
+ 质量流量	**kg/hr**	**575**	**150**	**425**
− 质量分率				
CH3OH		0.745256	0.0234953	0.999995
H2O		0.254744	0.976505	5.11155e-06

图 8-71　T2 塔的流股结果

塔板	温度 C	压力 bar	热负荷 Gcal/hr	液相来源(质量) kg/hr	汽相来源(质量) kg/hr
55	74.8204	1.17705	0	813.657	664.486
56	74.9791	1.18033	0	811.031	663.657
57	75.3029	1.18361	0	803.203	661.031
58	76.113	1.18689	0	780.83	653.202
59	78.3399	1.19016	0	722.861	630.83
60	84.2621	1.19344	0	617.795	572.861
61	94.8617	1.19672	0	541.828	467.795
62	102.364	1.2	0.198372	150	391.828

图 8-72　T2 塔底部塔板流量结果

继续进行流程模拟。下一步将常压塔 T2 塔釜再沸器拆成再沸器和闪蒸罐，并通过热流股将加压塔 T1 塔顶冷凝器的热量引至 T2 塔的再沸器，用于模拟 T1 塔采出汽相与 T2 塔采出液相进行换热的工况，流程同图 8-65。首先在流程图中删除原 T2 塔，添加“RadFrac”中的“RECT”模型（无再沸器的精馏塔）作为新的 T2 塔。添加再沸器 T2-R 模块和闪蒸罐 F1 模块，随后使用热流股连接 T1 塔的冷凝器与 T2-R 模块。

新 T2 塔的配置如图 8-73。由于新 T2 塔中不含再沸器，因此塔板数减为 61 块，只需设置一个操作规范，即馏出物流率为 425kg/h。随后设置流股进料位置，由于 T2-BTMR 为汽相回流，因此需选择第 61 或 62 块板的“塔板上”，而不能是第 61 块板的“塔板上方”（这样第 61 块板将无汽相流量），如图 8-74。

压力设置同上，塔顶压力 1bar，塔压降 0.2bar。

设置 T2 塔的塔釜再沸器（T2-R）。由于 T2-R 已和 T1 塔的冷凝器通过热流股连接，因此此处只需设置一个参数，在此定义压力为 0（即压降为 0）。

设置闪蒸罐 F1 的操作条件。由于此闪蒸罐只起相分离作用，因此可将热负荷和压力（压降）设置为 0。

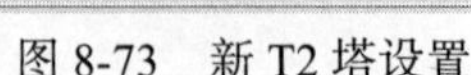

图 8-73　新 T2 塔设置

图 8-74　设置 T2 塔的流股进塔位置

下一步设置流股 T2-BTMR 的条件作为循环计算的初值。此物流为饱和蒸气，压力和流量可以根据图 8-72 中 T2 塔的塔底（第 62 块板）数据估算。本例中可将此物流组成近似为纯水，之后系统会自动根据计算结果更新实际值。

重新初始化运行后，计算收敛，结果如图 8-75。可见 T1 塔、T2 塔塔顶的甲醇含量基本达到题目要求，而且通过双效精馏实现了热量耦合与能耗降低。

	单位	T1-BTM	T1-FED	T1-TOP	T2-BTM	T2-BTM1	T2-BTM2	T2-BTMR	T2-TOP
温度	C	122.803	45	115.03	104.435	102.631	104.435	104.435	64.2007
压力	bar	5.7	6	5.5	1.2	1.2	1.2	1.2	1
+ 摩尔流量	**kmol/hr**	**21.5045**	**34.8538**	**13.3494**	**8.14757**	**28.8974**	**28.8974**	**20.7504**	**13.3574**
+ 摩尔分率									
+ 质量流量	**kg/hr**	**575**	**1000**	**425**	**147.01**	**525.377**	**525.377**	**378.377**	**428**
− 质量分率									
CH3OH		0.745256	0.85	0.991713	0.00355738	0.0207903	0.0207903	0.0274827	0.999996
H2O		0.254744	0.15	0.00828731	0.996443	0.97921	0.97921	0.972517	4.2497e-06
体积流量	cum/hr	0.81167	1.26549	0.629135	0.1611	0.577691	543.006	542.859	0.574925

图 8-75　运行结果

本例中精馏塔的回流比和塔顶采出量并非最优值，读者可通过设计规范优化（练习 8-6）。

练习 8-6　对例 8-5 进行优化，修改 T1 塔回流比、T1 塔采出量，使 T1 塔、T2 塔塔顶甲醇质量纯度达到 99.9%（提示：T1 塔的回流比影响 T1 塔塔顶甲醇质量，T1 塔采出量影响 T1 塔塔顶冷凝负荷、T2 塔再沸器负荷和 T2 塔回流比）。（答案：1.2268、422.663kg/h）

练习 8-7　采用双效精馏进行乙醇与水的分离，原料乙醇-水混合物进料温度为 45℃，压力 4bar，进料流量 1000kg/h，质量分率为乙醇 85%、水 15%。其中一个塔是常压塔，另一个塔压力自定。要求乙醇的质量浓度大于 94%、质量回收率均达到 95%，选择另一个塔的塔顶压力，并设置循环流程。物性方法为 NRTL。

8.6　热泵精馏

热泵精馏是通过压缩机做功将原来不能利用的低品位蒸气热源提升为可以利用的高品位热源，然后用高品位热源加热再沸器，进而达到节能目的。热泵精馏一般分为开式热泵精馏（使用塔内物质直接作为加热介质，如图 8-76）和闭式热泵精馏（使用外来物质作为换热介质，如图 8-77），由于同样条件下闭式热泵精馏要损失 20℃左右的热品位，即需要热泵提供更多的机械能，因此开式热泵在目前化工过程中的应用更广泛。

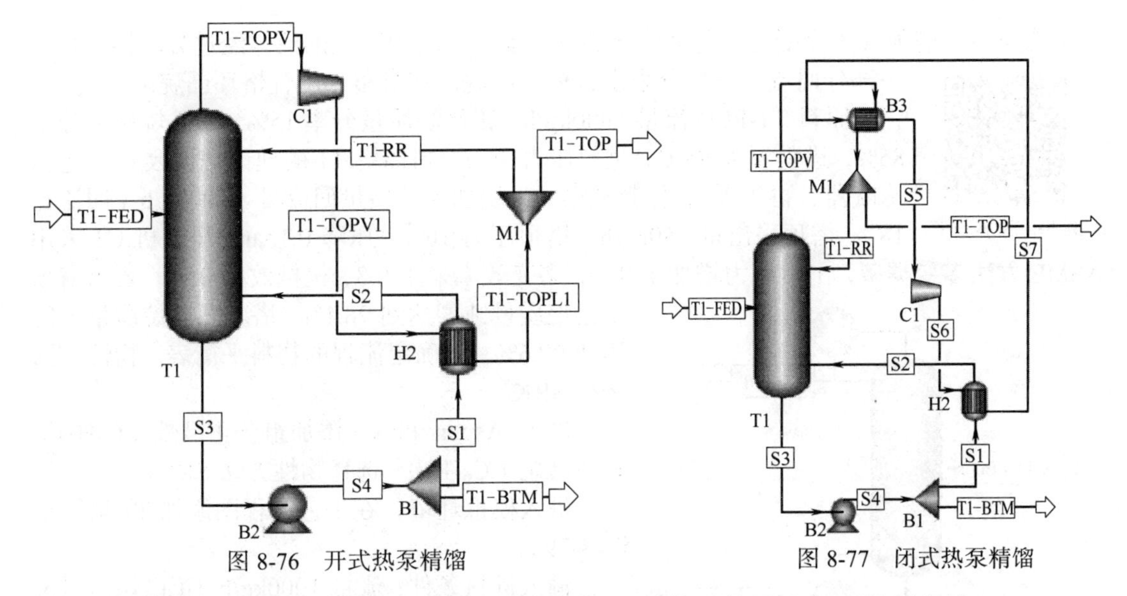

图 8-76 开式热泵精馏

图 8-77 闭式热泵精馏

合理利用热泵精馏可以达到节能目的，但热泵精馏的使用有如下限制条件：

① 压缩机提升的最高温度有限制。目前开式热泵一般选用四氟材料密封，所承受的最高温度为 145℃；闭式热泵所用压缩机可用四氟或润滑油密封，当使用润滑油密封时可达到的最高温度为 180℃。

② 经压缩机提升的温度差有限制。热源品位的提升依靠压缩机消耗电能产生机械能，进而转化为热源的内能，过高的温度差会使消耗的电能成本超过最终热源加热时潜热的价值，因此热泵精馏应用时需要核算相应经济成本。

③ 物系压缩后热能品位提升的速度有限制，原因同上，经压缩后温度提升过慢会影响其经济效益。

④ 由于增加了压缩机，因此总设备投资增加。

热泵精馏过程中存在循环物流，会明显增加计算过程的收敛难度。为了保证其模拟过程能很好地收敛，往往需要对循环物流赋初值。

例 8-6 使用热泵精馏分离正己烷和环己烷混合液，该工艺过程如图 8-78。原料从 T1 塔中上部进入，在 T1 塔的塔顶采出气相，气相经压缩机压缩提高温度、压力后，进入换热器 T1-C 壳程冷凝为液体；换热器 T1-C 既是塔顶冷凝器，又是塔釜再沸器，其管程走塔

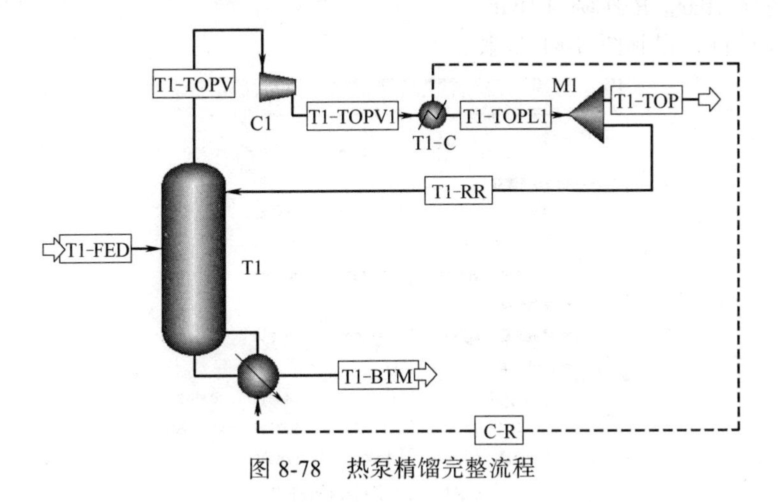

图 8-78 热泵精馏完整流程

釜工艺介质，塔顶气体冷凝为塔釜液体再沸提供能量。塔顶冷凝的液体经过分离器 M1，一部分回流，一部分采出合格正己烷。在塔釜采出合格环己烷。

例 8-6 演示视频

原料 T1-FED 流量 1000kg/h，正己烷质量分率 15%，环己烷质量分率 85%，进料温度 45℃，进料压力 4bar。精馏塔 T1 的理论塔板数 63（包括冷凝器、再沸器），原料从第 26 块加入，质量回流量 2700kg/h（回流比 18），塔顶采出量 150kg/h，塔顶压力 1bar，压降 0.1bar。压缩机 C1 采用 ASME 方法多变类型，出口压力增加 1.4bar，多变效率采用 0.8，机械效率 0.95。要求塔顶正己烷质量纯度达到 98.1%，塔釜环己烷质量纯度达到 99.6%，试确定流程的物料平衡表。物性方法选择 SRK。

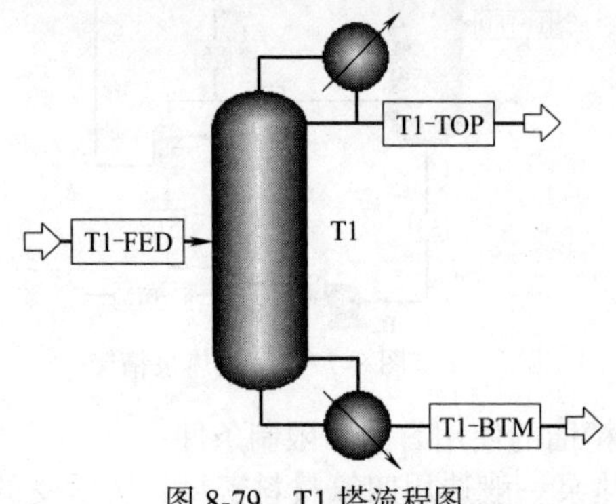

图 8-79　T1 塔流程图

进入 Aspen Plus，添加组分正己烷（C_6H_{14}）和环己烷（C_6H_{12}）。选择物性方法 SRK。

进入模拟环境，在工艺流程图添加 T1 塔，如图 8-79。

输入进料条件：流量 1000kg/h，正己烷质量分率 15%、环己烷质量分率 85%，温度 45℃，压力 4bar。

设置 T1 塔的操作条件，如图 8-80。

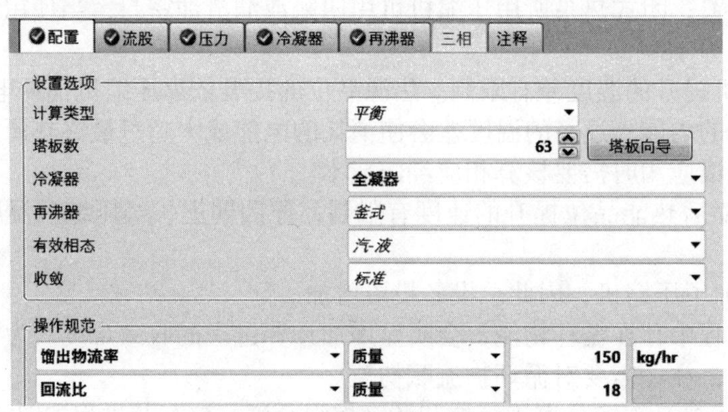

图 8-80　设置 T1 塔操作条件

输入 T1 塔相关物料的进料位置。原料进料位置为第 26 块板的“塔板上方”。设置塔压及压降，塔压 1bar，塔压降 0.1bar。

初始化并运行，得到图 8-81 结果。

	单位	T1-FED	T1-BTM	T1-TOP
− MIXED子流股				
温度	C	45	83.5589	68.6525
压力	bar	4	1.1	1
+ 摩尔流量	kmol/hr	11.8403	10.0993	1.74094
+ 摩尔分率				
+ 质量流量	kg/hr	1000	850	150
− 质量分率				
C6H14		0.15	0.00144412	0.991817
C6H12		0.85	0.998556	0.00818336
体积流量	l/min	22.3095	19.5136	4.04508

图 8-81　T1 塔运行结果

塔顶正己烷、塔釜环己烷的纯度满足要求。至此单独的常压塔 T1 设计完毕，接下来建立如图 8-78 的热泵精馏流程，添加模块与物料流股（暂不添加热流股 C-R）。首先删除原 T1 塔，添加 RadFrac 的“STRIP1”模型（无冷凝器的精馏塔）作为 T1 塔，再添加压缩机 C1、冷凝器 T1-C 及分流器 M1。T1 塔的设置如图 8-82。由于 T1 模块中不含冷凝器，因此塔板数为 63−1=62 块，馏出物流率为 2700+150=2850kg/h。

图 8-82　T1 塔配置

设置精馏塔 T1 中物流 T1-RR 的进料位置，如图 8-83。由于新 T1 塔中不含冷凝器，因此原料的进料板位置是 26−1=25。回流物料是饱和液相，因此进料位置设置为第 1 块板的“塔板上”或“塔板上方”均可。

图 8-83　物流 T1-RR 进料位置设置

通过压缩机 C1 提高蒸气的压力，如图 8-84。由于压力提高后可能会出现液体的凝结，因此需在“收敛”标签页将“有效相态”修改为“汽-液”（图 8-85）。

设置换热器 T1-C 的参数，使物料变成饱和液相，如图 8-86。

设置分流器 M1 的分割条件，由于题设中塔顶回流流量为 2700kg/h，因此此处需保证 T1-RR 的流量为 2700kg/h，如图 8-87。

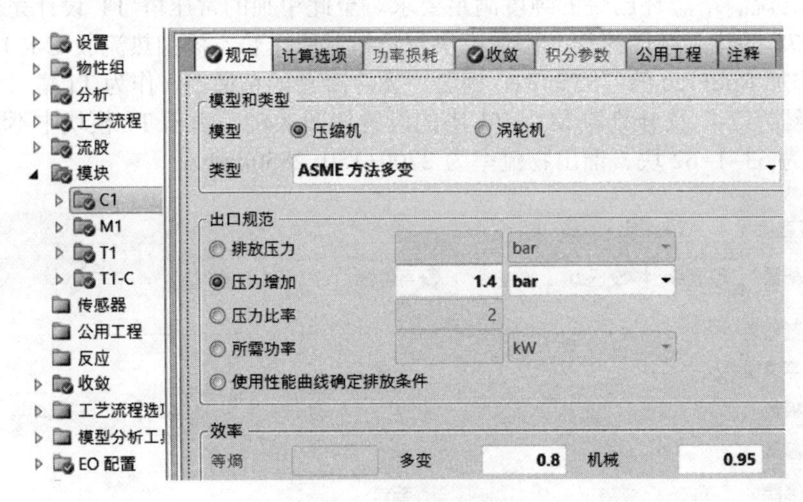

图 8-84　压缩机 C1 设置

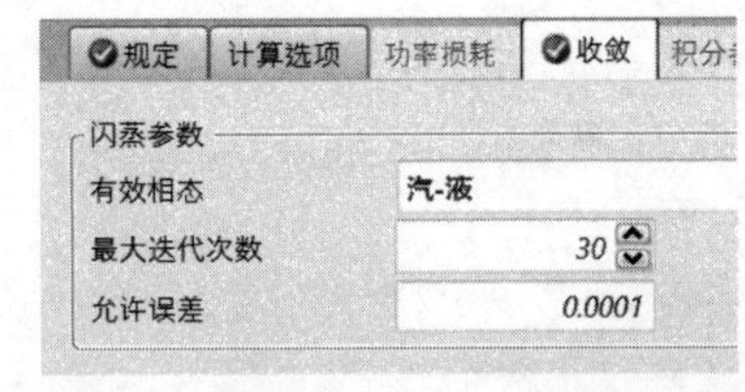

图 8-85　修改“有效相态”为“汽-液”

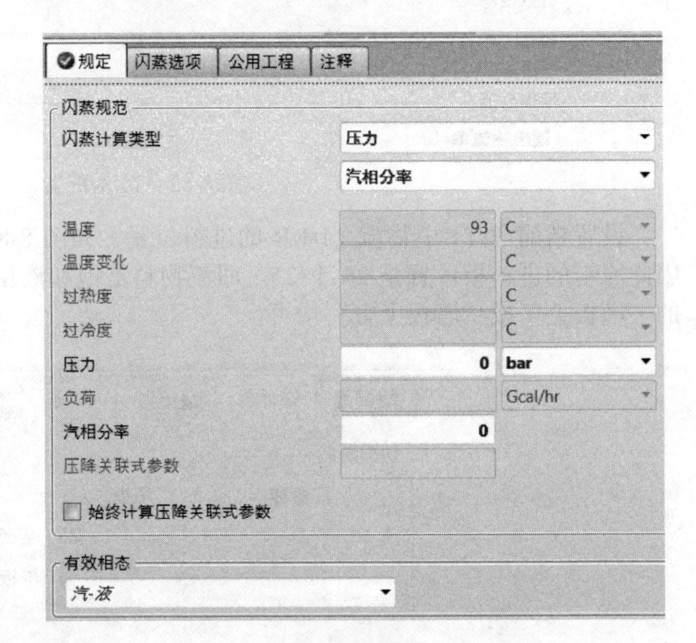

图 8-86　换热器 T1-C 设置

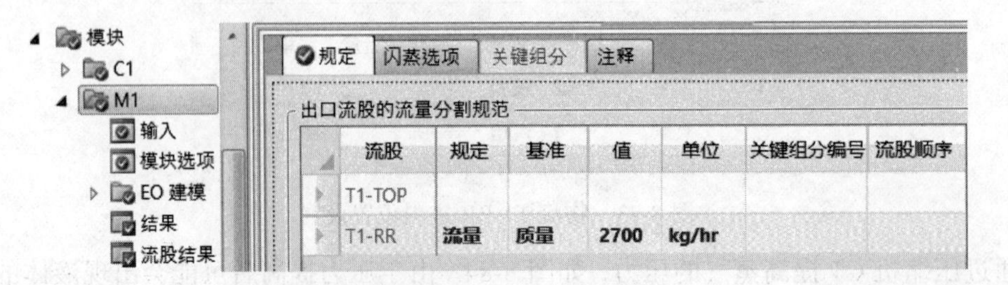

流股	规定	基准	值	单位	关键组分编号	流股顺序
T1-TOP						
T1-RR	流量	质量	2700	kg/hr		

图 8-87　分流器 M1 设置

完成模块的设置后，还需对循环物流 T1-RR 赋初值，以降低流程的收敛难度。T1-RR 可采用图 8-81 中 T1-TOP 的温度作为温度初值，压力设为 1.2bar，质量回流量 2700kg/h 作为流量初值，组成可视为纯正己烷，如图 8-88。

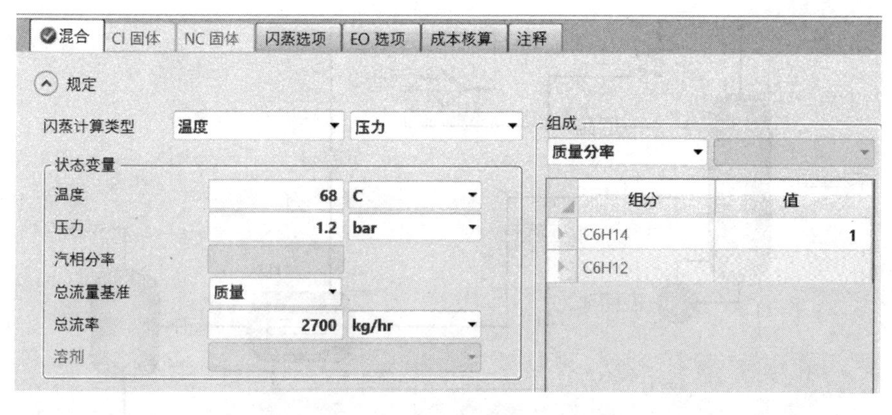

图 8-88　输入循环物流 T1-RR 初值

下面进行热流股的连接。通过热流股 C-R 将换热器 T1-C 的热量引至 T1 塔（如图 8-78，热流股的方向为从 T1-C 指向 T1 塔，连接后可移动箭头位置至塔釜换热器）。随后在导航窗格中打开“模块/ T1/配置/加热器和冷却器”页面，设置 C-R 的进入位置为 62 块板（即塔釜再沸器位置），如图 8-89。

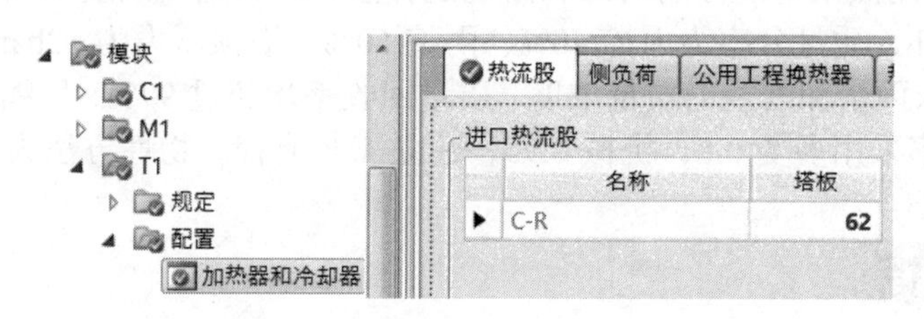

图 8-89　加热器和冷却器参数设置

设置完成后，初始化并运行模型，得到如图 8-90 结果，精馏塔 T1 塔顶正己烷质量组成和塔釜环己烷质量组成都达到要求。注意到 T1-RR 回流温度 99℃，高于之前的回流温度 68.7℃（图 8-81），因此塔顶/塔釜产品组成也与单塔的计算结果有差异。如需继续进行塔釜再沸器的结构设计与计算，可以建立如图 8-91 的流程方法，通过本书 7.3 节介绍的方法进行再沸器的设计与模拟，此处不再展开。

	单位	T1-BTM	T1-FED	T1-RR	T1-TOP	T1-TOPL1	T1-TOPV	T1-TOPV1
相态		液相	液相	液相	液相	液相	汽相	
温度	C	83.5197	45	99.1539	99.1539	99.1539	68.7705	99.1922
压力	bar	1.1	4	2.4	2.4	2.4	1	2.4
+ 摩尔流量	**kmol/hr**	**10.0989**	**11.8403**	**31.345**	**1.74139**	**33.0863**	**33.0863**	**33.0863**
+ 摩尔分率								
+ 质量流量	**kg/hr**	**850**	**1000**	**2700**	**150**	**2850**	**2850**	**2850**
− 质量分率								
C6H14		0.00333035	0.15	0.981146	0.981145	0.981145	0.981145	0.981145
C6H12		0.99667	0.85	0.0188539	0.0188548	0.0188548	0.0188548	0.0188548
体积流量	cum/hr	1.1712	1.33857	4.65527	0.258626	4.9139	903.409	370.538

图 8-90　全部流程运行结果

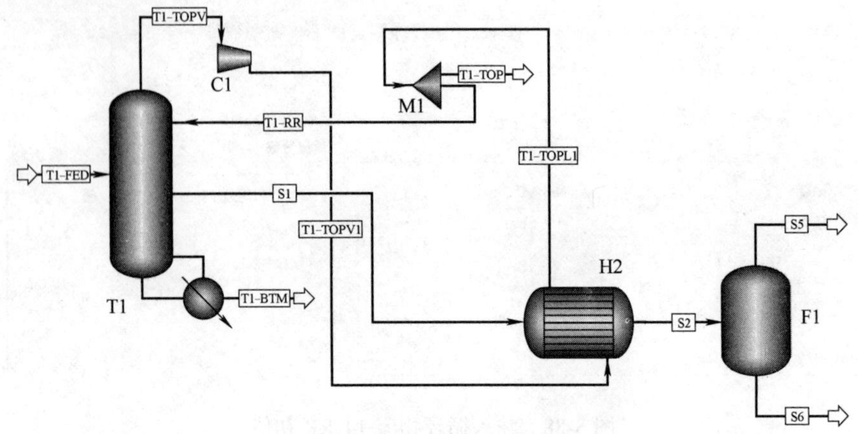

图 8-91　含换热器的热泵精馏流程

练习 8-8　按照图 8-78 的流程，利用设计规范对例 8-6 塔顶采出量 T1-TOPV、分离器回流量 T1-RR 进行调整，使塔顶、塔底恰好达到质量要求。（答案：T1-RR 为 2678.62kg/h；T1-TOPV 为 2828.06kg/h）

练习 8-9　使用热泵精馏分离丙烯和丙烷混合液，原料进料温度为 50℃，压力 20bar，进料流量 1000kg/h，质量分率为丙烯 40%、丙烷 60%。塔顶压力为 12bar，理论塔板 200，塔压降 1bar。要求丙烯和丙烷的质量浓度、质量回收率均超过 97%，压缩机采用 ASME 方法多变类型，效率采用多变 0.8，机械 0.95，建立工艺流程。物性方法为 PENG-ROB。

8.7 隔壁精馏

隔壁精馏又称隔板精馏。不同于普通的侧线采出塔，隔壁精馏塔是在塔内部增加垂直隔板，在多次利用一次冷/热能耗的同时（图 8-92），通过隔板分割减少了物料返混（图 8-93），将两个普通双效精馏塔的功能（图 8-94）合并在一个塔内实现（图 8-92），进而在一个塔内获得需要普通两塔分离才能获得的三种产品。

由于隔壁精馏塔公用一套塔顶冷凝器和塔釜再沸器，充分利用了热能和空间，因此拥有明显的节能、节约投资等优势，目前在全世界化工领域的应用数量快速增加。据统计，截至 2022 年全世界有超过 300 座隔壁塔在运行。过去隔壁精馏技术主要掌握在国外厂商手中，近年来国内的化学工程公司（如北京泽华化学工程有限公司等）已通过不懈努力突

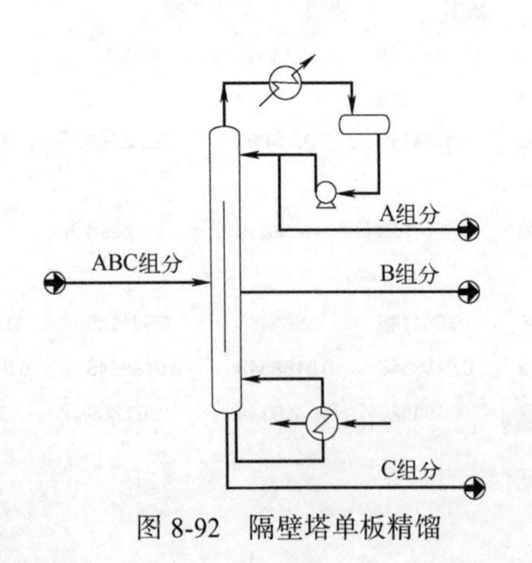

图 8-92　隔壁塔单板精馏

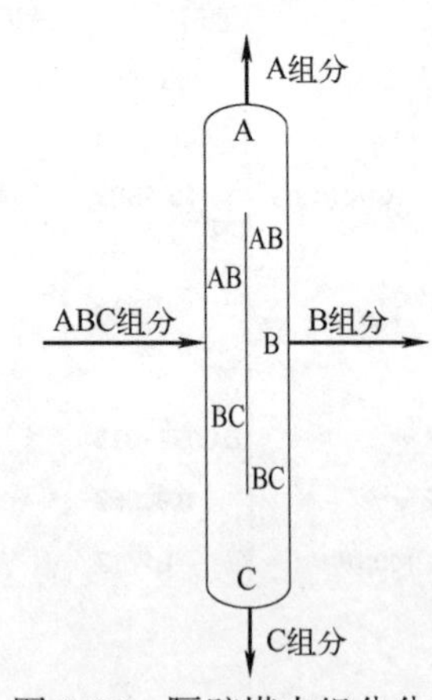

图 8-93　隔壁塔内组分分布

破了技术壁垒，全国运行的隔壁塔已突破了100套，相关技术被广泛应用在多晶硅、芳烃等多个领域。

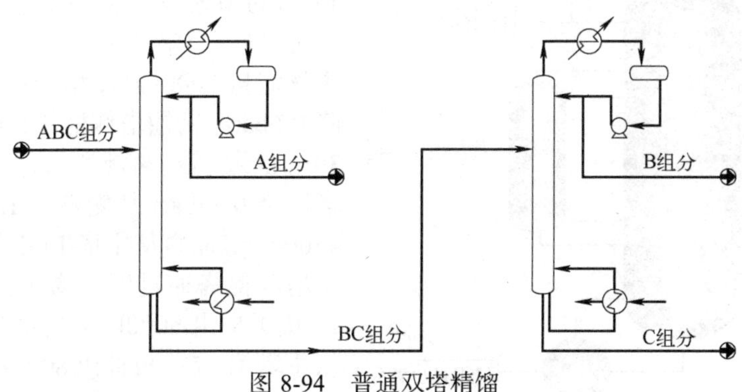

图 8-94 普通双塔精馏

隔壁精馏的优势在于：

① 两个塔体合为一个塔体，同时共用一套再沸器和冷凝器，因此设备数量和占地面积都可以减少，设备总投资一般可以降低30%左右；

② 多次利用一次能耗，与传统的两塔流程相比，一般能耗降低20%~30%左右；

③ 可以解决普通侧线采出过程存在的塔内返混多、难获得高纯度产品的问题，在一个塔内产出多种高纯度产品；

④ 通过与双效热耦合的联合应用，可以节能40%以上。

隔壁精馏适用的场景如下：

① 至少要求分离3个组分，且中间组分含量较高（20%~80%）；

② 中间产品纯度要求较高（纯度要求不高时采用普通侧线采出即可，无需隔壁精馏）；

③ 采用普通侧线采出时分离效果不佳；

④ 场地紧张，需要节约空间。

隔壁精馏不适用的场景如下：

① 仅两组分分离；

② 中间产品纯度要求较低；

③ 中间产品进料含量较低；

④ 普通两塔操作压力差异大；

⑤ 普通两塔回流比较小；

⑥ 规模过小的装置。

虽然近年来隔壁精馏技术蓬勃发展，但由于其有一定的计算难度和设计技巧，并由于如热泵精馏、多效精馏、热耦合精馏等节能技术的竞争，目前应用仍不算广泛。在Aspen Plus软件中，RadFrac或MultiFrac模块都可以用于模拟隔壁精馏。但RadFrac模块模拟隔壁精馏时存在压降匹配困难、循环物流赋值复杂等问题，MultiFrac模拟隔壁精馏更具优势。对于隔壁精馏，可以在MultiFrac模块中定义多个塔段，用于代表隔壁塔的主、侧塔，并定义内部连接流股以描述主、侧之间的汽、液流动。以下是一个芳烃工业中，用隔壁精馏分离苯、甲苯、二甲苯混合液的案例。

例 8-7 使用隔壁精馏分离苯、甲苯、二甲苯混合液，该工艺过程如图8-95，原料从主塔T1-2中部进入，在塔的塔顶采出合格苯产品，塔釜采出剩余的二甲苯混合物，从侧塔的侧线采出合格的甲苯产品。

原料T1-FED流量10000kg/h，苯质量分率20%，甲苯质量分率45%，邻二甲苯质量

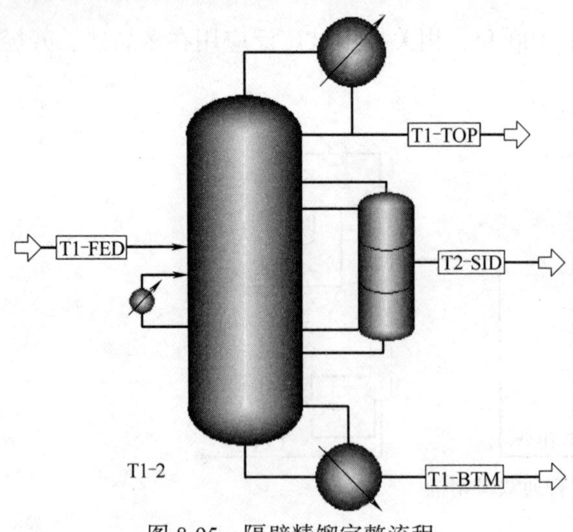

图 8-95 隔壁精馏完整流程

分率 20%，间二甲苯质量分率 15%，进料温度 130℃，进料压力 3bar。精馏塔主塔 T1 塔的理论塔板数 77（包括冷凝器、再沸器），冷凝器液相流量 25000kg/h，塔顶馏出物流量 2000kg/h，塔顶压力 1.6bar，塔压降 0.6bar。精馏塔侧塔 T2 塔的理论塔板数 30（无冷凝器、再沸器），塔顶压力 1.85bar，塔压降 0.25bar，从侧塔第 12 块板采出产品 4500kg/h。原料从主塔 T1 塔的第 40 块进入。主塔与侧塔通过四股物流连接：从主塔第 19 块板抽出 9000kg/h 的液相至侧塔塔顶；从主塔第 47 块板抽出 8000kg/h 的汽相至侧塔塔底；侧塔塔顶蒸气返回至主塔第 19 块板；侧塔塔底液相返回至主塔第 47 块板。物性方法选用 PENG-ROB。要求塔顶苯纯度达到 99.7%，侧线甲苯纯度达到 99.6%，苯与甲苯回收率大于 99.5%，试确定物料衡算表。

进入 Aspen Plus，添加组分苯、甲苯、邻二甲苯、间二甲苯，如图 8-96。物性方法选用 PENG-ROB。

组分 ID	类型	组分名称	别名	CAS号
BENZE-01	常规	BENZENE	C6H6	71-43-2
TOLUE-01	常规	TOLUENE	C7H8	108-88-3
O-XYL-01	常规	O-XYLENE	C8H10-1	95-47-6
M-XYL-01	常规	M-XYLENE	C8H10-2	108-38-3

图 8-96 添加组分

进入模拟环境，在主界面中插入 MultiFrac 塔模块的“PETLYUK”模型，如图 8-95。添加进料和采出物流，其中 T2-SID 为侧线采出产品流股。输入进料条件，如图 8-97。

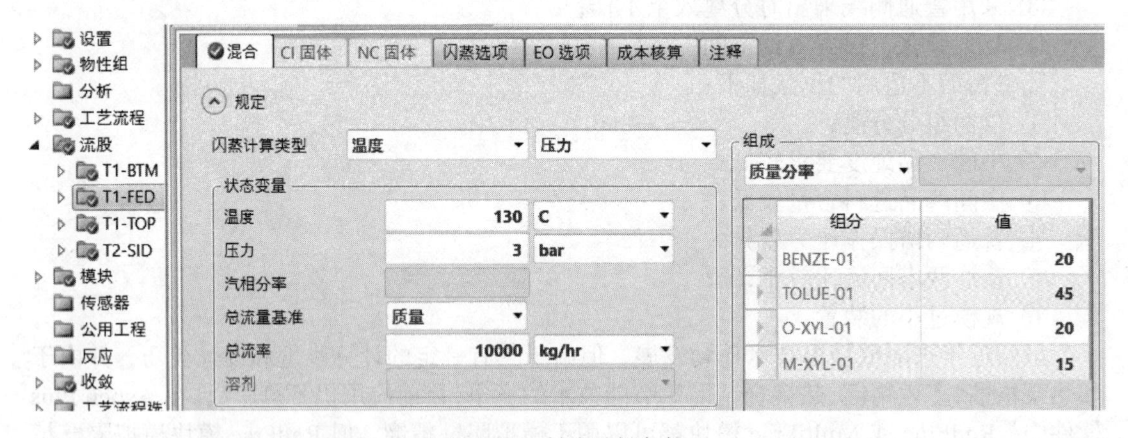

图 8-97 料液进料条件

双击 T1-2 塔模块，进入塔段的设置页面。MultiFrac 模块默认包含塔段“1”，即主塔。点击“新建”，新建侧塔“2”，如图 8-98。

双击图 8-98 中表单的第一行，或从导航窗格进入“模块/T1-2/塔/1/设置”页面，配置主塔 1 的条件。主塔选用全凝器，如图 8-99。

输入主塔 1 的压力和压降。如图 8-100。

MultiFrac 模块需提供每个塔段的温度估算值。可以使用苯在 1.6bar 下的沸点作为主塔 1 塔顶的估算温度、二甲苯在 2.2bar 下的沸点作为塔釜估算温度，如图 8-101。

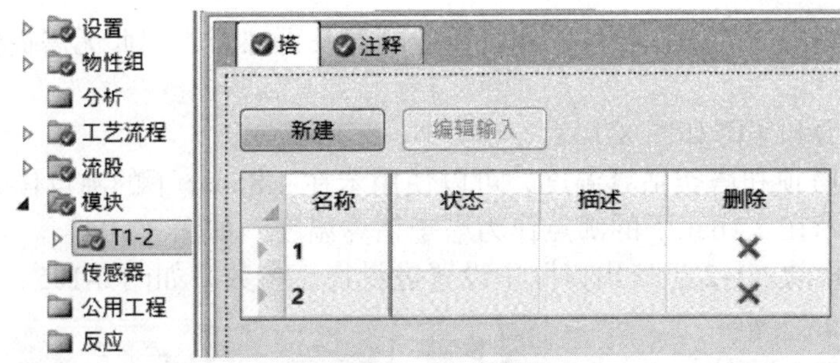

图 8-98　新建侧塔

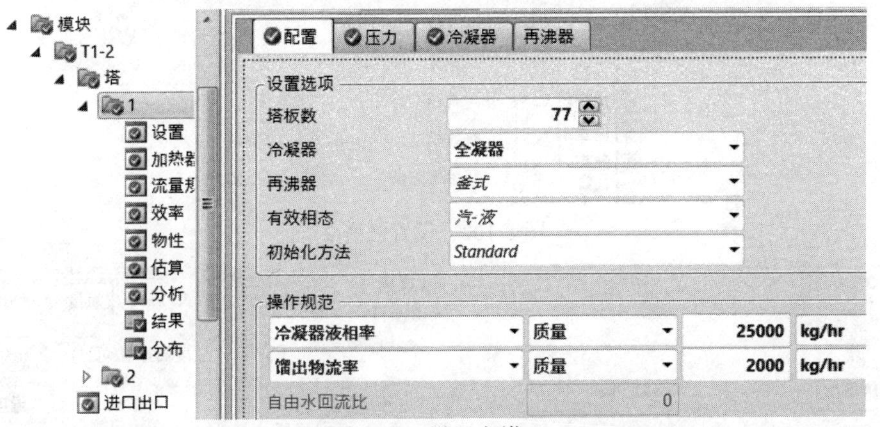

图 8-99　设置主塔 1

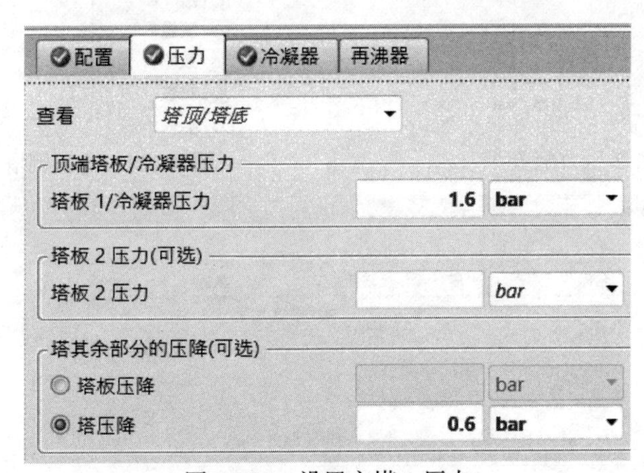

图 8-100　设置主塔 1 压力

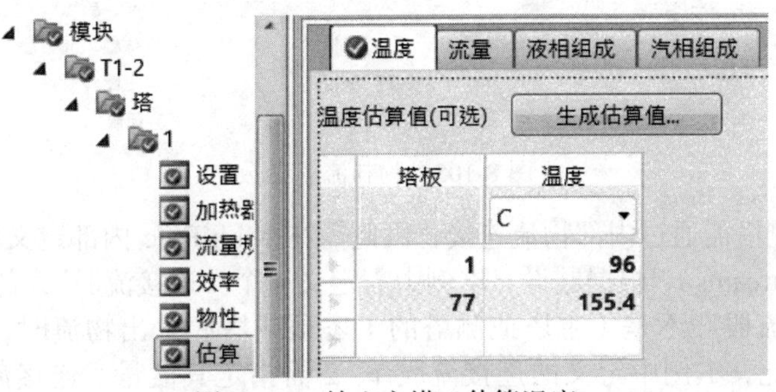

图 8-101　输入主塔 1 估算温度

下一步设置侧塔 2 的操作条件，侧塔无冷凝器及再沸器，因此无需提供操作规范，如图 8-102。

侧塔 2 的压力和压降如图 8-103。

设定侧塔 2 塔顶和塔釜估算温度，可以使用苯在 1.85bar 下的沸点作为侧塔 2 塔顶的估算温度、二甲苯在 2.1bar 下的沸点作为塔釜估算温度，如图 8-104。

下一步在“模块/T1-2/进口出口”中设置进料物流参数，如图 8-105。

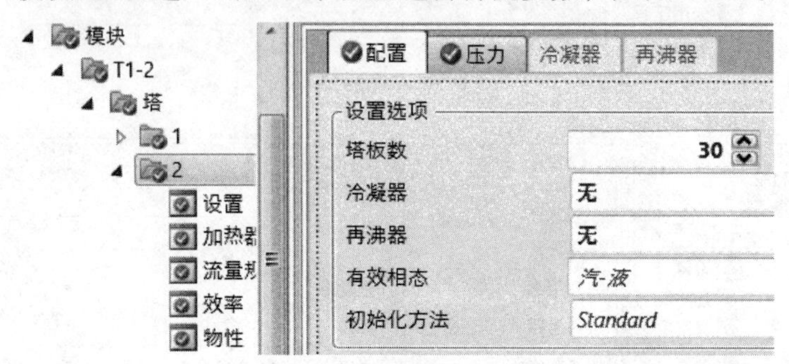

图 8-102　设置侧塔 2

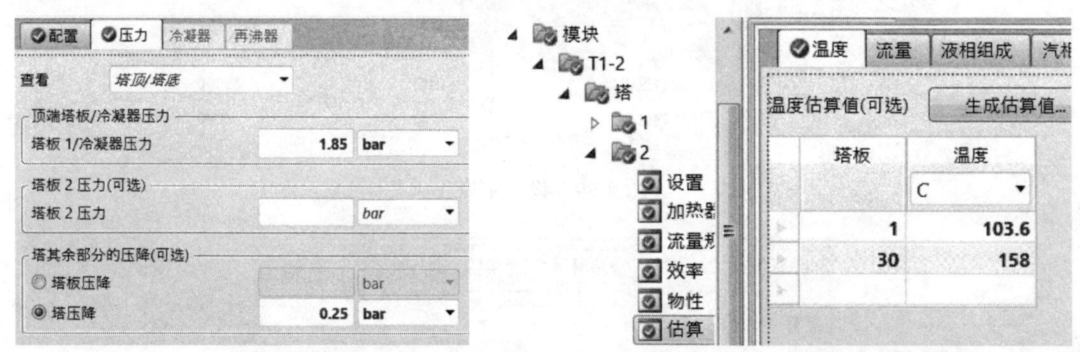

图 8-103　侧塔 2 压力配置　　　　图 8-104　输入侧塔 2 估算温度

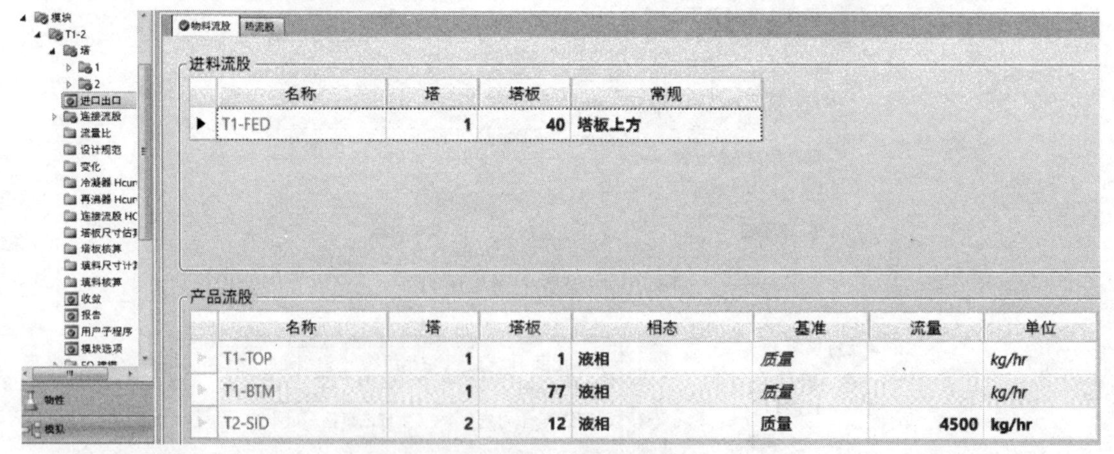

图 8-105　物料流股参数

由于主塔和侧塔需通过内部物流连接，因此需在 MultiFrac 内部定义塔之间的“连接流股”（connecting streams）。根据题设，本例中需定义 4 个“连接流股”，其实际含义如表 8-3 所示。当“连接流股”不是（主塔或侧塔的）塔顶或塔底采出物流时，还必须指定这类流股的流量。因此，本例中定义的连接流股 1、2 需指定其流量。连接流股的设置结果如图 8-106 至图 8-109。注意需设置连接流股 2、3 的相为“汽相”。

表 8-3　涉及的连接流股

连接流股	流向	备注
1	从主塔第 19 块塔板流向侧塔塔顶的液体	流量为 9000kg/h
2	从主塔第 47 块塔板流向侧塔塔底的蒸气	流量为 8000kg/h
3	从侧塔塔顶流向主塔第 19 块板的蒸气	
4	从侧塔塔底流向主塔第 47 块板的液体	

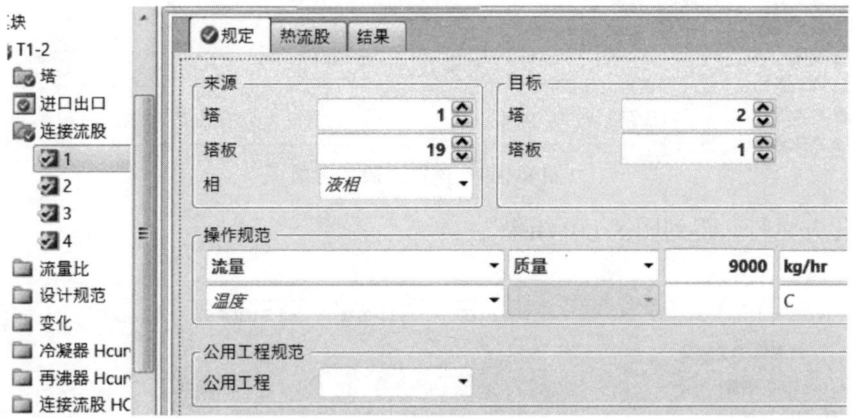

图 8-106　连接流股 1 参数

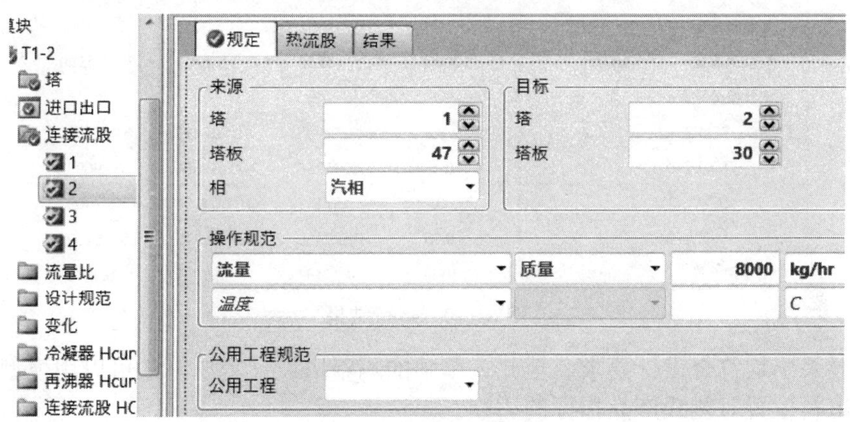

图 8-107　连接流股 2 参数

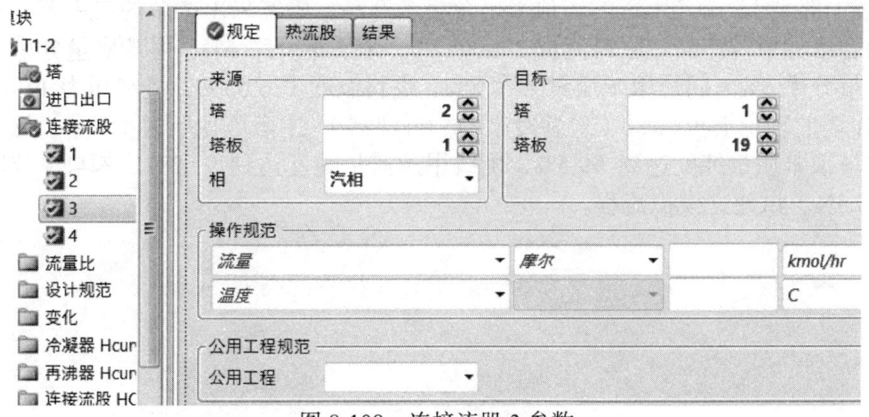

图 8-108　连接流股 3 参数

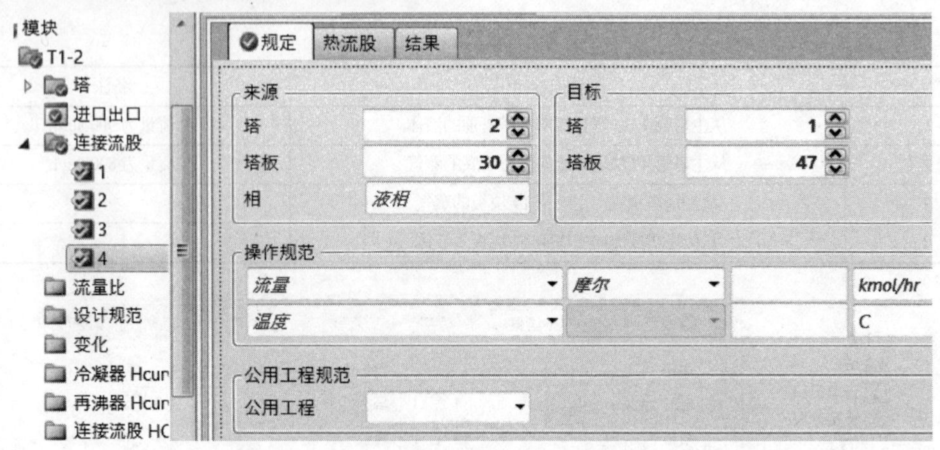

图 8-109　连接流股 4 参数

初始化并运行，得到图 8-110 结果。

	单位	T1-FED	T1-BTM	T1-TOP	T2-SID
− MIXED子流股					
温度	C	130	173.613	96.0186	137.092
压力	bar	3	2.2	1.6	1.94483
+ 摩尔流量	**kmol/hr**	**107.409**	**32.979**	**25.5939**	**48.8361**
+ 摩尔分率					
+ 质量流量	**kg/hr**	**10000**	**3500**	**2000**	**4500**
− 质量分率					
BENZE-01		0.2	1.74729e-15	0.997483	0.0011185
TOLUE-01		0.45	0.00242356	0.00251664	0.996995
O-XYL-01		0.2	0.57112	6.16987e-18	0.00024093
M-XYL-01		0.15	0.426456	1.55144e-15	0.00164593
体积流量	cum/hr	13.1069	4.79437	2.51057	5.98499

图 8-110　运行结果

各流股采出均符合设计要求，至此，单独的隔壁塔设计完毕。还可以用模型分析工具考察侧线出料位置对侧线产品指标的影响。

练习 8-10　使用隔壁精馏分离苯、甲苯、二甲苯混合液，该工艺过程如图 8-95。原料从 T1-2 塔中部进入，在 T1 塔的塔顶采出合格苯产品，塔釜采出剩余的二甲苯，从侧塔的侧线采出合格的甲苯产品。原料流量 20000kg/h，苯质量分率 6%，甲苯质量分率 81%，邻二甲苯质量分率 5%，间二甲苯质量分率 8%。进料温度 126.85℃，进料压力 1.7bar。精馏塔主塔 T1 塔的理论塔板数 80（包括冷凝器、再沸器），主塔塔顶压力 1.2bar，忽略塔板压降。要求塔顶苯质量纯度达到 99.5%，侧线甲苯质量纯度达到 99.5%，苯与甲苯质量回收率大于 99.5%，试建立模拟流程。

第9章

换热网络夹点分析

一个复杂的工艺流程中通常会同时包含多个被加热的物流和被冷却的物流。在这些热物流和冷物流之间进行换热，可以有效地回收过程余热、减少外加能量输入、降低公用工程消耗，这样的多个换热器、加热器、冷却器的组合就构成了工艺流程的换热网络（heat exchanger network，HEN）。

换热网络优化算法中，较实用且应用较广泛的是夹点设计法。在换热网络中，将所有热物流温焓图合成一条曲线，所有冷物流温焓图合成另一条曲线。两条曲线在一张图上，通过适当移动曲线，使最小换热温差达到规定值（图 9-1），此换热温差最小处即为夹点。夹点以上的热物流和夹点以上的冷物流进行换热，夹点以下的热物流和夹点以下的冷物流进行换热。如此操作，使得最终所需的冷公用工程与热公用工程分别达到最小值，同时考虑冷公用工程与热公用工程两者的价格以及换热器投资等费用，进一步可以计算实现整体效益最大化的方案，并得到效益最大化的最小换热温差与相应的换热网络。

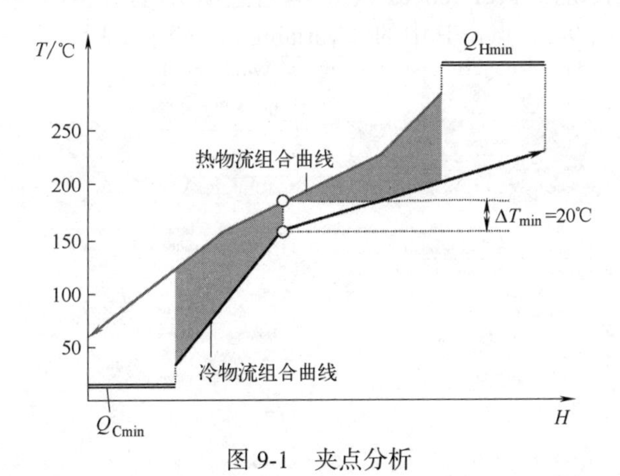

图 9-1　夹点分析

AspenONE 软件家族内的 Aspen Energy Analyzer（能量分析器，以下简称 AEA）可以进行换热网络夹点分析，从而实现最优设计。新版的 AEA 为独立于 Aspen Plus 的软件，需单独安装，可单独使用。在夹点分析与优化过程中，通常涉及大量的冷、热流股，需要它们相应的热力学性质。在利用 Aspen Plus 完成模拟后，可以通过 Aspen Plus 和 AEA 联结，方便、快捷、准确地将冷、热物流数据导入到 AEA 中进行换热网络设计与优化。Aspen Plus 和 AEA 的联结主要有两种方案。一种是直接在 Aspen Plus 内部进行简单的夹点计算；另一种是在 AEA 中连接 Aspen Plus 模型，从而将 Aspen Plus 模型中进行换热的物流数据传递到 AEA，再通过 AEA 进行各种夹点计算。本章首先介绍 AEA 软件的使用方法，再介绍 Aspen Plus 与 AEA 的连接。

9.1 使用 AEA 设计换热网络

换热网络设计是个比较复杂的问题。为便于理解和操作，本章将结合《化工过程分析与合成》（第二版，张卫东等主编，化学工业出版社，2011）的第 7 章例 7-4 内容，介绍利用 AEA 完成简单换热网络设计的过程（建议读者学习本章前阅读《化工过程分析与合成》第二版中的第 7 章，以便于更好地理解本章内容）。

例 9-1 利用夹点法设计换热网络，要求热物流与冷物流间的最小温差为 20℃，物流具体信息如表 9-1 所示。

表 9-1 换热网络数据表

物料流股	类型	MC_p（热容流率）/（kW/℃）	$T_{初}$/℃	$T_{终}$/℃	能量变化/kW	能量合计/kW
1	热	2	150	60	–180	–420
2	热	8	90	60	–240	
3	冷	2.5	20	125	262.5	487.5
4	冷	3.0	25	100	225	
MS	蒸汽	软件给定	145	144		
CW	冷却水	软件给定	32	38		

从开始菜单中找到“Aspen HYSYS/Aspen Energy Analyzer V12.1”，进入软件。点击顶部工具栏的保存文件为 hch 格式。

例 9-1 演示视频

为了使软件中的单位与题设单位一致，首先更改软件中的默认单位。点击顶部菜单中的“Tools / Preferences”（工具/首选项），打开 AEA 软件的全局设置窗口，如图 9-2。点击其中的“Variables”（变量）标签页，在

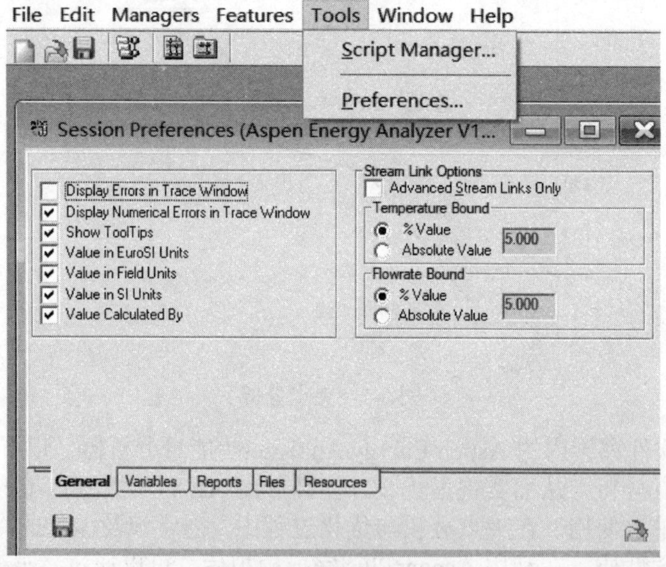

图 9-2 打开全局设置

上方的 Available UnitSets（可选单位集）中，选择 SI，点击右侧的“Clone”（克隆），系统将复制一个 SI 单位集并将其命名为 NewUser，选中 NewUser，在下方的 Display Units（显示单位）表单中将 Energy 项的单位更改为 kW，如图 9-3。另外，用类似的方法将传热速率“UA”的单位设置为 kJ/（℃ · s）（即 kW/℃）。关闭设置窗口。

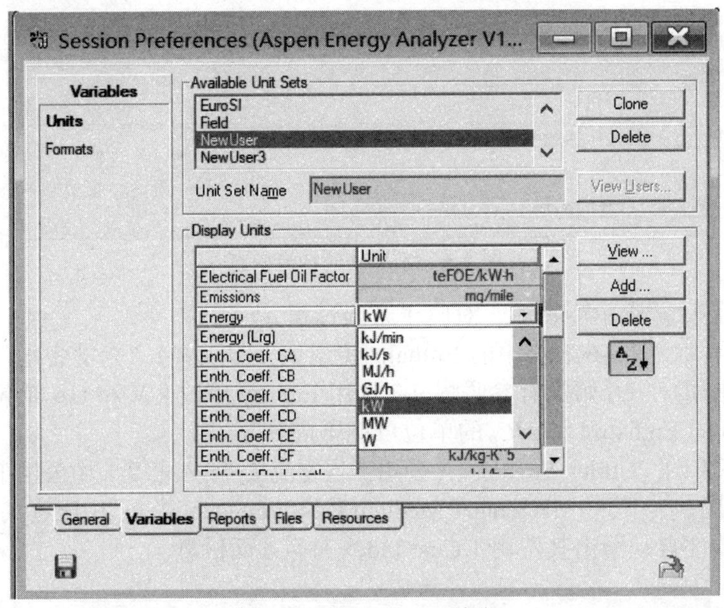

图 9-3　更改 Energy 单位

点击软件窗口顶部菜单中的“Managers/Heat Integration Manager”（管理器/热集成管理器），弹出图 9-4 窗口，选择 HI Case（heat integration case，热集成案例），点击“Add”添加一个 HI Case，如图 9-4。

图 9-4　新建热集成案例

在随后弹出的窗口（图 9-5）中添加表 9-1 中物流 1 信息。注意输入 MC_p 值时需选择单位为 kJ/（℃ · s），即 kW/℃。

随后输入表 9-1 中物流 2~4 的信息至表单中，如图 9-6。表格中的红色箭头 表示热物流，对应于降

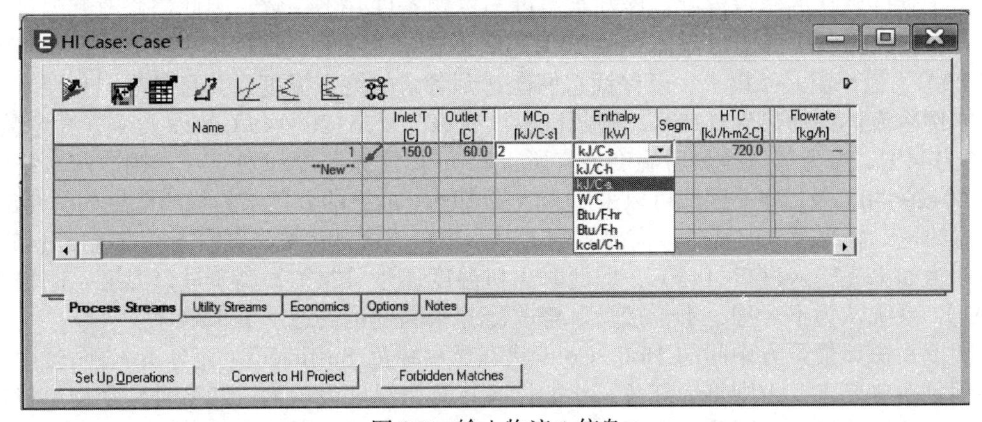

图 9-5　输入物流 1 信息

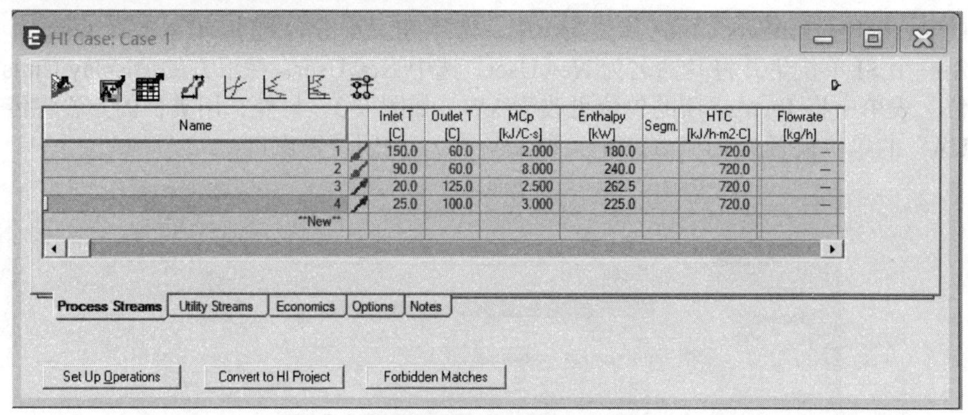

图 9-6　添加其他物流信息

温过程；蓝色箭头表示冷物流，对应于升温过程。

读者可以看到，图 9-6 表格中的 Enthalpy（焓值）与表 9-1“能量变化”的数值是相同的。另外，如果用户一开始没有参照图 9-3 选用 Energy 单位 kW 和 UA 单位 kJ/（℃·s），则所得到图 9-6 的 Enthalpy 和 MC_p 的单位可能不同。

点击表格下方的“Utility Streams”（公用工程物流），输入表 9-1 中公用工程流股 MS 及 CW 的信息，如图 9-7。其中 MP Steam（Medium Pressure Steam）表示中压蒸汽，Cooling Water 表示冷却水；软件自动给出其费用（Cost Index）等方面信息。

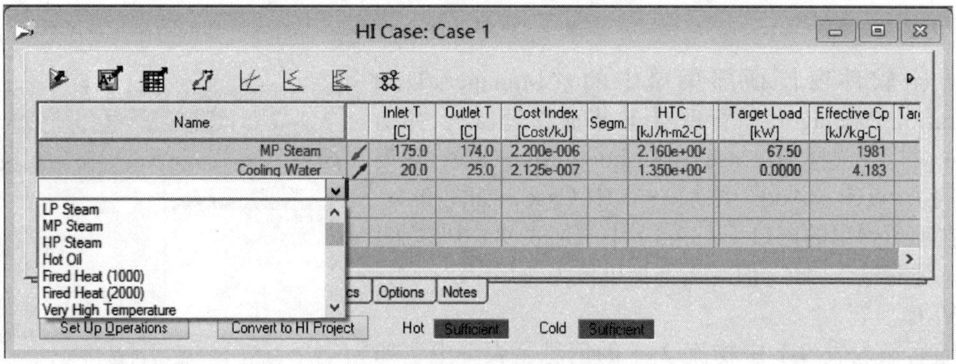

图 9-7　公用工程信息输入界面

由于软件默认的蒸汽温度、冷却水温度与本题条件并不一致，因此需修改其温度。一般而言，蒸汽温度应高于冷流体终温 20℃（最小温差）以上，而冷却水温度应低于热流体终温 20℃（最小温差）以上，以保证它们能达到各自的终点温度，并且满足温差要求。比如，本例冷流体要加热到 125℃，则蒸汽温度应该为 125+20=145℃及以上（蒸汽终温度=145−1=144℃，因为蒸汽换热后温度会有所下降）；热流体要冷却到 60℃，则冷却水终温应该在 60−20=40℃及以下，因此可以采用 38℃冷却水。最终的公用工程物流信息如图 9-8。需要注意的是，修改蒸汽温度时，需要先输入蒸汽出口温度 144℃，再输入进口温度 145℃。这是因为如果先输入进口 145℃，但此时出口温度还是 174℃，高于进口温度（刚输入的 145℃），系统认为不合理，不予接受。修改冷却水温度也需遵从类似顺序。

图 9-8 窗口最下方中间的 Hot、Cold 状态显示绿色 Sufficient（充分），表明公用工程条件满足换热要求，否则将为红色，比如读者将蒸汽温度设置为 120℃时，冷物流将达不到 125℃的加热目标。因此，根据本题条件，蒸汽温度至少要达到 145℃，冷却水终温应低于 40℃（热物流最低冷却到 60℃）。

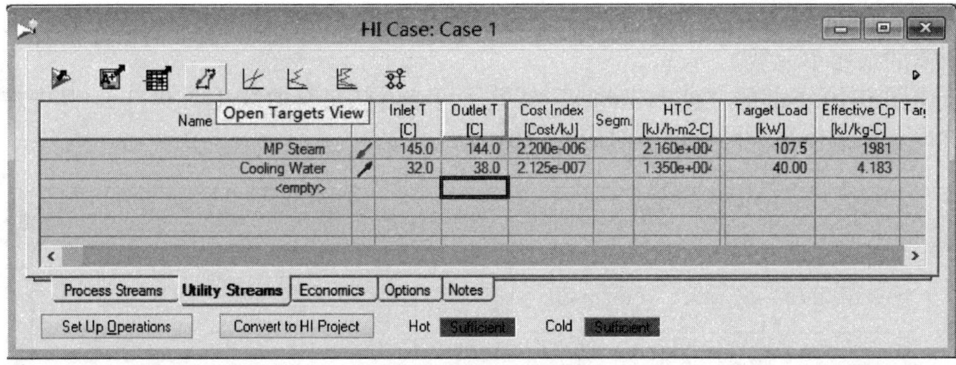

图 9-8　公用工程信息

点击图 9-8 中窗口左上方的 Open Targets View（打开目标视图）按钮，弹出图 9-9 窗口，给出热集成后的目标值（集成结果）。左下角显示 DTmin 最小温差为 10℃，表示这些数据是在该温差下得到的。

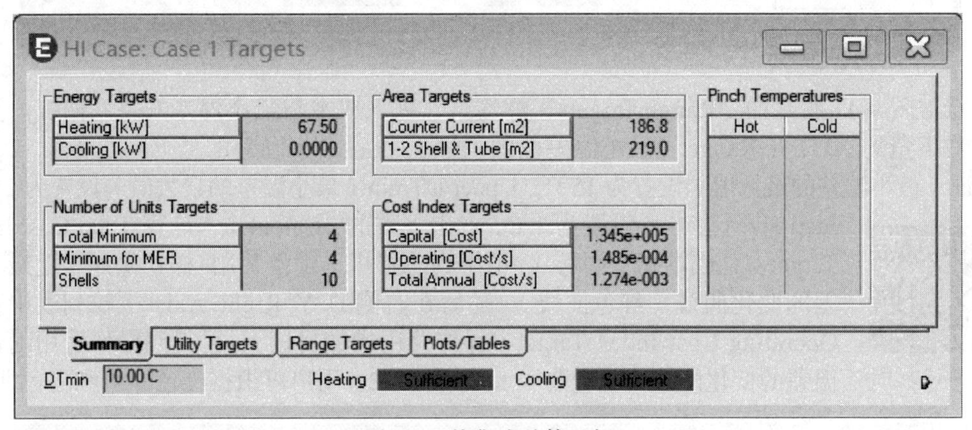

图 9-9　热集成总体目标

根据题设条件，现将 DTmin 最小温差修改为 20℃。点击“10.00C”数值处输入 20℃，得到如图 9-10 所示结果。其中，加热负荷（热公用工程消耗）107.5kW，冷却负荷（冷公用工程消耗）40kW，冷、热流体夹点温度（Pinch Temperature，图 9-10 右侧）分别是 70℃、90℃（温差 20℃）。表中 Total Minimum 为换热网络系统所需的最小单元总数，Minimum

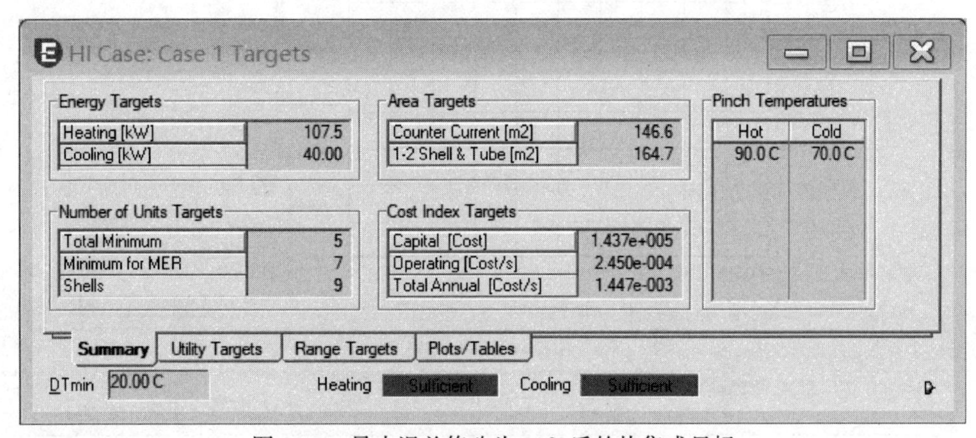

图 9-10　最小温差修改为 20℃后的热集成目标

for MER（minimum energy requirement，最低能量要求）为考虑了夹点温度时设计的换热网络所需的最小单元数。

点击图 9-10 下部的“Plots/Tables”标签，可查看热复合曲线（图 9-11），其中左侧表格包含冷、热流体在不同温度下对应的焓值。

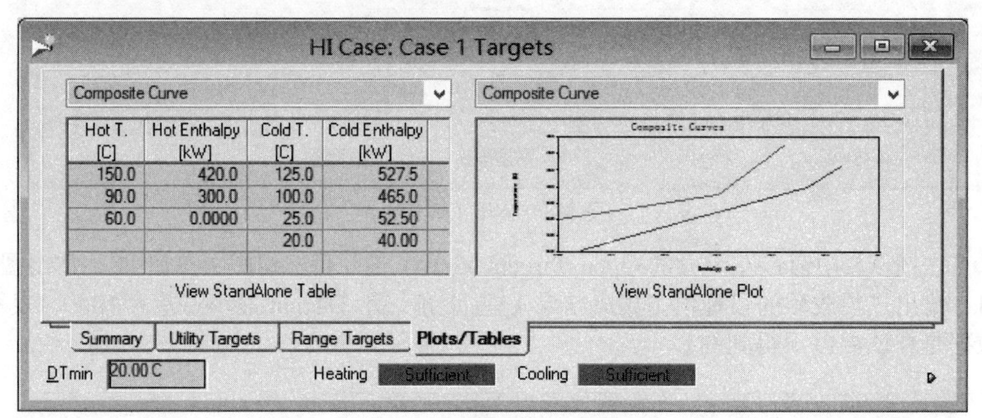

图 9-11　热复合曲线

点击图 9-11 底部的“Range Targets”标签页，进入成本与最小温差的关系曲线。点击窗口右下角的“DTmin Range”（最小温差范围）按钮，设置最小温差的上下限及步长。Lower DTmin（最小温差的最低值）设置为 15℃，Upper DTmin（最小温差的最大值）设置为 25℃，Step Size（步长）设置为 1℃，点击下方的“Calculate”计算 Total Cost Index Target（总成本指数目标），可得到总费用（设备费用+操作费用）随最小温差的变化曲线（红色曲线）。随后在右侧的 Y Right Axis 下拉列表中选择 Operating Cost Index Target（操作费用指数目标），可得到操作费用随最小温差的变化曲线（蓝色曲线），如图 9-12。用户可根据红色曲线和蓝色曲线，

图 9-12 彩图

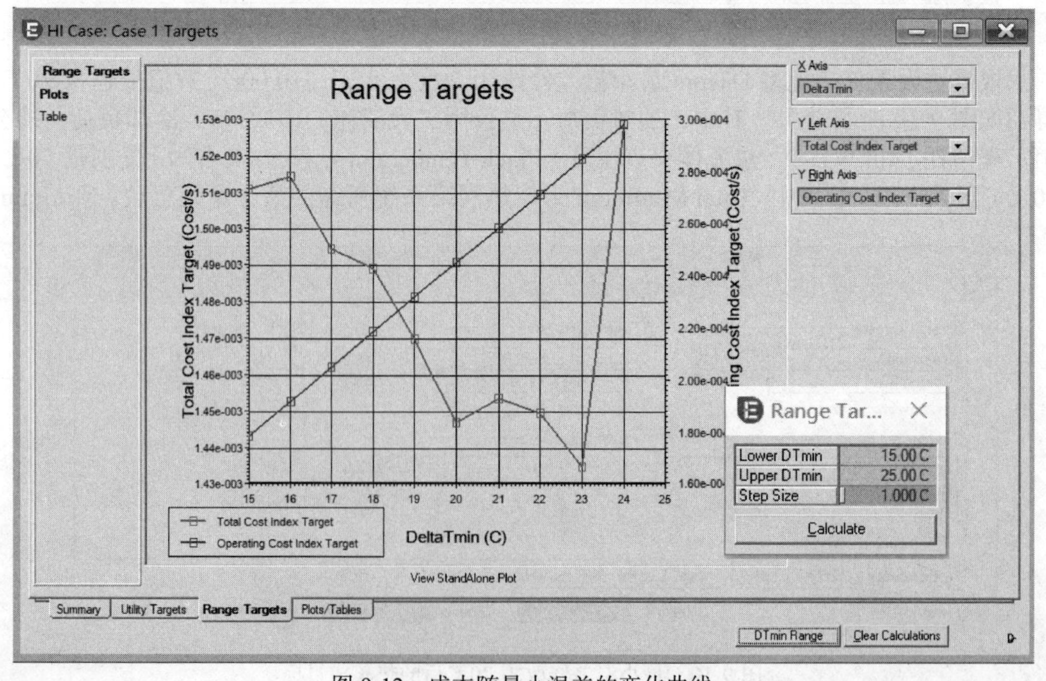

图 9-12　成本随最小温差的变化曲线

选择最合适的最小温差。也可在右侧的 Y Left Axis 或 Y Right Axis 中选择查看其他曲线，作为决策依据。

点击图 9-8 的 Open HEN Grid Diagram（打开换热网络图）按钮，得到换热网络匹配界面，如图 9-13。

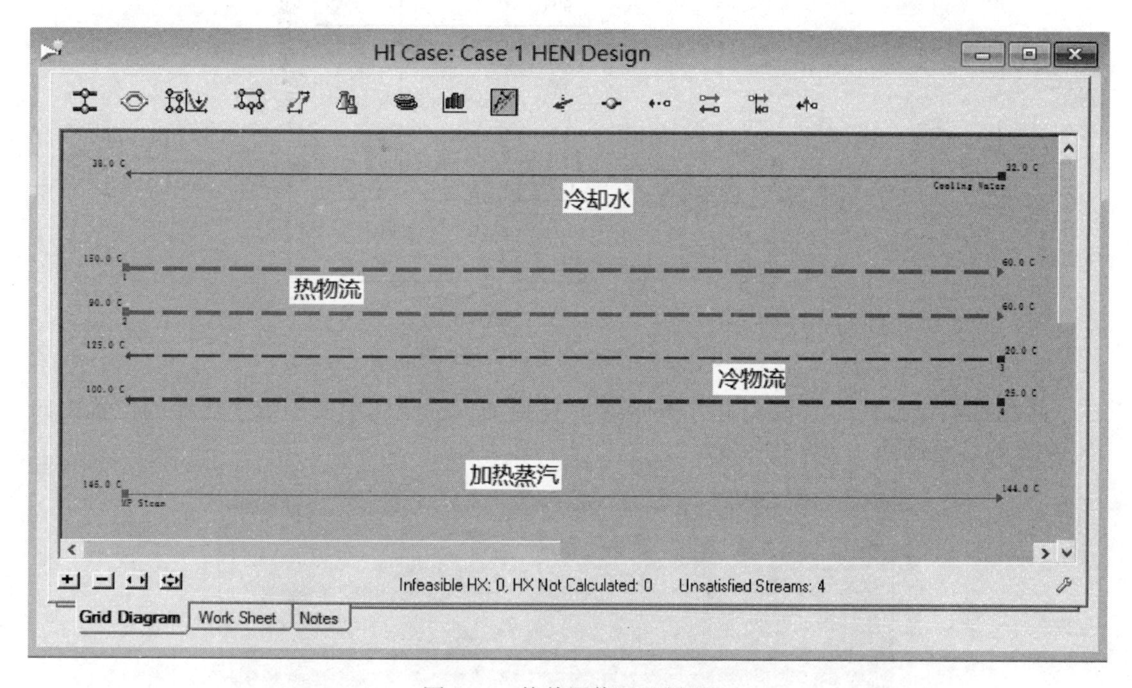

图 9-13　换热网络匹配界面

为了便于配置换热网络，点击右上方图标显示网络夹点（线）位置（图 9-14）。夹点线顶端显示夹点的热流体温度 90℃，底端显示冷流体温度 70℃。设计换热网络时，可以将夹点之上（夹点线左侧）与夹点之下（夹点线右侧）分别进行设计，如图 9-14。

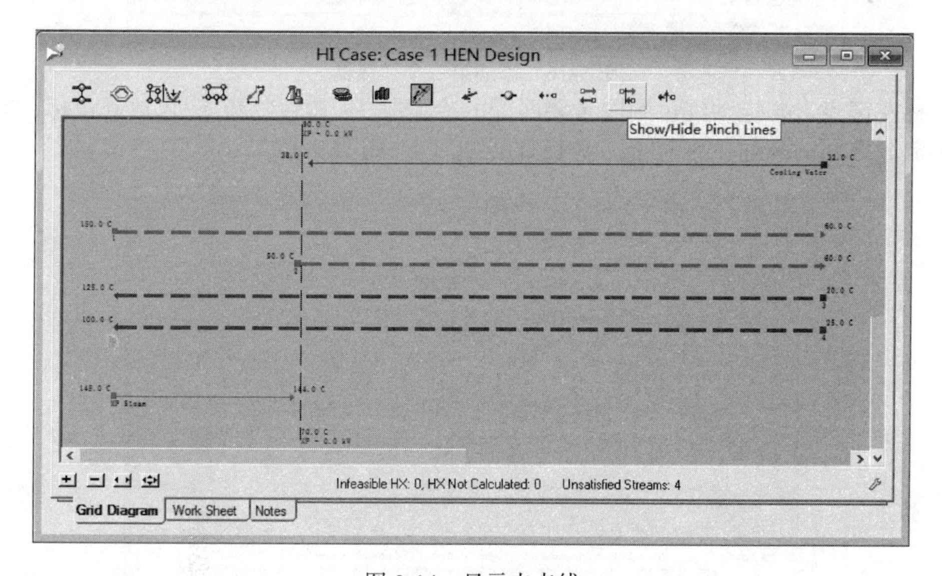

图 9-14　显示夹点线

读者可以参照下图匹配夹点之上的换热网络，如图 9-15。

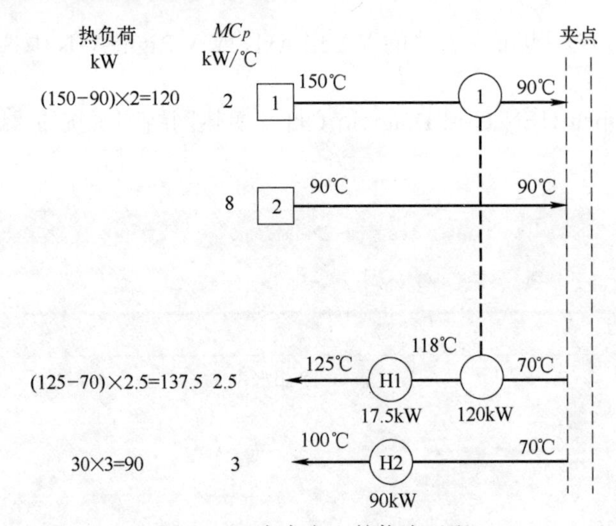

图 9-15　夹点之上的物流匹配

用鼠标右键按住工具栏左上方图标，并拖动鼠标至图中要添加换热器的位置（如图 9-16 的红色圆圈），添加换热器。

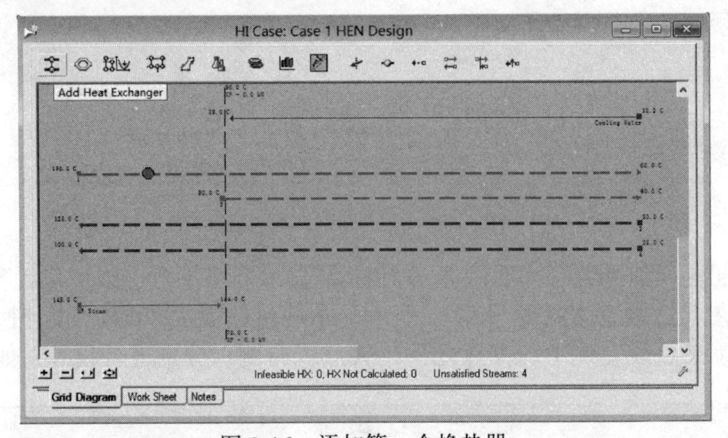

图 9-16　添加第一个换热器

鼠标左键点击并拖动红色圆圈至要匹配的冷流股 3（蓝色物流），再放开鼠标，即得到冷、热流股之间的匹配（对应于图 9-15 的匹配 1），如图 9-17。

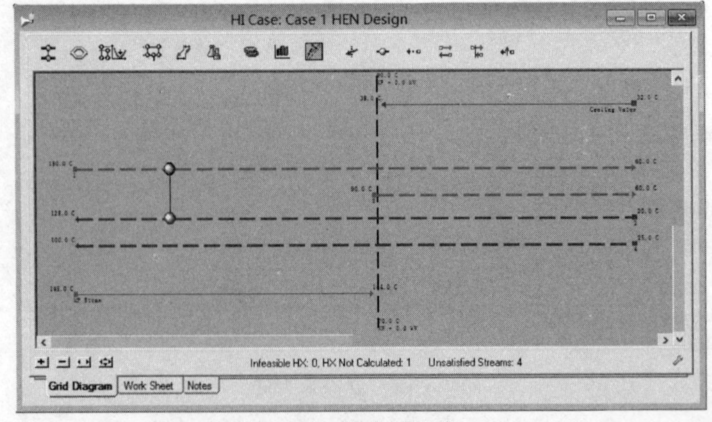

图 9-17　物流匹配线 1

双击所添加的换热器（匹配），设定具体的换热器参数。输入其中的热流体温度 90℃、冷流体 70℃，分别对应各自夹点温度（因为匹配线穿过夹点将造成公用工程用量的增加，因此匹配线不穿过夹点线，从而温度不能跨过夹点温度）。此外，在热流体起始温度 150℃处勾选 Tied（绑定），表示限定热流体的初始温度为 150℃。这样，用户已选择性填入了 3 个信息，其余信息即可由软件根据用户提供的流股 MC_p 值和温度信息自动算出，如图 9-18。

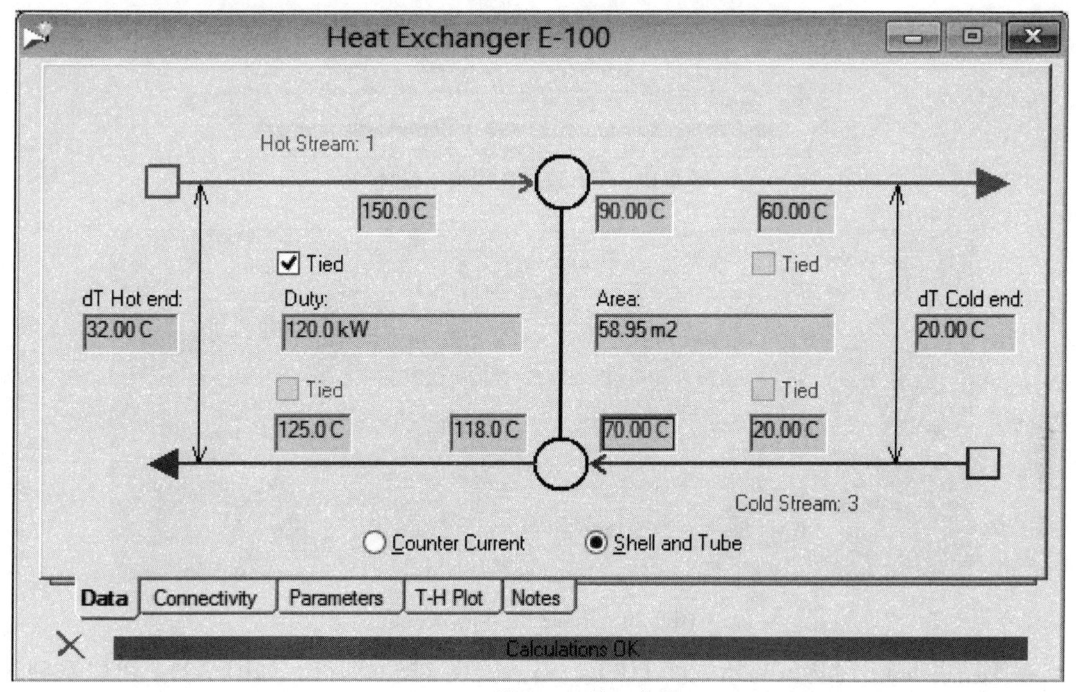

图 9-18　输入匹配线 1 信息

图 9-18 中，上边红线表示热流体 1（Hot Stream 1），由于热流体从 150℃降低到夹点温度 90℃时，放出热量（Duty）只有 120kW（见图 9-18）；下边蓝线表示冷流体 3（Cold Stream 3），其从夹点温度 70℃升高到终点 125℃时，所需吸收的热量为 137.5kW（见图 9-15），因此热流体 1 可以放出全部热量给冷流体 3 吸收（然后冷流体 3 的温度升高到 118℃），热流体 1 进入换热器的温度可以绑定（Tied）为 150℃。至于换热器匹配线右侧的冷、热流体温度（分别为 70℃、90℃），则是夹点温度决定的（热量不能穿过夹点），由用户填入。当然，对于有经验的用户，不必先计算出图 9-15 的热量信息。读者不妨尝试一下，如果不按图 9-18 方式绑定热流体 150℃，而是绑定冷流体的 125℃，结果如图 9-19，其中热流体 1 需要从 158.8℃开始才能满足热量需求（137.5kW），但这显然是不合理的，因为不可能把热流体 1 先加热到 158.8℃再与冷流体 3 换热，因此不能采用图 9-19 的设置。

图 9-20 彩图

关闭图 9-18 窗口，继续添加其他换热器匹配。由于夹点之上（夹点线左侧）热流体已匹配完毕（已经没有热量可用），夹点之上只能利用公用工程（即蒸汽，图 9-20 底部红线）将冷流体加热到目标温度。现添加物流 3 的加热器（对应图 9-15 的 H1），如图 9-20。

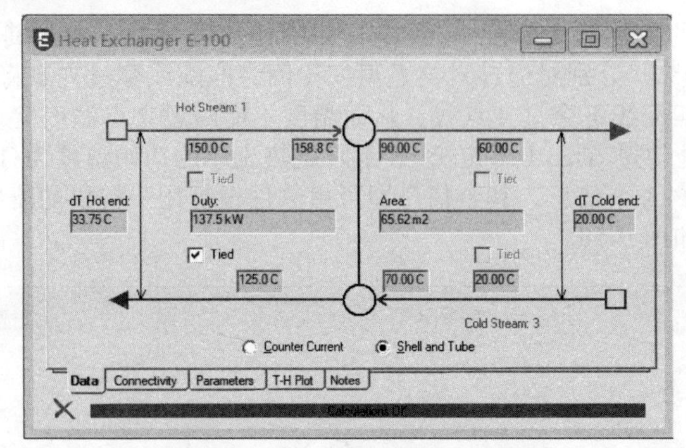

图 9-19　不合理的匹配线 1 设置

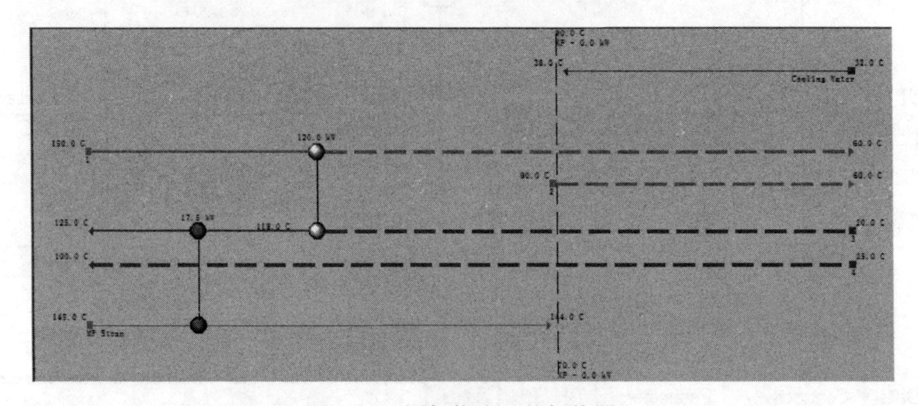

图 9-20　添加物流 3 的加热器

绑定（Tied）冷物流起始温度 118℃、终点温度 125℃即可，如图 9-21。可以看到，图 9-20 匹配线 1 左侧的物流 1 和物流 3 已变为实线，表示热量已达成换热要求；匹配线 1 右侧的物流线仍为虚线，表示换热需求尚未满足。

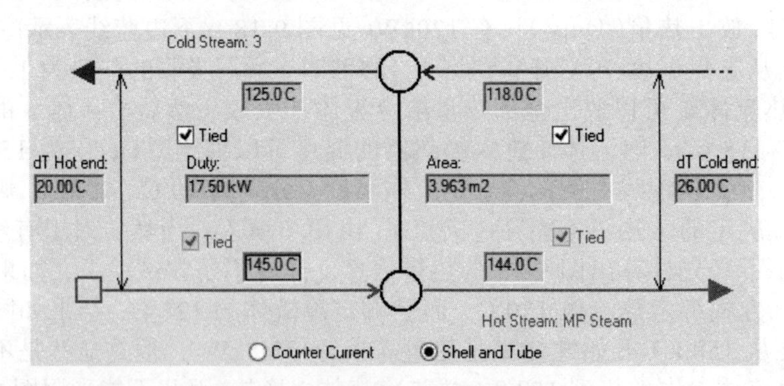

图 9-21　设置物流 3 的加热器 H1

进一步添加加热器 H2（参考图 9-15），如图 9-22。

同样，绑定其终点温度 100℃、起点温度 70℃（夹点温度）即可，如图 9-23。

至此，已完成夹点之上（夹点线左侧）的全部物流换热匹配。下面进行夹点之下（夹点线右侧）的换热匹配，换热策略如图 9-24。

由于相对其他物流，物流 2 的热容流率明显偏大，而且热量最多，因此首先考虑对物流 2 进行分割。鼠标右键点击并拖动按钮到物流 2，生成蓝色圆圈，如图 9-25。

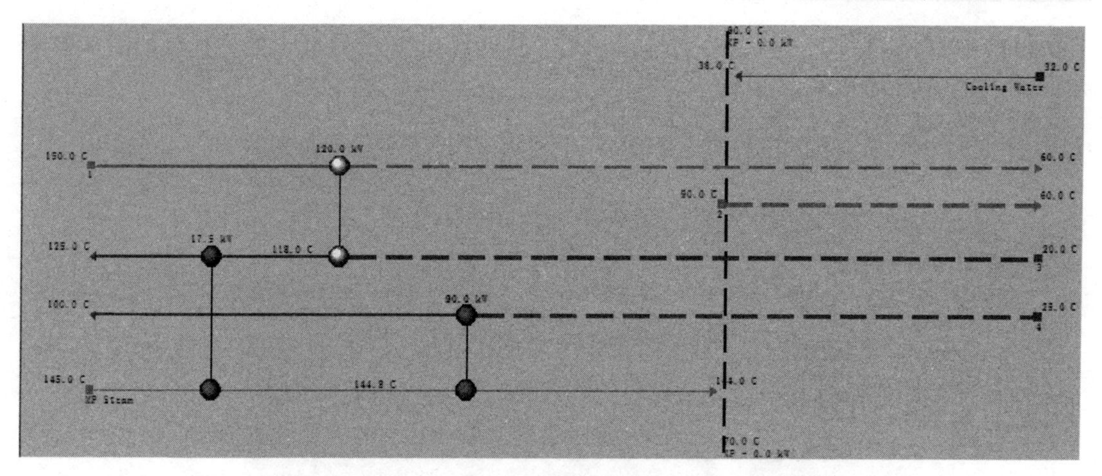

图 9-22 添加加热器 H2

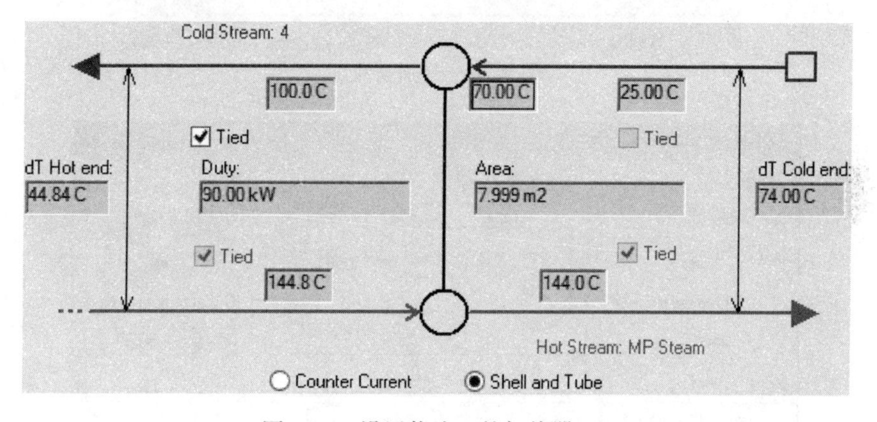

图 9-23 设置物流 4 的加热器 H2

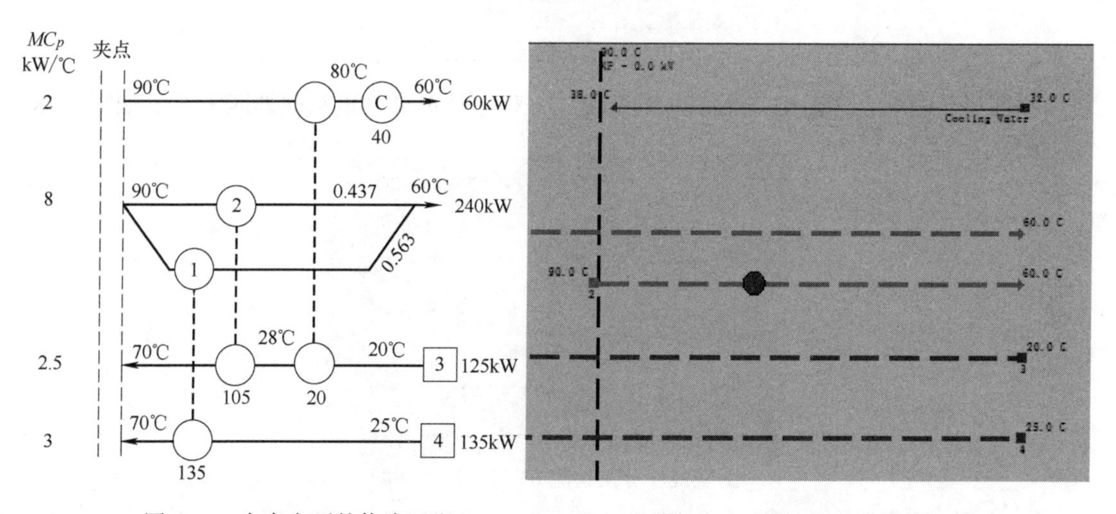

图 9-24 夹点之下的物流匹配

图 9-25 添加物流 2 的分割点

双击添加的蓝色圆圈，物流 2 即被分割成 2 股，如图 9-26。

单击图 9-26 分割起点处，将得到分割信息表，表中默认的 62、63 物流（原物流 2 被分割成该两股物流）按 0.5∶0.5 均分。但实际上，为保证物流间的合理换热匹配，应将物流 2 的 MC_p 值 8kW/℃分成 3.5 与 4.5 这两部分，即 62 物流占 3.5/8=0.4375，63 物流占

1–0.4375=0.5625≈0.563。输入 62 物流占比后，软件自动给出 63 物流的占比，如图 9-27 所示。输入完毕后关闭窗口。

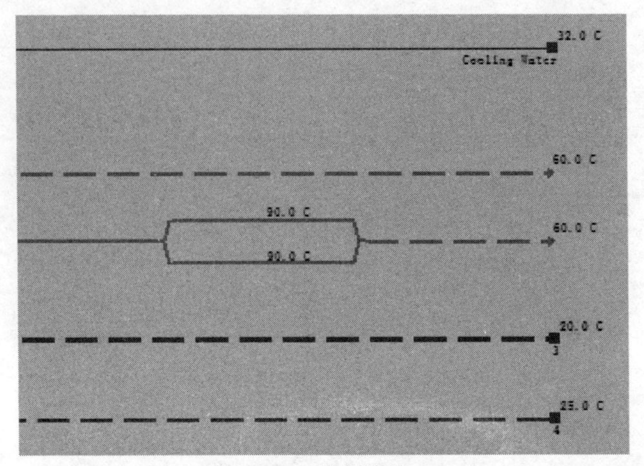

图 9-26　分割物流 2

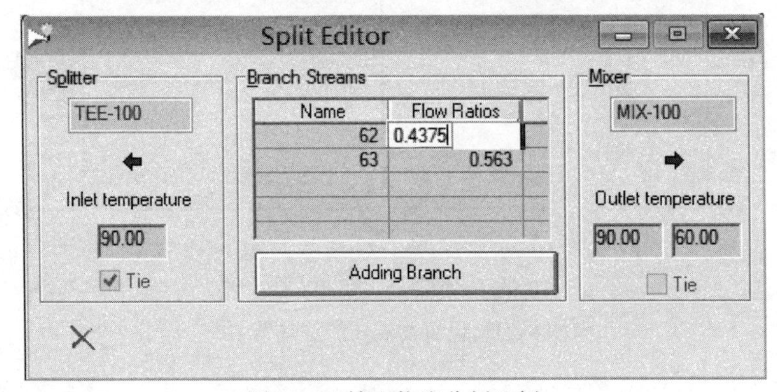

图 9-27　输入物流分割比例

添加夹点之下的物流 63 与物流 4 的匹配线（对应图 9-24 中的换热器匹配 1），如图 9-28。

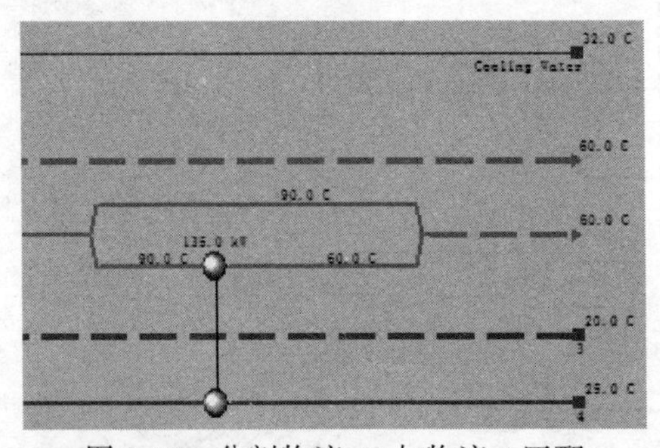

图 9-28　分割物流 63 与物流 4 匹配

左键双击上图所添加的换热器，设置匹配要求。用户可以绑定冷流体起点温度 25℃、终点温度 70℃（夹点温度，热量不能穿过夹点），以及热流体夹点温度 90℃，如图 9-29。

再添加换热器匹配 2（对应图 9-24），使得热物流 2 的另一分支 62 与冷物流 3 匹配，从而回收其全部热量，如图 9-30。

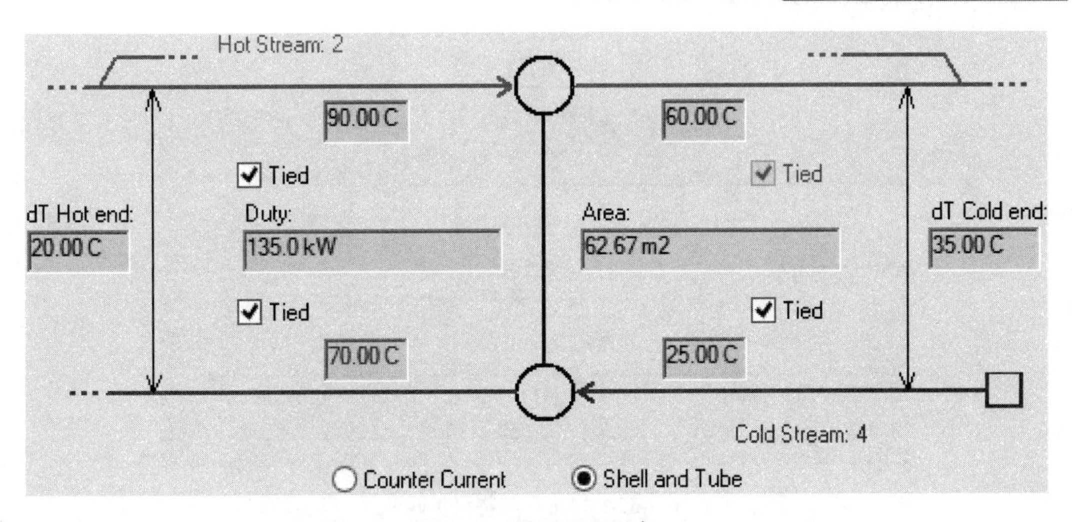

图 9-29　设置匹配要求

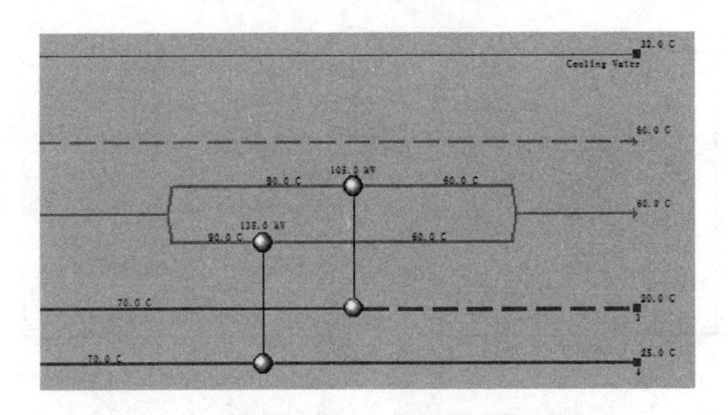

图 9-30　分割物流 62 与冷物流 3 匹配

设置匹配条件：绑定热流体起点温度 90℃、终点温度 60℃，冷流体终点温度 70℃，如图 9-31。

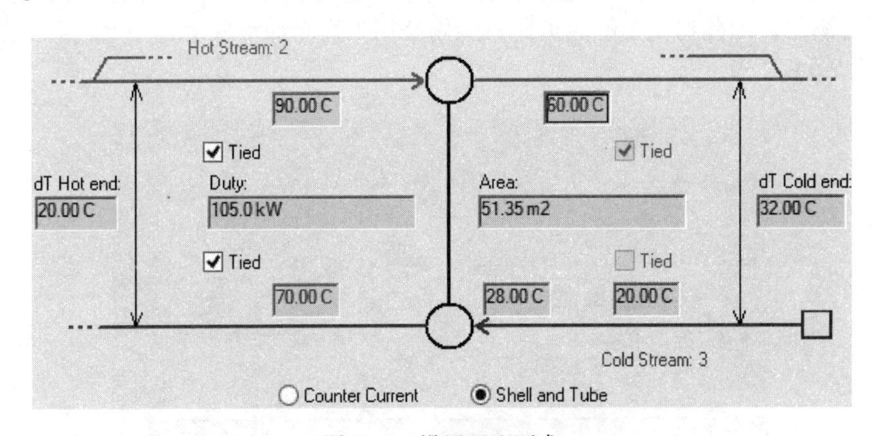

图 9-31　设置匹配要求

图 9-30 中冷物流 3 的右侧还是虚线，表明其换热需求尚未被完全满足，可利用热物流 1 与其进一步换热，如图 9-32。

根据图 9-24 匹配 3 的条件设置换热器：绑定冷物流起始温度 20℃、终点温度 28℃，绑定热物流 1 的起始温度 90℃，如图 9-33。

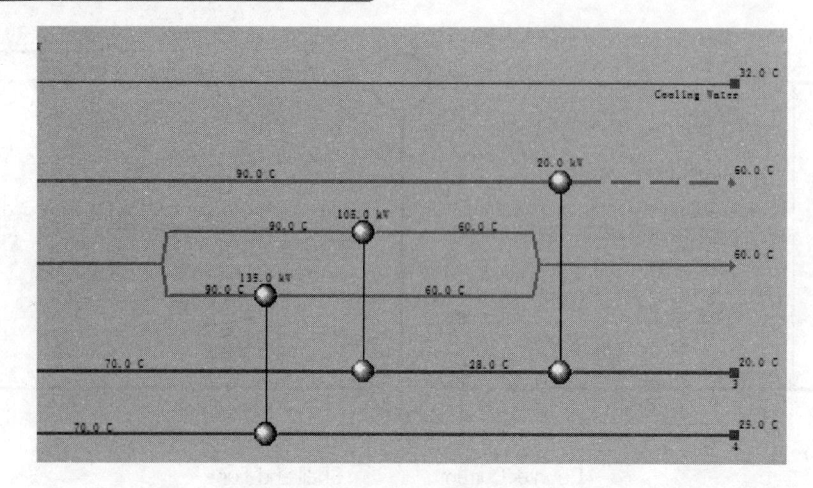

图 9-32　物流 3 与物流 1 匹配

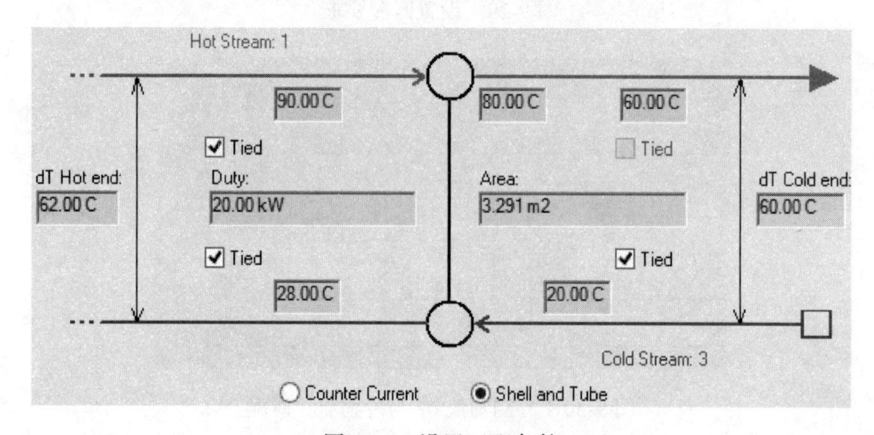

图 9-33　设置匹配条件

图 9-32 中热物流 1 右侧仍为虚线，表示尚未满足其热负荷，但夹点之下所有冷物流的热负荷都已满足，因此物流 1 的热负荷只能用公用工程冷却水取走（夹点之下可以用冷却器），如图 9-34。

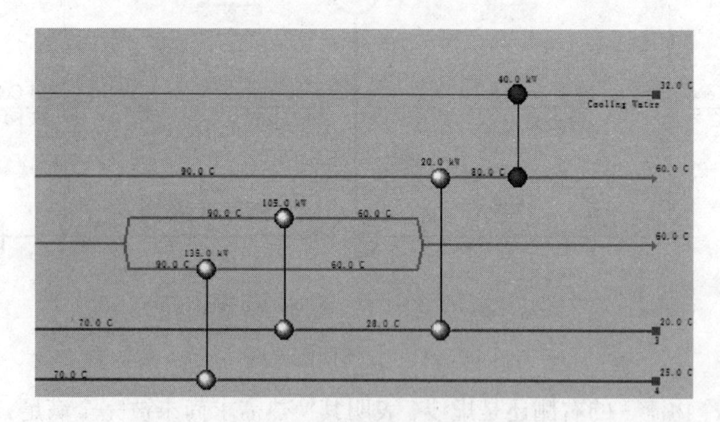

图 9-34　冷却器冷却物流 1

绑定热物流 1 的起始温度 80℃、终点温度 60℃即可，如图 9-35。

至此，所有物流全部匹配完毕，下边状态栏变为绿色，如图 9-36。

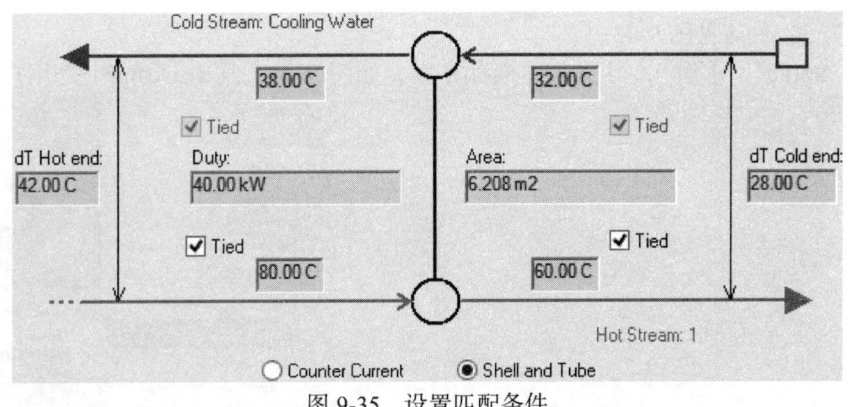

图 9-35　设置匹配条件

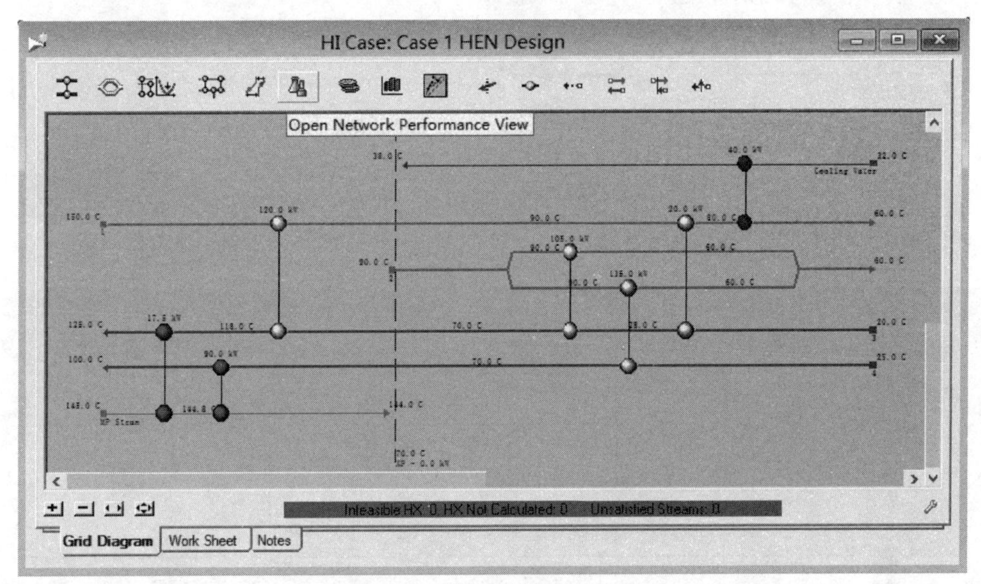

图 9-36　所有物流匹配完毕

点击工具栏图标可以查看网络效率（图 9-37），其中 Heating（加热）、Cooling（冷却）、Number of Units（换热单元数）均为目标值的 100%，说明该网络是理想的，换热效率较高，与图 9-10 的前 3 项目标数据完全一致。Number of Units 是在考虑夹点温度情况下的换热单元数，对应于图 9-10 中的 Minimum for MER 数据。

用户还可以在图 9-36 的区域按右键，找出其中的热负荷回路，如图 9-38。

下图黄色区域显示有热负荷回路，如图 9-39。

用户可以根据自己的经验，消除回路（比如让对应的两个换热器合并）。界面上还有许多其他工具，此处不再逐个介绍，可以自行尝试。

图 9-39 彩图

另外，软件还提供了自动设计换热网络的功能，可以通过如下方式实现。点击图 9-40 页面下端的“Convert to HI Project”（转换成热集成项目），再点击“OK”选项，将 Case 1 转化成热集成项目。

在弹出的窗口中，Design1 中是之前用户自己设计的换热网络性能，其中右下角的加热、冷却、换热单元数均为目标值的 100%，如图 9-41。

鼠标点击 Case 1，回到 Case 1 目录（图 9-42），点击下方的“Recommend Designs”（推荐设计）按钮，软件将自动给出推荐的网络设计，弹出图 9-43 窗口。默认的各物流 Max Split Branches（最大分支数）为 10，用户可以改为 2；也可以修改 Maximum Designs（最多设计方案），如改为 3，具体见图 9-43。

点击“Solve”（求解），得到 3 种推荐方案，如图 9-44，其中 Design1 是用户之前自己

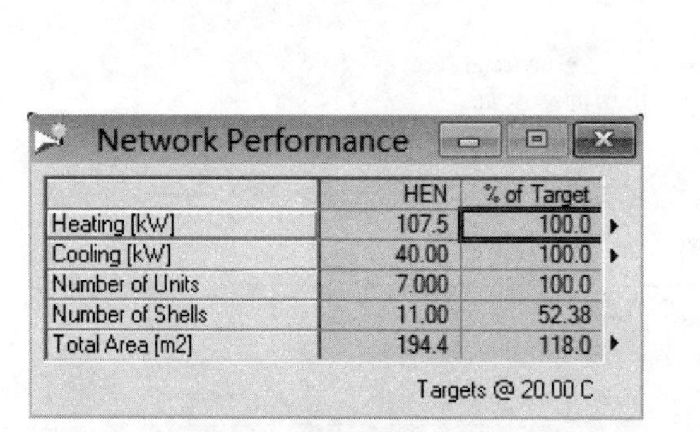

图 9-37 换热网络性能

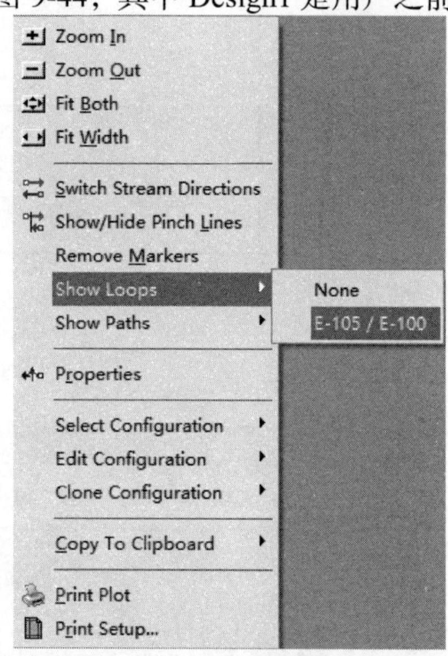

图 9-38 显示热负荷回路

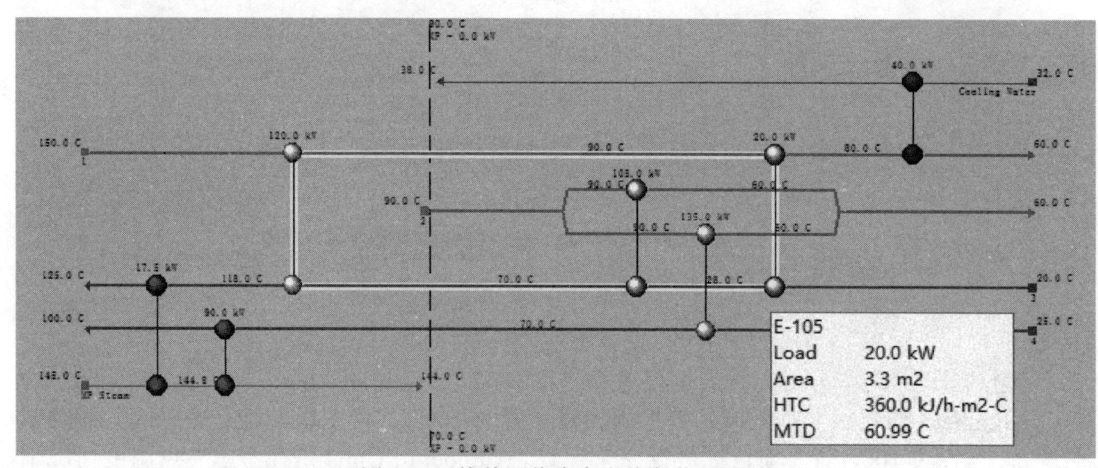

图 9-39 换热网络中存在热负荷回路

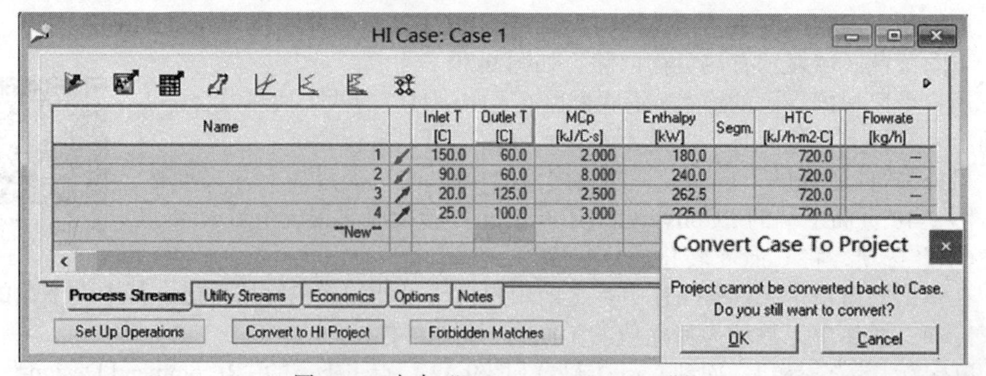

图 9-40 点击“Convert to HI Project”

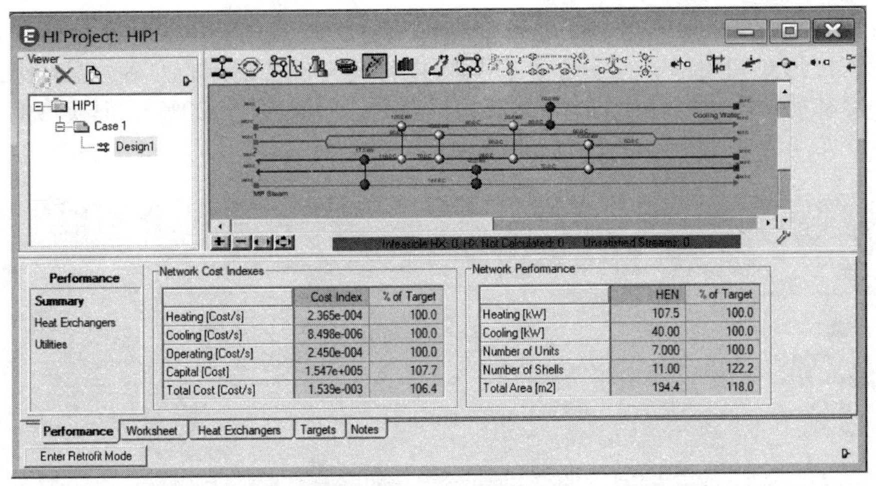

图 9-41　Design1 信息

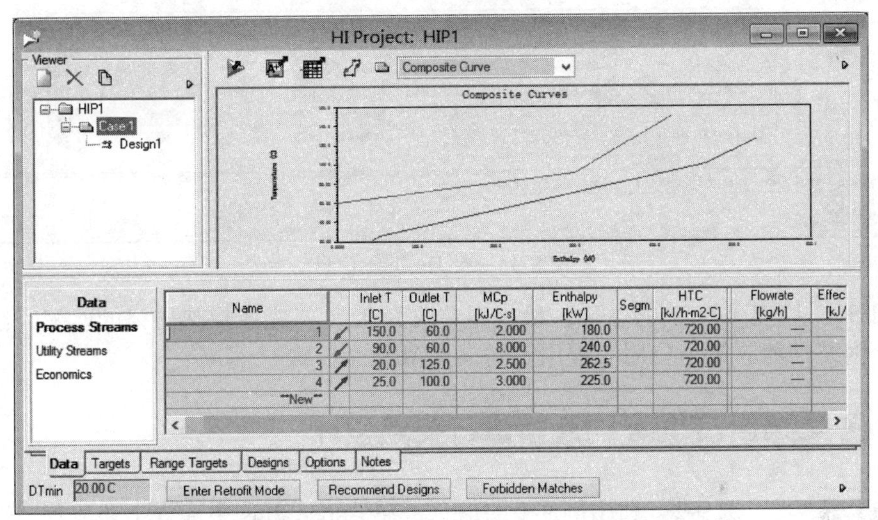

图 9-42　点击“Recommend Designs”自动生成换热网络

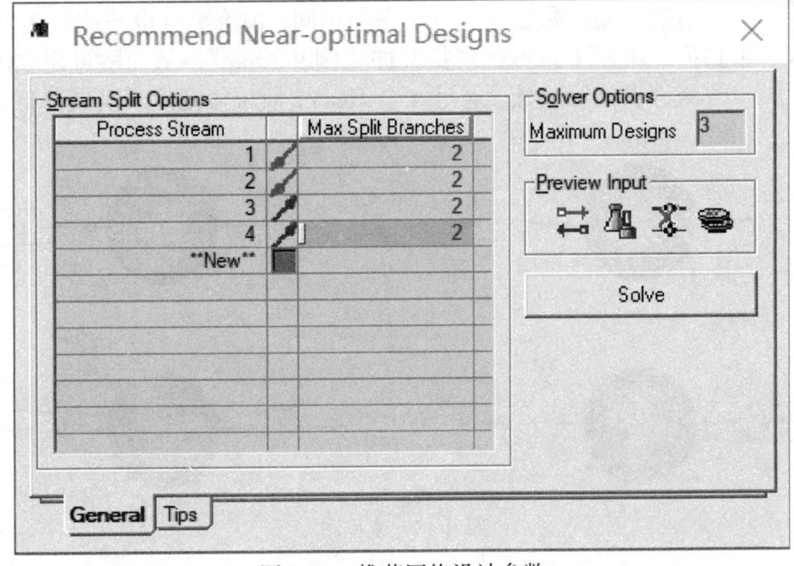

图 9-43　推荐网络设计参数

设计的方案，而 A_Design1/2/3 则是系统生成的匹配方案。点击其中一种方案如 A_Design1，界面显示匹配形式和效率（右下角）。用户可以将其与自己设计的方案数据对比，该方案的加热、冷却消耗比用户设计的高（也比目标值高，因此大于 100%），但换热单元数则比目标值少一个（因此小于 100%），如图 9-44。

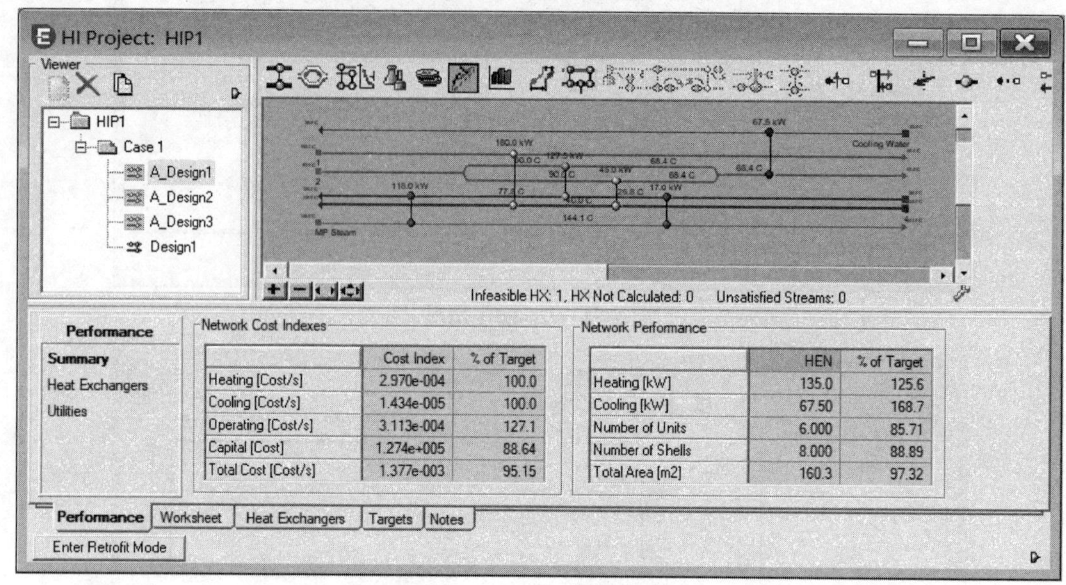

	Cost Index	% of Target
Heating [Cost/s]	2.970e-004	100.0
Cooling [Cost/s]	1.434e-005	100.0
Operating [Cost/s]	3.113e-004	127.1
Capital [Cost]	1.274e+005	88.64
Total Cost [Cost/s]	1.377e-003	95.15

	HEN	% of Target
Heating [kW]	135.0	125.6
Cooling [kW]	67.50	168.7
Number of Units	6.000	85.71
Number of Shells	8.000	88.89
Total Area [m2]	160.3	97.32

图 9-44　A_Design1 信息

练习 9-1　基于例 9-1 的条件，最小温差改为 15℃，完成换热网络的匹配，给出流股匹配图、网络性能、最小公用工程用量与夹点温度。

9.2 在 Aspen Plus 内直接进行夹点设计

例 9-2.bkp

例 9-2　利用例 9-1 的信息，在 Aspen Plus 中建立工艺流程，进行换热网络设计。

本题的物流数据与例 9-1 完全相同，物流编号也与该题逐个对应。读者可扫描二维码下载本题模拟文件“例 9-2.bkp”，从而跳过建立流程过程。

流程有四股物流，通过 4 个 Heater 模块使温度升高或降低，如图 9-45。

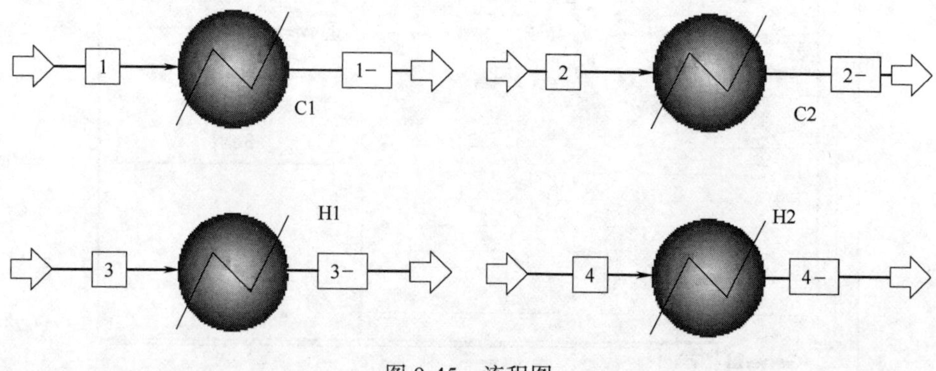

图 9-45　流程图

温度设置、实际放出热量与表 9-1 完全相同，即：物流 1 被冷却到 60℃，放出 180kW 热量；物流 2 被冷却到 60℃，放出 240kW 热量；物流 3 被加热到 125℃，吸收 262.5kW 热量；物流 4 被加热到 100℃，吸收 225kW 热量。

设置所用冷却水公用工程 CW 的进口条件为 32℃、3bar，出口条件为 38℃、2bar。

设置所用中压蒸汽公用工程 MS 的进口条件为 145℃、汽相分率为 1，出口条件为 144℃、汽相分率为 0。

将定义的冷、热公用工程分别添加到各换热器中，即：物流 1、2 被冷却，选择公用工程 CW；物流 3、4 被加热，选择公用工程 MS。

以物流 1 的冷却器 C1 为例，公用工程选择如图 9-46。

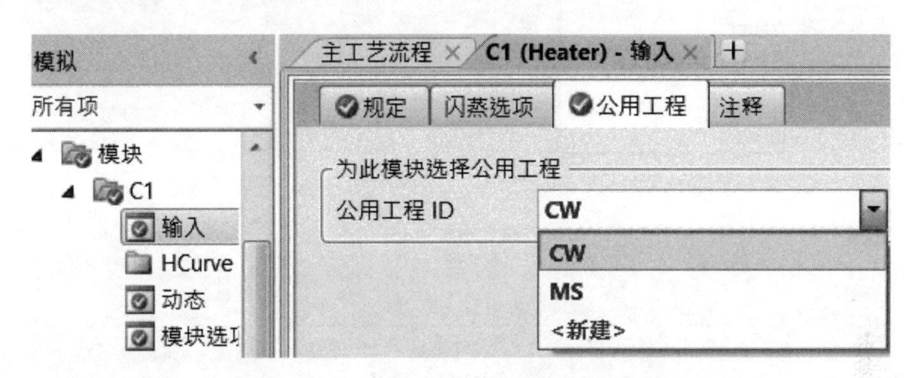

图 9-46　公用工程选择

在模拟环境下，点击仪表板中“能量”面板开关，对流程的能量利用效果进行分析，并点击右侧按钮，显示详细信息（图 9-47）。若仪表板未打开，可在顶部功能区“视图”选项卡下点击“激活仪表板”，打开仪表板。

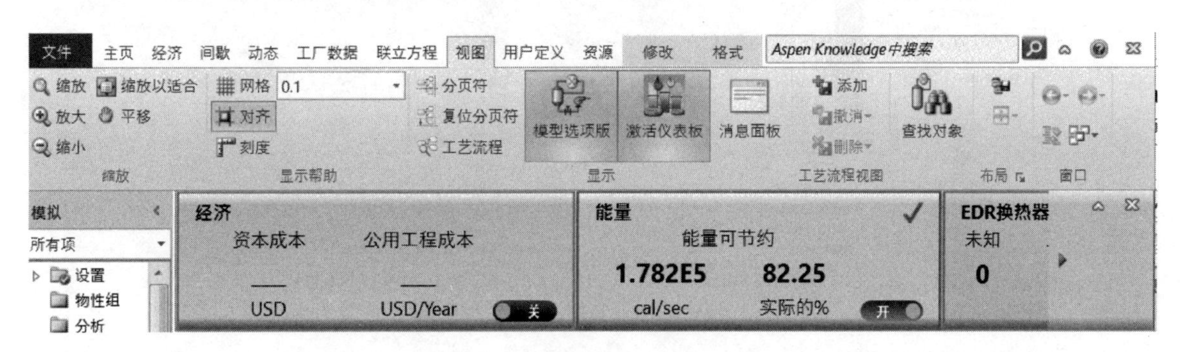

图 9-47　激活后的工具栏

关于“能量”仪表板上的数据，1.782E5（即 1.782×10^5）cal/s 是可以节约的能耗，这是满足夹点换热要求后的目标值，82.25%表示可以节约的能量比例。

鼠标点击“能量”仪表板，打开“能量分析”窗口（图 9-48），在“配置”页面，“流程类型”选项选择“石油化学”（也可根据工艺情况，选择其他相近的工艺类型，不同工艺对应的公用工程、最小温差等有所不同。若不考虑工艺，则不用执行该操作），并将“趋近温度”（最小温差）修改为 20K（即 20℃），如图 9-48。

点击图 9-48 中左下角的“分析节能”，将显示公用工程“节省摘要”，如图 9-49。

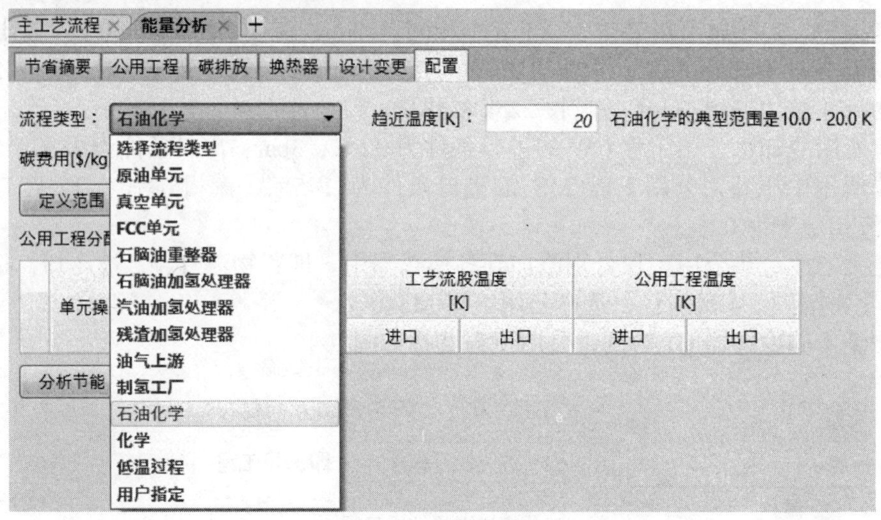

图 9-48　工艺选择

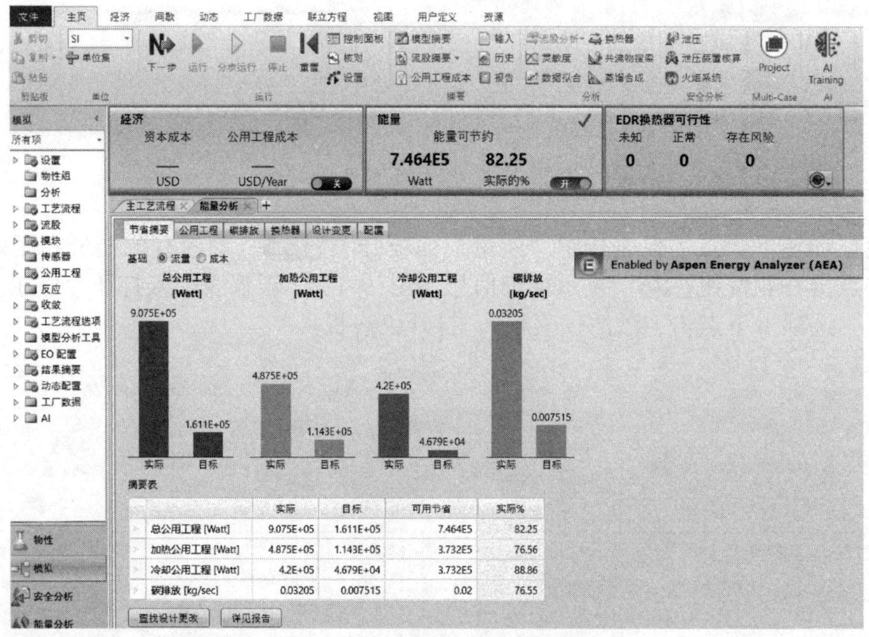

图 9-49　公用工程详细结果

若其中的能量单位不是 kW，可以从功能区的“主页”选项卡中选择 SI 单位。其中，加热公用工程消耗 4.875E+05W，即 487.5kW，它是总加热消耗；冷却公用工程消耗 4.2E+05W，即 420kW。它们都是在没有考虑工艺物流彼此之间互相换热情况下的公用工程消耗。

图 9-50　直接选择能量分析

也可以点击图 9-50 左下方的“能量分析”，得到图 9-51，并点击顶部功能区的刷新按钮，得到公用工程和换热器详细信息。

点击右上角的图标显示 AEA 中的详情，启动 AEA，如图 9-52。

其中给出了多个换热方案（Scenario），但这些方案并不代表

最佳换热网络。要在夹点软件里才能完成最佳换热网络匹配，读者可以参见例 9-1 的方法，通过人工方式设计最佳换热网络。

练习 9-2.bkp

练习 9-2　利用文件“练习 9-2.bkp”（可扫描二维码下载此文件）的流程，计算其节能潜力；并通过流程改造，实现节能，与计算软件的节能潜力对比。（提示：利用塔顶热量−108300cal/s 加热进料，通过引出虚拟物流实现。答案：6.75%）

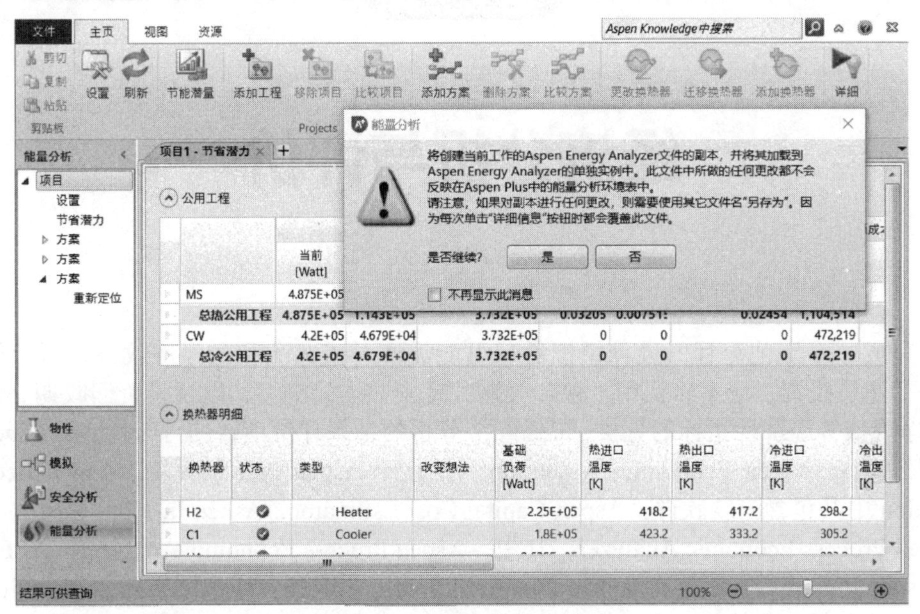

图 9-51　潜在设计计算

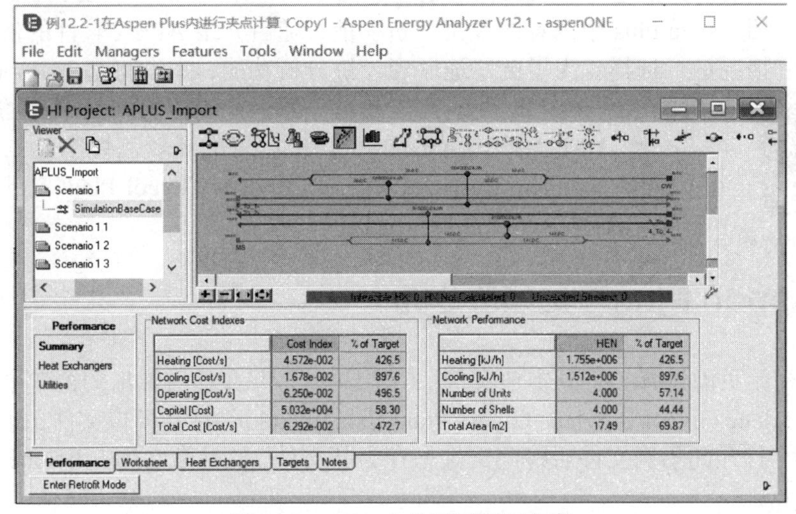

图 9-52　AEA 中的不同配置方案

第10章

经济分析与评价

在完成一个工艺流程的设计模拟后，可能需要对工艺流程的经济效益进行分析和评价，包括建设投资、成本、费用、税金等财务基础数据的测算，以及投资回收期、内部收益率、净现值等经济性指标的分析，根据经济分析的结果评价项目的可行性。在AspenONE V12.2版本中，Aspen Economic Evaluation为独立于Aspen Plus的模块。Aspen Economic Evaluation中共包含三款软件：Aspen Capital Cost Estimator、Aspen In-Plant Cost Estimator和Aspen Process Economic Analyzer。其中，Aspen Process Economic Analyzer（APEA）可以和Aspen Plus连接，能够将Aspen Plus中建立的工艺流程及模拟结果在Aspen Plus内直接进行经济分析，或者也可将工艺流程导入APEA软件进行分析。相比较而言，Aspen Plus内置的经济分析功能虽然基于APEA，但是功能的全面性不及独立的APEA软件。因此，本章将首先介绍Aspen Plus中内置的经济分析功能，随后介绍APEA软件的使用方法，用户可根据实际情况进行选择。为了更好地展现经济分析功能，本章将基于Aspen Plus中内置的示例文件，以环氧乙烷制乙二醇工艺流程为例，介绍经济分析功能。

例10-1 演示视频

例 10-1 基于Aspen Plus中内置的环氧乙烷制乙二醇示例文件（Bulk Chemical/Ethylene Glycol/Ethylene Glycol Plant Example.bkp），对工艺流程的经济性进行分析。

10.1 Aspen Plus中的经济分析

在软件初始页面选择“打开本地实例”（图10-1），并在随后弹出的窗口中选择“Bulk Chemical/Ethylene Glycol/Ethylene Glycol Plant Example.bkp”打开模拟文件，此工艺流程如图10-2所示。打开此示例文件后将此文件另存为新文件，此处命名为Ethylene Glycol Plant Example 1.apwz。

图10-1 打开示例文件

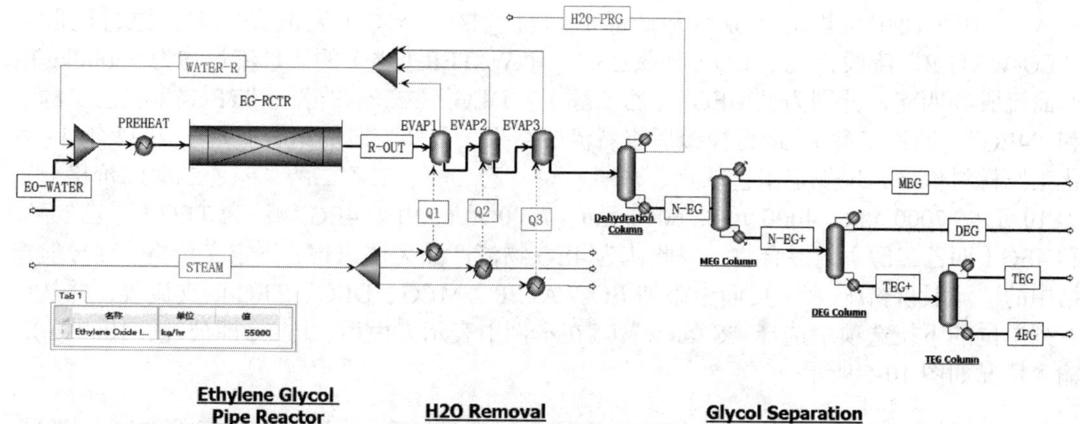

图 10-2　环氧乙烷制乙二醇工艺流程图

在模拟环境，在导航窗格中选择“设置/成本核算选项”。在图 10-3 中，模板是指经济分析所依据的地区和单位，默认的“US_IP”指美国、英制单位，可以点击右侧的“浏览”，在弹出的窗口选择“Templates/Chinese_Basis_Met_MMPipe/Chinese_Basis_Met_MMPipe.izt”，表示中国、公制单位。需特别注意，若使用此模板，软件中的默认货币符号“$”不再表示美元，而是表示人民币（CNY）。此外，对于经济分析的依据，不同国家的模板也有所区别。

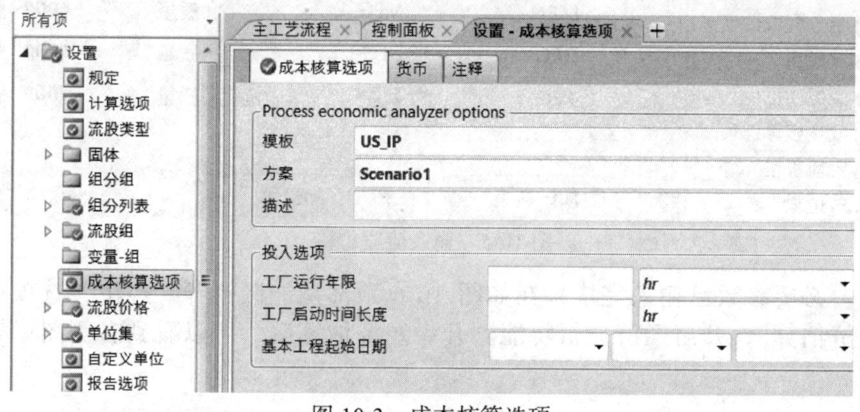

图 10-3　成本核算选项

下方的“方案”为本次经济分析的项目名称，同一个工艺模型可生成多个场景，用以对不同条件下的工艺流程进行经济分析。“投入选项”将用于财务基础数据的计算，如不输入软件将使用默认值（2019 年 1 月 1 日启动工程，启动时间 20 周，运行年限 10 年），本例不作修改。

在“货币”标签页（图 10-4），用户可设置经济分析结果所使用的货币。每个模板有其默认的货币（如本例的模板默认货币为人民币），若用户需使用其他货币，可在此设定货币”转换因子”，即 1$所对应的目标货币的数量（即汇率）。本例中无需再做货币定义。

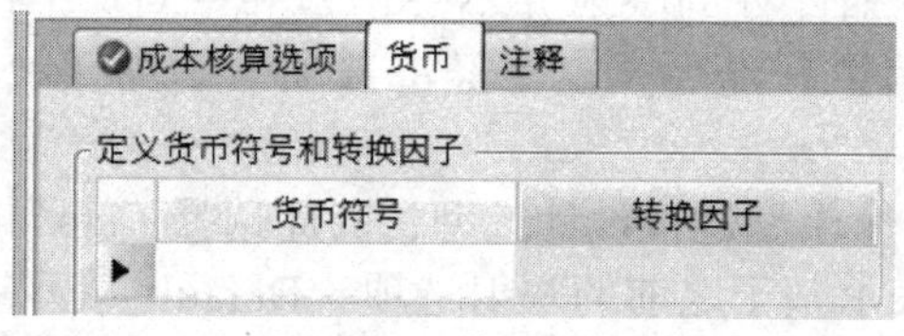

图 10-4　货币选项

原材料成本和产品售价是经济分析的重要依据。在导航窗格中打开“设置/流股价格/

输入”，在页面中可以输入原料和产品的物流价格。从本工艺流程可知，原料流股为“EO-WATER”流股，其中 EO（环氧乙烷）和 WATER（水）的质量流量均为 55000kg/h；产品流股共四支，分别为“MEG”（乙二醇）、“DEG”（二乙二醇）、“TEG”（三乙二醇）和“4EG”（四乙二醇）。运行模拟后查看流股结果，可知流股的组分。基于 2022 年 11 月化工原材料价格，现规定工艺软水、环氧乙烷、乙二醇、二乙二醇、三乙二醇的价格分别为 10 元/t、7000 元/t、4000 元/t、6000 元/t、7000 元/t。由于 4EG 物流为 TEG（三乙二醇）和 4EG（四乙二醇）的混合物，因此认为 4EG 物流产品无法出售，不定义价格。在导航窗格中的“流股价格/输入”页面中添加 EO-WATER、MEG、DEG、TEG 四支流股，并从最右列单位的下拉选项中选择“$/tonne”（$在本例中表示人民币；tonne 即公吨，1000kg），输入情况如图 10-5 所示。

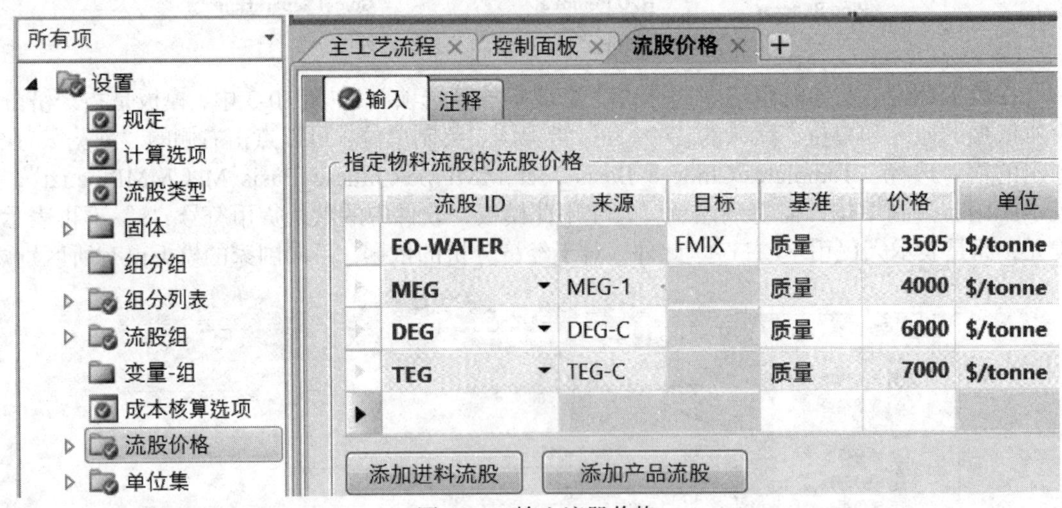

图 10-5　输入流股价格

至此，必要参数已输入完毕，在如图 10-6 顶部功能区打开“经济”选项卡，勾选“激活经济估算”，开启经济分析功能。开启经济估算后，可以看到右侧图标均变为可点击模式。

图 10-6　“经济”选项卡

下一步需将单元操作模型映射（map）到设备模型，以便于软件估算设备投资及运行成本。由后面的讲解可知此处的映射并不一定是一一对应。初始化并运行模拟，使软件获得工艺流程的结果信息。随后，点击经济选项卡中的“映射”图标，弹出图 10-7 窗口。

本例将对所有单元操作模型进行设计选型，因此选择 Map all unit operations。在 Basis 选项处，Last mapping 表示基于之前的映射选项，Default 表示基于默认选项，建议选择 Default 以减少未知错误。下方勾选 Size equipment（设备选型）和 Evaluate Cost（成本估算），Customize sizing 表示使用 XML 文件进行设备选型，本书不做要求。

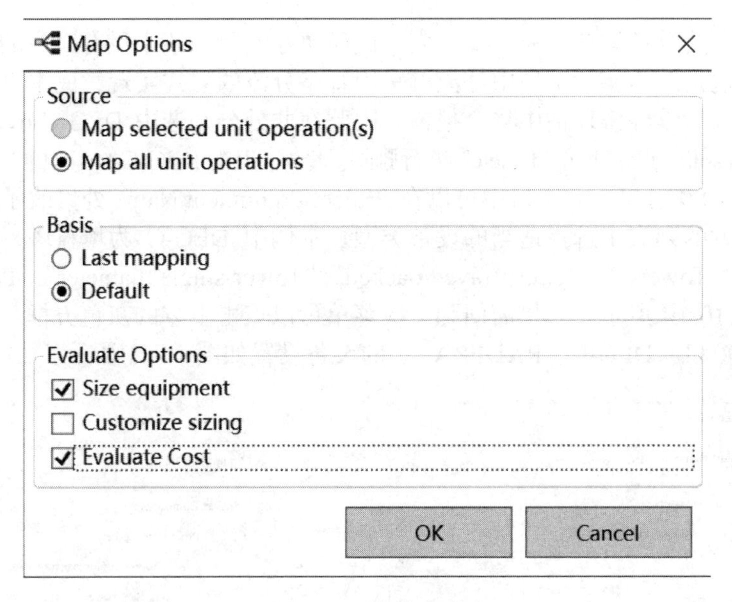

图 10-7　映射选项

点击“OK”，弹出图 10-8 窗口。本工艺流程中的所有单元操作模型均需在此窗口中选择相应的设备模型，并规定设备模型的组成部分。软件会根据模拟中的输入参数或计算结果自动生成所有设备模型的类型。以 DEG-C（RADFRAC）（二乙二醇精制塔）为例，可以在图 10-8 右下角看到此设备的布局图，此布局选项可以在左侧 Configuration 下的下拉列表中选择，默认为 Standard-Total（标准全回流），用户也可根据实际情况选择其他布局。在上方表单中可以看到 Equipment Tag（设备名）下共有七项，表示此精馏塔含七个子设备：DEG-C-con（冷凝器）、DEG-C-cond acc（塔顶储罐）、DEG-C-reflux pump（塔顶回流泵）、DEG-C-overhead split（塔顶分流器）、DEG-C-bottoms split（塔釜分流器）、DEG-C-reb（再沸器）、DEG-C-tower（塔体）。第二列和第三列分别为设备类型（Equipment Type）和设备类型描述（Description）。注意子设备数量和类型与 Configuration 的选择有关。如果需修改此设备类型，可以点击 Equipment Type 列的相应行。

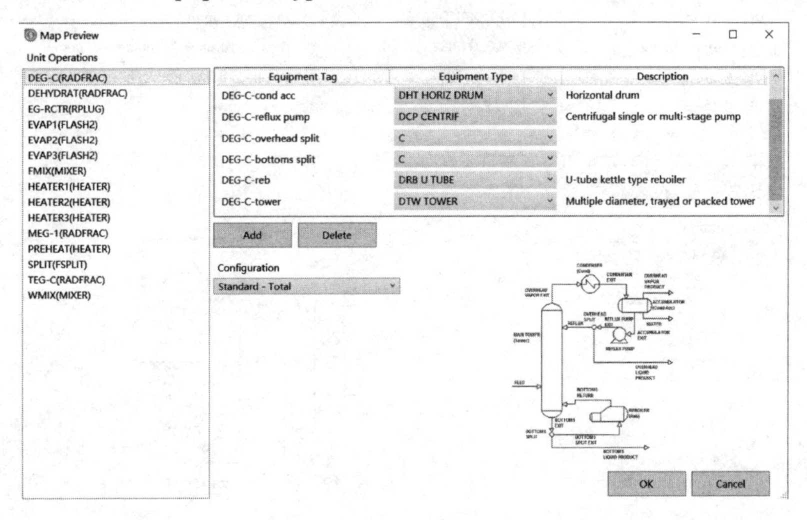

图 10-8　设备映射预览

可以注意到，子设备中的 DEG-C-overhead split（塔顶分流器）和 DEG-C-bottoms split

（塔釜分流器）的设备类型均为“C”，表示此模块在实际工艺中没有对应的设备模型，设备成本为零，这是因为实际工厂中分流可采用管路分流的方式实现，成本可忽略不计。若保留此子设备，后续经济评估中将会报错，因此在此处分别选中 DEG-C-overhead split 和 DEG-C-bottoms split，点击下方“Delete”进行删除。此外，点击 DEG-C-tower 的“DTW TOWER”字样，弹出图 10-9 窗口。此窗口中可以在 Project Equipment Name 处修改子设备名称，也可通过双击下方的列表中选择适当的设备类型。本例中 DEG-C 为填料塔，因此在下方列表中依次双击“Towers，columns-trayed/packed”“Tower-single diameter”“Packed tower”，最终界面如图 10-10 所示，如果需回到上级菜单可以点击上方的灰色方框。点击“OK”，回到映射预览窗口，DEG-C（RADFRAC）的设备设置如图 10-11 所示。

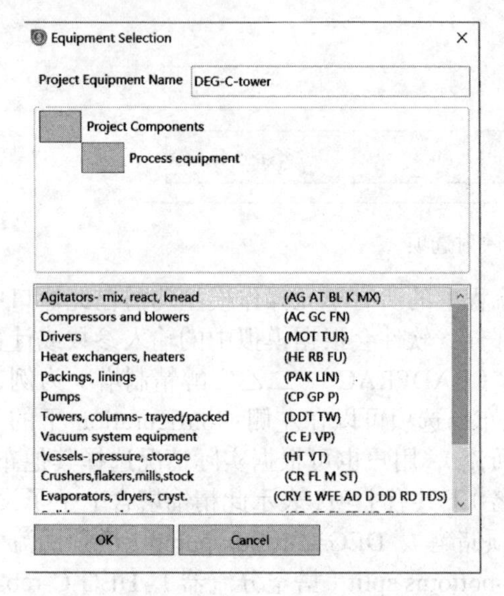

图 10-9　修改子设备类型

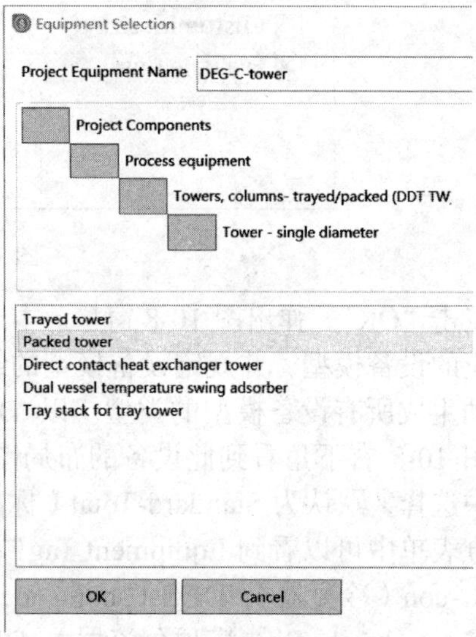

图 10-10　选择适当的塔体类型

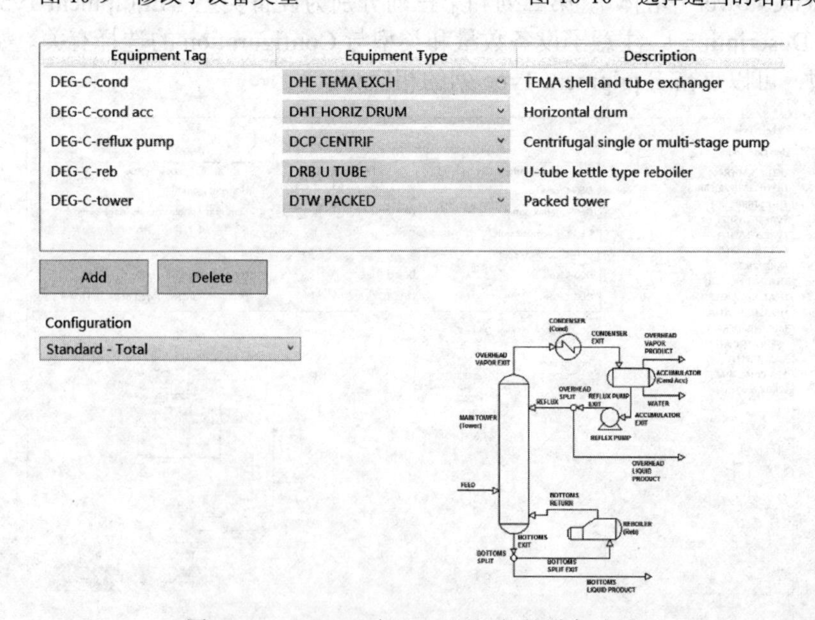

图 10-11　DEG-C（RADFRAC）的设备选型

图 10-8 中的其他设备也可按需修改布局或子设备类型。本例中的所有分流器和混合器

均可通过管件实现，不对应具体设备，因此为了避免后续出现错误信息，需删除本例中的所有混合器及分流器。除了 DEG-C 外，DEHYDRAT、MEG-1、TEG-C 三个塔中的塔顶、塔釜分流器，以及 WMIX、FMIX、FSPLIT 亦需删除。

点击“OK”，等待软件计算完毕后，可以看到经济选项卡中的“映射”、“尺寸估算”及“评估”前出现 ，表示评估任务已完成，下方绿色的经济仪表板中也出现了资本和公用工程的经济估算结果，如图 10-12 所示。点击仪表板中的数字，会弹出“结果摘要/设备”标签页，显示本工艺的各项详细计算结果，如图 10-13，也可点击其他标签以查看相关信息，如 Utilities（公用工程）、Unit operation（单元操作模型）、Equipment（设备）等。此时，由于之前在成本核算选项中选择了中国所对应的经济分析模板，因此此处的货币符号已自动更新为 CNY（元）。

图 10-12 完成设备映射

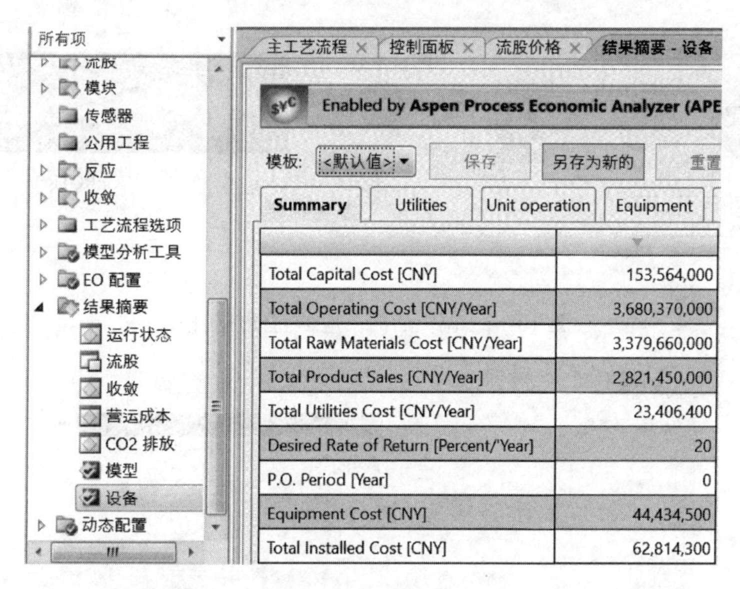

图 10-13 经济计算结果

可以注意到仪表板中出现 标志，表示经济评估过程中存在警告。点击此图标，进入“Equipment”页面，其中 EG-RCTR 和 PREHEAT 两个设备有错误信息。EG-RCTR 的错误信息如下：

ERROR> 'TW - 26' HEIGHT>400FT(120M) - REDUCE HEIGHT OR PACK HT(S)

ERROR> 'TW - 26' INPUT DATA IS OUT OF RANGE. RECHECK INPUT.

这是因为模拟中所使用的平推流反应器使用的是填料塔模型，但反应器长度（高度）为 196m，超过了填料塔所允许的最高高度。实际工业装置对于这样的反应器可采用多塔串联的形式将此反应器分为独立的多个设备，同时在设备之间安装增压泵，但在此模拟中此模块被简化为单个反应器。为了消除此错误，可以根据停留时间（即反应器体积）不变的原则，将原反应器模块 EG-RCTR 的长度 196m 和内径 0.6096m 更改为 50m 和 1.1977m（读者也可根据实际情况选择其他尺寸），使得最终模拟结果维持不变。

PREHEAT 模块的错误信息如下：

Temperature difference is insufficient to perform the heat transfer.

ERROR> 'HE - 28' QUESTION MARK FOUND IN NUMERIC DATA

ERROR> 'HE - 28' INCORRECT TEMA TYPE SYMBOL

ERROR> 'HE - 28' EITHER SURFACE AREA OR NUMBER OF TUBES MUST BE SPECIFIED

从工艺流程可以看出，汽-液两相组成的原料经 PREHEAT 模块后失去热量同时温度升高，意味着 PREHEAT 模块是一个简化的换热器模块，现实中难以通过单一换热器实现，因此 Aspen Plus 软件对此模块的设备选型及估算也会出现错误。为了解决这一问题，可以在不改变反应器进料条件、不考虑最优能耗的情况下对原工艺流程进行简单修改，具体方法是在 PREHEAT 和 EG-RCTR 之间增加一个泵 PUMP1 和一个换热器 PREHEAT2（图 10-14），使原料（144℃、4MPa、摩尔汽相分率 0.846）经 PREHEAT 冷却为同压下的饱和液体（4MPa、摩尔汽相分率为 0），再经 PUMP1 恒温升压至 35bar，最后经 PREHEAT2 恒压升温至 35bar、170℃。修改后的 PREHEAT、PUMP1 和 PREHEAT2 的输入参数如图 10-15、图 10-16、图 10-17 所示。

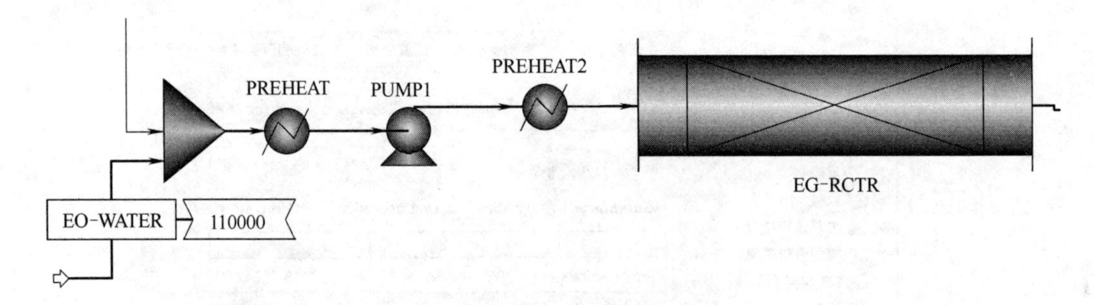

图 10-14 调整后的反应器前预热工段

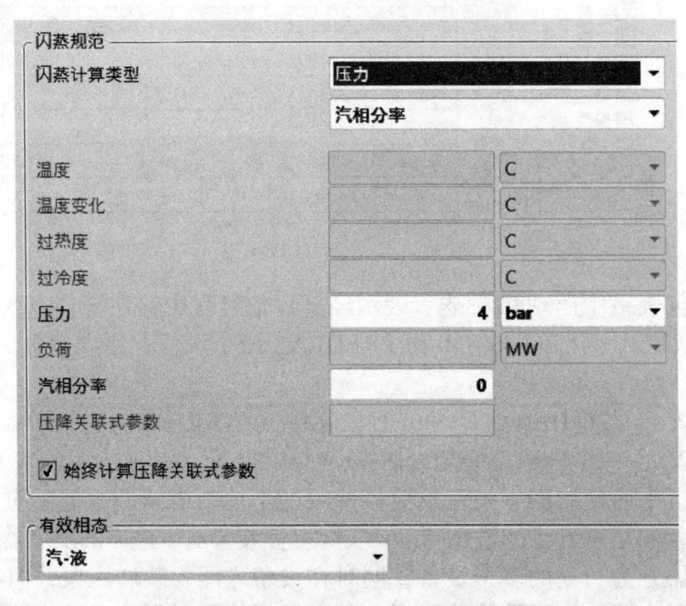

图 10-15 调整后的 PREHEAT 模块输入

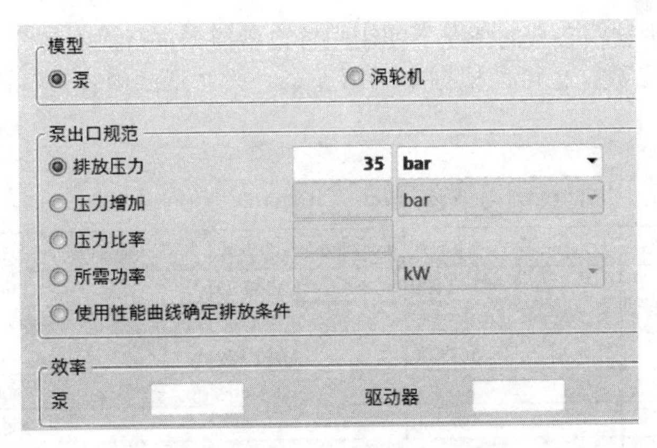

图 10-16　调整后的 PUMP1 模块输入

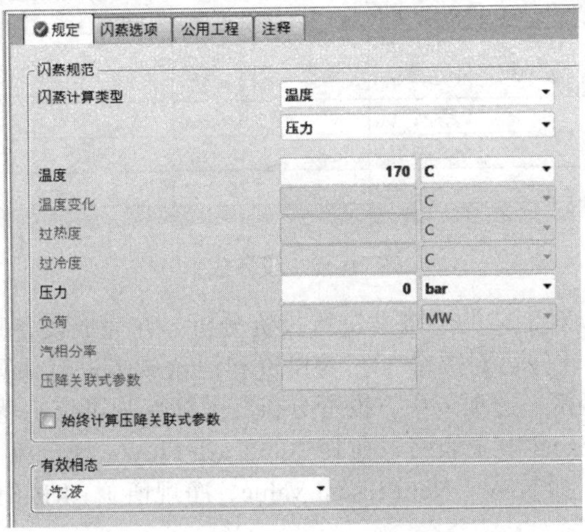

图 10-17　调整后的 PREHEAT2 模块输入

为了展示公用工程的经济估算结果，在本模拟中添加冷却水和中压蒸汽两个公用工程，分别用于 PREHEAT 和 PREHEAT2 两个换热器的换热。根据国内实际情况和本工艺特点，将冷却水的进、出口温度修改为 32℃、40℃，价格为 1 元/t（$/tonne）；中压蒸汽的进、出口温度修改为 190℃、189℃，价格为 240 元/t（$/tonne）。公用工程的详细定义方法见第 7 章，本处从略。

设置完成后，在经济选项卡下，点击 删除方案 以初始化经济估算（经济估算前若未删除已有方案可能会导致意外错误）。随后重新勾选“激活经济核算”，初始化流程并运行模拟获得流程参数。随后点击映射图标，弹出 Map Options 窗口，重复上文所述步骤删除设备模型中的混合器和分流器。计算结束后，可以看到仪表板中标志消失，出现，表明之前出现的错误信息均已消除（如果未出现经济分析结果，可点击顶部功能区“经济”选项卡中的“估算”按钮）。

在经济分析的“结果摘要”页中，点击“Equipment”，可以看到每个设备的基本信息（图 10-18）。在 TEMA HEX、Vertical vessel、Horizontal drum 等标签页面，能查看每个类型设备的详细设计信息。以填料塔为例，点击“Packed SD tower”标签，看到 DEG-C-tower 和 EG-RCTR 两个设备的详细设计信息，如直径（Vessel diameter），总高（Vessel tangent to tangent height）等信息。对于某些参数，如壳体材料（Shell material）、裙座高度（Skirt height）

等，软件可以在缺少这些参数的情况下使用内置设备模型进行成本估算。若用户有精馏塔、换热器的详细设计参数，也可以根据本书第 5 章、第 7 章的内容进行详细设计后，重新估算设备成本。

Summary | Utilities | Unit operation | **Equipment** | TEMA HEX | Vertical vessel | Horizontal drum | U-tube reboiler

名称	Equipment Cost [CNY]	Installed Cost [CNY]	Equipment Weight [KG]	Installed Weight [KG]
HEATER3	4,242,600	5,433,800	63300	81412
HEATER2	6,466,700	8,391,100	96000	128545
EVAP2-flash vessel	361,500	1,091,100	13500	25809
MEG-1-cond	348,300	888,400	4500	11659
MEG-1-cond acc	157,700	876,400	3000	9829
MEG-1-reb	3,973,600	4,409,100	44600	51416
MEG-1-reflux pump	45,100	211,700	460	4482
MEG-1-tower	8,274,100	11,642,600	104500	158523
DEG-C-cond	115,300	448,600	850	5120
DEG-C-cond acc	81,500	459,200	1100	5742
DEG-C-reb	2,626,700	2,935,300	26400	31807
DEG-C-reflux pump	20,900	161,900	160	3770
DEG-C-tower	2,202,900	2,756,200	14800	27295
HEATER1	5,616,100	7,016,400	84000	107696

图 10-18　设备成本

Aspen Plus 还可以对工艺的经济性进行投资分析。在完成设备映射后，点击“经济”选项卡中的“估算”，软件可对整个工艺的投资和运营成本进行估算。估算完毕后，可以看到顶部功能区的“经济”选项卡中“投资分析”图标变为可点击状态。点击“投资分析”图标，将会生成一个 Excel 电子表格，在其中的 Cash Flow（现金流）工作表中，有众多财务指标的计算结果，包括 NPV（Net Present Value，净现值）、IRR（Internal Rate of Return，内部收益率）等。

通过本例的模拟可以注意到，虽然 Aspen Plus 中的经济分析功能全面、易于使用，且对设备重量和安装重量的估算基本准确，但是对资金成本、设备成本、安装成本的估算都和国内实际情况有较大差别。此外，读者会注意到，在经济估算的过程，用户可以手动修改的参数较少，因此导致计算结果与实际情况相差较大时，用户可手动调整的余地小。这也是 Aspen Plus 内置经济分析的不足之处。有鉴于此，下一节将会介绍功能更为强大的 APEA 软件的使用方法。

10.2 APEA 软件的经济分析

Aspen Plus 可以将工艺流程直接导入 APEA。当 Aspen Plus 中未勾选“激活经济估算”且模拟已正常运行完毕后，可在经济选项卡点击“发送到 APEA”图标将工艺流程直接发送至 APEA 软件。仍以上节修改后的环氧乙烷制乙二醇工艺为例，若已按照上节的步骤完成经济估算，可以看到在功能区的经济选项卡下，“发送到 APEA”图标为不可选状态。此时只需点击经济选项卡中的按钮 删除方案，“发送到 APEA”图标即又变为可点击状态。点击此按钮将会打开 APEA 软件。

APEA 软件的初始界面如图 10-19。首先需建立本次经济分析任务，确定 Project Name（任务名）和 Scenario Name（场景名）。注意一个 Project 下可对应多个 Scenario，表示对

同一个工艺流程可以依据不同的计算基础或标准，获得多个经济分析结果。后续若想打开此经济分析文件，可在窗口顶部菜单栏选择 Files/Open 打开图 10-19 窗口，并选择相应的 Scenario 继续进行设置。本处 Project Name 和 Scenario Name 均使用默认名称，不作修改，点击“OK”以建立一个经济分析项目。

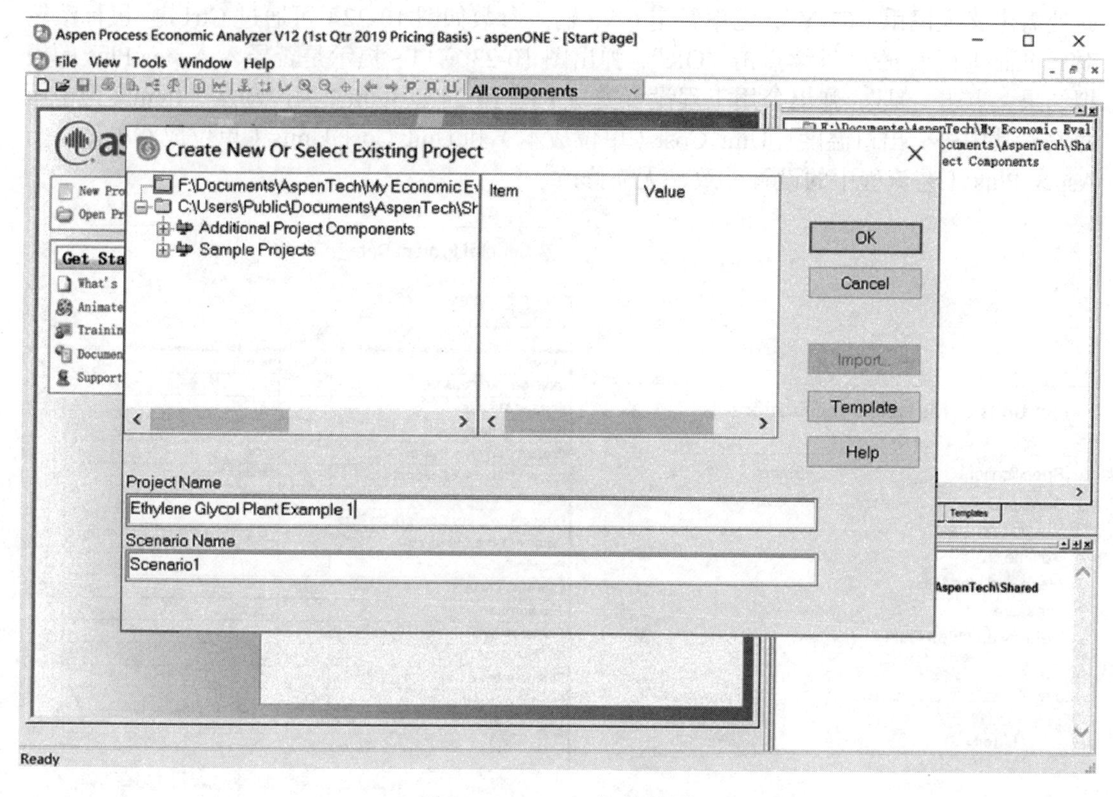

图 10-19　APEA 初始界面

随后弹出图 10-20 窗口。左侧 Project Description（项目描述）和 Remarks（备注）均可根据需要选填，本例中不作输入。右侧需选择单位，IP 表示 Inch-Pound 英制单位，Metric 表示公制单位，本例选择 Metric。

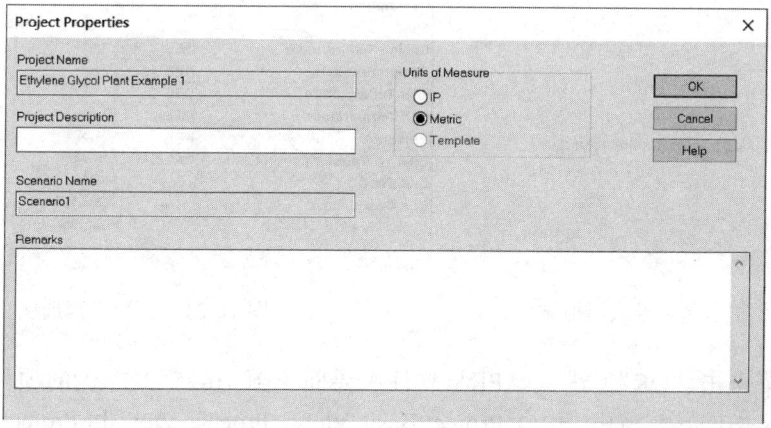

Project Properties
Project Name
Ethylene Glycol Plant Example 1
Project Description
Scenario Name
Scenario1
Remarks
Units of Measure
IP
Metric
Template
OK
Cancel
Help

图 10-20　项目属性

图 10-20 窗口点击“OK”后，会依次弹出四个窗口，用以设置本经济分析任务的初始参数。首先弹出图 10-21 窗口，用于设置各种单位，用户可选中其中一项，点击“Modify”进行修改。点击“Close”关闭此窗口，打开通用选项窗口（图 10-22），此窗口等价于图 10-3 和图 10-4，但和上节不同的是，APEA 软件中并没有内置人民币作为货币单位，因此此处需定义人民币（CNY），汇率暂定 6.5，输入参数如图 10-22（可通过 Ctrl 键+鼠标滚轮对此页面进行缩放）。继续点击“OK”，弹出图 10-23 窗口，提示是否导入 Aspen Plus 的模拟结果。点击“是”，弹出公用工程设置窗口（图 10-24），Item 1 为冷却水，Item 2 为中压蒸汽。其中进、出口温度、Unit Cost（单位成本）和 Unit Cost Units（单位成本单位）与 Aspen Plus 工艺流程中的设置一致，无需修改。

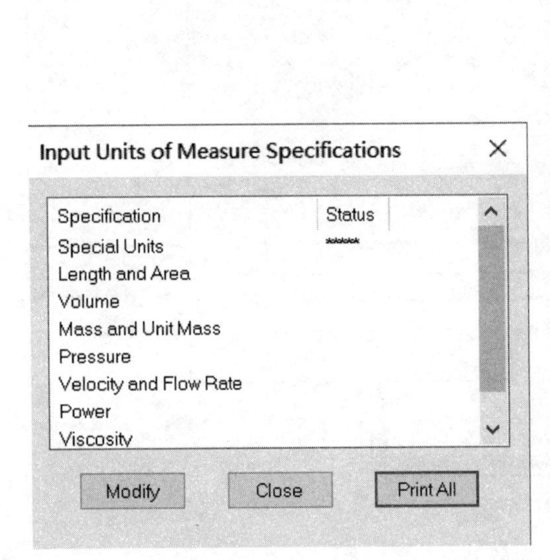

图 10-21 单位设置

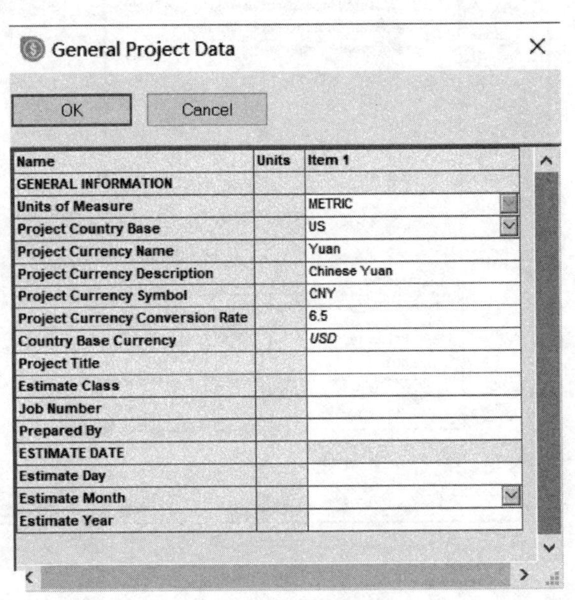

图 10-22 通用选项

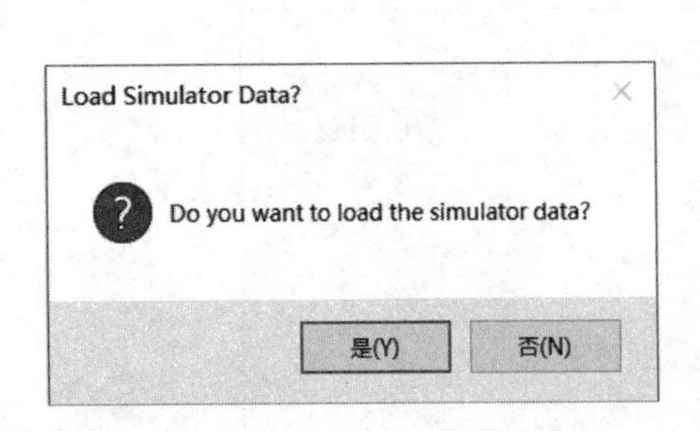

图 10-23 提示是否导入模拟结果

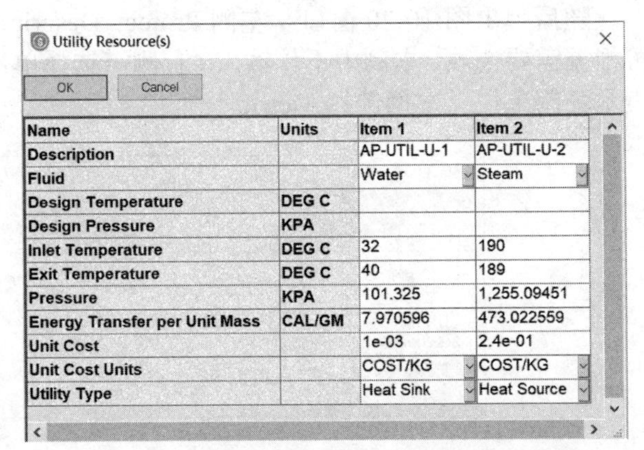

图 10-24 公用工程选项

设置完毕点击“OK”，进入 APEA 软件主界面（图 10-25）。左侧的项目管理器类似于 Aspen Plus 中的导航窗格，包含 Project Basis View、Process View 和 Project View 三个界面，可通过底部标签栏在界面中切换。Project Basis View 用于设置全局参数；Process View

中包含了本工艺流程中的所有单元操作模块，双击任一设备可查看其模块条件（图 10-26）；Project View 包含了模块中所有设备的信息（设备信息将在完成设备映射之后出现）。

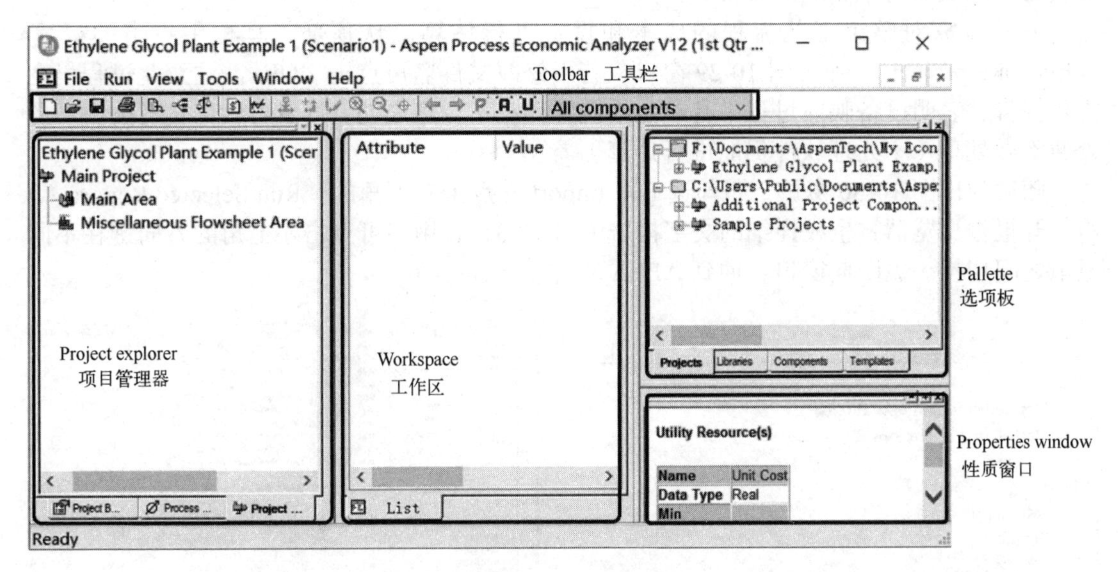

图 10-25　APEA 主界面

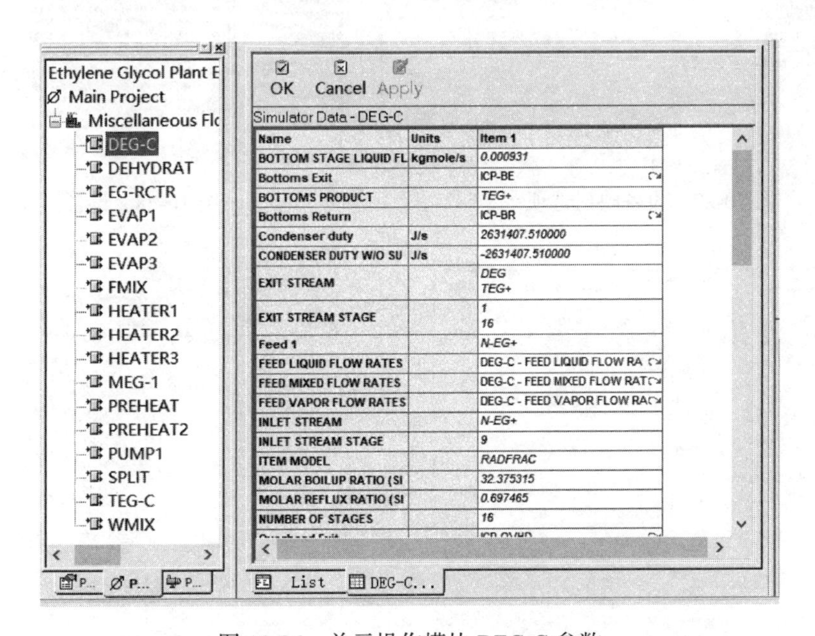

图 10-26　单元操作模块 DEG-C 参数

进行经济分析的流程和上节相似，首先进行单元操作模块的设备映射。在上方工具栏中，点击 （Map Simulator Items）进行设备映射，弹出窗口图 10-27，此窗口与图 10-7 中窗口基本相同，唯一不同在于图 10-7 中的 Evaluate Cost 换为了图 10-27 的 Map streams to lines（将物流映射为管线）。若勾选 Map streams to lines，则软件会对相应物流的配管进行设计选型（详见帮助文件）。本处使用默认选项，仅勾选“Size equipment”，随后弹出和图 10-8 相同的窗口，这是因为 Aspen Plus 内置的经济分析功能亦调用了 APEA 软件。

本处的操作同上节，还需删除分流器和混合器，此处不再赘述。完成设备映射后，从左侧项目管理器中进入“Project View”页面（图 10-28）。可以看到，工艺流程图中的单元操作模块已全部映射为了相应的设备。

下一步需对整个工艺流程的成本和投资进行估算。从顶部工具栏中点击图标（Evaluate project），弹出图 10-29 窗口，若不修改文件名可点击“OK”。注意此过程仍会提示警告，表明设备映射过程中有参数或设置存在不合理之处，读者可尝试自行解决，此处暂不做处理（不处理软件仍能进行计算）。

随后弹出图 10-30 窗口，若勾选 Full Import 并点击右下角的“Run Selected Reports”，将打开报告浏览器，生成详细的文字报告（图 10-31），用户可点击左上角的方向键在不同章节之间切换。关闭此窗口，回到 APEA 软件主界面。

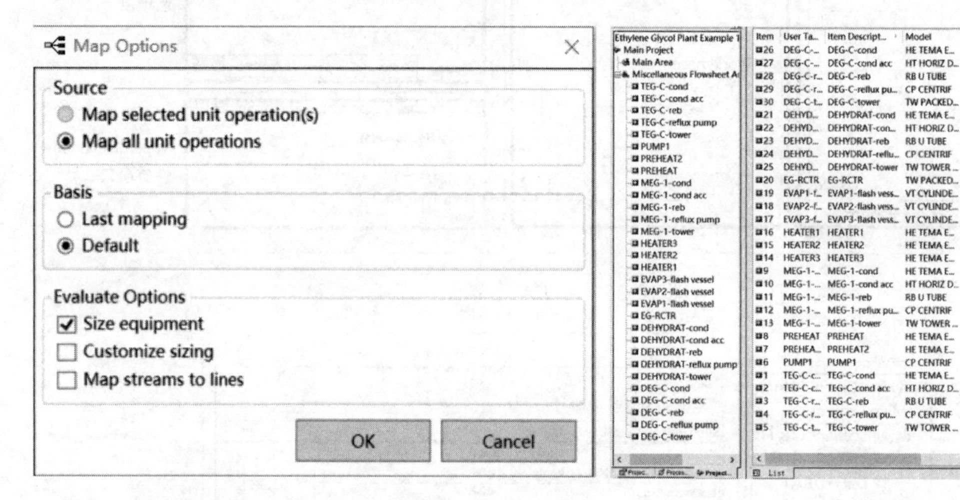

图 10-27　设备映射选项

图 10-28　设备列表

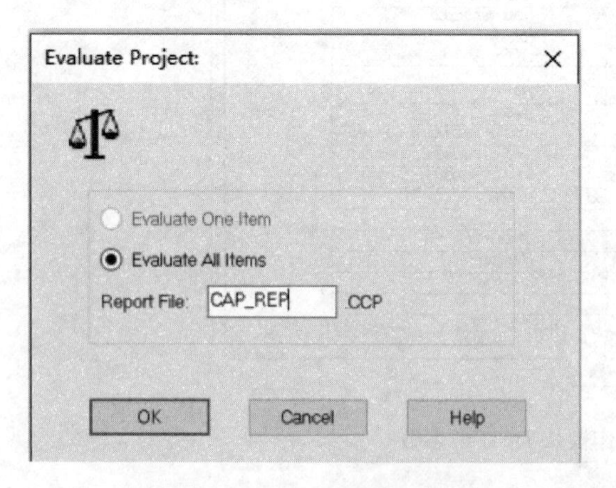

图 10-29　评估项目

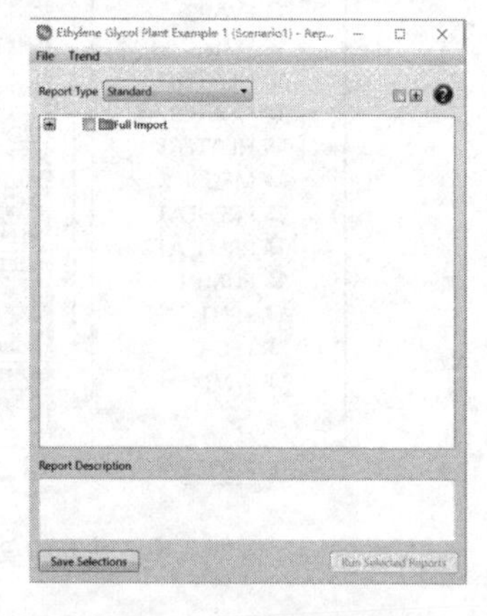

图 10-30　生成报告选项

从工作区底部可以看到，此时工作区中新增了 Results 标签页，其中包含了 Project Summary、Cashflow、Executive Summary 和 Equipment 四个工作表，展示了整个工艺流程各项成本、财务指标的计算结果，用户可在相应的工作表内查询所需的财务数据或指标，其中的“Executive Summary”页面如图 10-32 所示。

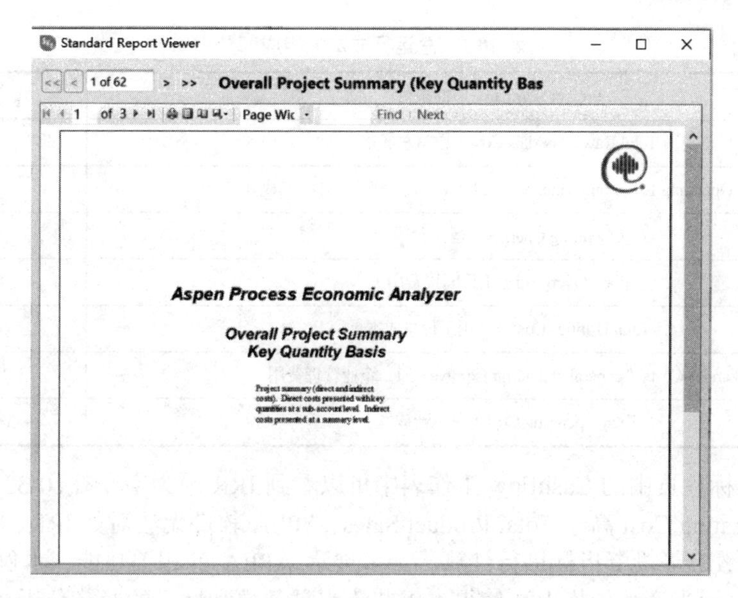

图 10-31　报告浏览器

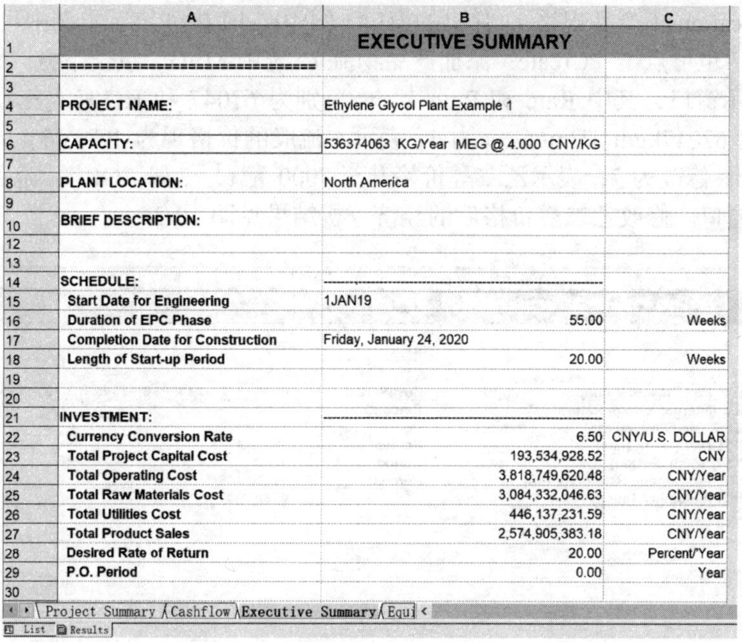

	A	B	C
1	EXECUTIVE SUMMARY		
2	================================		
3			
4	PROJECT NAME:	Ethylene Glycol Plant Example 1	
5			
6	CAPACITY:	536374063 KG/Year MEG @ 4.000 CNY/KG	
7			
8	PLANT LOCATION:	North America	
9			
10	BRIEF DESCRIPTION:		
12			
13			
14	SCHEDULE:	--	
15	Start Date for Engineering	1JAN19	
16	Duration of EPC Phase	55.00	Weeks
17	Completion Date for Construction	Friday, January 24, 2020	
18	Length of Start-up Period	20.00	Weeks
19			
20			
21	INVESTMENT:	--	
22	Currency Conversion Rate	6.50	CNY/U.S. DOLLAR
23	Total Project Capital Cost	193,534,928.52	CNY
24	Total Operating Cost	3,818,749,620.48	CNY/Year
25	Total Raw Materials Cost	3,084,332,046.63	CNY/Year
26	Total Utilities Cost	446,137,231.59	CNY/Year
27	Total Product Sales	2,574,905,383.18	CNY/Year
28	Desired Rate of Return	20.00	Percent/Year
29	P.O. Period	0.00	Year
30			

Project Summary / Cashflow / Executive Summary / Equi
List　Results

图 10-32　经济分析结果

对比图 10-32 和图 10-13 中所示结果，可以看到结果总体相近，其中数值上的差距可能来源于两种软件内某些默认参数的差异（如汇率、年运行时间等）。在图 10-32 中所示结果可以看到 Total Operating Cost（总运行成本，3818749620.48CNY/a）大于 Total Product Sales（产品销售总额，2574905383.18CNY/a），表示根据现有工艺流程及原材料、产品价格，此工艺无法盈利。如希望实现盈利，需要降低 Total Operating Cost 或提高 Total Product Sales。对于 Total Operating Cost，在图 10-32 页面底部，点击 Results 标签页的“Project Summary”标签，从页面中的第 150 行至 164 行，可以得到表 10-1 数值（表格中的 cost/period 即 CNY/a）。由表格可以看出，原料总成本高是总运行成本过高的主要原因。

表 10-1　总运行成本的组成部分

Project Summary 中的条目	金额/（CNY/a）
Total Raw Materials Cost（原料总成本）	3084332046.63
Total Operating Labor and Maintenance Cost（总运营人工和维护成本）	3480000.00
Operating Charges（运营费用）	190000.00
Plant Overhead（工厂间接费用）	1740000.00
Total Utilities Cost（公用工程总成本）	446137231.59
G and A Cost （general and administrative cost，企业管理费用）	282870342.26
Total Operating Cost（总运营成本）	3818749620.48

在 Results 标签页中的 Cashflow 工作表中可以看到 IRR 项为空（图 10-33）。这是由于本例中 Total Operating Cost 高于 Total Product Sales，APEA 软件无法对如 IRR、PI（Profitability Index，盈利指数）等投资指标进行计算。为了展示 APEA 的相关功能，本例手动提高产品的销售价格，展示当产品价格上涨使得本工艺流程具备盈利性后的经济分析结果。修改方法是在窗口左侧项目管理器中进入 Project Basis View 界面，双击 Investment Analysis 中的 Product Specifications（产品规格），弹出的窗口（图 10-34）中列出了本例中可供出售的产品流股（在本窗口也可点击“Create”添加产品物流）。选中 MEG，点击下方“Modify”，弹出如图 10-35 所示窗口，其中 Rate 和 Rate Units 分别为 67047 和 KG/H，表示本流程中流股 MEG 的流量为 67047kg/h。Unit Cost 为 4，表示本流股的价格现为 4CNY/kg（即 4000 元/t），在此将 Unit Cost 修改为 7，表示乙二醇价格升至 7000 元/t，点击“OK”，随后点击“Close”关闭图 10-34 窗口。修改乙二醇价格后的经济分析结果见图 10-36。

	A	B	C	D	E	F	G
1	CASHFLOW.ICS (Cashflow)	Year	0.00	1.00	2.00	3.00	
113							
114							
115							
116	NPV (Net Present Value)	Cost/Period	0.00	-148,898	-1,729,3	-2,449,9	-3,04
117	IRR (Internal Rate of Return)	Percent	0.00				
118	MIRR (Modified Internal Rate of Return)	Percent	15.80				
119	NRR (Net Return Rate)	Percent	-32.39				
120	PO (Payout Period)	Period	0.00				
121	ARR (Accounting Rate of Return)	Percent	-1,020.9				
122	PI (Profitability Index)		0.68				
123							
124							
125							
126							
127							
128							
129							
130							
131		*** ANALYSIS ***					
132							
133	ITEM	TRAIT EXAMINED					
134	Net Present Value	Sign	0	(-)	(-)	(-)	(-)
135	Modified Internal Rate of Return	Sign	+++				
136	Net Return Rate	Sign	(-)				
137	Accounting Rate of Return	Sign	(-)				

Project Summary　Cashflow　Executive Summar

图 10-33　现金流评价结果

随后顶部工具栏中点击 Evaluate project 图标，以新的乙二醇产品售价再次进行项目经济评估。计算完成后，可以看到更新后的计算结果中，Total Operating Cost 总运营成本（约 38.18 亿元/年）低于 Total Product Sales 产品销售总额（约 41.84 亿元/年），工艺实现盈利。切换到 Cashflow 工作表，可以看到第 116 行 NPV 在第八年由负转正（图 10-37），

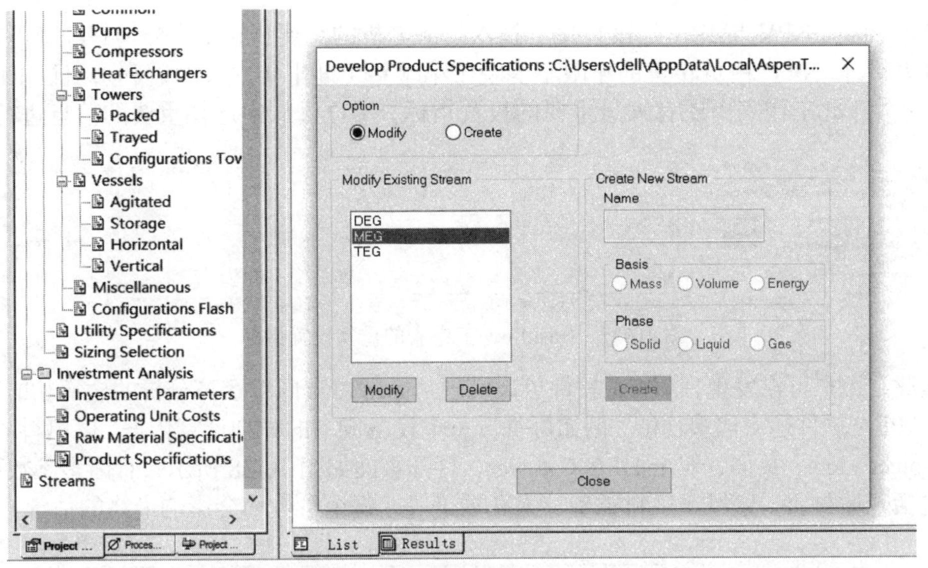

图 10-34　产品列表

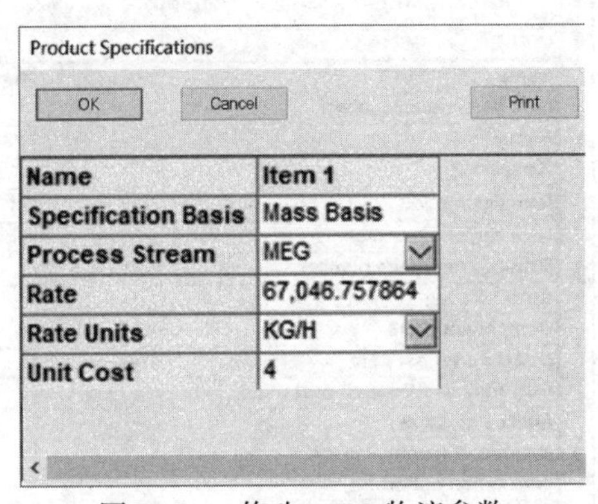

图 10-35　修改 MEG 物流参数

	A	B	C
1	EXECUTIVE		
22	Currency Conversion Rate	6.50	CNY/U.S. DOLLAR
23	Total Project Capital Cost	199,639,878.60	CNY
24	Total Operating Cost	3,818,681,441.83	CNY/Year
25	Total Raw Materials Cost	3,084,332,046.63	CNY/Year
26	Total Utilities Cost	446,134,103.21	CNY/Year
27	Total Product Sales	4,184,070,396.55	CNY/Year
28	Desired Rate of Return	20.00	Percent/Year
29	P.O. Period	7.43	Year
30			

Cashflow　Executive Summary　Ec

List　Results

图 10-36　修改乙二醇价格后的经济分析结果

表示此项目从第八年开始盈利。在 117 行 IRR 为 31.68%，表示在这种情况下此项目具有较高的投资回报率。

通常而言，NPV 与 IRR 是进行化工技术经济分析的重要指标。一个具有经济可行性的项目通常要求 NPV 由负转正的年限不能晚于第十年（即十年内开始盈利），且 IRR 大于 12%。此外，此工作表中还有大量重要的投资指标，用户可从中选择重要的信息进行参考。

116	NPV (Net Present Value)	Cost/Perio	0.00	-150,594	-1,054,2	-836,261	-626,578	-426,756	-237,820	-60,352,	105,404,	259,469,	402,058,	540,044,
117	IRR (Internal Rate of Return)	Percent	31.68											31.68
118	MIRR (Modified Internal Rate of Return)	Percent	20.34											20.34
119	NRR (Net Return Rate)	Percent	3.19											3.19
120	PO (Payout Period)	Period	7.36								7.36			
121	ARR (Accounting Rate of Return)	Percent	331.89											331.89
122	PI (Profitability Index)		1.03											1.03
123														

Project Summary | Cashflow | Executive Summary | Equipment

图 10-37　Cashflow 工作表的重要投资指标

至此，用户可以发现，APEA 软件可以实现 Aspen Plus 内置经济分析的全部功能。除此以外，APEA 软件还有诸多功能，例如可查看每个设备成本的详细计算依据。以填料塔为例，在“Project View”页面，双击 DEG-C-tower，打开页面如图 10-38 所示，有诸多参数可供设置，包括壳体材质、壁厚、填料类型、人孔数量等，每个参数均会影响最终的估价。

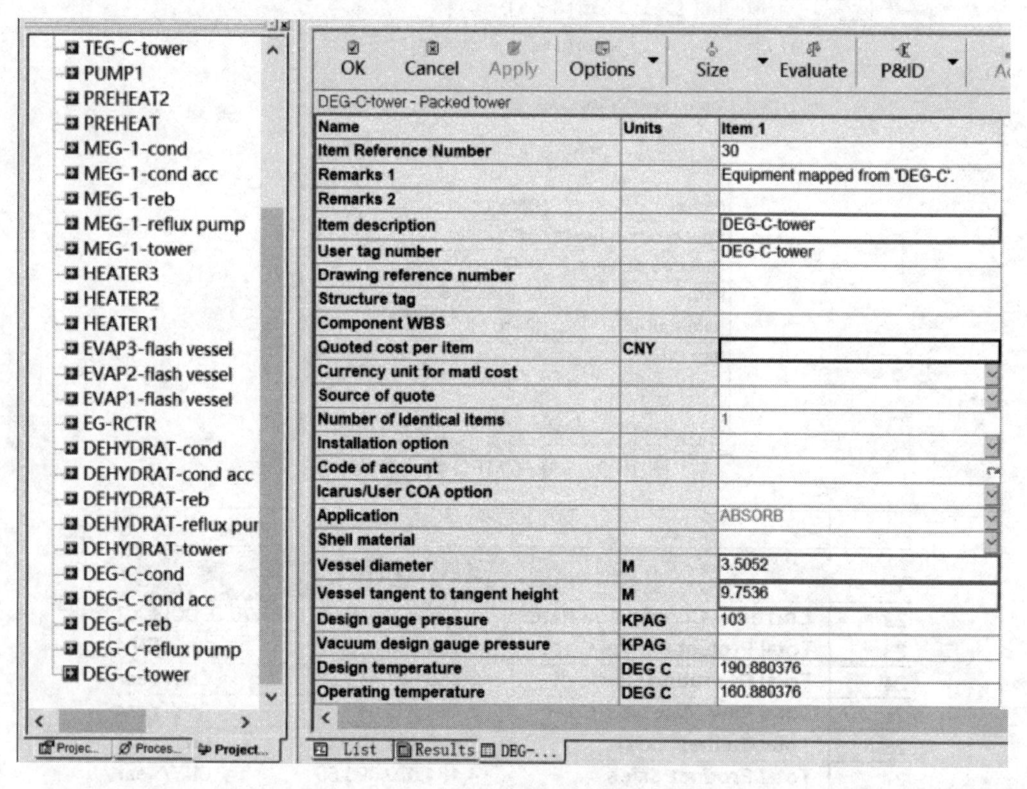

图 10-38　DEG-C-tower 的设备设置界面

除了设备本身的参数外，点击 Options 图标右侧的▼打开图 10-39 选单，可对 Mat’l/Man-hours（材料费/工时）、pipe（管道）、instrumentation（仪表）等项目的计算参数进行设置。

若点击图 10-38 上方的“P&ID”，软件将打开此设备的 PID 图（piping and instrumentation diagram，管道及仪表流程图，如图 10-40），用户也可以点击 P&ID 图标右侧的▼，点击“Select and Open Alternate”选择其他 PID 流程。若需修改 PID 图，可通过 Aspen Economic Evaluation 中的 Aspen Capital Cost Estimator 软件实现，详细流程可查看帮助文件。由于 PID 图涉及仪表、配管等方面的造价，因此也会影响最终的设备成本。

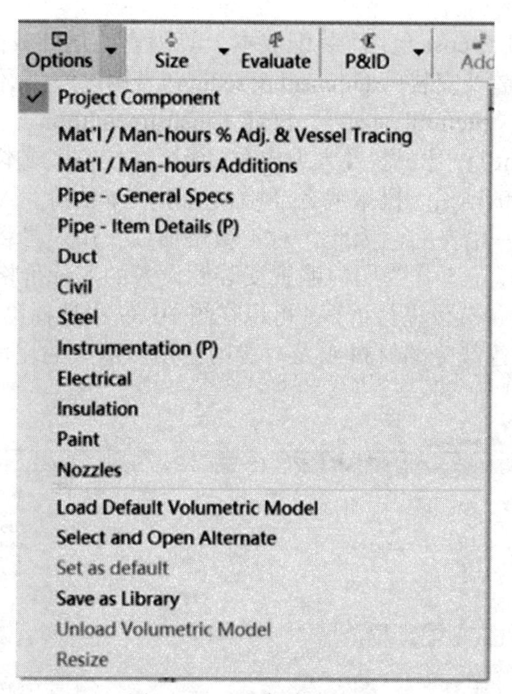

图 10-39 设备成本选项

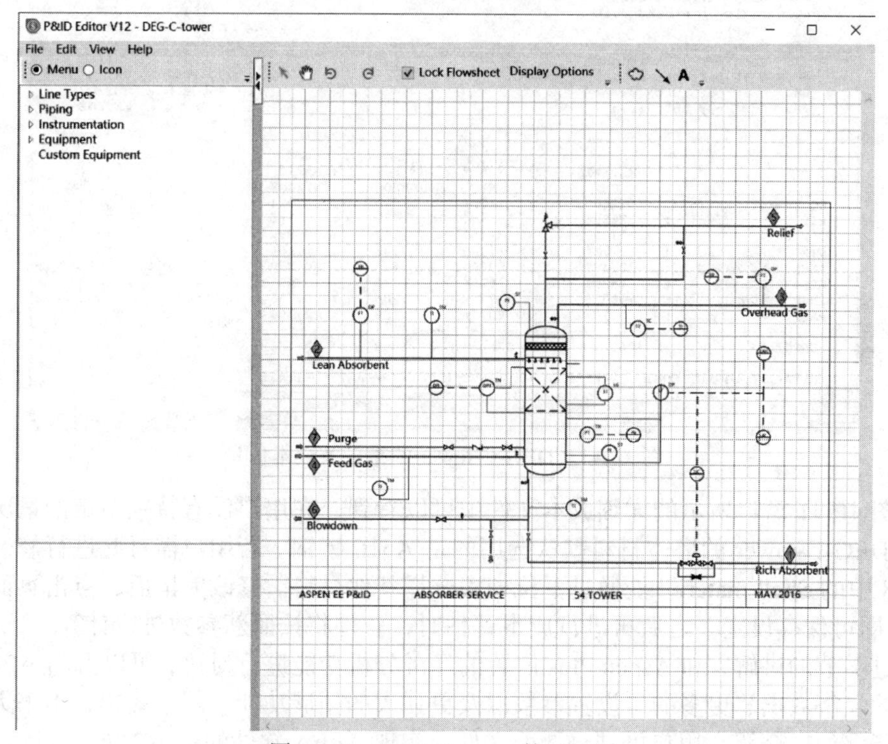

图 10-40 DEG-C-tower 的 PID 图

对模块完成所需设置后点击图 10-38 上方的“Evaluate”，将弹出 Report Editor 窗口，包含此设备的详细成本构成。在其中找到如图 10-41 所示信息（此窗口可通过 Ctrl 键+鼠标滚轮进行缩放），可以注意到，APEA 软件对于塔的壳体、塔头、管口、人孔、裙座等部件的尺寸和质量均有较合理的估计。但是，在费用方面，Packing cost（填料费）、Material cost（材料费）、Shop labor cost（工厂装配成本）等因素的估计较国内实际费用普遍偏高。另外，除了设备本身的购置及安装（equipment & setting）费用以外，软件也估算了配管（piping）、土建（civil）、钢结构（structural steel）、仪表（instrumentation）、电力（electrical）、绝缘（insulation）、涂装（paint）的原材料及人力成本，最终的设备总成本为 INSTALLED DIRECT COST 项所列的 4615800 万元。根据编者经验，对于成本估价，APEA 软件得到的成本费用约为我国实际价格的一倍左右。因此，对于粗略估计，用户可将 INSTALLED DIRECT COST 或各项子费用乘以 0.5 作为国内购置安装此设备的实际价格。如果希望按一定比例（如 50%或 150%）对设备造价进行折算，可以在图 10-39 中选择第一项 Mat'l / Man-hours % Adj. & Vessel Tracing 对各部分的材料或人力费用按用户输入的比例进行调整。

```
Report Editor - [TEMP.cci]
File  Edit  View  Options  Window  Help

WEIGHT DATA
   50.  Shell                                          6800       KG
   51.  Heads                                          1400       KG
   52.  Nozzles                                         350       KG
   53.  Manholes and Large nozzles                     1600       KG
   54.  Skirt                                          3700       KG
   55.  Base ring and lugs                              850       KG
   56.  Ladder clips                                     70       KG
   57.  Platform clips                                  170       KG
   58.  Fittings and miscellaneous                       70       KG
   59.  Total weight less packing                     15000       KG

VENDOR COST DATA
   60.  Packing cost                                2185970       YUAN
   61.  Material cost                                203804       YUAN
   62.  Shop labor cost                              172914       YUAN
   63.  Shop overhead cost                           177304       YUAN
   64.  Office overhead cost                          94184       YUAN
   65.  Profit                                        97225       YUAN
   66.  Total cost                                  2931401       YUAN
   67.  Cost per unit weight                          195.4       CNY/KG
   68.  Cost per unit height or length             480872.7       CNY/M
   69.  Cost per unit volume                        49832.5       CNY/M3
   70.  Cost per unit area                         303780.4       CNY/M2

                                                          L/M
                    :---MATERIAL--:*** M A N P O W E R ***: RATIO  :
                    :     CNY     :     CNY      MANHOURS  :CNY/CNY :
EQUIPMENT&SETTING   :  2931400.   :    71283.       315    :  0.024 :
PIPING              :   526696.   :   192784.       879    :  0.366 :
CIVIL               :    57800.   :    51451.       287    :  0.890 :
STRUCTURAL STEEL    :   132714.   :    21749.       105    :  0.164 :
INSTRUMENTATION     :   221439.   :    83833.       372    :  0.379 :
ELECTRICAL          :    13391.   :     8054.        38    :  0.601 :
INSULATION          :   148526.   :   117724.       706    :  0.793 :
PAINT               :    11204.   :    25776.       156    :  2.301 :
---------------------------------------------------------------------
SUBTOTAL            :  4043170.   :   572654.      2858    :  0.142 :

INSTALLED DIRECT COST    4615800.     INST'L COST/PE RATIO  1.575

For Help, press F1                          INS   NUM   Ln 434 of 1263
```

图 10-41　DEG-C-tower 的重量及成本信息

在图 10-41 窗口所示的详细成本文件中可以看到，在用户没有特别指定的情况下，软件对于 DEG-C-tower 的塔体材料默认选用的是 A516 碳钢。若用户需对此进行修改，可在图 10-38 中的 Shell material 处通过下拉列表选择其他材料。修改完毕后，点击页面上方的“OK”即可保存设定。之后再进行成本评估时，软件将按照新参数进行计算。

通过本节的讲解，和 Aspen Plus 内置的经济分析功能进行对比，可以看出 APEA 具有更详细的经济数据、更多的可设置参数以及更强大的拓展功能。限于篇幅，本书无法对所有的功能都加以介绍，用户可结合帮助文件，实现 APEA 软件的更多功能。

第11章

动态模拟

根据是否考虑时间对变量的影响，可将化工过程模拟分为稳态模拟和动态模拟，本书重点介绍的Aspen Plus为经典稳态模拟软件。在化工过程中，同样存在着很多动态过程，本章将介绍AspenONE软件家族内用于动态模拟的Aspen Plus Dynamics软件的使用方法。

11.1 动态模拟概述

动态模拟通过规定控制系统，模拟一个工艺过程随时间变化的响应过程，模拟出操作参数随时间的变化。稳态模拟是计算一次，即得到过程中的各种参数；而动态模拟是要永远计算下去，即使操作参数已经平稳，模型也处于计算状态。动态模拟需进行严格的热力学、水力学、控制、设备等计算。动态模拟过程中，用户和模型之间的互动，与操作员和工厂之间的互动是一样的，需要改变或者给定控制阀的输出，需要开、关设备，调节设备。所以，动态模拟需要不断地操作、改变设置。

动态模拟经常用于如下场景：

① 模拟工艺开车、停车、工艺循环等动态过程，确定最合适的、最快的开、停工方案。

② 模拟间歇和半连续过程，以确定速率控制步骤，研究间歇到间歇的循环和热回收。

③ 动态模拟应用最广泛的地方是OTS（operator training system），即操作员仿真培训系统。OTS的核心是工厂的动态模型，操作员在与动态模型连接的DCS（distributed control system）界面上进行操作，具有和实际操作相同的练习效果，而操作员可以失误，不会影响实际生产。在实际工厂中，操作人员只有在OTS上面培训多次，能够熟练处理各种情况后，才能进入实际的操作岗位，避免因操作不熟练造成事故。

④ 动态模拟也可以模拟事故紧急处理过程，确定最佳的紧急停车系统、安全设备选型及分析报警和安全系统的响应状况。

⑤ 模拟流程扰动情况，评估和优化控制系统的性能及调整控制器。例如，常规的精馏塔都是控制塔顶温度来控制塔顶产品质量，而在苯-甲苯的分离中，不是通过塔顶温度，而是通过上部某块塔板的温度控制产品质量。至于哪块塔板温度最适合控制，可以用动态模拟的方法确定。

⑥ 研究工艺过程的瓶颈所在，在模型中实现先进控制。

由于动态模拟不能在Aspen Plus里进行（Aspen HYSYS动态模拟可以在Aspen HYSYS

里进行），因此进行动态模拟操作可以有两种方式：一是在 Aspen Plus 里面先建立稳态模型后导入 Aspen Plus Dynamics 进行动态模拟；另一种是直接在 Aspen Plus Dynamics 建立工艺流程并进行动态模拟。另外，Aspen Custom Modeler 也可以进行动态模拟。

动态模拟的核心在于动态模拟求解器，实际上是一个压力-流量求解器。动态模拟需要边界条件，也就是进料和产品的压力或流量条件（进料的温度和组成是必需的），所有的边界条件给定后，压力－流量求解器就逐步向下计算。动态模拟有三个关键的概念：边界物流的压力/流量给定；阻力方程计算、压降计算；压力节点。比如，压力降和流量的关系为 $F=k\sqrt{\rho\Delta P}$；对于阀门，压力降和流量的关系为 $\mathrm{Flow}=C_V\sqrt{\Delta P}$。

动态模拟的物料平衡涉及持液量。所有带容器性质的设备都需考虑持液量，如罐、塔、换热器、管道等，而物流没有持液量。物料平衡为：进来的物料=出去的物料+持液量的增量。

动态模拟边界有两种计算方式——流量驱动（flow-driven）和压力驱动（pressure-driven）。流量驱动就是流量给定且不变，依据流量来计算压力或压差，适用于流量可控过程（如液体过程）。压力驱动就是压力给定且不变，依据压差来计算流量。工厂实际过程中，往复泵、计量泵较接近流量驱动，离心泵、有足够大容积且有一定液位的容器比较接近压力驱动，但不能等同。压力驱动更符合现实情况，但使用更为严格，且设置起来更复杂，需要用阀、泵来平衡压力。

动态模拟的工作量大于稳态模拟，特别是单元操作较多时，其工作量增加很快。动态模拟计算容易发散，即模型运行过程中，计算结果突然发散，模型运行自动停止。因此，进行动态模拟时，要勤于保存，一旦不收敛就回到上次保存的状态。而且，一般按时间保存为不同的文件，以便观察和比较修改参数对模型的影响。建立一个动态模拟的过程通常会保存有较多文件。

做动态模拟时，需要设计者熟悉 PID 图中的控制系统及相关动静设备的相关设计参数，以进行持液量等变量的控制。传质速率和反应速率也必须已知或近似假设。动态模拟一般需要加入控制阀，这属于自动控制的概念，控制阀一般是实施 PID（proportion integration differentiation，比例-积分-微分）调节，如果难于控制稳定，需要调节 PID 参数，这需要对 PID 也有一定的了解。

11.2 闪蒸罐动态模拟

本章主要介绍 Apsen Plus 稳态模型导入 Aspen Plus Dynamics 中进行动态模拟的方法，并且主要使用压力驱动的动态模拟。除了稳态模型外，动态模型可能还需要各设备的尺寸信息。本节以较简单的闪蒸罐模拟为例，讲解动态模拟的典型步骤。

例 11-1 乙醇-水混合溶液的摩尔组成为水 50%和乙醇 50%，进料温度 30℃，压力 2bar，流量 10000kg/h。该物流在 85℃和 1.2bar 下闪蒸，使用 Aspen Plus 和 Aspen Plus Dynamics 对此闪蒸过程进行动态模拟。热力学模型采用 NRTL。

建立动态模拟的步骤分为：用 Aspen Plus 建立稳态模型，添加动态模块；运行收敛，将模型输出为 dynf 模型；用 Aspen Plus Dynamics 打开 dynf 模型，改变控制系统；添加趋势图，运行得到结果。具体流程如下。

（1）稳态模拟

本例先用 Aspen Plus 建立稳态模型。在 Aspen Plus 里加入水和乙醇两个组分，物性方法选择 NRTL，建立一个如图 11-1 的闪蒸流程，注意每个物流都需要加阀门（模型选项板中“压力变送设备/Valve”的“Valve2”模型）。

点击顶部功能区“动态”选项卡中的“动态模式”(图 11-2),激活动态设置选项。从导航窗格中进入“模块/B1/动态”页面,修改“容器类型”为“垂直”,表示立式闪蒸罐;“封头类型”选“椭圆”,长度 5 米,直径 2 米,如图 11-2。

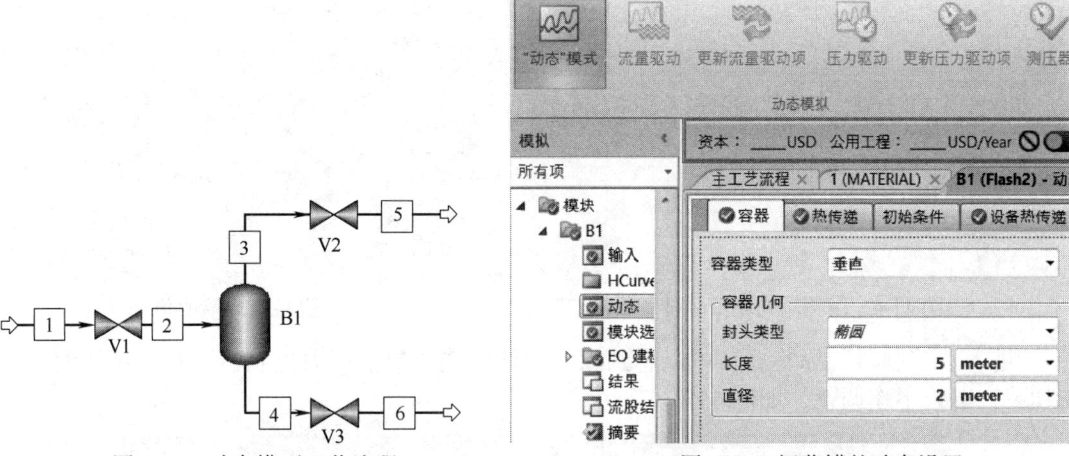

图 11-1 动态模型工艺流程　　　　图 11-2 闪蒸罐的动态设置

进入“热传递”标签页,设置传热计算参数。“热传递选项”设置为“LMTD”(log mean temperature difference,对数平均温度差,用于显热引起温度变化的体系),其他热传递类型的含义见表 11-1。介质温度设置为 110℃,如图 11-3。

表 11-1 热传递类型特点

热传递类型	特点说明
恒定负荷	热负荷为给定值,传热速率是操作变量,温控器为反作用。一般情况下是一种有效的近似
恒定温度	常用于潜热实现冷凝或再沸器换热的情况,冷却介质的温度为操作变量,温控器为反作用
LMTD	用于显热引起的温度变化情况,冷却介质的流量为操作变量,温度控制器为正操作
冷凝	常用于加热介质完全冷凝的情况,冷凝介质的流量为操作变量,温控器为反作用
蒸发	与冷凝类型相反,用于冷却过程中冷却介质完全蒸发的情况,蒸发介质的流量为操作变量,温控器为正作用
动态	常用于带夹套设备的加热或冷却,冷却时冷凝介质的流量为操作变量,温控器为反作用,加热时加热介质的流量为操作变量,温控器为正作用

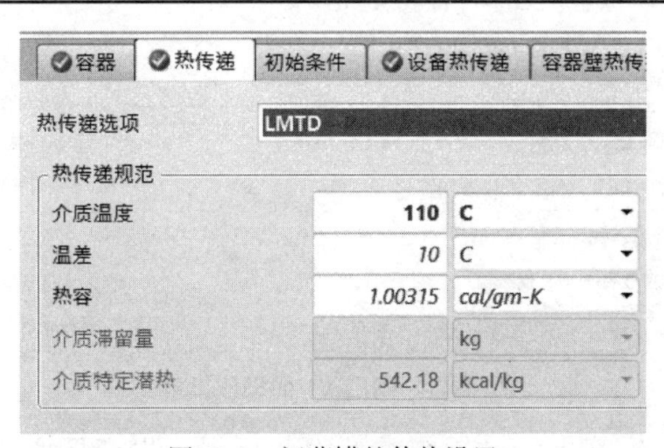

图 11-3 闪蒸罐的传热设置

在“初始条件”标签页,设置“液相体积分率[1]”为 0.6(即闪蒸罐的初始液位为保持

[1] 体积分率的规范称谓是体积分数。

罐内体积的 60%），如图 11-4。

进入“设备热传递”标签页勾选“模拟设备热容”与“模拟与环境热传递”。设备质量设置为 5000kg，比热容、热传递系数采用默认值，见图 11-5。

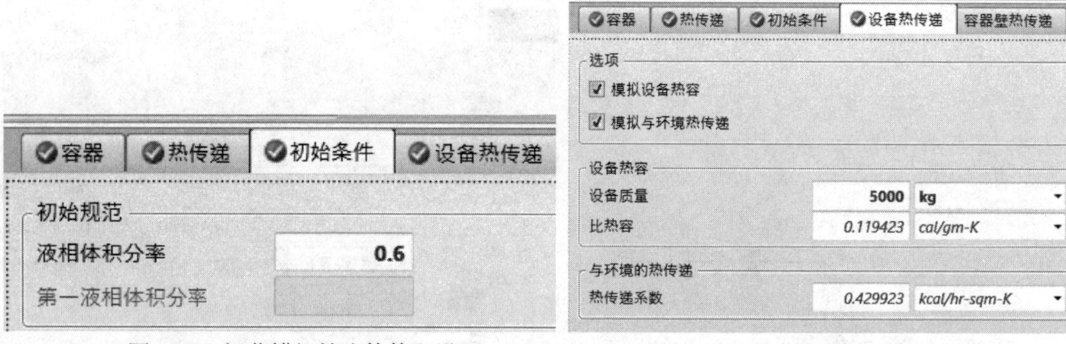

图 11-4 闪蒸罐初始液体体积设置　　图 11-5 设备与环境的传热设置

进入“控制器”标签页，可以看到软件默认勾选“包括压力控制器”和“包括液位控制器”，本处不作调整，如图 11-6。

图 11-6 闪蒸罐初始液体体积设置

随后设置阀门的操作条件。进入阀门 V1 的“输入”页面（图 11-7），计算类型选择“计算指定出口压力下阀流量系数（设计）”（即根据指定的出口压力设计阀门流量系数）。出口压力设为 1.1bar。因为入口进料为液体，因此“有效相态”设置为“仅液相”，如图 11-7。

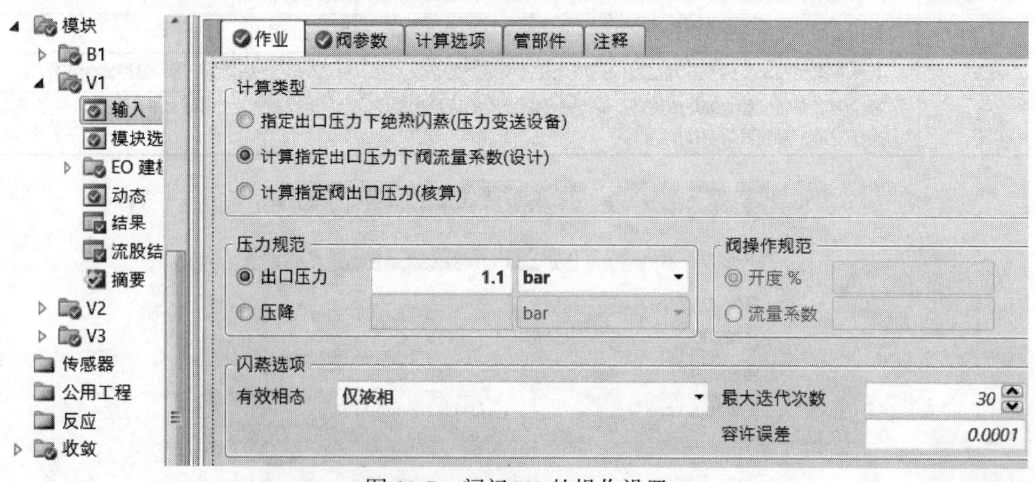

图 11-7 阀门 V1 的操作设置

进入“阀参数”标签页，设置阀类型为截止阀，生产厂商选“Neles-Jamesbury”（Neles-Jamesbury 是一个阀门制造商，对模拟结果没有影响），“系列/样式”选择“V500_Linear_Flow”，尺寸选“10-IN”，如图 11-8。选择完毕后，软件将自动生成阀参数表。如果用户希望对阀门参数进行修改，此处可直接在表单中输入。

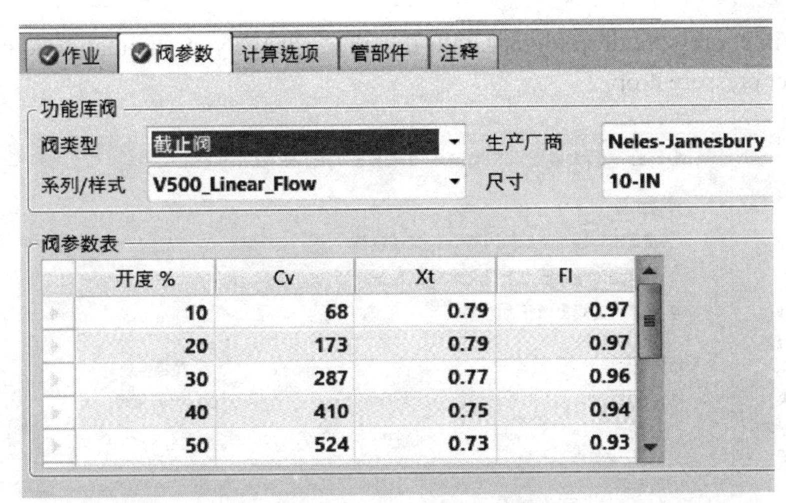

图 11-8　阀门 V1 的阀参数设置

阀门 V2 的设置如图 11-9。V2 阀的计算类型选择了“计算指定阀出口压力（核算）”，表示指定阀开度或流量系数。本例将 V2 阀的开度设置为 50%。“有效相态”为“仅汽相”。

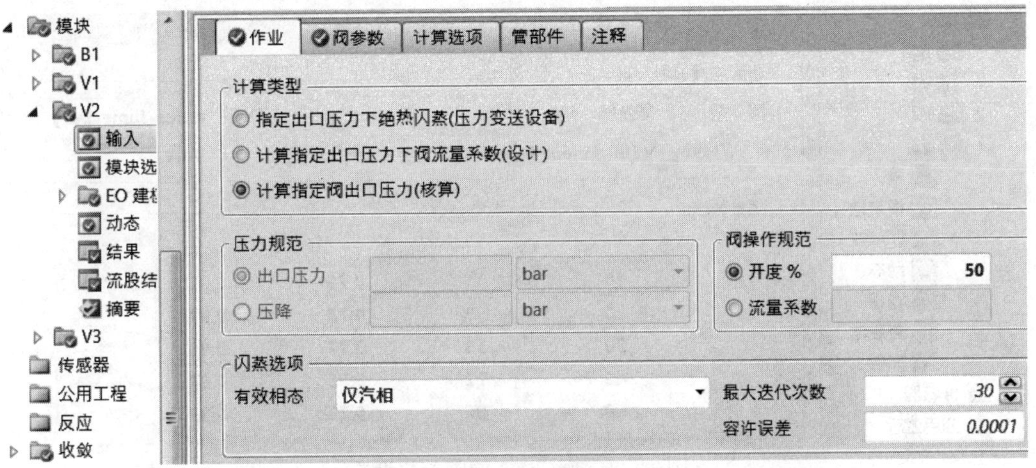

图 11-9　阀门 V2 的操作设置

在“阀参数”标签页，设置阀门 V2 的阀型号参数。V2 阀的阀参数和 V1 相同，同图 11-8。

阀门 V3 的输入如图 11-10，选择“计算指定阀出口压力（核算）”，并指定阀开度为 17%。“有效相态”设置为“仅液相”。

在“阀参数”标签页，由于阀 V3 的液相体积流量小于阀 V1 或 V2，因此可以选择尺寸较小的阀门，如图 11-11。

（2）稳态向动态传送数据及初始化

初始化并运行模拟，随后点击顶部功能区“动态”选项卡中的“测压器”图标（图 11-12）。随后软件弹出如下警告窗口：

Warning for inlet pressure drops:

The inlet stream pressure is not equal to the block pressure in the following blocks:

B1

For dynamic simulation, the inlet pressure change will be fixed to the steady state value. If you want the inlet pressure drop to vary with flowrate, change your simulation to use a Valve to model the inlet pressure drop.

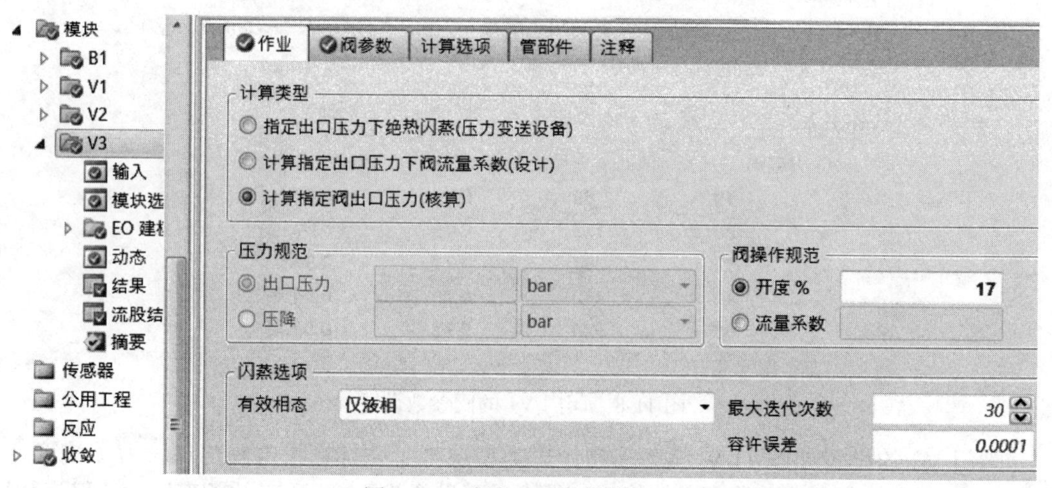

图 11-10　阀门 V3 的操作设置

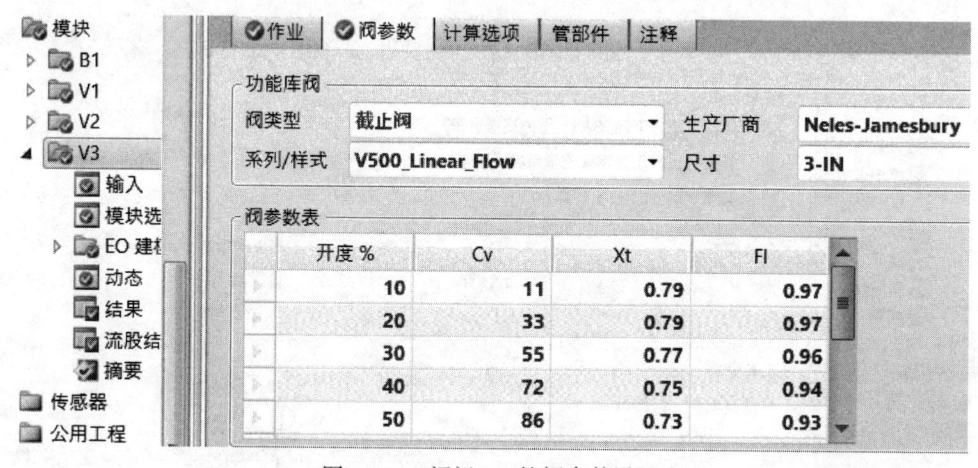

图 11-11　阀门 V3 的阀参数设置

警告含义是闪蒸罐入口物流的压力与闪蒸罐的操作压力不一致，而动态模拟要求设备的进口物流压力必须与设备的操作压力相等。因此可以修改物流 1 的出口压力等于闪蒸罐 B1 的操作压力为 1.2bar（图 11-13），再次运行并点击“测压器”，则不再提示警告（图 11-14）。

点击“压力驱动”按钮（图 11-12），弹出后缀为.dynf 的动态模拟文件保存窗口。选择文件夹与文件名保存文件。随后会弹出窗口（提示正在导出动态模拟，可以关闭该窗口，对导出无影响），并自动打开 Aspen Plus Dynamics 软件，载入刚保存的动态模拟文件。

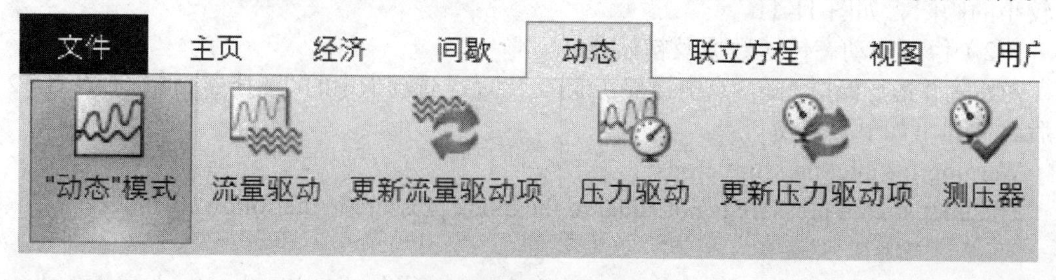

图 11-12　运行模拟后的“动态”选项卡

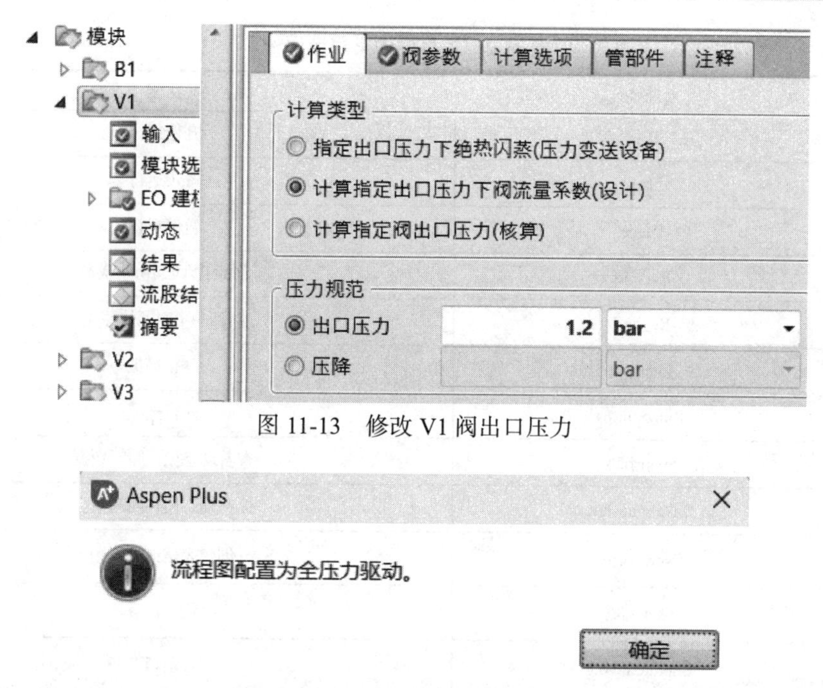

图 11-13　修改 V1 阀出口压力

图 11-14　测压器收敛

Aspen Plus Dynamics V12.1 的软件界面如图 11-15，其中顶部工具栏中的常用选项如表 11-2。工具栏中可设置软件的运行模式（Run Mode），默认为“Dynamic”，各种运行模式的含义见表 11-3。

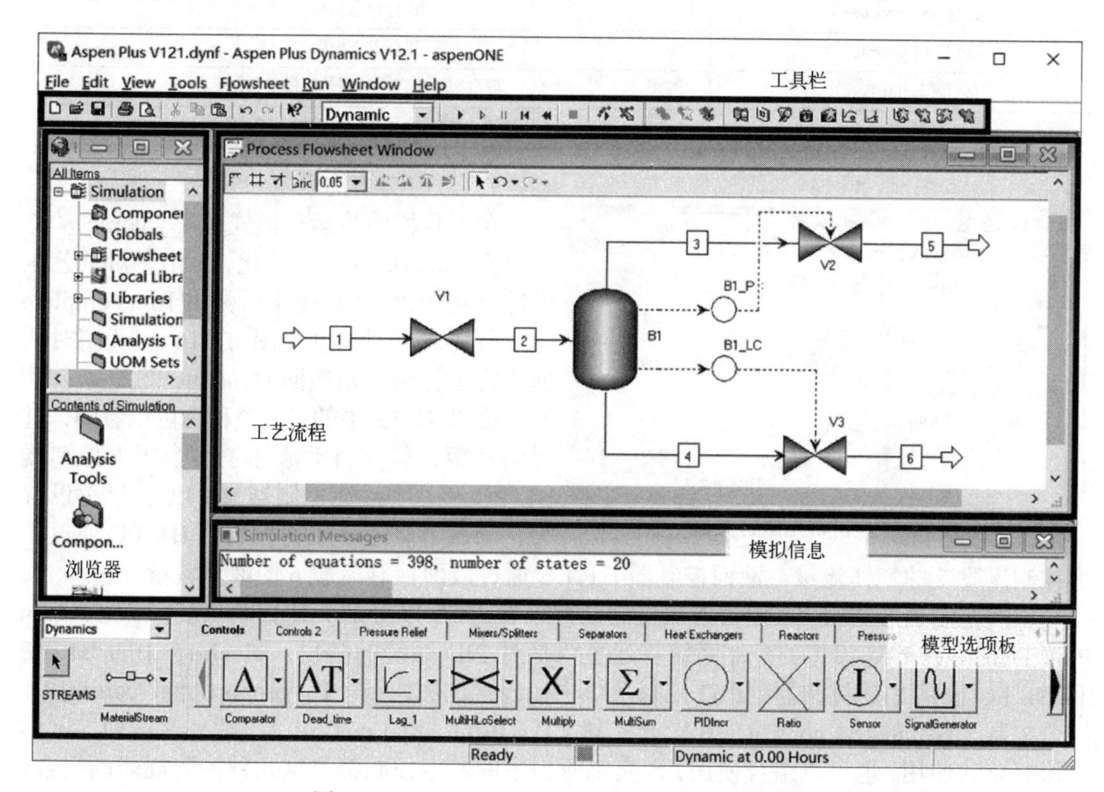

图 11-15　Aspen Plus Dynamics V12.1 软件界面

表 11-2　工具栏中常用选项

图标	描述	功能
	Run	开始运行
	Step	逐步运行
	Pause	暂停运行
	Re-start	初始化/回到初始状态
	Rewind	回到一个时间快照点
	Interrupt	停止模拟
	Run options	运行选项
	Snapshots	查看动态模拟瞬时数据
	Take snapshot	保存动态模拟瞬时数据
	New form	创建表格或趋势图
	New task	创建任务
	Capture layout	保存窗口布局

表 11-3　Aspen Plus Dynamics V12.1 的运行模式

运行模式	功能
初始化（Initialization）	提供动态模拟所需的初始条件
稳态（Steady-state）	进行稳态模拟
动态（Dynamic）	进行动态模拟
估计（Estimation）	根据实验或真实数据估算模型参数
优化（Optimization）	根据目标函数或边界条件求解稳态或动态模型

（3）控制结构设定

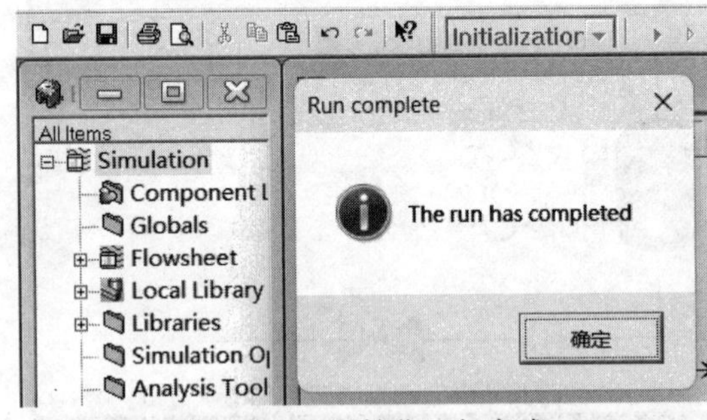

图 11-16　初始化运行完成

在工具栏中将运行模式由 Dynamic 动态切换为 Initialization 初始化，点击▶对工艺流程进行初始化。运行完毕后弹出 Run complete（运行完成）对话框（图 11-16），关闭对话框，将运行模式切换回 Dynamic 模式。

从图 11-15 中的工艺流程图可以看到，针对闪蒸罐，软件自动添加了一个压力控制器 B1_PC 和一个液面控制器 B1_LC，且都设置为自动调节状态。压力控制器 B1_PC 通过压力控制流股 5 的气体流量，液面控制器 B1_LC 通过液面控制流股 6 的液体流量。

虽然控制器形式很多，但目前从控制规律来看，85%以上是 PID 控制系统。因此 Aspen Plus Dynamics 动态模拟的控制系统搭建主要是对 PID 系统的搭建，图 11-15 中的 B1_PC 和 B1_LC 也是 PID 控制器。PID 控制系统主要包含比例控制（P：proportional control）、积分控制（I：integral control）和微分控制（D：differential control）三种，这三种控制形式可以单独使用，也可以组合使用，现实工业当中的基本控制都是这几种控制规律的组合，例如比例积分控制（PI）、比例微分控制（PD）、比例积分微分控制（PID）。它和 PID 图缩写相同，但二者含义不同。

控制规律指的就是控制器的输出信号（p 或 Δp）与输入信号（偏差 e）的关系，也就是当有一个偏差 e 存在时，通过一个怎样的计算来确定输出信号使体系重新稳定。判断控制方案的好坏时，会给系统一个阶跃且持续的偏差 e，因为这种偏差最难控制，如果这种偏差可以控制，那么这个控制方案也能应对其他形式的波动偏差。

搭建完控制系统后，最重要的是对控制系统进行整定，通过整定对控制规律进行优化。整定的目的就是对一个已经设计并安装就绪的控制系统，调整各 PID 控制结构的参数（K_c、T_i、T_d），使得系统的过渡过程达到最为满意的质量指标要求。K_c、T_i、T_d 对控制系统的调节作用见表 11-4。

表 11-4　系统参数对控制性能影响表

参数	对应调节变量	各参数特点及对控制性能的影响
P	比例增益 K_c Gain	优点是反应快，控制及时，缺点是存在余差。增益 K_c 增大，系统调节作用增强，但稳定性下降
I	积分时间 T_i Integral time	优点是可以消除余差。T_i 下降，积分作用增强，系统消除余差能力加强，但控制系统稳定性下降
D	微分时间 T_d Derivative time	变量变化很快时，可通过监控其变化快慢进行控制。微分控制只关注变化趋势快慢，不关注实际值，如偏差值很小，但变化很快，微分控制也会立刻启动，因此可实现超前控制。T_d 增大，微分作用增强，系统超前作用增强，稳定性加强，但对高频噪声起放大作用，常用于特性滞后较大的参数，如温度等

整定的方法有很多，本节仅介绍并使用最简单的经验参数法。常用的温度、流量、压力、液位的各整定参数经验取值如表 11-5。

表 11-5　常用整定参数经验值

被控变量	含义说明	比例增益 K_c	积分时间 T_i /min	微分时间 T_d /min
温度	对象容量滞后较大，即参数受干扰后变化迟缓，增益应大，T_i 要长；一般需加微分	1.66~5	3~10	0.5~3
流量	对象时间常数小，参数有波动，增益要小，T_i 要短；不用微分	0.5~2.5	0.1~1.65	一般选 0
压力	对象的容量滞后不算大；一般不加微分	1.4~3.33	0.4~3	一般选 0
液位	对象时间常数范围较大，要求不高时，增益可在一定范围内选取；一般不用微分	1.25~10	随容器体积的增大，时间增长	一般选 0

下面示范建立控制器的方法。在阀 V1 上方建一个流量控制器：点击图 11-15 窗口底部模型选项板中 Controls（控制器）类别下的“PIDIncr”图标，然后移动到图标 V1 阀上面，点击鼠标左键，新建控制模块。右键点击该模块，选择 Rename Block（重命名模块），将模块改名为 FC1，如图 11-17。

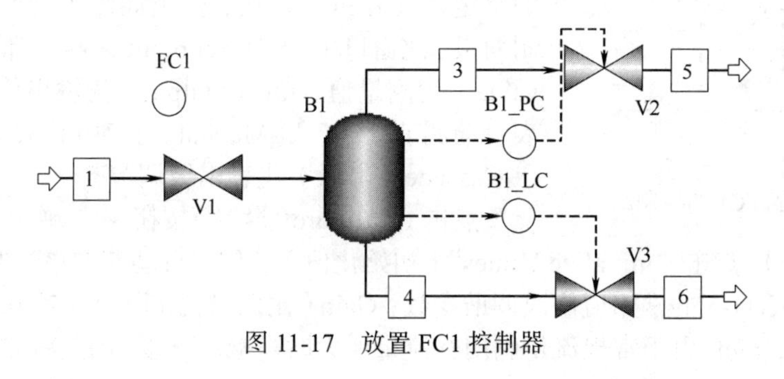

图 11-17　放置 FC1 控制器

在模型选项板中，点击 MaterialStream 右侧的图标▼，从弹出的图标中点击“Control Signal”（控制信号），然后点击物流 1 的出口箭头，弹出物流 1 输出的信号类型选择对话框（图 11-18）。选择 STREAMS（“1”）. F（Total mole flow，总摩尔流量），点击“OK”，将物流 1 总摩尔流量的信号引出。随后点击 FC1 模块的入口箭头，弹出如图 11-19 所示控制变量选择对话框，选择 FC1.PV（Process variable，表示输入流量控制器 FC1 的信号为工艺变量），点击“OK”，实现物流 1 总摩尔流量的信号输入 FC1 流量控制器。

随后点击 FC1 右侧的出口箭头，在弹出窗口中（图 11-20）选择 FC1.OP（Controller output，表示流量控制器 FC1 的输出信号为控制信号），点击“OK”，完成信号线与控制阀 V1 的连接，如图 11-21。

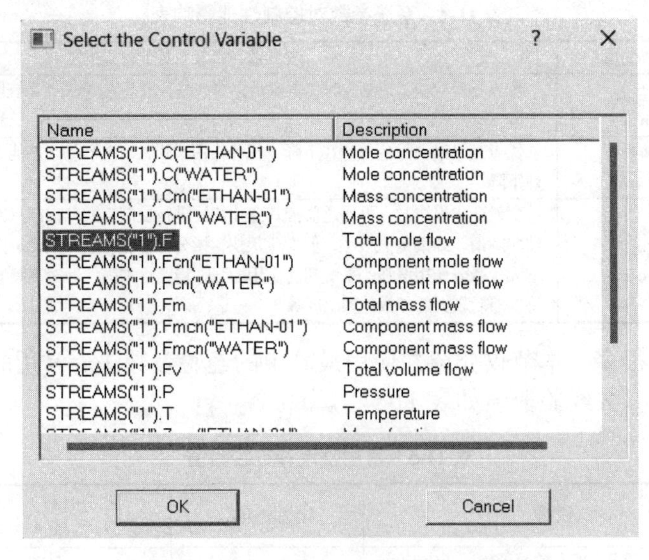

图 11-18　物流 1 信号类型选择变量对话框

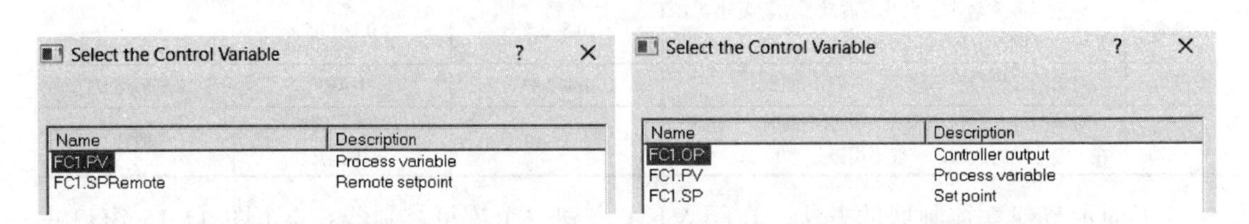

图 11-19　控制变量选择对话框（1）　　图 11-20　控制变量选择对话框（2）

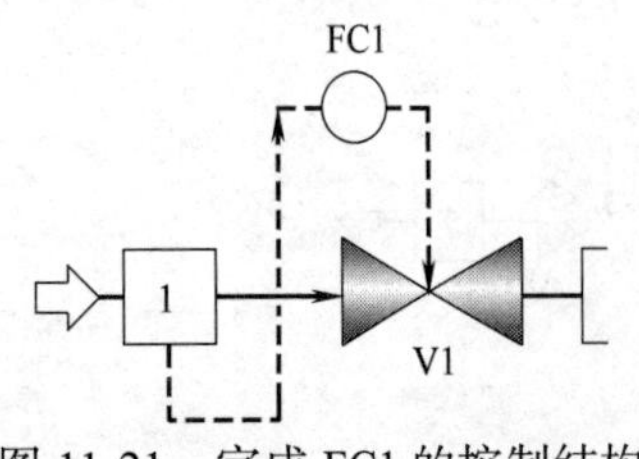

图 11-21　完成 FC1 的控制结构

完成流量控制器 FC1 控制结构后，进行控制器参数的整定。双击 FC1 模块，弹出如图 11-22 所示的 FC1 控制面板。此窗口中，SP（Set point）为给定值，PV（Present value）为测量值，OP（Output）为输出值，Auto 代表自动调节状态，Manual（手动）代表手动调节状态，Cascade（串级）代表串级调节。

点击 Configure（设置）按钮，弹出 FC1.Configure 窗口（图 11-23），点击“Initialize Values”（初始化值）按钮，自动获取该控制器相关数据。

随后根据表 11-5 的常用值修改调谐参数：Gain（比例增益）设为 0.5，Integral time（积分时间）设为 0.3min。由于常规流量阀门在流量增大时需减小开度，因此将 Controller action

（控制器动作）由默认的 Direct（正作用）改为 Reverse（反作用），如图 11-23。设置完成后关闭 FC1.Configure 窗口即可。

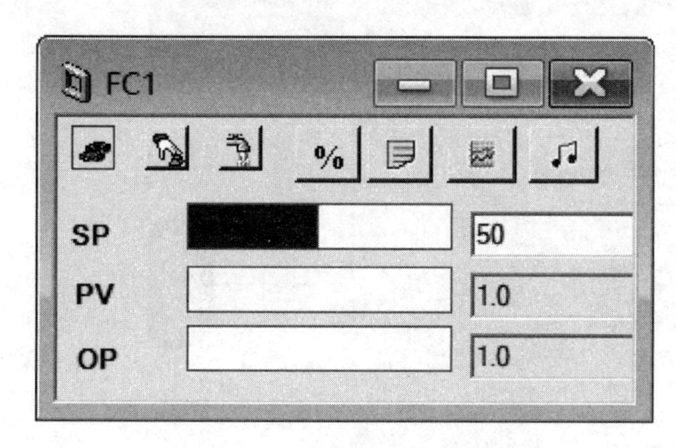

图 11-22　FC1 模块的控制面板

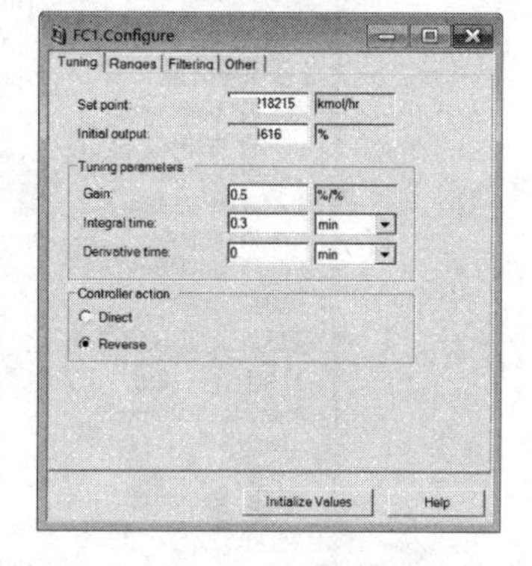

图 11-23　FC1 设置窗口

重复上述步骤分别修改 B1_PC（压力控制）、B1_LC（液位控制）的设置。因为常用压力控制器为闪蒸罐压力升高时阀门开度增大，因此使用正作用阀（Controller action 为 Direct），调谐参数也采用常用的默认值（比例增益为 20，积分时间为 12min）。常用液位控制器为比例控制，闪蒸罐液位升高时，增加阀门开度进而增加管线相对流量，因此 B1_LC 同样使用正作用阀，液位控制调谐参数设为常用值（比例增益为 2，积分时间为 9999min）。

（4）设置动态运行监测数据

因为本动态案例为压力驱动，物流 1 的流量在运行后会变化，影响罐液面、罐温度，进而罐顶气体、罐底液体流量、温度、组成都会随之变化。软件中可以建立监测表格和趋势图，观看动态模拟中各参数的变化。

在工具栏中，点击 New form 图标，弹出如图 11-24 所示窗口，Form Name 处输入 view，下方勾选 Table（表格），点击“OK”，新建一个名为 view 的表格窗口，如图 11-25。此 view 窗口一旦建立后，后续将不能再使用相同文件名建立其他表格或趋势图窗口。若之后需调用此窗口，可以在工艺流程窗口激活的情况下，点击顶部菜单栏的“Flowsheet/Forms/view”打开此窗口（菜单栏中的 Flowsheet 选项只有在工艺流程窗口处于活动的状态下才会出现），如图 11-26。

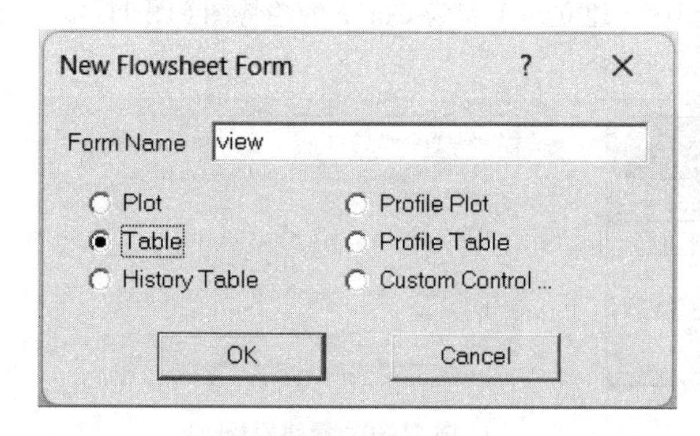

图 11-24　新建视图表格

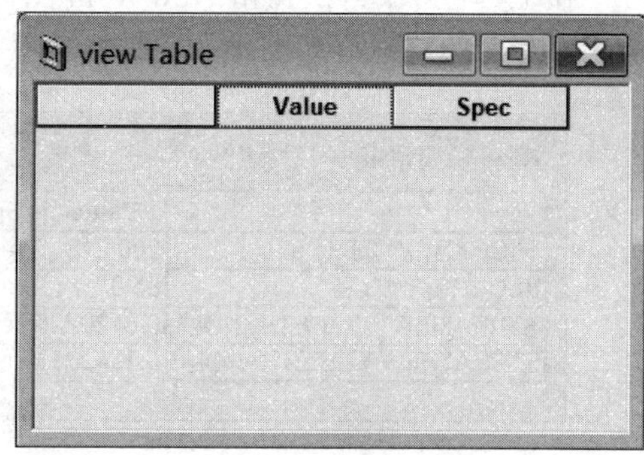

图 11-25　表格窗口 view

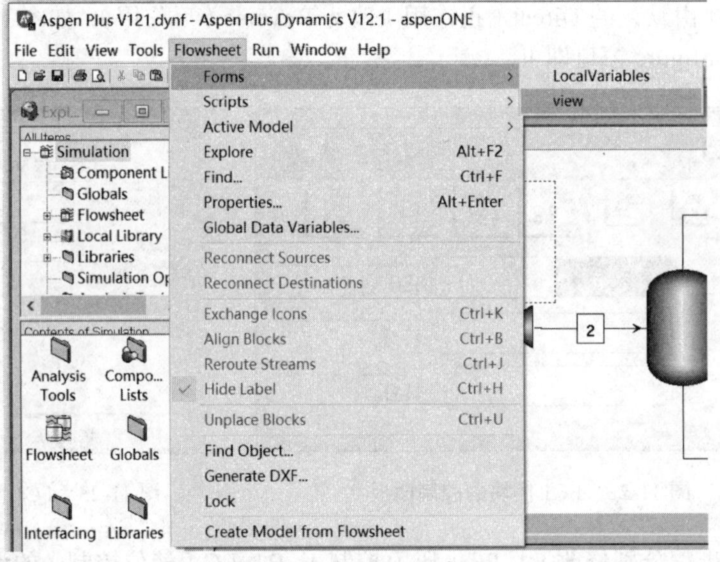

图 11-26　打开 view 窗口

随后在工艺流程图中双击阀门 V1，弹出 V1.Results Table，点击“F_”（摩尔流量），使此行处于活动状态（图 11-27）。随后按住鼠标左键将此行拖曳至 view 表格窗口，则阀门 V1 的摩尔流量变量会一直在 view 表格窗口中显示，如图 11-28。

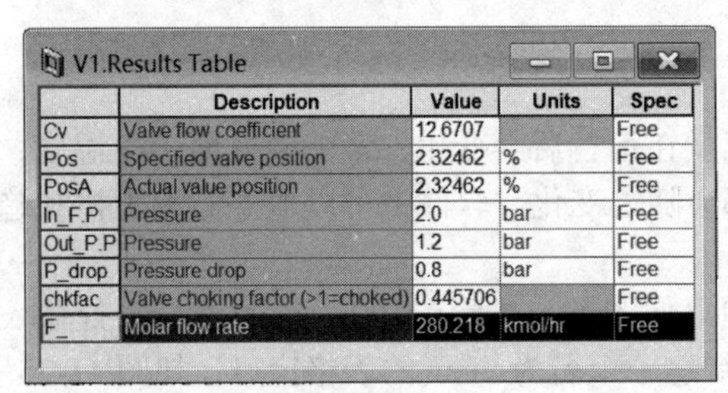
V1.Results Table

	Description	Value	Units	Spec
Cv	Valve flow coefficient	12.6707		Free
Pos	Specified valve position	2.32462	%	Free
PosA	Actual value position	2.32462	%	Free
In_F.P	Pressure	2.0	bar	Free
Out_P.P	Pressure	1.2	bar	Free
P_drop	Pressure drop	0.8	bar	Free
chkfac	Valve choking factor (>1=choked)	0.445706		Free
F_	Molar flow rate	280.218	kmol/hr	Free

图 11-27　阀门 V1 的结果表

view Table

	Value	Spec
BLOCKS("V1").	280.218	Free

图 11-28　拖曳阀门 V1 摩尔流量至 view 窗口

使用同样方法，将闪蒸罐温度、物流 3 的乙醇含量、物流 4 的乙醇含量拖拽到 view 表格窗口，如图 11-29。

在工具栏中，再次点击 New form 图标，建立一个名为 Curve 的趋势图（图 11-30），新建 Curve 曲线窗口如图 11-31 所示。

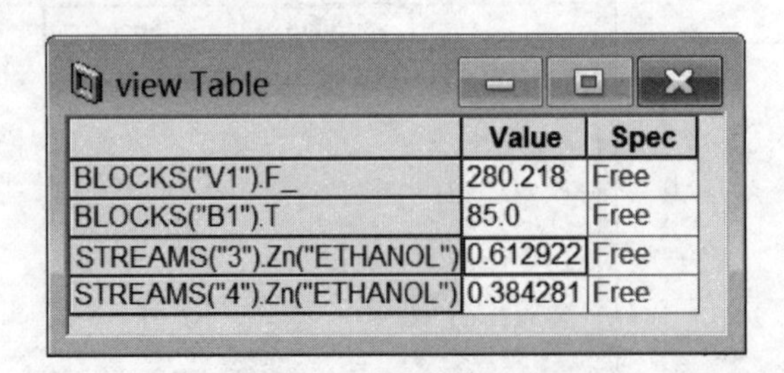
view Table

	Value	Spec
BLOCKS("V1").F_	280.218	Free
BLOCKS("B1").T	85.0	Free
STREAMS("3").Zn("ETHANOL")	0.612922	Free
STREAMS("4").Zn("ETHANOL")	0.384281	Free

图 11-29　view 表格窗口内容

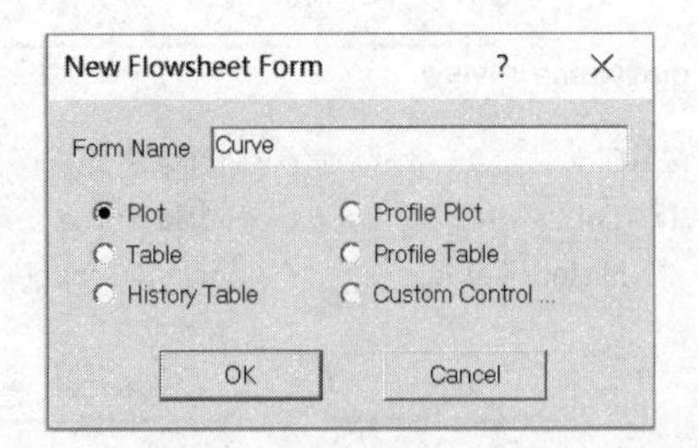

图 11-30　新建趋势图

选中 view 表格窗口中的四行参数（若此窗口已关闭，可以在工艺流程窗口活动的情况下，从菜单栏的 Flowsheet / Forms / view 打开此窗口），将其拖拽至 Curve 曲线窗口的纵坐标，如图 11-32。

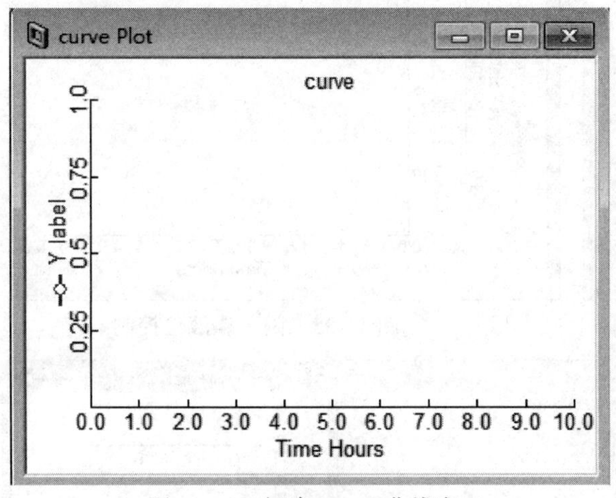

图 11-31　新建 Curve 曲线窗口

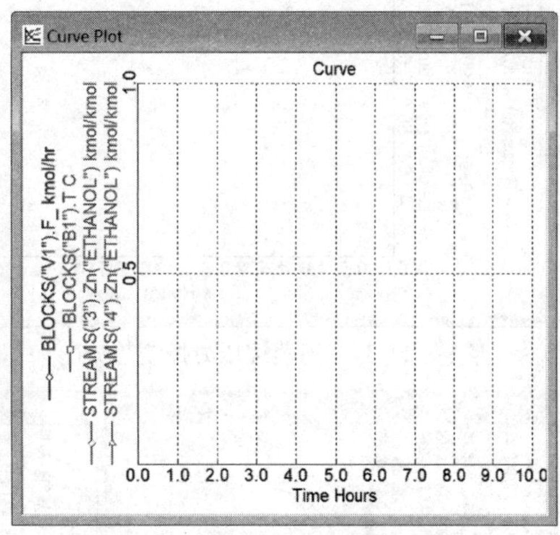

图 11-32　添加变量进 Curve 曲线窗口

为便于观察，可以用鼠标双击 Curve 窗口的作图区域，在弹出的 PfsPlot 25.1 Control 属性对话框内（图 11-33 左图），在“Axis Map”标签页下点击“One for Each”（One for Each 表示每类数据一个坐标轴，All in One 表示所有数据共享一个坐标轴），然后点“确定”，将左侧坐标轴分为 4 个（图 11-33 右图）。

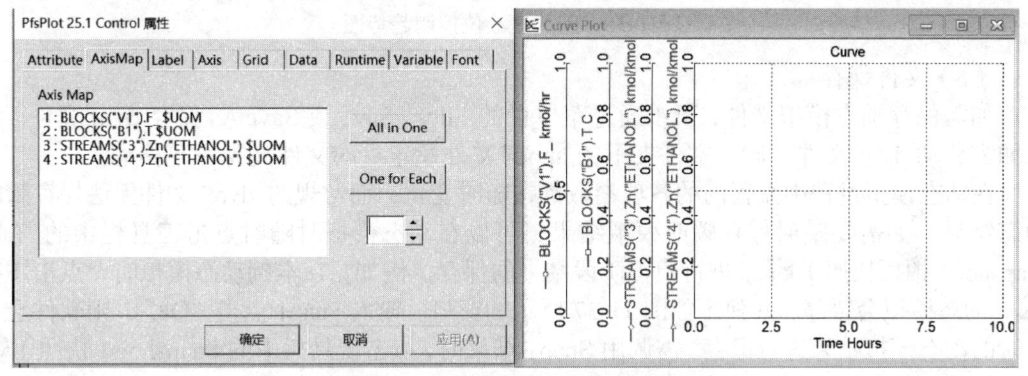

图 11-33　动态数据结构图坐标拆分

双击压力控制器 B1_PC，在控制面板中点击 Plot 得到该控制器的趋势图，如图 11-34。趋势图显示三个参数，即压力测量、压力给定、输出阀门信号。

同样的方法得到液位控制器 B1_LC 的趋势图，如图 11-35。

（5）运行动态模型及观察监控数据

首先将模型切换为 Initialization ，并点击工具栏的▶运行初始化。弹出 Run complete（运行完成）后，将模型再切换回 Dynamic ，点击▶运行按钮。三个趋势图相关参数随时间变化如图 11-36（用户可双击图中 *X* 轴或 *Y* 轴调整范围及最小刻度）。从中可以看到，各项参数在运行后不久就趋于稳定，并达到给定值，说明控制器运行良好。读者可以尝试修改流量控制器 FC1 的开度来观察相关参数的变化及控制系统的调节响应速度。

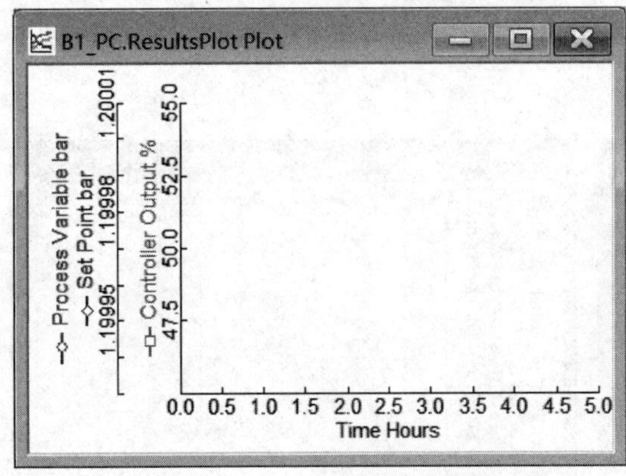

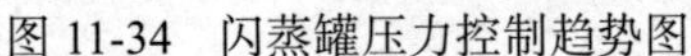

图 11-34　闪蒸罐压力控制趋势图

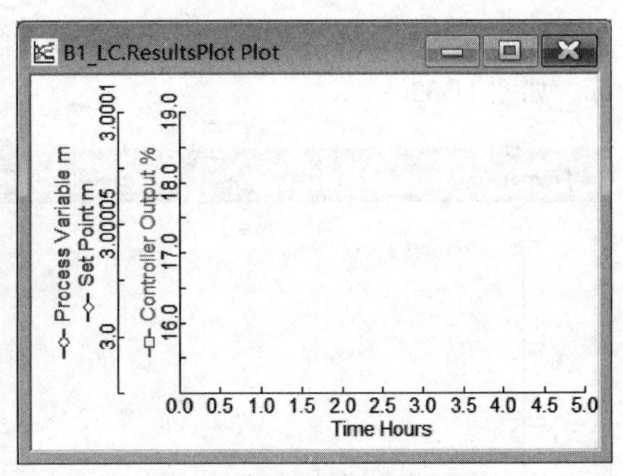

图 11-35　闪蒸罐液位控制

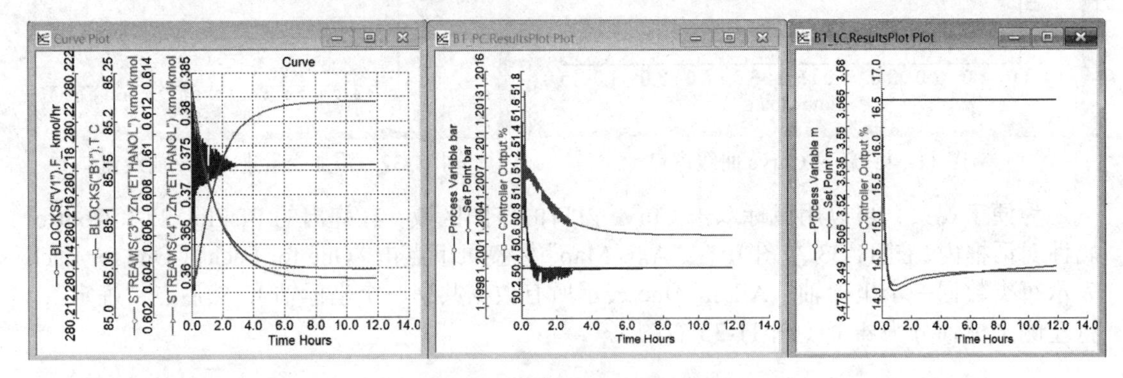

图 11-36　闪蒸罐液位控制趋势图

（6）文件保存

如需保存动态模拟文件，可以通过菜单栏的 Files / Save 或 Save As 保存 dynf 文件。注意如需移动 dynf 文件，同一文件夹下的 appdf 文件及建立的文件夹需一起移动。

在动态模拟过程中流程内的各项参数都在随时变化，而常规的 dynf 文件无法保存瞬时动态结果。如需要随时保存瞬时模拟结果，可以在动态模拟时随时点击工具栏中的 Take snapshot（拍摄快照）来进行模拟阶段结果的保存。例如，在本例动态模拟时，点击图标，动态模拟会暂停，并弹出如图 11-37 所示的窗口。输入 Snap1 点击“OK”，则软件会对此时的动态模拟结果进行保存。需调用 Snap1 结果时，点击工具栏中的 Snapshots（快照）图标，打开如图 11-38 所示的 Snapshot Management（快照管理）窗口。其中的 Available Snapshots and Results 栏中，选中之前保存的快照（阶段模拟结果）即可读取或复制瞬时数据。

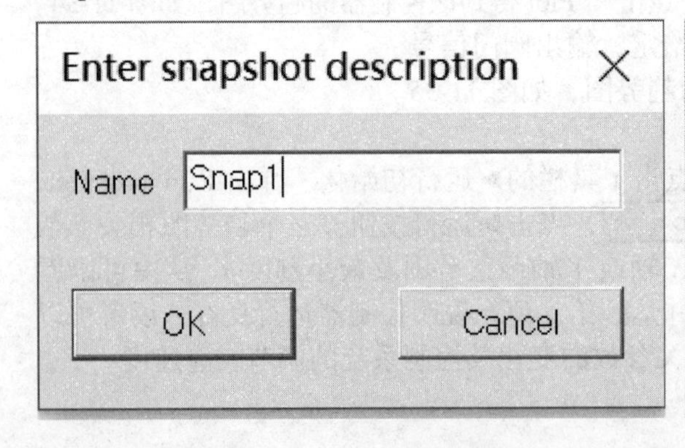

图 11-37　输入快照名称

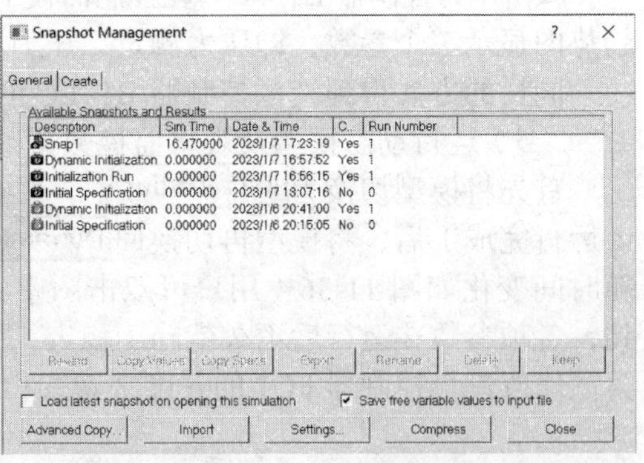

图 11-38　Snapshot Management 窗口

由于动态模拟过程中通常会打开多个窗口，需将多个窗口排列为容易查看的布局，如本例可以布局为图 11-39 所示界面。如需要保存此动态控制界面，可以点击菜单栏中的“Tools/ Capture Screen Layout”，或点击工具栏的 Capture layout 图标，弹出图 11-40 所示窗口，输入 Layout1，即可将图 11-39 界面保存为 Layout1 的布局。如需调用此布局，可以从窗口左侧浏览器中，在 Simulation / Flowsheet 文件夹，双击其中的 Layout1 即可，如图 11-41。此外，之前新建的 view、Curve 窗口也可通过此界面打开。

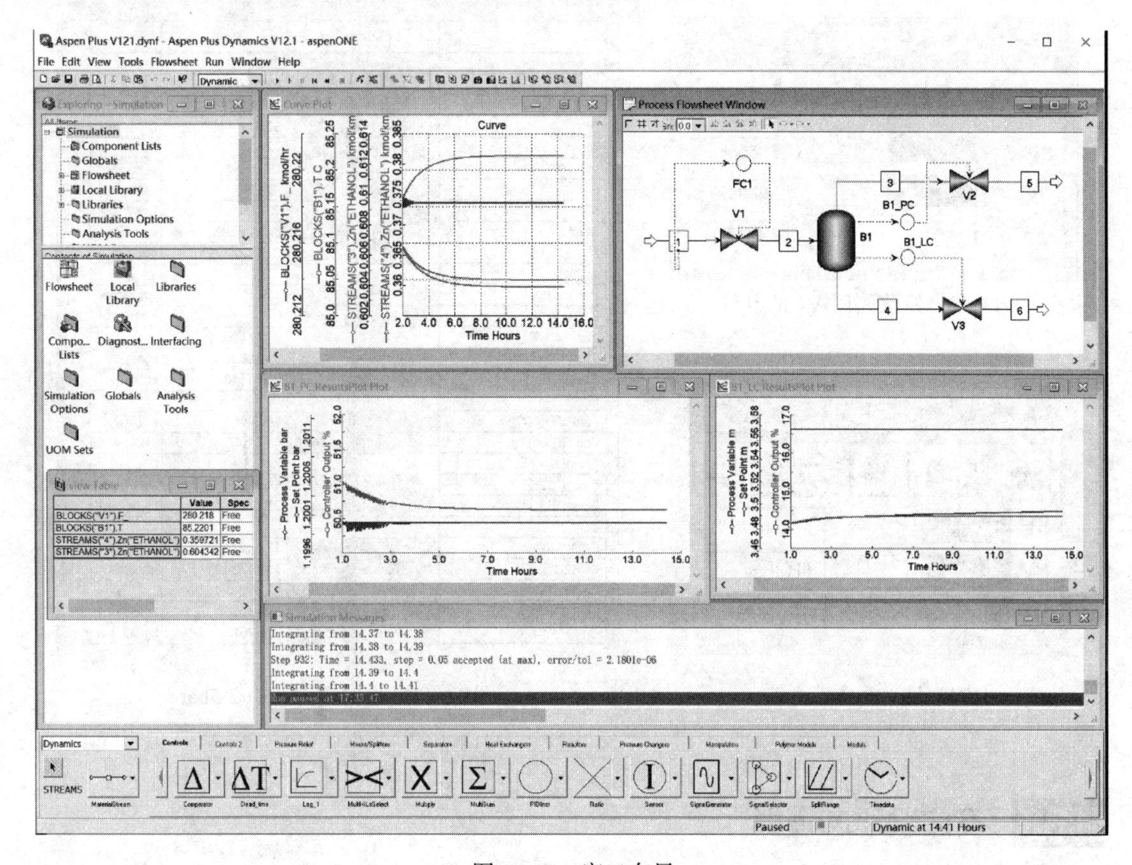

图 11-39 窗口布局

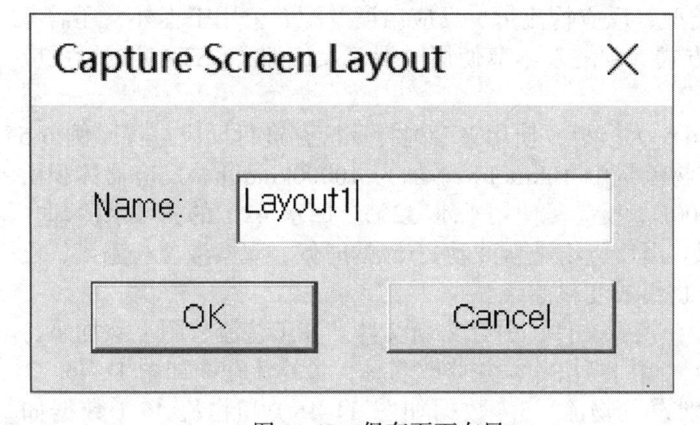

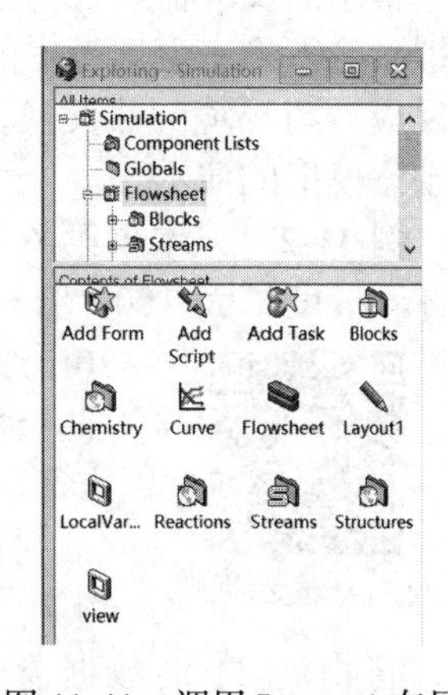

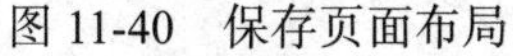

图 11-40 保存页面布局

图 11-41 调用 Layout1 布局

练习 11-1 在例 11-1 基础上调整部分参数，观察动态参数的变化情况：①通过控制器 FC1

将阀门 V1 的开度改为 5%，观察动态参数的变化（在图 11-42 中将控制器切换到 Manual，即手动模式，随后将 OP 改为 5）；②将物流 1 压力改为 2.5bar，观察动态参数的变化（图 11-43）；③将液面控制改为手动调节，手动调整液面高度，观察动态参数的变化（通过 OP 调节液面，液面高时，OP 大，则液面降下来，反之亦然，见图 11-44）。

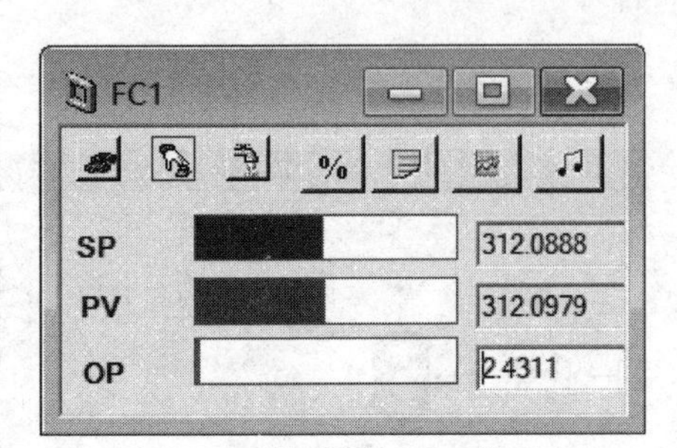

图 11-42　修改阀门 V1 的开度

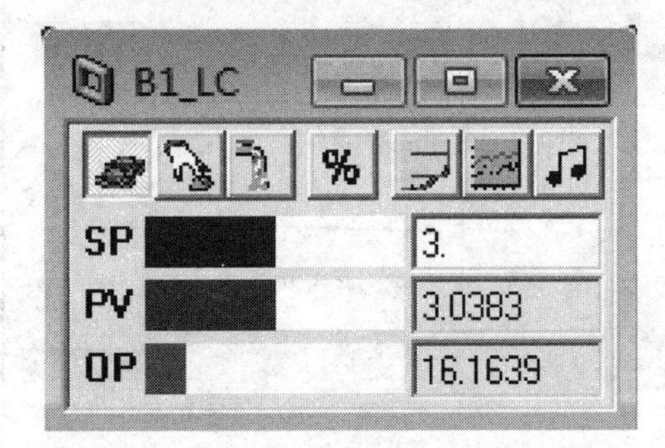

图 11-44　液面控制器

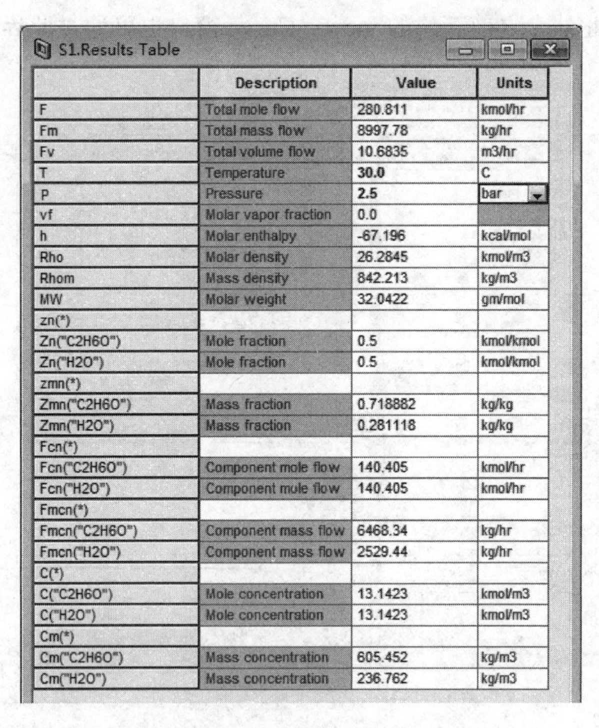
S1.Results Table

	Description	Value	Units
F	Total mole flow	280.811	kmol/hr
Fm	Total mass flow	8997.78	kg/hr
Fv	Total volume flow	10.6835	m3/hr
T	Temperature	30.0	C
P	Pressure	2.5	bar
vf	Molar vapor fraction	0.0	
h	Molar enthalpy	-67.196	kcal/mol
Rho	Molar density	26.2845	kmol/m3
Rhom	Mass density	842.213	kg/m3
MW	Molar weight	32.0422	gm/mol
zn(*)			
Zn("C2H6O")	Mole fraction	0.5	kmol/kmol
Zn("H2O")	Mole fraction	0.5	kmol/kmol
zmn(*)			
Zmn("C2H6O")	Mass fraction	0.718882	kg/kg
Zmn("H2O")	Mass fraction	0.281118	kg/kg
Fcn(*)			
Fcn("C2H6O")	Component mole flow	140.405	kmol/hr
Fcn("H2O")	Component mole flow	140.405	kmol/hr
Fmcn(*)			
Fmcn("C2H6O")	Component mass flow	6468.34	kg/hr
Fmcn("H2O")	Component mass flow	2529.44	kg/hr
C(*)			
C("C2H6O")	Mole concentration	13.1423	kmol/m3
C("H2O")	Mole concentration	13.1423	kmol/m3
Cm(*)			
Cm("C2H6O")	Mass concentration	605.452	kg/m3
Cm("H2O")	Mass concentration	236.762	kg/m3

图 11-43　进料压力改为 2.5bar

11.3 反应器动态模拟

常用的反应器可分为全混流反应器、平推流反应器和间歇反应器。对于反应器的动态模拟，除了稳态模拟考虑的反应类型、反应物流量、反应温度及配套公用工程外，还需考虑反应器与环境的热交换、控制方式等问题。本节使用全混流反应器（CSTR）进行反应器动态模拟的演示。

例 11-2　以本书第 6 章的例 6-5 为模板，使用夹套搅拌反应釜进行反应。将原例 6-5 的体系尺度扩大 1000 倍，如反应物流量由 10kmol/h 增加为 10000kmol/h，反应器体积由 20L 改为 20000L。反应釜使用来水 32℃、回水 42℃的循环水冷却，建立动态模拟。当反应物进料波动±30%的时候，观察液位、流量、反应釜内各化合物组成变化曲线。

例 11-2 演示视频

打开例 6-5 模拟文件，另存为新文件。在工艺流程图上添加泵、物流、混合器、阀门模块等，并修改名称，最终流程图如图 11-45。

将物流 11 的数据清空，分别设置物流 15（数据如图 11-46）和物流 17（数据如图 11-47）。

设置反应器 R1 体积为 20000 L，如图 11-48。

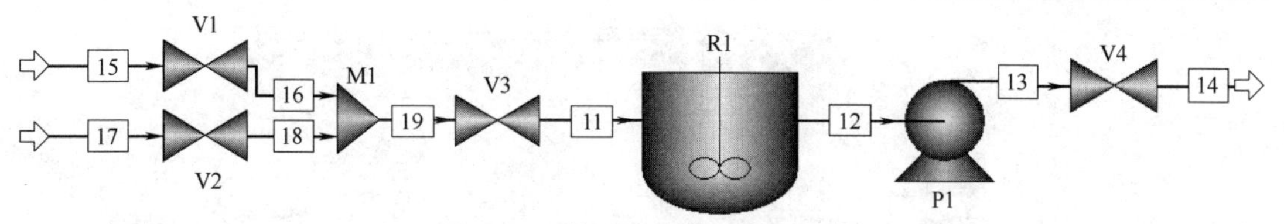

图 11-45　修改后稳态流程工艺图

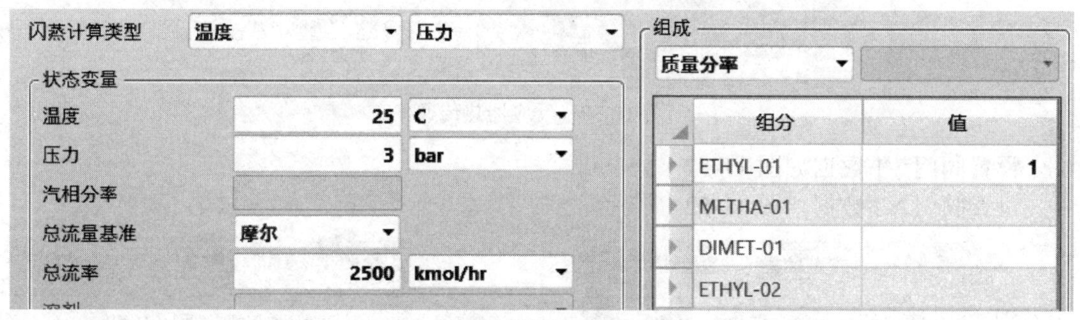

图 11-46　物流 15 输入信息

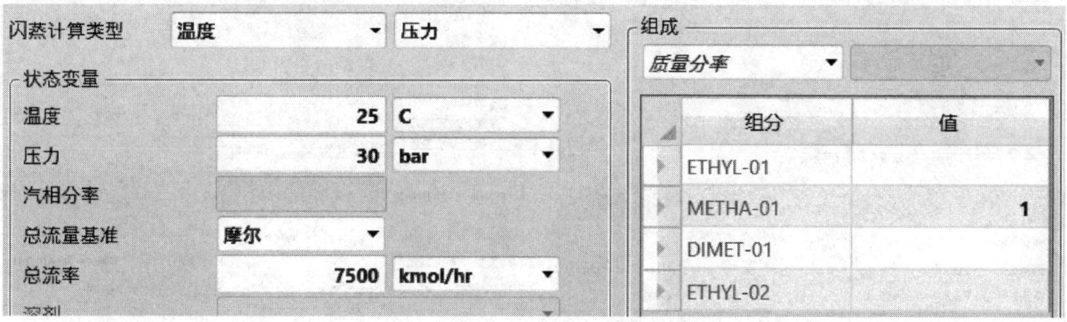

图 11-47　物流 17 输入信息

激活动态模式后，设置反应器 R1 的容器类型等参数［查《化工工艺设计手册》（第五版，中石化上海工程有限公司编，化学工业出版社，2018）可知 20m³ 反应器的常用直径为 1.5 米］，如图 11-49。

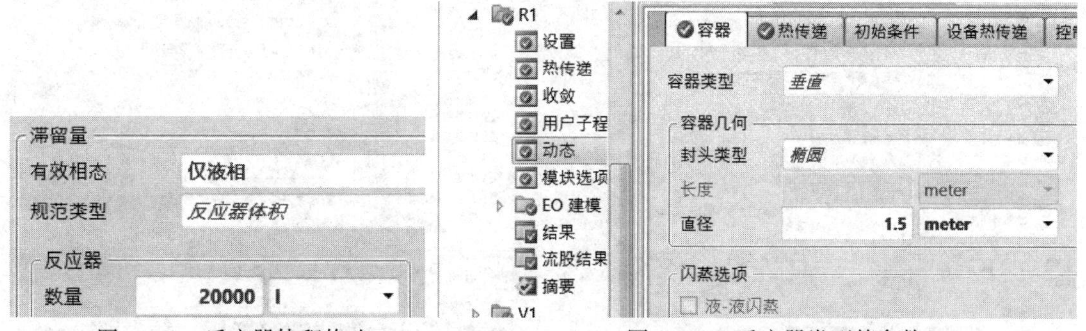

图 11-48　反应器体积修改　　　　图 11-49　反应器类型等参数

本例中全混流反应器 CSTR 选用的是夹套反应釜，因此热传递选项选用“动态”，其含义可见表 11-1。设置反应器的介质温度为 32℃（普通循环水公用工程的温度），根据《化工工艺设计手册》（第五版）可计算 20m³ 夹套反应釜的夹套体积为 3.3m³，因此介质滞留量为 3300kg，如图 11-50。

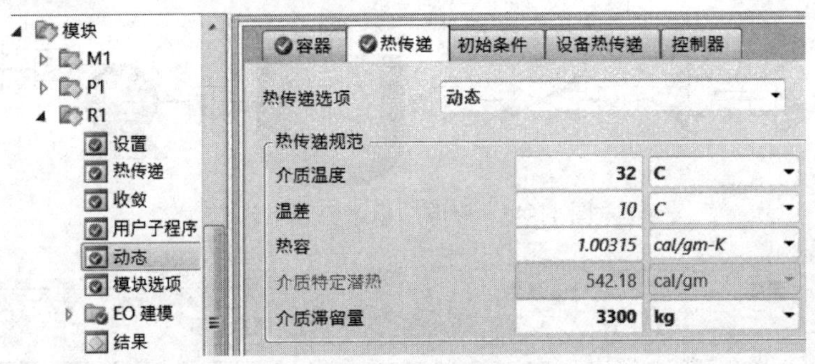

图 11-50　反应器热传递

设置阀门 V1 数据如图 11-51。

设置阀门 V2 数据如图 11-52。

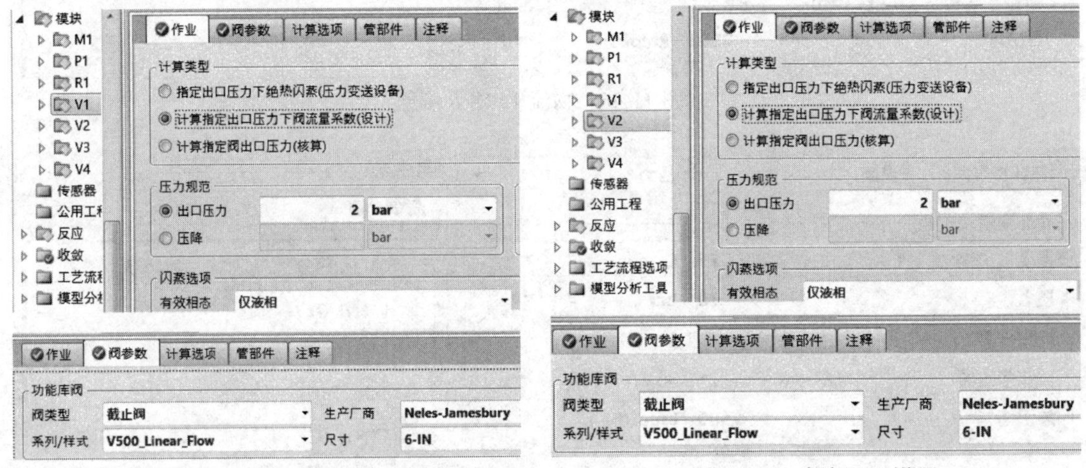

图 11-51　阀门 V1 设置　　图 11-52　阀门 V2 设置

设置阀门 V3 数据如图 11-53。

设置阀门 V4 数据如图 11-54。

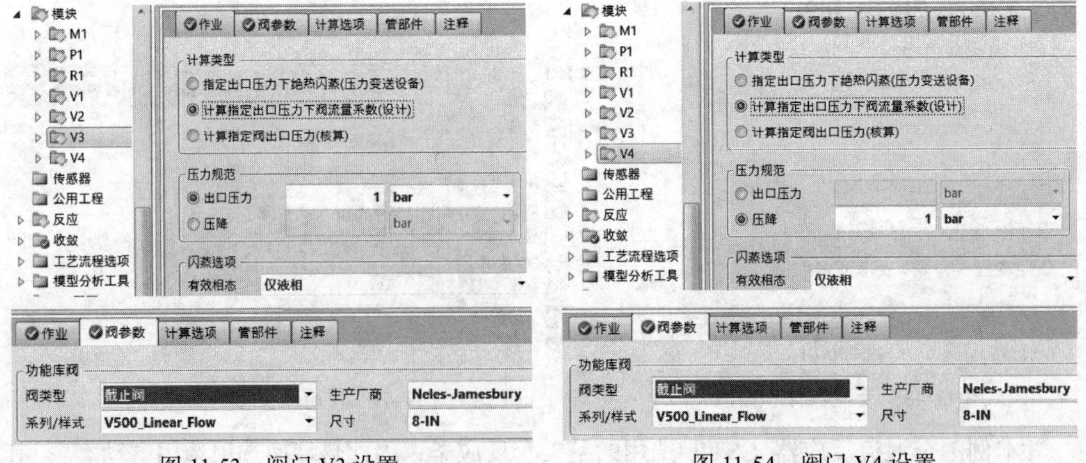

图 11-53　阀门 V3 设置　　图 11-54　阀门 V4 设置

设置泵 P1 的“排放压力”（即出口压力）为 3bar。

运行、收敛后，点击“动态”选项卡的“测压器”，显示无错误。随后点击“压力驱动”，则 Aspen Plus 将本文件转到 Aspen Plus Dynamics 并保存为后缀为.dynf 的文件。随后

Aspen Plus Dynamics 自动运行并自动打开保存的 dynf 文件，如图 11-55。

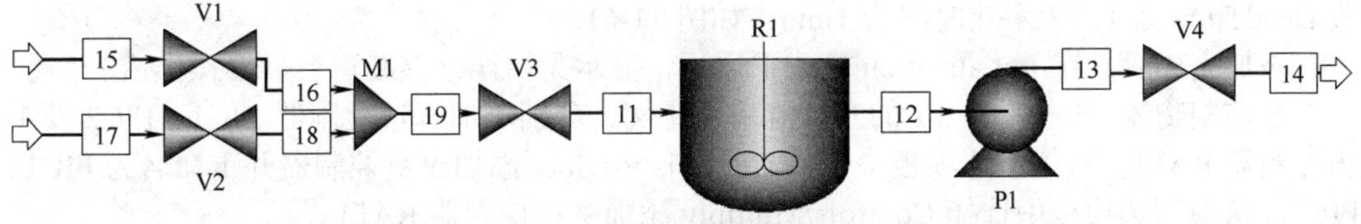

图 11-55　动态模拟流程

在工具栏中将运行模式由 Dynamic（动态）切换为 Initialization（初始化），点击“运行”，对工艺流程进行初始化。弹出 Run complete（运行完成）对话框后，点击“确定”。

因为软件未自动添加控制系统，因此需手动添加。首先添加反应器温度控制器 TIC，从模型选项板中选择 Controls/PIDIncr 添加温度控制器，右键点击该模块，选择 Rename Block 将其重命名为 TIC。在真实工厂的实际操作中，温度和组分的测量存在内在延迟和死时间（dead time，也称停滞时间），因此在动态模拟中也需将死时间包含在动态模拟回路中。温度控制器一般用 1min 的死时间，组成控制器一般使用 3~5min 的死时间。在模型选项板中选择 Controls/Dead_time，添加死时间模块并将其重命名为 B1。随后，在模型选项板中选择控制信号（Control Signal）流股，先连接反应釜与 B1，反应釜选择参数为反应器温度（如图 11-56）；然后连接 B1 与温度控制器 TIC，温度控制器选择参数 TIC.PV（图 11-57）；最后连接温度控制器 TIC 与反应釜 R1，温度控制器 TIC 选择参数 TIC.OP（图 11-58），反应釜选择参数为冷却水流率（图 11-59）。可以通过移动反应釜上的进、出箭头调整各模块布局，最终反应釜温度控制器流程如图 11-60。

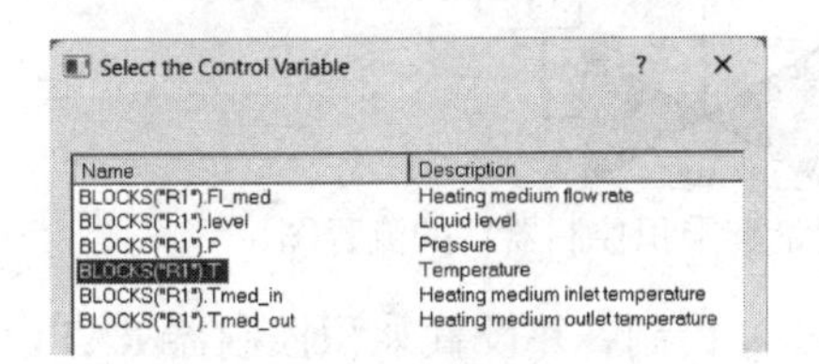

图 11-56　反应器输出参数

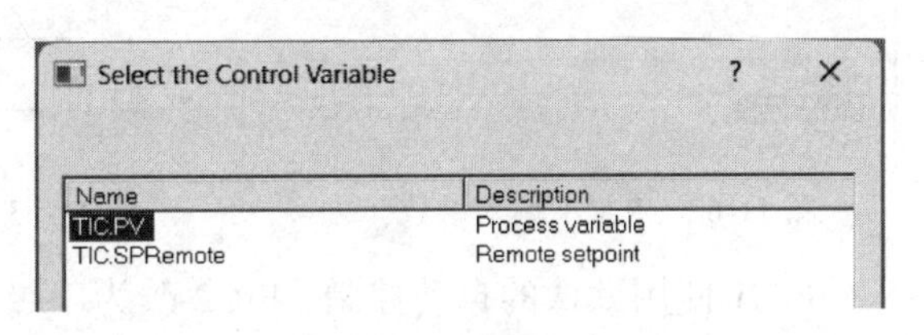

图 11-57　TIC 输入参数

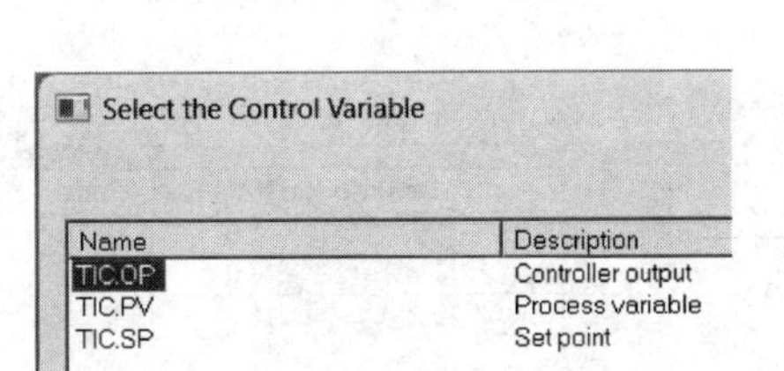

图 11-58　TIC 输出参数

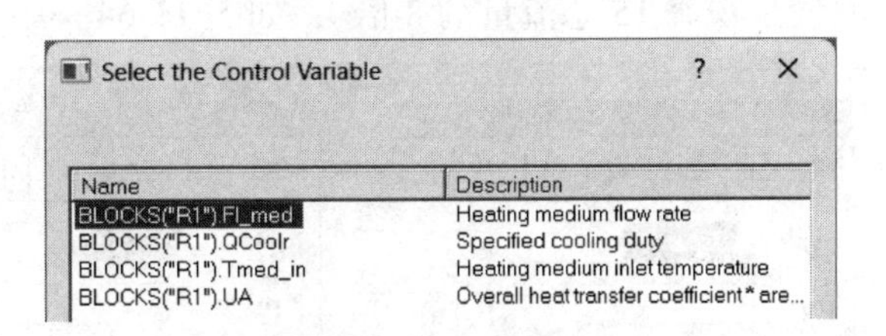

图 11-59　反应器输入参数

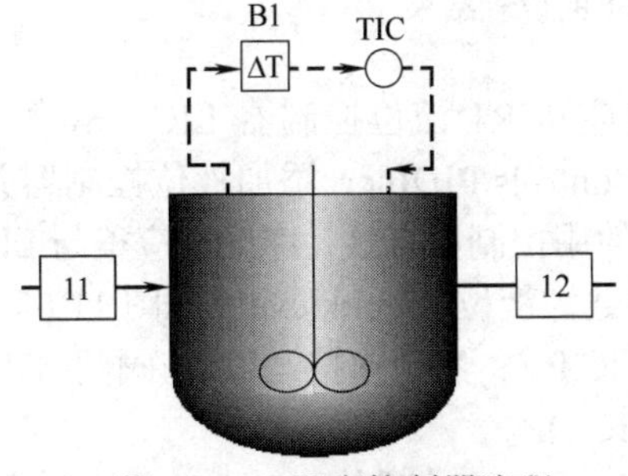

图 11-60　温度控制器流程

B1.AllVariables T...

	Value	Spec
ComponentList	Type1	
DeadTime	1.0	Fixed
Input_	1.0	Free
Output_	1.0	Free
TimeScaler	3600.0	
UserNotes		

图 11-61　DeadTime 时间设置

右键点击死时间模块 B1，在弹出菜单中选择 Forms / All Variables，在打开的窗口内修改 DeadTime 为 1，表示死时间为 1min，如图 11-61。

添加完成后，在 Initialization 模式下运行，显示无错误，继续进行后续操作。

为控制物流 15 与物流 17 的入口流率及比例，分别添加流量控制器 FIC1、FIC2 及乘积控制器 RAT1。从模型选项板中选择 Controls/PIDIncr 添加流量控制器并重命名为 FIC1、FIC2。从模型选项板中选择 Controls/Multiply 添加乘积控制器 RAT1。

使用控制信号（Control Signal）流股。首先连接物流 15 与 FIC1（物流 15 控制变量为 Total mole flow，FIC1 控制变量为 FIC1.PV）、FIC1 与阀 V1（FIC1 控制变量为 FIC1.OP）；然后连接物流 15 与 RAT1（物流 15 选择参数为 Total mole flow；RAT1 参数选择 Input1，如图 11-62）、RAT1 与控制器 FIC2（FIC2 控制变量为 FIC2.PV）、FIC2 与阀 V2（FIC2 控制变量为 FIC2.OP）；最后将物流 17 也连接至 FIC2（物流 17 控制变量为 Total mole flow）。连接完成后的流程如图 11-63。

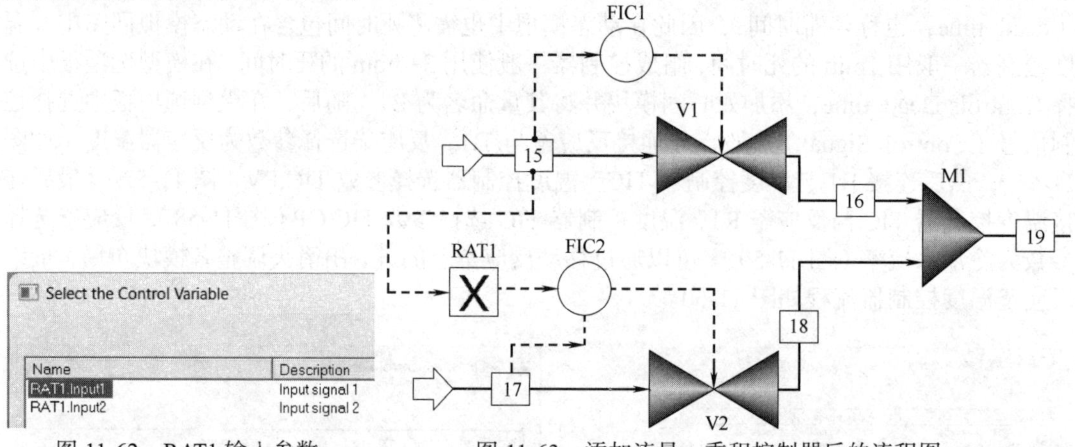

图 11-62 RAT1 输入参数　　图 11-63 添加流量、乘积控制器后的流程图

FIC1 使用默认的自动控制，FIC2 改为串级（Cascade）控制，并设置乘积控制器 RAT1 参数 Input2 为 3（物流 17 的总流量为 Input1，输出为 Input1 乘以 Input2，即物流 17 的总流量是物流 15 总流量的 3 倍），如图 11-64。

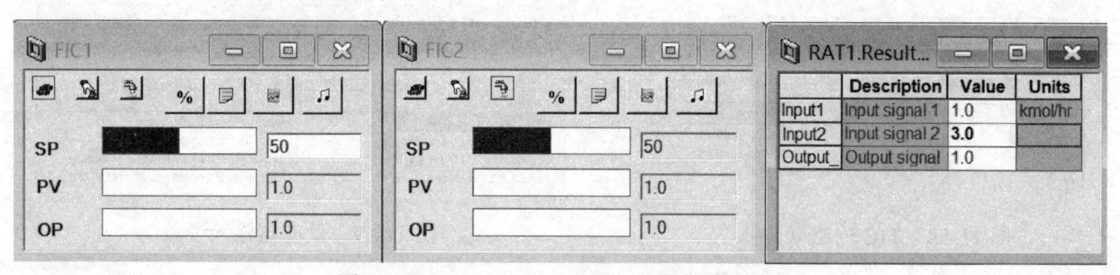

	Description	Value	Units
Input1	Input signal 1	1.0	kmol/hr
Input2	Input signal 2	3.0	
Output_	Output signal	1.0	

图 11-64 FIC1、FIC2、RAT1 的设置结果

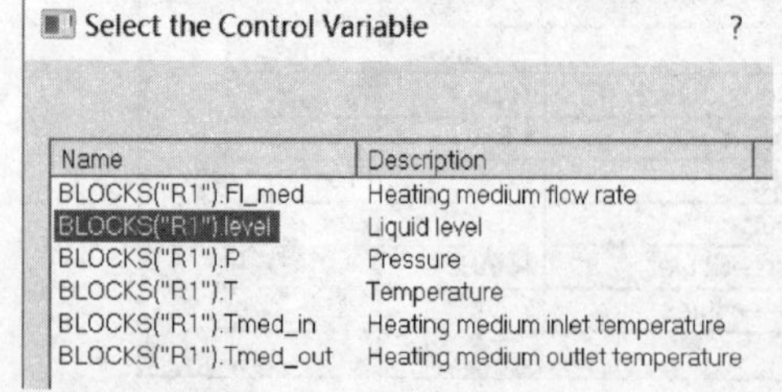

Name	Description
BLOCKS("R1").FI_med	Heating medium flow rate
BLOCKS("R1").level	Liquid level
BLOCKS("R1").P	Pressure
BLOCKS("R1").T	Temperature
BLOCKS("R1").Tmed_in	Heating medium inlet temperature
BLOCKS("R1").Tmed_out	Heating medium outlet temperature

图 11-65 反应釜输出参数

添加反应器 R1 液位控制器 LIC。从模型选项板中选择 Controls/PIDIncr 添加液位控制器并重命名为 LIC。使用控制信号线，连接反应釜与 LIC，反应釜选择参数为液位 Liquid level（如图 11-65），LIC 参数选择 LIC.PV；然后连接 LIC 与阀门 V4，LIC 选择参数 LIC.OP。

最终完成的工艺控制图如图 11-66。建议放置控制图标时一次到位，尽量不要移动调整控制线及控制器，以防止 Aspen Plus Dynamics 运行出错。

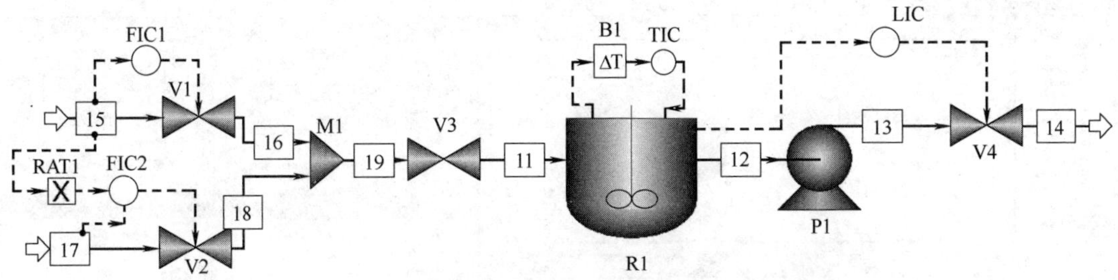

图 11-66 最终工艺控制流程图

根据经验值对流量控制器 FIC1 与 FIC2 的整定参数进行调整如图 11-67。

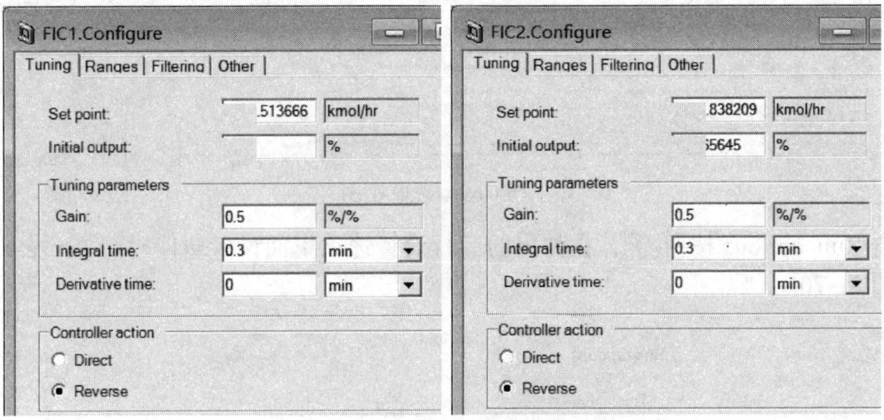

图 11-67 流量控制器的整定

根据经验对温度控制器 TIC 与液面控制器 LIC 的整定参数进行调整如图 11-68。

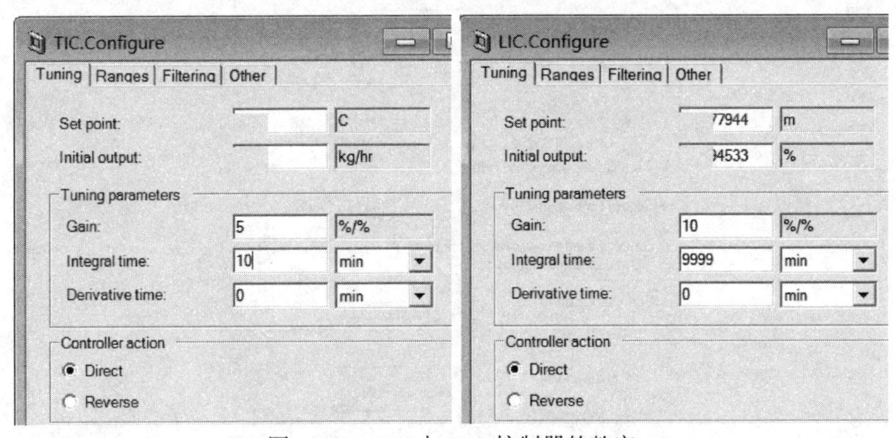

图 11-68 TIC 与 LIC 控制器的整定

参考例 11-1 建立监测数据的方法，建立表格 view，其中包含 R1 模块内前三个化合物的摩尔浓度、温度及摩尔流量；新建曲线图 Curve1，包含前三个化合物的摩尔浓度；新建曲线图 Curve2，包含反应器温度和总摩尔流量。同时调用控制器 LIC 与 TIC 的曲线图（右键点击控制模块选择 Forms / ResultsPlot），最终将所有曲线图与监控画面排列为如图 11-69

所示的布局。保存总文件，保存此布局为 Plot1 界面，保存快照数据并命名为 F-Plot。

例13-2.dynf - Aspen Plus Dynamics V12.1 - aspenONE
File View Tools Run Window Help
Dynamic
curve1
curve2
Time Hours
Simulation has been restarted using "Dynamic Initialization" 04/12/2022 18:07:50
Simulation has been restarted using "Dynamic Initialization" 04/12/2022 18:07:50
Ready
Paused
Dynamic at 0.00 of 2.00 Hours

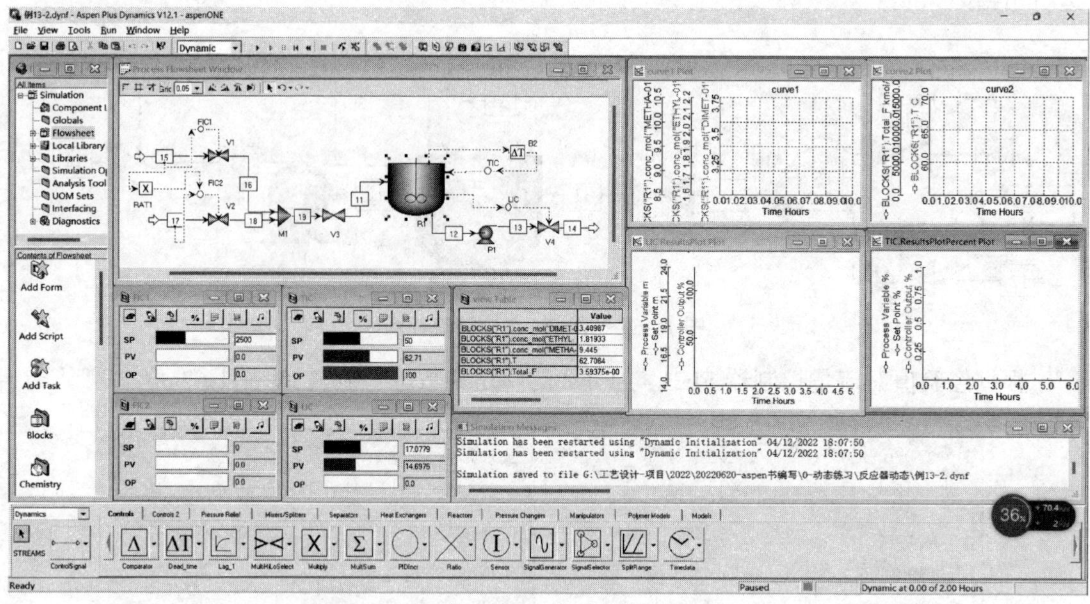

图 11-69　总监控图

点击 Run options 按钮，在弹出的运行设置选项里面设置暂停时间 Pause at 为 2 小时，如图 11-70。

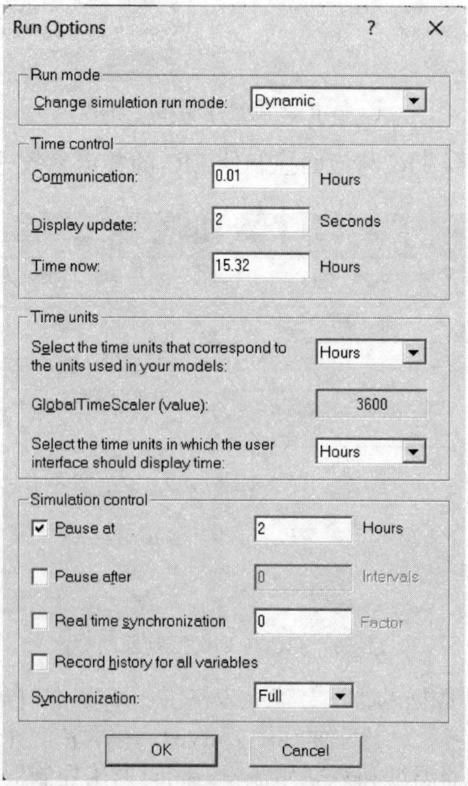

Run Options
Run mode
Change simulation run mode: Dynamic
Time control
Communication: 0.01 Hours
Display update: 2 Seconds
Time now: 15.32 Hours
Time units
Select the time units that correspond to the units used in your models: Hours
GlobalTimeScaler (value): 3600
Select the time units in which the user interface should display time: Hours
Simulation control
Pause at 2 Hours
Pause after 0 Intervals
Real time synchronization 0 Factor
Record history for all variables
Synchronization: Full
OK
Cancel

图 11-70　运行参数设置

初始化，点击 ▶ 运行，观察各监测曲线的变化情况，可以看到运行 2 小时后动态模拟暂停，各监测数据及图的变化如图 11-71 所示。

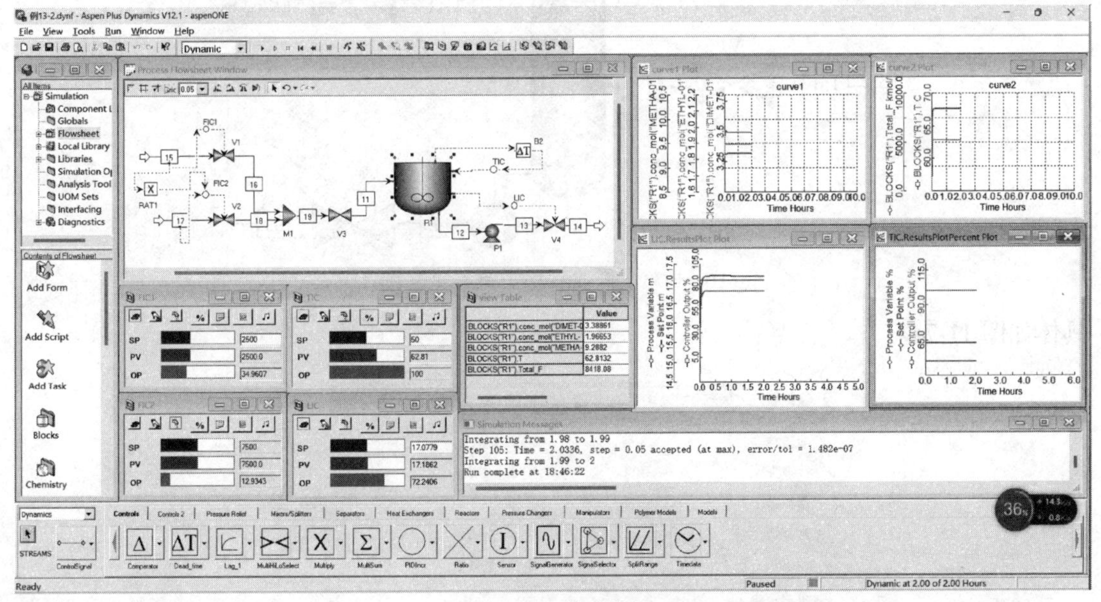

图 11-71　总监控图

如果需要改变进料量，可以在 FIC1 的控制面板（图 11-72）将 SP（Set point，设定值）更改为 3250（2500kmol/h 向上波动 30%）。继续模拟，可以观察到所设计的控制程序比较灵敏，可以适应流量的突然变化。

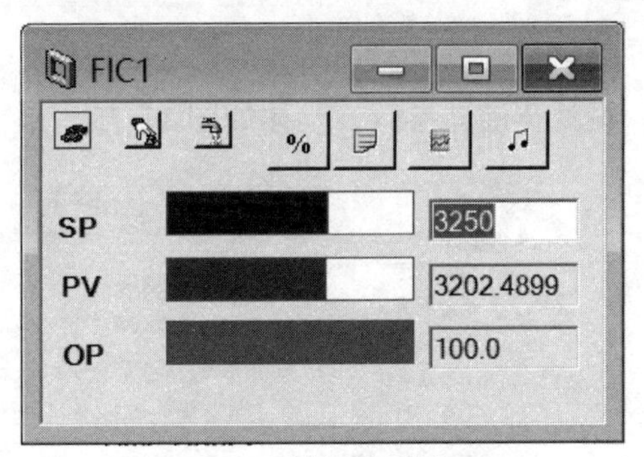

图 11-72　进料流量增加 20%

练习 11-2　将例 11-2 的全混流反应釜的热传递类型修改为 LMTD 形式，绘制反应物进料波动±30%的时候，液位、流量、反应釜内各化合物组成变化曲线。

11.4　精馏塔动态模拟

一套完整的精馏塔系统包含塔体、塔釜再沸器、塔顶冷凝器、塔顶回流罐、进口管线、出口管线等多个设备，因此对精馏塔进行动态模拟，进而分析精馏塔控制系统的有效性非常重要。精馏塔常用的控制方案有单指标控制（如精馏段控制、提馏段控制）、双指标控制（塔顶与塔釜指标同时控制）等控制方案。本节采用双指标控制方案，分析塔的动态模拟过程。

例 11-3　以第 5 章的例 5-7 为模板，使用双指标控制方案，建立动态模拟。

例 11-3 演示视频

打开例 5-7 模拟文件，另存为例 11-3 文件。为防止收敛干扰，将塔内设计规范、变化、灵敏度分析、*NQ* 曲线等内容删除，同时在工艺流程图上添加物流、阀门等，并修改各模块名称如图 11-73。

将物流 F 的数据清空，然后设置物流 101 数据为原来物流 F 的条件。考虑到精馏塔最常用的再沸器为热虹吸形式，因此修改再沸器为热虹吸，

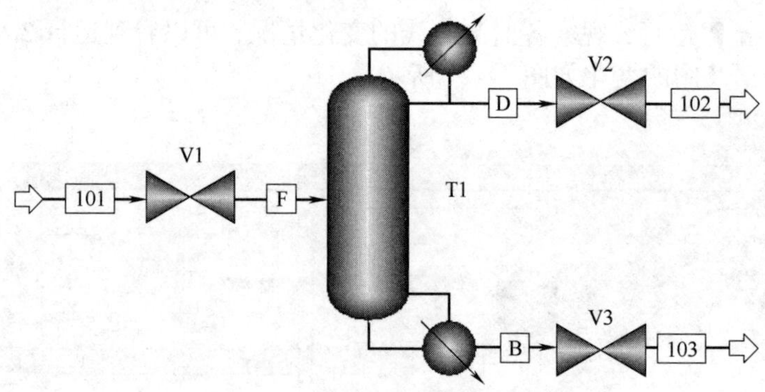

图 11-73　修改后稳态流程工艺图

具体如图 11-74。

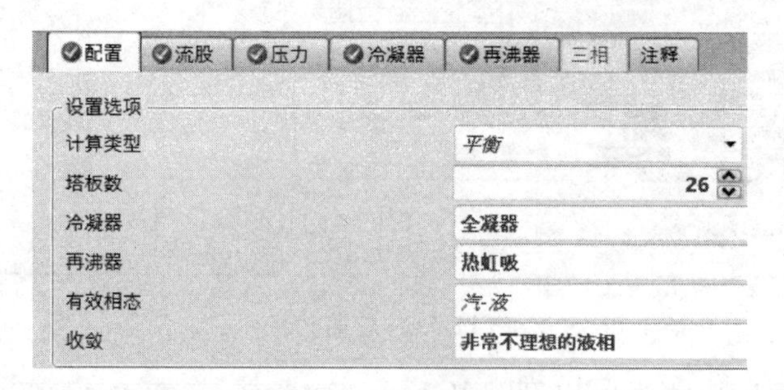

图 11-74　再沸器选型

设计再沸器参数，具体如图 11-75。

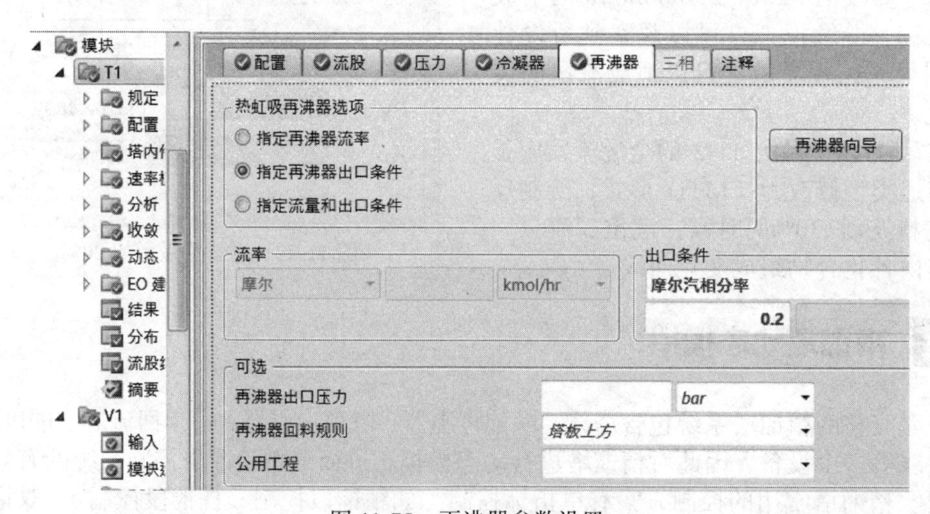

图 11-75　再沸器参数设置

由于本例题精馏塔为填料与板式组合的混合塔，因此需要对塔压降分段设置，2~12 层理论塔板为一段填料，设置压降为 0.05bar；第 13 块理论塔板为进料板，要求其压力与 V1 进料阀的压力一致，因此需明确设置此处压力为 1.26bar；第 14~25 层理论塔板为板式塔，可将压降设为 0.14bar。由于压力驱动的动态模拟要求塔进料物流的压力与进料塔板上的压力一致，因此从塔顶开始计算压降，计算出 25 块板压力后，特别设置出第 25 块塔板为 1.4bar，第 26 块塔板为 1.42bar，具体压力参数如图 11-76。

设置阀门 V1 数据如图 11-77。

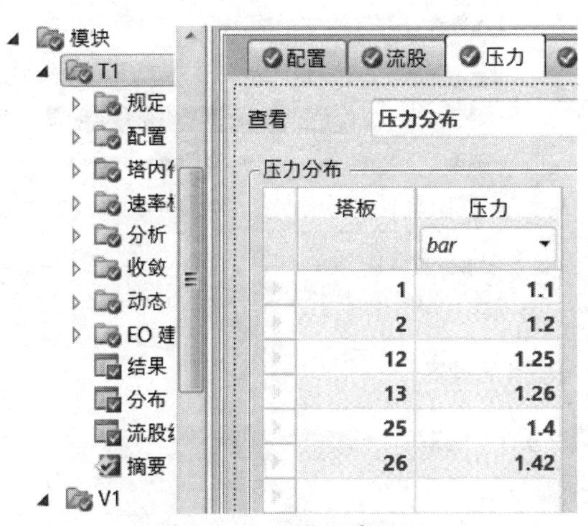

图 11-76　塔压降设置

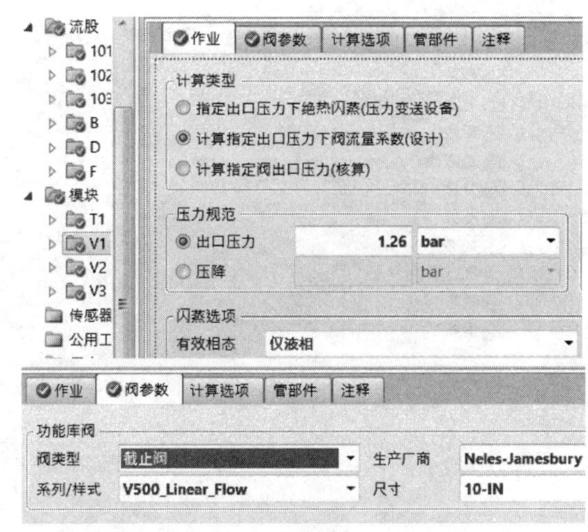

图 11-77　阀门 V1 设置

设置阀门 V2 数据如图 11-78。

设置阀门 V3 数据如图 11-79。

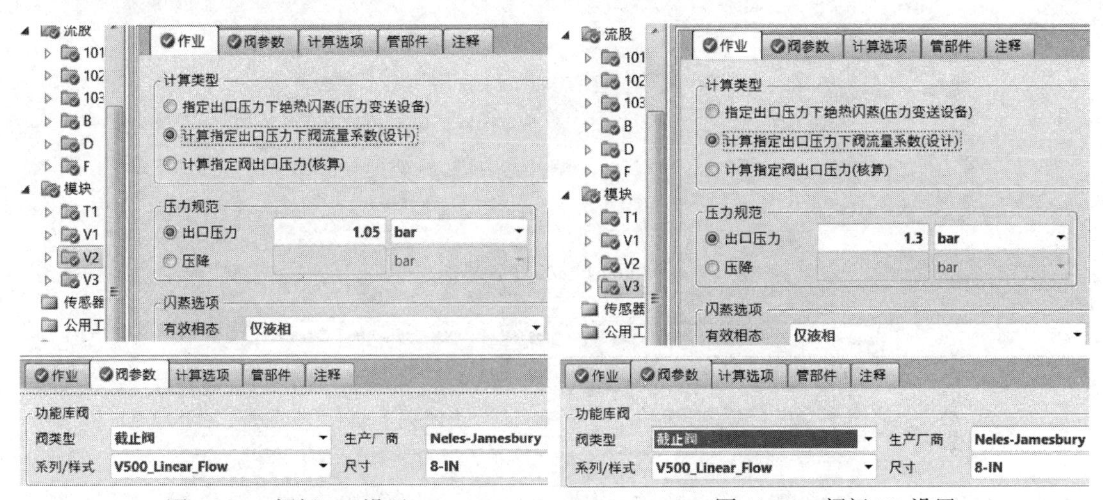

图 11-78　阀门 V2 设置　　　　图 11-79　阀门 V3 设置

随后切换到动态模式。精馏塔的冷凝器、再沸器的“热传递选项”均可采用默认的“恒定负荷”模式。精馏塔动态还需设置塔顶回流罐与塔釜尺寸。回流罐的尺寸一般根据塔顶物流采出量及塔顶冷凝液的物流量综合考虑，初步设计可简单计算为塔顶物流每小时的采出量除以 10，即 6min 的采出量。塔釜的大小一般需按照再沸器的安装高度及塔釜物流的采出量综合考虑，初步设计可以简单设为直径与下段填料一致，塔釜高度选取 2~3.5 米，本例题可保持原塔釜设计参数。具体回流罐与塔釜的设计数据见图 11-80 界面。

下一步设置在“水力学”标签页设置水力学参数。水力学类型选择“混合简化塔板/简化填料”，将本例中的塔段参数填入表单，如图 11-81。

在“控制器”标签页设置精馏塔稳态转换为动态后添加的控制器形式，将所有控制器种类都选中，具体如图 11-82。

运行、收敛后，点击“动态”选项卡的“测压器”，显示无错误。随后点击“压力驱动”，则 Aspen Plus 将本文件转到 Aspen Plus Dynamics 并保存为后缀为.dynf 的文件。随后 Aspen Plus Dynamics 自动运行并自动打开保存的 dynf 文件。

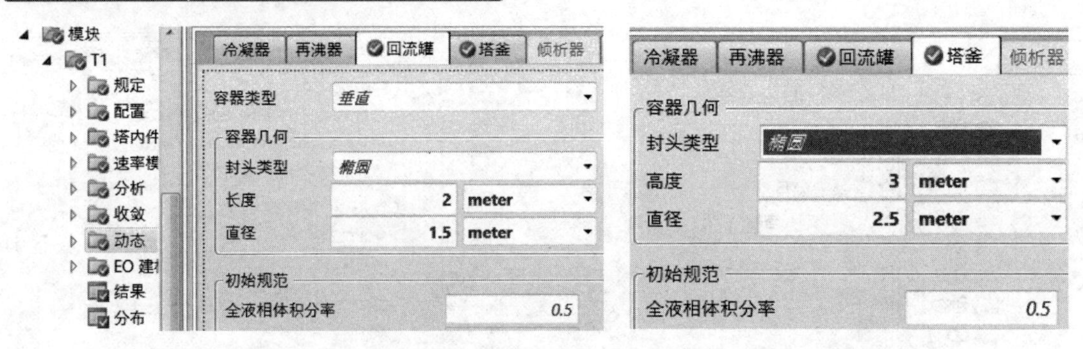

图 11-80　回流罐与塔釜的设置

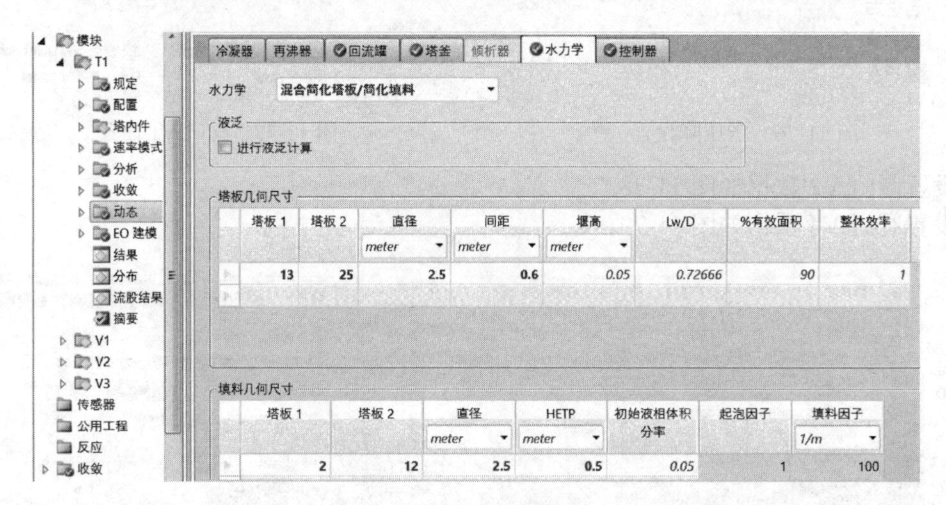

图 11-81　水力学参数

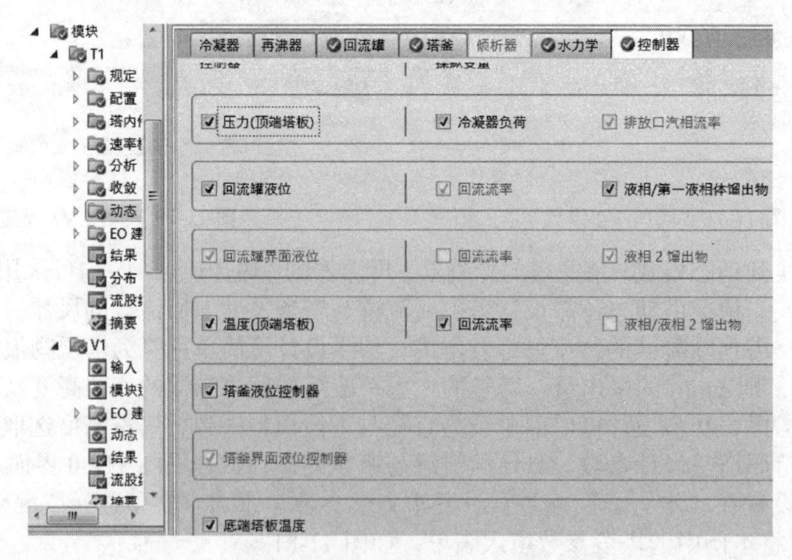

图 11-82　控制器添加设置

随后 Aspen Plus Dynamics 自动运行并自动打开保存的后缀为.dynf 的文件，出现如图 11-83 的工艺流程图，可以看到已经自动添加了塔顶压力控制器 T1_CondPC、塔顶温度控制器 T1_S2TC、塔顶回流罐液位控制器 T1_DrumLC、塔釜液位控制器 T1_SumpLC、塔釜温度控制器 T1_S26TC，即已初步完成精馏塔双重质量指标控制的控制器添加。

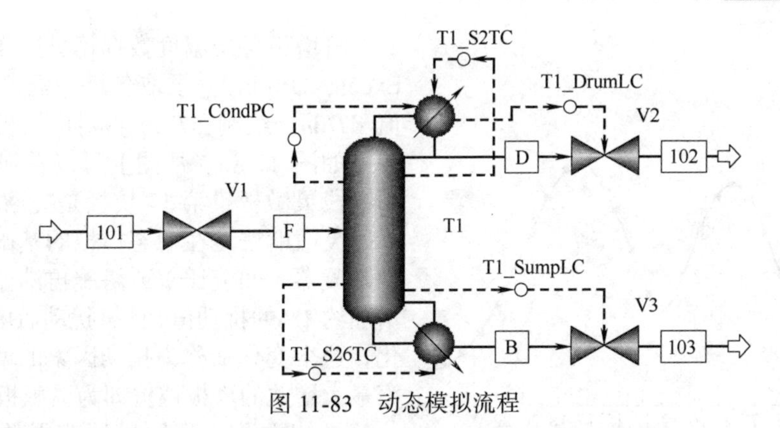

图 11-83　动态模拟流程

在工具栏中将运行模式由 Dynamic 切换为 Initialization（初始化），点击“运行”，对工艺流程进行初始化，弹出 Run complete（运行完成）对话框后，点击“确定”。

虽然模型从稳态转换为动态的过程中已初步完成精馏塔双重质量指标控制，但仍不够完善，如精馏段与提馏段的温度采样点并不一定是灵敏板的温度，入口流量上还缺少流量控制器等控制结构，因此需要检查自动添加的控制器结构参数，对不合适的参数进行修改，并新增需要的控制器结构。

由于在压力一定的情况下，物料组成与温度是一一对应的，因此精馏塔产品指标的控制在某种意义上即是对产品温度的控制。精馏段温度控制结构的合理设置可以对塔顶产品采出的质量进行控制，相应的提馏段温度控制结构的合理设置可以对塔釜产品采出的质量进行控制。而灵敏板对塔的温度波动最为敏感，选取最佳的灵敏板位置，进而对温度控制结构进行合理设置，即能获得合适的产品质量，所以灵敏板也称为温度控制板。由此可知，精馏塔灵敏板的判断对温度控制器结构的设置非常重要，其判断方式有斜率法、灵敏度法、奇异值分解法、恒定温度法、产品波动最小法等多种方法，目前用得比较多的有斜率法和灵敏度法。

斜率法是求取各层塔板上温度变化曲线的斜率，获得的极值点就是塔板上温度变化最敏感的点，对应的塔板即是灵敏板。具体方法是在 Aspen Plus 的稳态模拟中，查看各层塔板温度，如图 11-84。

对所选数据点温度绘图（点击顶部功能区“塔设计”选项卡下的“温度”），绘制塔内随塔板变化的温度曲线，如图 11-85。从图上不太容易观察出灵敏板的位置。

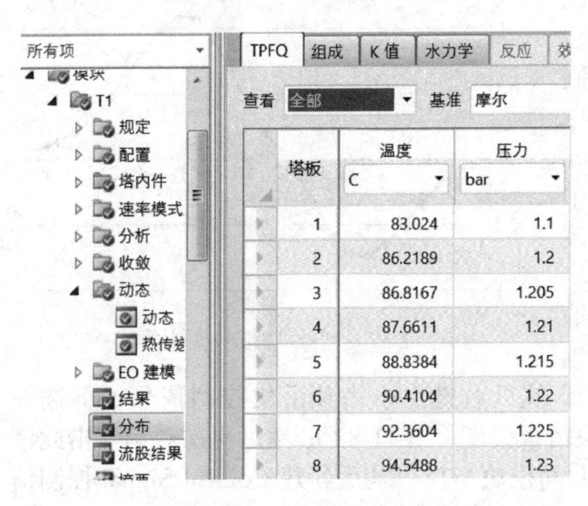

塔板	温度 C	压力 bar
1	83.024	1.1
2	86.2189	1.2
3	86.8167	1.205
4	87.6611	1.21
5	88.8384	1.215
6	90.4104	1.22
7	92.3604	1.225
8	94.5488	1.23

图 11-84　选取各塔板温度数据

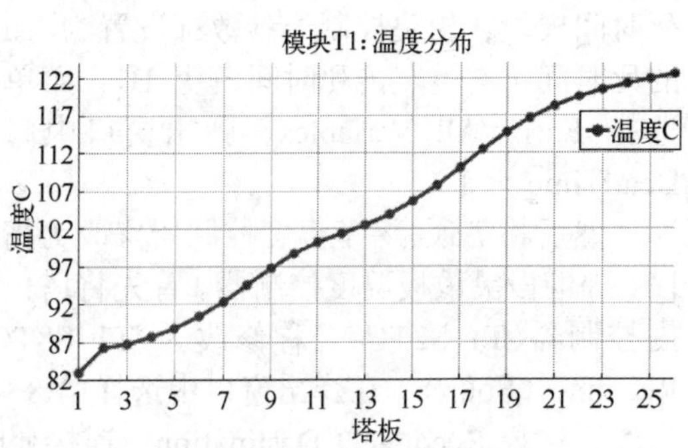

图 11-85　塔内温度变化曲线

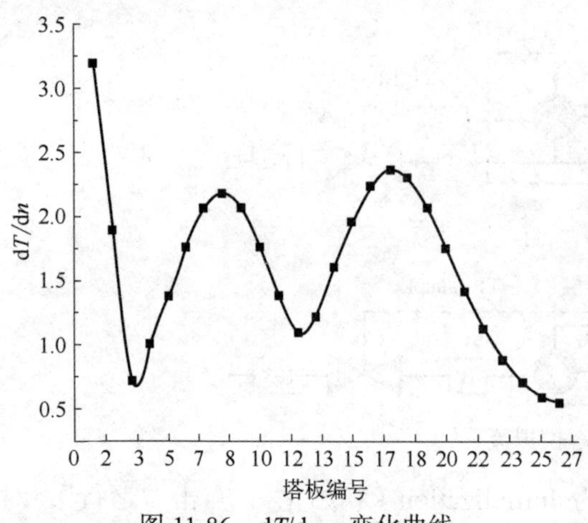

图 11-86 dT/dn-n 变化曲线

将塔板各层温度数据拷贝进作图软件（如 Excel、Origin），求取各塔板温度对应的微分值 dT/dn，绘制 dT/dn 与对应塔板的变化曲线图，如图 11-86。从图上可以看到第 8 块板为精馏段灵敏板，第 17 块板是提馏段灵敏板。

灵敏度法是在稳态模拟的基础上，选取塔顶冷凝器（回流比）或塔釜再沸器，将其负荷增加约 1%的扰动值，计算扰动后塔板温度的变化，这个变化又称为扰动因素的增益，绘图观察最大增益的塔板位置即为灵敏板。

具体方法为将原模拟获得的各塔板温度数据拷贝进 Excel 表内，标记为温度 1，然后只将回流比增加 1%，即回流比由原来的 2.0725 增加到 2.093225。重新模拟计算完毕后，将再次获得的各塔板温度数据再拷贝进 Excel 表内，标记为温度 2，计算两次的温度差值，并将回流比的 1%增加量 0.020725 填进表格。用表格计算（温度差值/回流比变化量）得到的数值即扰动增益，选取 1~7 块塔板的数值为例，见表 11-6。

表 11-6 灵敏度法计算表

塔板号	温度 1/℃	温度 2/℃	温度差值/℃	回流比变化量	增益
1	83.02	83.01	−0.010	0.2073	−0.049
2	86.22	86.19	−0.024	0.2073	−0.117
3	86.82	86.77	−0.044	0.2073	−0.214
4	87.66	87.59	−0.072	0.2073	−0.345
5	88.84	88.73	−0.104	0.2073	−0.501
6	90.41	90.28	−0.135	0.2073	−0.652
7	92.36	92.21	−0.154	0.2073	−0.744

以增益为纵坐标、塔板号为横坐标绘图，如图 11-87。从图上同样可以得到第 8 块板为精馏段灵敏板，第 17 块板为提馏段灵敏板。

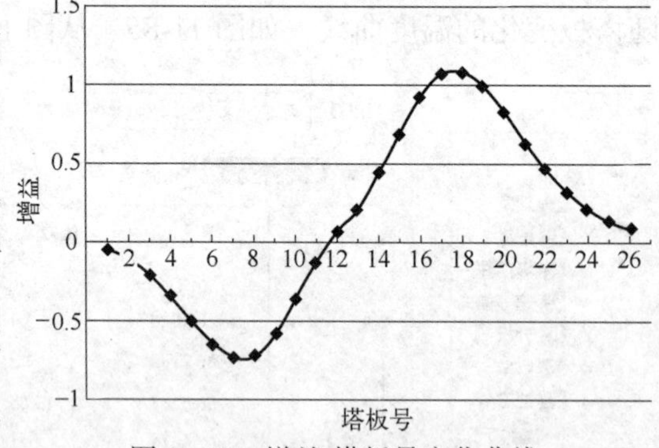

图 11-87 增益-塔板号变化曲线

针对已添加的温度控制器结构，参照例题例 11-2 的方法添加 Dead_time（死时间）模块，在塔顶温度控制器 T1_S2TC 和塔釜温度控制器 T1_S26TC 的回路上分别添加 DT1 和 DT2 死时间模块，相关控制器参数都设置为 1min 的死时间（右键点击死时间模块 B1，菜单中选择 Forms/All Variables，弹出窗口中修改 DeadTime 为 1）。

然后将塔顶、塔釜温度控制器修改为精馏段、提馏段灵敏板温度控制器。首先将塔顶温度控制器 T1_S2TC 名称修改为 T1_S8TC，然后右键点击塔顶采集控制信号线，选择 Reconnect Source，在弹出窗口中选择第 8 块塔板温度（图 11-88）；然后再次右键点击此信号线，选择 Reconnect Destination，连接死时间模块 DT1；最后新建 Control Signal 控制信号线连接 DT1 与 T1_S8TC 控制器。

按同样方式，修改塔釜温度控制器的名称为 T1_S17TC，修改其采集温度为第 17 块塔板温度（图 11-89），连接 DT2 模块及 T1_S17TC 模块。至此温度控制结构修改完毕。

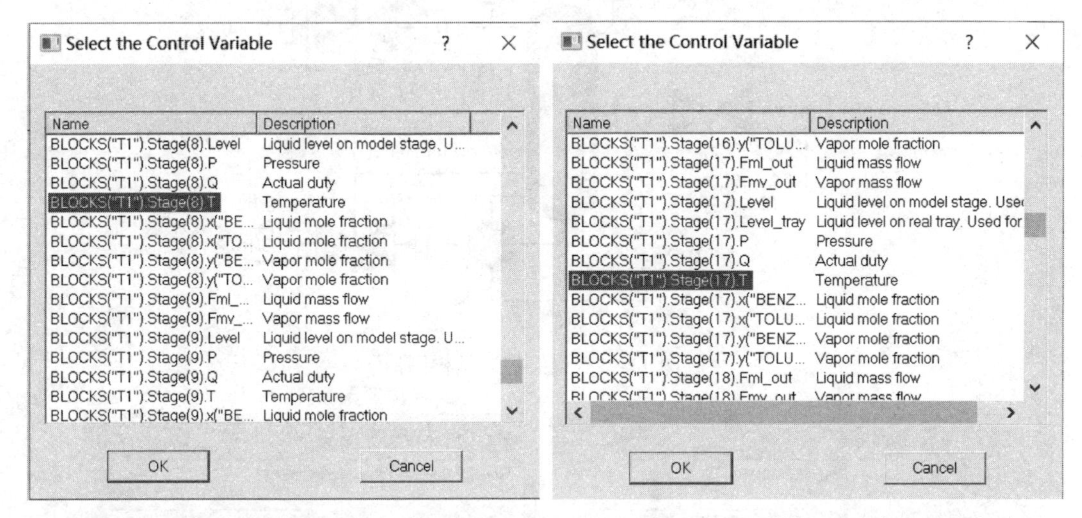

图 11-88　第 8 块塔板温度作为采集变量　　　　图 11-89　第 17 块塔板温度作为采集变量

为控制物流 101 和物流 F 的入口流率，参考例 11-2 的方法，添加流量控制器 FIC1，参数选择如图 11-90。

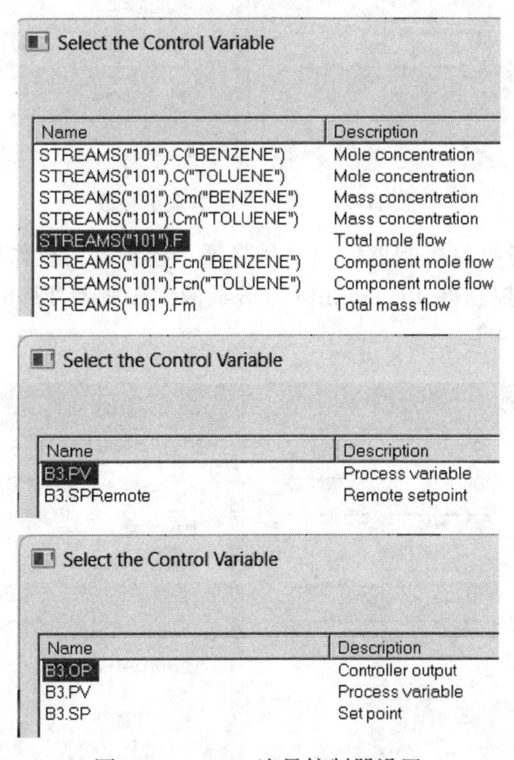

图 11-90　FIC1 流量控制器设置

最终完成的精馏塔控制结构如图 11-91。

根据经验法对入口流量控制器 FIC1、塔顶压力控制器 T1_CondPC 两个控制器进行整定，具体参数如图 11-92。T1_CondPC 的输出参数是冷凝器热量移出速率（可双击控制信

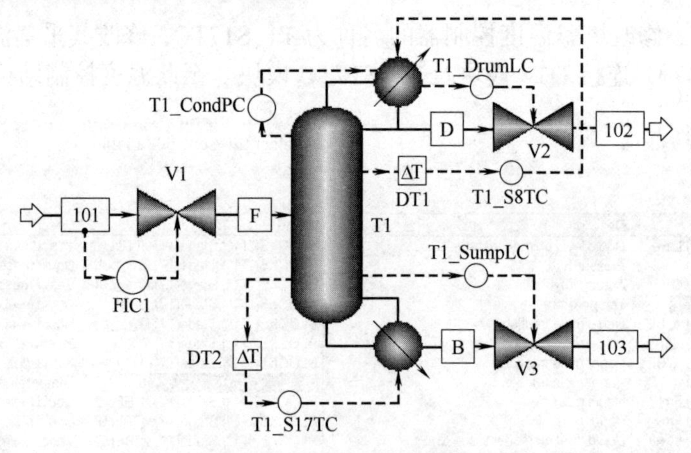

图 11-91 最终控制结构图

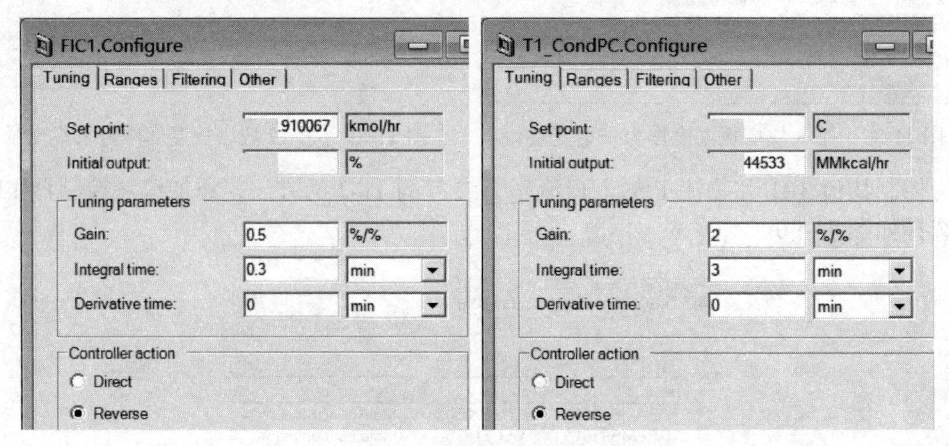

图 11-92 流量及压力整定参数

号线查看），因此压力升高时控制器输出信号降低，控制器为反作用（Reverse）。

对塔顶回流罐液位控制器 T1_DrumLC、塔釜液位控制器 T1_SumpLC 两个控制器进行整定，具体参数如图 11-93。

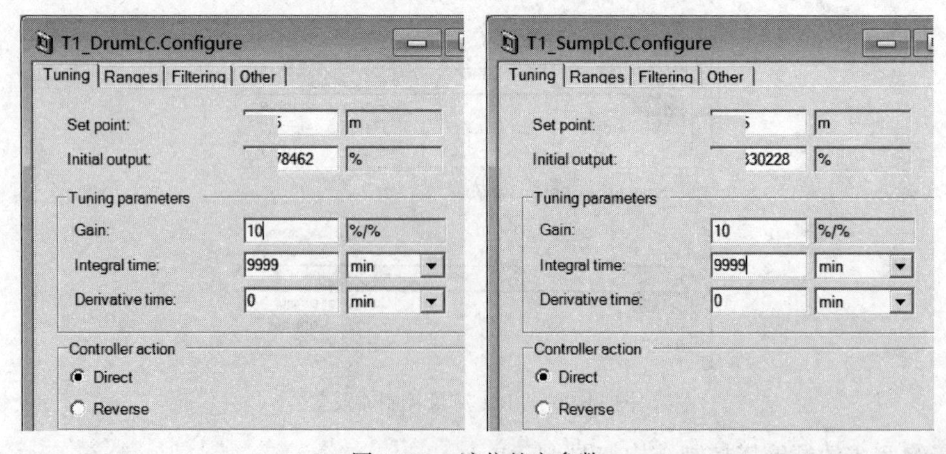

图 11-93 液位整定参数

通常的整定方法除了经验法，还可以使用软件自带的继电-反馈测试功能对控制器进行整定。本例使用此种方法对温度控制器参数进行整定。在 Initialization 模式下，点击“运行”，对模型进行初始化，然后切换回 Dynamic 动态模式。双击塔顶温度控制器 T1_S8TC，在弹出的温度控制面板上点击 Tune 按钮 ，在“Test”标签页，将 Test method（测试模式）从 Open loop（开环）切换为 Closed loopATV（闭环），如图 11-94。随后打开 T1_S8TC 的参数监控曲线界面（右键点击 T1_S8TC 控制模块选择 Forms/ResultsPlot），然后点击图 11-94 窗口中的“Start test”按钮，再点击工具栏的动态运行按钮 ▶，在运行时间超过 10 个周期后（T1_S8TC 的参数监控曲线界面如图 11-95 所示），点击图 11-94 页面上的“Finish test”按钮，再点击工具栏的停止运行按钮 。

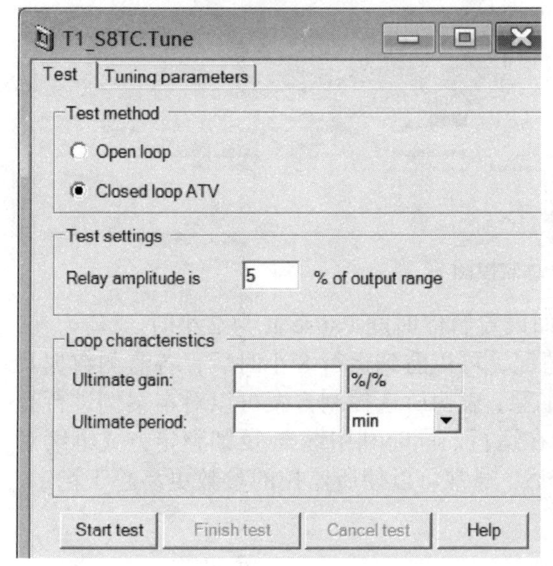

图 11-94 “Test”标签页

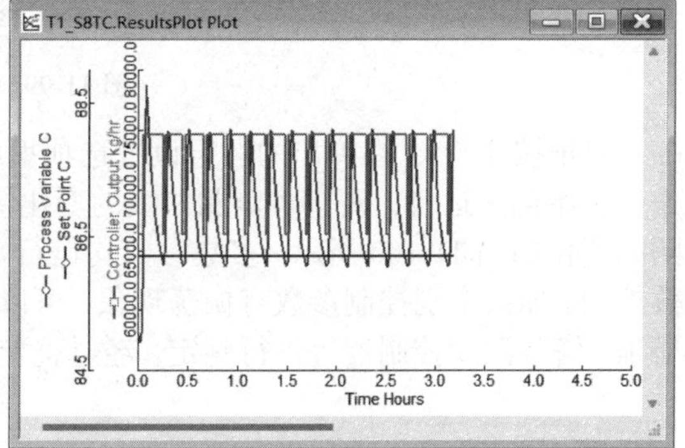

图 11-95 继电-反馈测试曲线

测试完成后系统会将测试获得的整定参数自动填入 Loop characteristics（循环特征值），如图 11-96。点击进入“Tuning parameters”（整定参数）标签页（如图 11-97），点击“Calculate”（计算）按钮，将获得的整定 PID 参数填入 Tuning parameter results（整定参数结果），最后点击“Update controller”（更新控制器）按钮，将获得的整定参数上传至仪表参数内。

用同样方法对塔釜温度控制器 T1_S17TC 参数进行整定，获得的整定参数如图 11-98。

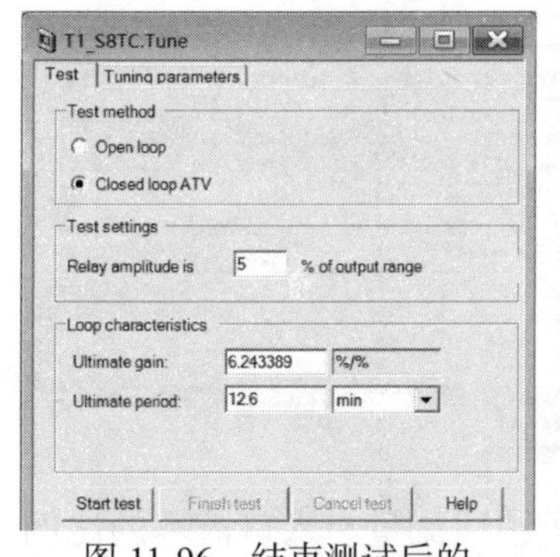

图 11-96 结束测试后的 Loop characteristics

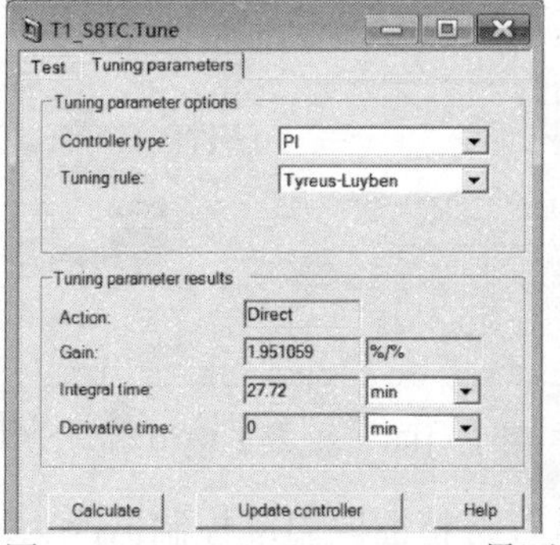

图 11-97 Tuning parameters 界面

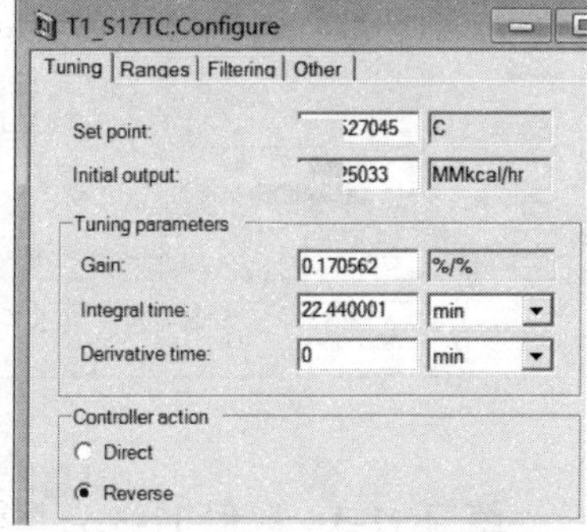

图 11-98 T1_S17TC 参数整定

调用各控制器曲线图，最终将所有曲线图与监控画面排列成如图 11-99 所示的布局。保存总文件，保存此布局为 Plot1 界面。

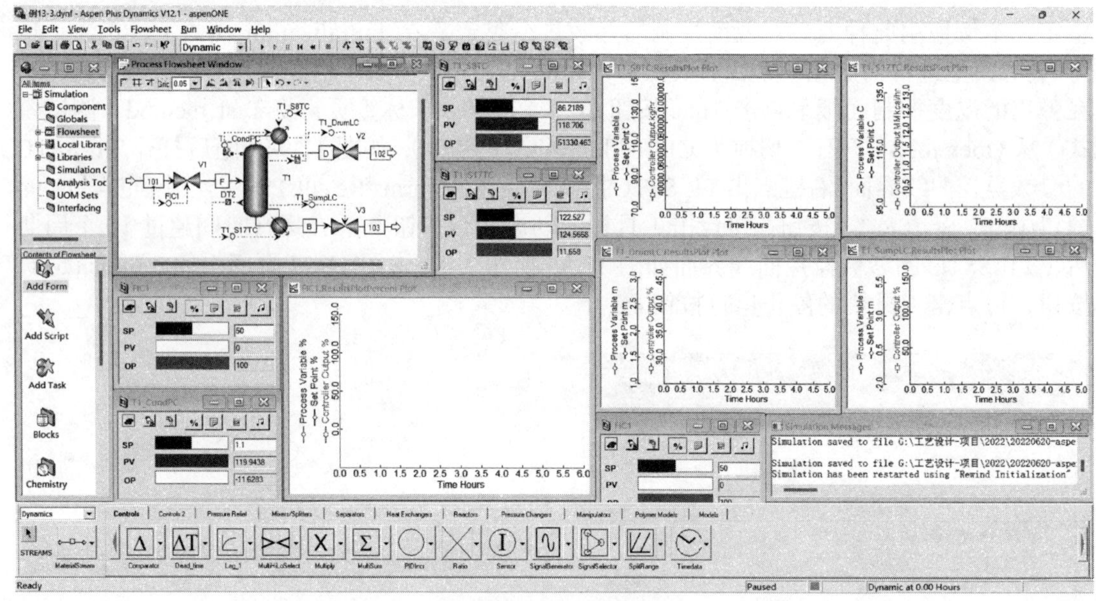

图 11-99 总监控图

点击按钮，在弹出的运行设置选项里面设置暂停时间 Pause at 为 2 小时。

初始化并运行，观察各监测曲线的变化情况，可以看到运行 8 小时后，各监测数据及图的变化如图 11-100 所示，多数参数均运行平稳，表明所选控制方案可以对本案例进行有效控制。如果个别控制参数有振荡现象，可以在运行的同时利用继电-反馈整定方式继续对塔顶、塔釜温度控制器等进行整定。经过整定后，通常可以使所监控的参数更易趋于稳定。

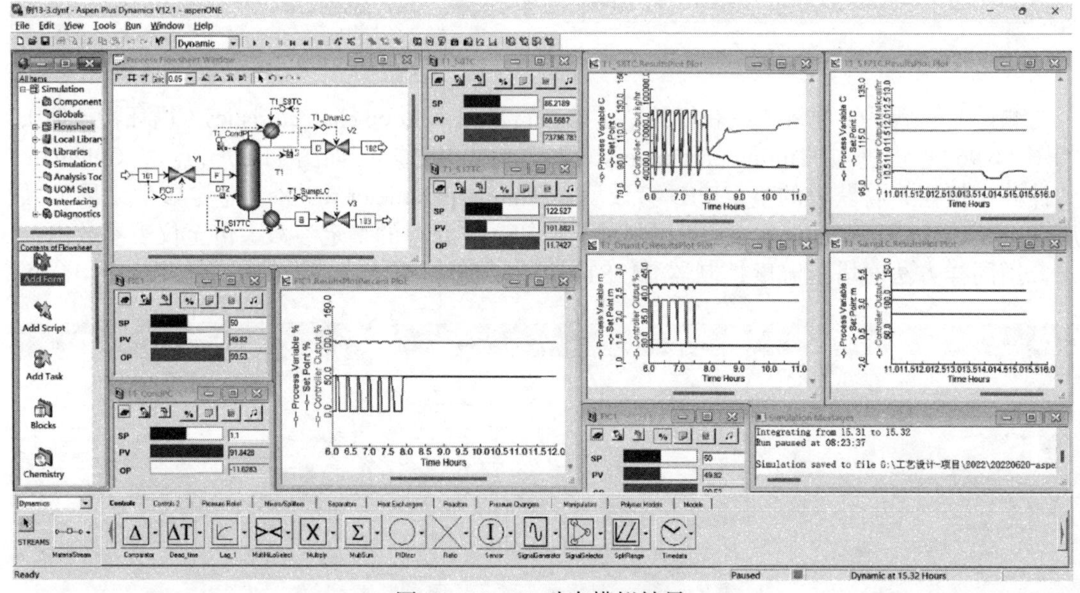

图 11-100 8h 动态模拟结果

练习 11-3 以例 11-3 为基础，将精馏段温度控制器改为塔顶回流量与入口流率的比例（*R*/*F*）控制器，并建立塔顶和塔釜组成的实时监控曲线图 Curve1，观察双指标控制方案的灵敏性。

提示：为使精馏塔控制系统具备前馈控制功能，添加塔顶回流量与入口流率的比例控

制 *R*/*F*。点击模块选项板的 Controls 下的“Multiply”图标（乘积控制器），然后移动到物流 101 上面，新建一模块并改名为 R/F。注意选择输入与输出信号时都选择质量流量信号，具体为输入信号选择 STREAMS（“101”）. Fm（如图 11-101），并设置为 B4.Input1，输出信号选择总质量回流量 BLOCKS（“T1”）Reflux.Fm。

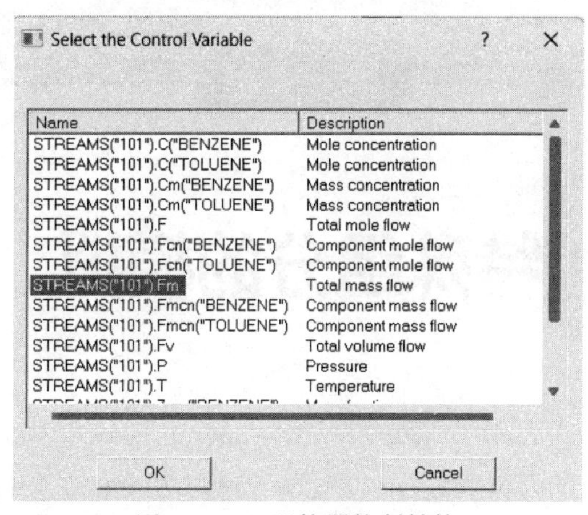

图 11-101　温控器控制结构

第 12 章

特殊组分的模拟

本书第 1~11 章涉及的内容中多为汽（气）、液相有机物的工艺过程，这些过程涵盖了化工领域中涉及的大多数体系，可以帮助读者处理化工模拟与设计中遇到的绝大多数问题。但是，在部分化工过程中，电解质、固体等特殊组分也起到了重要的作用。因此，为了帮助读者在工艺流程模拟中能够模拟汽（气）、液相有机物之外的特殊组分，本章节将对具有代表性的特殊组分在 Aspen Plus 中的处理方法进行简要介绍。

12.1 电解质

当体系涉及电解质的电离或析出等过程时，液相中阴、阳离子的存在将改变体系的热力学性质，因此需定义电解质组分和电解质反应，并使用特殊的物性方法。电解质组分既包含电解质本身电离出的离子以及若发生水解反应可能产生的离子，也包括电解质的固体及其水合物。电解质反应包含三类：弱电解质的部分电离、固体电解质的溶解/析出及强电解质的完全电离反应。

处理电解质一般选择活度系数模型。ELECNRTL 模型是常用的电解质物性方法，适用于任何浓度的电解质体系。这种方法使用电解质 NRTL 模型计算液相热力学性质，使用 RK 模型计算汽相性质。此外，对于特殊的电解质体系，软件也提供了相应的物性方法，包括：ENRTL-HF、ENRTL-HG、PITZER、PITZ-HG、NRTL-SAC、ENRTL-RK、ENRTL-SR。各物性方法的详细信息可参考帮助文件。

为了方便用户处理电解质体系，Aspen Plus 中设置了电解质向导这一功能。借助这一功能，软件能够根据用户输入的电解质组分，自动生成所有可能出现的电解质组分及电解质反应。下面通过例题讲解电解质向导的使用方法。

例 12-1 计算 1bar、40℃下饱和 Na_2SO_4 溶液的泡点。

创立 Aspen Plus 模拟文件，输入组分 Na_2SO_4、H_2O，如图 12-1。

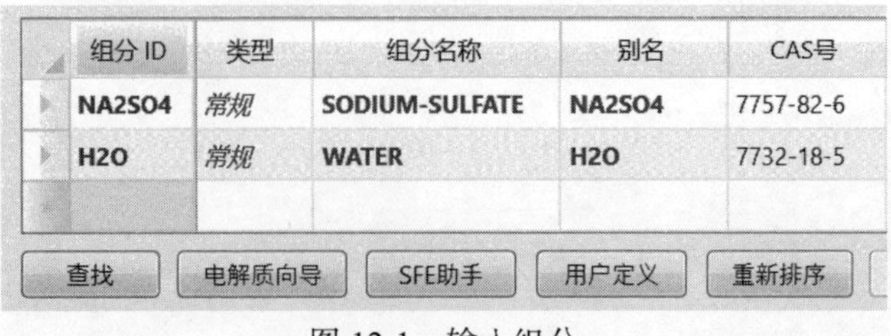

组分 ID	类型	组分名称	别名	CAS号
NA2SO4	常规	SODIUM-SULFATE	NA2SO4	7757-82-6
H2O	常规	WATER	H2O	7732-18-5

查找　电解质向导　SFE助手　用户定义　重新排序

图 12-1　输入组分

点击组分列表下方的“电解质向导”按钮，出现如图 12-2 对话框。

点击“下一步”，出现如图 12-3 所示页面。在此页面中，需从左侧的可用组分表单中选择电解质组分。本例中选择 Na_2SO_4，并点击“>”按钮，将 Na_2SO_4 组分添加至右侧表单中。窗口下方左侧的“氢离子类型”将决定水解反应中氢离子存在的形式；右侧的“选项”中，“包含成盐作用”表示软件将考虑离子间成盐析出的可能性；“包含水离解反应”表示软件将考虑水的离解，若需计算溶液 pH 或 pOH 值需勾选此项；“包含成冰作用”表示软件将考虑水结冰的可能性。本题使用默认选项如图 12-3。

图 12-2　电解质向导

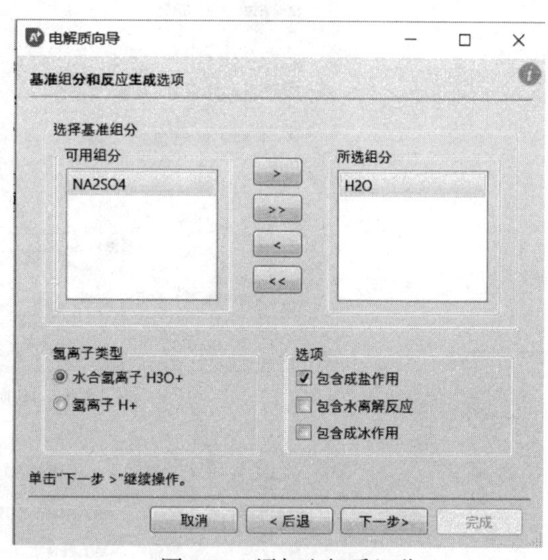

图 12-3　添加电解质组分

点击“下一步”，出现如图 12-4 所示界面。Aspen 根据上一页添加的电解质组分，自动生成可能出现的离子、固体盐及相关的电离或析出反应。用户可根据实际需要删除不需要或不重要的选项，以减少模拟时的计算量。本例中，不考虑硫酸钠水合物的生成，因此可以从右上方“盐”表单内删除“$Na_2SO_4 \cdot 10H2O$（S）”（十水合硫酸钠）。当从“盐”表单内删除水合物组分时，软件也会自动删除下方“反应”表单中的相应反应。

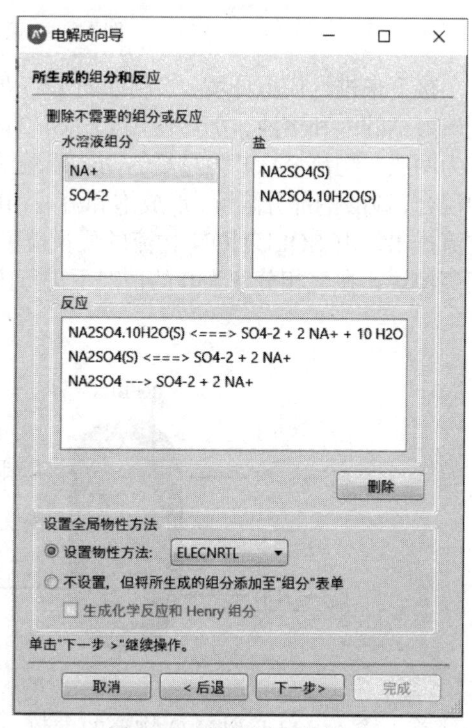

图 12-4　电解反应方程式

点击“下一步”，出现组分形式选项界面，使用默认选项“真实组分法”。

点击“下一步”，出现图 12-5 界面。软件会自动设置物性方法为 ELECNRTL，并将难凝气体组分添加至亨利组分。可以点击“检查 Henry 组分”查看亨利组分或“检查化学反应”查看电解质反应。本例不作调整，点击“完成”，即可在组分表单中看到自动生成的电解质组分，包括离子和水合物，如图 12-6 所示。

物性方法已经设置为了 ELECNRTL，需确认二元交互参数和电解质对参数。在物性环境下的导航窗格中，打开“化学反应/

GLOBAL”，可看到已经定义的两个电解质反应，包括硫酸钠的电离反应和溶解/析出反应（在 Aspen Plus 中，组分的溶解-析出过程也被定义为“化学反应”）。

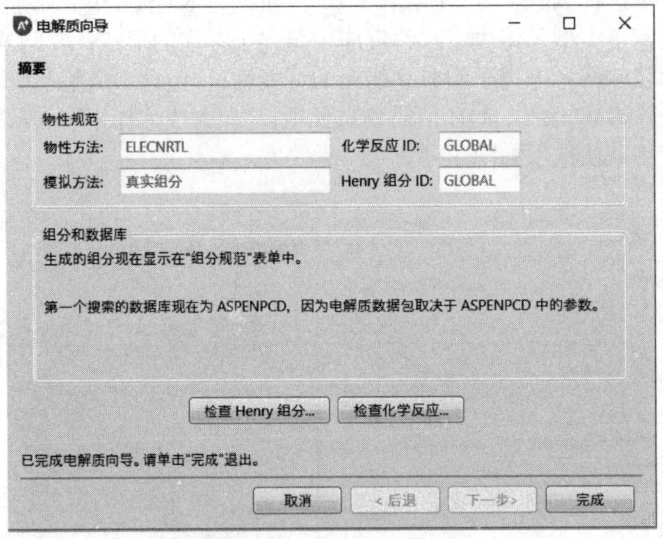

图 12-5　电解质向导界面

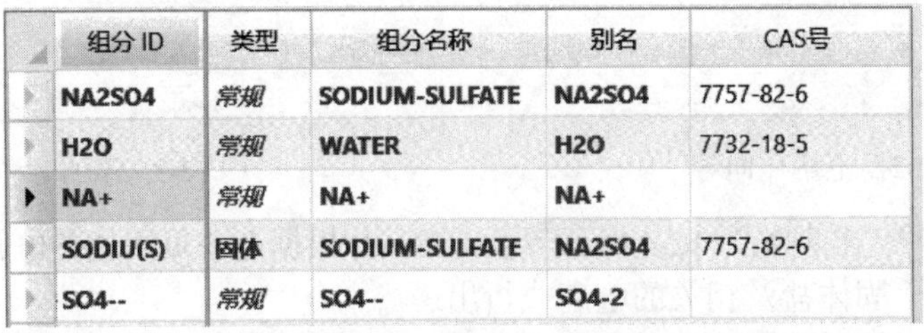

组分 ID	类型	组分名称	别名	CAS号
NA2SO4	常规	SODIUM-SULFATE	NA2SO4	7757-82-6
H2O	常规	WATER	H2O	7732-18-5
NA+	常规	NA+	NA+	
SODIU(S)	固体	SODIUM-SULFATE	NA2SO4	7757-82-6
SO4--	常规	SO4--	SO4-2	

图 12-6　添加电解质后的组分表

接下来进入模拟环境，绘制如图 12-7 所示流程图。本例使用 RGibbs 吉布斯反应器模块得到硫酸钠的饱和溶液，随后使用 FLASH2 闪蒸模块计算饱和溶液的泡点。RGibbs 的进口物料分为两股，物流 SALT 为过量的固体硫酸钠进料，物流 H_2O 为纯水进料，两股进料在 RGibbs 中混合，硫酸钠部分溶解，形成饱和溶液，由物流 SOLUTION 排出，未溶解的硫酸钠由 SOLID 物流排出，由 SOLUTION 物流的质量流量即可计算硫酸钠的溶解度。物流 SOLUTION 进入闪蒸模块，在气相分率为 0 的情况下进行闪蒸，温度即为泡点。

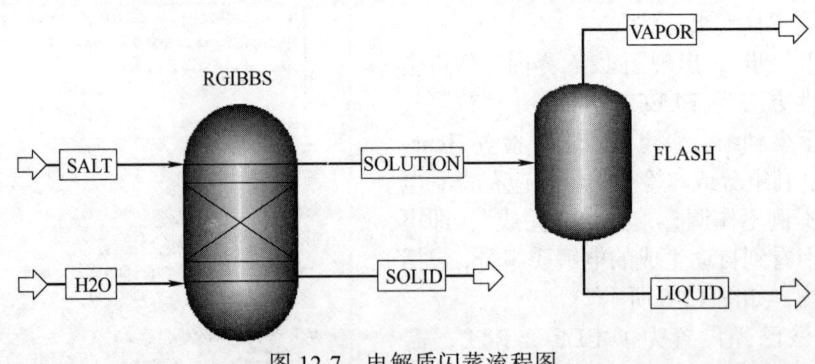

图 12-7　电解质闪蒸流程图

首先输入 SALT 和 H_2O 物流的参数，如图 12-8 和图 12-9 所示。为了保证硫酸钠固体过

量，本例中将硫酸钠固体组分的质量流量设置为水的两倍。

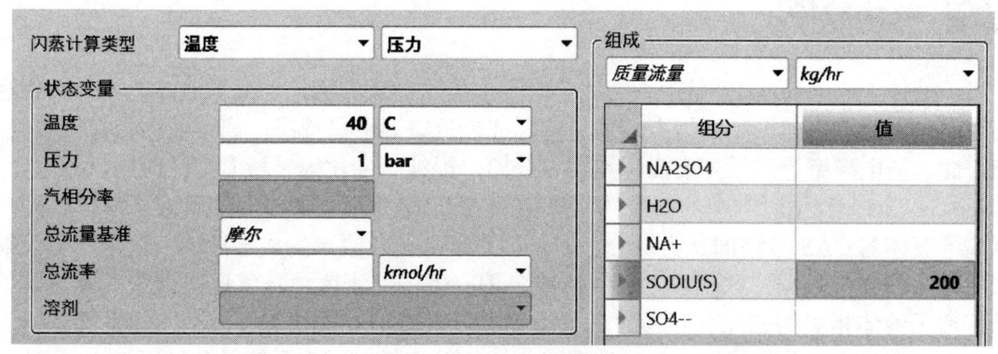

图 12-8　SALT 物流条件

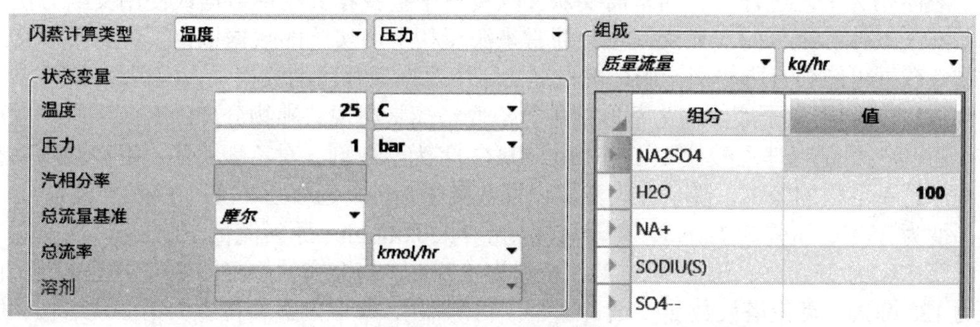

图 12-9　H_2O 物流条件

设置 RGibbs 反应器的操作条件。设置温度、压力分别为 40℃和 1bar。由于本例中不考虑汽相，因此需取消勾选“包括汽相”，如图 12-10。另外，在“指定流股”标签页中，在页面最下方的“将所有纯固体产品都置于此出口流股中”选择 SOLID 物流，否则固体将包含在 SOLUTION 流股中。随后设置闪蒸模块操作条件，计算类型选择汽相分率和压力。压力为 1bar，汽相分率为 0。

至此参数已输入完毕。运行模拟文件，查看 FLASH 模块的物流计算结果，如图 12-11。由结果可知 LIQUID 流股的温度为 101.763℃，此温度即为软件计算的 40℃、1bar 下饱和硫酸钠溶液的泡点。

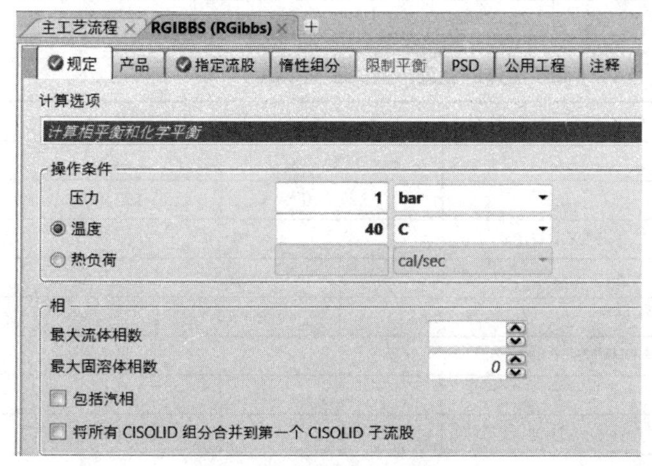

图 12-10　RGibbs 操作条件

	单位	SOLUTION	LIQUID
− MIXED子流股			
温度	C	40	101.763
压力	bar	1	1
+ 摩尔流量	kmol/hr	6.51829	6.30562
+ 摩尔分率			
+ 质量流量	kg/hr	145.806	145.806
− 质量分率			
NA2SO4		0	0
H2O		0.685841	0.685841
NA+		0.101691	0.06816
SODIU(S)		0	0.10359
SO4--		0.212468	0.14241

图 12-11　计算结果

12.2 离子液体

离子液体（ionic liquid）是指一类完全由阴阳离子构成的液体。离子液体的离子间相互作用力较弱，因此晶格能较小、熔点较低，室温或接近室温下呈液态。离子液体具有低蒸气压、高稳定性、高电导率等一系列突出优点，在分离、提纯、催化等领域有广泛应用。

Aspen Plus V12.1 版本中的 NISTV120 NIST-TRC 数据库已收录了多种离子液体，用户可根据离子液体的 CAS 号添加其为组分。但是，对于部分已收录的离子液体，数据库不仅缺乏模拟所必需的物性数据，如临界参数、沸点、偏心因子、密度、蒸气压、理想气体热容等，也缺乏离子液体相关的二元交互参数。得益于近年来离子液体相关领域的飞速发展，研究人员已提出了多种物性参数估算方法，读者可查询相关文献以详细了解。在使用 Aspen Plus 模拟离子液体相关工艺过程时，通常需要从文献资料中查找相关物性数据或使用文献方法进行估算，离子液体和组分的二元交互参数通常来源于相平衡实验的数据拟合。注意不同文献提供的物性数据可能会有所差别，用户可根据实际情况选择合适的数据录入模拟软件。

例 12-2 使用离子液体作为萃取剂进行萃取精馏是实现共沸物分离的有效手段。以离子液体 1-乙基-3-甲基咪唑乙酸盐（[EMIM][OAC]）为萃取剂，对乙酸乙酯－甲醇共沸物在精馏塔中进行萃取精馏分离，随后在闪蒸罐中回收离子液体。已知萃取剂［EMIM］［OAC］的进料温度为 25℃，压强为 1.2bar，离子液体流量为 20kmol/h。原料流量 100kmol/h，乙酸乙酯和甲醇摩尔比为 35：65，温度为 53℃，压强为 1.2bar。精馏塔的冷凝器压力 101.3kPa，再沸器压力 128.6kPa，理论塔板数 27（含冷凝器、再沸器），萃取剂进料位置为第 2 块塔板，原料进料位置为第 18 块，摩尔回流比 0.9，塔顶采出量 32kmol/h。闪蒸罐的操作压强为 0.01bar。物性方法使用 NRTL。要求闪蒸罐底物流的离子液体质量分率达到 95%，求闪蒸罐的操作温度。

文献中可查得 1-乙基-3-甲基咪唑乙酸盐的物性数据如表 12-1 所示（Ind. Eng. Chem. Res，2017，56（27）：7768-7782），温度相关关联式参数如表 12-2 所示，1-乙基-3-甲基咪唑乙酸盐与甲醇或乙酸乙酯的二元交互参数如表 12-3 所示（未列出的参数均为默认值；默认温度单位为 K）。

表 12-1 ［EMIM］［OAC］离子液体的相关物性参数

性质	p_c/bar	V_c/（cm³/mol）	Z_c	T_b/K	T_c/K
数值	29.19	544.00	0.24	900	1291.97

表 12-2 ［EMIM］［OAC］离子液体的温度相关关联式参数

CPIG/［J/（mol·K）］

参数	C_1	C_2	C_3	C_4
数值	93.33	0.28	5.27×10^{-4}	-4.23×10^{-7}

PLXANT/Pa

参数	C_1	C_2	C_5	C_6	C_7
数值	76	−16353	−6.81	-7.56×10^{-20}	6

DHVLWT/（kJ/mol）

参数	C_1	C_2	C_3	C_4
数值	119.103	273.15	0.42	−0.09

表 12-3　[EMIM][OAC] 离子液体的二元交互参数

组分 i	组分 j	b_{ij}	b_{ji}	c_{ij}
乙酸乙酯	[EMIM][OAC]	70.411	−405.48	0.267
甲醇	[EMIM][OAC]	−973	−1423.03	0.272

首先添加组分。1-乙基-3-甲基咪唑乙酸盐可通过其 CAS 号 143314-17-4 查找添加，组分列表如图 12-12。物性方法选择 NRTL。

组分 ID	类型	组分名称	别名	CAS号
C8H14-01	常规	C8H14N2O2-N2	C8H14N2O2-...	143314-17-4
ETHYL-01	常规	ETHYL-ACETATE	C4H8O2-3	141-78-6
METHANOL	常规	METHANOL	CH4O	67-56-1

图 12-12　组分列表

随后将表 12-1 的参数录入软件。在导航窗格中进入“方法/参数/纯组分”页面，点击“新建”，在弹出窗口中选择“标量”，新建纯组分标量参数项 PURE-1，录入离子液体的临界状态参数和沸点，如图 12-13 所示。

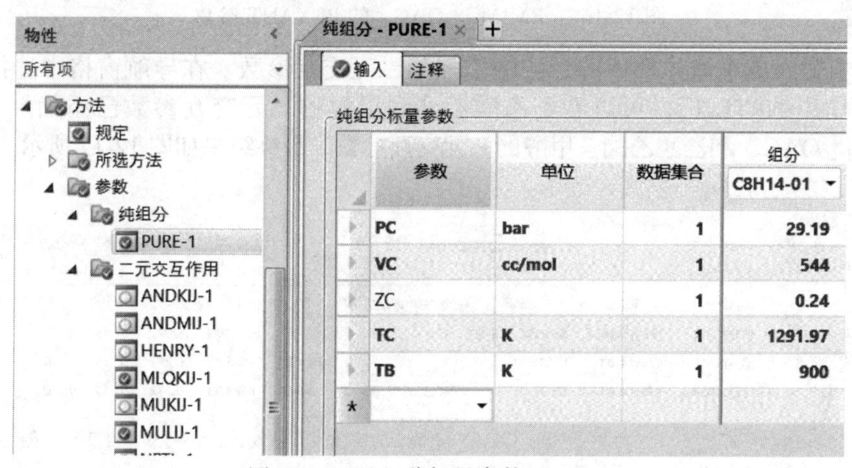

图 12-13　纯组分标量参数 PURE-1

下一步添加纯组分温度相关关联式参数 CPIG（ideal gas heat capacity，理想气体热容）、PLXANT（parameters for the Extended Antoine vapor pressure equation，扩展 Antoine 汽相压力方程系数）、DHVLWT（coefficients for the Watson heat of vaporization model，Watson 汽化热模型系数）。首先添加 CPIG，在纯组分页面点击“新建”，选择“温度相关关联式”，并从下方列表中选择“理想气体热容/CPIG-1”，新建纯组分参数 CPIG-1，在温度相关关联式表格中将表 12-1 中涉及的 CPIG 参数输入其中，未涉及的参数均使用默认值，结果如图 12-14。

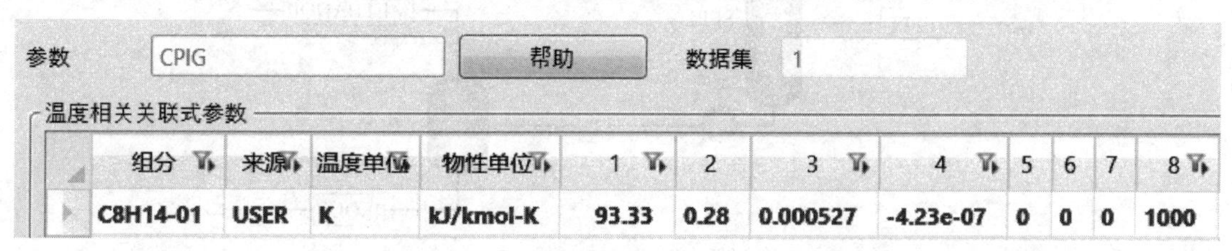

图 12-14　[EMIM][OAC] 的 CPIG 参数

继续新建“温度相关关联式”类型的纯组分参数，从列表中分别选择“汽化热/DHVLWT-1”和“液相蒸汽压/PLXANT-1”，并输入相应参数（注意选择正确的单位），最终结果如图 12-15 和图 12-16 所示。

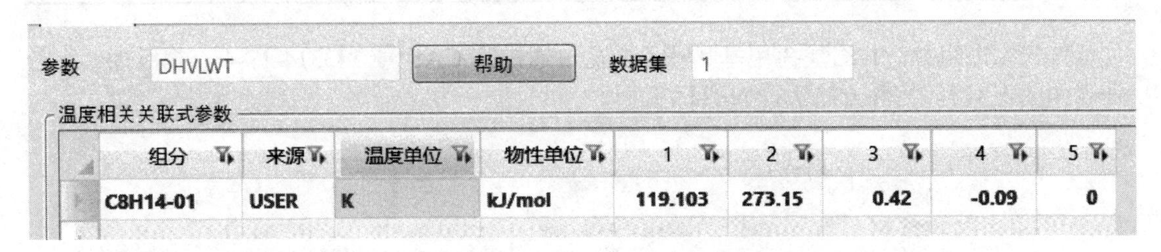

参数 DHVLWT 帮助 数据集 1

温度相关关联式参数

组分	来源	温度单位	物性单位	1	2	3	4	5
C8H14-01	USER	K	kJ/mol	119.103	273.15	0.42	-0.09	0

图 12-15 ［EMIM］［OAC］的 DHVLWT 参数

参数 PLXANT 帮助 数据集 1

温度相关关联式参数

组分	来源	温度单位	物性单位	1	2	3	4	5	6	7	8	9
C8H14-01	USER	K	Pa	76	-16353		0	-6.81	-7.56e-20	6	0	1000

图 12-16 ［EMIM］［OAC］的 PLXANT 参数

下一步输入离子液体和甲醇、乙酸乙酯的二元交互参数。在导航窗格中选择“参数/二元交互作用/NRTL-1”，可以看到乙酸乙酯和甲醇的二元交互参数已添加。继续添加［EMIM］［OAC］和乙酸乙酯、甲醇的二元交互参数，最终结果如图 12-17 所示。

参数 纯组分 二元交互作用 ANDKIJ-1 ANDMIJ- HENRY-1 MLQKIJ-1 MUKIJ-1 MULIJ-1 NRTL-1 RKTKIJ-1

参数 NRTL 帮助 数据集 1 交换 输入Dechema格式 使用UNIFAC估算

温度相关二元参数

组分 i	组分 j	来源	温度单位	AIJ	AJI	BIJ	BJI	CIJ	DIJ	EIJ	EJI	FIJ	FJI	TLOWER	TUPPER
ETHYL-01	METHANOL	APV121 VLE-LIT	C	0	0	211.722	173.883	0.2962	0	0	0	0	...	60	75
ETHYL-01	C8H14-01	USER	K	0	0	70.411	-405.48	0.267	0	0	0	0	...	0	1000
METHANOL	C8H14-01	USER	K	0	0	-973	-1423.03	0.272	0	0	0	0	...	0	1000

图 12-17 ［EMIM］［OAC］和乙酸乙酯、甲醇的二元交互参数

进入模拟环境，绘制工艺流程图如图 12-18。共沸原料由物流 FEED 进入精馏塔，离子液体萃取剂由 ILIN 进入精馏塔，两股物流的进料参数如图 12-19 和图 12-20 所示。

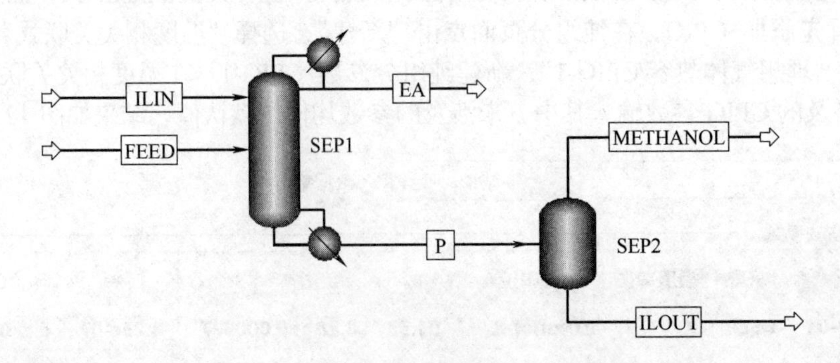

图 12-18 离子液体萃取精馏工艺流程

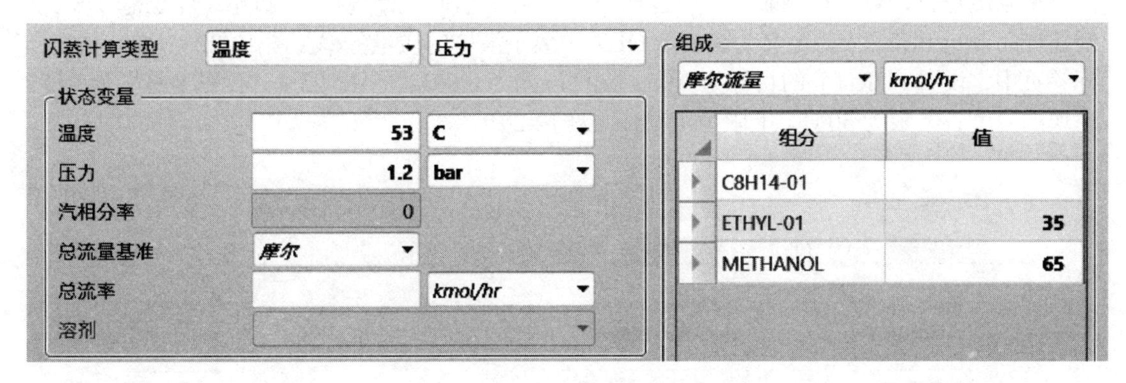

闪蒸计算类型
温度
压力
状态变量
温度
53
C
压力
1.2
bar
汽相分率
0
总流量基准
摩尔
总流率
kmol/hr
溶剂
组成
摩尔流量
kmol/hr
组分
值
C8H14-01
ETHYL-01
35
METHANOL
65

图 12-19　FEED 物流参数

闪蒸计算类型
温度
压力
状态变量
温度
25
C
压力
1.2
bar
汽相分率
总流量基准
摩尔
总流率
kmol/hr
溶剂
组成
摩尔流量
kmol/hr
组分
值
C8H14-01
20
ETHYL-01
METHANOL

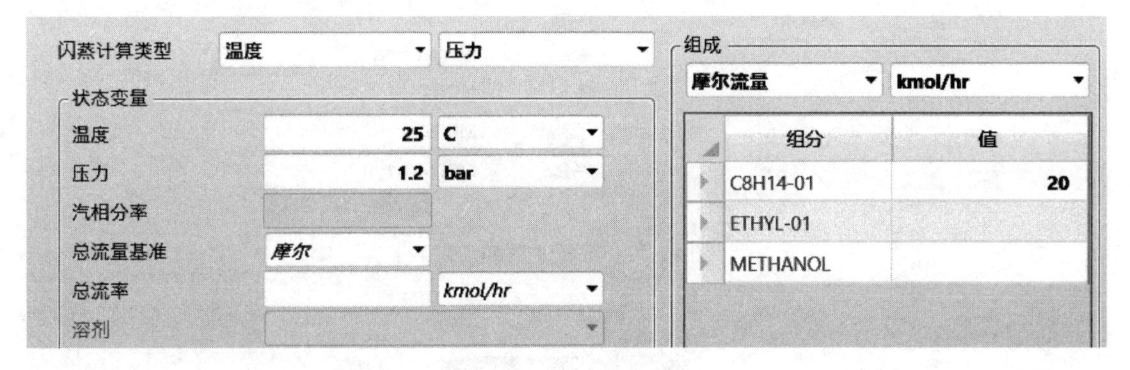

图 12-20　ILIN 物流参数

设置精馏塔 SEP1 的模块参数，操作条件如图 12-21。

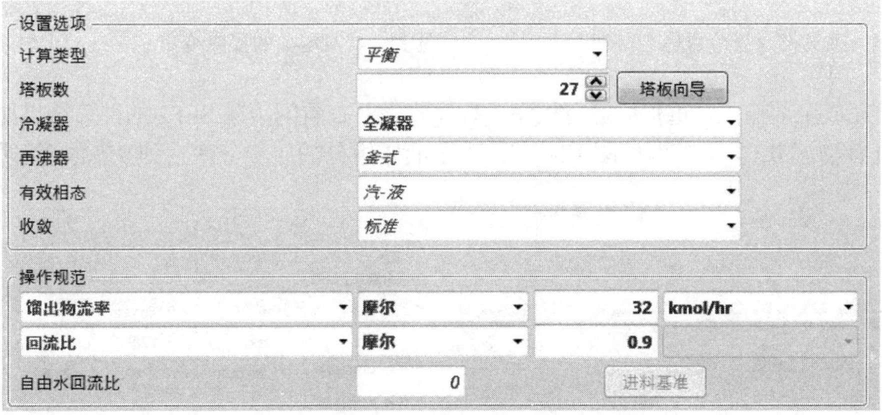

设置选项
计算类型
平衡
塔板数
27
塔板向导
冷凝器
全凝器
再沸器
釜式
有效相态
汽-液
收敛
标准
操作规范
馏出物流率
摩尔
32
kmol/hr
回流比
摩尔
0.9
自由水回流比
0
进料基准

图 12-21　精馏塔 SEP1 操作条件

设置精馏塔 SEP1 进料位置，萃取剂进料位置为第 2 块塔板，原料进料位置为第 18 块塔板。

设置塔压，塔顶压力为 101.3kPa，塔压降为 27.3kPa。

下一步设置闪蒸罐 SEP2 的模块参数，压力为 0.01bar，温度可先设为 100℃。

由于本例要求闪蒸罐底物流离子液体的质量分率达到 95%以上，因此需通过设计规范对闪蒸罐温度进行计算。在导航窗格中选择“工艺流程选项/设计规范”，新建设计规范 DS-1。新建样品变量 PURITY，定义为物流 ILOUT 中离子液体的质量分率（图 12-22）。在“规定”标签页中，设置 PURITY 的目标为 0.95，允许误差为 0.001（图 12-23）。“操纵变量”为 SEP2 模块的温度，下限为 50℃，上限为 150℃（图 12-24）。

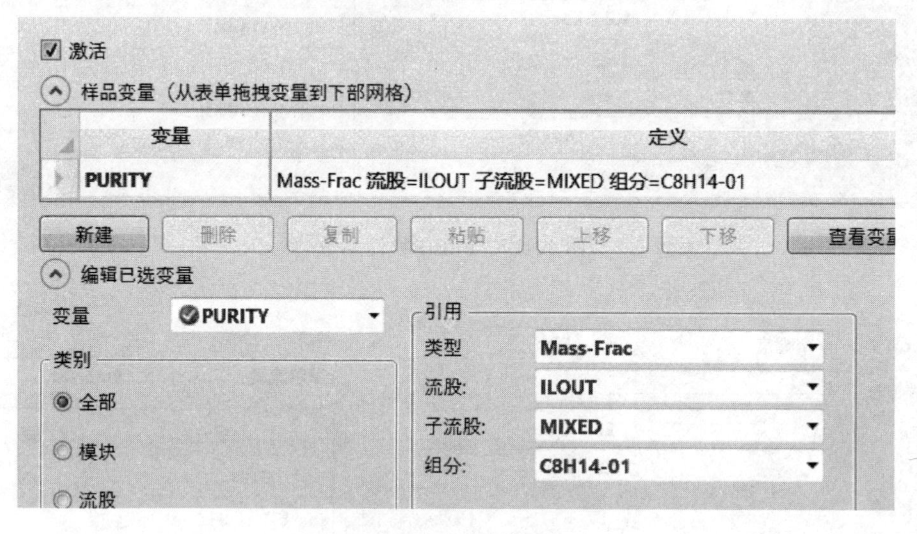

图 12-22　定义变量 PURITY

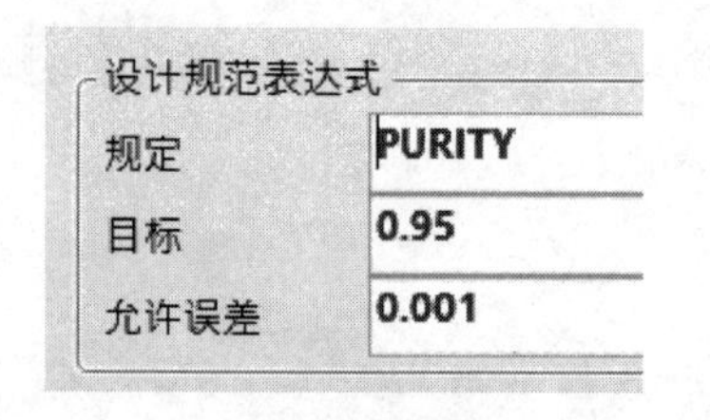

图 12-23　定义设计规范目标

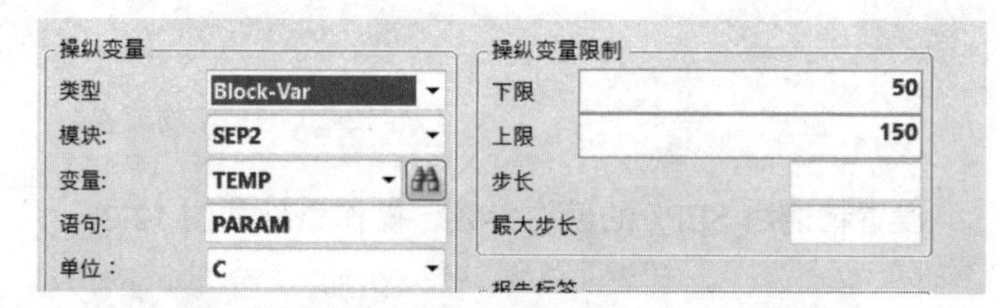

图 12-24　DS-1 的操纵变量

至此完成全部输入，重置后运行程序，程序收敛。查看闪蒸罐 SEP2 的计算结果如图 12-25 所示。查看物流 ILOUT 结果（图 12-26），离子液体组分的质量分率达到 95%，达到要求。

摘要 | 平衡 | 相平衡 | 公用工程用量 | 状态

出口温度	120.295905	C
出口压力	0.01	bar
汽相分率（摩尔）	0.709318	
汽相分率（质量）	0.376977	
热负荷	185798	cal/sec
净负荷	185798	cal/sec
第一液相/全液相	1	
压降	1.276	bar

图 12-25　SEP2 计算结果

	单位	P	ILOUT	METHANOL
− MIXED子流股				
温度	C	99.6653	120.296	120.296
压力	bar	1.286	0.01	0.01
+ 摩尔流量	kmol/hr	88	25.58	62.42
+ 摩尔分率				
+ 质量流量	kg/hr	5751.29	3583.18	2168.1
− 质量分率				
C8H14-01		0.591907	0.950054	4.96667e-06
ETHYL-01		0.0459582	7.4029e-05	0.12179
METHANOL		0.362135	0.049872	0.878205
体积流量	l/min	131.176	88.8536	3.40318e+06

图 12-26　SEP2 流股结果

12.3 固体

对于涉及固体的工艺流程模拟，需在 Aspen Plus 中定义固体组分。在 Aspen Plus 中，固体组分可分为两类：常规固体和非常规固体。常规固体是指可以用化学式表示的固体化合物组分，如固体氯化钠、固体萘、单质铜等。非常规固体通常用来定义化学式不确定的固体组分，如煤、生物质、灰分等。

处理含固体组分的工艺流程模拟时，可能会涉及不同类型流股（stream）和子流股（substream）的设置。Aspen Plus 中共有七种物料流股类型，不同流股类型的区别在于其所含的子流股种类，默认选项如表 12-4 所示。子流股共有五种类型（表 12-5），不同子流股中的固体组分在模拟计算中的处理方式也有所区别。用户可在模拟环境中通过导航窗格的“设置/流股类型”中的流股类型标签页进行更改（图 12-27）。默认情况下，Aspen Plus 中的所有物料流

表 12-4　Aspen Plus 中的物料流股类型

物料流股类型	默认包含子流股
CONVEN	MIXED
MIXCISLD	MIXED，CISOLID
MIXNC	MIXED，NC
MIXCINC	MIXED，CISOLID，NC
MIXCIPSD	MIXED，CIPSD
MIXNCPSD	MIXED，NCPSD
MCINCPSD	MIXED，CIPSD，NCPSD

表 12-5　Aspen Plus 中的子流股类型

子流股类型	适用条件
MIXED	能够参与汽-液-固相平衡计算的常规组分
CISOLID （conventional inert solids）	不参与相平衡计算的常规固体组分
NC （nonconventional solids）	非常规固体组分
CIPSD （conventional inert solids with a particle size distribution）	有粒径分布的惰性常规固体组分（不参与相平衡计算）
NCPSD（nonconventional solids with a particle size distribution）	有粒径分布的非常规固体组分（不参与相平衡计算）

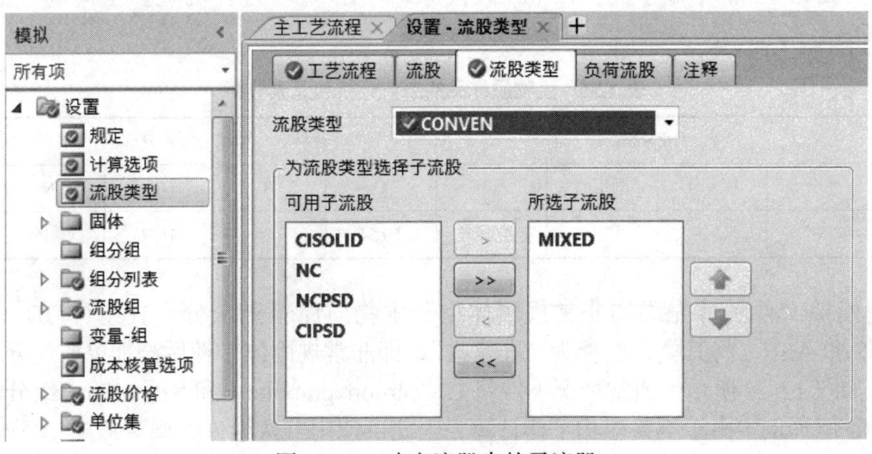

图 12-27　改变流股中的子流股

股类型均为 CONVEN，CONVEN 中也仅有一个类型为 MIXED 的子流股。如果需添加其他子流股或者改变每个流股的类型，均可在模拟环境中通过导航窗格的“设置/流股类型”中进行设置（图 12-27）。当工艺流程中不含非电解质类型的固体组分时，通常无需更改流股或子流股设置。

12.3.1 常规固体

可以用化学式表示的固体化合物组分为常规固体。对于常规固体组分，需单独定义其固体类型的组分。以萘为例，但若只添加萘的“常规”类型组分而不单独定义“固体”类型的萘组分，即使真实情况下其以固体形式存在（例如纯组分且温度低于其熔点时），软件在模拟中会始终将萘视为液体进行模拟计算。因此对于这类同时存在固体和液体两种形态的组分，需同时添加组分的“固体”类型和“常规”类型。用户可在添加常规类型的组分后，使用 Aspen Plus 的“SFE 助手”（solid-fluid equilibrium，固-液平衡），自动生成相应组分的固体组分，并且以化学反应的形式，自动生成同一物质固态组分-液态组分的相变关系。

12.3.2 非常规固体

对于如煤、生物质、焦炭这类无法用化学式表示的固体组分，可在 Aspen Plus 里定义为“非常规”（nonconventional，即非常规固体）。非常规固体组分在流程模拟中需定义其焓值和密度的物性模型以便于软件进行物料和能量衡算。焓值的物性模型有 7 种，密度的物性模型有 5 种，不同的物性模型对应不同的计算方法和输入参数。确定模型之后，再输入模型中参数的数值，软件即可进行相应的流程模拟计算。本节以生物质气化为例介绍非常规固体在 Aspen Plus 中的模拟。

例 12-3 使用 Aspen Plus 模拟煤或生物质的气化过程时，目前常用的处理方式是 RYield 和 RGibbs 反应器模块组合使用，即首先在 RYield 中将煤或生物质等非常规固体转化为单质（或其他常规组分），随后在 RGibbs 中将单质（或其他常规组分）在化学平衡的条件下转化为气化产物。若气化过程的动力学参数已知，也可使用 RCSTR 反应器模块模拟非平衡条件下的生物质气化过程。

使用 Aspen Plus 模拟生物质——10kg/h 的松木屑（pine sawdust）在 800℃、1bar 下的气化过程。本例中假设生物质原料经过气化过程后，除了灰分外的其他组分全部转化为了气体组分。松木屑的工业分析数据和元素组成参考研究论文［Biomass and Bioenergy，2008，32（12）：1245-1254］，详见表 12-6。假设原料中的硫均为有机硫。全局物性方法选择 PENG-ROB。

表 12-6 生物质样品的工业分析和元素分析

质量分率/%	工业分析				元素分析				
	水分	挥发分	固定碳	灰分	C	H	O	N	S
	8	82.29	17.16	0.55	50.54	7.08	41.11	0.15	0.57

新建模拟文件。首先添加非常规固体组分生物质原料和灰分，在组分 ID 栏中输入 BIOMASS 和 ASH，将其类型选择为“非常规”，即非常规固体。随后添加单质组分和气化产物组分，如图 12-28 所示。通常情况下应将 C（carbon graphite）和 S（sulfur）组分的类型设置为固体，但本例中由于不关注相平衡计算，因此可使用默认组分类型“常规”。物性方法选择 PENG-ROB，确认二元交互参数。

组分 ID	类型	组分名称	别名	CAS号
BIOMASS	非常规			
ASH	非常规			
C	常规	CARBON-GRAPHITE	C	7440-44-0
H2	常规	HYDROGEN	H2	1333-74-0
O2	常规	OXYGEN	O2	7782-44-7
S	常规	SULFUR	S	7704-34-9
N2	常规	NITROGEN	N2	7727-37-9
CO2	常规	CARBON-DIOXIDE	CO2	124-38-9
CO	常规	CARBON-MONOXIDE	CO	630-08-0
CH4	常规	METHANE	CH4	74-82-8
H2S	常规	HYDROGEN-SULFIDE	H2S	7783-06-4

图 12-28 定义组分类型

随后定义非常规固体组分的物性模型。在物性环境中的导航窗格中选择“方法/NC 物性”页面，规定 BIOMASS 组分的物性模型，本例中规定焓模型为 HCOALGEN、密度模型为 DCOALIGT。HCOALGEN 是 Aspen Plus 中内置的用于计算煤焓值的通用模型，DCOALIGT 是美国燃气技术研究院（Institute of Gas Technology，IGT）提出的煤密度计算模型，HCOALGEN 和 DCOALIGT 也常用作生物质的焓和密度计算模型。对于 HCOALGEN 模型，还可通过选项代码（option codes）选择具体的计算方法（详见帮助文件），本例中使用默认选项。选定 HCOALGEN 和 DCOALIGT 后，可以看到下方的组分属性要求表格中出现 PROXANAL（proximate analysis，工业分析）、ULTANAL（ultimate analysis，元素分析）和 SULFANAL（sulfur analysis，硫分析）。每个组分属性包含的参数将在下文中具体介绍。NC 物性页面的 BIOMASS 组分输入结果如图 12-29 所示。

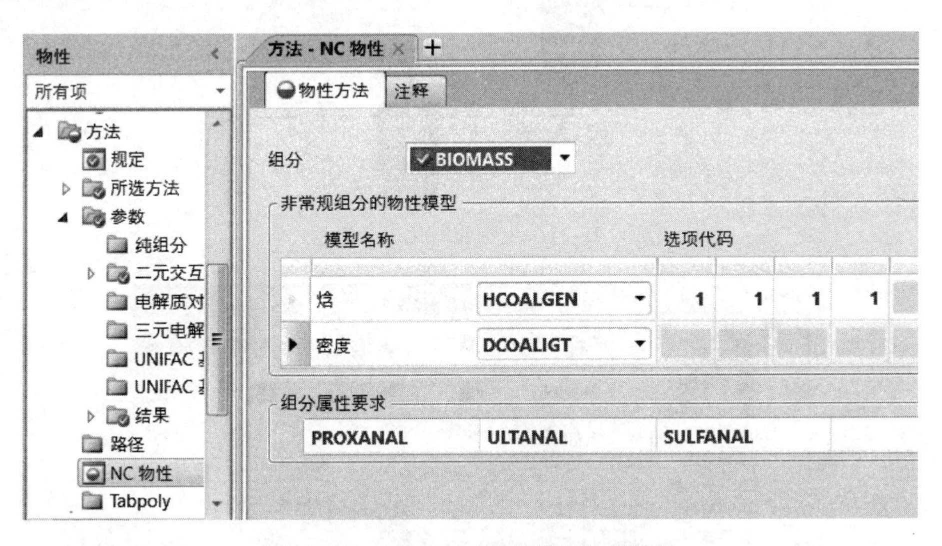

图 12-29 BIOMASS 物性模型选择结果

随后在组分的下拉列表中选择 ASH，规定 ASH 组分的物性模型，本例中对 ASH 组分使用与 BIOMASS 相同的规定，如图 12-30 所示。确定了组分属性要求后，在流程模拟中即需要输入这些组分属性的参数用于物性计算。

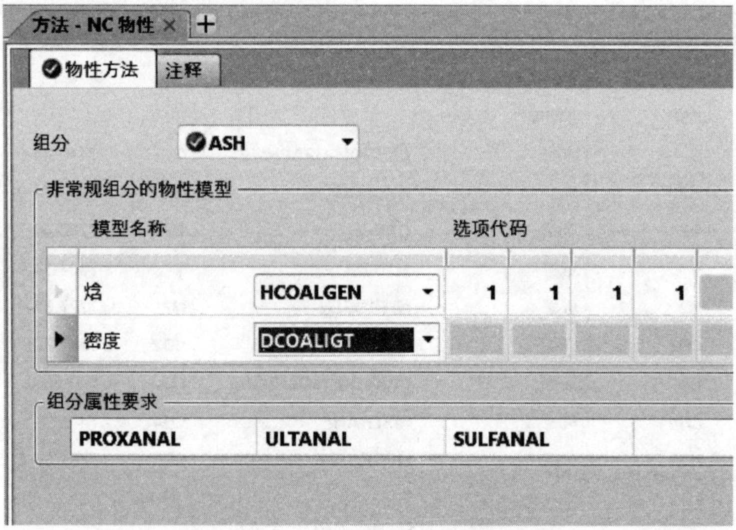

图 12-30　ASH 物性模型选择结果

进入模拟环境，建立如图 12-31 所示工艺流程。如前文所述，Aspen Plus 默认将所有物料流股定义为 CONVEN 类型，而 CONVEN 中包含的 MIXED 子流股中无法添加非常规组分。因此，若需在物流中添加非常规组分，可以通过三种方法实现：改变默认的全局流股类型；改变 CONVEN 中的子流股类型；将含非常规组分的物流定义为 MIXNC 类型流股。本例中将含非常规组分的物流更改为 MIXNC 类型。在导航窗格中选择“设置/流股类型”，进入“流股”标签页，流股类型下拉列表中选择 MIXNC，在下方的表单中将 FEED、P1、P2 三个物流添加至右方列表中即可，如图 12-32 所示。

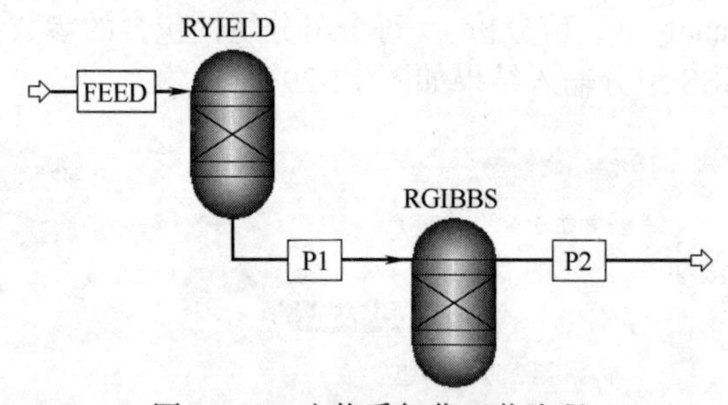

图 12-31　生物质气化工艺流程

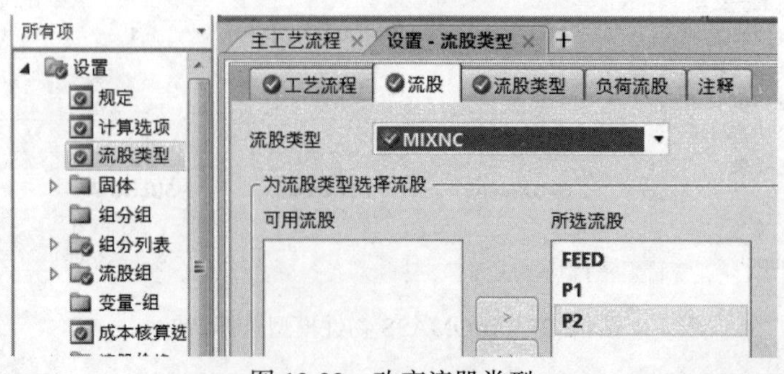

图 12-32　改变流股类型

回到主工艺流程界面，输入物流 FEED 的组成参数。本例中 FEED 物流只含生物质组分，因此“混合”标签页内不再输入参数。进入“NC 固体”标签页，输入物流中非常规固体的信息。设置子流股 NC 的温度为 20℃，压力为 1bar，总流率为 10kg/hr，组分全部为 BIOMASS。随后点击下方组分属性的⌄，对于组分 BIOMASS，需规定其属性 PROXANAL、ULTANAL、SULFANAL。PROXANAL 中需输入 MOISTURE（水分）、FC（fixed carbon，固定碳）、VM（volatile matter，挥发分）、ASH（灰分）四项；ULTANAL 中需输入 ASH（灰分）、CARBON（碳）、HYDROGEN（氢）、NITROGEN（氮）、CHLORINE（氯）、SULFUR（硫）、OXYGEN（氧）的含量；SULFANAL 需输入 PYRITIC（硫铁矿）、SULFATE（硫酸盐）、ORGANIC（有机硫）。需注意 SULFANAL 中 PYRITIC、SULFATE、ORGANIC 相加应等于 ULTANAL 中 SULFUR 项的数值，否则系统会显示警告并自动归一化。本例中按照表 12-6 输入，结果如图 12-33 至图 12-35 所示。

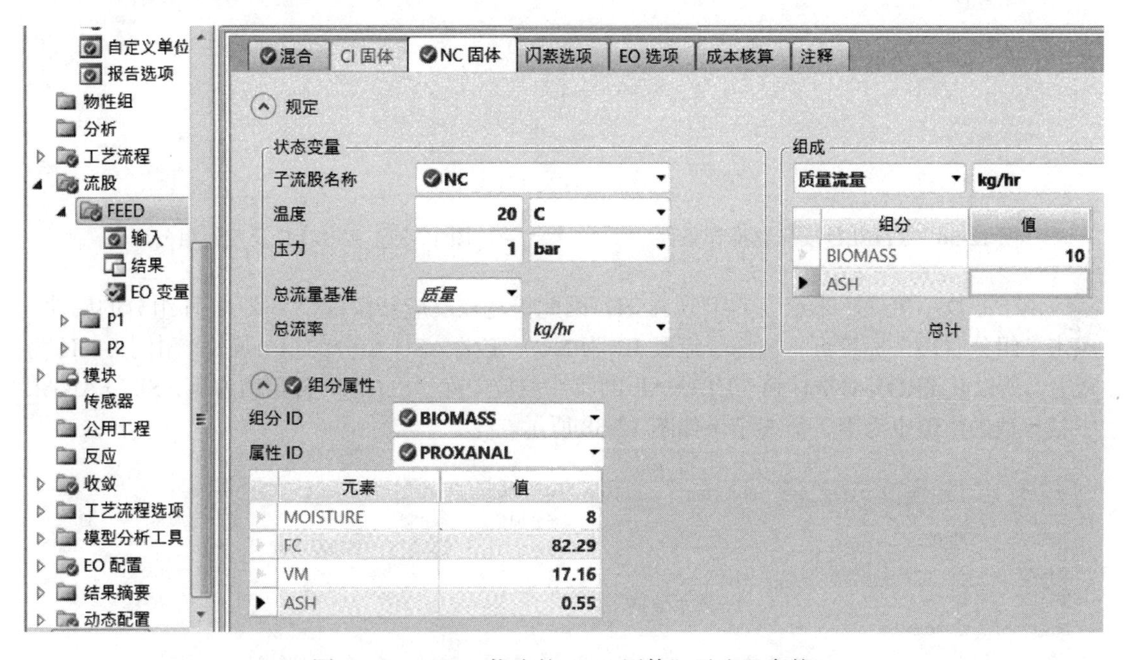

图 12-33 FEED 物流的“NC 固体”子流股参数

组分属性

组分 ID BIOMASS

属性 ID ULTANAL

元素	值
ASH	0.55
CARBON	50.54
HYDROGEN	7.08
NITROGEN	0.15
CHLORINE	
SULFUR	0.57
OXYGEN	41.11

图 12-34 ULTANAL 参数输入

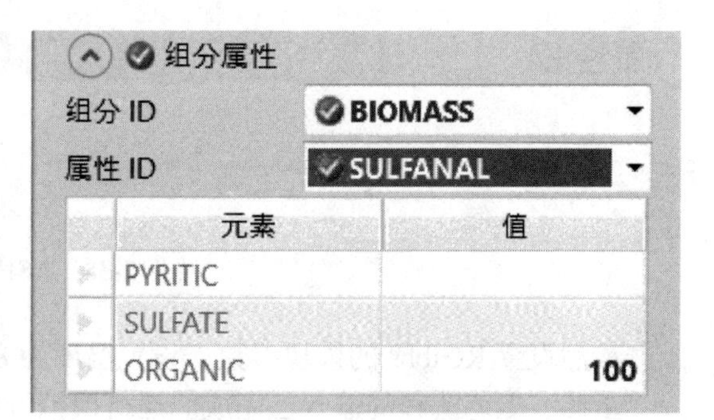

图 12-35 SULFANAL 参数输入

输入 RYIELD 反应器的操作条件，温度为 800℃，压力为 1bar，如图 12-36 所示。随后进入“产量”标签页，输入反应器的产物分布。本例中生物质原料在 RYIELD 反应器中转化为各元素的单质和灰分，因此在组分产率表单中将各组分在原料中的质量分率（表 12-6 中的元素分析）作为基准产量输入表单中（图 12-37）。注意各组分产量之和应该为 1，否则软件在运行模拟时会提示警告并自动进行归一化。

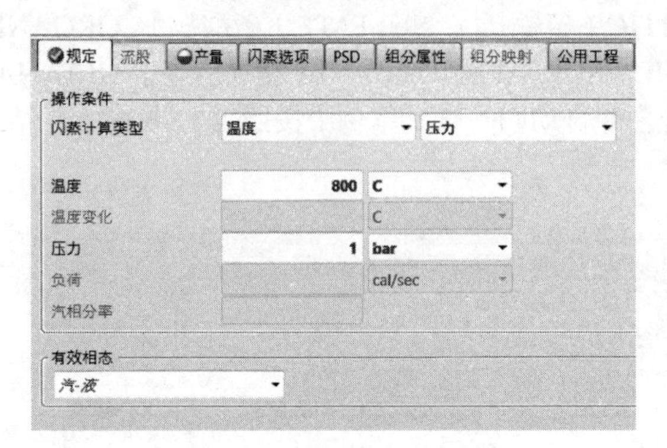

图 12-36　RYIELD 反应器操作条件

规定　流股　产量　闪蒸选项　PSD　组分属性　组分映射

产量规范

产量选项：组分产率

组分产率

组分	基准	基准产量
ASH	质量	0.0055
C	质量	0.5054
H2	质量	0.0708
O2	质量	0.4111
S	质量	0.0057
N2	质量	0.0015

图 12-37　RYIELD 反应器组分产率

由于产物中出现了未定义的组分 ASH，因此仍需在反应器设置中定义 ASH 组分的属性。点击“组分属性”标签页，选择子流股 ID 为 NC，定义 ASH 组分的组分属性。由于 ASH 为灰分，所以其 PROXANAL 和 ULTANAL 的属性参数中除 ASH 外的含量均为零，SULFANAL 中各参数的数值也为零，最终结果如图 12-38 所示。

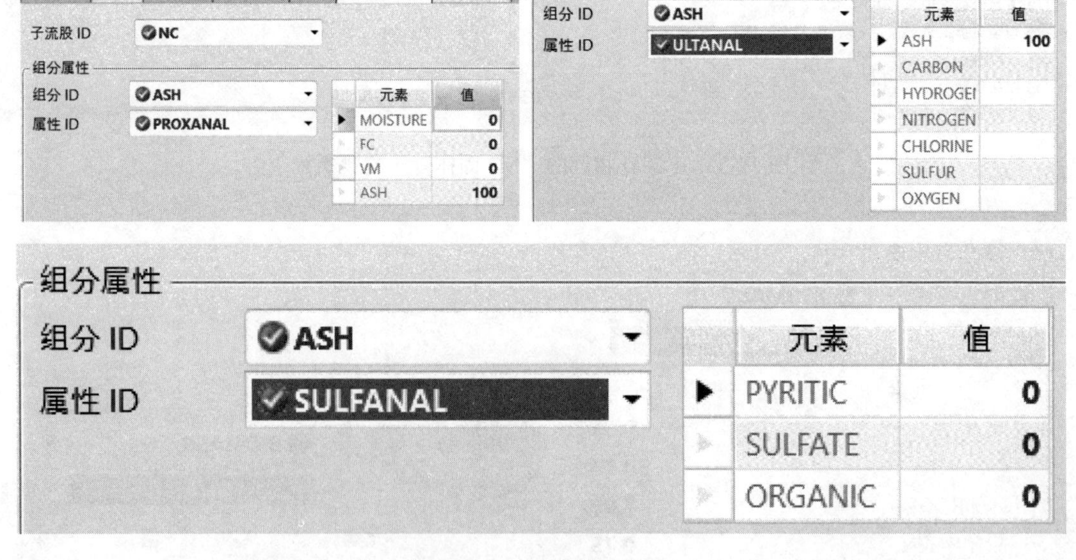

图 12-38　ASH 组分属性

最后设置 RGibbs 的模块参数，设置温度为 800℃，压力为 1bar，如图 12-39 所示。

至此，工艺流程的输入已完成。运行模拟流程，可以完成计算，但 RYield 模块提示警告如图 12-40 所示。警告内容是由于非常规固体组分造成的进出口物料元素不守恒，不影响计算过程，本例不做处理。最终 P2 物流结果如图 12-41 所示。

规定
产品
指定流股
惰性组分
限制平衡
PSD
公用工程
注释
计算选项
计算相平衡和化学平衡
操作条件
压力
1
bar
温度
800
C
热负荷
cal/sec
相
最大流体相数
最大固溶体相数
0
包括汽相
将所有 CISOLID 组分合并到第一个 CISOLID 子流股

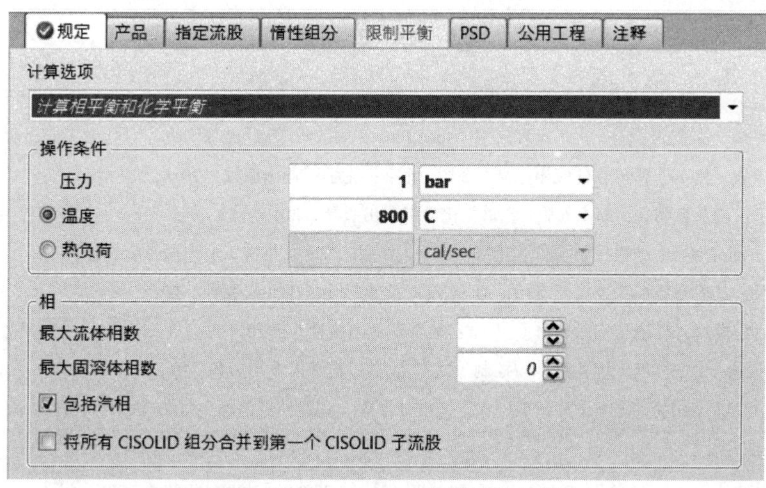

图 12-39 RGibbs 反应器操作条件

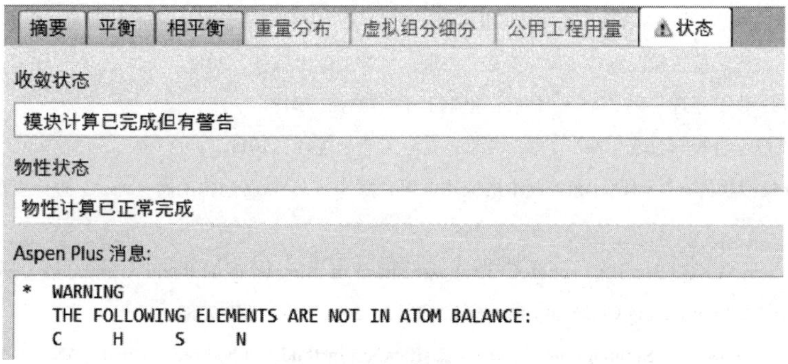

摘要
平衡
相平衡
重量分布
虚拟组分细分
公用工程用量
状态
收敛状态
模块计算已完成但有警告
物性状态
物性计算已正常完成
Aspen Plus 消息:
* WARNING
THE FOLLOWING ELEMENTS ARE NOT IN ATOM BALANCE:
C H S N

图 12-40 RYIELD 模块警告信息

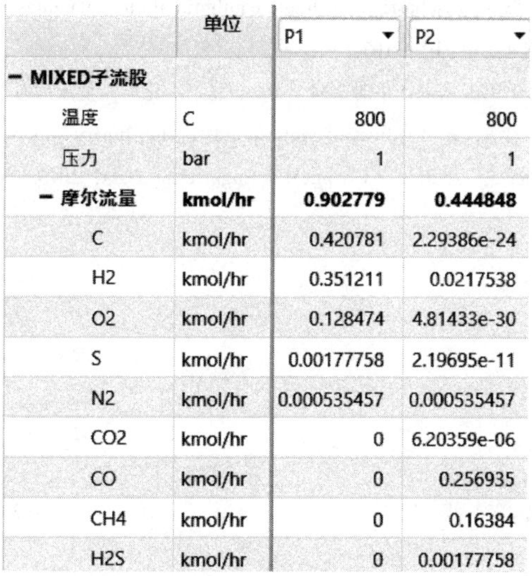

	单位	P1	P2
− MIXED子流股			
温度	C	800	800
压力	bar	1	1
− 摩尔流量	kmol/hr	0.902779	0.444848
C	kmol/hr	0.420781	2.29386e-24
H2	kmol/hr	0.351211	0.0217538
O2	kmol/hr	0.128474	4.81433e-30
S	kmol/hr	0.00177758	2.19695e-11
N2	kmol/hr	0.000535457	0.000535457
CO2	kmol/hr	0	6.20359e-06
CO	kmol/hr	0	0.256935
CH4	kmol/hr	0	0.16384
H2S	kmol/hr	0	0.00177758

图 12-41 P2 物流模拟结果

参 考 文 献

[1] 熊杰明，李江保，彭晓希，等. 化工流程模拟 Aspen Plus 实例教程 [M]. 2 版. 北京：化学工业出版社，2015.

[2] 包宗宏，武文良. 化工计算与软件应用 [M]. 2 版. 北京：化学工业出版社，2018.

[3] 厉玉鸣. 化工仪表及自动化 [M]. 6 版. 北京：化学工业出版社，2019.

[4] 杨延西，潘永湘，赵跃. 过程控制与自动化仪表 [M]. 3 版. 北京：机械工业出版社，2020.

[5] 张早校，王毅. 过程装备控制技术及应用 [M]. 3 版. 北京：化学工业出版社，2018.

[6] 邱彤. 化工过程模拟：理论与实践 [M]. 北京：化学工业出版社，2020.

[7] 王晓红，王英龙. 化工过程的优化设计与控制 [M]. 北京：化学工业出版社，2018.

[8] 加文·陶勒，雷·辛诺特. 化工设计：工厂和工艺设计原理、实践和经济性 [M]. 张来勇，译. 2 版. 北京：石油工业出版社，2021.

[9] Ralph Schefflan. Teach yourself the basics of Aspen Plus [M]. Hoboken：John Wiley & Sons，2011.

[10] 孙兰义. 化工流程模拟实训：Aspen Plus 教程 [M]. 2 版. 北京：化学工业出版社，2017.

[11] 汪申，邬慧雄，宋静，等. ChemCAD 典型应用实例（上）：基础应用与动态控制 [M]. 北京：化学工业出版社，2006.

[12] 屈一新. 化工过程数值模拟及软件 [M]. 2 版. 北京：化学工业出版社，2011.

[13] 谭天恩，窦梅. 化工原理 [M]. 4 版. 北京：化学工业出版社，2018.

[14] 张卫东. 化工过程分析与合成 [M]. 2 版. 北京：化学工业出版社，2011.

[15] 鲁平. Aspen 模拟软件在精馏设计和控制中的应用：第二版 [M]. 马后炮化工网，译. 上海：华东理工大学出版社，2015.

[16] Chen H H，Chen M K，Chen B C，et al. Critical assessment of using an ionic liquid as entrainer via extractive distillation [J]. Industrial & Engineering Chemistry Research，2017，56 (27)：7768-7782.

[17] Nikoo M B，Mahinpey N. Simulation of biomass gasification in fluidized bed reactor using ASPEN PLUS [J]. Biomass and Bioenergy，2008，32 (12)：1245-1254.

[18] Cai Z Y，Xie R J，Wu Z L. Binary isobaric vapor-liquid equilibria of ethanolamines + water [J]. Journal of Chemical & Engineering Data，1996，41 (5)：1101-1103.

[19] 中石化上海工程有限公司. 化工工艺设计手册 [M]. 5 版. 北京：化学工业出版社，2018.

[20] Li W X，Zhang L Y，Guo H F，et al. Effect of ionic liquids on the binary vapor-liquid equilibrium of ethyl acetate + methanol system at 101.3 kPa [J]. Journal of Chemical & Engineering Data，2019，64 (1)：34-41.